U0252226

中国科学院地理科学与资源研究所科学传播基金（2024）资助出版

唐登银实验地理工作五十年

唐登银 等　著

中国环境出版集团・北京

图书在版编目（CIP）数据

唐登银实验地理工作五十年 / 唐登银等著. -- 北京 :
中国环境出版集团, 2024. 12. -- ISBN 978-7-5111
-6138-3
Ⅰ. C53
中国国家版本馆CIP数据核字第2025VA8912号

责任编辑　宾银平
封面设计　彭　杉

出版发行　中国环境出版集团
（100062　北京市东城区广渠门内大街 16 号）
网　　址：http://www.cesp.com.cn
电子邮箱：bjgl@cesp.com.cn
联系电话：010-67112765（编辑管理部）
010-67147349（第四分社）
发行热线：010-67125803，010-67113405（传真）
印　　刷　北京鑫益晖印刷有限公司
版　　次　2024 年 12 月第 1 版
印　　次　2024 年 12 月第 1 次印刷
开　　本　787×1092　1/16
印　　张　37　彩插 28
字　　数　880 千字
定　　价　228.00 元

序

葛全胜

唐登银先生是著名的实验地理学家，曾任中国科学院禹城综合试验站（简称禹城站）首任站长、我国驻美国休斯敦领事馆科技参赞、原中国科学院地理研究所（简称地理所）副所长。唐先生学识渊博、成果丰硕，待人和蔼亲善、处事练达宽厚，是我的良师益友。非常高兴能为《唐登银实验地理工作五十年》一书作序，以表达我对唐先生本人，以及他为地理所和我国实验地理学的发展所做出的杰出贡献的敬意。

1959年秋，唐先生于中山大学地理系毕业后加入地理所黄秉维先生主持的水热平衡学科组，从此踏上了聚焦水热平衡实验科学、服务支撑区域农业发展研究的学术之路。“科学的春天”到来时，唐先生先后被聘为地理所蒸发研究组组长、禹城站站长。他以推动作物高产高效绿色、彻底改变黄淮海平原农业生产落后面貌为奋斗目标，带领一大批研究骨干，建立禹城站，通过观测、试验、分析和示范，开展支撑区域农业发展的农田生态系统物质流、能量流、信息流循环过程和变化机制研究，开我国实验地理研究之先河，为禹城站建设和黄淮海盐碱地成功治理做出了突出贡献。在唐先生的领导下，初建的禹城站拥有了当时全国唯一、世界一流的水分试验场、农田和水面蒸发场、60 m高的观测塔和32 m高的遥感塔，以及先进的大型蒸渗仪和气象基本要素观测设备，成为我国地理学和相关学科开展野外观测试验研究的重要基地、中国科学院农业研究开发平台。20世纪80年代中后期中国科学院以禹城站和封丘站（中国科学院另一个优秀的农业试验站）农业研究开发的经验为基础，组织开展了“农业科技黄淮海战役”，突破了黄淮海盐碱地治理技术，大幅提高了黄淮海平原农作物产量，在科技界和社会上引起了强烈反响。1988年6月，时任国务院总理李鹏同志专程视察了禹城站，高度肯定了黄淮海盐碱地治理成就。禹城站建站经验及其在实验地理学方面的开创性研究，对之后中国生态系统研究网络（CERN）立项和建设起到了重要的促进作用，唐先生本人更是深度参与了CERN立项和建设初期的多项工作。唐先生在实验地理学研究领域取得的杰出成就被学术界广泛认可，他先后荣获国家发明四等奖、全国科学大会奖、国务院二等奖、中国科学院科技进步奖二等奖、中国科学院自然科学二等奖以及中国科学院野外先进工作者称号等。

我是在一次接待外宾活动中结识唐先生的。大约是1995年，我和唐先生参加了国际地圈生物圈计划（IGBP）中国委员会的外事活动，唐先生英语表达十分流畅且大量使用英语俚语，颇令人称奇。据唐先生所说，1979—1981年他被公派英国访学，为早日学成归国，他与当地人同吃同住同工作，快速提升了英语听说能力（也学会了大量英语俚语）。得知原委后，唐先生敏而好学的形象深印脑海。1997年，我被任命为《地理知识》(《中国国家地理》前身）杂志社社长时因故不能到任，遂向时任地理所副所长的唐先生推荐了我的好朋友李栓科同志（现任《中国国家地理》杂志社社长）作为我的接替人选。记忆中，那是一个冬天的傍晚，唐先生在他简陋的办公室和栓科同志交流半小时后告诉我：李栓科是个大人才，就是他了。在唐先生的领导和大力支持之下，栓科不负期望成功将《地理知识》改版为《中国国家地理》，并使该刊发展为国际顶流科普杂志，成为今天中国科学院地理科学与资源研究所（2000年由原中国科学院地理所和原中国科学院综合考察委员会整合而成，简称地理资源所）乃至中国科学院的一张亮丽名片。谈起这段历史，我和栓科同志至今仍对唐先生知人善察、任人唯贤、乐助后辈的优良品德感佩莫名。

2001年，我主持国家“西部旅游发展战略研究”项目，邀请唐登银先生参与该项目研究。他工作认真、学风严谨、逻辑缜密、视野开阔，为参与研究的青年人树立了学习标杆。2008年，地理资源所决定编写所史，我代表研究所负责组建编写小组。鉴于唐先生组织能力强、群众基础好、学术威望高，研究所正式聘请唐先生担任“地理所史稿”编写组组长，主持（原地理所）所史稿整理编写工作。所史稿整编任务繁重、复杂琐碎，且干扰因素多、影响广泛。唐先生就任后秉持“准确、客观，全面、系统”的编写原则，廓然无累、唯真求实，兢兢业业、任劳任怨。在他的精心组织管理下，所史稿于2016年公开出版发行。唐先生为所史稿整编工作顺利完成做出了巨大贡献。

《唐登银实验地理工作五十年》由三部分构成。第一部分是唐先生的实验地理文集。第二部分是唐先生的部分同事、朋友和学生撰写的有关实验地理发轫、发展的忆述，取名为实验地理众人谈。20世纪50年代中期，竺可桢和黄秉维先生提出了地理学三个新的研究方向——水热平衡、化学地理、生物群落研究。他们倡导的新方向，是地理学研究的重大创新，从根本上改变了传统自然地理学研究理念和手段，对我国现代地理学的发展产生了深刻影响。唐先生及其同事躬逢其盛，书中收录的文章及回忆文字，较完整地记录了这次创新活动的源起、过程和影响，其中，水热平衡（实验地理）这个新方向发展历程的记述颇为立体和详尽。第三部分收录了唐先生近年的诗作，内容与他的学习、工作和生活相关，是唐先生地理情和乡土情、师生情和同学情的深情表露，读来赏心悦目、别有风情。

祝贺《唐登银实验地理工作五十年》出版！恭祝唐先生秉烛长明，学术常青！是为序。

我的一生（自序）

唐登银

一、儿时记忆

发蒙学习。我出生于1938年5月14日，直到1949年年末，我都在家乡小镇上生活，学习发蒙都在私塾，跟随刘孔安老师，他在岳口小有名气，家有田亩，是殷实人家。镇上一些商铺的牌匾都是他写的，是颜真卿的体。

刘孔安老师主办的私塾，不同时间，设立在岳口镇上的各处庙宇里，吸收了不少学生就读。私塾里，老师教学生做两件事，一是写毛笔字，或描红，或照底书写，或脱稿自写；二是上书，即教学生一段文章，都是四书五经，过一段时间，学生站在老师旁背诵之。

读私塾，是识字、写字、断句、明事、明理，为培养普通劳动者奠定基础。不分专业，不追求特殊兴趣培养，不教数理化，不学音体美。

初中学习。1950年春节后，岳口中学招生，我报名并被录取，开始初中学习。遇到的最大困难是，多数同学由正规小学毕业转来，而我自己是私塾生，数理化从头学起，音体美要开始学习。回想起来，年龄小，费一点儿工夫，原来未学的数理化，就补上了；原来不会音体美，随着时间推移，也很快就融入同学集体。

1951年寒假，岳口中学发生一个重大变化，从中学变成岳口师范。学生二选一，可继续在岳口读师范，以后当老师；也可上中学，准备以后上高中，但必须离开岳口去渔薪镇，念渔薪中学初三上学期。渔薪镇离岳口家20公里，当然是住读。

初三上学期结束时，是1952年秋，教育界变化学制，由学期制变为年制，因此，我们初三（上）提前毕业。随后我进入天门中学，念高中。

高中学习。1952年秋至1955年秋，我在湖北省天门中学读高中。天门中学在天门城关镇，距家乡岳口20公里，当然是寄宿学校。当年荆州专区下有12个县，只有两所中学设高中部，另一所是荆州中学。我们高中同年级两个班，共约100人，分别来自天门、京山、钟祥、沔阳、洪湖等县。天门中学高中老师都是好教师，皆有大学本科的专业基础，科目齐全，数理化，文史地，外文……内容丰富，学习气氛浓厚，学习方式生动，学生成绩普遍优秀。此后几十年，天门中学高考成绩十分突出，全国知名，天门中学的教学参考材料普遍被采用。天门中学学生的生活是艰苦又快乐的。宿舍是一个旧的天主教堂，住着各地的同学，教堂南门外，下若干台阶，有一口井，众人在那洗衣、嘻笑。每天三餐饭，在一个大厅内，摆下许许多多的餐桌，每桌一大木桶大米饭或粥，同学人手端一个带把瓷缸，当菜上桌时，双双筷子齐夹菜，蔚为壮观。每隔一段时间，可能是一星期，打牙祭，要上肉类食品，同学们情绪高昂，争先取食。天门中学的业余文体活动，丰富多彩，实力很强，远近闻名。我的学习成绩，处于中游，文理均衡。

高中毕业，高考在武汉设考试点，要检查身体做肺透视，天门县的医院没此设备，得到应城石膏厂的医院。

去武汉参加高考，先去岳口，乘小汽艇，费时20个小时，到汉口，其时汉口与武昌之间轮渡已停航，我们只得在汉口轮渡候船室地上就寝，等待第二天摆渡去武昌。此次夜卧候船室，一觉醒来，发现我的一双球鞋不在了，为别人掠去。去应城进行高考身体检查，也很有意思。从天门城关北郊，乘小木舟，船工划桨一夜，船行于湖面上，次日晨到皂市，然后徒步汉（口）宜（昌）路大约40公里，才到应城。

我家。我家祖籍湖北旧口，是一个汉江边的靠近襄樊的镇子，我爷爷、奶奶从旧口移居至汉江下游的天门县岳口镇。我1938年出生，现脑海里只留下我五六岁时爷爷、奶奶的模糊记忆。我父母有多个子女，我上有多位兄姊，下有多位弟弟，是一个大家庭。

大家庭的主要生活来源原来靠父兄摆小摊，或挑担走村串巷，维护一家人生活。到我上学明确记事时，看到我们家有自己屋，经营百货商店。在岳口小镇，唐家百货店排名前列，兄长住汉口汉正街负责采购，家内生意靠父亲，还雇请两位店员。生活无忧，我也一直上学读书。

我家与政军各方都无关系，只做自己生意。亲戚朋友邻居，尊重包容，安静过日子。

我家乡汉水左岸的岳口镇，属江汉平原，鱼米之乡，在传统农业社会，是富庶之地。

清朝末年，武汉工业大发展，岳口到汉口的距离适中，且港口优良，又有良好的天门、沔阳、潜江的广阔农产品（棉花、水稻、芝麻、花生）生产基地，岳口发展迅速，被人们称为小汉口。

岳口镇兴旺发达，各业兴盛，商户众多，成为重要的货物集散中心，通过岳口，各种农产品集中起来，一队队帆船通过汉水运往武汉；各种工业制成品被批发，运往江汉平原内的村镇。

岳口镇，天门城关后第一大镇，过去人口约万人，但有众多庙宇、道观、教堂。我家乡是平原，我小时未见过坡地和岗丘，只见到平坦的农田。虽是平原，但交通不便利，除了利用河湖舟楫，其他靠步行，或人挑马驮。

我儿时印象，岳口镇繁华而安静，但是被日寇占领后，日本兵占领区用铁丝网围起，设岗查良民证，日本醉汉在街上横冲直撞，给社会留下永远的痛。

汉水或汉江或襄河，是岳口最重要的地标，人们无论生活还是生产都离不开它。家家户户饮用水，靠挑水工一担担送至各家水缸，河里成群结队的帆船，十分壮观，每年防汛抗洪，众人紧张有序，声势浩大。

岳口人喜欢上堤看河，尤其涨水时，汉水左岸凹岸处修有一挡水处，水流汹涌，人们都来这里觅察水情。

二、中山大学地理系学习四年

1955 年，我参加高考，考试地点在武昌中南财经大学，我们学生住在大东门往东走不远的一所中学内。高考后不久，一封录取通知书寄到家里，全家人非常高兴。

1955 年 9 月某日，我从岳口赶赴汉口，带着家人的嘱托，头一次乘坐火车，大约耗时 20 个小时来到广州，然后搭乘渡轮，跨越海珠大桥，来到中山大学轮渡码头，步入康乐园，见到了让我朝思暮想的校园。

中山大学，是我地理科研生涯的起始地，是我开始成人的地方，是我专业知识的奠基地。我报考的第一志愿是中山大学地理系，这很可能与我高中地理老师程世禄有关，他有一个本领，任何人手拿中国地图册，说出任一县级以上地名，他随后能告诉你，该县在地图册的某页某处。程老师对中国地理太熟悉了，应向他学习，不仅书本上熟悉，而且应当实际走遍中国，研究中国地理。因为我是湖北考生，优先被录取到中南地区的中山大学，我的一生就此与中山大学紧密联系了起来。

中山大学地理系自然地理专业实力很强，有很多知名教授，特别注重综合观念的培养，这对我一生的地理科研有十分重要的影响。中山大学地理系十分重视实习，地理学各分支，都有很正规的实习任务，能学到真正的知识和技能，使我们享用一辈子。

中山大学地理系四年，作为学生，我参加了几次重要教育实践，反映了学校对教育的优秀认知，也奠定了我扎实的专业基础。

1956 年夏的暑假几个月，全班参加了飞鹅岭-大坑岗大比例尺测量任务，为建设华南动物园做准备，带队老师是陈华才老师，同学要用经纬仪、水准仪、平板仪各种仪器，测量绘制等高线拼图，完成图件，培养合格的测量制图人，这当然是一个地理工作者必备的素质。工作很艰苦，夏日炎炎，满脸汗如雨，晚上住在小溪旁临时搭建的简陋棚房内，小溪里戏水、打闹、沐浴，日间劳累、辛苦烟消云散。

1957 年大学二年级时，我参加了广东省土壤调查工作，此项工作是广东省农业厅主持的国家任务，参加人员先在位于中山纪念堂附近的省农业厅招待所集中，参加培训，我至今还记得省农业厅主持人对参加人员讲课的潇洒形象。我被分配到浦北县（紧邻合浦，今划归广西），住县招待所，每日实地考察、取样、填图、上交成果。

1958 年，我参加了广东省阳江县海陵岛人民公社规划工作。著名经济地理学家梁溥教授主持，参加人员是低我一级的经济地理班的同学，包括后来一直在中国科学院地理所从事经济地理工作的马清裕，我独自一人以自然地理专业身份参加工作。从阳江到海边，我头一次看到宽阔南海，乘船去海陵岛，住岛上，实地访问，查阅资料，与以梁溥教授为首的多位经济地理学家协作完成了一项任务。

1955 年秋，我们班进入中山大学地理系的人员共 30 人，分别来自湖北、湖南、江西、广西、广东、中国香港和中国澳门，该小班十分活跃，文体活动丰富，社会活动积极，学习成绩优秀，同学团结互助。有个中山大学校报编辑，名叫刘孟禹，笔名汉水，以我们班为原型，创作了一部小说——《勇往直前》，由百花文艺出版社出版。

我在班上年龄小，又是少见世面的乡下人，唯恐到广州被欺生，但事情大出我意外，入校时我被任为班主席，江西同学罗会邦任班长（后任中山大学气象学院院长直至退休），广东同学赵唤庭任党支部书记（后在南海海洋所工作，曾任副所长），我们团结友爱、活跃热情、努力学习工作，这成为我一生工作学习的顺利起航。

1956年，全国科学大进军，也对我们这个小集体产生了影响，大家情绪高昂，努力学习，出现一种比学赶超的状态。就在此时，中山大学迎来了一位尊敬的客人——黄秉维先生，他是中国科学院学部委员，地理所所长，又是20世纪30年代的中山大学老学长。一天晚上，在学校图书馆北侧的一栋教学大楼的阶梯教室，他对全系师生发表了演讲。他讲演的主题是地理学发展状况，他强调地理学发展太慢，学科太落后，少有新的学说，都是一般的描述。他的身份让大家都很崇拜他，他的演讲，讲到了我们心中所想。想不到几年后，我从中山大学地理系毕业分配到地理所，并跟随他工作。这是一种缘分，也是我的一种福分。

鼎湖山上的风波。1957年春夏之交，我们全班各带行李，还带着一名学校的炊事师傅，自己开火，开展较长时间的真真正正的野外实习。我们先住肇庆，这是西江边的名城，古端州地界，以出产端砚而闻名，后住鼎湖山上的一座古庙里。实习内容十分丰富，包括西江的羚羊峡考察、七星湖的调研，以及鼎湖山地质、地貌、植被、土壤、河流、瀑布，垂直与水平地带性综合研究。鼎湖山是广东省著名的人文自然旅游胜地，中国科学院华南植物所设有鼎湖实验站，进行长期监测研究工作。那个时代，不兴旅游，人迹罕至，人间仙境。我们全班人白天忙于登山行路考察，晚上在庙宇忙着开会。

在鼎湖山实习期间，我们全班卷入了当时全国范围内开展的“反右派”活动中，年轻学子凭着一腔热血对当时的地理教学改革提出建议。这次活动我们称为鼎湖山学潮，在实习结束返校后受到学校重点批判，虽然后来学校给我们平了反，但鼎湖山学潮对我班同学的影响是广泛而长期的，影响了我们以后的生活和学习。有一个对我的影响，我理解成，本来我犯错挨处分，是坏事，但正由于此，我得以顺利进入中国科学院地理所这个最高地理科学殿堂，这是大好事。事情是这样的，1957年“反右派”，1958年“大跃进”，各方急需人才，我班约10人（三分之一）提前毕业，进入工作领域，待到我们1959年毕业分配，参加分配的人减少，一些尖子生已提前就业，竞争自然减弱，而我获得了人生中最重要的彩头——进入中国科学院地理所工作。

三、初学水热平衡

1959年秋，我从中山大学地理系毕业，被分配到中国科学院地理所自然地理研究室工作，地理所所长是黄秉维学部委员，其兼任自然地理研究室主任。竺可桢和黄秉维主张革新地理学，发展水热平衡、地球化学物质迁移、生物地理群落三个新方向。黄先生亲自主持水热平衡工作，研究室内设立一个小组，或称物理组，组长是谭见安，成员有孙惠南、赵名茶和我。水热平衡工作在摸索中逐渐开展。即使对于黄秉维先生来说，这也是全新的工作。最初的工作阶段，主要是学习，首先是读俄文文献，苏联地理所、苏联国立地球物理观象台、苏联国立水文观象台、苏联农业物理所的工作资料，黄先生几乎看遍，还组织以李恒和杨郁华为首的翻译人员及科研人员，出版了《热水平衡及其在地理环境中的作用》四辑，供大家阅读。一些大家的专著，如《地表面热量平衡》《自然条件下的蒸发》《土壤水》《土壤土质的水分性质》《栽培植物的水分循环》《太阳辐射》，我们都细读，做好理论上的准备。其次是探讨如何为农业服务以及如何开展田间尺度的实验工作。1962 年，黄秉维先生带领孙惠南、赵名茶和我到陕西杨陵，住陕西省水科所招待所，利用陕西省农科院灌溉所资料，分析农田耗水规律，以服务农田灌溉。水热平衡开始阶段的最主要工作是 1961—1965 年在山东德州灌溉实验站和 1963—1965 年在河北石家庄耕灌所的田间实验，前者由方正三先生领导，主要参加人员包括水文室、气候室和自然室，后者由丘宝剑领导，主要参加人员包括自然地理和气候室，实验工作的基本方法、观测仪器都要准备好，而这些，地理学的传统研究工作都不使用，因而对我们来说也是陌生的。

20 世纪 60 年代，地理所在石家庄耕灌所和德州灌溉站的实验工作，牵涉多个研究室，人员达 50 人以上，是地理所水热平衡新方向的出发点，重点研究农田辐射、能量、水分平衡公式各要素的测定及其规律，用后来的话说，就是土壤-作物-大气系统的能流、物流。其中一个最重要的问题是陆面总蒸发的测定及其规律，由于其空间分布高度不均匀以及不可视，在当时被认为是百年科学难题。

我在 1961 年的德州试验工作中，主要开展农田土壤水分测定，用土钻取土和自制的水分张力计开展测定，主要合作者有蔡文宽、赵家义等。在 1963—1965 年三年的石家庄小麦试验，我主要参与土壤水分测定及用水量平衡法计算蒸发。

石家庄和德州两大实验站的工作，加上甘肃民勤站 20 世纪 50 年代末期的实验工作，对地理所产生了重要影响，培养了一批人才，熟悉陆面辐射、能量平衡、水分平衡，重视自然过程分析和区域综合相结合，再加上地理环境化学元素迁移及生物地理群落的研究，极大地提高了地理所尤其是自然地理各分支的科研水平和能力，为中国地学和社会经济发展做出了重要贡献。

水热平衡新方向，确定在石家庄和德州开展实验之前，还经历了一个小曲折。所里在 1960 年曾计划在官厅水库开展水面蒸发及其抑制的实验工作，准备在水库旁怀来设立水面蒸发站，一些砖瓦建筑材料都已运到。有天我要出差去怀来，参加水面蒸发站的建设工作，早晨醒来，发现睡过了头，正着急时，孙惠南告诉我，怀来不去了。计划的水面蒸发站的工作就此结束。

水热平衡新方向被诟病。

怀来站“下马”，是水热平衡学术方向上的自我纠错，是正确的，因为地理所的主要工作方向是为农业服务，主要工作应面向黄淮海平原、黄土高原以及全国性的地理问题，而水面，包括海洋湖沼，已有其他相关地学研究机构深入涉及。再者，当时想建水面蒸发站，一个原因是想抑制水面蒸发，以节省水资源，后来知道，水面蒸发抑制是一个复杂的技术问题，风的影响很大，还有一个问题，蒸发抑制时，水温升高，会带来蒸发增强。

石家庄和德州水热平衡观测实验声势浩大，但所内受到一些非议，嘲讽水热平衡为“热水瓶”。尤其当时地理所工作主要在黄淮海平原，德州旱涝碱治理（汪安球主持）、鲁西北农田治理（范长江挂帅）、邯郸农业区划（邓静中主持）、百万分之一黄淮海平原地貌图（沈玉昌主持）等区域性成果促进了经济发展，水热平衡新方向下的石家庄和德州站的实验研究，就显得与农业实践的关系没那么密切了。我感觉，黄先生及我们搞站点实验的人都有压力。此种情况下，1965 年冬，黄秉维、方正三、丘宝剑组织大家总结德州五年和石家庄三年的实验工作。第二年也就是 1966 年春夏，"文化大革命"开始，两站总结无疾而终，水热平衡学术思想也遭到批判。

四、土面增温剂及其应用

水热平衡学术方向的一次重大实践。

1966 年夏起，"文化大革命"兴起，"学术权威"遭批判，水热平衡学术方向和黄秉维先生也不例外，地理所绝大多数科研人员停研闹革命，无事可做。此时，我和牛文元、陈发祖、王立军，又捡起了老课题，小玻璃皿（直径约 20 cm）的水面抑制蒸发，利用碳十六醇作为单分子膜，利用 917 楼的顶层平台，开展水面蒸发的抑制实验，我们把玻璃皿端出端进，用一个特大的实验室天平称重，确定蒸发量和抑制率。也是在这年的 9 月，我和童庆禧、陈发祖、洪嘉琏等，得到密云水库管理处支持，借用他们水库小岛（离水库大坝不远）上的大型蒸发池（直径可能 3 m），开展同样的碳十六醇或碳十八的试验。

就在此时，洪嘉琏等与大连油脂化学厂有了联系，知道他们利用脂酚酸残渣，通过皂化和乳化，制成了一种支农产品，加水稀释，铺洒在地面，形成覆盖，能增温和保墒，这就是土面增温剂，可以代替塑料薄膜，广泛用于棉花育苗、水稻育秧、林木育苗、蔬菜栽培等方面。

从 1967 年秋冬开始，课题组快速发展，人员达几十人，所研究的项目是当时地理所少数几个在研大项目之一。项目成果运用范围宽广，在河南商丘、陕西咸阳、湖北荆州棉花育苗，北京大兴、湖北襄樊（现为襄阳）和荆州水稻育苗，沈阳浑河苗圃树木育苗，以及北京将台蔬菜栽培，都取得较好效果。

增温剂组组长是丘宝剑，副组长是洪嘉琏、程维新。

土面增温剂及其应用，对地理所有重要意义。一是服务农林等生产，影响广泛，还召开过两次全国现场会，一在河南商丘，二在湖北沙市；二是在水热平衡学术方向低潮下，似一针强心针，此学术方向得以前行；三是建立了一种模式，研究、产业、农民相结合，地理研究工作可以有作为；四是保留了一批研究骨干，在无事可做、停研闹革命的情况下，延续科研工作；五是我们通过此项工作，广泛了解农民、基层干部、各种事业单位干部，他们当中大有能人，他们熟悉情况，他们有解决问题的能力和办法，科研人员要向社会学习、向群众学习，在实践中摸爬滚打，科研工作才能顺利前进。

土面增温剂及其应用项目我基本都参与过，如所内制剂生产工厂建设，北京宋庄、河南商丘、湖北襄樊和荆州的驻点，制剂生产，喷洒制膜，增温效果观察等。我是增温剂普通一员，丘宝剑组长给予了我更多机会，如广播稿、出版稿、会议文稿，我都有参与，也给予了我更多学习和锻炼机会。

土面增温剂及其应用获全国科学大会奖，同时，又申报成功科学发明四等奖。

获奖过程有曲折，有单位声言此项成果他们在先，此次诉求未被采纳。又说土面增温剂含有污染物，研究小组又派逄春浩，求取沈阳林土所帮助，在艰难条件下开展了土面增温剂中污染物的测定，证明增温剂中污染物含量低于国家对农田施用物的规定。

土面增温剂及其应用，郭来喜（曾任地理所副所长）同志的作用值得一提，他是唯一的经济地理人，但他极具工作活力，特别是在制剂原料争取以及组织会议活动方面，同国家部委和地方人员打交道的能力，无比巨大，效果特好。

土面增温剂及其应用课题，还曾考虑过进一步扩大南方的工作。大约 1977 年，我和张兴权曾去江苏镇江、浙江杭州、安徽黄山一趟，丘宝剑带我到广东广州，广西桂林、南宁、龙州等，考察农林部门，尤其是各地科委，寻找土面增温剂新的增温保暖作用。

1978 年，全国科学大会召开，科研工作被注入巨大动力，各业百废待兴。由此，土面增温剂工作结束，科研人员各有去处，追求和实现他们自己的梦想。

五、连队散伙，研究室恢复

“文化大革命”打倒一切，传统的研究所体制被打碎，研究室被改成连队，土面增温剂课题属二连，人员估计二三十人。二连增温剂班党支部书记是孙祥平，“文化大革命”前水文室的人比重大，此时土面增温剂的一些收尾工作仍归水文室。“文化大革命”结束后，增温剂组散伙，各寻出处，到相关的研究室去。

我从 1959 年入地理所，跟随黄秉维院士，在自然地理研究室，我是回归，还是留在水文室，一个难题摆在我面前。最后，我决定留在水文室，这对做与农田水分、蒸发相关的工作以及为农业发展做一些具体工作，比较有利。同时 1961 年从春到冬，整一年，我参加了方正三先生领导的山东德州的实验工作，水文室很多人是大学本科学历，学水、学农，注意研究装备和实际操作，这有利于开展田块尺度的实验工作。

当然，留在水文室，意味着不在黄秉维手下做工作。

1978 年，新设立的水文室，建水文地理、地下水、蒸发三个组（开始还曾设抑制蒸发组），我被任命为蒸发组组长。

从 1959 年秋入地理所，我是实习研究员，到 1978 年，大概 20 年，被提升为助理研究员。

同时，还面临一个更重要的抉择，就是工作领域的确定，增温剂工作结束后做何种工作。

就在研究所成立调研组探讨研究所的发展方向时，我们下面也在寻思未来如何开展工作。1977 年夏，曾考虑开展旱作农业或雨养农业的工作，我和胡朝炳、张兴权、方光迪等，由司机何增开一辆吉普，跑遍山西，去了大寨，那时的大寨，很少有人光顾，还去了山西省科委和农委，了解大寨经验，旱作农业的经验和问题。大约在此时，我和程维新还一起去燕郊气象站，程维新的一位大学同学在该站工作，看那里能否开展研究。

最终，选定山东禹城南北庄。因为有基础。汪安球曾带着一批人做过工作，范长江以科委名义率众人做过工作，地理所方正三先生在德州曾开展五年实验工作，“文化大革命”

后，地理所与禹城关系未有中断，南北庄试区工作继续，同时也做增温剂及其应用。印象最深的是禹城一些干部非常欢迎科技人员去工作。

大约在1978年我们很快决定，去禹城南北庄试区建立试验站，研究农田蒸发，研究农田水分运移，改善农田不利自然条件，如旱涝盐碱等。

六、禹城试验站的四十年

1978年，我和程维新共同商定，决定在禹城南北庄建立试验站，开始想取名禹城蒸发试验站，主要人员除我和程维新外，当然还包括水文室蒸发组的同人，如洪嘉琏、逄春浩等，另外我和老程通过工作，把赵家义从水文室径流组调入蒸发组。与禹城南北庄试区和县相关人员商定建立试验站后，我们又向水文室报告建立试验站，经同意，禹城站开启征程，接着，水文室地下水组同志也加入禹城站。其时，禹城站人员归水文室，禹城站是水文室蒸发组下的一个野外工作点，工作带有自下而上的自发性，工作过程少有正式报告合同，但效率很高。

我们白手起家，未花一分钱，禹城南北庄试验区（主任马逢庆）划土地约20亩[①]给建站使用，随即在此建了一个气象观测场、布设水力蒸发器，先建了四间房，后又加盖四间，这可称为禹城站八间房阶段。

八间房供人住，办公仓储，自己开伙，也开展少量观测试验工作，包括气象、水力蒸发器、地下水、增温剂工作等。

经过大约一年时间，中国科学院和禹城县方面商议，决定在试验区南院（试验区分南北两院，北院是领导机构，南院做理化分析），盖一座约1 000 m^2的大楼，供地理所试验站用，同时将南院以南约200亩地划归试验站使用，至此站址与位置框架固定下来。

1981年，又修建了一座两层楼，供人员住宿，有上下水，由北京铁道学院设计。许多材物料由地理所车队运来，钢材由北京的研究所运来，砖由车队从河北青县窑厂拉来。试验站最后一座楼是20世纪90年代中国生态网络的建设项目，是从南入站的禹城站门面，贴有白色瓷砖，上下水设施较齐备。

禹城站的饮用水，最初几年一直是一个问题。一般同志去站上工作，开始几天都不适应，有的还拉肚子。多次打井，选不同点，加深井位，都未获圆满解决。最后，我到济南找水科所我大学同学李道真帮忙，进行电测，打了一眼300 m的深井，水质基本达到了饮用标准。

禹城站设立了化学、物理、生物分析多个实验室，建有多个观测场，如气象60 m铁塔、30 m铁塔（实验遥感）、水分池、养分池等。

禹城站观测仪器各种各样，有些还是自制的，如蒸渗仪，土壤水分中子仪，碳和水汽涡度相关测定仪器，波文比测蒸发等。禹城站观测项目多样，观测数据时间长，观测数据和各种资料都有完整档案。

[①] 1亩≈666.67 m^2。

禹城站的最初十年，我全身心投入工作，工作范围广，对研究项目，观测和试验场地，开放站，农业研究开发工作，组织人力、物力。其后，我工作职务虽有变动，但主要科研工作和相关活动，还是在禹城站。1989 年我从禹城站站长退下后，有多位同志换任站长，并取得许多成绩，尤其是欧阳竹任站长期间，禹城站的工作地域由禹城扩及东营、滨州，以及大黄河三角洲区域，工作内容广泛，涉及农业、农村、农民的广泛社会经济问题，研究方法有巨大飞跃，取得了巨大成就。

禹城综合试验站至今已 40 多年，概括起来，做了以下三个方面的工作，或者说在以下三个方面发挥了作用。

（一）实验地理和地理工程的基地

根据 20 世纪 50 年代黄秉维院士提出的自然地理学的三个新方向，我亲自主持以水热平衡为主要内容的自然地理过程的实验研究，开展了长期的探索。

这是学习之旅，学习数理化，学习大学地理系未曾学过的功课，学习传统地理研究不曾采用的方法。这是探索之旅，曾想借用现有资料解决灌溉问题，还考虑过发展水面蒸发的技术。这是从失败走向成功之旅。“文化大革命”土面增温剂工作，取得实际效果，鼓舞了士气。“文化大革命”后，我做出人生规划，找个点定下来，长期为农业做实事。

20 世纪 70 年代末，建立禹城站，进行了一次实验地理与地理工程科研的长期、多领域成功的实践。禹城站的研究方向是，用实验的方法，在田间尺度上研究地球表层系统的能量转换、水分（物质）迁移及作物-环境关系的规律，开展农业生产发展模式和农田管理的试验研究，为黄淮海平原农业生产服务，也为区域研究提供基础。

禹城站有较好的试验和生活设施。禹城站的自然地理条件和农业生产状况在黄淮海平原有典型性和代表性。禹城站可使用、支配、管理的试验田块 400 余亩（其中南北庄 220 亩，北丘 200 亩），土地平坦，地势开阔，可以长期开展试验，也可以布置多种试验装置。有多个长期监测场地，包括气象观测场、水面蒸发场、铁塔遥感试验场、陆面蒸发测定（Lysimeter）场、水平衡试验场、养分试验池等，积累了长期观测资料，为相关研究工作提供方便；有三座小楼，还有室内分析室，并有食堂和专家公寓，通信、交通方便，保证了科研和试验工作的正常开展。

黄秉维院士 1993 年为《地理学与农业持续发展》作序，指出禹城站的工作“有三个特点：一是年限很长，前后长达 30 年；二是绝大部分工作与生产相结合，与地方主管农业机构密切结合；三是以试验为主，试验又以开发试验为主。中国地理学界的工作中，兼具此三个特点，而且都达到如此程度的似乎还没有别的先例”，高度赞扬了禹城站的工作。

（二）区域农业研究开发的典型

禹城站自“六五”起主要通过国家区域农业攻关项目，针对不同阶段农业、农村、农民的实际情况，与县乡各级干部配合，这使禹城农业发生了很大变化，再以点带面，推动了区域的农业发展。

20 世纪 80 年代，从技术层面看，禹城站对“一片三洼”进行了治理和利用。“一片”是指禹城县南部浅平洼地，“三洼”是指渍水涝地辛店洼、风沙危害沙河洼以及重碱地北丘洼。

“一片三洼”是黄淮海平原旧时黄河多次改道留下的地貌类型，一片是分布广泛的浅平洼地，主要措施是井、沟、平、肥、路、林、改，主要由禹城站的地理所人员开展工作。渍水涝地辛店洼，主要措施是建立台田—鱼池系统，主要由南京湖泊地理所胡文英等开展工作。风沙危害沙河洼，主要措施是建立防护林、治沙、灌排等，主要由沙漠所高安等开展。重碱地北丘洼，主要采取综合措施，强灌强排、地下排水排碱等，逄春浩、张兴权、程维新等开展工作。“一片三洼”被称为禹城经验，效果明显，推广至禹城县、德州地区、山东省及黄淮海各地。

禹城站“一片三洼”经验广泛被复制。20 世纪 80 年代中后期，时任中国科学院副院长李振声，考虑到中国农业，尤其是粮食生产长期徘徊，中央高度关注，开展了广泛而深入调研。李振声副院长提出，粮食生产当下最大潜力，在中低产地区，以中国科学院禹城站和封丘站的经验为依据，迅速开展中低产田的治理和开发，可迅速取得成果。李振声副院长的构想，获得院领导的同意和全力支持，也得到黄淮海平原各省领导的重视和支持。最后，中央决定，一场以中低产田治理开发为主要内容的“农业开发”在黄淮海平原展开，然后又推广至全国，在财政部设立农业开发办，还设立金融机构“农业开发银行”。这在当时被媒体称为“科技黄淮海战役”。

中国科学院 20 世纪 80 年代的农业开发工作在国内产生了广泛影响，禹城站发挥了重要作用，为此，我和程维新、左大康、许越先等获国务院奖励。

从 1983 年“六五”起，禹城站一直承担国家区域农业发展项目，院里一直在禹城站设立农业项目。根据当地需要，禹城站承担了治理盐碱，提高作物产量和农民收入，农牧结合（特邀长沙农业现代化研究所主持课题），农业节水、节肥、节药、节种、节能（五节）和信息化（一网）等工作。一直到 21 世纪前十年，中国科学院又部署了一项前所未有的大项目“耕地保育与持续高效现代化农业试点工程”，地理资源所刘纪远主持，有 7 个试区、4 个主题、2 个战略专题。项目执行监理制，我担任项目监理组组长［此时我已退休，退休前曾被聘为中国科学院农业项目专家组的副组长（李振声院士任组长）］。

（三）中国生态系统研究网络的骨干台站

禹城站建站已 40 多年。1978 年，南北庄东南约 200 m 处，禹城站始初四间房，后到八间房，由水文室管，参加人员主要为水文室蒸发组。

1982 年，禹城站活动增多，与县区乡镇农民联系增多，也引起中国科学院资环局注意，研究课题也较多，禹城站由水文室独立出来，由地理所任命站长。

1983 年起，禹城站承担国家“六五”国家农业试区攻关课题，以后连续承担。

1987 年，禹城站经申请论证和批准，成为中国科学院首个开放试验站，我被中国科学院任命为站长。论证会在禹城县召开，主持人为孙鸿烈副院长，我做了开放台站申请报告。此前，院里只有开放实验室，我们希望野外台站也能如室内实验室一样开放。资环局吴长惠发挥了重要作用，通过他，与院计划局一起，拟定了有关野外台站开放的文件。

1987 年，禹城站开放论证后不久，中国科学院在新乡召开封丘站开放论证会议。此次会议期间，应用生态所曾昭顺、沈善敏、我以及其他人提出建立中国生态网络的建议。此建议适应当时中国科学院台站工作迅速发展的形势，用于各站联合起来开展工作。

1988 年，李振声副院长，主要依据禹城站和封丘站的农业研究工作的经验，向中央提出以中低产田治理开发为主要内容，首先在黄淮海平原“会战”的建议，得到中央支持和部署，这一被称为“农业黄淮海战役”的工作取得成功。

1993 年，中国科学院台站工作不断发展，影响越来越大，孙鸿烈副院长大力推动，促成了世界银行与中国科学院的合作，由世界银行贷款，正式启动中国生态系统研究网络的建设。全院组织，约包括 30 个台站，涉农、林、草、水（湖泊、海洋）多种生态系统类型的站点。组织上，以副院长孙鸿烈为主任的科学委员会负责，下设综合中心以及水、土、气、生态分中心。网络中心从无到有，经历了大量工作，包括监测指标制定，指标质量保证，研究方案及课题制定等，还有大量的仪器装备和房屋基础设施建设。中国生态系统研究网络持续运转，孙鸿烈副院长退休后，副院长陈宜瑜任网络科学委员会主任。

进入 21 世纪，中国科学院的生态系统研究网络受到国家重视，发展成为包括农业、林业等台站，以及国土部门的许多台站，成立国家台站网络。

1993 年起，我任中国生态系统研究网络科学委员会委员、水分分中心主任。我在退休前，孙晓敏接任我担任水分分中心主任。

综上所述，禹城站是实验地理和地理工程的基地，是地理大师竺可桢和黄秉维先生的遗愿。禹城站是农业研究开发的先进典型，在李振声副院长领导的科技黄淮海战役中得到了体现。禹城站是中国生态系统研究网络的骨干台站，在孙鸿烈、陈宜瑜副院长主持的生态网络建设中，发挥了重要作用。总体来说，禹城站是中国科学地学领域研究中的重要台站。

我个人的科技获奖项目及荣誉：

（1）1979 年，土面增温剂获国家发明四等奖和全国科学大会奖；

（2）1988 年，黄淮海平原中低产田治理和开发获国务院二等奖；

（3）1992 年，农田蒸发测定方法和蒸发规律研究获中国科学院科技进步奖二等奖；

（4）1993 年，获国务院政府特殊津贴；

（5）1997 年，实验遥感模型、地面基础以及数据精集获中国科学院自然科学二等奖；

（6）1997 年，获中国科学院野外先进工作者称号。

七、我的国外活动

先说说外语学习情况和感受。我从高中开始学习俄语，那时俄语是一门重要课程，老师教得好，整天笑嘻嘻，我的成绩还不错，俄文的一个特征是严格的词法、文法，凭着记忆力，稍用一点儿功就可以了，但限于课本和课堂教育，不会有另外的补习或阅读特别读物了。有一件小事印象深刻，俄文有一个字母是颤音，刚开始学俄文时，一段时间内，同学们在课堂上、操场上、宿舍里、路上都在学那个音。

上大学时，继续有两年俄语课程，课程内容是地理专业的俄文文章，目的是为阅读俄文文献打基础。我有高中较好的俄文基础，再加上同班同学好多初中时学英文，所以大学俄语成绩处于上游。

真正掌握一门外语，把它作为一个工具，是在进入地理所，记得地理所曾有一次俄语测试，我的成绩居上游。

我对外语学习的态度认真，真正把它当作一门工具，应当学好，而且可以学好。公认英语好的留美老一辈地理学家赵松乔说：我们中文都能学好，何愁外语？

得到别人指点帮助，对于能力提高十分重要。我刚进地理所那会，遇到留学苏联列宁格勒大学地理系归来的孙惠南，与他共同读书，觉得进步神速。

阅读俄文文献，我是过关的，但仅限于此，听说写都不行。随着中国反对苏联修正主义，以及逐步认识到我们水热平衡的学术方向更多需要利用英语文献，大约 1964 年，我开始学习英文。

总体来说，我是自学英文，达到听说读写的要求，这为我带来了方便和惠益。

刚开始，读一点入门书，了解英语，了解文法。“文化大革命”中，受批判，无事可做，学习“毛主席语录”英文版，借以学习英语。搞抑制蒸发课题时，吾师黄秉维把联合国机构出版的《抑制蒸发》摘译，用复写纸手写多份，我对照中英两版阅读，既获知识以促进工作，又学英文。大约 1975 年，“文化大革命”中，我把联合国机构出版的一本《集水节水技术》翻译成中文，然后带着译稿，到达农业出版社，请求出版。农业出版社接待并告诉我：此书计划出版，计划翻译者是北京农业大学水利系叶和才教授。我，一个无名之辈，一个普通的毛头小子，骑着自行车，穿行小径，从北沙滩地理所行至东北旺北京农业大学。我打听到叶先生住处，径直奔赴他家，敲开他家大门。我开门见山，诉说我能否参加叶先生的译书计划。谈话几分钟，叶先生回答我，你把译稿放此。之后，农业出版社出版了此书，我的名字放在第一位。叶和才是我国老一代留英的农田水利大家，他的扶持年轻人和团结包容人的精神，我终身难忘。

我学英文也上过一些课，一是中央广播电台的英语课，再就是“文化大革命”后期研究所组织的英语培训班，郑度院士的父亲从潮州来京探亲，教我们学基础英语，沈玉昌先生的夫人赵冬也教过我们，还有张力教我们学“英语九百句”。

大约 1978 年，对外开放，国家派出留学人员，我参加了在四道口语言大学教室内举办的英语考试，及格通过。

通过出国英语考试，那水平很有限，我捉摸并猜测，那张考卷难度可能不如当今的高考，而且只有笔试一项。

1979 年 11 月，搭乘中国民航班机，飞抵伦敦，这是我第一次出国，同行的有大约几十名中国科学院各研究所的留学英国人员。过海关时，少数人能与英国人对答，那时我们国内出国留学人员的外语水平达不到听说读写的水平。

中国科学院那时出国留学人员多，大约与其他部门派出的相等，我记得院高能所一位先生，常驻英国，管理和服务科学院留学英国人员，他把我们几十人安排进一个老百姓出租楼房里，生活自己打理，上英语补习学校，我至今记得，学校名称是 Regent School，学习一个月。学校是国际性的，各国学生都有，讲语法文法，中国学生第一，但讲到听和说，我们就差了，出国前没有外语环境，实践学习机会没有，对外国人的社会、生活、宗教、文娱等各种事务完全陌生，面对语言困难，只有加倍努力，才能尽快适应，方便学习生活和工作。

伦敦补习英语的一个月，提供了极好的游览机会。周末时，我们三五成群，带着巧克力跑遍伦敦各地，王宫、议会、天文台、伦敦桥、大英博物馆、唐宁街、马克思墓、唐人街，以及有几家售卖中国古董的小街，我们就凭徒步，一一拜访。

伦敦一个月，补习英语，然后各奔东西。

我留学英国，是根据中国科学院与英国皇家学会的协议，作为访问学者，开展学术研究合作。在英两年，我去了三个单位，一是苏格兰园艺研究所，二是赫尔大学地理系，三是英国诺丁汉大学生态和环境科学系。发表了两篇论文，均为第一作者，一篇是关于小流域水量平衡的，数据根据赫尔大学地理系的小流域试验，发表于 *Weather* 期刊上；另一篇是有关花生的水分关系，发表于 *New Phytologist* 期刊上，是在诺丁汉大学生态和环境科学系的研究，主要数据来自我利用该系的玻璃温室做的实验。

在英两年学术上有重要收获。了解水热平衡相关领域，国外的发展现状，尤其是研究方法、仪器设备，这些在国内，因为长时间与欧美少有交往，我们亟须学习他们的经验，促进我们的研发工作。诺丁汉大学生态和环境科学系，是国际上相关领域的领头羊，主任 J. Monteith，是英国皇家学会会员，著有该领域全球知名的专著和论文。有次，上海植物生理所王天铎和地理所江爱良访英，我带他们专程去洛桑试验站，参观这个历史超过 150 年的野外试验站，约见了已退休的彭曼教授，20 世纪 40 年代他提出了计算蒸发的公式，彭曼公式被普遍运用。

我在英国苏格兰园艺研究所，利用中子水分测定仪，研究大豆土壤水分一个生长季，并且知道国际上普遍采用。回国后，我向黄秉维先生提出，国内可以研制此仪器，黄先生与王淦昌先生一拍即合，原子能科学院组建了一个小组，利用中国自己的中子源，自行设计电路，国产中子土壤水分仪迅速投产，从而满足国内农林气象等方面的需要。

留英两年，我的英语有很大进步，尽量与英国人交流，周末总有各种活动，熟悉和了解他们，促进自己英语水平的提高，选择住处，尽可能不和中国人扎堆，而与英国人相邻，周围都是英国人，英语水平提高快。两年后，自我评价，英语达到听说读写“四会”的目标。

1989 年春，我飞赴美国休斯敦，出任中华人民共和国驻休斯敦总领事馆科技组组长，一等秘书。

这是我人生中一次重要的任职。往大里说，是为祖国出征，为人民效力，代表国家在国外工作，建筑两国交往桥梁，织密两国人民互联纽带，扎实工作，促进相互了解，推动交流合作。具体来说，我们广交朋友，加深友谊，互通信息，推动合作，服务大众。

外事工作同我从事的科研工作不同。外事无小事，一件件、一桩桩，必须服从领导，服从组织安排。外事工作的说话和做事，当然要站稳立场，维护国家安全利益，但不得违反所驻国家的法律。

科技组三人，另两位是王勇和王俊明，我年过五旬，他俩是年轻人，很有朝气，工作能力强，科技组顺利完成各项任务。四年任期大约过了两年，国家科委来文，我由一等秘书升至科技参赞，这无疑是对我工作的肯定，更重要的是对我们小集体的褒奖。

休斯敦是航天城，它所在的州是得克萨斯州，其以石油业闻名，是美国最具实力的州之一。休斯敦以石油专业人员为主的工程师协会，人数众多，休斯敦的莱斯大学本科排名美国前列，得克萨斯州有农工大，是很有影响的大学，我们同这两所大学有较多联系，促进了其与中国合作。

领事馆经常组织一些活动，丰富工作人员的业余生活，周末常到附近一些景点参观，还去了迪士尼，美墨边境的墨西哥小城，秋季到海湾钓螃蟹，业余生活丰富多彩。

在美国领事馆工作期间，我取得了小车驾驶执照。当时年龄偏大，国内少有私人汽车，我本没有学习开车的意愿。科技组的两个年轻人鼓励我，带我去无车路段，或去宽阔海滩，学习驾车。车是自动的——凯迪拉克车，挺容易，很快去考照。先考交规，事先阅览规则，考试轻易通过。路考也相当容易，一名交警坐副驾驶位，领我在车辆较少地段开了大约 10 分钟，就通过了。

还有一件国外活动值得一提。1995 年 9 月，我去了一次尼日利亚，这是我唯一的一次去非洲。此行应邀参加第三世界科学院大会，代表地理所接受第三世界科学院农业奖颁奖，奖词是:“本奖励表彰中国科学院地理研究所及中国科学院有关协作研究所在中国黄淮海平原综合系统地运用科学研究达到高效和可持续利用自然资源的目标获得杰出成就，他们也在促进该地区农业增产和农村经济方面做出了巨大贡献。”

八、《中国国家地理》的诞生

1997 年前后，我任地理所副所长期间，其时陆大道院士任所长，所领导班子讨论并决定，将所主办的一个科普杂志《地理知识》改版，指派我主持和领导此项任务。

《地理知识》，1950 年创办，已有久远历史，且是国内知名刊物，尤其在高考考试中设立地理科目的那些年份，该刊物成为中学生的重要参考书。当然还由于地理学科性质，中国具有众多特殊而吸引人的人文自然地理景观，以及中国人口众多，《地理知识》发行数量一直较大。

改革开放后，国内社会经济发生巨变，传媒业变化更甚，《地理知识》面临困境，发行量徘徊不前。曾经的辉煌不再，编辑部的开销紧张，人员收入拮据。更重要的是，杂志的社会地位降低。

《地理知识》面对新形势，需要改革。但改革面临风险，如不成功，一个几十年的名牌刊物被搞砸，一个办刊证整没了，带来的后果不堪设想。

面对困难，我有信心，一是来自我们研究所有实力，有足够的科学积累和人才支撑办刊；二是我心目中有现存的样板《美国国家地理》，图文并茂，内容丰富，又耐阅读，收藏价值高，世界闻名，全球发行。他们不仅做传媒，兼做电影、房地产诸多产业。

在当时，我脑海中还有一个简单想法，《地理知识》必须改革，原因很简单，我们的杂志、报纸，在书架上立不起，怎么在市场销售？

经过编辑部全体同志的共同努力，充分发挥老编辑作用的同时，起用一批有活力、能力强的人参与工作，发挥地理所自身作用的同时，寻求合作伙伴。

经过短时间的筹备，《地理知识》改版成功，《中国国家地理》诞生。那些日子里，我常去编辑部，与他们一起讨论和解决问题，一起与合作伙伴交流，一同接待《美国国家地理》的访华团，推动改版工作。

20 多年来，《中国国家地理》取得巨大发展，在中国目前几千家传媒中，其发行量居于前列，在科普传媒中，是个榜样。《中国国家地理》除了有中文版，还有新媒体、英文版和日文版，同时出版了《博物》《中华遗产》。

20 多年过去，几个人的《地理知识》如今成了媒体的一个知名品牌。我为地理所做成了这件事，为地理科普贡献了自己的微薄力量，至今仍在《中国国家地理》的顾问名单里，非常高兴。

九、编制地理研究所所志

2008 年北京奥运会结束，所领导决定开展所志编写工作，并指定所老科协主持。我年届七旬，时任中国科学院老科协地理分会理事长，就这样，我投入所志编写工作。老科协地理分会各位理事，也加入所志编研组，编研组团结协作，互相配合，依靠群众，收集材料，反复修改，反复讨论，完成了《中国科学院地理研究所所志（1940—1999）》（约 140 万字）和《地理学发展之路——中国科学院地理研究所科学活动回忆录（1940—1999）》（约 70 万字），于 2016 年由科学出版社出版，顺利完成了所志工作。

所领导坚定支持和全所几百人热情参加，保证了所志工作顺利完成。所志是横不缺项、竖不断线，依据事实，遍查档案，内容丰富，客观翔实的精品，成为地理研究所的完整历史资料，基本得到大家的认可。

我个人在所志工作中得到了锻炼和学习的机会，为研究所做了一件有益的事，其高兴程度胜于完成一项研究课题。

十、关于我老伴

本自序末段叙述我老伴。杨毅芬，江苏建湖人，1936 年 12 月 12 日出生在苏北水网地区的农家。1959 年毕业于南京大学地理系，与我一样，这年被分配至中国科学院地理研究所，即加入地貌室，跟随著名地貌学家沈玉昌先生从事河流地貌学研究，主要从事渭河、黄河研究，有多项学术成果。杨毅芬工作积极，努力学习，热情参加各种社会活动。“文化大革命”结束时，917 大楼的三个研究所兴办幼儿园，杨毅芬被遣担任幼儿园的领导；“文化大革命”结束后，杨毅芬曾任朝阳区人大代表；20 世纪 80 年代，研究所调动杨毅芬的工作，由地貌室到研究所图书情报资料室，任主任，由研究工作改为行政管理工作。我把此调动看作研究所对我们双职工的支持，解决双职工同时做研究需要长期出差在外的实际困难。

杨毅芬与我 1964 年 9 月结婚，有两子，大儿子和二儿子分别于 1967 年和 1973 年出生。与大多数女职工一样，杨毅芬除了本身业务工作，还担负着绝大部分家务，主管这个家，我工作有丝毫成绩，至少一半归她。

与那个年代许多职业妇女一样，杨毅芬的缝纫与炊事具相当水平。以缝纫来说，我们两个儿子婴幼儿时的衫和裤，绝大部分是她亲手缝制，孩子长大后，她又将这些衣物送给我们下一辈的年轻同事，供他们子女接续穿用。我到美国住休斯敦领事馆期间，老伴陪我驻外一年多，她积极参加领事馆各项活动，她们组织了一个服装小组，在布店购买价廉物美的各色布品，设计、裁剪、缝制，做出多种服装，居然在馆内开展服装穿着展示。

明年将是我和杨毅芬结婚六十周年，我们已有孙子，正在中国科学院遗传研究所攻读博士学位。我们一家是幸福的。感谢这个时代，我们成长于这个时代，又为这个时代做出了些许贡献。祝愿我们祖国实现社会主义现代化，实现中华民族伟大复兴。

唐登银 2023 年 1 月 20 日初稿
唐登银 2023 年 3 月 13 日第二次修改
唐登银 2023 年 5 月 15 日第三次修改

目 录

第一部分 唐登银实验地理文集

一、感知恩师黄秉维

二、实验地理学与地理工程学

三、土面增温剂

四、中国生态系统研究网络建设

五、蒸发测量与估算

六、土壤水分与作物-水分关系

七、农业开发

八、区域水资源

九、大学毕业论文

十、地理所所史编制

第二部分 实验地理众人谈

第三部分 唐登银地理诗歌

第一部分

唐登银实验地理文集

一、感知恩师黄秉维

奉献和求索

——我所认识的黄秉维先生*

唐登银

摘　要：本文从黄秉维先生在地理学、学习读书、追求真理三个方面的事迹回顾了先生的治学精神。

关键词：地理学　黄秉维

黄秉维先生于20世纪30年代投身地理科学事业，已经为其奋斗了半个多世纪。他把自己的一切奉献给了事业，他设计、组织和参与了中国现代地理科学的创立和发展，他是中国地理科学的一代宗师。他有超人的毅力，几十年如一日，不知疲倦地工作和学习，永无休止地求索，不断地攀登新高峰。他像许多科学家一样，既伟大又平凡，现实生活中的黄先生极其平凡，但他的言行显示出他的赤诚和纯真，令人可敬可亲。我于1959年到中国科学院地理研究所工作，跟随先生许多年，得益于先生指导，受惠于先生教诲，终生难忘。先生80寿诞，我有很多的话要说，苦于远在海外，工作在科技外事领域，手头没有任何相关的文献资料，只能根据记忆，把耳濡目染的一些事实记录下来，以便对大家了解黄秉维先生有所裨益。

1

黄秉维先生的奉献，首要的是对国家和人民。为国家强盛而工作，为人民福祉而奋斗，他付出了自己的知识、才能和全部心血。黄先生大力推动地理科学面向国家经济、社会发展，领导、组织和实际参与了一系列重大国家任务，解决了一系列亟须的、重大的、关键性的课题。就我直接参与或了解的而言，中国自然区划工作，应用和发展了地理区划的理论，建立了独特的中国自然区划体系，概括了中国区域地理几乎全部的成果，成为中国区域地理划时代文献，为中国制定农业、林业、牧业、环境利用改造等战略提供了坚实的基础。

黄土高原及黄河的问题，黄先生在几十年的科学活动中，始终给予高度重视，组织和参与了一系列工作，为治理工作提出了许多重要意见。治沙队和冰川队的工作，通过野外

* 本文发表于《地理研究》1993年第12卷第1期第35～40页。

考察和定位观察，基本掌握沙漠和冰川的地理分布，发生、发展规律，提出了治理沙漠和利用冰川的途径。水分平衡课题，一般人只以为这是黄先生20世纪50年代末60年代初提出的基础理论研究课题。事实上，这一课题是根据实际需要提出的。黄先生看到了中国发展农业的重要性和紧迫性，看到了我国北方严重缺水的限制条件，向国家科委、水利部、农业部、科学院各方面的领导和专家广泛宣传，逐渐得到响应，水分平衡才成为我国各方面长期进行并不断获得实际应用成果的课题。民勤、石家庄、德州、禹城、大屯定位站的工作，都带有强烈的实践性，按照我的理解，黄先生关于定位站的基本思路，就是摸清典型地理环境下的物质能量转换、迁移规律，区分有利、不利因素，采取正确对策，兴利除害，达到最佳的治理、改造、利用效果。山地坡地利用和开发，是黄先生近来经常考虑的课题。对农业、林业、牧业、区域发展，黄先生提出了许多实际建议。

黄先生的另一重大奉献，是他不断推动地理科学水平的提高。他有强烈的大局观，融合了中外地理科学的先进成果，吸收诸多相邻科学知识，在熟悉中国经济、社会脉搏的情况下，形成了他具有真知灼见的变革地理学思想。黄先生变革地理学思想，20世纪50年代末60年代初的一系列论文和演讲中反映得最活跃、最强烈，他提出了发展地理科学的若干新方向，强调地理学要由单纯描述转向描述、定量相结合的道路。他疾呼大力改善研究地理科学的手段，规划和领导了地理所实验室（站）的建设；他倡导具有地理科学背景的人应学习数学、物理、化学、生物学、技术科学，把地理科学建立在现代自然科学基础之上；他彻底排除门户之见，与相关产业界打交道，与相关自然科学交朋友，广泛吸取营养以壮大自己；他不在概念、定义上做文章，也不主张空洞的这派那派的无谓争论，而是脚踏实地做工作；他善于辩证地处理点和面的综合和分析，综合地理学和部门地理学等各种关系，使自己的研究工作既有地理学的综合、区域特点，又有较高的水平。黄先生的学术思想，影响了一代人，影响了整个地理学界。今天，我们看到，中国地理科学在国民经济中能发挥一定作用，中国地理科学水平整体上可能不亚于其他国家，是一批卓越的中国地理学家和广大地理工作者几十年奋斗的结果，但应当说，黄先生的奉献是举足轻重的。

2

黄秉维先生如饥似渴地读书，锲而不舍地探索科学真知，这是他能成为一个学科领路人的重要原因，他为地理界学人树立了榜样。

黄先生博览群书，读书之多，一般情况下常人无法与之相比。他是经过特许能进入中国科学院自然科学部图书馆书库的读者，他曾在图书馆书库读书而忘记下班时间被人锁在书库里；他在各种情况下读书，会议上、班车内、旅途中都在读书；他昼夜读书，整夜整夜地读书已经成为他的工作习惯；他到处找书看，科学院的、农科院的、水科院的、植物所的、情报所的图书馆，北京图书馆都留下了他的足迹；他对书市行情了如指掌，全国书讯每期他都过目，地理所图书馆订购图书时，他曾长期负责选书；他身体瘦弱，没有时令之分，也没有场合之别，总是背着一大包书籍；他生活在书的海洋里，他的知识正如那大海一样广阔而深厚。

黄先生读书，融会贯通，为己所用，使自己成为诸多学科的专家。他重视文献综述的文章，反复阅读那些重要的综述论文，例如关于蒸发测量、生态学等文献综述论文，不知阅读了多少遍，这使他对问题的定界、精髓、现有成就、尚存问题、未来发展了解得清清楚楚。他读书极其深入细致，为了自己实际工作的需要，有些重要书籍，例如地表面热量平衡、土壤土质的水分性质、栽培植物的水分循环，他反复阅读，中译本读起来不过瘾，还找来原版读，他把一本有关植物栽培中水分循环的书读到脱线，变成一本散页书，正因为这样，他不仅对原则问题能有精辟分析，而且对关关节节的具体问题都有深入的了解。

黄先生勤奋学习外文，其结果充分显露了他的外文天赋。他青年时期在中山大学地理系学习时受教于德国教授，读的是德文教科书，因此他德文有很好的根底。他并未留学，也未在国外长期居住，可他用英文撰写论文，完全达到了运用自如的程度。他在不惑之年，工作极其繁忙的情况下，学习俄文，像吃花生米一样地读单词，上班路上从口袋里掏出单词卡来学习，认识的放在一个口袋，不认识的放进另一个口袋，日积月累，单词关突破，俄文就被攻下来了。

他遵循“三人行，必有我师焉”的格言，抓紧一切机会学习，向一切人学习。在他已是著名地理学家的时候，他与自己上中学的孩子一起学习数学方程和微积分。他提倡地理科学背景的人学习数理化及技术科学，他身体力行，拜许多专家为师，虚心向他们学习。他拜群众为师，从他们那里学到了大量的实际生产经验。他出差工作，完全没有架子，虚心听取各级领导和群众反映的情况，从而得到了丰富的生产第一线实际材料。

此外，先生还经常阅读大量科学社会主义的经典著作及伟大人物的传记作品。《毛泽东选集》出版时，他先睹为快，出版发行后几天内就仔细读完了，并做了卡片。先生还非常关心国内外大事，报纸杂志上的重要消息文章都仔细阅读。唯一例外的是，几十年来没见过也没听说过他阅读过什么小说，大概不会是因为没有兴趣，而是等待他阅读的东西实在太多了。

黄秉维先生学识广而精，令人惊叹和佩服。他是地理科学的大师，又是许多门学科的行家里手，除地理学及其各主要分支学科以外，在生物学、农学、林学等相关学科也有很高的造诣。他与许多学科的科学家谈问题，都能找到共同语言，立论总是那么深刻而新颖。

黄秉维先生学而不倦，以读书学习为最大乐事，真正做到了活到老、学到老。黄先生刻苦学习、顽强求索的精神，值得我们永远学习。

3

黄秉维先生是一个受人尊敬的科学家，但他的确是一个极平凡的人。他生活朴素，对人坦诚，对事业执着追求的诸多品质，在日常生活中表现得清清楚楚，作为一个平凡的人生活在普通群众之中，从侧面反映出他令人尊敬的品德。

黄先生身居高位，长期担任许多重要职务，全国人大常委、学部委员、地理学会理事长、地理研究所所长等。他的外表给人的印象是一个极平凡的人，陌生人完全想不到他是一位科学家。他着装简单，冬天一件棉猴，夏天一件衬衣，经常穿着布鞋。他的饮食，可以说是简单而又简单，他似乎生来不懂得大吃大喝，在野外考察或在定位站工作，也从不特殊，和工作的同志及他的学生们共同分享，主要是通过吃饭了解与研究工作。吸烟大概是他唯一的生活嗜好，他吸烟多，近年有所减少，但据我观察，他吸烟大抵是一种习惯性动作，他吸烟不分贵贱，过去 1 角多的烟他都能对付。他的住房，没有专门装修，没有任何高级家具，唯独不能缺少和拥有大量的图书。他生活俭朴，对衣食住行的要求极低，他对社会的贡献巨大，而索取却是少之又少。

与生活标准形成强烈对照，黄秉维先生在工作上都是高标准严要求。他写文章，总是反复修改，似乎没有满意的时候，他经常说，不能把“披头散发”的东西拿出去。他的一系列专著和论文，绝大多数是他亲手完成的。他指导一大批晚辈和学生进行研究工作，严格地说，他们的许多成果也是他的成果，共同署名发表，古今中外，概莫能外，但我们看到他没有这样做。他长期担任《地理学报》的主编，绝不做不办事只挂名的事，他真正倾注了自己的大量时间和精力，为刊物的成长做了许多重大而实际的贡献。他评价自己的成果，总是用很高的标准去要求，就像他参与主持的《中国综合自然区划》《中华人民共和国自然地图集》这样的巨型成果，他也只是轻描淡写，不要求有大奖，他真正把名利看作身外之物。他指导手下的学生，既有原则性、方向性的指导，又有具体入微的帮助，不惜花费大量时间和他们谈话，循循善诱，把自己掌握的文献及书目交给学生研读。他喜欢认真读书、老实做学问的人，哪怕暂时没有成果，都能够体谅，而对浮皮潦草、短视的人则不以为然。他要求手下的学生多读书、多做工作，绝不利用自己的权力和地位庇护他们，在他的学生出国深造时，他一再强调基础还不够扎实，要求他们真正做好出国准备。他真正实践了责己严。

黄秉维先生追求进步，渴求真理，他总是讲真话，不折不扣地遵循实事求是的思想路线。他在 20 世纪 60 年代初写的思想小结，忠实地道出他 20 世纪 40 年代在国统区读进步书籍，对国民党腐败不满，觉得共产党比国民党好；如实地反映 1949 年后学习马列主义思想，参加社会实践的思想活动。他在“五七干校”每次写思想小结时，也总是认真分析自己的思想实际，有的小结很长，达到万字以上。“文化大革命”结束，他非常兴奋，誓言要把 64 岁当作 46 岁重新开始生活，他拥护“实践是检验真理的唯一标准”的思想路线，拥护改革开放的方针和政策，他努力投身于国家经济建设的行列。他对于一系列重大课题，如黄河治理、南水北调、植树造林，都是实事求是地提出看法。

黄秉维先生平易近人，待人坦诚。黄先生对人的称呼，除了少数例外，其他人一律为“先生”或“同志”，对知名科学家，如华罗庚，称呼为华罗庚先生，对其他人，上至部长、院长，下至处长、科长、研究人员和办事工勤人员，一律称同志，黄先生对手下工作的晚辈，总是体谅他们工作的辛苦，尊重他们的劳动，从各方面关心他们。“五七干校”时，一位厨师不幸病逝，他失声痛哭，令我们大家都深为感动。黄先生和最接近他的学生的关系，只是工作关系，没有什么请客送礼之类的事，唯一例外的是，20 世纪 60 年代黄先生任自然地理研究室主任的时候，每当年轻人结婚，他一视同仁、平等对待地把新人请到家里，吃一次黄师母料理的便饭，以表达他对新人的祝福。

黄秉维先生心胸开阔，性格刚强。几十年我没见过黄先生发脾气，“反右”和“文化大革命”他都受到冲击，可从未听到他对批判他的人有所抱怨，工作再艰辛，环境再恶劣，他总是冷静沉着，通过反复的工作去解决问题。

黄秉维先生似乎没有什么文体娱乐爱好，他把全部时间用于读书和工作了。有时候我想，作为一个普通的人，黄先生达到了超凡脱俗的境地，实际上只不过是他为了事业，一切兴趣爱好和文体活动都抛到了脑后。

黄秉维先生同一切人一样，也有他的不足之处，他深知科研组织领导非其所长，在博览群书之中，因而十分注意掌握本学科进展，从相关学科撮取新的理论方法，并经常把自己借到的书刊推荐给同行或学生，为引导我国地理学做出突出贡献。他做学问一丝不苟，谦虚谨慎，做总结、写文章反复斟酌，不轻易出手，这种不足，正是他突出优点的延伸。不然的话，他可拨出多一点时间为我们写出更多的历史性巨作；不然的话，他本可以率领我们攻克更多的科学高地。

我第一次见黄先生是在 20 世纪 50 年代的后半期，那时我以一个中山大学地理系学生的身份听了先生来穗赴母校的演讲，30 多年过去，先生演讲时的热烈场面仍记忆犹新。1959 年我进入中国科学院地理研究所，长时间与先生共处，许多往事历历在目：曾目睹先生在甘肃民勤的沙丘上仔细观察暴风搬运沙粒的情景，曾出差与先生共处一室，与先生共同领略石家庄的干热风，曾在渭河阶地上与先生一起观赏金色的麦浪，曾共同经历了“五七干校”艰辛的生活，曾聆听过先生无数次的亲切谈话，曾领受过先生的一张张文献卡，曾接受过先生对我婚礼的热情祝福……

黄秉维先生是我的恩师，他教我做人，他指导我工作，他是我最尊敬的老师。谨对先生致以最诚挚的祝愿。

奉献农业　发展学科

——对黄秉维院士农业研究工作的认识*

唐登银

摘　要：本文简述了黄秉维院士农业研究工作的光辉历程，分析了黄秉维院士农业研究工作的特色，强调学习黄秉维院士的精神。

关键词：黄秉维学术思想　农业研究

1　光辉的历程

黄秉维先生重视农业，并倾注了大量的心血，有关农业的研究工作成为他研究活动的主要组成部分。黄先生的农业研究工作对中国农业生产做出了重大贡献。作为中国地理学会和中国科学院地理研究所的领导人，黄秉维有关农业研究工作的实践和理论在地理学界有着广泛而深刻的影响，而且影响了几代人，带动了全国地理学界把服务农业作为一项重要任务，使中国地理学在农业领域占有一席之地。

黄秉维先生关注农业由来已久，还在20世纪50年代初期任中国科学院地理研究所所长之前，他就认为地理研究所应涉及农业。中国科学院致函黄先生征求对建立地理研究所的意见时，他复函主张进行3项研究[1]——黄河中游水土保持、南方山地利用、厂址选择，前两项都是与农业有关的研究工作。其后在地理研究所工作近50年，他一直把广义的农业作为地理研究所的服务对象[1]，这反映了竺可桢先生的意见，完全符合地理学本身的学科特点，充分满足了国家生产的需求。

对于地理学与农业的关系，黄先生有极其深刻的论述，他在《总结过去，展望未来》[2]中指出："中国人口大部分是农村人口和农业人口，全国12亿人口所需粮食也必须能基本自给。农业的重要性将长期保持下去，农业成为地理研究所的重要对象也将长期保持下去。"这是黄先生对地理学与农业关系朴素而又精辟的论述，也是黄秉维先生近50年把主要精力倾注于农业的生动写照。

黄秉维先生有关农业的研究工作十分广泛。他发起、主持、参与的项目有：黄河中游

---

* 本文是在1998年2月13—15日召开的"黄秉维学术思想研讨会"上的报告，后发表于《地理科学》1998年第18卷第3期第199～204页。

水土保持考察和黄河流域规划[3,4]、中国综合自然区划[5]、自然地理学的3个新方向（水热平衡、化学地理、生物地理群落）[6]、地理学的定位实验研究（石家庄、德州、禹城、栾城、北京）[7]、农业生产潜力[8]、农业区划[2]、南方坡地改造和利用[9]、抑制蒸发及土面增温剂的研制和应用[10]、华北水资源与农业发展[11]、黄淮海平原旱涝盐碱地改造的试验示范推广[2]等。此外，他还就三峡水利枢纽工程移民和坡地利用、北方植树造林、黄土高原农业发展、中国农业发展、未来全球变化与农业关系发表了一系列重要意见。

中国科学院地理研究所以及全国地理学界，有关农业的研究成果不胜枚举。一大批成果在农业生产中发挥了重要作用，产生了明显的社会效益、经济效益、生态效益，也推动了农业科学和地理学的发展。这一切，都与黄先生的倡导和示范分不开，与黄先生的理论和实践有关。

笔者随黄先生在地理研究所工作近40年，得益于先生的教诲，长期涉足农业领域，对农业有所知晓，对黄先生的农业研究工作有一些体会。为庆贺先生85岁华诞，谨成此文，其目的是通过回顾黄秉维院士的研究工作，推动我们今后的工作。

2 独树一帜的农业研究工作

黄秉维院士长期而又广泛地从事农业研究工作，他的工作极具特色，既有别于农学家的工作，又把传统地理学推到一个新的境界。黄先生的农业研究工作，除了少数借鉴于苏联地理学外，在世界上可以说是独树一帜，开辟了地理学发展的一片新天地。他接纳农学、林学、畜牧学等应用学科和土壤学、气候学、植物学、生态学等基础学科的知识，采用新的方法（主要包括运用数理方法和实验方法），令地理学的科学基础更加牢固，使地理学解决实际问题的能力不断提高。应该怎样认识黄秉维先生的农业研究工作呢？笔者认为有以下几点。

（1）强烈的实践性。黄先生的农业研究工作针对的是我国农业生产实际，而且是要诚心诚意地解决生产问题，这是他青年时期怀抱科学救国人生哲学的延续，也是一位科学家良知的具体体现。他的课题源自我国生产实际，他的研究工作紧密围绕我国实际，他博览群书都是为了我国的实际。他不做追求形式、为科学而科学、为论文而论文的事，而对于以联系生产为名追逐名利之举的做法更是深恶痛绝。黄先生对我国农业发展战略提出了很有见地的意见，例如1964年他提出了发展农业生产的3个技术途径[12]：“一是提高单位面积产量和扩大耕地面积，二是建立以多年生木本作物为对象的农业，三是建立具有半工业性质的农业（此外‘海洋农业’也大有发展希望）。”黄先生的区域研究工作，为地理学服务于国民经济提供了范例，例如《中国综合自然区划》明确指出[5]：“此次区划的主要任务系为农、林、牧、水利等事业的规划与先进经验的推广，提供一些科学根据。”他说到做到，《中国综合自然区划》已成为我国许多产业部门决策时的重要参考物。黄先生倡导的农业生产潜力和实验地理研究，解决了农业生产中的水、肥、土管理和技术问题，已成为不争的事实。

（2）突破学科约束服务农业。地理学服务农业，应当说鲜有成功经验，作为地理学家的黄秉维，20 世纪 50 年代以前也较少涉足农业，因此，如何服务农业是摆在黄先生面前的艰难课题。黄先生深知此种情况，他在 1964 年对这些进行了分析。他指出[12]，原则上，地理学家们“都提到想到要研究地理环境，强调地理学的综合性、区域性”，而“农作物的生长发育与自然条件息息相关，综合分析农田的自然条件无疑是可以有助于农田的生产和建设工作”。但实际上，对于地理学家们来说，“关于农田自然条件，了解得不够广，不够深；综合分析农田自然条件，缺乏经验；尤其困难的是，实际生产知识、农业科学知识都很贫乏”。在这里，黄先生讲了地理学家的长处，也深刻揭示了地理学家的先天不足。接着他指出：“只要有诚意、有决心、有干劲、事先尽可能多地作准备，在工作中，向农民、农业科学技术工作者学习，向大自然学习，工作告一段落，再回过来，检验自己的工作，总结经验教训，经过几次反复，逐步地变不知为知”，服务农业“大有作为大有问题”便可能有一天转变为“大有作为问题不大”。黄先生在这里强调要通过学习而克服不足，重要的是要突破地理学的约束。

（3）超越时代的研究工作。黄先生的研究工作具有超前性，在中国与外部世界交流很少的情况下，他瞭望（这是 20 世纪五六十年代黄先生多次运用的词）国际地理学、农学、林学、水文学、土壤学、气候学、生态学……的发展动态，将先进的理论和方法引入自己的研究工作。对农田生态系统进行能量平衡、水分平衡、养分平衡的研究，对作物生产潜力进行系统分析，在服务农业中引进土壤-作物-大气连续系统的概念，在研究工作中坚持土壤圈、生物圈、大气圈、水圈相互影响、相互关联的思想，在国内无论对于地理学还是农学来说，都是开创性的。与国际水平相比，黄先生领导的农田生态系统的物流、能流研究总能跟上时代的步伐，而这些研究一直是几十年来“国际水文十年计划”“人与生物圈计划”“国际地圈生物圈计划”等一系列国际科学计划的核心。研究工作超前的一个重要标志是研究方法和研究手段，黄先生历来重视用实验方法研究农业问题，强调采用先进仪器设备，并在长时间的研究工作中，取得了一系列重要进展。可以毫不夸张地说，世界上研究农田生态系统物流和能量流的先进仪器都已进入黄先生的研究工作。有些国际上先进的仪器设备，黄先生领导的地理研究所的研究人员还开展了研制和改进工作，例如测定总蒸发的大型蒸发渗漏仪，测定总蒸发的波文比装置，测定 CO_2 和水汽流的涡度相关装置，测定土壤水分的中子探测仪，测定作物冠层温度的红外测温仪等。

（4）以广阔的视角观测农业。黄秉维先生把农业看作一个巨系统，地理学的综合特点对于研究复杂的农业可以充分发挥作用，《中国综合自然区划》是黄先生广阔视野、观察中国农业的典型例子，实际上这一成果是中国自然条件与农业生产关系的综合分析，对于因时因地发展中国农业的宏观决策有重要意义。黄先生研究农业不仅考虑农业的自然方面，也重视社会经济方面，他指出[2]：“现在中国在向社会主义市场经济转变过程之中，不能不考虑生产成本、运销成本、市场价格”；“不计算经济效益不行，一年生作物如此，多年生作物尤其如此。避开这一条，就是置生产发展的经济持续性于不顾”。黄先生从全球角度研究中国农业问题，他的研究工作融入了国际上的先进理论和方法，同时他还特别指出要“对日本、韩国在经济发展中的农业经营，法国、德国、英国、美国对农业的补助，荷兰、丹麦、以色列农产品的市场有较全面的认识”。黄先生的农业研究工作既重视当前实际问题的解决，又着眼于长远，他在全球变化与中国农业关系的工作中，对未来中国农业受全球变化影响冲击的情势就分析得比较客观和全面，他在20世纪60年代中期提出发展中国农业的3个技术途径，一直到今天仍有现实意义。

（5）实验性。地理研究工作传统上主要是区域性的工作，方法主要是考察和其他资料的汇总，基本上是一种“纸上”工作，为宏观区域决策提供依据。20世纪40年代苏联地理学在实验研究上有发展。概括苏联地理学的经验，以及从《中国综合自然区划》的不足中，黄先生深切感到[1]：“原来要发展地理环境中的物理、化学、生物过程的研究及实验地理学研究的想法，由此而进一步加强。”经过几十年的努力，中国实验地理学已有很大发展，这是黄先生发展地理学的一个历史性贡献。实验地理学的发展令中国地理学在国际上独树一帜[7]，使地理学在国内多学科激烈竞争中的地位有所增强。黄秉维先生倡导的实验地理研究工作推动了地理学下述几个转变：由单一“纸上”工作到“纸上”工作与“地上”工作相结合；由单一区域性的工作到点片面相结合；由以定性为主到定性定量相结合；由以综合为主到综合分析相结合。

3 完整的学术思想体系

黄秉维院士是中国现代地理学的开拓者，他的学术思想长时间地影响着中国地理学界。他的主要科学活动在农业上，他的学术思想主要是在农业研究工作中形成和发展的。黄秉维学术思想指导着他本人及带动着中国地理学界的农业研究工作，同时又在农业研究的科学活动中不断完善。全面准确地认识黄秉维学术思想，对于地理学的研究工作有着重要意义。黄秉维学术思想是一个完整的理论体系，既包含“综合”“区域”思想，又加入了许多新的内容，把传统的“综合”“区域”思想推进到了新阶段。黄秉维学术思想体系组成如下：

（1）综合是地理学存在的依据。早在1944年黄先生在《地理学之历史演变》中明确提出[13]：“地理学为一种综合科学”，这从学科的性质上论述了“综合”在地理学的作用，即离开了“综合”，地理学就不复存在。在为《自然地理综合工作六十年——黄秉维文集》一书写的“自述”中，黄先生谈到了20世纪50年代就任地理所所长期间对地理学的思考，明确提出[1]“综合是地理学存在的依据”。

（2）综合的核心是揭示地理环境成分之间和过程之间以及它们之间的相互联系。各种成分资料的堆积（如把地质、地貌、气候、水文、土壤、植物等机械地叠加在一起），对与主题毫无关联的自然条件加以罗列（如研究农业时不遗漏地给出各种气候数据），都不能算是成功的综合。

（3）综合思想指导下的分析工作是加强地理学能力的根本途径。黄先生的科学活动扎实而精细，十分注意分析工作，强调自然地理过程的研究，提倡用数理化生的知识和新技术发展地理学的深入研究。但在进行分析工作时，黄先生遵循着苏联科学院院士凯勒提出的原则[14]：“为了分析，便不能忘记综合，为了一部分，便不能忘记全体。”

（4）不同空间尺度的地理综合体都要采用综合思想开展研究工作。黄秉维先生是不同空间尺度研究相互结合的典范，他的研究工作，既包括巨大系统（如地球系统科学、全球变化），也包括区域尺度的系统（如中国自然区划、黄土高原水土保持、华北平原农业和水分问题、华南坡地利用、黄河和长江问题等），同时倡导和投身微小空间尺度的过程研究。黄先生的综合思想，渗透于不同空间尺度的研究中，其成果也都反映出地理学的特色。

（5）复杂的实际问题的解决有赖于综合。黄先生忧国忧民，关注着各种实际问题，如中国农业和粮食生产、中国林业发展、全球变化的区域响应及对策、北方水分短缺、南方坡地利用……提出了许多真知灼见。

（6）综合工作任重道远。越来越多的人注意到现代科学发展的一个不足，即综合学科发展不够，交叉学科联合工作效果不佳。社会实际对综合和交叉有紧迫需求，上述不足严重阻碍了科学和社会的发展。国际地球科学信息网络集团总裁米勒博士鲜明地指出这一点。黄先生几年来反复引用她的观点，疾呼地理学应加强综合研究。

4　催人奋进的精神

黄秉维院士从事农业研究工作近50年，涉及广阔的领域，为国家农业生产的发展做出了巨大贡献，同时，也在服务农业中推动了地理学及农业科学的进步。黄先生农业研究工作的理论和实践是一笔宝贵的财富，我们应当珍惜。尤其重要的是，黄秉维先生工作精神更值得我们继承和发扬，以迎接新时期的新任务。

应当学习黄先生热爱国家、奉献农业的精神。农业问题依然是国家的头等大事，老的问题并没有完全解决，如人口增长和资源短缺，同时面临许多问题，如环境压力越来越大，市场供需关系，国内外竞争等，都需要科学技术做出回答。农业领域依然对科学技术有紧迫的需求，农业有作为，地理学应当为农业做出新的努力和奉献。

应当学习黄先生不断创新的精神。随着科技进步和农业的发展，地理学要不断革新，才能跟上时代的步伐。在世纪之交，中国农业已进入一个新阶段，农业正在实现历史性的转变，包括：自给自足粗放型经营→产业化、集约化经营；农业生产为主→农业生产、农村经济、乡村建设；主要向耕地要农产品→面向全部国土（包括水域）要农产品；种植业为主→农林牧副渔全面发展；改善不利自然条件为主要特征的中低产田治理（治坡、治土、治水、治沙、治碱等）→大力实施稳产高产高效农业（种子、水、肥、其他各种科技和物资的投入等）；关注农业生产的近期发展→关注农业持续发展。为了适应这些转变，地理学家必须吸收新东西，研究新问题，开辟新道路。

应当学习黄先生深刻的理论思想。深刻的理论思想首先反映在研究对象的选择上，农业问题千头万绪，研究工作必须谨慎选择做什么和怎么做，选择的标准应当是把国家需求和自身学科结合起来，最有效地为农业服务。深刻的理论思想还反映在黄先生科学活动的一个中心任务是揭示自然界的本质，这就要求在农业研究工作中，深入研究自然过程（或生态过程）的规律，这些规律的发现将指导农业生产实践，同时可以丰富和发展地理学。深刻的理论思想要求研究工作有良好的武装和独特的方法，这包括吸收数、理、化、天、地、生各种学科知识，应用包括遥感、地理信息技术在内的各种新技术，研制和采用最新的仪器设备，开展实验研究等。在庆贺黄秉维院士85岁华诞之际，相信广大地理界同人一定会从他的农业研究工作获取教益，为我国农业的发展做出更大的贡献。

参考文献

[1] 黄秉维. 自述//《黄秉维文集》编辑小组. 自然地理综合工作六十年——黄秉维文集. 北京：科学出版社，1993：Ⅴ-XXVI.

[2] 黄秉维. 总结过去，展望未来（代序）//许越先. 地理学与农业持续发展. 北京：气象出版社，1993：I-V.

[3] 黄秉维. 陕西黄土区域土壤侵蚀分区的因素和方式. 地理学报，1953，19（2）：163-186.

[4] 黄秉维. 编制黄河中游流域土壤侵蚀分区图的经验教训. 科学通报，1995（2）：15-21.

[5] 中国科学院自然区划工作委员会. 中国综合自然区划. 北京：科学出版社，1959.

[6] 黄秉维. 自然地理学一些最主要的趋势. 地理学报，1960，26（3）：149-154.

[7] 唐登银. 实验地理学与地理工程学. 地理研究，1997，16（1）：1-10.

[8] 黄秉维. 自然条件与作物生产//《黄秉维文集》编辑小组. 自然地理综合工作六十年——黄秉维文集. 北京：科学出版社，1993：183-256.

[9] 黄秉维. 华南坡地利用与改良. 地理研究，1987，6（4）：1-14.

[10] 丘宝剑. 土面增温剂及其在农林业上的应用. 北京：科学出版社，1981：1-142.

[11] 黄秉维. 华北平原农业与水利问题及其农业生产潜力研究//地理集刊（第17号）. 北京：科学出版社，1985：1-14.

[12] 黄秉维. 发展农业生产的途径与农业自然条件. 地理，1964（5）：197-199.

[13] 黄秉维. 地理学之历史演变//《黄秉维文集》编辑小组. 自然地理综合工作六十年——黄秉维文集. 北京：科学出版社，1993：1-8.

[14] 黄秉维.《热水平衡及其在地理环境中的作用问题》前言//《黄秉维文集》编辑小组. 自然地理综合工作六十年——黄秉维文集. 北京：科学出版社，1993：156-157.

黄秉维院士开创自然地理研究新方向*

唐登银

摘 要：黄秉维先生一生致力于综合自然地理研究，是卓越的自然地理学家。更加难能可贵的是，在成绩面前他总能看到地理学的弱点和自身工作的不足，提出革新自然地理学的思想，从而开启了中国综合自然地理研究的新方向，对中国地理学界产生了深刻影响，成为中国20世纪自然地理研究的一代宗师。

关键词：黄秉维 新自然地理学 禹城站

1 两项奠基性研究工作

1.1 《中国地理》

20世纪30年代，国民政府国防设计委员会确定一项任务：聘请朱自清、傅斯年、张荫麟、丁文江、翁文灏等撰写《中国文学》《中国历史》《中国地理》，作为中学教材。在那个科学落后的年代，这是为了对国民进行国情教育而设立的国家重大科学工程。1935年，黄秉维才22岁，大学毕业不久，受丁文江之邀，独立编撰《中国地理》。对于地理学而言，没有类似工作；对于黄先生本人，是他科学人生的初显身手，可以称得上是“开山之作”。

1935—1937年，在丁文江、翁文灏先后指导下，黄秉维依据地质调查所丰富的文献和标本，边干边学，完成书稿章节：气候、水文、土壤、植物、地理区域。1937年抗战爆发，黄秉维从南京内迁；1938年年底，到浙江大学（广西宜山）开始教书生涯，继续中国地理研究工作，一直到1943年。由于在当时特殊情况下，《中国地理》的编撰没有留下完整书稿。部分存留书稿刊登于《自然地理综合工作六十年——黄秉维文集》《地理学综合研究》，如中国气候区划、中国植被区划，至今仍具参考价值。

1.2 《中国自然区划》

20世纪50年代，黄秉维担任中国自然区划工作委员会副主任，协助竺可桢主任，组织全国顶级地球、生物科学家，汇集地学、生物学之成果，编辑出版中国气候、水文、地

* 本文发表于《地理科学进展》2013年第32卷第7期第1024～1026页。

貌、土壤、植被、动物、潜水区划，并主编《中国自然区划》。《中国自然区划》是一项巨大工程，是研究中国自然状况的集大成之作，既为国家社会经济发展提供了理论依据，也是教学机构的重要教材。

《中国地理》和《中国自然区划》，一部是开山之作，另一部是集大成之作，体现了黄秉维先生在地理学领域的卓越成就。

2 对自然地理学科发展的思考

黄先生不满足于已有的成绩，不拘泥于已有的格局，不轻信前人的结论，不在困难面前停止自己前进的步伐，而是善于思考，勇于实践，不断发展地理学，为国家和人民做出贡献。黄先生对地理学的思考建立在牢固的基础之上：一是先生本人丰富而精深的科学实践活动；二是国内外科学技术发展的最新态势；三是国家社会经济建设的实际需求。以下列出先生在20世纪四五十年代对地理学发展的一些评述，以便直观地了解黄先生对自然地理学发展的思考。

“当19世纪之后半期，地理知识与日俱增，地理学特点与地位沉浮不定。”

“在地理研究所筹建期间（1950—1952年）至我调到地理研究所（1952年）以后，与竺（可桢）先生讨论了好几次，思考大致相同：综合是地理学存在的依据，但肤浅的综合站不住脚，必须有分科的深入研究，而且不能有重要的缺门。”

“直至不久以前，它（自然地理学）不但基本上没有走出经验性、描述性的范围，理论基础非常薄弱；就是用来观察、辨识自然的特点和动态的方法，一般也不够精确……所能达到的视野还有很大的局限性，不能提供充足的、为认识地理环境所必需的资料。”

“自从19世纪末期以来，为了研究的方便，自然地理学被划分为许多专业，逐渐地自然地理学本身变成了事实资料以及基础不同的、局部的、理论的综合体，总的趋势是日益衰颓，在有些国家（如美国）甚至‘无疾而终’。”

“老路肯定是走不通的绝路。抓新理论是自然地理学起死回生，成为有朝气、能为人类造福的科学的唯一康庄大道。热量平衡、水分平衡及其在地理环境中的作用的理论就是自然地理学最重要的基本理论。”

“50年代的综合自然区划工作虽然不能说一事无成，但实际成就与初衷相距甚远。我更深切地认识到自然地理研究的意义和困难，充实和扩充自己科学基础的必要性，寻求友军的重要性。我原来要发展地理环境中物理、化学、生物过程的研究及实验地理学研究的想法，由此而进一步加强。”

黄先生对地理学，特别是自然地理学所持的批判态度，反映了当时科学界的总体看法。据中国科学院档案资料，1950年中国科学院讨论设立地理研究所一事时，便存在不同意见，一些影响力较大的重要科学家均对地理学的特点和地位提出质疑，对成立地理研究所持消极态度。

3 对新自然地理学思想体系的完善

经过深思熟虑，黄先生提出发展自然地理学的想法，1960 年发表的《自然地理学一些最主要的趋势》一文，完整阐述了他的新自然地理学思想体系，主要包括以下几个方面：①提出发展热水平衡、化学地理、生物群落地理 3 个新的研究方向；②倡导综合研究地表物理、化学、生物过程；③主张将数、理、化、生的知识、方法和新技术应用于地理学；④强调发展实验地理学。

这一思想体系带来了自然地理学研究的巨大变化，表 1 列出了传统自然地理学与黄秉维倡导的新自然地理学之间的对比。

表 1 传统自然地理学与新自然地理学的对比

传统自然地理学	新自然地理学（黄秉维倡导）
区域研究	区域和过程相结合
综合研究	综合与分析相结合
宏观研究	宏观与微观相结合
定性研究	定性与定量相结合
地理调查和制图	强调野外试验
较少野外试验	

新研究方向的科学内涵，用一句话表述，就是物质迁移、能量平衡及其在地理环境中的作用。具体包含以下几方面：①能量转换和能量平衡；②物质迁移和物质平衡（水、沙、盐、碳、氮等）；③环境要素与生物关系；④环境要素可控及管理；⑤实验方法研究（地理过程的观测）；⑥定量方法研究（地理过程的数学方法与综合）。

在提出新自然地理学思想的那个年代，地理学界大多数人对此持观望或消极的态度，对地理过程开展实验研究所必需的人才、经验、装备等条件也十分缺乏。黄先生已过不惑之年，以巨大的勇气，提出新的思想并带头实践，令人钦佩。

4 学术思想深刻改变中国自然地理学研究

黄先生的新自然地理学思想对中国自然地理研究产生了深刻影响。

（1）地理研究所及其他地理研究机构建立了一大批实验室和野外试验站，研究能力大幅提高。

（2）区域研究有了更扎实的基础，由下而上的区域尺度转换得以实现，地理环境参数的物理意义更加明确，地理界线更加清晰。

（3）为一些专题（如森林的作用、坡地利用、作物增产、全球变化等）的解决提供了更为充分的理论依据，得到的科学认识也更为深刻。

（4）新的研究方向上的许多研究成果可以直接用于实践，如旱涝盐碱治理、中低产田改造、水肥管理、荒漠化防治、土壤侵蚀控制等。

（5）中国科学院地理研究所的化学地理研究方向较早开始中国环境污染和地方病防治研究，并取得大批成果。

（6）中国科学院地理研究所大力开展热水平衡、水循环研究，为解决黄淮海平原旱、涝、碱问题，及中低产田治理，做出了突出贡献。

（7）新的研究方向涉及更多学科领域，如小气候、辐射气候、近地面层物理、地球化学、土壤化学、水化学、水文物理、生态水文、植物生理生态学、农学、林学等，提高了地理学综合研究的能力，避免了地理学被边缘化。

新自然地理的研究方向走在了世界相关领域前沿，使中国自然地理学的学科发展具有鲜明的特色，研究能力、研究水平、解决实际问题的能力达到甚至超过了国外地理研究和教学单位。20世纪60年代以来，国际上出现的“国际水文十年计划”“人与生物圈计划”“国际地圈生物圈计划”跨学科研究计划，以及全球变化、荒漠化、可持续发展等热门议题，在研究目标、研究内容、研究框架等方面与黄先生倡导的自然地理研究新方向基本一致。因此，中国地理学界在面对国际上不断发展的科学态势时，能够从容应对，在生态、资源环境等研究中占有一席之地。

5 新自然地理学研究案例——禹城站实验地理研究

中国科学院禹城综合试验站（简称禹城站）的建立离不开黄先生的指导和帮助，其科研工作也是在黄先生提出的热水平衡方向上展开，是黄秉维新自然地理学术思想的成功实践。黄先生曾对禹城站的工作给予肯定，指出禹城站的工作“有三个特点：一是年限很长，前后长达30年；二是绝大部分工作与生产相结合，与地方主管农业机构密切结合；三是以试验为主，试验又以开发试验为主。中国地理学界的工作中，兼具此三个特点，而且都达到如此程度的似乎还没有别的先例”。

禹城站的实验地理研究取得了广泛成果：

（1）禹城站研究内容广泛，涵盖了农田生态系统物质迁移和能量转换的诸多过程，提供了农田生态系统的基础信息，包括热量平衡，水量平衡，盐分平衡，作物-水分、盐分、养分关系，作物生产力等。

（2）禹城站研究工作起点较高，跟踪国际科学发展动态，在一些领域取得了具有国内外领先水平的科学成果，如陆面蒸发和水面蒸发、作物（包括牧草）需水耗水、非饱和带土壤水分运移、热红外实验遥感等。

（3）禹城站开展实验地理研究时，时刻不忘解决当地旱涝、盐碱、风沙等问题，紧密联系生产实践开展实验研究工作，在灌溉、节水、改碱、增产、节肥方面进行了许多试验，为农业技术提供了支持。

（4）禹城站将实验方法学放在重要位置，布设了一批野外试验场，如水面蒸发场、养分观测场、水平衡试验场、水肥耦合试验场、遥感试验场等，研制了一些性能优良的仪器设备，如大型称重蒸发渗漏仪、中子水分测定仪、波文比蒸发测定仪、水碳涡度相关测定装置、比辐射率测定装置等。

地理工程学在禹城站收获颇丰，产出了一系列农业技术和模式：

20 世纪 80 年代初，提出治理盐碱地的井（打井）、沟（灌排沟渠）、平（平整土地）、肥（肥沃土壤）、路（修建道路）、林（防护林）、改（作物改制）综合配套技术；80 年代中期，发展了 3 种洼地类型（重盐碱、渍涝、风沙）的中低产田治理开发技术；80 年代末，提出农牧结合配套技术体系；90 年代，提出农业持续发展和资源节约型高产高效农业的综合技术。

进入 21 世纪，又提出节能、节水、节药、节肥、网络信息化的“四节一网”高产高效现代农业配套技术。

通过地理工程学的工作，禹城农业自然条件发生了根本改变，农业生产有了翻天覆地的变化，贫穷落后大大改观。与此同时，研发的农业技术和生产模式，被称为“禹城经验”，在山东省、华北平原乃至全国产生了深刻影响。

感知黄秉维先生*

唐登银

一

黄秉维先生是我的恩师。1959 年秋，我大学毕业，进入地理所，被分配到自然地理室，参加由黄先生领导的水热平衡工作。1960 年，黄先生以国家科委西北防旱组水分平衡分组组长的名义考察西北，我随同前往兰州、武威、民勤等地。1961 年，黄先生选定冬小麦耗水规律的课题，企望指导灌区用水和农田灌水实践，黄先生带领孙惠南、赵名茶和我去河北石家庄和陕西武功利用石津灌区和陕西农科院灌溉所的实测数据开展研究工作，其间我陪黄先生住水保所招待室。1962 年，黄先生派我参加方正三先生领导的德州农田蒸发观测研究。1963—1965 年，黄先生指导、丘宝剑领导开展了石家庄农田水分平衡实验，我分担农田土壤水分的研究工作。“文化大革命”期间，黄先生和我是“五七干校”（湖北潜江）的同期同连战友，也是土面增温剂科研任务组的同事。1979 年冬至 1981 年冬，我赴英国进修，从事土壤水分、地表蒸发、植物叶片气孔传导的实验研究，得到黄先生的关怀和支持。20 世纪 80 年代，我在山东开展农田水分平衡、能量平衡、蒸发、农业开发工作，任中国科学院禹城综合试验站站长，得到黄先生的悉心指导和大力支持；同时他要求我经常参与由他创建的大屯实验站的科研活动，促进两站共同发展。1993—2000 年，我进入地理所领导班子，一段时间内与担任名誉所长的黄先生共处一间办公室（准确地说，是挤占黄先生的办公室），经常得到黄先生的教诲和支持。从 1959 年到 2000 年的 41 年，我紧随黄先生，黄先生与我不是亲人胜似亲人，引我迈入科研门槛，指导我的科研工作，教育我做人做事，我永远不会忘记黄先生的恩情。

二

黄先生是大地理学家。20 世纪 50 年代，黄先生提出发展自然地理学的水热平衡、化学地理、生物地理群落三个新方向，倡导研究地表物理、化学、生物过程，主张运用数、理、化、生知识和新技术于地理学，强调发展实验地理学。黄先生变革地理学的思想颠覆

---

* 本文摘自《地理学发展之路——中国科学院地理研究所科学活动回忆录（1940—1999）》（科学出版社 2016 年出版）第 79～81 页。

了人们对地理学的认识，也带来地理学研究的转变：由不或少进行实验到强调野外实验，由区域研究到区域过程研究相结合，由综合研究到综合与分析相结合，由定性研究到定性定量相结合，由宏观研究到宏观微观相结合。在黄先生发展自然地理学思想的指引下，地理研究所三个新方向的研究获得迅速发展，短时间内建成了许多实验室，建立了多个野外实验站点，培养了一批人才，地理研究所的实力大为增强，为国家社会经济发展做了有益的工作；同时带动了全国的地理研究，高等院校和研究机构的地理单位广泛开展三个新方向的研究，促进了中国地理学的发展。

中国地理学界沿着黄先生发展自然地理学三个新方向的研究，走在了世界相关科技领域的前沿，20 世纪 60 年代以后国际上出现了“国际水文十年计划”“人与生物圈计划”“国际地圈生物圈计划”，全球变化、荒漠化等大科学计划或热门议题，中国地理学界并不陌生，而能从容应对，在中国的生态、资源、环境、发展的研究中占有一席之地。应当永远铭记和感谢黄先生，如果自然地理学停留在事实和现象的机械叠加，停留在肤浅的定性描述，面对复杂的资源、环境、生态问题将会束手无策，在与相关科技领域的竞争中会处于弱势。

陆大道在担任中国地理学会理事长期间，经过全面考虑，认为黄秉维（除竺可桢以外）是 20 世纪中国地理学第一人。从自然地理实验研究看，黄先生的学术思想和学术成就影响广泛而深刻，影响了几代人，我支持陆先生的意见。

三

黄先生是勤学多思的学问家。黄先生开展水热平衡研究时，年龄 45 岁左右，如饥似渴地恶补相关学科知识，如微气象学、水文学、植物生理学、土壤物理学、农学、林学、水利工程等。纵览苏联国立水文研究所、国家地球物理观象总台、农业物理研究所等单位有关能量、水分平衡的研究成果，黄先生成为全面掌握地球表层系统多门分支学科的大家。对于一般年龄偏大、数理化生基础偏弱的地理学家要迈入一个过去很少涉足的领域，那是很困难的，但是黄先生做到了，令人敬佩。

黄先生对相关学科知识的了解极为深刻，反复阅读一些专著如《地表面热量平衡》《自然条件下的蒸发》《土壤土质的水分性质》《栽培植物的水分循环》等，甚至有的书因翻阅太多而脱线，变成了散页。我们也反复阅读这些书籍，从中获取的知识终身享用，而今天看这些书籍仍是重要的参考书籍。凭借对这一领域知识以及对中国实际的广泛而深入的了解，在知识、人才、器材缺乏的困难条件下，面对一个研究内容广泛、难度很大的水热平衡研究领域，黄先生在短期内厘清了水热平衡实验研究总体思路，包括科学目标和实践目的、核心研究内容、技术路线和主要技术装备、主要难点等。在石家庄、德州的实验研究中，在以后禹城和大屯两个实验站的建设和发展中，黄先生的研究思路得到执行，并证明行之有效。

黄先生一生博览群书，鲜有人可与之相比；他是经过特许能进入中国科学院自然科学部图书馆书库的读者，并曾因忘记下班时间被锁在书库里；他在各种情况下读书，班车内、旅途中甚至生病住院都在读书；他昼夜读书，整夜整夜读书已成为他的工作习惯；他到处找书阅读，中国科学院、农科院、水科院的图书馆都留下他的足迹；他不分时令季节，也不分场合，随身总是背着一大包书；他徜徉在书的海洋里，他的知识如那大海一样广阔而深厚。他以文会友，结交很多大科学家，包括地学、生物学、化学、农业、林业各行各业，与他们讨论问题总能找到共同语言，寻求他们帮助，壮大自己。黄先生学而不倦，顽强求索，终其一生，成为一个大学问家。

四

黄先生是一个低调务实之人。黄先生是地理学一代宗师，长期处于地理学界的高位，但他敢于剖析自己，看到自己的不足。黄先生为《自然地理综合工作六十年——黄秉维文集》撰写的“自述”，通篇充满自责和自省，既谈自己科研工作的成绩，更多地谈缺点和遗憾，深刻分析成功和失败的主客观原因，反映了黄先生低调务实的品格。20 世纪 80 年代中国科学院和国家科委开展科技成果评奖活动，黄先生对于自己的成果，如《中国综合自然区划》的申报并不积极，当征求意见时，他看到自己的成果有不足，提出申报低等级的奖励，这与当下社会流行风向相比，实在令人钦佩。

黄先生在地理所工作期间所思所想是如何变革地理学，如何提升地理学的理论水平和服务能力，并不考虑自己的论文、专著，宣称自己是为祖国、为人类的功利主义者。黄先生追求的是通过读书和工作提高对事物的认识和对国家做出实际有用的事，而把发表论文和专著放在非常次要的地位，他常以不足为由不愿将自己的文稿发表出来，经常说不能把披头散发的东西拿出去，现在能看到的黄先生的文稿是他工作的一部分，相当部分丢失了，遗忘了。在水热平衡实验研究中，明知工作困难但知难而上，准备了几年不出成果。

1965 年秋至 1966 年春，黄先生和方正三先生组织总结德州（5 年实验）和石家庄（3 年实验）农田水分平衡实验，黄先生以实验年限太短、实验内容不够、实验条件欠缺为由，没有组织编辑出版，“文化大革命”发生后，稿件不知去向，留下很大遗憾。黄先生追求文稿完美有时是太过了，并带来消极影响，黄先生在《自然地理综合工作六十年——黄秉维文集》的“自述”中做了深刻的自我批评，但我宁愿理解黄先生的这种追求完美是对科研严苛要求的良苦用心，也是对认真做事风气的一种培养。

还有一件事值得提及，黄先生的下属同事和学生很多，黄先生给他们指导细致入微，与下属或学生联合署名发表文章天经地义，实际上黄先生没有这样做，不知道黄先生出于何种考虑，我猜想一个主要原因是这些文章不够完美。

黄先生在对待研究机构与产业部门的关系上也非常实际，黄先生考虑水热平衡成果运用于水分管理时，指出水利部门人数多、网点多，千军万马，下面有腿脚，研究所不要包打天下；研究所的优势是不必应付当下急迫任务，有时间开展深入的工作，水热平衡应当适应水利部门的需要预先深入研究一些问题。黄先生一生不为名利，只为祖国和人民谋福祉，为大家树立了榜样。

五

永远不忘黄先生。2000 年 12 月 8 日上午，我与胡朝炳到北大医院住院部探访病危中的黄先生，即至病房，看到先生子女们悲伤的脸庞，凝视病房里摆放的医学监测仪器，仪器上的曲线无情地显示先生生命终结。我万分悲痛，目送医院人员把黄先生送走。我内心呼喊着：地理界的一颗大星星陨落了，一个时代结束了！

先生虽已离去，但音容笑貌不时浮现在我的脑海中。1956 年我不到 20 岁时，以一个中山大学地理系学生的身份聆听了先生赴母校的演讲。演讲受到热烈欢迎，用今天的话说，年轻学子全是黄先生的"粉丝"。1960 年随先生去甘肃访问，看到先生在民勤站旁的沙丘上仔细观察风沙运动。行程中经兰州，住兰州饭店，先生以我年轻不会因他晚上干活而影响睡眠为由，令我与他同住一屋。1963—1965 年，先生多次赴石家庄指导农田水平衡实验，住在河北省农科院耕作灌溉所的普通房间里，一住就是十天半个月，吃的是大食堂，有时加上一个炒鸡蛋或炒肉片，我们也得以分享。1964 年，我和杨毅芬赴黄先生家宴，接受黄先生一家对我们新婚的祝福，享用黄师母张罗的美食；这在当年成了一个定式，自然地理研究室的新婚新人都被邀请到黄先生家做客。20 世纪 70 年代，先生是土面增温剂组的成员，他把联合国一个特别小组编纂的一本《蒸发抑制》专著摘译了出来，我读着用复写纸写的手译本，对照英文原本，既学业务，又学英文。1979 年，先生推荐我去英国当访问学者，但对我的英语水平表示担忧，鞭策我努力学习。

20 世纪 80 年代，我提出研制中子土壤水分仪，他与王淦昌先生联系，直接促成了原子能科学院与地理研究所的合作，研制出了国产仪器，并投入生产，满足了农、林、水文、气象等各界的需要。1989—1993 年，我赴美从事外事工作，仍经常联系，受黄先生之命搜集了红麻种子和资料，为开展全球变暖课题提供材料。1993 年，黄先生为《地理学与农业持续发展》一书做序，肯定禹城站的工作，指出："一是年限很长，前后长达 30 年；二是绝大部分工作与生产相结合，与地方主管农业机构密切结合；三是以试验为主，试验又以开发试验为主。中国地理学界的工作中，兼具此三个特点，而且都达到如此程度的似乎还没有别的先例。"我作为禹城站站长，受到很大鼓舞。1996 年，在我主持院重大农业项目期间，在山东禹城召开了"黄淮海平原农业可持续发展"学术讨论会，我邀先生莅临指导，请他给大家讲话，我担心他年事高，大约给他一小时，但他讲了两个小时，以致午饭都不得不延迟。

我脑海里有关黄先生的事情太多太多了，多次聆听他在高校地理系的演讲，无数次听他在所里、室里、组里的谈话，无数次领取他指定的参考书籍和文献卡片，几次陪陆大道所长去先生家征询对所里重大问题的意见，几乎每年春节到先生家拜年，听他谈国内外大事和科研工作，看见他在办公室啃方便面当午餐，看他抽廉价的香烟……黄先生的学术思想和学术成就，黄先生超凡脱俗的高贵品格，永远在我的心中。

二、实验地理学与地理工程学

实验地理学与地理工程学*

唐登银

摘　要：本文综述了竺可桢、黄秉维、钱学森等关于自然地理学的思想，认为这些思想是建立实验地理学与地理工程学的基础。作者根据自身的工作经验，论述了实验地理学的对象、任务、工作程序、基本方法以及在地理学中的地位，提出了建立地理工程学的重要性、任务、工作程序、特点以及一个实例——山东禹城旱涝碱综合治理和中低产田的改造利用。

关键词：实验地理学　地理工程学　地理学方法论

1　引言

（1）中国近代地理学的奠基人、现代地理学革新的倡导者竺可桢，1958年就指出：地理学是“墨守成规，客观地描述一番地理景观，绘制几张地形图”，还是“结合生产实践来改造自然和为经济服务”[1]？1960年，对于地理学如何发展，竺可桢认为，“一定要摆脱单纯描述的阶段”，强调：①“加强定性和定量相结合的分析，用最新的科学成就和仪器设备把地理科学武装起来”；②“可以利用尖端科学与先进技术来占领阵地，这是最有发展前途的新途径”[2]。

很明显，竺可桢对于地理学偏重描述、无力解决实际问题、没有坚实的现代自然科学基础的现状是不满意的，同时又以强烈的事业心和敏锐的洞察力，指出了地理学的发展方向。

（2）中国现代地理学的开拓者黄秉维是地理学实验方向的设计师。黄秉维指出：自然地理学“不但基本上没有走出经验性、描述性的范围，理论基础非常薄弱；就是用来观察、辨识自然的特点和动态的方法，一般也不够精确。在上述情况下，要建立关于地理环境中各种现象的知识领域之间的正确联系，从一个领域过渡到另一个领域，阐明处于辩证互相关联中的对象，所能取得的成就当然是很有限的”。[3]后于1962年，他又指出：“自然地理学是一门很老的科学，自从19世纪末期以来，为了研究的方便，自然地理学被划分为许多专业，逐渐地自然地理学本身变成了事实资料以及基础不同的、局部的、理论的综合体，总的趋势是日益衰颓”，并认为“老路肯定是走不通的绝路”。[4]

---

* 本文发表于《地理研究》1997年第16卷第1期第1～10页。

黄秉维在指出自然地理学的缺陷和不足的同时，深刻洞察国际地理学的新萌芽，指出了五个发展新趋势。“第一个新趋势就是掌握物理学、化学和生物学已经证明的规律，根据它们来观察自然地理学的对象，研究这些对象的发生、发展和地域分异，从而健全自然地理学的理论基础。第二个新趋势是综合研究，研究各个对象之间总的联系，研究一个对象与其周围诸现象之间的联系。此类研究包括现代过程的研究、历史因素的研究及其进一步发展的研究。第三个新趋势是吸收数学、物理学、化学的知识来建立观测、分析、实验的技术，其中有许多是在其他自然历史科学中业已建立的技术。第四个新趋势是以前述理论和方法为依据，研究和预测自然过程的方向、速度和范围，指出利用与改造自然最有效的途径。第五个新趋势是运用航空照片判读和航空观测的方法来加速考察工作的进度和提高精确程度”[3]。

黄秉维与竺可桢的思路是一致的。黄秉维更加深入细致地对自然地理学的不足和缺陷进行了解剖，同时为革新自然地理学勾绘了蓝图。

（3）竺可桢和黄秉维关于革新地理学的思想，涉及和影响中国地理学的整体发展。但其核心，以笔者的理解，是强调把数理化应用于地理学，是寄希望于把地理学变成一门实验科学，是立志革新地理学的落后研究方法，是强调地理学为社会经济发展做出实际贡献。

根据竺可桢、黄秉维等的思路，中国地理工作近40年取得了飞速发展，尤其体现在一批野外实验台站的建立，以及它们在理论和实践上所取得的丰硕成果[5-9]。

（4）中国地理学实验研究方向的发展完全符合国际科技发展的潮流。过去40年间，出现了一系列国际研究计划，如“国际地球物理年”“国际地圈生物圈计划”“国际水文十年计划”“全球大气研究计划”等，为认识环境进行了不懈努力，取得了许多成果。中国地理学界虽然失去了宝贵的10年（“文化大革命”时期），但主要由于地理学实验研究方向明确，我国地理学才得以在这些相关领域中追踪国际趋势，艰难地前行，而没有被历史的列车抛在后面。

（5）中国著名科学家钱学森明确提出了地理学的工程技术方向。1987年钱学森指出：“‘地理科学’是包括很多内容的一大门科学，根据现代科学近100年来的发展，可将它分成三个层次：第一个层次——最理论性的层次，就是基础理论学科，我认为这就是‘地球表层学’，尚待建立；第二个层次，就是应用理论学科，这发展得较快，有的还需建立，如数量地理学；第三个层次，直接用于改造客观世界的应用技术，现在已经很多。”[10]

（6）建立实验地理学和地理工程学的条件已经具备，时机已经成熟。最基本的条件是几十年中国地理学家的实践，已进行大量野外实验研究，参与了众多国家建设项目。笔者在地理研究所工作37年，一直在地理学的实验方向上耕耘，始终行进在为农业服务的道路上，有收获，也有教训。笔者愿以自己亲身的实践为基础，冒昧地论述实验地理学和地理工程学，求教于地理学界的同人。

2 实验地理学

2.1 对象

为了说明实验地理学的研究对象，首先简要叙述普通地理学（自然）的研究对象。地理学的研究对象长期有争论。综观自然科学发展史，很少出现地理学这样的情况，研究对象长期争论和反复论述，这大概说明地理学研究对象的复杂及地理学的不成熟。面对这种情况，可以采取两种态度，一种是打破砂锅问到底和钻牛角尖，另一种是大而化之和模糊处理。笔者倾向于后者，把主要精力投于实际工作上。以此种态度，普通地理学（自然）的研究对象归纳为地理环境、地理圈、地球表层、地球系统等，似乎都应当被人们接受。或者再稍具体一点，普通地理学（自然）的研究对象，是研究地理环境的形成和演变，地理圈层的系统性，地球表层的各种过程，地球系统的结构和功能，地球系统的物流和能流，人-地交互作用，地理环境的区域分异等。

按照一般的逻辑，地理学的研究对象可概括如下：首先是明确对象，即研究客体；其次是研究一定边界内的系统（有开放系统和封闭系统之别）内外和系统内各组分之间物流和能流，以及发生在系统内外的物理过程、化学过程、生物过程；再次是研究系统的结构和功能；最后是研究区域分异。这可以用图 1 表示。

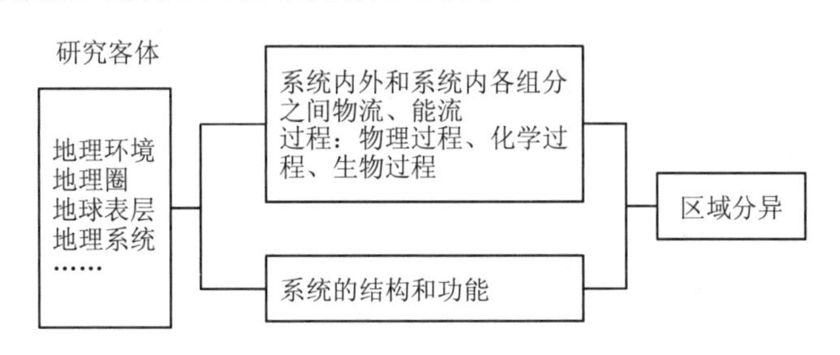

图 1 地理学研究对象框架

实验地理学的研究对象原则上等同于普通地理学，不同之处在于，实验地理学强调用实验的方法，对地理环境进行深入研究。由于地理环境的复杂而具有很大的研究难度，实验地理学目前在空间尺度上以微小尺度为主；由于社会经济发展的紧迫需要，例如服务于农业生产，实验地理学目前在时间尺度上以短时段和动态研究为主；由于采用实验的方法，运用数、理、化、生等知识，对地理环境进行观测和分析，实验地理学以定量研究为主。

2.2 任务

可以从图 1 看到地理学的研究对象，但从现实情况看，传统的地理学研究着重在区域分异上，而较少涉及物流、能流（或称物质迁移和能量转换）以及地表物理过程、化学过程和生物过程。传统地理学的这一不足只有靠实验地理学去弥补。

实验地理学的任务，就是要：①揭示地表的物理过程、化学过程和生物过程；②探求地理系统的物质迁移和能量转换规律；③建立数学模型以表达过程和规律；④通过尺度转换，把微小尺度空间的研究转换到大中尺度；⑤进行区域分析，供区域决策和实际生产运用。

图 2 为中国科学院禹城综合试验站水分循环研究框架。一个由大气圈、水圈、土壤（岩石）圈、生物圈组成的地理圈或一个土壤-作物-大气连续系统的水分循环过程，包括蒸发、蒸腾、降水、径流、根系吸水、土壤水下移上行运动等，实验地理学的任务就是要查明诸多过程，当然在实际工作中有些过程可以忽略不计。

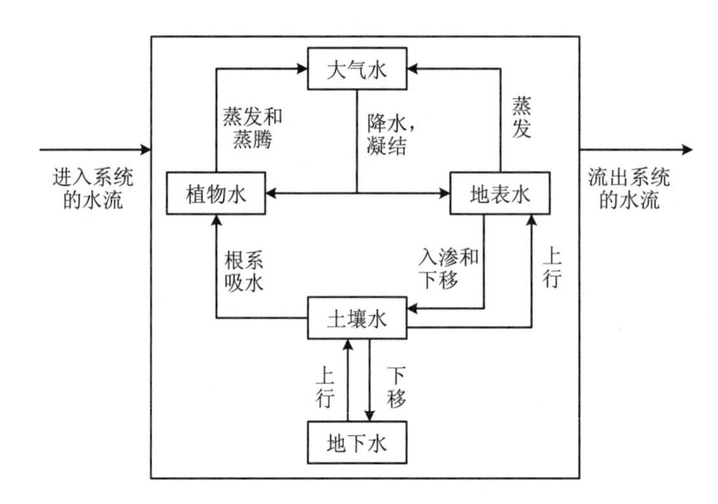

图 2　中国科学院禹城综合试验站水分循环研究框架

2.3　基本工作程序

（1）提出理论和实际问题，问题的提出取决于研究者的认识以及社会经济的实际需要；

（2）对系统的物流、能流及地表过程进行观测分析；

（3）找出系统存在的问题，短缺或过剩，过高或过低，有无危害等；

（4）制定可能的人工措施以解决问题，并进行实验观测，以获取这些措施的效果；

（5）实际运用，包括自然资源的合理利用，不利自然条件的改善，农业生产力的提高等；

（6）根据（2）得到的观测结果建立模型；

（7）进行空间尺度转换的研究；

（8）区域分析和区域运用。

图 3 是中国科学院禹城综合试验站为解决华北平原旱、涝、盐碱、贫瘠问题以提高农业生产的一个框架。

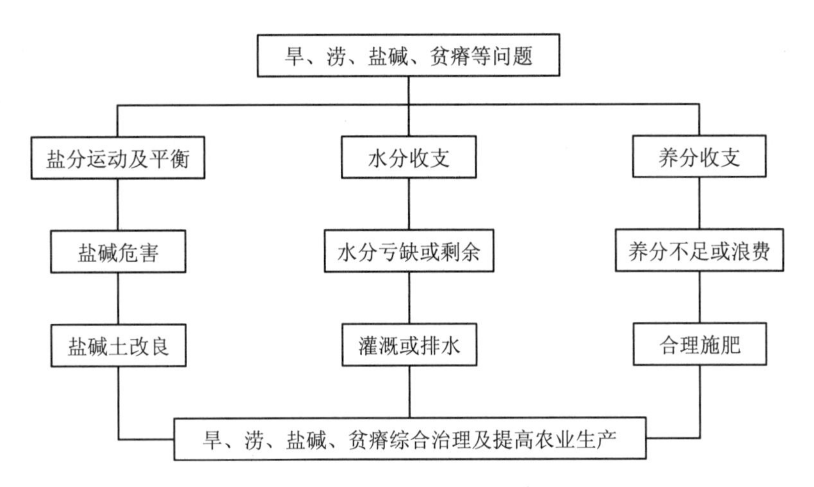

图 3　中国科学院禹城综合试验站旱、涝、盐碱、贫瘠治理工作框架

一般地，实验地理学的工作程序如图 4 所示。

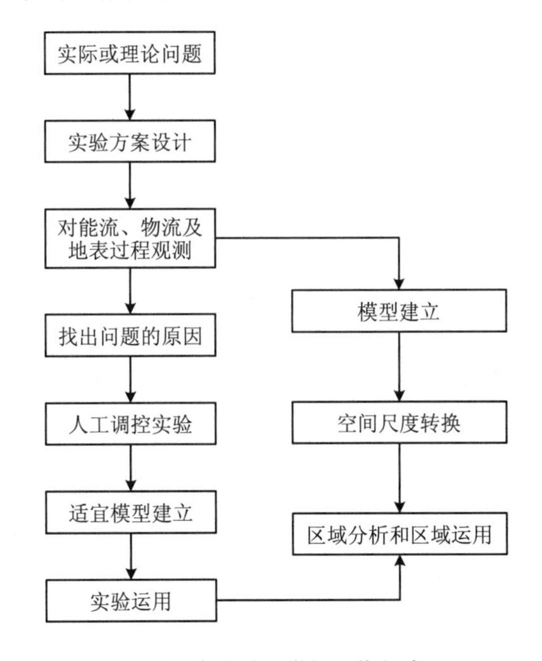

图 4　实验地理学的工作程序

2.4　基本方法

野外定位站的选择必须首先认真考虑。野外试验站可能是临时的、半固定的、永久性的，特别是对长期试验站来说，定位选择更加重要。合适的试验站点，在自然经济、人文条件上应当具有良好的代表性，对于解决理论和实际问题应具重要性，此外，交通条件以及当地支持程度等因素也需要认真考虑。

方法学的研究是实验地理工作的基础，也是实验地理学研究的一项基本工作内容。方法学的基本内容包括：场地布设；设施建设；仪器选择和定标；数据的采集、传输和处理。这些工作有些可以借助于邻近学科，有些可以采取拿来主义，有些还需要自己独立开展工作，但无论哪种情况，对于不熟悉实验的地理研究者来说，都需付出时间和精力。

实验地理学在工作中应当运用综合和系统的观点，把重点放在各圈层之间的相互作用上，把各个过程相互关联起来，否则会失去地理学的特色，而雷同于农业气象、农业水文、农业实验等实验科学。

实验地理学研究工作一般从微小尺度做起，但是应当做到身在站点、心怀全局，也就是说要注意空间尺度转换，时刻注意点上实验是为了应用于面。可以考虑把站点的实验研究分成不同的空间尺度，例如在中国科学院禹城综合试验站，水平衡水循环的实验研究分为站内观测场、5 km^2 小区和 130 km^2 的小集水三个层次区。

开展实验遥感研究是实现空间尺度转换的有效途径。禹城站设立高 30 m 和 60 m 的铁塔，不同高度上设立观测平台，在平台上对地面进行热红外和多光谱测量，同时在地面对作物、大气、土壤进行同步观测，以此两类资料为基础，可以找出红外和多光谱信息所表达的地面水分、能量、作物长势和产量等性状。有了这些知识，就可以深刻广泛地运用卫星遥感资料，为宏观的研究服务。

2.5 在地理学中的地位

应当赋实验地理学在地理学中以重要位置。从自然科学发展史来看，理论的思维固然重要，但实验是第一性的，一部自然科学史，简直可以说是一部通过实验（或实践）而推动理论发展的历史。由实验而获得发现，导出规律，发展新理论，运用于人类，这似乎是科学发展的普遍规律。因此，一门科学要发展，必须要发展相应的实验工作，地理学不能例外，尤其是随着时间的推移，一般调查不能满足需要了，不进行实验，出路在哪里？

从社会的需求来说，包括改造山河，整治国土，利用资源，维系持续发展，给科学提供越来越多的机遇与挑战。面对这些需求，地理学常感到乏力，乏力的原因来自对客观事物认识的浅薄。为了适应社会的需求，必须革新地理学，大力发展实验地理学。

用社会需求来衡量，实验地理学的发展还不适应。虽说已有一支力量从事实验地理学的工作，但人数偏少，实验地理学与传统地理学的研究工作在绝大多数情况下仍不能互相融合。

实验地理学地位的提高还面临着若干困难。一个困难来自人们的保守观念，一种观念是不愿改变现有的工作方法，缺乏热情关注与参与实验地理学；另一种观念，把发展地理学的希望寄托在理论地理学上，而脱离实验地理学的理论地理学是没有的。另一个困难是经费，实验地理学需要的经费投入远大于普通地理学。

中国实验地理学尽管面临困难，但事实上已成为地理学一支有活力的新军。据了解，禹城站、大屯站（中国科学院地理所）、太湖站（南京湖泊与地理所）、沙坡头站、奈曼站（兰州沙漠所）、天山冰川站（兰州冰川所）、三江站（长春地理所）、泥石流站（成都山地所）等已经是和将要是地理科研工作的重要阵地，承担着国际和国内的重要研究计划。由于众多研究计划的开展，实验地理学将会不断发展。

3 地理工程学

3.1 建立

按照自然科学各个学科的发展史来看，在一定历史阶段，一门学科发展到一定程度，工程技术层面的学科分支自会应运而生，这差不多成了一个普遍规律。例如数学和物理学的发展，推动了机械工程、土木工程、道路工程、桥梁工程……的形成，化学的发展促成了化学工程的建立，电子学—电子工程，生物学—生物工程，遗传学—遗传工程，环境科学—环境工程，水文学和水力学—水利工程……由此可见，提出建立地理工程学并非幻想。

按照钱学森的意见，地理科学的工程技术层次是“最切实际的工程技术层次”，是“地理科学在直接改造客观世界方面的学问，是带有工程技术性质的学问，是干实活的学问”[11]。

钱学森以其敏锐的眼光洞察科学发展史，以其强烈的责任感关注着中国的建设，勇敢地提出了发展地理科学的工程技术层次的建议[12]。地理学界博学多才者大有人在，对中国建设中的人口、资源、环境、发展有更加深入的了解，呼唤着和践行着以地理学的知识解决这些问题，但就勇气来说，地理学家似乎要稍小一些，明确提出建立地理科学工程技术层次的分支学科的人很少。

地理学界对建立工程技术层次的分支学科持谨慎态度，是有原因的。一个根本原因是地理学家深知自己学科的能力远不能满足工程技术的需要，地理学存在对客观事物认识比较肤浅和缺少过硬的技术本领两大弱点。

实验地理学研究工作的开展为地理工程学的建立提供了坚实的基础，实验研究本身带有鲜明的实践目的，要求回答的科学问题都是客观的、深入的、实际的，以满足解决实际问题的需要。这样一来，实验地理学的开展能克服地理学对客观事物认识肤浅的弱点。另一个弱点只能靠学习，靠其他学科的配合。

一旦地理学能力提高，地理学家就会有更多的用武之地，做出实际的工程技术层面的成果。

3.2 实例

现把中国科学院地理研究所在山东禹城开展的旱涝盐碱综合治理以及中低产田和荒地的开发利用所取得的成就叙述如下。

1966 年，在禹城南北庄建立了 0.93×10^4 hm^2 旱涝盐碱综合治理试验区，发展了以井灌井排为主体的“井、沟、平、肥、路、林、改”综合配套技术，旱涝盐碱风沙危害得到了治理，粮食产量由原来的 1 350 kg/hm^2 提高到 1986 年的 9 750 kg/hm^2，试验区的自然面貌、生产条件、经济状况都得到根本改善，南北庄大碱洼已经变成大粮仓。

20 世纪 80 年代中期，把原来试验区扩大到 1.53×10^4 hm^2（简称“一片”），同时选择了北丘洼（浅层咸水重盐碱化洼地）、辛店洼（季节性积水洼地）、沙河洼（季节性风沙化古河床洼地）三个自然条件极差、社会经济极落后的洼地（简称“三洼”），开展了“一片三洼”治理工程，经过10年努力，“一片”已成为高产农田，“三洼”由原来基本上的荒地改造成了良田。程维新总结了“一片三洼”的治理经验[13]。

“一片三洼”治理工程示范推广到广大的鲁西北乃至整个黄淮海平原，禹城的经验为国家启动全国农业开发工作提供了重要基础资料，中国科学院地理研究所（在中国科学院的其他研究所协作下）因为黄淮海平原农业开发工作的成就，被第三世界科学院授予农业奖。

通过“一片三洼”治理工程，中国科学院地理研究所已发展了4个系列的配套技术。它们是：①浅层淡水盐渍化洼地治理技术，以井灌井排为主体的“井、沟、平、肥、林、改”综合配套技术；②重盐化咸水洼地治理配套技术，包括浅群井强排强灌快速脱盐技术，覆盖抑盐水盐调控技术，农牧业发展与土壤改良技术，混林农业技术等；③低湿地整治配套技术，包括低湿地鱼塘-台田设计施工技术，鱼塘-台田立体开发与物种配置技术，成鱼养殖技术，台田建设与施肥改土技术等；④风沙化土地整治配套技术，包括风沙化土地水利改良与综合治理技术，防风固沙与农田防护林体系建设技术，沙地果树引种栽培技术，培肥改土技术，沙地立体种植高产技术。

特别要指出，禹城“一片三洼”治理工程具有鲜明的地理学性质。①中国科学院地理研究所长期把服务农业放在重要位置，选中在我国农业有举足轻重地位的黄淮海平原作为工作地区，开展农田水分平衡、盐分平衡、农业生产潜力、农业区划、区域治理等方面的工作。禹城“一片”的治理是在汪安球领导的“德州旱涝盐碱综合治理区划”①指导下开展的。②“一片三洼”是四种洼地类型，在黄淮海平原具有代表性，人们把禹城称为“小黄淮海”，禹城“一片三洼”治理的思想及实践，是与地理学家的区域和综合观点分不开的，禹城的经验较易推开，能产生广泛影响。③禹城“一片三洼”的治理与实验地理学的研究有紧密关系，中国科学院地理研究所在禹城建立了定位试验站，开展了以水平衡、水循环为主要内容的研究，对旱涝盐碱地形成规律有较深刻的认识，促进了治理工作的开展。

还可以举出其他地理工程学的实例，如在治沙、治坡、治理水土流失、改造低湿洼地、防治地方病、治理泥石流、整治河道和港湾等都开展了大量卓有成效的工作，显示了地理学解决实际问题的能力。

3.3 任务

地理工程学的任务是要为人口、资源、环境、发展的相互协调做出实际的结果，要求有实际的社会效益、经济效益、生态效益。

地理工程学为了完成上述任务，一般是这样来实现的，即通过一定的工程、技术，改变原来不利自然条件为有利，改变原来滥用（或未用）自然资源为合理，改变原来相对较低生产力为较高。

地理工程学的服务门类应当不只限于农业，还可以包括林、水产、沙漠治理、环境治

---

① 汪安球. 山东省德州专区旱涝碱综合治理区划报告. 内部刊行，1996.

理、地方病害治理、旅游业开发等。

3.4 基本工作程序

地理工程学的基本工作程序如图 5 所示。

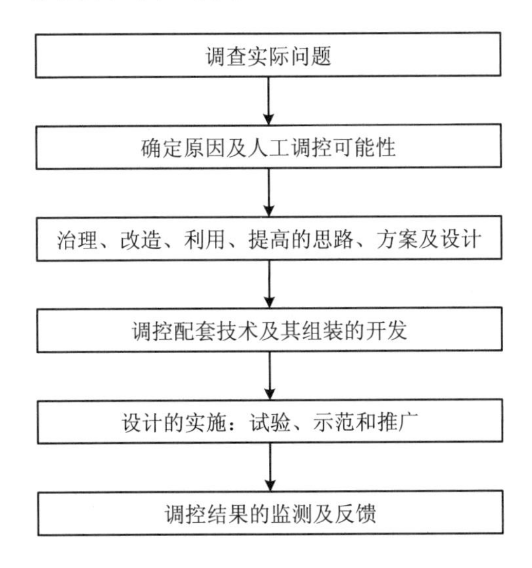

图 5 地理工程学的基本工作程序

3.5 特点

地理工程学的工作方式与地理学的其他分支学科迥然不同，它必须由设计—施工—成品 3 个环节构成。

地理工程学可以视作地理学和工程技术的交叉学科，它必须吸取相关的技术，还要争取相关技术部门的配合。

地理工程学的内容是“修理地球”，通常牵涉千军万马，因此需要地方政府的主持和人民群众的参与。

地理工程学要出产品、出效益，因此它不能不考虑经济学的问题，不能不研究市场的需求。

4 几点补充意见

本文论及的实验地理学和地理工程学，是针对自然地理学而言的，但是地理环境离不开人类活动，也摆脱不了经济因素的制约，因此吸引人文地理专家和经济地理学家参与实验地理学和地理工程学的工作，将对此工作起巨大推动作用。

本文论及的是综合实验地理学和综合地理工程学，事实上地理学的一些分支学科，如地貌学的实验方向和工程方向均已有较大发展[14]，历史也较长，今后的任务是同时推动两类学科的实验方向和工程方向，从而振兴地理学。

本文论及的实验地理学和地理工程学，基本上只顾及了微小空间尺度的一些问题，这主要是因为学科还处在起步阶段，目前只能是这样。地理学应当不失时机地对大中空间尺度的问题进行实验研究，遥感的发展和地理信息系统的广泛应用为不同尺度研究的综合创造了前所未有的条件。在美国，长期生态研究网络已进行 15 年，其目的就是以站点为基础进行大中尺度的研究；NASA（美国国家航空航天局）支持的“地球观测系统”计划，原计划耗资 170 亿美元，要对全球地球系统进行观测研究，其服务重点是全球变化。在中国，生态研究网络已付诸实施，已在努力探索进行不同类型地区生态系统的联网研究。中国地理学家在地理工程学方面可做的工作很多，各种各样的重大工程，如林业、农业、水利、环境各个方面大中空间尺度的工程工作都有待科学家贡献聪明才智。中国地理学家应当为此而努力奋斗。

参考文献

[1] 竺可桢. 地理工作者应该是向地球进军的先锋. 地理知识，1958，6（9）.

[2] 竺可桢. 1960 年全国地理学术会议总结. 地理学报，1960，26（1）.

[3] 黄秉维. 自然地理学一些最主要的趋势. 地理学报，1960，26（3）.

[4] 黄秉维. 前言//热水平衡及其在地理环境中的作用. 北京：科学出版社，1962.

[5] 左大康. 地理学研究进展. 北京：科学出版社，1990.

[6] 中国科学院地理研究所（郑度主编）. 自然地理综合研究——黄秉维学术思想探讨. 北京：气象出版社，1993.

[7] 中国科学院计划局（唐登银主编）. 中国科学院野外观测试验站简介. 北京：科学出版社，1988.

[8] 中国科学院禹城综合试验站（唐登银、谢贤群主编）. 农田水分能量试验研究. 北京：科学出版社，1990.

[9] 胡朝炳，何淑云. 中国科学院北京大屯农业生态系统试验站研究工作概述//农田生态系统能量物质交换. 北京：气象出版社，1987.

[10] 钱学森. 发展地理科学的建议. 大自然探索，1987，6（19）.

[11] 钱学森. 就“地理科学”答《地理知识》记者问. 地理知识，1990（1）.

[12] 钱学森，等. 论地理科学. 杭州：浙江教育出版社，1994.

[13] 程维新. 洼地整治与环境生态. 北京：科学出版社，1993.

[14] 金德生. 地貌实验与模拟. 北京：地震出版社，1995.

禹城站实验地理学研究 20 年*

唐登银

摘　要：实验地理学思想是竺可桢和黄秉维提出的，在这一思想的推动下，中国实验地理学迅速发展。禹城站全面、深入、持久地推进了实验地理学的研究工作。20 年来，禹城站有一个明确的学术方向，即既满足国民经济发展的需求，又适应国际科学发展的潮流。禹城站在长期的工作中形成了完整的研究开发体系。禹城站的实验地理学研究在农业上产生了深远影响，其治理盐碱、渍涝、风沙等中低产田的模式及配套技术，产生了巨大的社会效益、经济效益、生态效益，被广泛推广运用，并成为国家启动农业开发的重要基础。禹城站在农业开发上取得巨大成就的同时，在基础研究方面也取得巨大成就，承担了大量的自然科学基金项目，在农田蒸发，实验遥感，水分、盐分和作物生长发育关系，农业技术机理等方面都获得了重要成果，同时也研制了一批优良的农田能量、水分测定仪器和设备。

一、引言

竺可桢和黄秉维是中国实验地理学的倡导者。20 世纪 50 年代末 60 年代初，他们对革新地理学有过一系列论述，本文作者对此做过一些分析[1,2]。概括来说，竺可桢和黄秉维革新地理学思想的核心，是强调把数理化应用于地理学，是寄希望于把地理学变成一门实验科学，是立志革新地理学的落后研究方法，是期盼地理学为社会经济发展做出实际贡献。30 多年后，黄秉维在《自然地理综合工作六十年——黄秉维文集》的“自述”中写道：“50 年代的综合自然区划工作虽然不能说一事无成，但实际成就与初衷相距甚远。……我原来要发展地理环境中物理、化学、生物过程的研究及实验地理学研究的想法，由此而进一步加强。”[3]这表明，黄秉维在 40 多年前就萌发了发展实验地理学的思想。

黄秉维开展物理过程、化学过程、生物过程的研究及发展实验地理学的思想推动了中国地理学的发展。20 世纪 60 年代初，地理学界建立了石家庄、德州、民勤、沙坡头等一批实验地理学基地，置办了一批基础观测仪器和设施，初步掌握了原本不熟悉的实验方法，深化了对地理环境本质的认识，尤其是培养了一批开展实验地理学研究的人才，为实验地理学的发展奠定了基础。

1979 年建立的禹城站，全面、深入、持久地推进了实验地理学的研究工作。由于黄秉维院士的支持和指导，左大康教授的直接领导和参与，陈述彭、吴传钧、章申、刘昌明、

* 本文摘自 1999 年 8 月的《1999 跨世纪海峡两岸地理学术研讨会论文集（上）》，原文为繁体字。

郑度、刘燕华、陆大道诸位先生的关心和帮助，院、所、地方领导的大力扶持，禹城站的实验地理学研究工作在基础研究、应用开发、实验方法、国际合作、人才培养各个方面都取得了突出进步，在国内外产生了广泛影响。黄秉维指出，禹城站的工作“有三个特点：一是年限很长，前后长达30年；二是绝大部分工作与生产相结合，与地方主管农业机构密切结合；三是以试验为主，试验又以开发试验为主。中国地理学界的工作中，兼具此三个特点，而且都达到如此程度的似乎还没有别的先例”。[4]

在禹城站建站20周年之际，有必要系统介绍禹城站实验地理学的研究工作，这既可以达到“回顾过去，展望未来”的目的，也可以起到令更多人“了解禹城，帮助禹城”的作用。

二、明确的学术研究方向

1987年7月，禹城站完成中国科学院第一个开放站论证，开放申请书确定：“禹城站的研究方向是土壤-植物-大气系统中的水平衡、水循环，研究农田生态系统的五水（大气降水、土壤水、植物水、地下水、地表水）转换机制和模式，并以此为基础，研究与水有紧密关联的物质迁移和能量转换规律以及农田生态系统的控制，为水资源调控和黄淮海平原旱涝碱综合治理和开发服务”，“主要研究内容为：①五水转换的机制及其控制研究；②地理系统的物质迁移和能量转换规律研究；③农业生态系统工程的研究；④实验遥感学研究；⑤实验方法学研究”。

1992年5月，禹城站学术委员会对禹城站的学术方向进行了讨论，确定禹城站的学术方向是：“以水、土、气候、生物等农业资源的合理利用与黄淮海平原旱、涝、碱、风沙的综合治理与农业持续发展为主要服务目标，研究农业生态系统的结构功能，特别是水的运动和利用有关的能量与物质转化和迁移规律，以及农业生态系统的优化与管理，支持对有关过程的机制与理论研究，支持测定方法的革新与仪器的改进和研制，鼓励与国民经济建设和区域治理有关的农业生态问题的研究。”

1996年7月，中国科学院检查评议开放站，禹城站对未来的发展目标做了以下描述：“发扬禹城站农田水分能量定位和实验遥感研究的长处，继承努力解决当地农业生产实际问题的传统，开拓新的研究领域，实现水分和能量研究的空间尺度转换，实现由水平衡水循环研究为主向农田生态系统水流物流和能流的综合研究的转变，实现由以农田生态系统的研究为主向农业生态系统研究的过渡，实现试验示范和推广的有机结合，为解决黄淮海平原农业生产、资源合理利用和环境监测以及为全球变化研究做出贡献。”

禹城站20年的实验地理研究方向贯穿着一根主线，这就是水循环水平衡的研究。保持这根主线的原因：一是水在自然界无处不在和十分活跃；二是水的问题已成为中国特别是北方农业和经济发展的主要限制因子；三是水的深入研究既能发挥地理学的优势，又易促进地理学的发展。

研究方向随着时间的推移而不断变化。首先在服务对象上，由旱、涝、盐、碱、沙治理和中低产田开发的单一目标向着农业发展、资源利用、环境保护和全球变化的多目标转变。其次在研究空间尺度上，由站点田间尺度向多种空间尺度研究转变。再次是在研究内容上，由研究水分能量起步，逐渐加入盐分、养分、痕量气体、光合作用、作物与环境关系、作物生长模型、农田生态工程等；由开发单一的治碱模式扩大到开发适应黄淮海平原主要中低产田和荒地的多种治理模式；由治碱治水治土为主要工作内容逐步转向高产稳产、高产高效、持续发展、农牧结合等。最后是研究方法上不断革新，这包括新仪器的引进和研制，数据采集和处理的进步等。

20年的实践证明，禹城站的学术方向是正确的。禹城站的实验研究满足了社会经济发展的需要，适应了国际科技发展的潮流，推动了地理学的发展。

三、完整的研究开发体系

禹城站在明确的学术方向指引下，承担了大量的国家科委、中国科学院、国家自然科学基金、山东省的科研项目，取得了一批基础和应用研究成果，形成了一个完整的研究开发体系。这一体系在过去工作中逐步形成，同时也是今后工作的坚实基础。

禹城站在工作中不断成长。1979年地理研究所创建禹城站，1983年5月中国科学院办公会议批准正式建立中国科学院禹城综合试验站，1987年经中国科学院批准其为首批对外开放重点试验站，1992年进入中国生态系统研究网络，1994年成为联合国环境规划署陆地生态系统监测站，1991年和1996年两次都以较好成绩通过中国科学院开放台站检查评议。禹城站的建设有两个高潮期：一是80年代前半期，中国科学院大量投资，征地，购置和研制仪器设备，建筑生活和实验用房，禹城站初具规模；二是90年代中期，以世界银行贷款和国家计委匹配投资为契机，新添仪器、设备和实验室，大幅改善了科研条件。

禹城站的研究开发体系，由三部分组成（图1）：南北庄站本部，试验基地（3个），遍布全县因工作需要而设立的大面积试验示范区。站本部位于黄淮海平原具有代表性的浅平洼地——牌子大洼内，有优越的实验仪器、设施和良好的生活条件，主要开展水平衡水循环、物质迁移能量转换、作物-环境关系的应用基础研究。3个试验基地分别位于浅层咸水重盐碱化洼地的北丘洼、季节性积水洼地的辛店洼、季节性风沙化古河床洼地的沙河洼，着重于应用研究，建立适宜的配套技术，开发治理利用模型。试验示范区主要开展基础和应用研究成果的推广。三部分的工作相互促进，共同为解决黄淮海平原农业发展中的关键问题发挥着重要作用。

四、影响巨大的应用研究

“六五”到“九五”的20年，禹城站一直承担着国家农业攻关任务，从80年代中期起，禹城站一直是中国科学院农业开发工作的一支活跃力量，也承担了多项课题（表1）。同时禹城站还是世界银行外资项目的技术依托单位。获得世界银行贷款的华北农业应用项目已在禹城执行三期。

以上课题，最主要的工作可归纳为“一片三洼”治理（图2）。所谓“一片”，是指禹城县南部浅平洼地，代表浅层淡水盐渍化洼地。“三洼”分别是指风沙危害严重的沙河洼，代表季节性风沙化古河床洼地；渍涝成灾的辛店洼，代表季节性积水洼地；盐碱薄并重的北丘洼，代表浅层咸水重盐碱化洼地。“一片三洼”治理，详情见文献[5]。

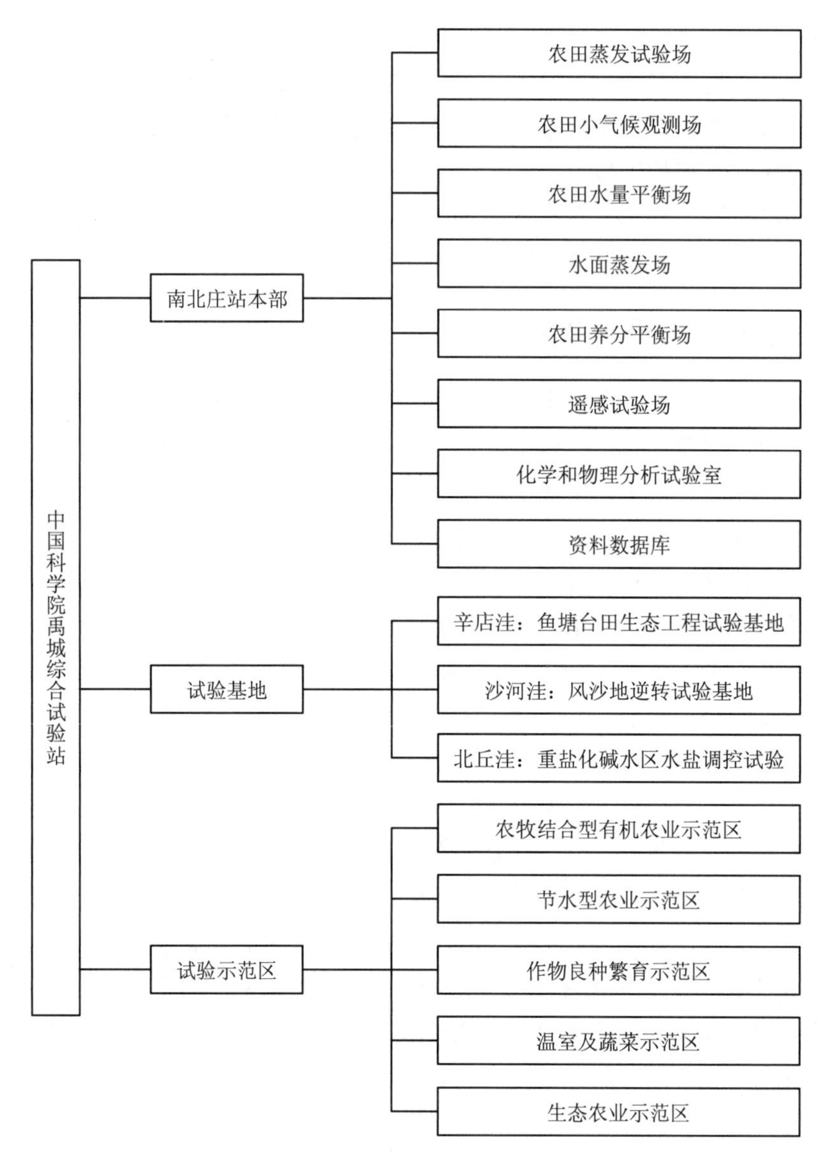

图 1　禹城站研究开发体系

表 1　禹城站承担的国家科委和中国科学院的农业应用研究项目

国家科委攻关项目	“六五”	综合开发治理技术体系区域试验
	“七五”	河间浅平洼地综合治理配套技术研究
	“八五”	农业持续发展综合试验研究
	“九五”	资源节约型高产高效农业综合发展研究
中国科学院重大项目	“六五”	匹配国家项目
	“七五”	
	“八五”	盐碱、渍涝、风沙地开发技术研究
	“九五”	农业持续高效技术试验示范研究

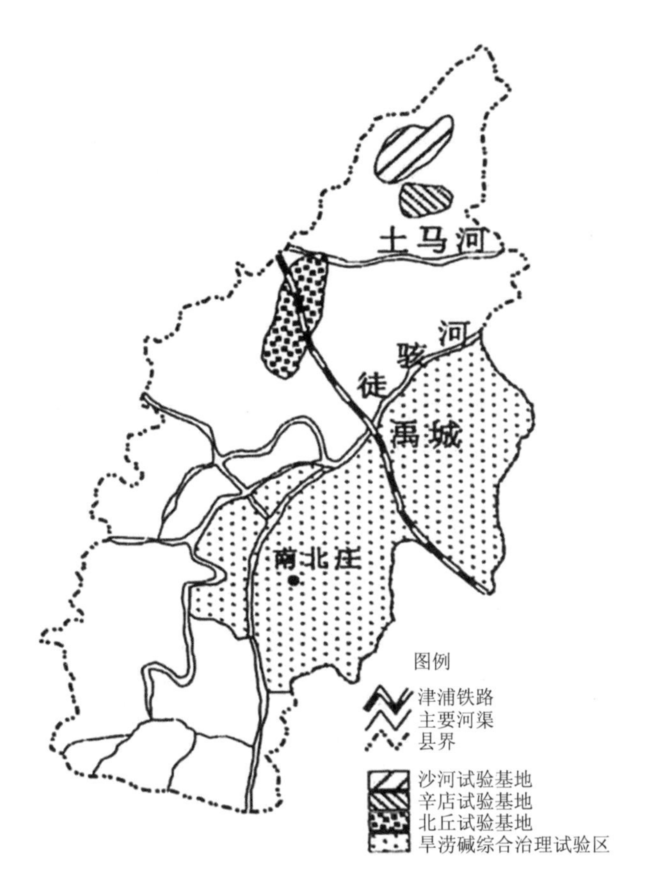

图 2　禹城试区“一片三洼”地理位置示意图

“一片三洼”治理取得了显著效果。“一片”曾是禹城市最落后的地区，经过治理后，粮食单产由 1 350 kg/hm^2（1966 年）上升至 13 500 kg/hm^2（1994 年），南北庄大洼地已成为大粮仓。“三洼”经过近 10 年的治理，由基本上是荒地（80 年代中期）变为良田、鱼池和果园。

“一片三洼”治理开发了一系列配套技术，主要有：①浅层淡水盐渍化洼地治理技术，包括以井灌井排为主体的“井、沟、平、肥、路、林、改”综合配套技术。“井”是打井，用于灌溉和降低地下水位；“沟”是挖沟，用于排涝和排走地表盐分；“平”是平整土地；“肥”是施用肥料和培肥土壤；“林”是建立农田防护林；“改”是作物改制。②重盐化咸水洼地治理配套技术，包括浅群井强排强灌快速脱盐技术，覆盖抑盐水盐调控技术，农牧业发展与土壤改良技术，混林农业技术等。③低湿地整治配套技术，包括低湿地鱼塘-台田设计施工技术，鱼塘-台田立体开发与物种配置技术，成鱼养殖技术，台田建设与施肥改土技术等。④风沙化土地整治配套技术，包括风沙化土地水利改良与综合治理技术，防风固沙与农田防护林体系建设技术，沙地果树引种栽培技术，培肥改土技术，沙地立体种植高产技术。

禹城“一片三洼”治理经验，对黄淮海平原乃至全国农业发展产生了深刻影响。20 世纪 80 年代中期，全国粮食生产徘徊，国家亟须粮食，禹城经验引起了中央的注意。1988 年 6 月李鹏、陈俊生同志考察禹城，陈俊生还专门写了《从禹城经验看黄淮海平原农业开发的路子》的报告，以此为契机，中央做出了在全国开展以中低产田治理利用为主要内容的农业开发工作的决策。中央的农业开发决策，反映了客观实际，符合民众心愿，10 多年来一直是推动我国农业生产的巨大动力。

进入 90 年代，禹城站农业应用研究的重点有所转变，更多地关注高产高效和持续农业，也相应地形成了一些配套技术，如农牧结合技术、节水节肥技术、生物技术、信息管理技术等。

特别应当指出，中国科学院长沙农业现代化所与禹城站合作，自 1989—1994 年在禹城县（1993 年 9 月撤县设市）研究了以县为单位的农区高效节粮型畜牧业生产模式，取得了很大成功，达到了种植业和养殖业齐发展，至 1993 年，禹城县畜牧业产值占农业总产值的 38.5%，人均牧业产值达 420 元，秸秆利用率达 50%，被农业部评为全国“秸秆养牛十佳示范县”。[6]表 2 展示了禹城农牧结合发展情况。

表 2　禹城农牧结合发展情况

年份	1989	1990	1991	1992	1993	1994
粮食单产/（kg/hm^2）	5 700	5 790	6 030	6 060	6 150	—
粮食总产/t	317 428	327 865	347 809	343 329	401 043	450 000
牛存栏量/万头	10.65	12	12.8	13.4	20.4	26.0
秸秆利用率/%	20	25	35	40	50	70
畜牧业占农业总产值/%	17.0	24.8	28.0	24.3	38.5	42.2

禹城站的应用研究成果曾获得全国科学大会奖（1978 年）、国务院奖励（1988 年）、院科技进步奖特等奖（1991 年）和一等奖（1993 年）、国家科技进步奖二等奖（1991 年）和特等奖（1993 年）、第三世界科学院农业奖（1994 年）、“八五”国家科技攻关重大成果奖（1997 年）。

五、创新的应用基础研究

禹城站强调基础研究。其作用，一是为了黄淮海平原农业发展的当前和长远的实际运用，二是为了实现由点到面和由表及里对地理现象和过程的深刻认识，这两点，反映了禹城站研究工作有别于一般的农业试验推广站，也反映了禹城站研究工作具有强烈的地理学特性。

禹城站实验地理学的基础研究内容比较广泛，主要包括：①农田五水（土壤水、植物水、大气降水、地表水和地下水）转换的机制；②农田盐分、养分平衡；③作物与水分、盐分、养分和地表能量收支的关系；④农田水分、盐分、养分的调节和管理技术的机理；⑤实验遥感研究；⑥推动基础研究的仪器和设施的研制。仅就禹城站从国家自然科学基金委员会获得的资助项目及从国家科委获得的攀登计划项目（表 3）就可以看出，基础研究在禹城站的研究工作中占有十分重要的地位。同时，禹城站还承担了中国科学院的基础研究项目，例如作为中国科学院生态研究网络的重要成员，禹城站近 10 年一直开展中国科学院重大项目农业生态系统结构、功能、生产力的监测和观测。

表 3 禹城站主持和承担国家自然科学基金委员会和国家科委攀登计划的项目

年份	项目名称	基金类型
1986—1989	农田蒸发测定方法和蒸发规律研究	重点基金
1988—1990	非均匀下垫面上的动量和热量输送	面上基金
1992—1995	我国干旱半干旱地区热量水分 CO_2 循环试验研究	面上基金
1992—1994	黑河地区地气相互作用观测试验	重大基金*
1993—1995	华北平原区域农田蒸散测算方法研究	面上基金
1995—1997	鲁西北引黄灌区水沙合理调控研究	面上基金
1994—1997	华北平原节水农业应用基础研究	重大基金*
1997—2000	用新型蒸渗仪研究地下水对农田蒸发影响的模型	面上基金
1999—2001	供水情况下的作物根冠比与产量的关系	面上基金
1998—2002	我国北方地区农田生态系统水分运行及区域分异规律	重大基金
1985—1988	作物多时相光谱和热红外信息的估产估水的应用模型	面上基金
1990—1992	广义热惯量及其遥感土壤水研究	面上基金
1993—1995	作物冠层温度双向角度分布规律及广义热惯量模式优化	面上基金
1997—1999	华北平原农田温室气体 N_2O 排放通量度排放特征研究	面上基金
1998—2000	冲积土壤质地层次空间变化的模拟研究	面上基金
1997—2000	植物 CO_2 吸收能力的区域遥感模式研究	面上基金
1994—1996	华北平原花粉估产预报	面上基金
1997—2001	淮河流域水分能量实验	重大基金*
1997—2001	内蒙古草原陆气交换实验	重大基金*
1993—1997	高原水、热、光能条件的观测研究	攀登计划*
1998—2002	地球表面能量交换的遥感定量研究	攀登计划*

注：有*的项目为禹城站承担部分专题或子专题；其他项目为禹城站主持，承担全部或较多工作。

长期而连续的禹城站实验地理基础研究工作具有突出的优点：凭借完善的仪器和设备，优越的实验场地，良好的实验设计，获取了一批代表性好、精确度高的农田水分、能量、物质、生态第一手资料，成为高水平成果的基础；纵览国际发展前沿，探索了一批学术难题；通过这些工作的开展，促进了生产问题的解决，也为地理学及相关学科的发展提供了经验。

20 年的基础研究工作取得了比较丰富的成果。文献[7]～[12]是禹城站具有代表性的一批著作，可以大致反映禹城站的基础研究成果。获重要奖项的应用基础研究成果有：①农田蒸发测定方法与规律研究，用多种方法测定农田蒸发，揭示了农田蒸发与作物耗水规律，获中国科学院科技进步奖二等奖（1992 年）；②实验遥感及其地面基础，通过土壤-作物-大气连续体能量水分的地面与铁塔（或非接触）观测相比较，得出土壤水分、蒸发、作物产量的遥感模式，获中国科学院自然科学二等奖（1997 年）；③水资源开发对水环境影响研究获中国科学院科技进步奖二等奖；④水量转换与农业水文研究获中国科学院科技进步奖二等奖。

资料的采集、传输、存储、对外发布是禹城站的另一部分重要成果。20 年来禹城站积累了大量的数据，并已有 3 部数据集发表[13-15]，供国内外科研工作者应用。

禹城站重视仪器设施的不断改进，而这种改进，本身就是一种成果（表4）。禹城站的仪器设施不断改进，既推动了禹城站基础研究和应用研究的不断进步，也为国内相关研究单位所采用。

表4 禹城站仪器设施成果

名称	简介	使用情况
大型蒸发渗漏仪	直接测定总蒸发，原状土，面积 3 m^2，深度 2 m，称重式，精确	从澳大利亚引进技术，我国第一台，在中国科学院生态研究 8 个野外台站安装同类仪器
中子水分探测仪	最好的土壤水分测定方法之一，连续定点测量，精确性较高	从英国引进，地理所与中国原子能研究院合作，研制出国产此类仪器，有批量用户。在中国科学院生态系统网络各站推广使用
波文比蒸发测定装置	建立温湿梯度观测系统，包括温湿传感器选配、湿球自动加水、仪器换位等，通过波文比方法计算蒸发，是一种较简便的蒸发小气候测定方法	国内只有少数单位可以制作此类仪器
涡度相关直接物质通量测定系统装置	涡度相关技术运用计算机和新型传感器等技术，在近地表层开展物质通量的瞬时、连续的直接测定。具有理论基础明确，基本不破坏自然状况等特点，特别是运用这一技术开展作物群体自然状况下的瞬时光合作用（CO_2 通量）的测定更具意义	与日本冈山大学合作开展了国内采用涡度相关技术进行作物瞬时光合作用和水汽通量测定的先河。并自行研制中国第一台 CO_2、H_2O 脉动测定装置。用此装置开展了青藏高原、西北绿洲、华北平原和内蒙古草原等地区作物的光合作用研究
高塔多角度、多光谱遥感系统	本系统由 SE590 光谱仪、数字相机、热红外测温仪（或热像仪）、计算机等组成，用于开展遥感模拟试验	国内首创，中国科学院乐城站，已建立了 30 m 遥感铁塔
地物二向角度观测装置	由计算机、控制器和高度可调测试支架组成，可测 BRDF 以及 BEDF 重要参数	与中国科学院高能所联合研制而成，已推广到北京大学与中国科学院遥感研究所
方向比辐射率测定系统	由计算机、控制器和活动折叠布篷装置组成。测定方向比辐射率	此仪器属国内外首创，已报专利，由地理所设计、高能所加工
农田辐射和小气候观测场	总辐射、反射辐射、光合有效辐射、净辐射、土壤热流量以及不同高度（0.5 m、1 m、2 m、4 m）的温湿风、地面温度和不同深度（5 cm、10 cm、15 cm、20 cm、40 cm、80 cm、160 cm）土壤温度，全部由计算机自动采集数据	禹城站最早实现，在中国科学院生态系统网络各站推广使用
水力蒸发器	以水力原理测定原状土柱的蒸发量	少量台站
土壤水分入渗实验装置	用人工降雨的方法测定降雨入渗关系，系统面积 6 m^2，深 3 m	自行设计建设，国内少数站具有
土壤养分试验系统	N、P、K 元素对作物生长、发育、产量影响的实验装置，深 1 m，面积为 4 m×5 m，不封底养分池，长期对比试验	自行设计建设，国内少数站具有
水面蒸发场	20 m^2、5 m^2、3 m^2、1 m^2 水面蒸发池及各种小型水面蒸发器，测定水面蒸发	自行设计、加工、建设，有少数台站具有
痕量气体采集和分析装置	野外采集装置，HP5890 型气相色谱仪和 Licor6250 型红外气体分析仪，可完成 CO_2、CH_4、N_2O 温室气体分析	从德国引进技术，我国第一套同类型系统装备

由于在水平衡水循环实验研究中的优势，禹城站已成为中国科学院生态研究网络水分研究的依托力量，承担着有关水研究的设计和方法的指导，担任着观测数据质量检查和人员培训，还出版了《中国生态系统研究网络观测与分析标准方法——水环境要素观测与分析》[16]。

六、活跃的学术交流

作为开放试验站，禹城站严格执行开放站管理条例，规范管理中国科学院开放台站基金，制定了禹城站开放台站课题指南，资助大学、研究所的人员来站进行课题研究。据不完全统计，10 年开放台站基金资助了约 60 个课题，70%的课题为禹城站以外人员所获得。

吸纳不同学科和不同流派的学者开展工作，保证禹城站广泛获取营养。每年一次的禹城站学术委员会，来自不同专业（农业、植物、生态、地理、气候、水文等）和不同部门（高等院校、研究所、行政管理等）的人员，还包括一部分青年学者，会聚一堂，探讨学术心得，交流工作成果，提供工作思路，推动着禹城站实验地理研究工作的发展。

人才的流动和年轻化，是禹城站实验地理研究工作持续发展的重要保证。从 20 世纪 80 年代中期起，禹城站就接纳硕士生、博士生和博士后开展工作，他们既有来自地理所的，也有来自所外的，如清华大学、北京农业工程大学、南京大学、山东农业大学、上海植生所、力学所等，据估计，15 年来到禹城站做研究生论文的应在 50 人左右，他们中的相当一部分人已成为重要的科技骨干。禹城站还成为一个培训基地，不少国内外大学生和专业人员来站实习，同时也多次举办培训班。

禹城站多次组织学术讨论会，已召开的正式学术讨论会有：全国农业小气候学术讨论会，中-日水汽和 CO_2 学术讨论会，水盐动态学术讨论会，南水北调学术讨论会，黄淮海平原农业持续发展学术讨论会等。

活跃的对外学术交流大大促进了禹城站的工作。包括美国、澳大利亚、法国、英国、俄罗斯、以色列、日本等许多国家的科学家都和禹城站有紧密联系，禹城站的科研工作者也经常开展国外进修、研究、讲学等活动，尤其是，通过对外交流，禹城站吸纳了国际上几乎所有的地表水分能量研究方法和手段，并且自己研究和创造了一批高水平的仪器设备，例如称重式蒸发渗漏仪，CO_2 和水汽通量涡度相关测定装置，中子水分测定仪，痕量气体测定装置，小气候和辐射观测系统，实验遥感系统装置等。

七、结语

禹城站实验地理工作 20 年，成绩斐然，但已成为过去。回首过去，更应看到不足，最宏观地看，比之于应用研究，特别重大的基础研究成果（系统性、创新性）还不多，影响也还不够大。

展望未来，禹城站实验地理研究任重而道远。国家和区域的自然、社会、经济状况随着时间推移而有很大变化，对实验地理研究工作不断提出新的需求，原来实验地理熟悉的知识和技术肯定满足不了这种需求，这就需要重新学习和工作，付出艰苦的劳动。从发展学科来说，面临着地理学各分支学科及相邻的学科（如生态学、农学等）激烈竞争局面，实验地理研究工作是萎缩还是发展，每一个实验地理工作者都应当认真思考。

应当珍惜20年的历程，历程的基本论经验是：面向国民经济特别是农业的需求，努力解决实际生活中的问题；强调基础研究工作，开拓新领域，深刻揭示自然过程规律，为地理学的发展做出贡献，为地理学提高解决实际问题的能力服务；重视方法和技术创新，不断提高研究工作水平。

应当为争取禹城站实验地理研究工作的光辉未来而努力奋斗。在一个站点坚持20年实属不易，但比起英国洛桑试验站150多年的历史，禹城站的20年算不了什么。衷心希望禹城站实验地理研究工作长期坚持下去，并取得光辉业绩，本文作者对此充满信心。

参考文献

[1] 唐登银. 实验地理学与地理工程学. 地理研究，1997，16（1）.

[2] 唐登银. 奉献农业，发展学科——对黄秉维院士的农业研究工作的认识//陆地系统科学与地理综合研究. 北京：科学出版社，1999.

[3] 黄秉维. 自述//《黄秉维文集》编辑小组. 自然地理综合工作六十年——黄秉维文集. 北京：科学出版社，1993.

[4] 黄秉维. 总结过去，展望将来（代序）//许越先. 地理学与农业持续发展. 北京：气象出版社，1993.

[5] 程维新. 河间浅平洼地综合治理配套技术研究. 北京：科学出版社，1993.

[6] 邢廷铣. 农牧结合生态工程的基本理论与实践//唐登银，等. 黄维海平原农业可持续发展研究. 北京：气象出版社，1999.

[7] 唐登银，谢贤群. 农田水分能量试验研究. 北京：科学出版社，1990.

[8] 左大康，谢贤群. 农田蒸发研究. 北京：气象出版社，1991.

[9] 张仁华. 实验遥感模型及地面基础. 北京：科学出版社，1996.

[10] 谢贤群，唐登银. 农田蒸发：测定和计算. 北京：气象出版社，1993.

[11] 程维新，胡朝炳，张兴权. 农田蒸发与作物耗水量研究. 北京：气象出版社，1994.

[12] 李宝庆. 农田生态实验研究. 北京：气象出版社，1995.

[13] 中国科学院地理研究所. 中国地理基础数据：中国北方主要农作物双向反射光谱数据集. 北京：科学出版社，1991.

[14] 中国科学院地理研究所. 中国地理基础数据：热量水分平衡及农业生产潜力试验观测数据集. 北京：科学出版社，1991.

[15] 中国科学院地理研究所. 中国地理基础数据：辐射观测数据集. 北京：科学出版社，1991.

[16] 谢贤群，王立军. 中国生态系统研究网络观测与分析标准方法——水环境要素观测与分析. 北京：中国标准出版社，1998.

探索实验地理学 实践地理工程学

——中国科学院禹城综合试验站成立二十周年*

唐登银

关键词：地理学 地理工程学 禹城 试验站

竺可桢和黄秉维是实验地理学的倡导者。1979 年建立的中国科学院禹城综合试验站（禹城站），全面、深入、持久地推动了实验地理学的研究工作；20 年来，禹城站在地理工程学探索与实践中同样取得了可喜的成就。在禹城站建站 20 周年之际，系统总结禹城站实验地理学研究和地理工程学实践工作，既可“回顾过去，展望未来”，也可让更多人“了解禹城，帮助禹城”。

1 明确了学术方向，建立了完整的科研体系

1987 年，禹城站申请中国科学院第一个开放试验站时提出的学术方向是“研究土壤-植物-大气系统中的水平衡水循环，农田生态系统‘五水’转换机制和模式，并以此为基础，研究与水有紧密关联的能量转换物质迁移规律和农田生态系统的控制，为水资源调控和黄淮海平原旱涝碱综合治理与开发服务”。20 年的实践证明，禹城站的学术方向是正确的。

禹城站的实验研究满足了社会经济发展的需要，适应了国际科技发展的潮流，推动了地理学的发展。禹城站在明确的学术方向指导下，承担了大量的科研项目，取得了一批基础和应用研究成果，形成了一个完整的研究开发体系，即位于禹城市的南北庄试验站本部、试验基地（3 个）和遍布全市的大面积的试验示范区。三部分工作各有侧重，基础研究、技术开发、实验示范和技术推广相互促进，共同为解决黄淮海平原农业发展中的关键问题发挥各自的作用。

2 紧密结合黄淮海平原开发治理工作，研究成果卓著

1965 年以来，中国科学院地理研究所一直参加和主持了禹城试验区的研究及开发工作。禹城站始终把基础研究放在重要位置上，其实验地理学的基础研究内容主要包括：农

* 本文发表于《中国科学院院刊》2000 年第 1 期第 73～75 页。

田“五水”转换机制；农田盐分、养分平衡；作物水分、养分和地表能流收支平衡；农田水分、盐分、养分的调节和管理技术；实验遥感；仪器设备研制等。从1983年开始，禹城站组织多学科承担了禹城试验区“六五”“七五”“八五”“九五”期间国家科技攻关任务。“六五”期间，禹城站开展了以节水节能为中心，以水土资源合理利用为重点的低产田治理万亩试区的科技攻关；“七五”期间，承担了“河间浅平洼地综合治理配套技术研究”项目，将试区面积由13.9万亩扩大到32万亩，建成了三种类型的实验基地，提出了治理重盐碱洼地、风沙地和涝洼地的三项治理配套技术，达到国际先进水平；“八五”期间，承担了“禹城试区农业持续发展综合实验研究”项目，在人工调控生态稳定性、节水农业、资源节约型高效农业和农区畜牧业发展研究等方面取得了重大进展。1988年以来，禹城试区农业综合开发研究被列为中国科学院重大农业科研项目，在鱼塘-台田高效开发利用研究，季风性风沙化土地逆转与沙地经济林发展研究，中盐化咸水区水盐调控，农业高产、高效开发研究等方面均取得了一批应用成果。禹城的盐碱洼地变成了高产稳产田，渍水涝洼地变成了高产高效的台田鱼塘，风沙荒地变成了高产果园，水、肥、土地资源得到了合理利用。禹城的经验被广泛推广到黄淮海平原的治理开发，在国家农业开发中起到了重要作用。这些都是禹城站利用实验地理学的理论方法和研究成果，积极探索、实践地理工程学所取得的成就。为此，禹城站获得了国家科技进步奖特等奖、二等奖，中国科学院科技进步奖特等奖、一等奖，中国科学院自然科学奖二等奖，“八五”国家科技攻关重大科技成果奖，第三世界科学院农业奖等奖项，发表论文20余篇，专著5部，数据集5册。

3 完善了实验设施，研制了一批国内外领先仪器设备

先进仪器设备是取得高水平研究成果的物质基础，禹城站自建站以来就十分重视仪器设备、设施的建设，购置、研制和开发了一批先进的仪器设备，并在试验站本部建立了系列研究设施，使其实验水平处于国内领先、国际先进的地位。禹城站现拥有土壤环境、作物与土壤关系、灌溉技术、土壤-植物-大气系统中能量与物质传输、实验遥感、设施农业实验示范温室等一批观测仪器和实验设施；还把仪器设备的更新改造放在十分重要的位置，特别支持新型仪器设备的研制与开发，如自动换位式波文比观测装置、遥感信息自动操作系统、大型多功能蒸渗仪、冠层内微气象梯度仪、IAG-II中子土壤水分仪、涡度相关CO_2和水热通量测定仪都是禹城站自主研制或主持合作研制的，大多数属于国内首创、国际先进的仪器设备。完善的设施和先进的仪器设备为禹城站在实验地理学研究中取得系列重大成果发挥了重要作用。

4 建立了开放试验站，形成了一支科研队伍

1987年7月，禹城站通过了中国科学院第一个开放试验站论证，建立了开放试验站制度体系，充分利用禹城站先进的试验设施和仪器设备，并提供开放基金支持，吸引国内外学者来站开展研究和学术交流活动。有中国农业大学、清华大学等一批高等院校和中国科学院上海植物生理研究所、植物研究所（北京）等兄弟院所的数十位学者来站进行科学研

究，日本、美国、法国、爱沙尼亚等国的教授与学者也来站研究和交流。禹城站的开放站制度为活跃学术气氛、提高研究水平、扩大交流与合作、提高禹城站在国内外的学术地位和影响力起到了推动作用。

禹城站建立了一支具有团队精神、合作精神和献身精神的、业务素质高的科研与观测队伍。建站伊始，科研生活条件艰苦，老一代的禹城站人正是在上述精神的支持下献身禹城站实验地理学与地理工程学事业的发展，取得了光辉的成绩；现在科研和生活条件已得到明显改善，新一代禹城站人继承了禹城站的光荣传统，关注学科发展，关注国民经济发展，勤勤恳恳地工作，兢兢业业地探索。他们年轻、朝气蓬勃，学历层次高、专业面广，他们中不乏博士、硕士，学科涉及地理学、水文学、气象学、作物生理学、电子学、生态学、农学等。与此同时，禹城站还非常注重实验观测队伍的建设与管理。这支观测队伍业务素质高，积极配合科研工作，承担了禹城站各项实验观测任务，为禹城站的科研工作做出了贡献。

5 认真总结经验，做出更大贡献

总结过去的成绩，是为了未来取得更大的进步。禹城站 20 年积累的宝贵财富是今后发展的基础，这包括已建成的科研体系、设备设施、开辟的学术研究方向和科学管理方法以及长期形成的科学研究精神等。只有在继承的基础上将已有的研究领域不断推向更高的水平，同时开拓新的研究领域，丰富禹城站实验地理学的研究内容，才能为地理学发展做出更大的贡献，也才能更好地为国民经济发展服务。

过去 20 年的发展经验表明，正确处理以下几对关系具有十分重要的意义。

（1）熟悉与不熟悉。作为地理学工作者，可能对其他相关学科不大熟悉，我们要做探索者，积极地完成从不熟悉到熟悉的转化过程，以有利于丰富和发展地理学。

（2）轰轰烈烈与扎扎实实。轰轰烈烈的成就源于扎扎实实的工作，扎扎实实的工作才能带来轰轰烈烈的成就。禹城站 20 年的发展历程正是这种辩证关系的具体体现。在现实经济发展的大潮中，更需要我们以敏锐的双眼冷静地观察社会，以扎扎实实的态度做学问。只有如此，禹城站的事业才会得到更大的发展。

（3）设备与人员。在禹城站 20 年发展过程中，始终坚持人才队伍的建设与实验设备和设施建设并重，这是一种客观的、科学的办站方法。在今后的发展中，仍要注意在不断提高实验观测手段的同时努力建设好高水平的科研队伍和高水平的观测队伍。

（4）基础研究与应用开发。基础研究是应用开发的基石；应用开发是基础研究的延伸，同时是促进基础研究向前发展的动力。禹城站过去在基础研究与应用开发两方面都取得了巨大的成绩，其应用开发中的重大成果主要得益于所进行的基础研究。同时禹城站还要做好两篇文章，即“纸上”文章和“地上”文章，既要做出高水平的成果，又要在生产实践中做出贡献。

（5）外部环境与内部工作。禹城站过去 20 年能获得成功，国家经济发展和地方经济发展需要、国家支持和地方协作是禹城站发展的大环境，是外因，禹城站人以其团队精神、合作精神和献身精神，以及脚踏实地、扎扎实实地工作是取得成绩的内在因素。社会前进了，经济发展了，禹城站面临的环境变了，然而我们服务于国家和地方经济发展的宗旨不变，探索实验地理学的宗旨不变，致力地理工程学发展与实践的宗旨不变，团队精神、合作精神和献身精神不变，以务实的态度做好内部工作的思想方法不变。

（6）点与面的关系。过去20年禹城站在建立科研体系中，所走的是点面有机结合的道路。长期的定点实验与理论研究的目的是要揭示地理过程中的机理机制，这是认识问题、解决问题的根本所在。实验地理学发展的另一方面是通过实现微小尺度到中大尺度的转换，进行区域分析，提出解决区域问题的对策供决策和生产应用。

（7）实验与模型的关系。实验地理学的任务本身已明确界定了实验与模型的关系：实验是基础，是探索过程本质的直接手段；模型建立在实验的基础之上，为实验规律提供表达方式，是实验研究成果的升华；模型研究反过来又会对实验研究提供指导和促进。在禹城站过去20年实验地理学的发展过程中，实验与模型的发展齐头并进，因而在实验与理论上均取得了巨大的成绩，这也反映了我们正确处理实验与模型关系的成功经验。

（8）长远发展与阶段目标的关系。实验地理学和地理工程学的发展是一项长远的任务，为此需要不断进取、付出长期而艰巨的努力。禹城站实验地理学研究任重而道远。远大目标总是在不断地取得阶段性成果的过程中实现的，我们要注意长期任务与阶段目标的有机结合，不断地为地理学的发展做出贡献。

《地理辞典》*中的"实验地理学"部分

实验地理学条目目录

总论

实验地理学（experimental geography）
野外实验站（field station）
生态系统研究网络（ecosystem research network）
土壤-植物-大气连续系统（soil-plant-atmosphere continuum）
地理过程实验研究（experimental study on geographical process）
尺度转换研究（scale transfer study）
变量（variable）
机理模型（mechanistic model）
经验公式（empirical formula）
模型检验（model verification）
阈值（threshold value）

实验

实验设计（experiment design）
小区实验（plot experiment or site experiment）
集水区实验（experiment in watershed area）
单因子实验（single controlled factor experiment）
耦合实验（couple experiment of controlled factors）
室内实验（experiment in laboratory）
模拟实验（simulated experiment）
长期实验（long term experiment or container experiment）
盆栽实验（pot experiment）
防雨棚实验（shelter experiment）
对比实验（experiment by plots treating）
人工调控实验（experiment of artificial control）
原状土实验（experiment by use of monolithic soil）

---

*《地理辞典》（谭见安主编）由化学工业出版社于2008年出版，本次收录略有出入。

扰动土实验（experiment by use of non monolithic soil）

实验遥感（experiment for remote sensing）

示范区（extension area）

观测

观测场（observation site）

观测规范（observational guide book）

均质场地（homogeneous observation site）

非均质场地（heterogeneous observation site）

边缘效应（margin effect）

绿洲效应（oasis effect）

通量观测（flux observation）

梯度观测（gradient observation）

平流观测（advection observation）

观测频度（observation frequency）

观测空间间隔（space interval of observation）

人工观测（manual observation）

自动观测（automatic observation）

测量

测量精度（accuracy of measurement）

测量误差（error of measurement）

接触测量（contact measurement）

非接触测量（non-contact measurement）

实验样本（sample for experiment）

样地（sampling site）

样带（transet）

样本采集（sampling）

破坏性采样（sampling destructively）

传感器（sensor）

数据采集系统（data-logging system）

定标（calibration）

标样（standard sample）

数据

实验数据集（date set）

数据质量监控（data quality control）

实验数据库（experimental date bank）

总论

实验地理学（experimental geography）

实验地理学是以野外实验方法深入研究地球表层系统自然地理过程的学科。20 世纪 50 年代起，在竺可桢、黄秉维的倡导下实验地理学在中国得到了很大的发展。实验地理学的研究对象与普通自然地理学类似，都是自然地理综合体（地球表层系统、地理圈等）。

传统意义上的自然地理学研究内容集中在地理要素空间分布规律的描述，而实验地理学具有以下特点：①引入实验方法，充分运用数学、物理学、化学、生物学知识和地理要素数据的测量、传输、储存、处理现代技术；②深入进行微细的空间尺度和时间尺度的研究，揭示地球表层系统的物质迁移和能量转换及其与生物之间关系的规律，探索地球表层系统的物理过程、化学过程、生物过程，展示地理要素之间、地球表层系统各子系统之间相互联系和相互作用的实质；③通过模型、地理信息系统、遥感等手段进行空间和时间尺度转换，推动地理空间格局的研究。

实验地理学对于自然地理学的发展具有重要的作用。实验地理学促进了自然地理学与现代科学技术的联合，推动了地理学的以下转变：由定性为主走向定性定量相结合，由宏观研究为主走向宏观微观研究相结合，由以区域格局研究为主走向区域格局和过程研究相结合。与此同时，越来越多的实验地理学成果被运用于实际问题的解决，例如区域农业开发、流域治理、荒漠化治理、水土保持、资源利用、环境保护等。

野外实验站（field station）

野外实验站是对地球表层系统进行观测、研究、示范而建立的野外工作基地。其包括一定面积的野外观测、实验、示范场地，相当数量的高水平实验装置，完善的实验分析条件，良好的数据采集、传输、储存、处理系统，以及一定的后勤保障条件。

野外实验站通常由相关科研单位设立，其目的是推动相关学科的发展以及解决重大的社会经济问题。站址选择，要考虑的是区域的典型性和代表性，一般位于地球表层系统的典型类型中，处于社会经济问题的关键地段。我国已建成大量野外实验站，其中部分成为中国科学院生态研究网络或国家台站网络的成员。长期定位实验站已经成为自然地理研究的重要平台，是提升地理学科水平和解决重大资源、环境、生态问题的基地。

生态系统研究网络（ecosystem research network）

生态系统研究网络是以分布在不同地理类型区的众多地理（生态）野外实验站个体为节点，按一定的组织形式和运作模式，形成供长期监测、试验研究、示范推广之用的系统。20 世纪 80 年代，信息技术和计算机网络技术的高速发展催生了生态系统研究网络的建立和发展，国际上知名生态研究网络有：美国长期生态研究网络（LTER）、英国环境变化监测网络（ECN）、全球陆地观测系统（GTOS）等。

20 世纪 80 年代，中国科学院提出了组织中国生态系统研究网络（CERN）的建议，此后中国生态系统研究网络逐步形成为国际上一个规模较大、运转良好、实际成果丰富的研究网络，2005 年一个涵盖中国科学院、农业、林业、水利、气象等部门的野外实验站的国家生态系统研究网络开始形成。

土壤-植物-大气连续系统（soil-plant-atmosphere continuum）

土壤-植物-大气连续系统是由土壤、植物和大气组成的综合系统，简称 SPAC。其三个组成要素相互作用、相互渗透、相互依赖，构成一个有机整体，把这个有机整体作为一个研究实体，已成为当今地球科学、生物科学和环境科学的发展趋势。该系统在垂直方向上，地下部包括土壤根系层，地上部包括大气边界层，但具体进行工作时其研究界限可变化；在水平方向上具有明显的变异性，分布着不同类型的生态系统类型。土壤-植物-大气连续系统，强烈地进行着能量交换和物质迁移，对作物产量、气候变化、环境演变有巨大影响，故 SPAC 系统的能量转换、物质迁移和生物-环境关系的研究，在实践上和理论上具有重要的意义。

地理过程实验研究（experimental study on geographical process）

地理过程实验研究指用实验方法对地球表层系统中发生的能量转换、物质迁移、生物生长发育及它们相互关联的规律性进行研究。过程可以概括地分为物理、化学、生物三个过程，也可以按自然地理学各个分支学科的分类，分成地质过程、地貌过程、气候过程、水文过程、生物过程等。上述过程还可细分，水文过程可分为流域水文过程、农田水文过程、坡地水文过程、蒸发过程、入渗过程、径流过程等。过程研究还包括随时间变化的动态规律研究。过程研究是自然地理学及其分支学科的重要研究内容，是实验地理学的基本任务。

尺度转换研究（scale transfer study）

尺度转换研究是地学不同空间范围的研究结果或不同时间长度的研究结果之间的转换的研究。尺度转换分两种，一种是由大区（或长时间）向小区（或短时间）的转换，称为向下尺度转换；另一种相反，称为向上尺度转换。小尺度研究是大尺度研究的基础，为地理宏观尺度研究服务。实验地理学的研究尺度主要是小尺度研究，同时十分关注向上尺度转换问题。

变量（variable）

变量是指表征地球表层系统（或地理系统、生态系统）状况的众多因子的总称。变量具有明确的科学意义，随时间、空间而变化，对系统过程产生影响，温度、湿度、风、土壤水分含量、气孔阻抗、叶面积指数等都是系统的变量，变量的测定是实验地理学最基本的工作。

机理模型（mechanistic model）

机理模型是建立在严格的科学原理基础上用来表达变量和变量之间相互关系的数学表达式。地理系统是巨系统，变量众多，关系复杂，许多时候一个模型可能包括若干子模型。为了运用的方便，通常对模型配以编程软件。开发模型、检验模型是实验地理学的一项研究内容。

经验公式（empirical formula）

经验公式是凭实验数据建立的变量之间的统计学关系式。经验公式没有机理模型那样坚实的科学基础，只能大概反映变量之间的相互关系。经验公式一般要求输入变量较少、计算简便，对区域的地理变量估算有一定意义。

模型检验（model verification）

模型检验是将实际观测结果与一种或多种数学模型的计算结果进行比较的研究工作。模型检验的目的是确定一种或多种数学模型计算结果的精确性及其适用性，并据此选取一定的模型和参数为区域问题的研究奠定基础。

阈值（threshold value）

阈值是两个变量有相关关系时因变量产生突变时对应的自变量的值。阈值是一个临界值，求解阈值有重要科学实践意义，如建立土壤水分-产量相关关系时，土壤水分是自变量，产量是因变量，土壤水分由湿变干，干燥到突然严重减产，就出现一个土壤水分阈值。

实验

实验设计（experiment design）

实验设计是为了达到确定目的而对实验工作编制的操作方案。实验设计的内容主要包括实验目标（科学的和应用的）、前人相关成果评述、实验场地、实验材料、技术路线、实验处理、实验装置、实验仪器、采样计划、实验预期结果等。

小区实验（plot experiment or site experiment）

小区实验是在有代表性的生态系统类型区中的典型地段选取小的地块而开展的观测研究工作。小的地块面积从几十平方米到几百平方米，是为小区，小区周边有足够面积的保护行或保护小区。地理学的野外实验主要在野外定位站内开展小区实验，因此又称站点实验。

集水区实验（experiment in watershed area）

集水区实验是指为探求水分循环过程和计算水量平衡方程式各个分量而在一个相对完整的封闭集水区域单元开展的野外实验工作。集水区实验可以在小流域、灌区或流域、灌区内的典型地段上进行。

单因子实验（single controlled factor experiment）

单因子实验是野外实验中可控的因子减少至一个的研究工作。单因子实验中供比较的实验处理可以设置较少，实验内容相对简单，因此较易获取实验结果。单因子实验的基本方法是令一个因子有几种状况（几个水平），而其他因子保持不变。

耦合实验（couple experiment of controlled factors）

耦合实验是野外实验中可控的因子有两个或以上的研究工作。耦合实验较之于单因子实验，实验研究内容更复杂，实验处理更多，研究工作更困难。例如水分和肥料两个因子对作物生长发育产量影响的实验就是水肥耦合实验。

室内实验（experiment in laboratory）

室内实验是指在室内实验室进行的测试分析工作。室内实验是全部野外实验工作的重要组成部分。室内实验有两种情况：一是在室内实验室采用一定方法对采集的野外样品进行分析，如土壤的物理化学性质和生物学的测量等；二是建立人工复制的装置，对相关的物理、化学、生物过程进行观测，如土柱实验、风洞实验、温室实验等。

模拟实验（simulated experiment）

模拟实验是指建造一种类似野外的情景而对地球表层系统的物理、化学、生物现象和过程开展研究。一般在田间或室内建立装置，如风洞、温室、土柱、河床、坡地、人工气候箱等开展模拟实验。

长期实验（long term experiment）

长期实验是指为了监测生态系统在时间上的微细变化而在同一地块持续开展的观测研究。这种持续的观测研究一般要坚持 50 年以上，最著名的长期实验是英国罗萨姆斯特试验站起于 1843 年至今仍然进行的肥料实验。

盆栽实验（pot experiment or container experiment）

盆栽实验或器皿试验是用铁桶、塑料桶、花盆等容器填装土壤和栽种植物而进行的实验。盆栽实验因其与自然状态不同而具有局限性，但对于认识自然状态下的地理过程的规律有参考价值。

防雨棚实验（shelter experiment）

防雨棚实验是通过修建隔雨棚设施而进行的实验。防雨棚一般可以移动，降雨时防雨棚遮蔽观测场地，晴天时去除遮蔽。防雨棚实验可以解决因降雨而产生的实验困难问题。

对比实验（experiment by plots treating）

对比实验是指为探求不同地理条件（如地貌、植被、水文地质）下的自然地理过程规律和不同人类活动措施（如灌水、施肥、植物保护等）下的社会、环境、经济、生态效应而开展的多个小区的对比研究工作。对比实验要安排多个田块，即多个小区，也被称为多个处理，分别代表不同地理条件或不同人类措施，其中一个处理作为其他处理的比对对象，被称作对照处理。对比实验一般有多次重复，重复的田块的分布按统计学原理进行排列组合。

人工调控实验（experiment of artificial control）

人工调控实验是为达到实际应用效果而采取一定管理措施所开展的研究工作。人工调控实验一般在野外进行小区对比实验，以揭示不同人工措施下的生态系统的结构和功能的响应规律，并以此获取适宜的管理措施。

原状土实验（experiment by use of monolithic soil）

原状土实验是指采用非经扰动的自然土壤进行的实验。原状土保持着土壤的固有状态和性质，对于系统物流能流的研究，尤其是总蒸发、土壤水分运动、土壤相互作用的研究具有十分重要的意义。

扰动土实验（experiment by use of non monolithic soil）

扰动土实验是采用非原状土（扰动土）所做的实验。野外实验中常利用铁桶、塑料桶、陶盆等装土做实验，所装填的土壤很多时候是非原状的（或称扰动土或散状土）。扰动土实验与自然条件有差异，要谨慎考虑这种差异对实验结果产生的影响。为了减少这种影响，通常采用分层填充土壤，大致保持土壤的层理性状和固有的土壤容重值。

实验遥感（experiment for remote sensing）

实验遥感是将空间对地探测和地面生态系统观测相结合而形成的研究工作。实验遥感的内容包括搜集空间遥感的现存信息，建立站点的多光谱、多时相、多角度的高塔模拟遥感观测系统，构造地面生态学观测系统。实验遥感的目的是通过对地和地面的联合观测和遥感模型的建立，充分利用空间遥感信息。

示范区（extension area）

示范区是为了科技成果被广泛认知和运用而设立的展示地域。一般来说，展示地域比实验地域要宽广，示范区的建设依靠科研部门与当地民众的配合，示范区的作用是推广科技成果。

观测

观测场（observation site）

观测场是为满足观测或实验要求而在野外一定地段上建立的工作场所。根据生态系统类型的地域差异，一个野外站可能有多个观测场，如主观测场和辅助观测场；根据实验研究内容的不同，可以设立相应的观测场，如蒸发观测场、土壤养分观测场、水分运动观测场等。

观测规范（observational guide book）

观测规范是指由权威单位发布应被普遍执行的标准方法。观测规范包括场地选择、仪器安置、采样安排、观测程序、数据采集、资料整理和审核等。地理学野外实验普遍采用现有的观测规范，如气象观测规范、水文观测规范等。对于没有观测规范可资运用的情况，实验者将关注实验方法的研究，令观测走向规范化。

均质场地（homogeneous observation site）

均质场地是指地面高度差异微小和植被、土壤均匀分布的观测场。对于生态系统物流、能流规律的研究来说，选取均质场地十分重要，可以达到事半功倍的效果。均质场地的反义词是非均质场地。

非均质场地（heterogeneous observation site）

非均质场地是指地面高度差异较大或有起伏和植被、土壤分布不均匀的观测场。在非均质场地上生态系统结构和功能的规律性的认识更加困难。

边缘效应（margin effect）

边缘效应是地球表层系统研究中的一种因观测场周边地表面性质发生改变而对实验结果产生的影响。最典型的例子是在农田进行地-气系统水分、能量交换研究时，周边的防护林带会对农田研究结果产生某种影响。

绿洲效应（oasis effect）

绿洲效应原义是指干旱区靠灌溉建立的绿洲总蒸发量和其他能量、水分平衡方程式的要素因平流热的影响而发生的巨变。以这一含义引申，地球表层系统野外实验中，局部的土壤充分湿润地段的能量流、水分流会因平流热的影响产生巨大变化。

通量观测（flux observation）

通量观测是指对地球表层系统某一位置发生的能量、物质传输进行测量，如水汽通量观测、CO_2 通量观测、土壤水分运动通量观测等。大多数情况下，地球表层系统的通量观测关注的是一维垂直方向的通量。

梯度观测（gradient observation）

梯度观测是指在地球表层系统中的两个或两个以上的点上安装传感器以获取系统状态变量在两点之间的差值。同一要素在两个点上测定出不同值，即意味着有梯度，这种梯度是构成能量交换和物质传输的动因。例如空气中不同高度之间的水汽压梯度、温度梯度、风梯度、土壤中的温度梯度、土壤中的水势梯度等，都是研究地-气系统中的能量水分交换的重要数据。

平流观测（advection observation）

平流观测是指水平方向上的物流、能流的观测工作。平流观测方法一般在水平方向上布设多个测点，形成一个测量断面，用同样仪器，对系统同一状态变量进行测定。野外研究中的场地非均匀性、边缘效应、绿洲效应及空间尺度转换的问题，常采用平流观测加以解决。

观测频度（observation frequency）

观测频度是指地球表层系统野外实验中对系统状态变量进行测量的时间间隔。野外实验通常采取的观测时间间隔有：小时、天、10 天、月、年、五年等，相应的观测频度为 1 次/小时、1 次/日、1 次/10 天、1 次/月、1 次/年、1 次/五年等，观测频度的选取取决于研究目标、研究客体的变化性质以及仪器设备的精确灵敏程度。

观测空间间隔（space interval of observation）

观测空间间隔是指地球表层系统野外实验中对系统的状态变量沿着空间某一方向连续进行测量时采样的间隔。例如，测量土壤水分含量时，要从地表测至地下水位处或包括整个根系层，为了了解整个剖面的土壤水分，通常采取一定的深度间隔，如每 10 cm 或每 20 cm 取样一个。

人工观测（manual observation）

人工观测是指地球表层系统野外实验中凭人的肉眼对传感器或测量工具进行读数以取得观测数据的一种观测形式。随着技术的进步，越来越多的野外测量实现了自动化，但在许多情况下，经典的人工观测仍然占有不可替代的地位。

自动观测（automatic observation）

自动观测是指地球表层系统野外实验中由自动化的仪器设备获取系统状态变量数据的观测形式。自动化的仪器设备由传感器、数据采集、数据传输等部分组成。自动观测有其优点，如对观测场地破坏性小，可以连续观测，节省人力等。最典型的例子是自动天气站的开发，气象的自动观测已被普遍使用。

测量

测量精度（accuracy of measurement）

测量精度是一种判断测量值与真值相符合程度的统计学表达。野外研究中的测量精度取决于观测场地的时间空间变异程度、观测的重复次数以及仪器的精细程度等。与测量精度类似，还有模拟精度，指模拟计算结果与实测结果相符合的程度。

测量误差（error of measurement）

测量误差是一种反映测量值偏离真实值程度的统计学表达，可看作是测量精度的反义词。测量误差可以用相对误差、绝对误差、离散系数等表达。

接触测量（contact measurement）

接触测量是把传感器置于所要测定的地球表层系统的某一部位以取得该部位的某一状态变量的测量方式。这种测量方式常见于野外实验，只是由于技术的进步，尤其是遥感技术的发展，才出现了非接触测量。

非接触测量（non-contact measurement）

非接触测量是传感器远离所测物体进行的一种测量方式。这种方法的出现，大大推动了地球表层系统变量的测量工作。例如，以传统的温度传感器采用接触测量方式几乎不可能得到真正意义上的地表温度和植物冠丛温度，而以红外测温仪采用非接触方式，这个问题就可以圆满解决。非接触测量采用的传感器一般是对被测物体的电磁波进行感应，这种测量方式广泛见于遥感技术中。

实验样本（sample for experiment）

实验样本是指按规范随机采取的有代表性的水、土壤、大气、生物的实体。实验样本对于地球表层系统来说，只占很小的一部分，但它代表了整体。实验样本是为了野外测量和室内分析而采集，还应建立样本库，把样本长期保持下去，供日后研究之用。

样地（sampling site）

样地是为了采集样本而设定的一个固定的场所。类似的术语还有样方，主要用于观测生物种群等的状况。样地在地球表层系统长期研究中有了新的含义，样地不仅用来观测生物种群状况，还用于采集水体、土壤、气体、生物样品，同时还要考虑到几十年或上百年的采样，为此要划定一定面积的样地。

样带（transet）

样带是指在沿水分和温度存在差异（或梯度）的不同温度带和不同湿润区选择的典型研究地段的组合。样带研究可以深刻揭示地球表层系统的区域分异规律。

样本采集（sampling）

样本采集，简称采样，是按照规范获取有代表性的水体、土体、气体、生物体的实际动作。样本采集是供测量用的，因此样本的采集对于测量的精度具有决定性的作用。

破坏性采样（sampling destructively）

破坏性采样是对地球表层系统具有破坏作用的采样方式。钻孔取土和剪割植株都是破坏性的采样，破坏性采样不能完全避免，但应通过科学规划样地和改善实验方法，将破坏性采样对实验的负面影响减到最小。

传感器（sensor）

传感器是一种对地球表层系统状态变量变化有灵敏而稳定的反应，并经由它取得该变量的测量数据的器件。传感器的种类有许多，如土壤水分盐分传感器、空气温度传感器、空气湿度传感器、空气 CO_2 含量传感器、植物光合作用传感器等。传感器是测量仪器的灵魂和核心部分，是测量仪器最重要的组成部分。

数据采集系统（data-logging system）

数据采集系统是采集地理系统各要素数据的装置。一个完整的地理数据采集系统，由众多的野外传感器、信号（数据）采集传输装置、数据储存和处理装置组成。野外传感器多种多样，根据需要和可能而定；传输信号有无线和有线两种方式，可灵活运用；数据储存和处理装置一般是单板机或微处理机及其附加设备（磁带软盘、打印机、绘图机等）。地理数据采集系统与传统地理学的获取资料方法相比，具有许多优点：①观测人员远离现场进行观测，避免了人为干扰和人为误差；②可进行同步观测，即在同一时刻可对不同样地或小区进行观测，保证野外资料的可比性；③实现了连续观测，能获取地理环境的动态信息资料；④提高了工作效率，即有可能在一定的人力、物力、财力条件下，获取长期、连续、大量的诸多因素的信息并有可能在较短时间内进行数据处理和预分析。故其对于地理学研究能力的提高具有重要意义。

定标（calibration）

定标是指把测量仪器的读数转换成真实的测量数据的一种程序或方法。一种情况是，对常规使用的仪器定期或不定期地进行定标，即把常规仪器与标准仪器进行比较，确定常规仪器的偏离程度，以便对常规使用的仪器进行订正。另一种情况是，许多工作仪器的输出数据并不是系统状态变量的真实测量值，实现从输出数据到测量值的转换，要寻找两者之间的相关关系，即定标，以便确定仪器读数所对应的真实测量数据。

标样（standard sample）

标样指标准样品。实验地理学中标样是已知结果的标准样品，供室内和野外实验观测工作比对之用。

数据

实验数据集（data set）

实验数据集是在监测、研究、示范以及其他科学实践活动中所形成的数据的集合。数据集以书面版形式出现，既包含实验方法的描述，又包含系统状态变量的大量数据，并且数据集一般是长时间序列的。按数据共享的原则，数据集可为研究工作发挥重要作用。

数据质量监控（date quality control）

数据质量监控是为保证野外实验数据具有优良品质的程序和方法。数据质量监控通常有以下几种方法：一是标样法，即对已知测定结果的标准样品用常规使用的仪器方法进行比较；二是定标法，即定期或不定期对仪器进行定标；三是分析法，用现存的科学知识审核实验数据的合理性；四是多次测量法，即多次重复采样或在一点多次读数，判断测量数据的稳定性。为达到数据质量监控的目的，实验操作规范和人员培训具有重要意义。

实验数据库（experimental date base）

实验数据库是以计算机硬件、软件为支撑由实验背景信息、实验数据以一定的数据结构形式组成的集成系统。实验数据库数据包括实验区域的自然、社会、经济状况、实验方法、实验数据等，许多实验机构都建立了自己的数据库，并通过自己的网站向外发布，供研究者共享数据。

实验地理学与地理工程学的30年*

唐登银

30年前，科学的春天降临之际，地理所水文室蒸发组和抑制蒸发组的人员，在黄秉维、刘昌明、左大康的支持下，在所、研究室的领导下，建立了中国科学院禹城综合试验站。建站宗旨非常明确，一是解决黄淮海平原的旱、涝、盐碱威胁，为提高作物产量作贡献；二是开展蒸发、水量平衡、能量平衡、盐分运移、水-盐作物关系的试验研究，简言之，就是奉献农业和发展学科。

禹城站发展学科，其核心是长期定位实验，其要义是深化地理过程的认识，提升地理学的理论水平。禹城站以黄淮海平原鲁西北引黄灌区为研究区域，以土壤-作物-大气连续体为研究对象，以田间试验为主要研究方法，以实验第一手资料为主要依据，定点研究陆地表层系统的能量流、物质流以及环境-作物相互关系的规律，提供高水平的科研论文，提供认识黄淮海平原本质的知识。与此同时，禹城站的工作立足于站点，面向区域，面向全国。为此，开展了模型研究工作，以试验数据为基础，建立自己的模型，或者检验他人的模型，为大面积运用提供更加有效的手段。

禹城试验工作与传统地理学工作有巨大差异。传统地理学的研究对象是一个区域，研究的空间尺度一般偏于宏观，主要方法是考察和制图，研究内容主要是区域分异规律，成果表现形式主要是区域分析报告、建议等。禹城站研究工作是在点上进行，研究的空间尺度一般是微观或田间尺度，方法是实验，研究内容主要是陆地表层系统的物理过程、化学过程和生物过程的规律，成果表现形式主要是比较深刻揭示自然过程规律的论文。对比两者差异，不难看出，禹城站的工作沿着一种新的方向前进，就是实验地理学的方向，禹城站的30年是实验地理学的30年。

实验地理学的建立和发展推动了自然地理学的发展。自然地理学引入实验概念，从此具有了一般现代自然学科都有实验分支学科的特征，实现了实验、考察、制图多种方法的结合；借助物理、化学、生物学等而开展实验研究，依靠实验而获得第一手材料，自然地理学研究工作可以实现由单纯定性走向定量定性相结合；站点工作的开展，令自然地理学的视角更加全面，实现了宏观与微观的结合；站点自然地理过程的深入研究弥补了传统地理学单纯注重区域分异规律的不足，实现了空间分异和过程研究两大主题的结合。实验地

---

* 本文摘自《地理学发展之路——中国科学院地理研究所科学活动回忆录（1940—1999）》（科学出版社2016年出版）。

理学是对传统地理学的突破和补充，实验地理学工作促进了地理学科学水平的提高，也提升了自然地理学解决实际问题的能力。

禹城站实验地理的研究工作取得了巨大成绩。禹城站研究内容广泛，涵盖了农田生态系统和农牧生态系统物质迁移和能量转换的许多部分，提供了农田生态系统的知识，其中包括农田热量平衡、水量平衡、盐分平衡、作物-水分、盐分、养分关系、作物生产力等。禹城站研究工作起点较高，跟踪国际科学发展动态，不回避困难，知难而上，敢于研究困难的科学问题，并在一些领域取得了具国内外领先水平的科学成果，如陆面蒸发和水面蒸发、作物（包括牧草）需水耗水、非饱和带土壤水分运移、热红外实验遥感、农田生态系统模拟模型等。禹城站开展实验地理研究时，时刻不忘解决当地旱、涝、盐碱、风沙等问题，紧密联系生产实践中的问题开展实验研究工作，对灌溉、节水、改碱、增产、节肥进行了许多试验，为农业技术提供了支持。禹城站把实验方法学放在重要位置，布设了一批野外试验场，如水面蒸发场、养分观测场、水平衡试验场、水肥耦合试验场、遥感试验场等，研制了一些优良的仪器设备，如大型称重蒸发渗漏仪、中子水分测定仪、波文比蒸发测定仪、水碳涡度相关测定装置、比辐射测定装置等。

禹城站奉献农业，其核心是重视应用开发，将科研成果不仅写在纸上，而且写在大地上；其要义是主动面对农业生产实际问题，开展地理过程和人工措施的实验，寻求解决农业生产问题的答案，提供农业发展的试验示范样板，推动县域、省域和更大区域的农业发展。

禹城站的应用开发工作与传统地理学的工作有很大的差异。传统地理学提供书面（或电子）文件，提出咨询和建议，有时以区域或项目的规划形式出现，供决策者参考执行。与之相应地，禹城站的应用开发工作提供农业技术和发展管理模式，建立实验示范样板，直接带动农业发展。地理学家深入实际，面对农民，以技术和模式指导农业生产是地理学家工作的一种新样式。这种工作样式带有工程意味，这样的工作是地理工程学工作，30 年来禹城站的应用开发工作实质上可概括为地理工程学的工作。

地理工程学对自然地理学产生了深刻的影响。传统地理学的区域工作十分重要，甚至是地理学工作的主要方面，能对国民经济发挥重要作用，但它面对微观实际问题无能为力，工作内容基本上不涉及工程层面。地理工程学工作主动参与自然条件的优化，在田块上促进农业增产增收，这意味着自然地理学增添了一个新军，一个在工程层面的分支。综观自然科学学科的分类及其演进，一般学科都有工程层面的分支，例如，化学—化学工程、生物学—生物工程、遗传学—遗传工程、电子学—电子工程、环境科学—环境工程等，而物理学及其分支派生的工程层面的分支科学就不胜枚举了。地理工程学的发展，令地理学具备了现代自然科学应当具有工程层面分支学科的特征。

地理工程学在禹城站收获颇丰。30 年来，禹城站产出了一系列农业技术和模式。20 世纪 80 年代初，提出了治理盐碱地的井（打井）、沟（灌排沟渠）、平（平整土地）、肥（肥沃土壤）、路（修建道路）、林（防护林）、改（作物改制）的综合配套技术；80 年代中期，发展了三种洼地类型（重盐碱、渍涝、风沙）的中低产田治理开发技术；80 年代末，提出了农牧结合配套技术体系；90 年代，提出了农业持续发展和资源节约型高产高效农业的综合技术；进入21世纪，又提出节能、节水、节药、节肥、网络信息化的“四节一网”高产高效现代农业配套技术。通过地理工程学的工作，禹城农业自然条件发生了根本改变，农业生产有了翻天覆地的变化，贫穷落后大大改观。与此同时，研发的农业技术和生产模式，被称为“禹城经验”，在山东省、华北平原乃至全国产生了深刻影响。

谈到禹城站的实验地理学与地理工程学工作，不能不提及黄秉维院士。20世纪50年代，黄先生深感地理学发展滞后，地理科学成果只是一般定性描述，科学水平不高，面对实际问题常常缺乏能力。为此，黄先生以巨大的勇气、广阔的视野、超前的思维提出了一系列发展和改革地理学的思考，其中包括：地理学要为农业服务，要直接解决农业生产实际问题；引入数理化、生物等学科知识和新技术，开展地表实验研究；深入研究陆地表层系统的物理过程、化学过程、生物过程，研究地表能量转换物质迁移的规律性；倡导在地理所开展水热平衡、化学地理和生物地理群落的三个自然地理研究新方向。我是幸运的，1959年进入地理所，刚好赶上黄秉维革新地理学思想提出的时候，其后一直在黄先生指导下工作，参与他倡导的自然地理学新方向的实践和探索，其中包括山东德州、河北石家庄的水分、能量平衡实验工作及土面增温剂的研制和应用工作。时间进入1979年，是我进入地理所工作后的20年，刚好赶上“文化大革命”结束百废待举之时，禹城站就此起航。禹城站的30年，是黄先生学术思想的一次长期全面的实践，是黄先生革新地理学实践的继续和发展。

30年的成绩已经过去，更艰难的科学问题有待攻克，更复杂的生产问题有待解决。对比英国罗萨姆斯特（农业）试验站超过160年，美国耶鲁大学（森林）试验站已近100年，禹城站正处于青年时期，沿着实验地理学和地理工程学的方向，一定能为发展学科和奉献农业做出更大的贡献。我对禹城站的未来充满信心。

选择禹城作典型*

唐登银口述

时间：2008年8月6日上午

地点：中国科学院地理科学与资源研究所唐登银办公室

简介：唐登银（1938.5），中国科学院地理科学与资源研究所研究员，曾任中国科学院地理所副所长，中国科学院禹城试验站站长，中国科学院农业专家组副组长，中国科学院生态研究网络科学委员会委员、水分分中心主任。主要从事农田能量平衡与水量平衡野外定位实验研究，研究内容涉及农田蒸发、土壤水分、作物-水分关系等；在中国科学院生态研究网络建设和黄淮海平原中低产田和荒地的治理开发工作中，主要的成就包括参与发起了中国科学院生态研究网络的建设和发展，开创和领导了中国科学院禹城站的建设和发展，参与和发起了中国科学院农业开发项目的立项，并主持了"十五"农业重大项目。深入开展了农业蒸发相关研究，主持和推动了在禹城站实施的农田蒸发测定方法和规律研究，是我国蒸发研究的开创性成果。先后获得了国家发明奖、国家科学大会奖、国务院农业开发奖励、中国科学院科技进步奖二等奖和自然科学二等奖、中国科学院野外工作先进个人等荣誉。

一、中国科学院重视农业问题是传统

我是学自然地理专业的，1959年大学毕业后就到中国科学院地理研究所工作了，跟着老所长、著名科学家黄秉维先生做课题。

中国科学院的老传统就是把农业的问题看得很重，而且认为地理学应当为农业服务，也不是一般性地做些软课题，而是做样板。当时竺可桢先生和黄秉维先生认为地理所最要关注的，就是中国的农业问题。地理研究所包括的学科很多，服务的面也很广。但是从中华人民共和国成立以后建所开始，老一辈科学家就一直把农业问题放在一个十分突出的位置。此外，地理学从空间来讲，研究的范围是一个比较广的尺度，至少也应该是中尺度，可以是省域、全国，甚至全世界。最小范围也是县域。所以农业问题正是题中之义。竺老、黄老还有一个重要贡献就是定点研究，建立站点，建立网络，而传统的地理学只重视路线

* 本文摘自李振声主编的《农业科技"黄淮海战役"》（湖南教育出版社2012年出版）。

考察。不仅如此，他们还利用站点的试验成果，进行示范推广。我能到中国科学院地理所这么重要的单位来工作，同时这个单位又在研究方法上不同于传统的地理学，对我来讲是一个很重大的变化。开始也很不适应，但是我努力向老专家学习。所以从1959年到现在，我几乎一直在农业第一线工作，而且一直在农田里做试验，就是在"文化大革命"期间那样"抓革命"，我们还是在农村"促生产"，包括程维新、张兴权等同志都是这样。1978年"文化大革命"一结束，我们这帮人就到禹城去了，建试验点，搞试验。我们凭着对农业的感情，对农业的了解，搞土面增温剂，抑制蒸发等试验工作。

二、土面增温剂在全国搞得很火

在黄淮海的大战役之前，我国的生产水平较低，农田塑料薄膜不仅供应不足，而且价格昂贵。我们研究的土面增温剂，是用工业生产的一些废料，制成制剂，喷洒在地面上，以减少土壤水分蒸发。这一方面可以节约水，另一方面可以增加土壤温度。1978年，这项技术在科学大会上获得了国家科学大会奖。那时增温剂在全国搞得很火，被普遍推广。这是"文化大革命"中地理所少有的一项成果。1987年、1988年黄淮海战役打响之后，我们和禹城地方政府结合，很快就把其他工作也推动起来了。历史渊源就是这样。

1988年7月，国务院授予近百位科技人员"黄淮海平原农业开发优秀科技人员"称号，我、左大康、程维新、傅积平、凌美华、许越先、张兴权等中国科学院16位科研人员也名列其中，这是一个长期积累的结果。

三、选择禹城的必然性与偶然性

当时为什么要选择禹城呢？从科学规律来讲，必须要选择有代表性、典型性的地方，我们所地处华北，首先考虑要解决华北平原的问题。华北平原是中国最重要的区域之一。它面积广阔，人口众多，是重要的农业区域，农业生产有巨大潜力，也有很多问题，如旱、涝、盐碱、风沙等。中国科学院还在黄淮海平原选择了若干点，如河北的南皮、河南的封丘等。

选择禹城既是偶然也是必然的。禹城在黄淮海平原是很有代表性的地方，而且禹城这个地方开发也是很有潜力的：第一，因为它存在比较严重的旱涝盐碱风沙灾害；第二，因为它地下水资源很丰富，再加上引黄的水相对比较近，水是最基本的条件，有水其他事情就都好办了；第三，因为有地方政府的大力支持和配合。这也是我们长期在基层和基层政府打交道留下的深刻印象。禹城政府领导就是这样，和他们打交道之后，觉得他们很好，支持科技工作，后来也证实的确如此。需要地方怎么协作他们就怎么协作。该出劳力就出劳力，该要投资就给一点儿钱，整体上很支持、很配合我们的工作。他们有强烈的改变现状的愿望，所以他们很相信、很依靠我们。我认为当时禹城这些领导是走在了时代的前面的。事实证明这些干部搞了十年、八年之后，他们的素质普遍比周边的区县领导要高，提升的机会也较多，有很多人都到德州当领导了。

从1961年起，连续5年，中国科学院地理所在德州进行农田水量平衡的实验。1965年，国家科委主任范长江同志亲临前线做了规划部署，地理所又开展了德州地区旱涝碱治理区划，并在此基础上，建立了禹城改碱实验区。旱涝盐碱地治理好以后粮食产量大幅度上升，农业综合开发也上了一个台阶。

实践证明，选择禹城作为农业综合开发治理的典型，是完全正确的。禹城的经验不仅在山东省得到推广，在全国都有示范带动作用。

四、既是科学家又是农民

长期在艰苦的农村工作，我们对生活和工作上的困难都习以为常了。比如喝咸水，有点拉肚子，卫生条件是差一些，但是好像都可以接受。面对艰苦，很平静。像我们这代人，割麦子、插秧、打场都会干。别人认为苦，我却不以为意。我认为很平常，大家都是这样走过来的。

那时我是禹城试验站的站长。作为站长，我既要管生产实践，与农民打交道，推动示范，还要管生活、管基建。一方面，在科研上，既要考虑应用方面的问题，也要考虑到基础性的研究。目标是治理盐碱，提高产量，节约用水。在黄淮海的问题上发挥我们的学科优势。比如水量平衡，水量运动的一些规律，书本上有，我们也在实践。现在当然已经看得很清楚了。比如，挖沟排水，把盐水排掉；比如施有机肥，实施盐碱土的改良，这些都是我们水量平衡、水量运动的知识延伸。这是我的专业，我的业务。另一方面，我还可以和工人一起去拉砖。水管不够了就跟司机跑一两百千米去买水管。另外，虽然我们的成果写在大地上，但是还要做成文章。“一片三洼”治理成功后，大家讨论，提意见，最后把它形成文字，提炼出精华，概括成经验，形成材料，向领导汇报。在形成文字中我起了一定的作用。但并没有留我的名字。因为这些成果都是集体的。

“一片三洼”得到李振声副院长等领导重视以后，经验被推广到禹城。禹城相关方面的机构如计委、农业局、水利局、畜牧局的负责人等组织起来，制订了一个推广计划。比如要花多少钱？搞哪些项目？我就要负责组织协调这些工作。很快，“一片三洼”又要推广到德州地区。德州地区的农林水等各方面一大批地方干部组织起来制订全德州的推广计划。我又要跟大家谈，推广面积有多少？投资需要多少？劳力需要多少等问题。按理说这些都不应该是我的专业。其实我是搞基础研究的。大学毕业后，我是黄秉维先生的学生。正好碰上“文化大革命”，我受到一些影响。即使这样，业务书我都还留着。我坚信知识是有用的。我过去学俄文，“文化大革命”当中我学英文，就是看毛主席语录的英文版。我不会念，但是我会认。后来广播电台教英文，我就跟着学。改革开放后，英文考试，当时就没有几个人能考，我考及格了。所以 1979—1981 年我去英国做访问学者了。黄秉维先生、左大康先生可能都对我寄予希望，希望我在基础理论上做出成果来。但是后来我是禹城试验站站长，就变成了什么都要管这样一种工作状态。尽管很多项目上没有我的名字，我心里也很坦荡。我要做的就是让大家同心协力。无论是基础研究还是推广、应用，我都支持。我们这个群体是很协作、很团结的，无论是搞基础研究还是应用、推广，大家都是齐心协力。我们的工作性质决定了不能像纯基础研究那种类型的工作，一支笔、一台电脑就可以了，我们必须协同作战。我们当时那种团结协作的精神，恐怕到今天都有借鉴意义。

20 世纪 80 年代初期，禹城试验站已经可以接待外宾了。在原来的盐碱洼地上，盖了小楼，外国人都可以在站上住了。

禹城试验站近照（实验楼和养分平衡试验场） 温瑾/摄

五、中国的粮食问题依然非常重要

我还强调一点吧。地理所老一辈的科学家重视农业，科研人员长期盯在农业问题上，这点很重要，否则就没有后来的成果。黄淮海战役是解决中国的粮食安全问题，这个意义太重大了。一直到今天，中国科学院还是想继续做。现在叫“第三期创新”，想搞一个耕地保育和农业的示范工程。中国科学院的科学家们高瞻远瞩，把这个问题看得很清楚。其实中间会有很多波浪式的变化，比如有时粮食储存多啦、卖粮难啦、价格下去啦等等。但是中国耕地面积这么少、人口这么多这个基本问题是不能改变的。特别是面对现在世界的紧张局势，竞争的态势。中国要是在农业上出现问题，那才是真正的“中国威胁”了。

禹城综合试验站*

唐登银口述

禹城综合试验站隶属中国科学院地理科学与资源研究所。该站始建于1979年，位于山东省禹城市，属于暖温带半湿润季风气候区。其研究方向是水、土、气候、生物等自然资源的合理利用与区域可持续发展，通过观测数据的长期积累，深入开展地球表层的能量物质输送和转换机制，模型的建立和空间尺度转换方法的实验研究；进行测定方法的革新与仪器的改进和研制；结合地理学、生态学、农学的理论与方法和手段，研究农田生态系统的结构、功能，开展生态系统优化管理模式和配套技术的试验示范。禹城综合试验站包括中心试验站、试验基地和试验示范区三个层次。中心试验站侧重于机理过程研究；试验基地侧重于应用基础研究；试验示范区侧重于推广与开发研究。三个层次的研究任务，构成了禹城站完整的研究开发体系，具备完整的试验场地，先进的仪器设备和良好的生活条件。在编人员20人，承担了国家科技攻关、国家自然科学基金、中国科学院重大项目等多项课题。曾获得国家科技进步奖特等奖、一等奖、二等奖；中国科学院科技进步奖特等奖、一等奖；第三世界科学院农业奖；中国科学院自然科学奖二等奖；国家科委、国家计委、财政部授予的“八五”和“九五”科技攻关成果奖，中国科学院和部委科技进步奖9项等；

* 本文摘自《中国生态系统研究网络建设访谈录（上）》（湖南教育出版社2016年出版）第139～148页。

发表学术论文300余篇，出版专著15本，数据集5本。培养硕士47位，博士35位，有7位博士后出站。1995年被选入全球陆地观测系统（GTOS）；1999年被科技部确定为首批国家重点试验站试点站。

历届站长：

唐登银　1979—1989年

陈发祖　1989—1990年

胡朝炳　1990—1992年

李宝庆　1992—1996年

欧阳竹　1996—

时间： 2012年6月

地点： 北京，中国科学院地理科学与资源研究所

受访人简介： 唐登银（1938—），中国科学院地理科学与资源研究所研究员。1959年毕业于中山大学地理系，同年进入中国科学院地理研究所。1979—1981年赴英国进修。1989—1993年任中国驻美国休斯敦总领事馆科技组组长和参赞。曾任中国科学院地理科学与资源研究所所长助理、副所长。1979—1989年任禹城试验站站长，中国科学院生态研究网络科学委员会委员、水分分中心主任，中国科学院农业专家组副组长。长期沿自然地理水热平衡方向开展实验地理学研究。涉足农田水分平衡、热量平衡、农田蒸发、农田土壤水分、农田生态系统作物-水分关系及中低产田治理与开发等领域。参与完成石家庄农田水热平衡、土面增温剂、禹城农田水分平衡、旱涝盐碱治理等实验和项目。荣获中国科学院科技成果奖励等奖项，以及中国科学院野外先进工作者称号（1997年）。

每当提起禹城综合试验站，我总忘不了地理学家黄秉维先生和中国科学院地理所所长左大康[①]先生。黄秉维先生支持并指导了禹城综合试验站的工作。特别是他倡导用数理化知识和现代仪器设备武装地理学，开展物理过程、化学过程、生物过程的实验研究，催生了大批野外台站建立。左大康先生是20世纪80年代任地理所所长，他多次周六晚乘车去禹城综合试验站指导工作，周日晚上再乘火车返回北京。地理所水文室、气候室、化学地理室、自然地理室、经济地理室都有人在禹城综合试验站开展工作，后勤、财务、器材、车队都给禹城站以很大支持，所以禹城综合试验站的成绩是地理所全所同志努力的结果。

深厚的积淀

禹城综合试验站建站历史可以追溯到20世纪50年代中期。1956年，在国家12年（1956—1967年）基础科学规划中，黄秉维先生提出了自然地理学的水分热量平衡、地球化学景观、生物地理群落的三个新方向，同时明确指出要开展自然地理定位观测实验。

① 左大康（1925—1992年），地理学家。中国气象卫星辐射气候学研究领域的先行者。组织开展黄河流域治理和黄淮海平原农业开发研究，南水北调及其对自然环境的影响研究，坚持为农业服务的大方向，强调地理学综合研究和区域综合治理开发，主张通过地理学实验和定位研究获取实时数据。领导筹建了禹城综合试验站。

1960年国家科委成立西北防旱小组水分平衡分组，黄秉维任组长。他制订了研究工作计划，其中一项重要内容是蒸发和减少蒸发。其后，中国科学院地理研究所开展了一系列水热平衡研究工作，在山东德州也开展了这方面的工作。

1966年，地理研究所开始了在山东禹城改碱试验区的工作。禹城全县面积约990 km^2，耕地约80万亩。20世纪60年代以前广泛分布盐碱地，绝大部分耕地都有旱涝盐碱威胁，并存在大量盐碱荒地。从1978年开始，地理所在禹城的科研工作，主要是研究旱涝盐碱、贫瘠、风沙综合治理。1979年10月，禹城综合试验站成立。至20世纪80年代中期，旱涝盐碱综合治理取得较系统的成果。主要开展了四种类型的治理和开发：一是在以南北庄为中心的浅平洼地，约13.8万亩，地下水埋藏浅，改造的办法是"井、沟、平、肥、路、林、改"，即井（打井灌溉）、沟（排水）、平（平整土地）、肥（培肥土壤）、路（田间道路四通八达）、林（防护林）、改（农作物改制）；二是地势低、排水困难的以辛店洼为代表的涝洼地，约0.6万亩，改造的办法是鱼塘-台田，主要由南京湖泊所的同志完成；三是风沙危害严重甚至有流动沙丘的以沙河洼为代表的风沙地，约2.7万亩，改造的办法是引水、平地、林网，配置合理种植结构，主要由兰州沙漠所的同志完成；四是地下水矿化度高、地表盐碱危害极重且有碱化的北丘洼，约1.6万亩，采用强排强灌、地面覆盖、先行种植耐盐碱作物等措施，主要由地理所的同志完成。老试验区为"一片"，辛店洼渍涝洼地、沙河洼风沙危害地、北丘洼重盐碱地为"三洼"。"一片三洼"治理，针对不同中低产田，产生了不同治理模式。改造后"一片三洼"使农业产业结构得到合理调整，粮食亩产由原来的几十斤[①]提高到300多斤。禹城"一片三洼"治理被称为禹城经验，是旱涝盐碱综合治理最核心的技术成果。因为"一片三洼"四种中低产田及荒地类型，在禹城全县具有代表性，对它的治理经验很容易推广到禹城全县。推而广之，禹城是黄淮海平原的缩影，黄淮海平原所有的中低产田类型大致也与禹城县相同，因此禹城经验较容易运用于黄淮海平原。

实际上中国科学院自1949年建院后，一大批地学、生物学科学家就把精力投入农业中去了，而且把主要精力投入盐碱危害区、水土流失区、风沙区、荒漠区等，用"多兵种"方法，用综合手段解决区域农业问题。黄淮海平原旱涝盐碱一直是中国科学院关注的问题，宏观上对旱涝盐碱成因、类型、分布、改造利用进行了大量工作，微观上设立了很多研究点，开展了深入研究。因此禹城"一片三洼"治理的科研成果更严格地说是中国科学院几代科学家长期工作的结果。

以上就是禹城站在进入中国生态系统研究网络（CERN）之前所做的主要工作。

对 CERN 筹建的贡献

在CERN成立之初，禹城综合试验站做了哪些贡献呢？1986年9月，中国科学院在北京召开了野外观测站工作会议，大约有40个站的代表参加了会议，院计划局的刘安国同志负责组织，孙鸿烈副院长主持。因为有些台站分属于地学局、生物学局、数理化学局，所

① 1斤=0.5 kg。

以这些局的相关人员也参加了会议。我作为禹城综合试验站站长出席了会议。各台站都提供了书面材料。会议室四周还摆放了各台站的展览图板，介绍各自的成绩和经验，大多数站长都发了言。

当时禹城综合试验站在会议上的表现较突出：一是我第一个大会发言，二是展板令人关注，三是向大会提交了两份书面材料，共约 15 000 字，主要是介绍禹城综合试验站的情况。当时禹城综合试验站的特点是选址准确；有自己的试验、生产用地；有较为完备和先进的试验手段；有明确的科学目标和实践目标，重点研究农田生态系统的水问题，突出解决华北地区旱涝盐碱灾害；发表了相当数量的且水平较高的论文，在治理盐碱、节水等方面解决了当地的许多问题；同英、美、日、澳等国外顶尖的科研机构或学者建立了密切联系，与国内的一些名牌高校、研究所建立了合作关系；有完善的后勤保障系统，有两栋小楼，约 2 000 m^2，吃住已可达到接待外宾的条件。

1986 年冬，中国科学院启动实行开放试验站制度。这是一个对加速野外台站发展有深远意义的决定。禹城综合试验站抓住了机遇，抢得了申请开放试验站的头名。大约花费 3 个月时间，我们十易其稿，完成《中国科学院禹城综合试验站开放申请书》撰写。

禹城综合试验站开放申请书论证会在禹城县进行。孙鸿烈副院长、院计划局和地学局的领导同志，不少研究所所长和野外台站站长都到禹城参会。我代表禹城综合试验站做了申请报告。我记得其间左大康所长提出禹城开放站“就是抓基础理论研究”的论点时，还引发了一些同志批评禹城综合试验站“两张皮”（把应用工作和基础研究分离）。后来中国科学院〔88〕科发计字 0766 号文件批准了禹城综合试验站的开放申请。禹城综合试验站成为中国科学院第一个开放试验站。

1987 年秋，封丘站开放试验站论证在新乡举行，去的人也很多。在这期间，曾昭顺、沈善敏和我等联名提出了“建立中国科学院生态系统网络的建议”。建议书不到 2 000 字，提出了多个台站协同工作构成网络的重要性和必要性，并设想多个台站联合工作解决一些区域问题。这个建议书只是作为会议材料分发给大家，当然也包括到会的领导同志，并非有专门指向的一个报告，只是反映了当时人们的一种意向，即一些个体的试验站工作很有成绩，中国科学院也对野外台站的支持越来越大，应当把多个台站联合起来，使台站工作进入一个新阶段。

打赢“黄淮海战役”

20 世纪 80 年代中期，全国粮食产量在达到约 8 000 亿斤的情况下，连续几年徘徊，国家粮食安全成为国人尤其是国家领导人忧虑的大问题。1988 年 2 月，中国科学院做出重大决策，决定投入精兵强将，深入黄淮海平原中低产地区，对冀、鲁、豫、皖 4 省的数千万亩中低产田进行综合治理，提高粮食产量。中国科学院是由李振声副院长主持，从此开展了声势浩大的“黄淮海战役”。

黄淮海平原是黄河、海河和淮河三条河流冲积形成的大平原，涉及冀、鲁、豫、苏、皖、京、津 7 省（市）的 339 个县（市），总面积 37 万 km^2，耕地面积 2.9 亿亩，是国家的心腹之地。20 世纪五六十年代，区内有盐碱地 3 000 万亩，风沙地 3000 万亩，旱涝瘠薄地 4 000 万亩，每年都有大面积耕地绝收，保收年粮食亩产也只有几十斤，粮食不能自给，年年吃返销粮。

“黄淮海战役”声势浩大，前所未有。以山东站区来说，建立了以许越先为组长的山东区工作领导小组。二十几个研究所几百名科技人员齐聚山东德州、聊城、滨州、东营地区，在几十个县，与地方共同建立了几十个农业开发试验区，并在德州、聊城两个地级城市设立了工作站，同时派出人员，对山东其他地市进行考察，提出咨询意见。山东全省以中低产田治理为中心内容的农业开发工作如火如荼，全省农业生产取得明显进展。同时院里成立了以刘安国同志为主任的农业项目管理办公室，他们深入基层田间，穿梭于各个试验区之间，协调院地、各所的关系，有力、有序、有效地领导了农业开发工作。“黄淮海战役”引起了媒体的广泛关注，《人民日报》《科技日报》《光明日报》《经济日报》、中央电视台等全国性媒体以及地方媒体都对此进行了报道，出现了一批科技明星。“黄淮海战役”名声远扬，为中国科学院争得了荣誉。

在“黄淮海战役”中，山东战区的工作基本上是围绕推广禹城综合试验站的经验而展开的。我们先总结出“一片三洼”的经验，又做出规划，把禹城的经验推广到德州地区、山东省，使禹城成为这场战役的中心战场。来禹城考察、参观的人极多，从中央领导李鹏，国务院秘书长陈俊生等，到山东省委书记、省长，到中国科学院周光召院长和其他副院长都来过。他们充分肯定了禹城综合试验站的工作。1988 年 7 月 27 日，国务院发布《关于表彰奖励参加黄淮海平原农业开发实验的科技人员的决定》，在禹城工作的科技人员程维新获得一级表彰奖励，左大康、许越先、唐登银、凌美华、张兴权获得二级表彰奖励。

“黄淮海战役”产生了巨大的影响。首先，最直接的是促进了黄淮海平原以粮食生产为主的农业生产；其次是带动了全国以中低产田治理为主要内容的农业开发工作，国家建立农业开发机构，并投入巨资，进行了多期的农业开发项目，保证了中国农业持续发展；再次是彰显了中国科学院在农业领域的研究实力，确保了中国科学院在全国农业科研领域占有一席之地；最后是院领导和相关领导对试验站有了更加深刻的认识，野外台站也因此而赢得了更加有力的支持。

在为国家粮食安全做出突出贡献的同时，我们几代人通过几十年的努力还培育出了黄淮海精神，那就是奉献国家、服务人民的爱国主义精神；自找苦吃、以苦为乐、克服困难、攀登科学高峰的艰苦奋斗精神；实践第一、群众第一，视群众为亲人、视领导为朋友，农民-干部-科研人员三位一体参与实践共同探索未知的求是精神；扎根基层、坚守阵地、甘于寂寞、坚定信念，做前人没有做过的、做外国人没有做过的革命乐观主义精神；不计名利，没有主角配角，多学科、多兵种团结奋战的集体主义精神。

加入 CERN 以来，以欧阳竹为代表的新一代黄淮海人，研发了“四节一网”（节水、节肥、节药、节能和农业信息网）高产高效现代农业模式，可以称作禹城经验二代版。这些经验成为农业开发的新内容，在一些粮食产量较高、社会经济发展较好的地区加以推广。禹城经验二代版具有以下特征：第一，针对禹城粮食生产实际，依靠市委、市府、乡镇、村各级政府，依靠农民，实行科研、行政、农民相结合，实行多学科融合作战，开发出了适应现代农业的新模式，取得了良好的经济效益、社会效益、生态效益。当地农民和政府十分满意，中央有关部门（如水利、信息）对禹城经验给予充分肯定。第二，在现代农业上下功夫，着力解决中国农业小户分散经营、资源紧缺、粮食生产开支较大、粮食效益低下等问题，探索了农业发展现代化的中国道路。第三，在科学内涵上下功夫，运用了已经发展的科学技术，大力推动资源节约型农业、清洁农业、生态农业、精准农业。第四，把农业生产作为一个大系统考虑，考虑农业劳动力，以及农业生产组织形态，引入新的经营模式，推广规模生产、机械化操作，发展现代农业。

三、土面增温剂

土面增温剂的主要作用*

唐登银执笔

土面增温剂加水稀释，喷洒在平整的土壤表面上，经过破乳后，即能形成一层连续均匀的多分子薄膜。现在简单地介绍这层薄膜所起的作用及其原理。

一、抑制土壤水分蒸发

在物理学上，蒸发是指液体表面发生的汽化现象，即在同一时间内，从液面逃逸出的分子数多于由液面外进入液体的分子数。蒸发现象人们都十分熟悉，例如，潮湿衣物晾晒干燥，就是水分蒸发的缘故。

在自然界，蒸发与大气降水、河流水流等组成一个统一的水分循环过程。这一过程，对人类生产活动产生深刻的影响，因此它引起人们的注意。人们研究这一过程的规律性，并设法进行控制和调节。例如，人工降雨以解除干旱，修筑水库以拦蓄河水。土面增温剂覆盖于地面后，它就能抑制土壤水分的蒸发。

与任何事物一样，土壤水分蒸发也有它固有的规律性。在通常情况下，土壤水分蒸发的数量取决于外界大气条件，如风速大小、空气冷热、干湿程度。同时，土壤水分蒸发也与土壤状况，如土面粗糙程度，土壤水分多少有关。土壤是多孔体，从切开的垂直剖面可看到有很多不同口径的链状毛细管和裂缝，在其表面呈现很多孔隙（图 7)。土壤水分就是从这些孔隙蒸发出去的。当土壤表面覆盖了一层增温剂以后，情况就发生了很大的改变。

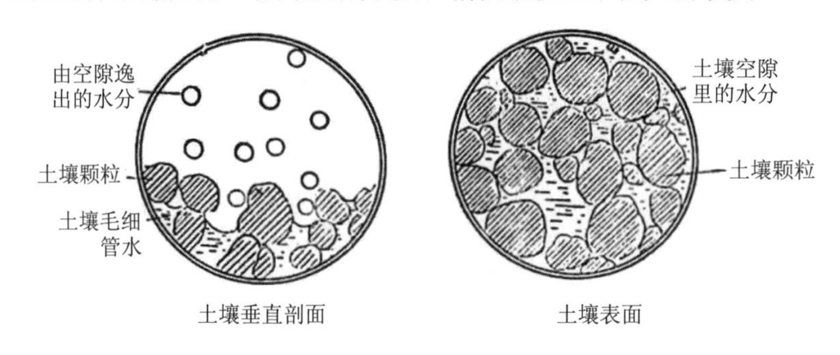

图 7 经放大的土壤垂直剖面和土壤表面示意图

* 本文摘自《土面增温剂及其在农林业上的应用》（第二版）（科学出版社 1981 年出版）第三章第 25～38 页。为保持原貌，图、表序号未改动。

首先简单谈谈土面增温剂的破乳和成膜过程。所谓破乳，就是乳状液被破坏。在上章中已讲到，质量合格的土面增温剂，酸渣的颗粒被乳化剂包围，均匀地分布于水中，存放多年都不会破乳、不会分层。在使用时需加水稀释，如果稀释过程中，加水不是太快，而且没有超过规定的稀释倍数，其颗粒仍均匀地分布于水中，也就是还没有破乳。当然，如果稀释的水含杂质很多，改变了界面张力，就会产生破乳现象。被水稀样而未破乳的土面增温剂喷洒后铺在土壤表面上（只要孔隙不是太大，由于界面张力的作用，一般不会渗漏下去），经太阳照射，增温剂里的水分开始蒸发，同时增温剂接触土面后界面张力发生变化，于是开始破乳与浓缩，平衡被破坏，形成不规则的、层状的、连续均匀的多分子薄膜（图 8）。这样，土壤孔隙里的水汽要进入大气比覆盖增温剂前困难得多，因而从土壤进入大气的水分大为减少。换句话说，就是土壤水分蒸发受到了抑制。

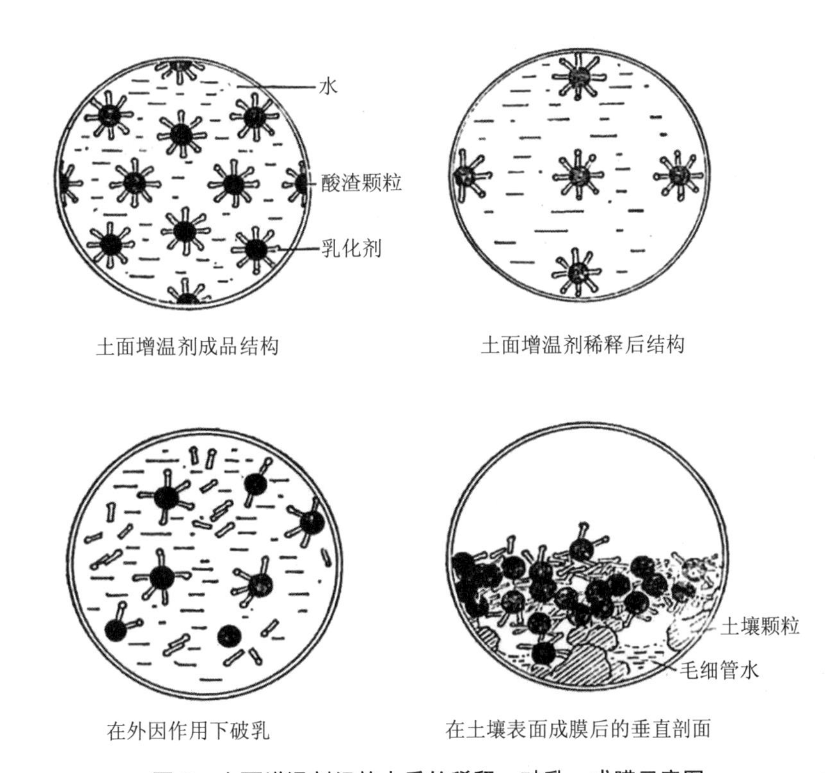

图 8　土面增温剂经放大后的稀释、破乳、成膜示意图

土面增温剂抑制土壤水分蒸发的能力，通常以抑制率（占对照蒸发量的百分数）来表示。抑制率按下式计算：

$$抑制率=\frac{对照地蒸发量-用剂地蒸发量}{对照地蒸发量}\times100\%$$

抑制率的计算十分简单，只要有了用剂地与对照地的蒸发数据，经过简单运算，就可求出抑制率。但自然条件下的蒸发量的测定比较困难，因此自然条件下的抑制率不易准确。

几年来在这方面我们取得了一些初步结果，如表 2 所示，这是用热量平衡法测得的，比其他方法测得的结果偏小。由表 2 可知，在日蒸发量差异十分显著的情况下（日蒸发量 1.5～8.9 mm），抑制率比较稳定，变幅较小，在 33%～49%。

表 2　日蒸发量及抑制率

（北京市芦城公社，1972 年）

		4 月 23 日	4 月 24 日	4 月 25 日	4 月 26 日	4 月 27 日
日蒸发量/mm	对照地	4.4	1.5	8.8	8.9	8.1
	用剂地	2.7	1.0	1.5	5.9	4.5
抑制率/%		38.6	33.3	48.9	33.7	44.4

抑制率，是衡量增温剂作用大小的主要指标之一。抑制率高，其作用大；抑制率低，说明增温剂的作用较小。下面介绍一种简便易行的抑制率的测定方法。

（1）准备工作。取器皿（如直径 15 cm、深 20 cm 的玻璃缸或金属容器），精确测量器皿的直径。把土壤装填入器皿，注意表面保持水平，各器皿的土壤表面距器皿缘的高度相等。随即向器皿内灌水，使土壤保持充分湿润。把增温剂稀释液喷洒于土表，制剂用量视试验要求而定。

（2）测定工作。把用剂器皿和对照器皿置于同样条件下，或室内自然干燥，或户外日晒蒸发。定时称量器皿，例如每天定时一次称量。前次称量和后次称量之差（克数），再除以器皿面积（cm^2），即得蒸发量（cm）。

（3）抑制率计算。按上面公式计算。

根据器皿的测定结果来看，目前应用的土面增温剂的抑制率高达 80%。这比在田间用热量平衡法求得的抑制率高。

二、保墒和调节墒情

保墒，这是抑制土壤水分蒸发的结果。对于干旱、半干旱地区来说，增温剂的保墒作用具有重大的意义。

由于保墒，因而能大大节约用水。根据以上所述，我们可假定抑制率为 40%左右，如果日平均蒸发量为 5 mm，则覆盖增温剂 15 d，可节约用水 30 mm，即每亩节约水 20 m^3。

施用增温剂后对土壤水分含量所产生的影响见表 3。由表 3 可知，经历了 9 d 以后，用剂地的水分含量仍保持在 20%以上，而对照地的土壤水分含量则由初始时的 24.0%降至 16.1%。

表 3 施用增温剂对土壤水分含量（0～3 cm，占干土重的百分比）的影响

（河南省睢县良种繁育场，1974 年） 单位：%

	4 月 3 日	4 月 7 日	4 月 12 日
用剂地	24.0	22.6	20.2
对照地	24.0	20.8	16.1

很显然，增温剂能使土壤在较长时间内保持较为湿润的状况。更有趣的是，由此而引起灌溉时间的后延，对于某些作物的幼苗来说，更有特殊的意义。我们知道，某些作物在幼苗期是禁忌灌水的，它宁可在干旱的影响下减缓生长，也不愿受水分过多之害，而造成毁灭性的损失。土面增温剂的施用，将会对这样的作物的生长创造最为有利的土壤水分条件，因为土面增温剂的施用，能使土壤水分较长时间地保持在这样一个水平上，即作物既不能缺水，也不能过多，所以，土面增温剂还具有调节墒情的作用。

三、提高土壤温度

如果说，上述两个作用较难被人们直观觉察到，那么，土面增温剂提高土壤温度的作用倒是十分明显的。在晴朗天气的中午，土面增温剂的增温作用甚至人体都能感觉出来。假如你用手去摸土面，定会发现覆盖增温剂的土面较为温暖，而对照地面较为寒冷。

增温剂增温作用由何而来？增温剂在土壤表面成膜以后，它本身并不能产生热能，其所以能增温，是因为它能抑制蒸发。

蒸发需要消耗热量。例如，每当用酒精擦皮肤时，总有凉爽的感觉，其原因就是酒精挥发带走了热量的缘故。同样，土壤水分蒸发也要带走热量。蒸发所消耗的热量，物理学上称为汽化热，水的汽化热约为 600 cal[①]/g，也就是说，蒸发 1 g 水，大约需要消耗 600 cal 的热量。在我国北方春季晴朗的天气条件下，充分湿润的土面一日的蒸发量常可达 7～8 mm，即在 1 cm^2 的土壤表面上，要蒸发掉 0.7～0.8 g 的水分，所消耗的热量则为 420～480 cal。

热量一经消耗，蒸发体就要降温。如果该物体与外界没有其他的热量交换，在蒸发量一定的情况下，则它降温的多少取决于该物体的容积热容量。所谓容积热容量，就是单位体积的物质（1 cm^3 的物质）温度提高 1℃所需要的热量（cal）。水的容积热容量为 1 cal/（cm^3·℃），土壤的容积热容量比水要小，但它的数值变动较大。例如，砂土容积热容量比黏土小，而同一种土壤，其容积热容量，则随着含水量的增加而变大。

现计算 1 cm^2 土面消耗 420～480 cal 的热量(北方充分湿润的土面一日蒸发所消耗的热量）所引起的土体降温。为了简化起见，先假定：①土壤的容积热容量为 0.7 cal/（cm^3·℃）；②土体降温均匀地发生在 30 cm 的土层内；③该土体除了蒸发耗热以外，不与外界发生其他热量交换。有了这些假定条件，经过简单运算，即可求出 420～480 cal 的热量消耗，将使深

① 1 cal=4.186 8 J。

30 cm 土体降温达 20～23℃。

根据同样的道理，我们不难得出，在蒸发完全受到抑制的情况下，则其温度比蒸发地要高出 20～23℃。这就是增温剂通过抑制蒸发来提高土壤温度的原理。明白了这一原理，也就很容易理解所谓“增温”，是指用剂地的温度比对照地有了相对的提高。图 9 形象地说明了这一原理。

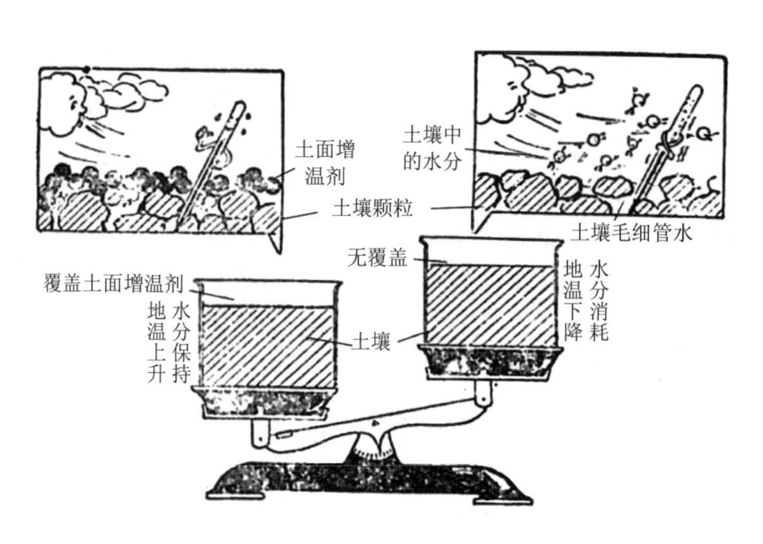

图 9　土面增温剂增温原理示意图

当然，世界上的事物是复杂的，在自然条件下，我们所做的假定条件都不能完全成立。因此，上述计算值，只是为了说明问题的一种纯理论性的计算。土面增温剂的增温作用实际上如何呢？几年来我们获得了大批的观测资料。如表 4 所列，大致上反映了增温剂的增温作用。

由表 4 可知，第一，由于增温剂的抑制率只有 40%左右，因此增温作用比上述纯理论计算偏低甚多。第二，由于土壤表面向上与空气、向下与土壤要发生热量交换，因此，土体增温没有纯理论计算这么多，而且土层增温也不均匀，上层增温比下层多。第三，增温作用晴天最大，多云天气次之，阴天较小。晴天表层的日平均增温在 5℃以上，而中午表层最大增温达到 14.4℃。

四、重新分配热量

太阳辐射是地球表面热量的主要来源。

地球表面一方面要从太阳获取热量，另一方面要向外辐射出一部分热量，这两者之差，在科学上称为净辐射，意即地球表面所净得的辐射热量。

表 4 增温剂的增温作用

（北京市芦城公社，1973 年 4 月 12—20 日）

深度/cm		0（地面）			2			5			10			15			20		
温度/℃		日平均温度	日平均增温	中午最大增温	日平均温度	日平均增温	中午最大增温	日平均温度	日平均增温	中午最大增温	日平均温度	日平均增温	中午最大增温	日平均温度	日平均增温	中午最大增温	日平均温度	日平均增温	中午最大增温
晴天	用剂地	20.4	5.7	11.4	18.5	5.3	14.4	16.8	4.4	10.1	15.1	3.9	6.4	14.6	3.2	5.4	13.9	2.6	4.5
	对照地	14.7			13.2			12.4			11.2			11.4			11.3		
多云	用剂地	17.3	3.9	7.0	16.9	3.8	5.8	16.2	3.9	5.2	15.2	3.5	3.8	14.8	3.3	3.6	14.4	3.1	3.1
	对照地	13.4			13.1			12.3			11.7			11.5			11.3		
阴天	用剂地	14.1	2.1	3.6	14.5	2.7	2.7	14.0	2.4	2.4	13.5	2.1	2.2	13.6	2.2	2.4	13.5	2.1	2.2
	对照地	12.0			11.8			11.6			11.4			11.4			11.4		

有收入必有支出，地球表面的净辐射主要有以下三方面支出：①地面蒸发消耗热量；②与近地层空间进行热量交换，对空气进行加热；③与土壤进行热量交换，对土体进行加热。收支相抵，达到平衡。这一笔“收支账”在科学上就写成下列的热量平衡方程式：

净辐射=蒸发耗热+对空气加热+对土体加热

现在，分析一下土面增温剂对该方程式各项的影响。

1．对净辐射的影响

上面已经提到，净辐射是两部分辐射构成的，一部分是收入，另一部分是支出。土面增温剂不会影响从外部投射到土壤表面上的热量，也就是用剂地与对照地上所承受的辐射是相等的。可是土面增温剂覆盖后，地表的颜色和粗糙度都发生变化，反射辐射也产生了较大的改变，从而影响地表的净辐射。

从几年的观测结果来看，在芦城公社用合成酸渣制的增温剂覆盖于秧田后，由于地表比原来的色浅和光滑，所以反射率比对照地大（表 5）。其他地区的观测结果不完全是这样。

表 5　用剂地和对照地的反射率

（北京市芦城公社，1973 年）　　单位：%

	4 月 14 日	4 月 17 日	4 月 18 日	4 月 19 日	4 月 20 日	平均
用剂地	20.4	21.6	20.4	20.2	20.3	20.6
对照地	13.2	15.0	17.2	16.8	14.2	15.3

从表 5 可知，用剂地的反射率比对照地约大 5%，换句话说，用剂地所吸收的辐射热量少于对照地。

表 6 说明，用剂地的净辐射比对照地约小 15%，即用剂地所净得的热量只占对照地所净得的热量的 85%。

表 6　用剂地和对照地的净辐射

（北京市芦城公社，1973 年）　　单位：cal/（cm^2·d）

	4 月 14 日	4 月 17 日	4 月 18 日	4 月 19 日	4 月 20 日	平均
用剂地	83.9	308.0	290.6	309.8	301.3	258.7
对照地	123.4	349.5	331.9	349.3	394.2	309.6

这样，就可得出结论：这里增温剂增温的原因在于抑制蒸发，而它在吸收辐射热量方面，却起了负作用。但这是由制剂颜色、地面状况等决定的，完全可消除，甚至让它起正作用。

如果我们在增温剂内添加黑色色素，使土面反射率降低，那将会引起净辐射的增加。或者，我们寻找其他原料合成出新的增温剂，它既有抑制蒸发的能力，又兼有较低的反射率，如沥青制剂就是这样。

2. 对蒸发耗热的影响

用剂地的蒸发量比对照地小很多，这已在前面谈到了。从热量上说，就是用剂地的蒸发耗热量比对照地小。这里要着重指出：对照地的蒸发耗热量用去了对照地的全部净辐射，甚至不够用，要从别处输入热量来补充，而用剂地的蒸发耗热量，则只为净辐射的一部分。

3. 对加热土体的影响

土面增温剂的增温作用已如上述，这里要着重指出的是：用于加热地温的热量占净辐射的比例，用剂地高于对照地。

4. 对加热气温的影响

根据物理学的原理，当相邻两物的温度存在差异时，就要进行热量传递，由高温的一物传向低温的一物。用剂地的土温急剧增加，远高于贴地层气温，因此，土壤表面的一部分热量就要输送入贴地层的空气，给贴地层的空气加热，引起温度的提高。相反，在无覆盖的湿润土壤表面，由于蒸发强烈，它的温度高于贴地层的气温很少，因之由土壤表面流入空气的热量就很少，甚至还会出现土壤表层温度低于贴地层气温的情况，此时，贴地层空气要把一部分热量传入土壤。

由于用剂地加热贴地层空气而引起的气温的提高见表 7。由表 7 可知，用剂地 3 cm 处的日平均气温比对照地大约高 1℃，而中午可高出 1.5℃以上。

表 7　地表以上 3 cm 处的气温及增温

（北京市芦城公社，1974 年）　　单位：℃

	4 月 12 日			4 月 13 日			4 月 14 日		
	日平均气温	日平均增温	中午最大增温	日平均气温	日平均增温	中午最大增温	日平均气温	日平均增温	中午最大增温
用剂地	13.6	1.2	1.3	13.8	1.1	1.6	13.3	1.0	1.9
对照地	12.4			12.7			12.3		
	4 月 15 日			4 月 16 日			4 月 17 日		
	日平均气温	日平均增温	中午最大增温	日平均气温	日平均增温	中午最大增温	日平均气温	日平均增温	中午最大增温
用剂地	17.0	0.9	1.4	16.2	1.0	1.7	15.0	0.6	1.0
对照地	16.1			15.2			14.4		

为了更清楚地阐明增温剂对重新分配秧田热量所起的作用，现根据 1973 年在北京芦城公社的连续 5 d 的观测资料，把对照秧田与用剂秧田热量收支平均情况，如图 10 所示。

从图 10 可以看出，到达地表的太阳辐射热量，返回到大气中的（反射辐射加有效辐射），用剂秧田（54.0%）比对照秧（44.0%）增加了 10.0%；换句话说，地表净辐射用剂秧田（46.0%）比对照秧田（56.0%）减少了 10.0%。在地表净辐射中，用于提高地温的对照秧田为 6.6%，而用剂秧田为 8.3%，增加了 1.7%。用于蒸发耗热的对照秧田为 58.7%，地表净辐射不够用，从空气输入 9.3%的热量来补充，而用剂秧田为 34.5%，地表净辐射尚余下 3.2%的热量来提高气温。使用增温剂以后，秧田热量的这种变化，有利于秧田的生长。

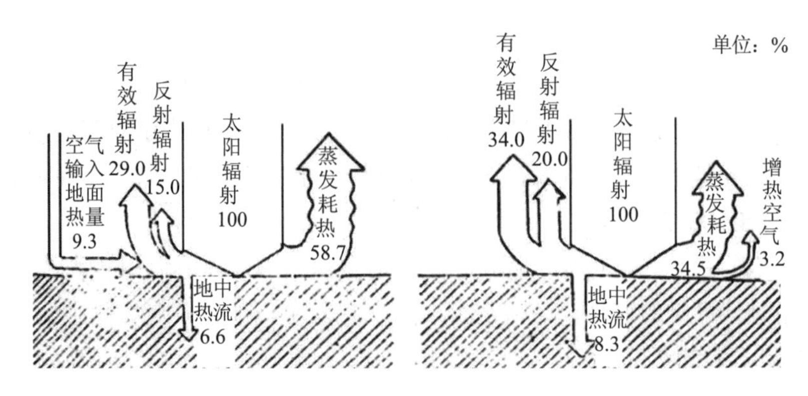

图 10 增温剂对太阳辐射的重新分配

五、减少地表盐分积累

在我国北方干旱、半干旱地区，耕地土壤返盐的情况相当普遍。在地下水位较高的情况下，在干旱季节里，蒸发强烈，含有盐分的地下水可以通过毛细管作用而上升至土壤表面。水分不断进入大气，水中所含的盐分则在地表不断累积。土面增温剂因为能抑制蒸发，所以也就减少地表盐分积累。

表 8 土壤含盐量分析结果（占干土的‰）

（北京市芦城公社，1974 年）

	深度/cm	0～2	2～5	5～10	10～15	15～20
4 月 10 日	对照地	0.70	0.46	0.40	0.43	0.47
	用剂地	0.70	0.46	0.40	0.43	0.47
4 月 12 日	对照地	1.56	0.51	0.57	0.58	0.55
	用剂地	0.69	0.48	0.46	0.47	0.43
4 月 17 日	对照地	1.62	0.52	0.49	0.52	0.33
	用剂地	0.75	0.55	0.52	0.51	0.59
4 月 20 日	对照地	2.69	0.79	0.63	0.53	0.50
	用剂地	0.70	0.71	0.66	0.59	0.72

表 8 说明，在 10 d 时间内，表层（0～2 cm）的盐量，对照地急剧地增加，而用剂地则比较稳定。在 4 月 20 日用剂地表层的含盐量仅达 0.70‰，与初始值相等，而对照地表层的含盐量高达 2.69‰。这样高的含盐量，对于大部分作物来说，将会受到损害。

当然，盐碱地改良，防止耕地土壤返盐是一项很复杂的工作，需要采取综合治理措施，增温剂如何运用于这方面，还有待于今后的工作。

六、防止风吹水蚀

人们对于风吹水蚀给农业带来的危害十分熟悉，如大风搬运沙粒掩盖农田，流水造成坡地水土流失等。现在，我们只简略地谈一下平坦农田里幼苗期的若干情况。

在春季，北方风大而频繁，有的地方作物的小根、小芽、种子，由于覆盖土被吹走而裸露，以致种子不能生根、发芽，或者受到伤害；有的地方的小苗、种子由于沙的堆积而被埋没。此外，风蚀还能把极细的有机质吹走，造成土壤肥力的损失。

降雨，尤其是春季降雨，对于干旱、半干旱地区的农业是极其宝贵的。但是，降雨也有它的破坏作用，凭借着重力，它把地面冲成小洞，或者把土壤捣实。当然，一般来说，这种破坏较小，比起它的有利的一面，是微不足道。

增温剂覆盖于土面，等于大地涂上了一层保护层，因之能避免或减轻农田风吹水蚀，而且雨水还能从床侧的小沟和沿着出土的小苗渗入土壤。近几年的试验表明，土面增温剂的覆盖，经受过 8 级大风的考验，经过日降水量 40 mm 以上雨水冲击，并未被破坏，在抗御风吹水蚀方面，得到良好的效果。

关于增温剂的作用，就叙述到这里。实践是认识的源泉，对于增温剂作用的认识，是几年来在应用试验中逐步得到的。这些认识只限于增温剂的物理作用，至于化学作用和生物作用，我们了解得很少。例如，增温剂对土壤微生物的作用，对土壤养分的作用，即有没有肥效，以及对农作物刺激生长的作用，我们都只有一些感性知识，还没有足够的数据加以说明。

认识自然是为了变革自然，弄清增温剂的作用原理，目的是最恰当地使用它。

土面增温剂在水稻育秧上的应用*

唐登银执笔

一、育秧方法概述

育秧移栽是种植水稻的主要栽培方法。俗话说“秧好半年稻”“壮秧三分收”。这充分说明了育秧在水稻生产中的重要性，培育壮秧对增产水稻有着重大的意义。

育秧方法很多，但归纳起来，可分为水育秧、旱育秧、湿润育秧、保温育秧四种。

目前，我国水育秧还占有相当面积（多在南方），旱育秧较少采用，而湿润育秧和保温育秧的面积则不断扩大。各种育秧方法的基本特点分述于下：

（1）水育秧。水播（种）水育（秧），秧床除短期落干晒田外，通常在整个育秧期里秧田都保持有水层。

（2）旱育秧。整个育秧期始终不灌水，田间始终不保持水层。

（3）湿润育秧。这种育秧方法介于上述两者之间，通常是在育秧初期床面保持湿润，而在出苗现青后保持水层。所以有人把这种秧田称为折中秧田，也有人把它称为半旱秧田。

很明显，三种育秧方法的主要差别在于水分状况的不同。但实际上，热量不足给水稻生产带来的不利影响，人们是有深切体会的。例如，早春低温引起烂种烂秧，生长期短限制复种指数的提高，都是人们迫切要解决的问题。因此，采取一定的保温措施，使水稻适当早播，对于水稻生产意义重大。在北方，早播、早插可以早熟，因而避免冷害；在南方，早播、早插可以延长生长期，提高复种指数。

（4）第四种育秧方法——保温育秧法。这是在向生产的深度和广度进军中不断发展起来的。在我国，从20世纪50年代后半期起，通过多年大量的实践，塑料薄膜保温育秧和温室育秧逐渐推广，在生产实践中发挥了巨大的作用。增温剂育秧，是一种新型的保温育秧方法。这种育秧方法，十年来先后在辽宁庄河、北京市郊区、沈阳市郊区、湖北襄阳和荆州、浙江余杭、安徽芜湖和屯溪等地进行了试验，获得了显著效果。相当一部分生产队、农场，已把这种育秧方法应用于生产实践。

* 本文摘自《土面增温剂及其在农林业上的应用》（第二版）（科学出版社 1981 年出版）第四章第 39～53 页。图、表序号未改动。

二、增温剂育秧方法

增温剂育秧，是把增温剂喷洒在土壤表面上，通过覆盖于土壤表面的增温剂薄膜来起作用。因此，水育秧的秧田不能施用增温剂，因为水育秧的秧田经常保持水层，使土面增温剂的应用受到影响。旱育秧原则上可以施用增温剂，但此种育秧方式采用较少。只有湿润育秧的秧田，是施用增温剂的最好场所，因为湿润育秧前期床面保持湿润而无水层，为施用增温剂创造了条件。

增温剂育秧的方法，简单来讲，就是在湿润秧田施用增温剂的一种保温育秧方法。

水稻育秧大致包括以下 4 个环节：①秧田选择和秧田整地；②种子处理；③播种；④秧田管理。增温剂育秧还要加上喷洒增温剂这一环节。同时，上述各个环节要与施用增温剂这一环节相适应。现在，逐一介绍增温剂育秧的具体方法。

（一）秧田选择和秧田整地

秧田最好选择在背风向阳处，这种优越的小地形，为提早育秧创造有利条件。同时要求排灌便利、土壤肥沃的田块，这是培育壮秧的需要。如果是砂土地区，最好选择地势低平、保水能力较好的地块，这样才能保证在增温剂施用后较长时间内秧床有足够的土壤水分。

秧床形式一般分两种：第一种形式是小畦式，或称桥式，即每一小畦四周都是小垄，一亩地做小畦 30 个左右。第二种形式是大畦式，或称一畦多床式，大畦内分成若干个小畦，小畦以小沟隔开。对于增温剂育秧，两种形式均可，但一畦多床式排灌较便利，有利于秧田水肥管理。

秧田整地的办法各地不尽相同，对于增温剂育秧来说，要求秧田整地做到细、平、光。细，就是土要细碎，无明暗坷垃；平，就是床面平整，不能高高低低、坑坑洼洼；光，就是床面不能有残茬、杂物。细、平、光的目的是施用增温剂后，床面上能够形成均匀连续的增温剂薄膜。

北方地区春季风大，气温低，秧田最好设置风障，风障的密度视需要和可能而定。

（二）种子处理

种子处理包括晒种、选种、种子消毒、浸种、催芽。这里要强调一下，增温剂育秧浸种、催芽要适当。具体要求是种子吸足水分，或者进行催芽，催至种子破胸露白。

（三）播种

确定适宜的播种时间，十分重要。播种过早，生根、发芽困难，生长缓慢，甚至遇到冻害，达不到早育秧、育壮秧的目的。播种过迟气候已经回暖，失去使用增温剂的意义，也达不到提高复种指数和增产的目的。

增温剂育秧的播种期，大致定为 5 cm 深的日平均地温稳定通过 7℃的时间。再加上增温剂能把日平均表层土壤温度提高3～5℃，就能满足水稻生长的最低要求了。当然，也要考虑出苗后移栽时的气候情况。根据几年的实践经验，北京地区在4月5日左右播种较合适，沈阳地区在4月20日左右较合适，长江流域则在3月下旬较合适。

秧床播种时的土壤水分状况，以易把种子抹入泥内为原则。沙田秧床可以带水层播种，待水层将落未落之时进行抹种，种子容易抹入泥内。黏土秧床只要秧床保持湿润，抹种入泥不成问题。如土壤水分含量过高，须经充分晾床，再喷洒增温剂，否则增温剂在土面成膜较慢，甚至遇雨会被冲掉。

种子抹入泥内，随即要加盖覆盖物。可以用来做湿润秧田的覆盖物有细沙、河泥、稻壳、粪肥等。对于增温剂育秧来说，覆盖物应该是有助于而不是不利于增温剂在秧床上成膜。当覆盖物在床面上平整、光滑，则有利于增温剂成膜；当覆盖物使床面变得十分粗糙，则有碍于增温剂成膜。根据这一原则，粪肥就不宜做覆盖物，以做底肥为好；用细沙覆盖较好，其秧床床面易于整平、抹光，有利于施用增温剂。

床面平整对增温值有明显的影响，如表9所示。

表9　不同床面的增温效果

（辽宁省庄河县，1970年）　　单位：℃

	草炭土面				光面				对照
	合成醇制剂	OED加酸渣制剂	二醇*加酸渣制剂	合成醇加酸渣制剂	合成醇制剂	OED加酸渣制剂	二醇*加酸渣制剂	合成醇加酸渣制剂	
日平均温度	20.7	21.0	21.8	22.2	22.1	23.2	24.1	24.4	18.3
增温值	2.4	2.7	3.5	3.9	3.8	4.9	5.8	6.1	

注：*石蜡氧化生产合成脂肪酸过程中的第二不皂化物，简称“二醇”。

从表9可知，不论施用哪种增温剂，在抹平的床面（光面）要比用草炭土覆盖的床面温度高，增温值大。草炭土面上施用四种增温剂的增温值平均为3.1℃，而光面为5.2℃，比草炭土面增温2.1℃。

对于黏土秧田，沙覆盖物有利于改土、土壤通气、增温剂成膜、拔秧，也有利于抵抗雨水对增温剂薄膜的破坏。但无论在什么情况下，沙覆盖不宜太厚，以0.5 cm为限。

沙土秧田采用砂覆盖不利于改土。只要种子不裸露于土表，不加覆盖物施用增温剂也能得到较好的结果（表10）。

1972—1974年连续三年在大兴县芦城公社进行覆盖沙喷洒增温剂和不盖沙喷洒增温剂的增温效果试验，表10是1972年和1973年的情况，由表10可知，在1972年，两种情况下的增温效果非常接近，覆沙与否对增温没有重大影响，一般只相差0.2℃。而1973年的情况有些不同，土壤中2 cm和5 cm深处的增温值，覆盖沙用剂的要比不盖沙用剂的低，这是因为这年盖沙太厚（达2 cm），水稻小芽不易一个个分别穿透覆盖沙层和增温剂膜，而只能利用群体力量将沙层一块块顶起，这种现象我们称为“顶盖”。由于顶盖现象的出现，土壤表层热量较难传至深层，因此形成覆盖沙喷洒增温剂的增温效果偏低，这一现象说明，盖沙过厚会影响增温效果。

表 10　覆盖沙与不覆盖沙的增温情况

（北京市芦城公社，1972 年、1973 年）　　单位：℃

<table>
<tr><th rowspan="2">时间</th><th rowspan="2" colspan="2">处理</th><th colspan="3">0（地面）</th><th colspan="2">2 cm 深</th><th colspan="2">5 cm 深</th><th colspan="2">10 cm 深</th></tr>
<tr><th>日平均温度</th><th>日平均增温</th><th>极端最高增温</th><th>日平均温度</th><th>日平均增温</th><th>日平均温度</th><th>日平均增温</th><th>日平均温度</th><th>日平均增温</th></tr>
<tr><td rowspan="3">1972 年 4 月 3—24 日</td><td rowspan="2">用剂地</td><td>覆盖沙</td><td>16.7</td><td>3.4</td><td>10.0</td><td>16.3</td><td>4.1</td><td>15.1</td><td>4.0</td><td>13.9</td><td>3.4</td></tr>
<tr><td>不覆盖沙</td><td>16.5</td><td>3.2</td><td>10.2</td><td>16.1</td><td>3.9</td><td>15.1</td><td>4.0</td><td>14.0</td><td>3.5</td></tr>
<tr><td colspan="2">对照地</td><td>13.3</td><td></td><td></td><td>12.2</td><td></td><td>11.1</td><td></td><td>10.5</td><td></td></tr>
<tr><td rowspan="3">1973 年 4 月 18—26 日</td><td rowspan="2">用剂地</td><td>覆盖沙</td><td>22.5</td><td>4.7</td><td>14.0</td><td>20.6</td><td>3.4</td><td>19.3</td><td>2.9</td><td></td><td></td></tr>
<tr><td>不覆盖沙</td><td>22.4</td><td>4.6</td><td>13.1</td><td>22.9</td><td>5.7</td><td>21.3</td><td>4.9</td><td></td><td></td></tr>
<tr><td colspan="2">对照地</td><td>17.8</td><td></td><td></td><td>17.2</td><td></td><td>16.4</td><td></td><td></td><td></td></tr>
</table>

如果在增温剂成膜以后再加覆盖物，根据实测结果，比起先盖覆盖物后喷增温剂的，增温效果要差些，所以还是以先盖覆盖物后用增温剂较为适宜。

（四）施用增温剂

在沙土秧田，施用增温剂前几小时（最多不超过一天）要灌一次水，使土壤保持充分湿润状况；在黏土秧田，由于土壤保持水分能力很强，施用增温剂前的灌水，可以适当往前提。

掌握好施用增温剂时的土壤水分状况很重要，一方面，在施用时床面不能有水层；另一方面，秧床土壤必须有充足的水分。

施用时间以晴天上午为好，喷洒后很快即能成膜。如果预计喷洒后来不及成膜就要下雨，则不要喷洒，未成膜的增温剂易被雨水冲掉。如果在喷后未成膜时遇雨部分冲毁，可待天气放晴后补喷，否则出苗会参差不齐。

施用方式分喷洒和瓢泼两种。喷洒较均匀，但较费工；瓢泼省工，但较费增温剂，不熟练者难于做到均匀。喷洒工具有喷壶、普通喷雾器（手提或背负式）、高压喷雾器。喷雾器喷洒，喷嘴易被增温剂堵塞，可将喷嘴及其连杆摘除，直接用节门喷施。最好用高压喷雾器，功效高，质量好。

增温剂成品是膏状物，必须加水稀释才能喷洒，稀释倍数以 6 倍左右为宜。我国增温剂产品最大稀释倍数可达 20 倍以上，但实际施用时不必稀释这么多倍。否则，就会使喷洒费工费时，而且不易成膜，甚至会在床面形成径流，把增温剂带入沟内造成浪费。当然稀释倍数也不宜过小，若过小，喷洒时易堵塞喷嘴，同时也可能喷洒不均匀，所以确定稀释倍数的原则是：易于喷洒，均匀施剂，易于成膜，省工省料。

稀释方法是逐渐加水，不断搅拌，不要一下子把水全部倒入，这样容易造成疙瘩。我国增温剂产品用冷水即能稀释，不必用热水。稀释液兑好后，用纱布过滤，即可进行喷洒。

施用量以每亩 200 斤左右为宜。

（五）秧田管理

施用增温剂后，在一段时间内秧田无须管理。适宜的土壤水分，充足的营养肥料，较高的土壤温度，为小苗生长创造了一种较为优越的环境条件。沐浴在阳光下，生长在自由大气中，水稻种子生根、发芽比较顺利，小苗生长旺盛，根系发达，叶片挺拔，一派生机勃勃的景象。

但当小苗长至二片叶左右时，土壤水分逐渐被消耗，盐碱地区土表盐分逐渐有所积累，此时就需要灌水追肥了。从北京地区的试验情况看，4 月上旬播种、施用增温剂的秧田，大约在用剂后两周，就要灌水了。

第一次灌水，对于增温剂育秧来说，极为重要。灌水过早，缩短了增温剂薄膜的寿命，不能充分发挥增温剂应起的作用，灌水过晚，有可能因为水分不足、养分缺乏、盐分积累而危害小苗。

这一次灌水时间，又不能定得很死，因为各年、各地的气候状况、土壤状况很不相同。我们只能在实践中不断探索，逐步掌握这次灌水的适宜时机。

这次灌水以后，增温剂秧田的水肥管理大体上与湿润秧田的水肥管理相同，这里就不再细说了。

三、增温剂育秧的效果

（一）与湿润育秧比较

通过几年来在各地的对比试验，增温剂秧具有明显的优势，出苗快，小苗健壮，根系发达，叶片深绿而挺拔，基部扁平，成秧早，能提前移栽。现把 1973 年我们在北京市大兴县芦城公社 4874 部队农场进行的试验简述于下（在北京其他几年试验的结果大体相同）：

试验面积为 14 亩，增温剂秧 12 亩，湿润秧 2 亩作为对照。试验地土壤为碱性沙壤土，土壤肥力较差，但土地开阔平坦，排灌便利。所用品种为京育一号（粳稻），下种前盐水选种，泡种 10 d，未催芽。播种时间是 4 月 4—5 日，播种量为每亩 330 斤。增温剂施用时间为 4 月 8—9 日，施用量为每亩 180～200 斤。

4 月 8—27 日，共 20 d，天气以晴为主，占 10 d，多云 3 d，高云 5 d，阴天 1 d，阴雨天 1 d，雨量仅 2.7 mm。20 d 内的气温变幅较大，日平均气温为 11.1～22.9℃，极端最高气温达 31.2℃，极端最低气温为 1.3℃。大风日数多，有 4 d，日平均风速均在 4.5 m/s 以上，阵风达 7 级，日平均风速≥3.5 m/s 有 11 d[①]。

用剂秧田从施用增温剂起一直停止灌水，直到 4 月 20 日灌水，不灌水的时间为 12 d，

① 本段所用资料均采自大兴县气象站观测资料。

而对照秧田按湿润育秧管理，其间共灌水 5 次。

用剂秧出苗期为 4 月 14 日，而对照秧出苗期为 4 月 25 日，相差 11 d。

在试验中，我们进行了苗情调查，见表 11。

表 11　用剂秧与对照秧对比

（北京市芦城公社，1973 年）

项目	4 月 19 日					4 月 28 日					
	株高	叶数/片	叶长	根长	根数/条	株高	叶数/片	叶长	根长	根数/条	50 株鲜重
用剂秧	1.8	1.0	0.5	4.1	2.6	8.4	2.9	4.6	6.2	5.9	6.9
对照秧	刚露白芽，无根					3.3	1.2	1.1	5.6	5.2	3.4

项目	5 月 13 日							
	株高	叶数/片	叶长	根长	根数/条	分蘖/%	50 株鲜重	50 株干重
用剂秧	17.3	5.1	10.1	7.4	13.0	12	18.9	3.40
对照秧	11.3	4.3	6.6	7.2	13.1	0	10.7	2.11

注：表中数字为 20 株平均；长度单位：cm；重量单位：g。

从表 11 所列三次调查结果来看，用剂秧苗远优于对照秧苗。因此，用剂苗能够提前移栽（照片 3）。

成秧后，即移栽于大田。移栽日期：用剂苗为 5 月 20 日，对照苗为 5 月 22 日（当时对照苗龄尚小，因腾地而提早移栽）。移栽后的水稻生长、发育情况，我们进行了考察，发现用剂苗返青好，分蘖多，其扬花、灌浆、成熟各个生育期均提早 3～5 d，最后产量也有所增加，约为 10%（照片 4）。

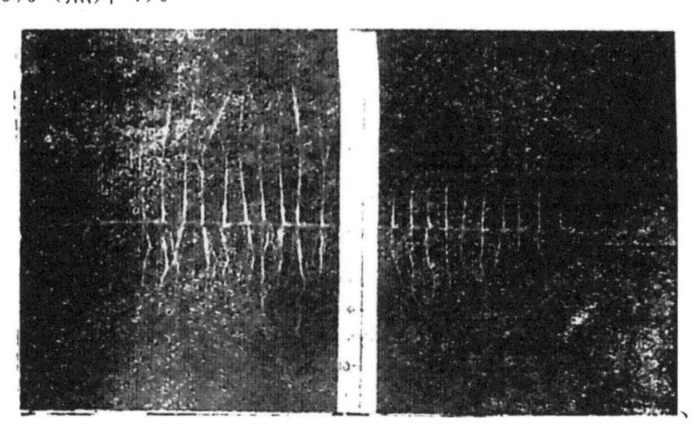

增温剂　　　　对照

照片 3　用剂秧和对照秧比较

（4 月 5 日播种，9 日用剂，日取样拍照。北京 4874 部队农场，1973 年）

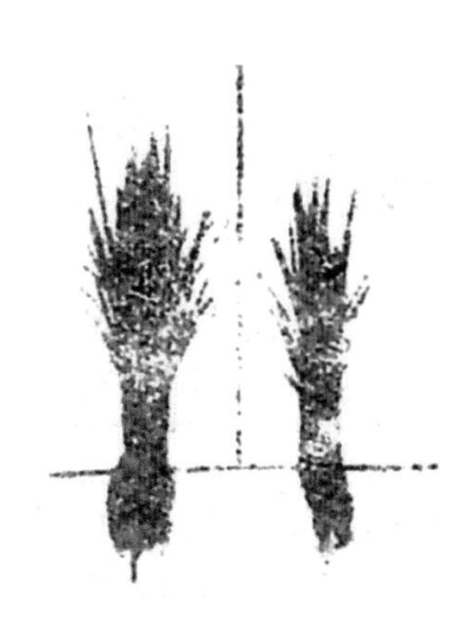

照片 4　移栽后一个半月，用剂秧比对照秧仍见优势

（5 月 20—22 日移栽，7 月 7 日取样拍照。北京 4874 部队农场，1973 年）

除在北京试验以外，在辽宁沈阳和庄河、湖北襄阳等地的试验，也都证明增温剂秧优于湿润秧。

（二）与塑料薄膜育秧比较

增温剂与塑料薄膜育秧，都是通过保温、保墒、压碱等作用，以达到早育秧、育壮秧的保温育秧方法。但这两者之间有两个很大的区别：①塑料薄膜的保温能力比增温剂强。②塑料薄膜育秧要经过密封、通风炼苗、揭膜三个时期，然后才进入湿润育秧管理阶段；而增温剂育秧，则只要在播种、施用增温剂后掌握好灌第一次水的时机，就比较容易地进入湿润育秧管理阶段。

这两大区别，造成了用此两种方法培育的秧苗，其生长情况具有各自的特点。塑料薄膜育秧，在密封期保温能力较强，因之小苗生长速度较快，而当进入通风炼苗和揭膜时期，秧苗生长速度多少有所减缓。而增温剂育秧，因为增温值比塑料薄膜育秧低，所以其秧苗的生长速度赶不上塑料薄膜育秧密封期的生长速度，但是它不会出现生长的减缓，而是直线地上升。

根据北京地区的试验来看，4 月初施用增温剂育秧与同时期平铺地面的塑料薄膜育秧相比较，至 5 月中旬，苗情的差异不大（表 12）。

表 12　增温剂秧与塑料薄膜秧的比较

（北京市黄村公社，1974 年）

覆盖物	株高/cm	叶数/片	叶长/cm	根数/条	根长/cm	分蘖/%	备注 20 株平均
增温剂秧	15.8	5	9.0	11.3	5.5	18	播种日期：4 月 1 日 用剂日期：4 月 3 日 取样日期：5 月 16 日
塑料薄膜秧	17.5	5	9.8	12.8	6.6	0	播种日期：3 月 27 日 盖膜日期：3 月 30 日 取样日期：5 月 16 日

应当指出，在沈阳地区，塑料薄膜育秧均采用搭架的方式，具有更高的保温能力，所以增温剂育秧目前还不可能取代这种塑料薄膜育秧。但是增温剂秧远优于湿润秧，因此能起到承前启后的作用。为了克服搭架塑料薄膜秧与湿润秧在苗情上相差悬殊的困难，沈阳地区习惯进行第二期塑料覆盖育秧，即在第一期塑料薄膜揭膜以后，将塑料薄膜移至湿润秧田，以加速秧苗的生长。通过几年的试验证明，增温剂育秧在沈阳地区可以取代第二期塑料薄膜育秧。如果风障下加盖草帘，夜晚盖上，白天揭开，效果更好。

还应当指出：南方应用增温剂进行早稻育秧，成熟的经验还不多，需要进行认真的试验。从目前材料来看，在阴雨天较多、湿度较大、蒸发较小的条件下，只要掌握时机，抢晴喷洒，增温剂能够形成薄膜，并能抗御通常春天雨水的冲蚀，而不会被破坏；增温剂一旦在地面成膜，就具一定的增温作用，促进秧苗生长，远优于对照湿润秧，并且也超过同期绿肥覆盖、牛粪覆盖等早稻秧；与同期塑料薄膜秧相比，在秧田期，增温剂秧在高度上劣于塑料薄膜秧，而当移栽入本田后，可以逐渐缩小这种差距。今后南方早稻增温剂育秧，应当在种子处理、整床方式、喷洒的适宜时期、喷洒时的土壤水分、田间管理各个方面进行工作，为增温剂早稻育秧的推广提供充分的科学依据。

以上是增温剂与塑料薄膜秧生长的基本情况。现在对这两种方法的成本及秧田管理作比较。增温剂育秧省工，成本低，管理简便，这是塑料薄膜育秧远不能相比的。塑料薄膜育秧工序烦琐，十分费工，包括盖膜、通风炼苗、揭膜、洗膜等，要费大量劳动力。尤其通风炼苗和揭膜时，如有疏忽或经验不足，秧苗容易发生问题。增温剂育秧，就是在喷施增温剂时耗费一些劳动。据有的生产队估计，所需工时，仅相当于塑料薄膜育秧盖膜，因此省去了大量劳动。并且增温剂育秧管理也很方便，只要在喷施增温剂后掌握好第一次灌水时间，秧苗一般不会出现问题。关于成本，施用增温剂于一亩秧田，只需 20 元，而塑料薄膜育秧，覆盖一亩需花 400～500 元，如以用三年计，则每年每亩秧田在塑料薄膜一项上就需 130～160 元，约为增温剂的 7 倍。

四、增温剂育秧可能遇到的问题

新生事物的成长，都不可能一帆风顺，总要经历一段艰难曲折的过程。一种新的农业技术的推广应用，也是如此。现在谈一下增温剂育秧可能会遇到的几个问题，以便今后推广应用时少走弯路，让这种育秧方法在水稻生产中发挥它应有的作用。

1．效果不明显，增温剂秧与湿润秧相差不大，其原因为：

（1）增温剂用量过少，不能在土壤表面形成一层有效的增温剂覆盖膜。

（2）喷施增温剂后，随即被雨水冲走。

（3）增温剂覆盖的作用没有得到充分发挥，过早地对秧田进行灌溉，致使增温剂覆盖膜遭到破坏。

（4）增温剂施用过迟，天气已经暖和，失去增温的意义。

2．效果虽有，但苗情不佳，主要表现是缺苗以及小苗不齐不匀，其原因为：

（1）播种过早。前期土壤水分充足时，热量条件不能满足种子扎根发芽的需要，待以后气温上升，热量条件得到满足时，土壤水分已逐渐被消耗，致使部分小苗不能生长。

（2）未经浸种，或浸种时间过短，因而种子要在播种后吸足水分，才能扎根、发芽。这样增温剂覆盖的有效时间被浪费掉一部分，同时土壤水分也无意义地被逐渐消耗，致使部分小苗生长受到抑制。

（3）一部分种子裸露，露子难以扎根发芽，甚至被鸟食，被晒干。

（4）喷洒增温剂不均匀，厚者苗大，薄者苗小。

（5）床面不平，致使增温剂不均匀。

3．死苗，这个问题通常发生在小苗一叶一心到二叶时，其原因为：

（1）盐碱秧田，或者施增温剂前盐碱未经彻底冲洗，或者增温剂用量不足，致使地表返盐，小苗受到碱害。

（2）施用增温剂后的头次灌水时间，拖得过久，造成脱水、脱肥，发生立枯病。

4．顶盖，就是种子扎根、发芽后，不能破土而出，而是把增温剂及其以下的覆盖物顶起来。一经顶盖，增温剂覆盖的作用大幅下降，同时顶盖也不利于小苗生长。造成顶盖的主要原因是增温剂以下的覆盖物太厚和底墒不足。

综上所述，增温剂育秧是一种早育秧、育壮秧的有效方法。但在使用这种育秧方法时，一定要把施用增温剂与育秧的其他环节配合起来，并且要因时、因地制宜，才能使增温剂育秧获得最佳的效果。

土面增温剂工作回忆*

唐登银 洪嘉琏 程维新

一种支农产品

土面增温剂的主要原料是脂肪酸残渣（当时是一种工业下脚料）或沥青。制作过程是，在一定温度条件下，施加氢氧化钠，进行皂化，然后添加乳化剂平平加，进行乳化，形成褐色或黑色的脂肪酸残渣乳剂或沥青乳剂产品。施用方法是，将乳剂产品用水稀释，用喷雾器或瓢泼方式将稀释的乳液施于田间，在地面形成薄膜。基本作用是抑制土面蒸发，增加土壤温度，普遍用于水稻育秧、棉花育苗、树木育苗、蔬菜栽培，其功能类似于塑料薄膜覆盖。

土面增温剂研制及其应用工作，开展于1969—1979年，前后10年，参加者众，效果显著，是地理所一项很有影响的工作。

源自水热平衡

水有源，树有根，土面增温剂研制及其应用工作的根源在黄秉维开启的水热平衡研究方向。1956年，在国家12年（1956—1967年）基础科学规划中，黄秉维提出了自然地理学的水分热量平衡、地球化学景观、生物地理群落的三个新方向，同时明确指出要开展自然地理定位观测实验。1960年国家科委成立西北防旱小组水分平衡分组，黄秉维任组长，他制订了研究工作计划，其中一项重要内容是蒸发和减少蒸发。其后，地理所开展了一系列水热平衡研究工作。1960年屈翠辉在中关村生物楼开展了抑制水分蒸发试验，所用抑制剂是碳16醇和碳18醇，施用于圆形玻璃皿（口径约40 cm，高约25 cm）的水体上，形成单分子薄膜，每日称重测定抑制效果。同年孙祥平、叶青超、孙惠南等筹建官厅水库实验站，设想在水库开展蒸发和抑制蒸发实验。但由于工作难度太大、预期效果不明确等原因，几个月后筹建工作停止。1961—1965年，方正三、程天文、蔡文宽、王积强、陈科信、周信和、程维新、凌美华、逄春浩、赵家义、高考、左大康、王继琴、鲍士柱、单福芝、唐

* 本文摘自《地理学发展之路——中国科学院地理研究所科学活动回忆录（1940—1999）》（科学出版社2016年出版）第175～177页。

登银、吴家燕等 20 人，在山东德州灌溉试验站（位于德州西郊）开展农田水分热量平衡试验研究，深入研究了蒸发的多种测定方法，包括器测法、水分平衡法、乱流扩散法、波文比法等。1963—1965 年，丘宝剑、童庆禧、张成宣、杜钟朴、张仁华、谢贤群、叶芳德、王菱、郑战军、杜炳鑫、孙惠南、赵名茶、唐登银、吴家燕、吴福顺、牛文元、姜秀芹、李存仁、刘淑范、杜榈林等 20 余人，在河北石家庄耕作灌溉研究所，开展农田水分热量平衡实验，重点研究了农田蒸发测定方法及其规律性。1965 年秋冬在黄秉维统一领导下，德州、石家庄试验观测统一进行总结，但 1966 年春夏“文化大革命”开始，总结工作停止，许多总结稿和数据丢失。

在德州、石家庄开展水热平衡研究工作的同时，还在应用研究上做了初步尝试，1962 年黄秉维率孙惠南、赵名茶、唐登银到陕西武功（杨陵）利用陕西农科院的小麦试验资料，分析冬小麦需水、耗水规律，以便为灌溉服务；1964 年春童庆禧、唐登银在丘宝剑的部署下，骑着自行车，到石津灌区进行调查，寻找解决实际农业问题的途径。

总体来说，水热平衡研究方向及其科学实践活动，积累了农田水分能量定位观测的经验，深入了解了蒸发的测定方法及其规律，同时培养了一批人才，为增温剂工作创造了条件。增温剂工作与水热平衡研究方向是一脉相承的，它同样在田间观测试验，同样关注农田水热平衡状况，但它又是水热平衡新方向的新发展，它把工作定位在蒸发上，尤其是蒸发的控制上，它的关注重点是要求出产品、发展技术，支持农业发展。

漫长艰难之路

1966 年，科研秩序被破坏，许多科研人员受冲击，水热平衡研究工作中断。就在此时，在“抓革命、促生产”的背景下，自然地理室唐登银、陈发祖、牛文元、王立军在 917 大楼 7 楼开展器皿水面蒸发抑制实验，类似于 1960 年屈翠辉的试验。

1967 年夏秋，童庆禧、洪嘉琏、唐登银、陈发祖、牛文元等在密云水库上的一小岛上开展水体蒸发抑制实验，所用抑制剂还是形成单分子薄膜的高碳醇。利用密云水库管理处的 5 m^2 的蒸发池开展实验。

1967 年年底，地理所与武汉化工研究所合作，开展水温上升剂的工作，水温上升剂是武汉化工研究所研制成的一种类似于日本 OED 的产品，此种产品是通过一定工艺，加入环氧乙烷与碳 16 醇和碳 18 醇缩合，形成聚氧乙烯烷基醚的抑制蒸发产品，水温上升剂适用于水稻秧田水面上，形成单分子薄膜，可以起到塑料薄膜育秧的作用。武汉化工研究所缺乏田间试验经验，也没有农田水热状况的知识和观测设备，地理所主要任务就是对水温上升剂的应用开展试验，洪嘉琏、张仁华、赵名茶、陈发祖、郑度于 1968 年和 1969 年在湖北黄冈、湖南韶山开展水温上升剂运用于水稻秧田的试验工作，水温上升剂有一定效果，但易受风雨影响，且育秧方式由水育秧逐渐变成旱育秧，因此水温上升剂的应用有很大的局限性。

1959—1969 年，水热平衡研究工作经历了 10 年时间，工作进展不大，有些工作无果而终，水面抑制蒸发只做了肤浅的研究，官厅水库建设则是中途下马；有些工作虽有一定成绩，如水温上升剂，但只是配角，且效果有限，不便推广应用；德州和石家庄的工作虽取得一些农田水热状况的测定方法和规律性认识，但只能写出若干论文，拿不出整体的成果，尤其拿不出解决实际问题的成果。10 年来，研究人员压力很大，思想上产生急躁情绪、畏难情绪和悲观情绪，日子不好过，也面对外界的质疑和责难。10 年水热平衡工作的道路是艰难而漫长的，但它是一条通往胜利的道路，最终促进土面增温剂工作的开展，并取得显著成绩。从某种意义上讲，正是水热平衡研究工作的基础造就了土面增温剂的成功。

众人铸就辉煌

1969 年冬到 1970 年春，洪嘉琏、赵名茶、牛文元、江爱良到大连油脂化学厂，与该厂技术人员和工人一起，开展土面增温剂研制工作。通过大量实验和在辽宁庄河的田间试验，筛选出了以脂肪酸残渣为主要原料的土面增温剂。1970 年 5 月，洪嘉琏等从大连返所。此后地理研究所把土面增温剂工作列为一项重要课题，设立土面增温剂组，编为二连七班，对外称增温剂组，组长是丘宝剑，副组长是洪嘉琏、程维新。增温剂组有一个坚强、团结的领导集体，决策民主、干事有效，干活在先，团结大多数人，很好地带领全组完成了任务。尤其要提一下丘宝剑先生，他大局观极强，把握科研方向很准，为人厚道，知人善任，他年龄比大家大，资格也老，既是领导，又像是一个大家庭的家长。他有中华人民共和国成立前的地下革命经历，工作、社会经验丰富，原则性和灵活性巧妙结合，在增温剂班营造了一个批判斗争气息不浓的在当时少有的环境，保护了一批“思想右倾保守”的人和“修正主义苗子”。还顺便提一下，在水热平衡等科学实践活动中，黄秉维先生如果是帅，他是大将，20 世纪 60 年代的石家庄水热平衡工作，70 年代的增温剂工作，80 年代的大屯实验站的筹组工作，他都是负责人。

土面增温剂产品研制主要由洪嘉琏、赵名茶、沈瑞珍、逄春浩、蔡文宽等完成，他们因陋就简，利用实验室的有限条件，在原料选取、配方、工艺条件、工艺过程、理化指标等各方面进行实验，拿出了合格的增温剂产品。之后，全所动员，包括木工和金工，将 917 大楼门前的平房修建成了增温剂制造车间，取得了增温剂生产的中试合格产品。

土面增温剂的应用工作推向全国，建立了许多试验示范基地。在北京大兴卢城、北京大兴仪仗营农场、湖北荆门子陵、湖北襄阳、湖北监利建立了水稻育秧试验基地，在河南柘城、湖北襄阳、湖北荆州、陕西周至建立了棉花育苗试验基地，在北京朝阳将台建立了蔬菜栽培试验基地，在沈阳浑河苗圃建立了树木育苗试验基地。据记忆，洪嘉琏、程维新、许越先、唐登银、逄春浩、吴长惠、孙惠南、赵名荣、张兴权、张仁华、郭来喜、董振国、袁华南、陈发祖、杜钟朴、王洁、黄芳菲、李桂森、蔡文宽、王春林、王淑清都参加了试验基地的工作。

土面增温剂组有两个比较特殊的组员。一个是黄秉维先生，他和大家一样，在大办公室上班，和大家一起开会，他负责搜集文献资料，把联合国一个工作小组新出版的一本《蒸发抑制》的报告摘译出来，提供给大家学习参考。另一个是郭来喜先生，他是经济地理专业人员，与增温剂组其他人员具有完全不同的专业背景，但他脑勤、腿勤、手勤、嘴勤，工作十分积极主动，建工厂、跑原料、办基地、申请奖励等工作，都付出了很大的努力，为增温剂工作做出了重要贡献。

试验基地的工作由两部分组成：一是协助当地有关部门（棉办、供销社等）筹建增温剂生产车间和指导增温剂制造，拿出增温剂产品供就地运用；二是进行田间试验，确定使用时间、施用量、施用方法、施用效果，同时建立样板，指导当地推广应用。试验基地的工作相当顺利，依靠领导、科技、群众相结合，生活和工作条件都能得到保障，试验工作顺利，效果良好，受到当地政府和群众的热烈欢迎。

土面增温剂的推广工作轰轰烈烈。估计最高潮时全国每年有几百万亩农田使用土面增温剂，如河南商丘、湖北荆州、陕西咸阳，在地委行署领导下，在全地区推广应用。1974 年和 1976 年分别在河南商丘和湖北沙市召开了两次土面增温剂经验交流会，地委行署党政要员和地理所主要负责人到会，两次会议各有由来自全国的代表约 200 人，会议主要内容为参观现场和交流经验，会议气氛热烈，参观时摩托车开道，车队十分壮观，晚间组织代表观看文艺演出，会议结束时，还通过了由唐登银草拟的“会议纪要”，推动了土面增温剂在全国的运用。

土面增温剂的业绩改变了所内一些人的看法。本来有人批判水热平衡是“热水瓶”，把地理学引入死胡同；怀疑土面增温剂的作用，戏称土面增温剂为“芝麻酱”，讥讽地说“把芝麻酱抹在 917 大楼墙面防冻保温”。但当看到土面增温剂工作的成绩后，所革委会主要负责人逢会必讲增温剂，增温剂工作成了当时地理所可以引以为荣的成绩。

土面增温剂工作在全国产生了广泛影响。《人民日报》、新华社、中央人民广播电台、各地报纸都有土面增温剂的报道，农业电影制片厂摄制了科教片《土面增温剂》，全国各地来信、来访很多，增温剂组指派专人处理来信、来访，也派出人员到各地宣传和推广土面增温剂。

出成果出人才

土面增温剂的科技成果主要写在大地上，而纸上的成果较少。主要的纸上成果有两件：一是科学出版社出版的《土面增温剂及其在农林业上的应用》；二是中国农业科学上发表的论文。这两件成果的署名都是土面增温剂组，而非个人署名。这既体现了那个时代的特点，也彰显了增温剂组集体的团队精神。土面增温剂获得了全国科学大会奖和国家发明四等奖。土面增温剂组得到很多表扬，其中 1974 年洪嘉琏被邀参加周总理的国庆招待宴会。

与成果同等重要的是，土面增温剂工作的 10 年培养了一批人才。增温剂组的绝大部分人员来自原来从事水热平衡研究工作的人员，正处于水热平衡工作开创期，遇到了许多挫折，对未来的信心不足，再加上相当部分的人员多少受到“文化大革命”冲击，因此许多人都处境不佳。正是因为有了增温剂班，这些人被保护了起来，不仅没有因“文化大革命”

而荒废业务，而且干起了他们相对熟悉的业务。10 年的时间太宝贵了，他们从成绩中取得了信心，他们从工作中学到了业务知识，他们学会了与地方干部和群众打交道，他们学到了中国农村、农民、农业的实际知识。通过土面增温剂工作的锤炼，原来从事水热平衡研究的工作人员更加成熟。

“文化大革命”结束，土面增温剂工作任务完成。科学的春天来临，科研秩序全面恢复，土面增温剂组许多人员都作为科研骨干，参与新时期的科研工作，为科学事业奉献他们的后半生。

四、中国生态系统研究网络建设

在探索中前进*

中国科学院禹城综合试验站

中国科学院禹城综合试验站于1979年筹建，经中国科学院批准于1983年正式建立，委托地理研究所领导和管理，是开展野外定位试验的一个基地。几年来，试验站在院、所领导的支持和帮助下，在地方政府的配合下，已取得了初步成绩，当然工作中也有缺点错误，现在我们把禹城试验站的工作做出汇报。

基本情况

中国科学院禹城综合试验站位于黄淮海平原的鲁西北黄河冲积平原上，距离山东省禹城县城13 km。试验站所在地区的自然条件具有一定的代表性，农业生产水平具有典型性。

禹城综合试验站的研究方向是水平衡水循环，研究农田土壤-作物-大气系统的水分交换及其在实践上的作用和理论上的意义。研究目的是为黄淮海旱涝碱的成因分析及综合治理提供基本依据，同时为推动地理学的研究服务。

几年来紧抓实验设施的建设工作，一批比较完善的技术设施已经建成，有好几个技术系统，在国内是开创性的，达到了较高的水平。铁塔计算机数据采集系统和5 km^2水平衡遥测系统，在国内较早地实现了野外资料的自动采集，获得了院科技成果三等奖，这两个数据采集系统技术正被推广。例如大屯站采取禹城站60 m铁塔数据采集系统的类似技术，建立了128路数据采集系统，新疆地理所等单位也正式投建了同样的装置。又如5 km^2水平衡遥测系统的技术，已被许多部门用来进行自动监测和遥控。铁塔计算机数据采集系统中的超声风速仪传感器信息的获取和处理，在全国禹城综合试验站最先完成，目前国内可能依然只是禹城综合试验站掌握了这项技术。这项技术的发展，开阔了空气要素脉动场的研究新领域。原状土自动称重蒸发渗漏器的研制成功，为陆面蒸发增加了一个极为重要的设备，这一设备在澳大利亚专家帮助指导下完成，在国际上是先进的，在国内是仅有的。这一仪器的研制成功，受到领导表扬，在国内引起了广泛注意。铁塔实验遥感系统，吸取国际上地表面能量平衡理论的最新发展，建立了在国内外都有特色的技术系统，这一技术系统的发展提高和完善有可能发展成为遥感技术的一个新方向。就目前禹城综合试验站的

* 本文为1986年中国科学院野外台站工作会议交流材料。

设施来讲，有条件成为国内农田水分平衡，陆面蒸发的一个重要研究基地。

禹城综合试验站在建设过程中同时开展了实验研究，积累了大量的实验资料，并取得了初步成果。蒸发研究方面，用多种方法进行了测定，为在中国逐步解决水分、能量平衡中的这个最棘手的问题创造了条件。作物耗水量的研究，广泛涉及小麦、棉花、玉米、大豆等华北平原的主要作物，明确了大气因子、作物因子和土壤因子的作用，达到了国内先进水平，可满足灌溉和水利工程实践的某些需要。实验遥感的研究，把地面红外和多光谱特性同气象条件、作物生长产量、土壤水分等联系起来，获得了一批在实践上和理论上都有意义的成果，在国内遥感技术界产生了一定影响。四水转换的研究，对降雨-入渗-补给地下水的关系，土壤水分动态变化等进行了探讨，为区域综合分析和综合治理提供了一些有价值的材料。农田辐射和微气象学的研究，揭示了小麦田的辐射特征和微气象学特征，为小麦生长模式提供了基础资料。农田水盐运行及控制的研究，为防止盐渍化，提高水分利用效率提供了有用的结果。目前在禹城综合试验站开展的科学基金项目有四水转换和作物遥感估产两项。

禹城综合试验站的建立和发展，吸引了国内外学者的广泛注意。据估计，有上百名外国专家来站进行学术交流，有上千人来站参观访问。禹城综合试验站通过与美国农业气象科学家的合作，促进了禹城综合试验站的蒸发和遥感研究，通过与澳大利亚专家合作，建成了一台大型称重蒸发渗漏器，通过与美国水文学家的合作，推动了禹城综合试验站水资源与水管理模型的工作。轻工业部制盐研究所派人来站，利用禹城综合试验站的场地设备合作，进行了卤水蒸发的研究，可为盐业发展提供基础数据。禹城综合试验站协助了大约20个单位安装调试水力蒸发器，已有3名硕士研究生来站做毕业论文，农业工程大学的一名博士研究生即将来站做毕业论文。禹城综合试验站还为外单位培训人员。此外禹城综合试验站还邀请了遗传所、植物园的科技人员进行野外试验。

禹城综合试验站有土地220亩，进行了平整、改碱、培肥等工作，配备了机井灌溉系统，种植粮食、棉花、果树、蔬菜等，能保证野外试验用地的需要。禹城综合试验站建设了近2 000 m^2的建筑物，包括实验室、宿舍、食堂、仓库、车库，基本上能保证科研工作的需要。

此外，在“六五”期间，禹城综合试验站在区域治理（万亩方）的工作中发挥了应有的作用。它既起着后勤基地的作用，也起着科研基地的作用。禹城牌子万亩方的攻关任务业已结束，已通过鉴定，得到了领导机关的充分肯定。

为“科学村”的建设添砖加瓦

《人民日报》1986年8月28日登载了新华社济南1986年8月27日电讯，称：经过科研人员20年的辛勤探索，过去贫穷落后的山东省禹城改碱实验区，已被改造为富饶繁荣的新农村。目前，禹城改碱实验区已发展成为我国直接设在盐碱窝的一个初具规模的地学、生物学基础理论和应用研究的现代化科学综合实验基地。

禹城综合试验站的科研人员为“科学村”的建设添砖加瓦，付出了辛勤的劳动。今天我们与当地人民共享着胜利的喜悦。回想当年，条件相当艰苦，在食堂吃饭，一日三餐只有一顿有菜，并且按配给比例吃窝窝头。在宿舍里住，三四个人挤一起，夏天蚊蝇成群，冬天严寒刺骨。喝的水是手压水井打出的咸水。但大家情绪饱满，不分寒冬和炎暑，工作在试验场上和施工现场，劳动在田间；晚上在煤油灯和烛光下，讨论问题，整理计算资料。有的同志忙碌一天，精疲力尽，腿脚不听使唤，回到宿舍就躺倒在床上，但第二天仍然照样工作。有的同志拉肚子，一天十几次上厕所，但仍然坚持工作。据不完全统计，地理所有约 50 名的科技人员到禹城综合试验站工作过，其中约 30 名长期坚持，每年多则八九个月，少则四五个月出差到禹城综合试验站工作。特别要指出的是，这些同志的大部分建站初期年龄在 40 岁上下，如今都接近 50 了，这些同志身体一般不太好，家有老小，但他们都克服了各种困难，背着三个包（挂面包、书包、行李包）到禹城综合试验站工作。

是强烈的责任心，是使命的紧迫感，驱使这批科技人员来禹城综合试验站工作。“文化大革命”之后，这些同志以只争朝夕的精神，迅速投入禹城综合试验站的筹建工作。有的同志说，这下半辈子就干这项工作了。也在北京郊区选过点，明知禹城地区条件艰苦，远离北京，但比较来比较去，为黄淮海平原农业生产的发展搞科研，这是一个理想的地区，从工作出发，生活条件艰苦也得去。

科研人员辛勤劳动结成了丰硕的果实，禹城综合试验站一批先进的实验设施建成了，两栋小楼盖成了，200 多亩盐碱地改造成良田了。这一桩桩、一件件，都凝聚着禹城综合试验站科研人员的汗水。为了试验场地的建设，他们动手动脑，挖坑、测量、架线、安装传感器、调试仪器什么都干，有时 24 小时连续工作。为了建设楼房，他们跑材料、扛运、材料保管、质量检验什么都管。为了经营好农田，科研人员亲身参加打井、铺设灌溉管道、田间管理等各种劳动。

试验站的建成，禹城综合试验站的科研人员充满着自豪感，同时当地人民也与科研人员结下了深厚的友谊。在禹城综合试验站的科研人员中，有一些人被当地干部群众称为“禹城公民”“禹城通”“半个禹城”等。

为科学事业的发展铺路

禹城综合试验站的工作，始终注意自己是科学院的一个野外试验站，使自己的工作具有特色。

首先，我们明确自己的方向任务，既注意国民经济发展的需要，又注意学科的某些领域的基础理论研究。几年来，禹城综合试验站积极参加南水北调及其后效、黄淮海中低产地区区域治理等国家攻关任务，同时始终不忘水平衡水循环的基础理论研究。从实际情况看，已有一些成果用于解决国民经济中的问题，同时在蒸发研究和实验遥感研究等方面已在国内具有鲜明的特色。在禹城综合试验站建设的初期，我们一批同志就立下誓言，要把禹城综合试验站办成全国陆面蒸发研究的中心，现在我们不自封为中心，但是可以说，禹城综合试验站的陆面蒸发研究在国内已有相当广泛的影响.

其次，我们在工作中要敢于开辟困难的研究领域，蒸发研究就是其中之一，国外研究已有长时间的历史，国内也有许多单位进行，但离完全解决问题有很大的距离。又如遥感作物产量和土壤水分等问题在国内外都是时髦的研究课题，但真正能解决问题的并不多。这些困难的研究领域，禹城综合试验站的工作目前已在国内产生了较好的影响。

最后，要使自己的工作点面结合，我们在禹城综合试验站工作，但想得应更广一些，我们把自己的工作分为三个层次：试验站的土地，五平方公里小区，更大的区内进行。三个层次的任务各有侧重，紧密联系，相互促进。低层次的工作是高层次工作的基础，服务于高层次；高层次的工作是低层次工作的运用。没有高层次的工作，低层次的工作就会没有活力和方向；没有低层次的工作，高层次的工作就会停滞不前和浮浅。

尽力发展实验技术系统

试验站的任务就是要用试验的方法，直接获取长期、连续、可靠的数据，为客观事物规律进行分析，因此在试验站初期，应当把技术系统的建立摆在十分突出的地位上。在建立实验技术系统时，应注意瞭望国内外的最新发展趋势，选取适当的方案，发展我们自己的技术系统。根据需要和可能，应尽可能建立优越的技术系统。宁可少些，但要好些，逐步建设，不断完善，以保证试验研究稳步深入。在发展实验技术系统时，应注意培养人才，这对于实验技术系统的运转、维修和更新是至关重要的。

在某种程度上，技术系统的情况代表着一个站的实力，反映着一个站深入开展研究工作的能力，基于这种认识，在技术力量比较薄弱的情况下，通过边干边学，“走出去”，“请进来”，我们完成了一批比较先进的技术系统。同时一批技术人才也成长起来。例如通过计算机野外数据采集系统的建立，使禹城综合试验站在国内较早地实现野外资料的自动采集，同时一部分人员（包括部分合同工、临时工）也都掌握了技术，具有操作和维修的本领。

技术系统的建立大大促进了实验研究工作，例如超声风速仪信息的计算机采集和处理，使禹城综合试验站在国内开创了空气脉动场的研究，实验遥感系统的建立，使禹城综合试验站开辟了遥感技术研究的一个领域。

鉴于我国技术比较落后，应当谨慎地引进一些外国仪器设备。大型蒸发渗漏器的建成，我们请澳大利亚专家帮助，进行了一次洋为中用的有益尝试，院外事局对此专门发了简报。这种仪器面积大，代表性好，十分精确，是陆面蒸发研究的一种标准仪器，安装一台类似的仪器在国外大约要 50 000 美元。我们在澳大利亚专家的帮助下，花 3 个多月时间，顺利地完成了仪器的制造和安装，大幅加强了禹城综合试验站在陆面蒸发实验研究中的地位。

加强后勤保障工作

禹城综合试验站远离院所机关，当地条件较差，站上专职行政管理人员很少，而工作则十分繁重，几位同志发扬“主人翁”精神和革命精神，艰苦创业，勤俭建站，为禹城综合试验站的建设做出了很大的贡献。禹城综合试验站管理有待完善，但已形成体系，1 名站长，2 名副站长，主持站的业务、行政、财务、物资、人员管理和农业生产等工作，下设办公室，设主任 1 名，经办站的各种事务，办公室下有几位工人，他们既有本职工作，又协助做管理工作。禹城综合试验站的农业生产实行承包责任制，调动了承包人的积极性，减轻了国家的负担，也减轻了管理人员的沉重负担。

如今，禹城综合试验站的后勤工作已能基本保障科研工作的需要，住房和办公用房得到了保证，并可接纳少量外宾。安装了太阳能热水器，洗浴比较方便。自己办起了食堂，吃饭问题基本解决。站区周围环境已种上了花草，大幅改善了工作条件。禹城综合试验站的农田工程配套，盐碱地已得到改良，农业生产稳步发展，为试验研究提供较好的场所。

中国科学院禹城综合试验站面临着艰巨而繁重的任务，现在的工作只是一个起点，出成果、出人才的任务要看“七五”“八五”时期。现在的工作主要是地理学某些领域的工作，它有待进一步扩大和提高，禹城综合试验站热诚欢迎各单位参加工作，把试验站办成一个国内外有影响的地学-生物学研究基地，为科学事业和社会经济发展做出更大的贡献。

中国科学院禹城综合试验站
开放论证文件

目　次

一九八七年七月

中国科学院禹城综合试验站开放论证书

中国科学院禹城综合试验站开放论证会，于1987年7月28—31日在山东省禹城召开。全体代表参加人员78名考察了试验站和实验区“一片三洼”的科研工作。听取了试验站的汇报。与会代表认真地进行了讨论。对照院开放台站管理条例（征求意见稿）。经评审委员们对禹城站“开放申请书”的充分评议，认为禹城综合试验站具备了开放条件。

1. 禹城站提出的研究方向是“土壤-植物-大气系统的水平衡水循环，研究农田生态系统的“五水”（大气降水、土壤水、植物水、地下水、地表水）转换机制和模式，并以此为基础，研究与水有紧密关联的能量转换、物质迁移规律和农田生态系统的控制，为水资源调控和黄淮海旱涝碱综合治理和开发服务”。我们认为研究的主攻方向有鲜明的学科特色和生产意义。今后应加强黄淮海平原综合治理与开发的研究工作，尽快把已有的先进科学技术成果加以示范、推广。

2. 该站具有高水平的学术带头人，和近10名具有高级职称、素质良好的科技骨干力量，以及一批相应的研究技术人员。专业结构比较合理。

3. 该站具备了比较完善的有关水平衡水循环实验技术系统、仪器设备、工作环境，以及科研场地和生活设施，能够稳定地、长期地开展试验研究工作。

4. 该站工作已得到当地政府和群众的大力合作和支持。

这是首次进行开放试验台站的论证，在开放思想、学科与任务的关系以及组织管理工作等方面都需要不断地总结经验，逐步提高完善。

贾太林

1987年7月31日

中国科学院
禹城综合试验站开放论证会

评审员名单

职务	姓名	性别	单位	职称
组长：	贾大林	男	中国农科院灌溉所	研究员
副组长：	王遵亲	男	中国科学院南京土壤所	研究员
成员：	马秉锟	男	中国科学院海洋所	高级工程师
	方生	男	河北省水科所	总工程师
	壬良纬	男	中国科学院兰州冰川所	高级工程师
	壬重九	男	水科院水科所	工程师
	李文华	男	中国科学院综考委	副主任、研究员
	仲延凯	男	内蒙古大学	系主任
	吴申燕	男	中国科学院新疆地理所	高级工程师
	吴金祥	男	河北省地理所	副研究员
	张晋	男	中国科学院地理所	副研究员
	张增圻	男	河北农大	副教授
	张俊荣	男	中国科学院长春地理所	副研究员
	沈照理	男	武汉地院	教授
	荆其一	男	中国科学院大气物理所	高级工程师
	胡舜士	女	中国科学院植物所	副研究员
	高拯民	男	中国科学院林土所	所长

中国科学院地理研究所学术委员会意见

禹城综合试验站设备比较齐全，在科学先进国家中也很少见。业务指导思想，既相当全面地考虑了各有关因素和事业（农林牧、防洪治涝、除盐、城市与工业用水）的相互关系，又紧密地结合华北战略部署问题的解决，似乎还没有先例，面的考察与点上试验长期地此呼彼应也是一个突出的特点。目前具有开放的条件。其实开放也有助于弥补我们当前的弱点。现在在所涉及的领域存在许多尚未解决的问题，各国都在进行研究，而我们经验不足。一般从工作假说，准备试验条件，到试验完成总结编写报告，出版报告，需要3～5年时间，例如，我们知道用包文比-能量平衡法测定蒸散发，在有平流时偏低，在干旱时相对误差相当大，还没有好的办法解决此问题。通过开放，便有较大可能得风气之先，少走弯路，早得有用的结果。

主任　黄秉维（签字）

1987年7月17日

中国科学院禹城综合试验站简介

一、名称

中国科学院禹城综合试验站

Yucheng Experimental Station，Chinese Academy of Sciences

二、隶属单位

中国科学院地理研究所

三、组织与规模

1．站　长：唐登银

副站长：栾录凯、杜憨林

2．学术委员会：

职务	姓名	性别	年龄	职称	单位	专业
主　任：	左大康	男	61	研究员	地理研究所	气候学
副主任：	陈发祖	男	51	研究员	地理研究所	近地面物理
委　员：	王天铎	男	54	研究员	上海植生所	植物生理
	王毓云	男	55	研究员	系统科学研究所	系统分析
	刘昌明	男	52	研究员	地理研究所	水文
	孙菽芬	男	45	副　研	力学研究所	环境力学
	朱震达	男	57	研究员	兰州沙漠研究所	沙漠学
	陈家宜	男	54	教　授	北京大学	微气象
	张仁华	男	47	副　研	地理研究所	遥感
	张尉桢	男	60	教　授	武汉水电学院	土壤物理
	唐登银	男	49	副　研	地理研究所	水分平衡
	屠清英	女	54	高　工	南京地理研究所	化学地理
	童庆禧	男	51	研究员	航空遥感中心	航空遥感
	程维新	男	51	副　研	地理研究所	农业水文
	贾大林	男	60	研究员	农科院灌溉所	农田水利
	赵其国	男	57	研究员	南京土壤研究所	土壤地理
	格　林	男	59		苏联地理研究所	自然地理
	卡纳玛苏	男	43		美国堪萨斯大学	能量水分输送

3．试验站研究技术人员 40 人，其中固定研究人员 19 人。

固定技术人员 5 人，可容纳客座研究人员 16 人。

行政管理人员（包括司机、会计、后勤）5 人。

试验站总人数共 45 人。

四、研究方向与主要研究内容

禹城站的研究方向是土壤-植物-大气系统的水平衡与水循环，研究农田生态系统的“五水”（大气降水、土壤水、植物水、地下水、地表水）转换机制和模式，并以此为基础，研究与水有紧密关联的能量转换物质迁移规律和农田生态系统的控制，为水资源调控和黄淮海旱涝碱综合治理和开发服务。

主要研究内容为：

1．“五水”转换的机制及其控制

（1）蒸发过程的机理、模型和作物需水量、耗水量的计算。

（2）作物水分关系及提高水分利用效率的途径。

（3）土壤非饱和带水分运动机制。

（4）平原径流形成过程。

（5）水平衡水循环的数值模拟和水分管理（如灌溉、水分调配）模型。

2．地理系统的能量转换物质迁移规律

（1）地表辐射平衡、能量平衡。

（2）农田二氧化碳流的规律。

（3）土壤盐分养分平衡及控制的研究。

（4）非均匀下垫面上水汽、热量、动量的传输模拟实验。

（5）植物冠层内能量物质传输的机制和模型。

3．农业生态系统工程的研究

（1）农业工程措施（如防护林、覆盖、渠、耕作等）对农田生态系统的影响。

（2）华北平原典型农田生态系统（如各种河间浅平洼地）的结构和功能。

（3）不利自然条件（如盐碱、风沙、旱涝）与农业生态系统的稳定性。

（4）农业生态—经济系统的优化结构和优化模式。

（5）农业生态环境状况和作物产量形成的数学模拟。

4．土壤-植物-大气系统的实验遥感学研究

（1）遥感地表辐射场、辐射特征参数及地物波谱。

（2）地表蒸发的实验遥感模式及在面上应用。

（3）热惯量遥感及其微气象参数的优化。

（4）土壤水分、植物叶面积、作物产量的遥感模式。

（5）利用遥感界面信息对土壤-植物-大气系统进行数学模拟。

5．实验方法学的研究

（1）传感器的研制。

（2）试验装置的设计和建立。

（3）数据采集系统的研究。

（4）实验设计、观测和资料整理方法的研究。

（5）实验方法的研究成果的推广。

中国科学院禹城综合试验站开放申请书

一、试验站名称

中国科学院禹城综合试验站

二、隶属单位

地理研究所

三、建站时间及历史沿革，自然概况及区域代表性

1．历史沿革

禹城站是1983年5月经院办公会议讨论批准建立的。它的建立适应了生产实践和科学研究的需要，是中国科学院过去长期在禹城地区工作的继续和发展。1966年根据党中央、国务院关于治理黄淮海平原的指示精神。国家科委组织中国科学院和山东省有关单位。对鲁西北地区进行广泛的调查和深入分析，建立了以南北庄为中心的禹城改碱实验区，并制定了实验区治理和利用的初步规划。此后，在禹城县委、县政府的领导下，依靠有关科研单位的配合，依靠禹城县人民的努力，实验区发生了翻天覆地的变化，旱涝威胁基本解除；盐碱地面积和土壤含盐量逐渐减少，盐碱地面积由原来的11万亩减少为2.1万亩；农田林网已经形成，全区林木覆盖率达18%；粮食产量由低而不稳变为逐年增产，1966年全区10多万亩粮田，总产只有1 920万斤，到1981年粮食总产达到4 511万斤。从1979年起，地理所在禹城设立了固定的野外观测试验站，承担着多方面的任务：①从水的角度上对改碱实验区的经验进行科学总结。②对实验区难度较大的地区进行改造和利用。“六五”期间地理所牵头建立了牌子万亩方，进行了以节水节能为中心的全面治理旱涝碱的试验研究工作。③从全县角度考虑问题，“七五”期间把实验范围由原来的13万亩扩大到33万亩，提出了“一片（以原来的实验区为主体）三洼（以风沙危害为主要特征的沙河洼、以渍涝为主要特征的辛店洼和以重盐地为主要特征的北邱洼）”河间浅平洼地综合治理与综合发展配套技术研究的总体方案。这一方案目前正在实施中。④为解决南水北调环境后效、华北水资源、黄淮海平原旱涝碱综合治理战略等重大课题提供某些必需的数据和参数，例如蒸发量估算，降雨入渗关系、土壤水分利用状况等。⑤所有以上这些实践性强的任务中同时也包含着深刻的科学问题。因此，在重视应用研究的同时，禹城站较全面地开展了应用基础研究工作。

2．自然概况

地处黄河下游冲积平原、地势低平，土壤母质为黄河冲积物，土壤质地以粉砂和轻壤分布最为广泛。低平地和局部洼地有中壤土，原先广泛分布的盐碱土已基本治理。气候上具有大陆季风气候特征，属于温带半湿润地区。地下水储量丰富，单井出水量可达 70～80 m^3/h，地下水质较好，可以用于灌溉。禹城地区在黄淮海平原具有代表性。

四、试验站研究方向及主要内容

禹城站的研究方向是土壤-植物-大气系统的水平衡水循环，研究农田生态系统的“五水”（大气降水、土壤水、植物水、地下水、地表水）转换机制和模式，并以此为基础，研究与水有紧密关联的能量转换物质迁移和农田生态系统的控制，为水资源调控和黄淮海旱涝碱综合治理和开发服务。

主要研究内容如下：

1．五水转换的机制及其控制

（1）蒸发过程的机理、模型和作物需水量、耗水量的计算。

（2）作物水分关系及提高水分利用效率的途径。

（3）土壤非饱和带水分运动机制。

（4）平原径流形成过程。

（5）水平衡水循环的数值模拟和水分管理（如灌溉、水分调配）模型。

2．地理系统的能量转换物质迁移规律

（1）地表辐射平衡、能量平衡。

（2）农田二氧化碳流的规律。

（3）土壤盐分养分平衡及控制的研究。

（4）非均匀下垫面上水汽、热量、动量的传输模拟实验。

（5）植物冠层内能量物质传输的机制和模型。

3．农业生态系统工程的研究

（1）农业工程措施（如防护林、覆盖、渠、耕作等）对农田生态系统的影响。

（2）华北平原典型农田生态系统（如各种河间浅平洼地）的结构和功能。

（3）不利自然条件（如盐碱、风沙、旱涝）与农业生态系统的稳定性。

（4）农业生态—经济系统的优化结构和优化模式。

（5）农业生态环境状况和作物产量形成的数学模拟。

4．土壤-植物-大气系统的实验遥感学研究

（1）遥感地表辐射场、辐射特征参数及地物波谱。

（2）地表蒸发的实验遥感模式及在面上运用。

（3）热惯量遥感及其微气象参数的优化。

（4）土壤水分、植物叶面积、作物产量的遥感模式。

（5）利用遥感界面信息对土壤-植物-大气系统进行数学模拟。

5．实验方法学的研究

（1）传感器的研制。

（2）试验装置的设计和建立。

（3）数据采集系统的研究。

（4）实验设计、观测和资料整理方法的研究。

（5）实验方法的研究成果的推广。

五、本试验站工作的科学意义及应用前景

本试验站的工作对于地理学、生态学、气候学、水文学、农学具有重要的科学意义。

1．为地理学发展和提高提供方法和数据

在地理环境中，水占有突出位置，水无所不在，水积极参与地理环境中的物理过程、化学过程和生物过程，因此，禹城站农田水分的研究对深入研究自然地理过程有重要意义。传统地理学的一个特征，是利用现存资料和区域调查进行分析和综合。这当然并非不重要，而且今后还要做这一类的工作，但禹城站被赋予了全新的任务，通过实验的方法，直接获取连续而长期的资料，对地理环境的自然过程进行深入的分析。这样，深入认识地球表面的物质能量交换过程就有了基础，这将有助于地理学的发展和提高。使它由主要是定性描述走向定性定量相结合。使它充分地建立在现代科学技术的基础上。

2．对于深化生态学的研究内容，提高生态学的能力和地位，可能产生作用

按生态学的性质，它研究复合体，研究工作沿着两个方向前进，一个是响应社会的需求，解决社会经济发展中的具体问题；另一个是发展生态学的理论基础。两个方向本应互相促进、互相补充，但事实上，目前相当一部分生态研究工作中两者关系处理不当，一些工作只对理论研究感兴趣，而另一些工作则只重视实践。禹城站的研究工作，既重视当前区域治理和发展中的问题的解决，又在解决具体问题的过程中发展学科理论。为此，禹城站的工作强调建立在严格的科学基础上，其结果应是有预测能力和经得起实践检验的。

3．为深入了解水文过程，气候过程、资源利用、环境变化等做出贡献

30 多年来，这些问题受到高度的重视，一个标志是各种各样的研究计划的出现，例如“国际水文十年计划”“世界气候计划”“人与生物圈计划”等，而在这些计划中，一开始就强调定位试验工作。就禹城站的研究方向和研究内容来说，它可以成为这些研究领域全球研究的一个站点。对水文学、气候学、生态学、环境科学所关心的若干重大问题得出重要的结果。

禹城试验站的工作有明显的应用前景，这主要包括以下内容。

1．为水文计算和水分调节服务

水资源紧张是全球性的问题，中国水分短缺更是相当严重，要解决水分问题，首先需要精确计算水账，但目前水资源计算面临着太多的未知数，禹城站的工作以实验为基础。研究水平衡各分量的测定方法及模式，为水平衡计算提供可靠的资料。在精确计算的前提下，水分充分利用和合理调配也就有了基础。

2．为黄淮海平原河间浅平洼地的治理和开发提供有直接社会效益、经济效益的成果

禹城站过去和现在从事河间浅平洼地的治理开发工作，得到了较好的结果，受到当地政府和人民的欢迎。禹城站进行工作的河间浅平洼地有盐碱土洼地、风沙地、滞水洼地等类型，在黄淮海平原有相当广泛的分布。是黄淮海平原中低产地区的主要所在。因此河间浅平洼地的治理和开发工作对于治理和开发整个黄淮海平原有普遍意义。

3．为农业措施提供依据

水平衡水循环的研究，可直接指导灌溉时间和数量，制定合理的灌溉定额和灌溉时间，为正确的农田的排水工程提供依据，为节约水分的农业措施提供科学依据。能量转换物质迁移规律的研究，能为正确的防护林的配置、合理施肥和防止肥料淋洗挥发损失、合理的盐碱土改良措施的制定提供科学依据。上述提到的农业措施，目前总的来说依据不够充分，大多是经验性的，或者搬用外国的数据，禹城站的工作能对这一缺陷有所克服。

六、目前国内外研究状况，本试验站水平、特色和成果

1．目前国内外的水平及发展趋势

对应于本站的五项研究内容分别叙述其发展趋势如下：

（1）水平衡水循环是地理学、水文学、气候学、生态学、农学、林学等广泛关注并长期进行的研究领域，但取得巨大进步是在过去的 30 年。一个重要标志是定位研究不断深入发展，例如美国农业部水保持所、内布拉斯加大学、堪萨斯大学、加利福尼亚大学、苏联地理所、国立水文研究所、地球物理观象总台、英国水文研究所、罗萨姆斯特实验站、澳大利亚联邦科工组织植物部、土壤部、日本筑波大学等都有良好野外实验场和仪器设备，取得了重要的成果，主要有水平衡各分量，例如蒸发、降水和土壤水分的测定，以及水平衡模型的建立。但是仍遗留有大量的问题没有解决。在蒸发研究工作中，从气象学研究比较深入，考虑大气、土壤、植物的完整的模型并没有建立，土壤、植物生理因素对蒸发的影响还有许多未知数。课题 1（1）蒸发过程的机理和模型就是根据国际现实情况而提出的水平衡水循环研究的前沿研究领域。课题 1（2）作物-水分关系是一个重要的新领域，这一领域只是在 20 世纪 70 年代才发展起来，但环境条件（主要是气象条件和土壤条件）对作物水分状况及其生长发育的影响在数量上很不清楚，综合进行作物-环境的研究工作并不多见，禹城站拟充分发挥多学科综合的特点，把环境研究和作物研究有机地联系起来，定量地揭示作物水分关系。课题 1（3）土壤非饱和带水分运动的机制研究工作，具有更大的难度。均质一维水分运动流的理论基础早已建立，但由于复杂的土壤性质和边界条件，以及比较落后的研究工具使这项研究工作进展缓慢，今后研究工作的重点应在改善研究手段完善水分运动流理论的基础上，逐步开展非均质土壤水分流的研究。课题 1（4）平原径流形成和课题 1（5）水平衡水循环的数字模拟和水分管理模型研究工作。是国际上水文学界的重要课题之一，随着资料的增加和计算技术的发展，已有大量工作，但不足之处是在进行工作时许多参数是人为假定的，禹城站在这个课题中将充分利用实验手段，对参数实测并加以模型化。

（2）地理系统能量转换物质迁移规律的研究，是揭示自然地理过程的重要途径，是环境变迁和预测的基础，也是充分合理利用自然资源的基础，吸引了全世界的环境、资源和生态学科的学者们的重视，禹城站根据自身的条件，选择若干重要的课题开展研究。课题2（1）地表辐射平衡能量平衡是能量转换物质迁移研究的基础，国际上已开展大量工作，除蒸发外，能量平衡各方面都进行了全面而深入的研究，禹城站也已进行了较长时间的工作，今后主要开展蒸发研究工作［见课题1（1）］，以及建立适合我国条件的能量平衡各分量的模式，课题2（2）农田CO_2流的规律和课题2（3）土壤盐分养分平衡是结合黄淮海平原的实际情况而进行的地理环境物质迁移规律的研究课题，这些领域的研究在国际上也仅是刚开始，比起水的研究更加薄弱，过去的研究基本上停留在空间时间上动态特征的描述阶段，平衡没有完全建立，物理数学模型很少出现，禹城站以水的迁移研究为重点、要结合农田生态系统工程的研究逐步开展盐分、养分、二氧化碳的研究。课题2（4）非均匀下垫面上能量物质传输的模拟实验，是一个难而新的课题。经典的微气象实验研究大都建立在下垫面水平均一的条件之上的，而实际的自然地理条件从中小尺度来说是水平非均匀的，非均匀下垫面上的“平流”已经引起广泛注意并取得了初步研究成果，我国这方面的实际工作开展很少，课题2（4）将通过野外实验和风洞实验着重研究不同性质的相邻下垫面上的非均匀场能量物质传输问题，建立高精度的三维输送模式并为区域遥感提供赖以建模和检验的地面信息，并以此为基础为水库、灌溉、人工植被（如防护林）等人类活动产生的生态环境效应提供理论计算的模式。课题2（5）植物冠层内能量物质传输机制和模型的研究。我国还是空白，传统的地气之间能量物质交换研究常常忽略植被或生物圈带来的影响，然而冠层内的能量物质交换是整个地—气系统中能量物质交换的一个重要环节，植被起着重要通道或源汇（如二氧化碳流等）的作用，对交换起着一定程度的调节作用。有植被的下垫面与大气之间能量物质传输相当复杂，经典的植被冠层内能量物质传输模式是局地扩散模式，最近的研究发现冠层内和临近大粗糙度植被表面上存在“负梯度”问题，迫使人们采用新的方法去研究，这将有助于深化了解近地层能量物质传输的机制。

（3）农业生态系统工程是随着人口、资源、环境、生态问题在全球范围内发生而迅速开展起来的。农业上单一技术措施往往在达到主要目的的同时埋下了危机，这种危机累积到一定程度必然反过来抵消原来的成果，在解决问题的同时避免副作用，这就需要综合协调考虑问题的各个方面，发展一系列综合协调技术，系统科学走向农业已成为发展农业的动力，课题3（1）、课题3（2）和课题3（3）将结合黄淮海平原几种主要河间浅平洼地的治理和利用，对农田生态系统的结构和功能，对农田生态系统的“平衡”和“稳定”进行研究，农田生态研究国内外广泛开展，但在多数研究中，次结构或亚系统还是“黑箱”或“灰箱”，能量物质流仍不完全清楚，定量化程度不高、禹城站将在实际配置农业技术体系的同时，对次结构或亚系统进行深入研究，对农田物流能流进行细致观测，以指导农业生产实践，课题3（4）农业生态—经济系统的优化结构和优化模式，是系统方法进入农业后发展起来的范围更广的课题，最近十多年来，人们越来越注意把生态和经济结合起来，社会经济动向是生态系统特别是管理系统必须考虑的因素。我国学者也在这方面做了许多工作。目前对于系统管理优化模型的有效性还存在争论，在一些工作中，模型的组建和应用之间差距甚远，解决问题的办法只能是充分利用现代科学技术，投入更多的模型于实践之中，接受检验使之完善，课题3（5）农业生态环境状况和作物产量形成的数学模型是农业生态系统工程的基础。当前已有一些国家进行环境条件对作物生产力影响的模拟工作，提出了一些模式，当前研究的重点已转向短期动力模式（昼夜模式）和长期动力模式（季节），苏联、美国、荷兰学者在这方面进行了大量工作，我院植生所对此也有理论研究，禹城站将在地理环境能量转换物质迁移规律的实验基础上，揭示作物产量形成的规律，指明增加产量的途径。

（4）土壤-生物-大气系统的实验遥感研究，是一个新发展起来的研究领域，它研究遥感界面信息与土壤-植物-大气系统中各种要素之间的联系。遥感信息包括太阳、大气、地物的电磁波的发射、反射、透射及其随波长、时间、空间的变化，它能被快速、连续地采集，特别是它以连续面的形式被采集，根本上突破了原有的“点”的资料搜集方法。但遥感信息能否被充分而有效地利用，关键在于实验遥感的研究成果，最近十年来，国际上迅速发展这一领域，例如“国际全球变化计划”“国际陆地表面气候计划”“国际地圈生物圈计划”“第一次国际卫星陆地表面气候野外实验计划”等都十分强调遥感技术及把遥感信息和地面真实情况进行比较研究的作用。禹城站已建立一个可以控制被测要素变化的遥感实验场，场中心设置高塔遥感平台，平台上安装的类似于卫星上的传感器用来采集实验场的各种界面信息，同时在地面实测微气象、土壤物理、作物生态的各种数据，遥感界面信息和地面实测数据通过计算机进行比较、分析、综合、选择，建立可信的应用转换模式，本课题安排的五个子课题是国际上普遍开展的课题，所要解决的问题大多是传统研究方法遗留下的难点，我们将跟踪国际上这一领域的最新进展，以实验为基础建立高精度的三维地面模式，解决复杂的地物形态结构的参数化问题。为点的资料运用到面打下基础，为区域分析和综合提供新手段。

（5）实验方法学的研究，是试验站研究工作的基础，经过几年努力，禹城站在农田水分能量研究的仪器、设施、试验方法、数据采集等方面已大幅缩小了同国际先进水平的差距，基本上达到了国际上80年代的水平，整体上看在国内居先进地位。技术在进步，研究内容不断深化，要求我们继续开展实验方法学的研究，为创造第一流科研成果打下稳固的基础。

2. 本站目前的特色与水平

禹城站的研究工作，具有鲜明的特色，其一，强调实验性，用较精密的仪器进行野外定量研究，对一些难、新、深的课题进行实验研究，这类工作的某些方面国内有些单位虽有所涉及，但总的来说是十分薄弱的。其二，强调综合性，把所研究的问题放在土壤-作物-大气系统中加以考虑，使禹城站工作有别于各个产业部门（如农业部、水利部、气象局）和单一学科（如土壤学、生物学、大气科学等）所开展的工作。其三，强调实践性，研究的课题有明确的应用目的，禹城站把水的深入研究紧密结合水分合理利用问题，把点的研究首先结合黄淮海旱涝碱综合治理（禹城试区）的工作，进一步联系黄淮海区域治理开发的问题。

禹城站的研究工作，目前已有几个方面在国内具有优势，这包括：①蒸发研究、多学科、多途径、多种方法、多个层次进行着综合研究，从地上到地下，从作物到环境、从液相到气相、从水分到能量、从测定到计算、从点的研究到面的运用，全部都在考虑之中，禹城站在这个重要而又比较艰难的研究领域中已在国内具有领先地位。②土壤非饱和带水分研究，禹城站把土壤水分看成是五水（大气降水、土壤水、地表水、地下水、植物水）转换的中心环节，把土壤水分运动放在一些非常复杂的边界条件下加以考虑，深入研究作物水分关系和地表水与地下消失关系等问题，使禹城站在这一方面也处于国内前列。③实验遥感，禹城站在铁塔上进行红外和多光谱的多时相、多角度的测量，同步地进行地面微气象、作物、土壤的各种要素的确定，建立有物理意义的地面状况（水分、作物长势产量等）与遥感测量的关系，这在国内遥感技术领域还不多见。

3. 本站的主要成果

（1）在区域治理开发中的成果：早在建站之前，许多如今参加禹城站工作的同志就积极参加了禹城县旱涝碱综合治理的规划和实施工作，为禹城改碱区的建立和发展做出了重要贡献。“六五”期间承担了黄淮海攻关任务，建立了牌子“万亩方”，结合当地自然条件和社会经济特点，进行了以节水节能为中心的全面治理旱涝碱的试验研究工作，试验推广了暗管灌水，改造机井、地膜覆盖等节水节能配套技术以及深翻、大小压盐、增施磷石膏等盐碱地开发配套技术，试验引种了一些作物（包括果树）新品种，取得了良好的社会效益、经济效益、环境效益，受到了禹城县各级政府和当地群众的好评，通过了国家级鉴定，并得到了科学院的奖励，同时在帮助禹城县建立葡萄酒厂的工作中起到一定的作用。“七五”期间继续承担黄淮海攻关任务，在院所领导下，在禹城县政府支持下，会同兰州沙漠所、南京地理所、北京植物园、遗传所等单位，在对禹城县现有的盐碱洼地及中低产田的自然条件及社会经济状况进行研究的基础上，完成了“一片三洼”的综合治理方案，这一方案经院组织的专家组进行认证并被肯定，目前治理方案正在实施，已产生了明显的效益。

（2）取得了许多专题研究成果。作物耗水量的研究，在深入研究蒸发的基础上，广泛涉及小麦、棉花、玉米、大豆等华北平原的主要作物，初步明确了大气、作物、土壤各个因子的作用、达到了国内先进水平，可满足灌溉和水利工程实践的某些需要，实验遥感的研究，把地面红外和多光谱特性同气象条件、作物生长、土壤水分等联系起来，在建立遥感作物产量、土壤和作物水分状况的模式方面取得了高水平的成果，“四水”转换的研究，为水资源估算（如南水北调）、区域开发治理（如黄淮海平原治理开发工作）提供了有价值的数据和参数；农田辐射和微气象学的研究，揭示了小麦、大豆田的辐射特征和微气象学特征，为作物生长模式提供了基础资料，农田水盐运行控制（主要采用覆盖措施）的研究，为防止盐碱化，提高水分利用效率提供了有实用价值的结果。

（3）禹城站高度重视实验方法和管理采集方法，置办了一批先进的实验设施和仪器，显示了禹城站开展实验研究工作所具有的优越条件。铁塔气象计算机数据采集系统和小流域的水平衡遥测系统，在国内较早地实现了野外资料的自动采集，超声风速仪传感器信息的获取和处理，国内禹城站最早完成，为空气要素脉动场这一新领域的研究创造了前提；全国唯一的原状土自动称重蒸发渗漏器，在澳大利亚专家帮助下研制完成，为陆面蒸发研究增加了一个极为重要的设备，加强了禹城站在国内蒸发研究中的领先地位；铁塔实验遥感系统，吸取国际上地表面能量平衡理论的最新进展，建立了地面红外，多光谱特性和土壤-作物-大气系统内多要素的联合观测系统，这可能是我国第一个综合性的遥感试验场；土壤水平衡实验装置，为水分垂直方向的交换的模拟研究，提供了强有力的手段；水面蒸发场的建立，为水体蒸发的研究奠定了基础；在国内最早由地理所发展的水力蒸发器、张力计和供水式蒸发器，已被其他科研单位广泛采用，同时继续在禹城实验站的研究工作中发挥作用。

（4）禹城站积累了大量的资料，计有辐射、小气候、土壤水分、地下水位、农田蒸发、水面蒸发、土壤盐分、作物生长发育及生理生态指标、实验遥感、气象等。

七、本站与国内外的合作研究概况

禹城站中外学者不断来访，与国内外机构有广泛的联系。禹城站已开展一些与国外合作的项目，如地下水系统分析（与美国合作）、蒸发测定（与澳大利亚合作）等项目，院内到禹城站工作的有许多研究所，包括遗传所、植物所、动物所、上海植物生理所、南京地理所、沙漠所、应用数学所、力学所等，院内外许多单位要求禹城站帮助建立实验技术系统，如水力蒸发器的安装调试、大型蒸发器的研制、遥感技术系统的设计、安装和调试等。禹城站承担了培养研究生的任务，所内有多名硕士生、博士生来站工作，所外北京农业工程大学农机系博士生、河北农业大学硕士生、新疆地理所硕士生都来站进行田间试验获取学位论文的资料，本站“黄淮海平原低洼地生态系统综合治理与合理开发研究”项目被接收加入“人与生物圈计划”，本站是联合国大学协作机构。

八、办好开放试验站的条件

1. 研究人员条件

地理所参加禹城站的主要研究人员有 20～30 人，其中 1/3 的人员具有高级职称，他们从 20 世纪 60 年代起，长期从事能量水分实验研究，有较好的理论基础和丰富的实践经验，对国内外这一领域的研究情况相当熟悉。并有 5 个曾在国外工作学习过，对这一领域中国际上最知名的研究机构有较深入的了解。中国地理学会理事长、中国科学院学部委员、中国科学院地理研究所名誉所长黄秉维研究员，中国地理学会常务理事、中国气象学会理事、中国太阳能学会理事、中国科学院地理研究所所长左大康研究员，对禹城站的研究方向和任务的制定，禹城站的建立和科研工作的开展，起了指导和组织作用，中国地理学会水文专业委员会主任、中国科学院地理研究所水文室主任刘昌明研究员参加了禹城站的科研工作，为禹城站的发展做了重要的贡献，在禹城站工作的地理所的主要科研骨干有唐登银、程维新、张仁华、李宝庆、谢贤群、张翼、洪嘉琏等副研究员，地理研究所学术委员会副主任陈发祖研究员也将参加禹城站的科研工作，以上 8 人的简要情况见附件一，从英国里丁大学获取博士学位后来地理所博士后站工作的陈镜明同志，1987 年春起也在禹城站进行研究工作。

2．技术支撑条件

禹城站把实验技术系统的建立摆在十分突出的位置上，认为技术系统的状况在某种程度上代表着一个研究机构的实力，反映一个研究机构深入开展研究工作的能力，禹城站的实验技术系统比较完善，铁塔气象计算机数据采集系统和小流域水平衡遥测系统是国内较早实现野外资料自动采集的设备，超声风速仪的脉动值信息的获得和处理技术属国内最高水平，原状土自动称重蒸发渗漏器是国内唯一的测量蒸发的“标准”仪器，铁塔实验遥感系统是国内仅见的试验设施，土壤水平衡试验装置是研究降雨入渗关系的优良设备。同时，禹城站配有多种大气、土壤、作物的测试仪器（实验技术系统详见附件二）。在发展实验技术手段中，禹城站已形成一支有一定水平的技术队伍。

3．试验站环境，用房和接待客座人员条件

禹城站位于山东禹城县内，禹城位于津浦线上，交通方便。禹城站多年参加地方区域治理开发工作，和省、地、县有较密切的关系，为试验研究工作创造了较好的外部条件，试验站的基础理论研究工作从区域治理开发中汲取动力，其成果也便于用于生产实践。

禹城站自有土地 220 亩，进行了平整、改碱、培肥等工作，配备了机井灌溉系统，种植粮食、棉花、果树等，能保证野外试验用地的需要，以禹城站牵头的区域治理开发工作，给科研工作提供了更加广阔的天地。

禹城站有约 1 500 m^2 的建筑物，包括实验室、宿舍、仓库、车库等，基本上能保证科研工作的需要，从试验设施和用房情况看，可接纳 10 名客座人员。

九、开放后近期研究重点

目前禹城站的主要课题有：

自然科学基金：①农田蒸发的测定方法和规律；②“四水”（大气降水、土壤水、地表水、地下水）转换；③遥感土壤水分和作物估产。

“七五”国家攻关任务：①黄淮海平原旱涝碱综合治理技术体系（禹城试区）；②能源基础和华北水资源中地表水和地下水关系的课题；③遥感中的地面波谱测量。

根据近期工作任务禹城站的研究重点是：①蒸发，对各种测定方法进行比较研究，并做出评价；对各类系数进行实验研究，深化蒸发过程的认识；对非均匀下垫面有水平输送情况下蒸发研究；涡度相关法进行深入研究。②植物水分关系，蒸发-蒸腾是本课题的基本内容之一，同时对冠丛阻力、植物水势和土壤水势进行研究，并对作物光合作用进行测定，研究植物总蒸发模型、植物吸水模型、作用产量形成模型等。③土壤水分运动，对降雨入渗关系，土壤水分运动机理，土壤中溶质（盐分、养分）的运动进行研究。④农田生态系统的能量流和物质流的研究，结合禹城试区河间浅平洼地综合治理技术体系的国家攻关项目，对洼地改造前后的农田生态系统的物质流能量流进行试验研究，为合理农田生态系统的建立提供基础数据。⑤实验遥感，围绕以上问题，利用遥感技术，先在点上进行深入地实验研究，逐步做一些点面结合的工作。

十、开放后的试验站的规模

试验站开放后研究技术人员为 40 人，分配如下：

从事微气象、能量平衡、水汽和 CO_2 传输的固定研究人员 6 人，客座 4 人；

从事土壤水分、土壤物理、土壤盐分和养分的固定人员 5 人，客座 5 人；

从事作物水分传送、作物光合作用、生长发育和产量的固定研究人员 4 人，客座 3 人；

从事实验遥感、地面红外和多光谱特征、遥感土壤作物水分状况模式、作物生长和产量的固定研究人员 4 人，客座 4 人；

从事仪器研制、资料采集和处理的固定技术人员 5 人。

十一、科研经费基本预算

每年约需 40 万元，具体用途如下：

研究课题基金 20 万元，国内学术活动及出版费 2 万元，聘请国外学者及国际学术会议 5 万元，仪器维修及零备件购置费 5 万元，科研津贴及聘用人员津贴 2 万元，行政办公（水、电、汽油、邮政等）6 万元。

十二、推荐开放台站学术委员会和站长名单

学术委员会

主　任：左大康

副主任：陈发祖

委　员：王天铎　　上海植物生理所

王毓云　　系统科学研究所

刘昌明　　地理研究所

孙菽芬　　力学研究所

陈家宜　　北京大学

张仁华　　地理研究所

张蔚桢　　武汉水利电力学院

唐登银　　地理研究所

童庆禧　　航空研究中心

程维新　　地理研究所

格　林　　苏联地理研究所

卡纳玛苏　　美国堪萨斯大学

站　长：唐登银

附件一　主要科研人员简介

陈发祖

男，52岁，研究员，地理研究所学术委员会副主任，国际《农业和森林气象》杂志编委。

1958年北京大学地球物理系毕业，长期从事农田水热平衡和土面增温剂研究实验工作，1980—1987年赴澳大利亚学习和工作，在澳大利亚弗林德大学研究热量和动量的湍流输送，获得博士学位。

主要成果：

1. 土壤覆盖效应的微气象研究　地理学报　35卷1期　1980

2. 三叶橡胶花粉植株的诱导　遗传学报　5卷2期　1978

3. 三叶橡胶花粉植株的获得　中国科学　1979年6月

4. 平流逆温时显热和潜热垂直传输涡流输送系数的不相等性（英文）　边界层气象学　25卷1期　1982

5. 局地平流下的热流水分流的实验研究（英文）　边界层气象学　25卷1期　1982

6. 粗糙植被表面上的热量动量的乱流传输（英文）　南澳大利亚弗林德大学博士论文　1987

7. 粗糙自然表面上动量和热量的通量——梯度相关关系（英文）　皇家气象学会季刊　1987

唐登银

男，49岁，副研究员，1959年中山大学地理系自然地理专业毕业，1959年至今在地理研究所从事农田水分能量实验研究，1959—1981年在英国工作学习，现任禹城站站长，地理研究所学术委员会委员。

主要著作有：

1. 黏土小流域的蒸发和水分平衡（英文）　天气　37卷7期　1982

2. 我国蒸发研究的概况与展望　地理研究　3卷3期　1984

3. 土壤水分对花生水分关系和水分利用的影响（英文）　新植物学家　100卷　1985

4. 植物气孔扩散传导率的研究　植物生态学和地植物学学报　10卷3期　1986

5. 一种以能量平衡为基础的干旱指数　地理研究　6卷2期　1987

6. 原状土自动称重蒸发渗漏器　水利学报　1987年第8期

7. 土面增温剂及其在农林上的应用　科学出版社　1981

谢贤群

男，49岁，副研究员，1962年南京大学气象专业毕业，专长，农田辐射气候和小气候，已完成的主要著作：

1. 海拉尔东部开垦地与草场的热量平衡特征及其对尘埃输送的影响　地理学报　33卷2期　1978

2．北京的大气混浊度　地理科学　1984　第 4 期

3．呼伦贝尔草原的光能资源　中国草原 1980　第 3 期

4．格尔木地区 1979 年 5—8 月的辐射特征　青藏高原气候科学实验文集（一）1984 年 3 月

5．青藏高原夏季地面辐射场的若干特征值　科学通报　1984　第 7 期

6．青藏高原夏季地面反射率的分布特征　科学通报　1981　第 23 期

—1984 年北京国际山地与高原气象科学讨论会上宣读的论文（已用英文出版）

7. 黄淮海平原冬小麦生育期的光合有效辐射分布特征　中国科学院黄淮海平原科技攻关文集　第一集　1985 年 10 月

8. 一个改进的计算麦田蒸发量的能量平衡—空气动力学阻抗模式　气象学报(待发表)

—1987 年北京国际农业气象学术讨论会宣读的论文　1987.8

张仁华

男，47 岁，副研究员，1963 年毕业于南京大学气象系，长期从事农田小气候和实验遥感研究。

主要成果：

1．遥感土壤水分研究（英文版）　《第十四届国际环境遥感会议文集》　美国密执安环境研究所出版　1980

2．常温物体的比辐射率测量（英文版）　同上

3．比辐射率的非封闭测定法探讨　科学通报　1981 年　23 期

4．遥感作物估产的一个改进模式　科学通报　1983 年　20 期

5．华北地区主要农作物的光谱结构与时相分析法　地理研究　3 卷 4 期　1984 年

6．热红外信息在作物估产中作用分析　红外研究　1985　第 4 期

7．利用二氧化碳激光较远距离测量物体比辐射率　科学通报　1985　第 23 期

8．净辐射通量的航空遥感测量方法及其应用　《地球资源波谱文集》　1986

9．遥感作物估产机理及其最佳遥感条件选择　《地球资源波谱文集》　1986

10．以红外辐射信息为基础的估算作物缺水状况的新模式　中国科学　1986　第 7 期

李宝庆

男，50 岁，副研究员，地理所水文室副主任，1962 年 2 月清华大学水利系毕业，1981—1983 年日本筑波大学地球科学系进修土壤水分运动问题。

主要成果：

1．降雨对地下水补给过程的观测试验　筑波大学水理试验中心报告　1984 年第 8 号

2．降雨补给地下水过程中土壤水势的变化　水文地质工程地质　1985 年第 2 期

3．灌溉回归问题的实验研究　水文地质工程地质　1986 年　第 2 期

4．用中子水分仪研究降雨对地下水的补给机制　水文地质工程地质　1987 年　第 3 期

5．用实测土壤势值推求土壤蒸发量　水利学报　1987 年　第 2 期

6．华北平原水量平衡与南水北调研究文集（参加编辑）　科学出版社　1985 年

张翼

男，44岁，副研究员，博士，专业是微气象农业生态环境，1986年毕业于北京农业大学农业物理气象系，1981年毕业于中国科技大学研究生院，硕士研究生，1986年博士研究生毕业，现任中国林学会林业气象专业委员会常务委员，中国农学会、农业气象研究会理事。

主要成果：

1986 年获林业部二等奖，“黄淮海综合防护林体系配套技术研究”（“六五”国家攻关课题）

1985年获安徽省科技进步四等奖，“沙僵土地区综合防护林体系配套技术研究”

主要代表研究论文：

1．林网的风速分布及防风效应　中国科学　B辑　9期　1986年

2．夜间典型辐射逆温的波动性

3．近地层稳定大气层条件下通量-廓线关系的适用性　科学通报　1987　第1期

4．透风林带防护区中结构的模拟研究　科学通报　1984　第1期

5．林带迎风防护区中风速分布的模拟研究　科学通报　1986　第13期

6．论林带的有效防护距离　科学通报　1985　第19期

7．如何确定中国防风林带的方位　国际美国布拉斯加森林防护林会议　1986

8．林带防护区水平方向的风速分布　中国科学（待发表）

程维新

男，51岁，副研究员，1963年毕业于安徽农学院农业气象专业，长期从事陆面蒸发和作物耗水量研究。

主要成果：

1．作物生物学特性对耗水量的影响　地理研究　4卷3期　1985

2．华北平原蒸发力与农田耗水量的初步估算　“远距离调水”科学出版社　1983

3．土面增温剂抑制农田蒸发的效果　地理集刊（12）　1980

4．华北平原棉花生育期水分条件初步分析　《华北平原水量平衡与南水北调研究文集》　1985

5．关于凝结水及其在水分平衡中的作用的研究

6．关于农田作物耗水量问题　水利学报　1983年　第4期

7．关于玉米农田作物耗水量问题　灌溉排水　1卷2期　1982

洪嘉琏

男，55岁，高级工程师，业务专长，小气候，自然蒸发。

1956年到地理所工作，主要从事小气候、农业气候、蒸发实验、抑制蒸发等方面研究工作。

主要研究成果：

1．用土面增温剂保墒增温提高农作物产量　化学通报　1974年　第3期

2．云南西双版纳冬季橡胶林地的小气候特征 《华南热带作物开发利用科学讨论会论文集》 1979

3．土面增温剂及其在农林业上应用（合作成果） 科学出版社 1981

4．北京地区水稻秧田蒸发和利用土面增温剂抑制蒸发的效果 《中国地理学会陆地水文学术会议文集》 科学出版社 1981 年

5．土面增温剂对秧田小气候的影响 《土面增温剂的机理与效应》 科学出版社 1982

6．南水北调对自然环境影响的若干问题（合作成果） 《远距离调水——中国南水北调和世界经验》 科学出版社 1983

7．禹城县实验区灌溉麦田的热量平衡 农业气象 1983 第 2 期

8．我国蒸发研究的概况与展望（合作成果） 地理研究 3 卷 3 期 1984

9．有限水域表面蒸发的计算 《地理集刊》 第 15 号 科学出版社 1985

10．京津唐地区水面蒸发估算及其分布特征 地理研究 6 卷 1 期 1987

11．陆上水面蒸发场的设计，仪器制作与安装 《水分能量研究论文集》 科学出版社（待出版）

12．我国北方四大海盐区卤水蒸发计算及其分布特征 地理研究 1987（待发表）

杜懋林

男，50 岁，高级工程师，禹城站副站长，1959 年毕业于北京气象学校，气象仪器专业，长期从事微气象仪器的研制及实验观测技术研究。

近期主要成果：

1．60 m 气象铁塔微计算机数据采集系统的设计及研制

2．禹城实验区 5 km^2 水量平衡遥测系统的设计及研制

3．大屯农业生态试验站 128 路气象要素微计算机数据采集系统的研制

上述第一、二项成果获 1986 年中国科学院科技进步奖三等奖。

附件二　禹城站观测技术系统

本站既是综合治理黄淮海地区的样板，又是研究水平衡、水循环等学科规律的基地。我们走的试验道路，为了尽快地出成果，本站高度重视实验方法和资料采集方法。

一个完善的野外台站观测技术系统应具有信息采集传输、信息储存提取（数据库）三大部分，以确保能够迅速正确采集资料，高速运算整理资料，方便而有规则地储存提取资料与运算结果。本站正在建立这样完善的观测技术系统。目前已建立了10个观测场和1个化验室。部分观测场的技术系统已逐渐完善起来。本站主要技术设施和采集技术系统包括：

（1）常规的气象观测场

观测项目包括气象台站和日射观测台站的全部观测内容、气温、气湿、风向风速、云状云量、日照、降雨、地温、20 cm 口径蒸发、直接辐射、散射辐射、总辐射、反射辐射和净辐射。在该场已设立了计算机终端，可将信号传入计算机系统。

（2）水面蒸发场、设有面积为20 m^2、5 m^2、3 m^2蒸发池，以及E601、80 cm 口径和A型蒸发器等，观测项目主要为水面蒸发，并可进行水温及水面上空气动力学因子的测定，水面蒸发池的水位也可按计算机采集。

（3）土壤水分平衡装置。这包括一个深3.5 m，面积2 m^2的土槽和多个面积为0.3 m^2，不同地下水位埋深的，供水式蒸发渗漏仪，进行降雨-入渗-渗透-补给地下水和自然条件下的地下水与蒸发关系的模拟研究。

（4）降雨试验场，研究精密测量降水量的方法，包括仪器口径，安装高度等对降水量测定的影响。

（5）农田蒸发场，设有面积为3 m^2、浓度为2 m的原状土精密稳重蒸发渗漏仪，这是我国首次制造，可作为农田蒸发的基准，能精确连续记录蒸发小时值。有蒸发—电压信号转换装置，可用电位差仪记录下来，也可通过A/D转换后，传入数据采集中心。

另有面积为0.2 m^2、深度1.5 m的水力蒸发器，此仪器已被许多观测台站所仿效。

（6）土壤水分观测场，除传统的取土烘干称重进行土壤水分测定外，中子土壤成分探测仪和张力计已成为研究的有效工具。

（7）农田水盐动态观测场，在5 km^2区域内定期、定点同时测定土壤水分和盐分，监测水盐变化趋势，揭示水盐变化规律。

（8）农田小气候观测场，设有60 m高的铁塔，在3.5 m、7.25 m、16.25 m、23.75 m、34.25 m、41.75 m、55.25 m七个高度安装温度、风速梯度仪。在铁塔周围安装了辐射仪器、测量太阳总辐射、太阳直接辐射、天空辐射、地物反射辐射、净辐射、分光辐射、长波辐射，安装了超声风速仪，最近拟安装自行研制的遥测通风干湿表，以铂金丝作传感器，分辨率达0.01℃。精度达0.05～0.1℃，响应速度5 s。以上所有信号经A/D转换后，通到IBM-PCXT机。达到自动采集、储存和整理资料的目的。

（9）遥感实验场。本场在中心有30 m铁塔，在塔顶平台上设有ER200T红外没温仪、

SE590 光谱仪、多光谱照相机。塔下设常规的微气象、土壤物理和作物生态测定仪器。

正在研制一套“面”信息采集系统，在 30 m 平台上通过带有滤光片的摄像系统，获得实验场多光谱影像图，传至 IBM-PC-AT 主机和 ER-200T 红外扫描信号复合。由原有的“点”信号扩展成“面”信号，可更精确地建立和检验遥感信号的转换模式。

在此主机上 IBM-PC-ATC（内存 3 兆，外存 80 兆）配置 APT 天线及其放大器，可接收 4 km 分辨率的气象卫星影像图。(云图等)

（10）无线数据采集系统，该系统主要采集 5 km^2 小区域内设置的地下水位，降雨和径流等传感器发出的信号，在试验站也有几个试验场，已有无线方式传入此采集系统。

附件三　拟添置仪器和基础设施

一、仪器

1．光合测定仪	1台
2．辐射仪器	2套
3．中子土壤水分仪	1台
4．常规风温湿度传感器	10套
5．红外气体分析仪	1台
6．红外探头及滤片	1套
7．三维超声风速仪	1台
8．标准动力泵	1台
9．CCT高密度磁带机	1台
10．1.1～2.5 μ光谱仪	1台
11．硬拷贝机	1台
12．红外测温仪	2台
13．土壤热通量板	20个
14．小型资料采集系统	3台
15．Lymaan-Alpha温度仪	1台
16．电容式湿度感应片	10片
17．露点湿度计	1台
18．气孔仪	1台
19．数据采集计算软件	

二、设备

1．复印机	1台
2．流动观测车	1台
3．野外用车	1辆
4．空调	3台

禹城综合试验站*

唐登银

禹城综合试验站经中国科学院批准于1983年正式建立，由地理研究所领导和管理。在此之前，地理研究所从1979年起就开始进行建站工作，并在该站开展试验研究。

该站的地理位置为36°57'N、116°36'E，海拔高度20 m；该站处于黄淮海平原的鲁西北黄河冲积平原上，距离山东省禹城县城 13 km，试验站所在地区的自然条件和农业生产水平在黄淮海平原具有代表性和典型性。

禹城综合试验站的研究方向为水平衡水循环，研究土壤-作物-大气系统的水分交换及其在实践上的作用和理论上的意义。在水平衡研究方面，从水平衡的收入和支出的各要素的测定入手，重点探讨水分收支问题，同时涉及水分收支对养分、盐分平衡影响的研究；在水循环研究方面，从客观存在的实际水体——大气水、植物水、土壤水、地表水和地下水的特性入手，研究它们之间的相互转换，建立水循环过程的模型。水平衡水循环这一研究方向，具有明确的目的，为黄淮海旱涝碱地成因分析及综合治理提供基本依据，同时也为农田水分研究提供基本方法和理论。

禹城综合试验站现已有一批比较完善的试验设施：①气象辐射观测场，观测项目包括气象台站和日射观测台站的全部观测项目；②水面蒸发场，设有面积为20 m^2、5 m^2、3 m^{2}蒸发池以及E601，80 cm口径和A型蒸发皿等，观测项目为水面蒸发，并进行冰温及水面上空气动力学因子和热力学因子的测定；③土壤水分平衡装置，设有一个深3.5 m、面积2 m^{2}的大型和多个面积为3 000 cm^{2}的供水式蒸发渗漏仪，进行降雨—入渗—渗透—补给地下水和自然条件下地下水与蒸发关系的模拟研究；④降雨试验场，设有不同口径、不同安装型式的降雨器，研究精密测定降水量的方法；⑤农田蒸发场，设有面积为3 m^2、深度为2 m、分辨率能达到40 g的原状土自动称重蒸发渗漏器和两台面积为2 000 cm^2、深度1.5 m的水力蒸发器，精确测定农田蒸发；⑥土壤水分观测场，除传统的取土烘干称重进行土壤水分测定外，配有中子探测土壤水分仪、张力计和土壤水分特性仪进行水分运动的研究；⑦农田水盐动态观测场，在 5 km^2 小区内定期定点同时测定土壤水分和盐分，监测水盐变化趋势，探讨水盐变化规律；⑧铁塔气象采集系统，建有一个60 m高的铁塔，在塔上7个高度处安装温、风仪器，在塔下安装超声风速仪（测定温度和风的脉动值）、辐射各分量、地温、

* 本文发表在中国科学院计划局编，唐登银主编的《中国科学院野外观测试验站简介》（科学出版社 1988 年出版）第1～3页。

地中热流的传感器，全部传感器通过单板机经由电缆与计算机相连，进行野外资料的自动采集、储存和处理；⑨遥感试验场，建有 30 m 高的铁塔，在塔上利用红外测温仪和多光谱仪对地面进行不同波谱段的遥感测量，在塔下对土壤、作物和大气的有关要素进行测量，根据塔上和塔下资料的联合分析，建立土壤和作物水分状况、作物蒸腾、生长、发育、产量的遥感物理学基础；⑩5 km^2 小流域观测系统，测定降水、径流和地下水位；⑪化学分析室，测定土壤盐分、养分等。

几年来禹城综合试验站的试验研究工作取得了初步成绩。就实验设施来说，铁塔气象计算机数据采集系统和小流域水平衡遥测系统，在国内较早地实现了野外资料的自动采集；超声风速仪传感器信息的获取和处理，国内禹城综合试验站最早完成，为空气要素脉动场这一新领域的研究创造了前提；全国唯一的原状土自动称重蒸发渗漏器，在澳大利亚专家帮助下研制成功，为陆面蒸发研究增加了一个极为重要的设备；铁塔实验遥感系统，吸取国际上地表面能量平衡理论最新进展，发展了地面红外、多光谱特性和土壤-作物-大气系统内多要素的联合观测系统，在遥感技术的研究工作中具有鲜明的特色。就实验研究来说，用多种方法对陆面蒸发进行研究，为逐步解决水分能量研究中最棘手的蒸发问题奠定了基础；针对多种作物进行农田耗水量的研究，初步明确了大气因子、作物因子和土壤因子在农田耗水量中的作用，可满足灌溉和水利工程实践的某些需要；利用遥感试验场，把地面红外和多光谱特性同气象条件、作物生长、土壤水分等进行联合分析，在遥感作物产量、土壤水分和作物水分状况等方面取得了成果；大气降水、土壤水、地下水、地表水的四水转换的研究，取得了一系列的数据和参数，这对区域治理开发有应用价值：农田辐射和微气象学的研究，揭示了小麦、大豆田的辐射特征和微气象学特征，为农田水分能量和农田生态系统的研究提供了基础资料；农田水盐运行及控制的研究，为防止盐渍化、提高水分利用效率提供了有用的结果。

禹城综合试验站有土地 220 亩，农业生产条件基本完善，种植有粮食、棉花、果树、蔬菜等，能满足实验用地的需要；禹城综合试验站有近 2 000 m^2 的建筑物，包括实验室、宿舍、办公室、食堂、仓库、车库等，基本能保证科研工作和生活的需要。

禹城综合试验站承担着多项重要的科研任务，包括黄淮海平原区域治理、华北水资源等国家攻关任务，遥感土壤水分和作物产量、“四水”转换规律、农田蒸发等国家基金项目。与此同时，禹城综合试验站还承担着本所和外单位（如新疆地理所、河北农学院、北京农业工程大学等）的研究生的培养任务。每年来站工作的本所与外单位的科研人员大约有 50 人，其中具有高级职称的约占 1/3，此外禹城综合试验站的对外学术交流活动不断发展，中外学者不断来访，横向研究工作逐步开展，禹城综合试验站已初步形成为中国科学院的一个开放式的野外研究基地。

中国生态系统研究网络孕育过程的回忆*

唐登银

中国生态系统研究网络（CERN）20 年了，那就是说 CERN 开始于 1988 年。但是 CERN 的形成有一个什么样的背景？CERN的诞生有没有孕育过程？下面仅就我在1986—1988年亲历的一些事来回答这些问题。

一次重要的会议

1986 年 9 月，中国科学院在北京召开了野外观测站工作会议，具体操办会议的是院计划局的刘安国同志，主持会议的是副院长孙鸿烈，我作为禹城综合试验站站长出席了此次会议，地学部、生物学部、数理化学部的相关人员都参加了会议，因为参加会议的台站分属这些学部。

这是一次重要的会议，首先是时机，从“文化大革命”结束到此时正好是 10 年，广大科技工作者获取了大批成果，此次会议为总结过去、展望未来提供了机会。其次是对于野外台站工作来讲，意义非比寻常，召开全院野外台站工作会议这是破天荒头一次，意味着野外台站在科学研究工作中占重要地位，院领导已经把野外台站列入重要工作议程，各台站将可得到更大的支持。

我至今仍对会议留有一些印象。会议是在某个不起眼的宾馆或招待所进行的，会议室很简陋，座椅都是供多人用的木制长排靠椅。但会议非常热烈，大约 40 个台站站长出席，各台站都提供了书面材料，介绍自己的工作、成绩、经验和问题，大多数站长都在会上发言，会议室四周还摆放了各台站的展板。

禹城综合试验站在会议上的表现较突出，记得我是第一个大会发言，禹城综合试验站的展板也令大家特别关注。禹城综合试验站提交大会的书面材料也比较特别，一般台站只提交一份蜡纸打印材料，3 000 字左右；禹城综合试验站却提供了两份材料，虽然也是蜡纸打印件，但有封皮，一为蓝皮书，题目是《地理学实验方向的探索——禹城综合试验站工作汇报》，约 1 万字；另一为黄皮书，题目是《在探索中前进》，约 5 000 字。蓝皮书篇幅长，内容详细，学术气氛较浓，提供大家借鉴参考。黄皮书精炼，多一点政治语言，是大

* 本文摘自《地理学发展之路——中国科学院地理研究所科学活动回忆录（1940—1999）》（科学出版社 2016 年出版）第 35～38 页。

会发言稿。

从禹城综合试验站提交会议的材料的内容看，表明它当时走在野外台站的前列。它的选址有代表性和典型性，有自己的试验、生产用地200多亩；它有明确的科学目标和实践目标，重点研究农田生态系统的水问题，突出解决华北地区旱涝碱灾害，为国家农业生产服务；它有完善的技术体系，包括数据采集系统、涡度相关技术、大型蒸渗仪、中子水分测定仪、波文比装置、实验遥感技术、红外仪、气孔计、叶面积仪、水面蒸发场等；它已在蒸发、红外遥感、水分平衡等方面发表了相当数量的较高水平的论文，并且在改碱、节水等方面解决了当地的许多问题；它已同英国（如蒙太司教授）、美国（如罗森伯格教授和雷金纳托博士）、日本（如吉野正敏教授）、澳大利亚（如联邦科工组织的多个部门）等国外顶尖的机构或学者有广泛的密切联系，它已与国内的若干名牌高校、研究所建立了合作关系；它已有完善的后勤保障系统，已有两栋小楼，约2 000 m^2，吃住已可达到接待外宾的条件；它有一个良好科研团队和管理系统。

每当提起禹城综合试验站，我总忘不了黄秉维先生和左大康先生。黄秉维先生从1959年我进入地理所起就指导我工作，是他把我引向实验地理学的方向，是他支持、指导禹城综合试验站的工作。更要强调的是，黄先生倡导用数理化知识和现代仪器设备武装地理学，开展物理过程、化学过程、生物过程的实验研究，影响了中国地理学界，催生了大批野外台站建立，令人敬佩。左大康先生，20世纪80年代，他是地理所所长，工作十分繁忙，每周六天在所里工作，星期六晚乘车去禹城，星期日晚乘火车返北京，星期日在禹城工作一天，过问站上的科研、生产、生活中的大事小事，这种情况发生过很多次，足见他对于禹城综合试验站工作的支持到了何种程度。也忘不了全所的支持，原地理所的水文室、气候室、化学地理室、自然地理室、经济地理室都有人在禹城综合试验站开展工作或有研究生在禹城综合试验站做学位论文，后勤、财务、器材、车队都给禹城综合试验站以很大支持。所以禹城综合试验站的成绩，是地理所全所人员努力工作的结果。

一部书

1986年的院野外观测试验站工作会议做出了一个决定：编辑一本介绍中国科学院野外台站的书籍。又是刘安国先生负责操办此事，他组织人员，提出设想，筹措经费。他把编书的任务交给了我。经过一年多的工作，包括制定统一编写提纲、采集文字材料和照片资料、改稿、整编、审稿，1988年《中国科学院野外观测试验站简介》由科学出版社出版。

该书32开本，95 800字，彩色照片86张，有附图和附表，全书总共约160页，前部文字材料普通纸印刷，后部照片44页用铜版纸印刷，印数为4 000册，书的内容简明扼要，书的照片引人入胜，是第一部介绍中国科学院野外观测站的简明读物。

书的主体是介绍了全院各类台站54个，54个台站中，有16个天文、空间物理、地球物理观测站，其余38个台站均是生态系统试验站。每个站文字材料不超过3 000字，做到了惜墨如金，没有空话、大话、废话，全是真东西，通过阅读此书，对于各个台站的位置、所属研究所、发展沿革、研究方向、研究内容、技术体系、后勤保障、站区建设可以一目了然，书中介绍的生态系统试验站，有2/3的台站成了日后CERN的成员。

书的前言也就1 000字，但对中国科学院野外台站的性质和任务作了比较符合实际的说明。前言写道："中国科学院野外观测试验站是根据科研工作和国民经济建设长远发展的需要建立的，具有典型性和先进性。其主要任务是从事科学观测和定位试验研究，即以大自然为实验室，坚持长期系统地收集和积累科学资料，瞄准世界先进水平，根据研究任务有所侧重地开展基础研究、应用研究或开发工作。"又说："中国科学院野外观测试验站既是长期从事科学观测和定位试验的研究基地；同时，还是我国对外进行国际学术交流的一个重要窗口和科学普及的场所。"现在看来，几十年的野外台站及CERN的实践，充分证明了这些论述的正确性。

书的署名有一些故事。封面上的署名是"中国科学院计划局"，这反映了客观实际，书是全院的成果，是全院众多研究所众多台站的劳动结晶，署上个人名字，将是沽名钓誉。但是在前言里，又对书的编辑事务做了交待，明确写上"唐登银同志负责稿件的主编工作"。我有点受宠若惊，院里这么大的任务把我一个普通研究人员放在头里，实在不敢当。我最初起草前言，提出刘安国和唐登银负责稿件的主编，但刘安国不同意，把刘安国的名字只放在15个审稿人名单的末尾处。当时和事后，每忆及此，我就觉得和这样的管理领导一起干活，就应当努力付出。署名还留有遗憾，各个台站文字材料和图片都没有署名，留下一个抹杀别人劳动的错误。胡朝炳和郑若谶两位帮助我做了不少工作，本可一起列入编辑人员中，但他们也只是出现在审稿人员名单中。

《中国科学院野外观测试验站简介》的出版起到了一定作用，这本书首次以简明方式集中展示了中国科学院的野外台站，为野外台站的进一步发展做了一次舆论宣传。

一个重要的决定

大约在1986年秋冬季，人们就在议论一个问题，野外台站是否可以学开放实验室的样子兴办开放站。领导层如何思考和部署这一问题我不得而知，但就工作层面来论，中科院地学部的吴长惠同志是一个重要的枢纽式的人物，他把我们兴办开放试验站的强烈要求反映上去，又常给我们透露一些计划局、地学部相关人员对兴办开放试验站的意图。事情变得有希望，吴长惠数次找我们一起研究开放实验室条例，草拟开放试验站条例，为实施开放试验站制度做准备。大约是1986年冬或1987年春，中国科学院启动实行开放试验站制度。这是一个意义深远的决定，加速了野外台站的发展步伐。

禹城综合试验站抓住了机遇，抢得了申请开放试验站的头名，院计划局和地学部着手把审查禹城开放试验站的申请的工作当作重点来抓。典型不好当，头名难上难，这突出体现在写开放申请书上，一个难是工作量大，要求也高，在众多评委众目睽睽之下过关不易，另一个难是站上要讨论，左大康所长那里要汇报，吴长惠那里要听意见。大约花费3个月时间，十易其稿，《中国科学院禹城综合试验站开放申请书》终于写成了。

向中国科学院提交的开放申请书是铅印本，不过是在禹城县某小印刷厂印制的，印刷厂工人从来没有印过科技方面的书籍，拣字错误较多，尤其是我常写繁体字，更给他们带来拣字的麻烦，我在印刷厂待了两天，帮忙拣字亲自校改，一份有蓝色封皮的开放申请书终于完成，印刷质量一般，但拿得出手。申请书包括正文约 1.3 万字，附件 3 份，准确地反映了禹城综合试验站的实际，规划了未来。

禹城综合试验站开放申请书论证会在禹城县进行，记得孙鸿烈副院长，中国科学院计划局和地学部一些领导同志，不少研究所所长和野外台站站长都到了禹城，会议是隆重而热烈的。会议上我做了申请报告，接着质疑评论，一切进展顺利，未有多少反对意见，似乎会议就要结束了，可就在此时，左大康所长提出禹城开放站就是抓基础理论研究的，由此引发了一些同志批评禹城综合试验站“两张皮”（把应用工作和基础研究分离）的问题。我有些无助，担心是否会影响禹城综合试验站的开放，不过还好，中国科学院〔88〕科发计字 0766 号文件批准了禹城综合试验站的开放申请，禹城综合试验站成为中国科学院第一个开放试验站。

禹城开放试验站从开放中收获不小。最突出的是两点，一是建立了由学识渊博、经验丰富、办事认真的专家组成的学术委员会，并经常开展学术活动；二是建立了开放课题制度，吸引国内外科技人员来站上工作，这两点，带来了更浓的学术气氛，更多的年轻人才，更好的科技人才，极大地推动了科研工作的进步。

一场大战役

1988 年 2 月 21 日，《人民日报》头版刊登了新华社电讯稿《农业科技“黄淮海战役”将揭序幕》，介绍了中国科学院做出重大决策，决定投入精兵强将，深入黄淮海平原中低产地区，对冀鲁豫皖 4 省的数千万亩中低产田进行综合治理，将进行一场声势浩大的科技黄淮海战役。

这场大战役的总指挥是李振声副院长，他洞悉当时国家农业，特别是粮食生产徘徊不前的严峻形势，想国家之所想，急领导人之所急，决意举全科学院之力，为国家农业发展做出贡献。他看到了黄淮平原的粮食生产潜力巨大，最大的潜力在占平原总面积 2/3 的中低产地上，恰恰禹城综合试验站和封丘站在治理中低产田上有相当丰富的经验，把禹城综合试验站和封丘站的经验推广开来，我国农业生产必然获得突破。

禹城综合试验站治理中低产田的经验概括为“一片三洼”，“一片”是指站区周围的河间浅平洼地，中度盐碱地，但地下水条件较好，治理措施是井（打井灌溉）、沟（排水）、平（平整土地）、肥（培肥土壤）、路（田间道路四通八达）、林（防护林）、改（农作物改制）；“三洼”分别是沙害严重并有很多大沙丘的沙河洼、全县地势上最低的季节性积水的辛店洼，以及盐碱化极严重的北丘洼，与三洼相对应，分别获取了沙地整治配套技术体系、台塘种植养殖技术体系和重盐碱地综合治理配套技术。“一片三洼”治理示范面积大，一片有 13 万亩，沙河洼超过 1.6 万亩，辛店洼 0.6 万亩，北丘洼 2.7 万亩；规格高，都是一幅园田化的模样；效果好，例如原先的荒地或是小麦亩产低于 50 kg 的土地，通过治理，大面积小麦可达到亩产 300 kg 以上。

黄淮海科技战役，尤其是山东战区的工作，基本上围绕推广禹城的经验而展开，我们先总结出“一片三洼”的经验，又做出把禹城经验推广到禹城县、德州地区、山东省的工作规划，禹城成为这场战役的中心战场。来禹城的人极多，中央的、省的、院的，从周光召院长起差不多所有院领导都来了。禹城综合试验站的工作得到肯定，1988 年 7 月 27 日，国务院发布《关于表彰奖励参加黄淮海平原农业开发实验的科技人员的决定》，在禹城工作的科技人员程维新获得一级表彰奖励，左大康、许越先、唐登银、凌美华、张兴权获二级表彰奖励。

黄淮海平原科技战役声势浩大，前所未有。以山东站区来说，建立了以许越先为组长的山东区工作领导小组，二十几个研究所几百名科技人员齐聚山东德州、聊城、滨州、东营地区，在几十个县，与地方共同建立了几十个农业开发试验区，并在德州、聊城两个地级城市设立了工作站，同时派出人员，对山东其他地市进行考察，提出咨询意见，山东全省的以中低产田治理为中心内容的农业开发工作如火如荼，全省农业生产取得明显进展。同时院里成立了以刘安国同志为主任的农业项目管理办公室，他们深入基层田间，穿梭于各个试验区之间，协调院地、各所的关系，有力、有序、有效地领导了农业开发工作。黄淮海平原科技战役引起了媒体的广泛关注，《人民日报》、《科技日报》、《光明日报》、《经济日报》、中央电视台等全国性媒体以及地方媒体都对战役进行了报道，出现了一批科技明星。黄淮海科技战役名声远扬，为科学院争得了荣誉。

黄淮海科技战役产生了巨大的影响。首先最重大、最直接的是促进了黄淮海平原以粮食生产为主的农业生产。其次是带动了全国以中低产田治理为主要内容的农业开发工作，国家建立农业开发机构，并投入巨资，进行了多期的农业开发项目，保证了中国农业持续发展。再次是彰显了中国科学院在农业领域的研究实力，确保了中国科学院在全国农业科研领域占有一席之地。最后是院领导和相关领导对试验站有了更加深刻的认识，野外台站也因此而赢得了更加有力的支持。

一纸建议书

大概是在 1987 年秋天，禹城综合试验站开放试验站论证以后，封丘站开放试验站论证在新乡举行，去的人也很多。大约就在封丘开放论证会议期间，曾昭顺、沈善敏、唐登银以及其他二人（记不清了）联名提出了《建立中国科学院生态系统网络的建议》，建议书不长，不到 2 000 字，提出了多个台站协同工作构成网络的重要性和必要性，设想多个台站联合工作解决一些区域问题。

这个建议书只是作为会议材料分发给大家，当然也包括到会的领导同志，并非有专门指向的一个完善报告，只是反映了当时人们的一种意向，即一些个体的试验站工作很有成绩，院也对野外台站的支持越来越大，应当把多个台站联结起来，使台站工作进入一个新阶段。

遵孙晓敏、袁国富之嘱，写就了以上五个“一”，大概水分分中心可以向 CERN 交差了。写五个“一”，我是想说明，台站是网络的基础，台站兴旺发达，网络才有希望，20 世纪 80 年代后半期台站工作突飞猛进，给后来 CERN 形成创造了良好的条件。我还想说明，有成百上千的人在催生，网络才得以顺利降生，成百上千的人中包括：逝去的，活着的；管理者，科学家；领导者，普通人；局内人、槛外人；一个庞大的群体创造了 CERN。

我 2003 年退休后，与 CERN 的关系渐行渐远，最后基本达到了断绝关系的程度。但是，毕竟对 CERN 还是有很深的感情，从 1993 年进行世界银行贷款建设项目起，我就是 CERN 科学委员会委员和水分分中心主任，为 CERN 也做了一些事。因此，在 CERN 成立 20 周年时，仍带着喜悦的心情写下以上文字。祝 CERN 好运！

唐登银

2008 年 6 月 26 日

五、蒸发测量与估算

Aspects of Evapotranspiration and the Water Balance in a Small Clay Catchment，1967-1975*

TANG D Y　WARD R C

A valuable set of hydrological data has been derived from the instrumented catchment of the Catchwater Drain near Hull since 1967. In the present study two components of the catchment water balance, precipitation and streamftow, are measured with a high degree of accuracy and changes of soil moisture and groundwater storage are estimated on the basis of empirically defined relationships between changes of storage and changes of groundwater level in observation wells. Evapotrans piration is then derived as a residual item in the calculation of the catchment water balance and is compared with evaporation from evaporation pans and with evaporation values calculated using the Penman Evaporation forrnula. In conclusion, seasonal changes in individual water balance components are described.

The Catchwater Drain catchment is an experimental catchment which was estab-lished in 1966 by the Geography Department at Hull University and in which full instrumentation was maintained by the Department, with the generous assistance of research grants from the Natural Environment Research Council, until October 1979 when the level of instrumentation was drastically reduced. The general aims and instrumentation of the experiment were described by Ward (1967) and preliminary checks on the water balance measurements and calculations were reported by Ward (1972).

THE CATCHWATER DRAIN CATCHMENT

The Catchwater catchment covers an area of some 16 km^2 of boulder clay, with interspersed patches of sands and gravels, about 16 km north-east of Hull in the Holderness district of North Humberside. Within this gently undulating area the total amplitude of relief is less than 20 m so that most of the slopes are very shallow. The entire catchment is utilised agriculturally for mixed farming, with a rotation of grass and small grains. A very low percentage of the total area is covered by woodland, built-up land and open water surfaces.

The data set will be of value primarily to hydrologists, especially when a computerised data storage and retrieval system, currently in the final stages of completion, makes the data almost

* 本文发表于 *Weather* 1982 年第 37 卷第 7 期第 194～201 页。

instantly available to other workers. The meteorological value of the data resides principally in the continuity with which evapotranspiration has been both measured and estimated over a period of 13 years and in particular in the opportunity this affords for detailed comparison and verification of the Penman evaporation formula.

DETERMINATION OF WATER BALANCE COMPONENTS

The water balance equation may be written as

$$P-Q-E-\Delta S-\Delta G=0 \quad (1)$$

where P is precipitation, Q is streamftow. E is evapotranspiration, and ΔS and ΔG are changes in soil moisture and groundwater storage respectively. This equation is valid provided that significant exchanges of water between the catchment and adjacent areas do not occur. Previous work by Ward (1972) indicated that such exchanges of water have no significant effect upon the water balance of the Catchwater catchment and that accordingly any one term in the equation may be found as the residual item provided that the other tenns are known. In the present context catchment data on precipitation, streamflow, soil moisture and groundwater may be used to obtain a residual value representing the actual evapotranspiration from the Catchwater catchment.

Precipitation over the catchment was determined by applying the Thiessen polygon method (Thiessen 1911) to data from four Meteorologica1 Office Mark II gauges whose locations are shown in Fig. 1. Streamftow was measured by means of a wooden trapezoidal flume described by Ward (1967) and evaporation by means of both a US Weather Bureau Class A pan and also a Meteorologica1 Office pattem square sunken pan. Groundwater storage changes were detennined from the continuous measurement of water levels in a number of wells within the catchment area. In the absence of detai1ed information on the characteristics of the catchment soils (assessment of which is currently in progress), the arbitrary assumption was made that the ratio between well water-level change and groundwater storage change was at all times 10：1, e.g. a well water-level decline of 10 cm represents a depletion of groundwater storage equivalent to 1 cm of precipitation. This assumption was made on the basis of previous work by Ward (1962) and general statements by Godwin (1931) , who noted that the ratio of water-table rise to rainfall varies between 7：1 and 12：1 and by Nicholson (1951), who suggested that 1 in. of rain can raise the groundwater level 10 or 12 in. Ward (1972) showed that this assumption seems reasonable in the light of water balance calculations for the Catchwater catchment.

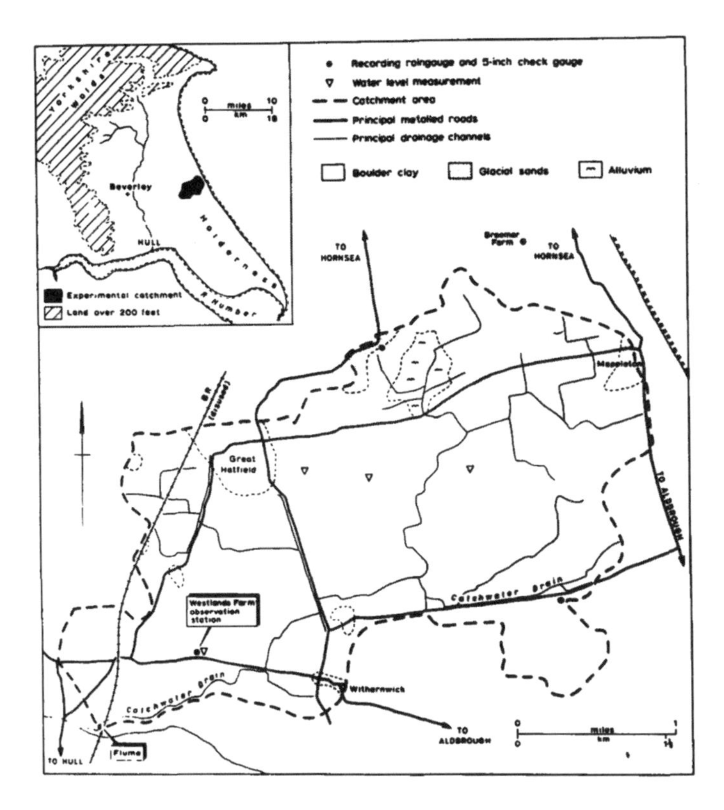

Fig.1 Map of Catchwater Drain catchment showing main features and location of instrumentation Inset: Location map

Detailed measurements of soil moisture status were made only during the first two years of the catchment experiment. This involved the periodic weighing and drying of field samples from 16 sampling sites located at the intersections of the 1 km grid, with replicate samples being taken at the ground surface, and at depths of 15. 30 and 60 cm. Initially samples were taken from all sites but once a consistent pattern had begun to emerge the frequency of sampling was reduced to a monthly basis with only a smaller number of control sites being sampled at weekly intervals (Pegg 1970). The information about soil structure which was necessary for the conversion of percentage by weight values of soil moisture to either precipitation depth or volume equivalents was derived from an analysis of many soil samples from the appropriate sites. For the purposes of the present study soil moisture values for the period 1967-1975 were estimated from the relationship between values of catchment soil moisture calculated for 1967-1968 for 16 sampling sites, as described above, and the level of water in a well at Westlands Farm. The relationship of monthly values is shown graphically in Fig. 2 and is seen to be linear. Generally one would expect that soil moisture content would be a function not only of groundwater level but also of precipitation and evapotranspiration and that this function would be complicated by the individual variations of each contributing factor. However, the groundwater level at Westlands Farm was never more than 1 m below the ground surface, thereby maintaining a close hydraulic connection between groundwater and soil moisture. This factor, together with the relatively uniform distribution of precipitation through the year, means that catchment soil moisture content may be expressed reasonably as a function of the Westlands Farm well water-level, at least on a monthly basis.

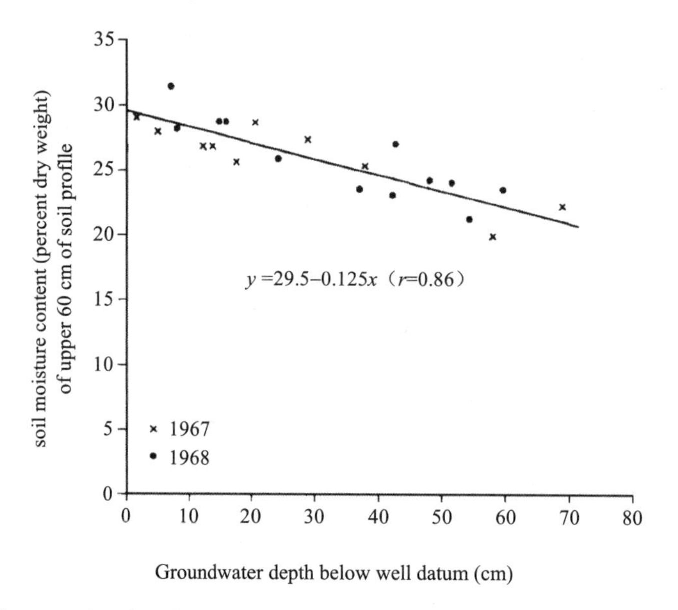

Fig.2 Scatter diagram showing the relationship between monthly groundwater level at Westlands Farm and soil moisture content as calculated by Pegg (1970)

Using the measurements and estimates of precipitation, streamftow, groundwater storage and soil moisture content, actual evapotranspiration from the catchment for the period 1967-1975 was determined as a residual in the water balance equation, i.e.

$$E = P - (Q + \Delta S + \Delta G) \quad (2)$$

where the symbols have the same meaning as in Eq. 1.

DETERMINATION OF POTENTIAL EVAPORATION

These values of catchment actual evapotranspiration (AE) will be used as a basis for comparing and verifying the various assessments of potential evaporation (PE) which were in fact closely similar. Open water evaporation was measured using the two evaporation pans referred to earlier and the Penman equation, described in Penman (1963), was used to calculate potential evaporation from data collected at the main climatological station at Westlands Farm. Two versions of the Penman formula were used, one of them to calculate open water evaporation from a surface having an albedo of 0.05 and the other to calculate potential evaporation from a land surface having an albedo of 0.25.

There was a close and consistent relationship between the two evaporation pans, with the

Class A pan yielding the expected slightly higher values (Fig. 3) and a similarly close linear relationship between pan values and the Penman (albedo=0.05) estimates of potential evaporation. Fig. 4 illustrates that the Penman formula in fact tended to overestimate slightly in comparison with the Meteorological Office evaporation pan.

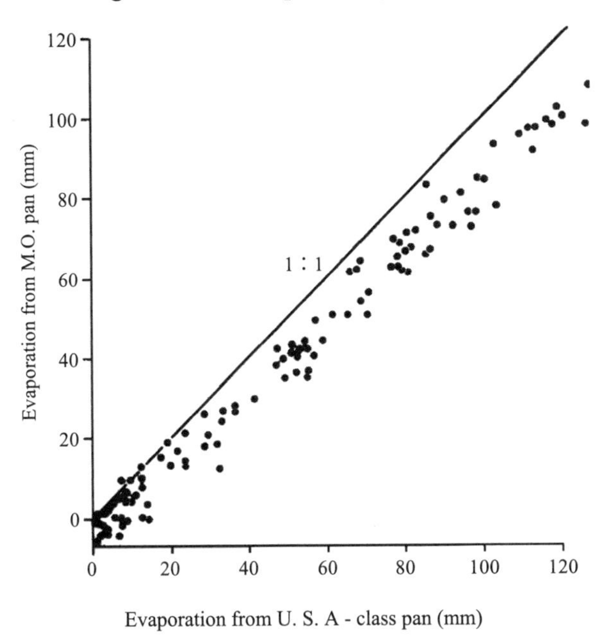

Fig. 3 Scatter diagram showing the relationship between monthly evaporation values (1967-1975) as determined by the Meteorological Office and Class A evaporation pans

POTENTIAL EVAPORATION AND EVAPOTRANSPIRATION

Using an albedo value of 0.25 the Penman formula is generally regarded as providing an estimate of potential evaporation from a vegetation-covered land surface and these values are compared with values of actual evapotranspiration derived from the water balance approach in Fig. 5 and Fig. 6. It will be noted that the agreement between the two sets of data in Fig. 5(a) is remarkably close with the Penman PE estimate, being lower than the catchment AE in four months and, more expectedly, exceeding catchment AE in the remaining eight months of the average year. This close agreement between values of *potential* and *actual* evapotranspiration can be taken to imply that climatological estimates of mean monthly actual evapotranspiration in wellwatered areas like Britain may be derived directly from values of potential evaporation. For the Catchwater Drain catchment the equation of the line of best fit is shown in Fig. 5(a) where E_t is evapotranspiration, E_0 is potential evaporation as estimated by the Penman formula, and r is the correlation coefficient. Not surprisingly, the monthly values shown in Fig. 5(b) show a wider scatter than the mean monthly values in Fig. 5(a), although the same general agreement is maintained.

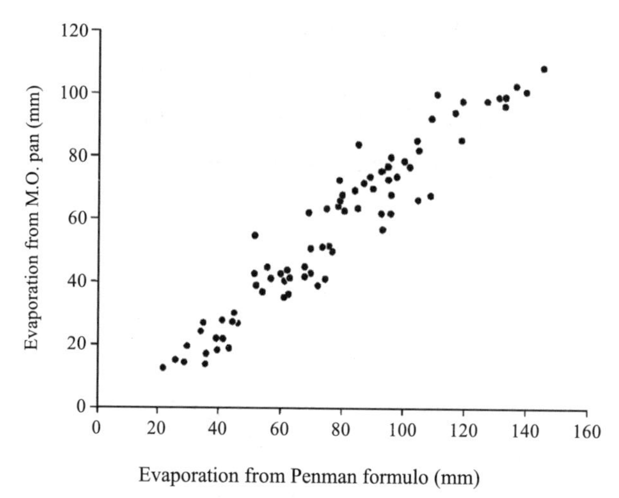

Fig.4 Scatter diagram showing the relationship between monthly evaporation values (1967-1975) as determined by the Meteorological Office evaporation pan and the Penman formula (albedo = 0.05)

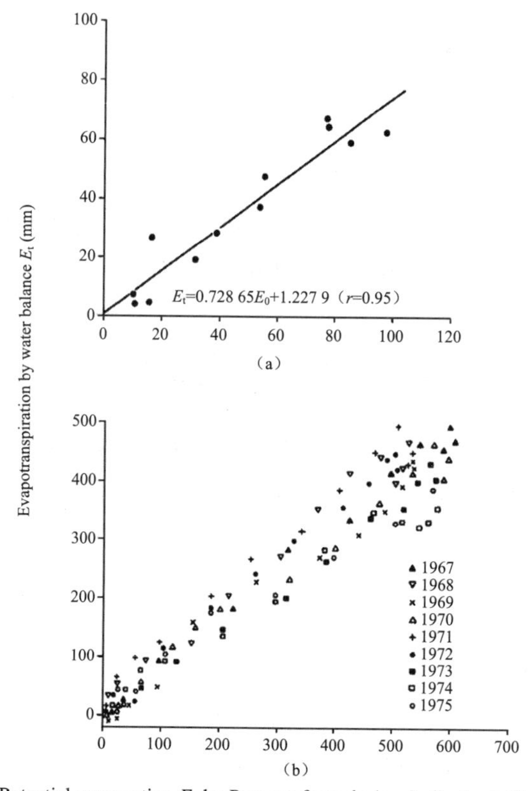

Fig.5(a) Scatter diagram showing the relationship between mean monthly values of potential evaporation (1967-1975) calculated by the Penman formula (albedo = 0.25) and actual evapotranspiration estimated from water balance calculations.

(b) Scatter diagrams showing relationship between monthly values, accumulated for each calendar year (1967-1975), of potential evaporation (Penman formula, albedo = 0.25) and actual evapotranspiration (water balance)

Differences between the accumulated values of average monthly evaporation derived from the Penman formula and from water balance calculations are shown in Fig. 6. Over the full year there is an accumulated difference of 139.0 mm (Penman value 556.7 mm; Water balance value 427.7 mm). However, it will be noticed that the divergence occurs during the summer months, particularly June to September inclusive, when one would most expect actual evapotranspiration from the catchment to fall below the potential value.

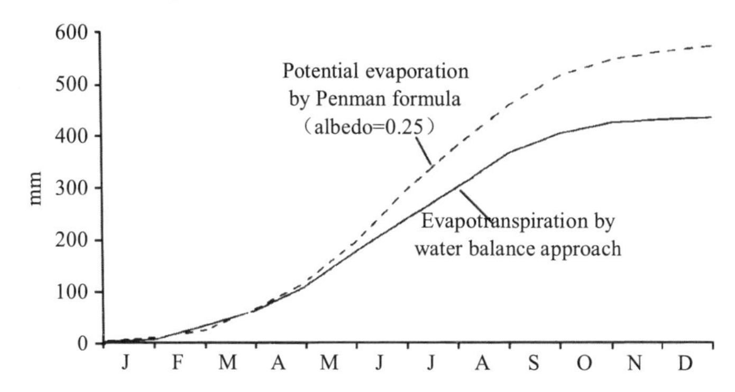

Fig.6 Accumulated mean monthly (1967-1975) potential evaporation (Penman) and actual evapotranspiration (water balance)

THE WATER BALANCE OF THE CATCHWATER CATCHMENT

Fig. 7 and Table 1 show the major components of the water balance for the period January 1967 to September 1975. In very general terms it will be seen that of the annual precipitation of 621 mm, approximately two-thirds is accounted for by evapotranspiration and the remaining one-third by streamftow. Since the values of evapotranspiration used were derived as water-balance residuals it is clear that the monthly figures should balance exactly. The fact that they do not so balance in every case reflects variations in groundwater and soil moisture storage which are accentuated by the non-coincidence of terminal dates, i.e. January and September, for the water balance calculations. Furthermore, average monthly values of *each* water balance component, of which the annual value is a simple sum, are calculated for nine years in the case of months January to September but for only eight years in the case of months October to December. Despite such discrepancies the monthly values give a very clear indication of the seasonal distribution of the separate components of the water balance. In particular Fig. 7 shows that although precipitation is quite evenly distributed through the year, evapotranspiration and streamflow both peak seasonally in summer and winter respectively, and that storage changes are also seasonally biased with large negative values occurring in the early summer months (April to June) and positive values in the autumn and early winter (September to December).

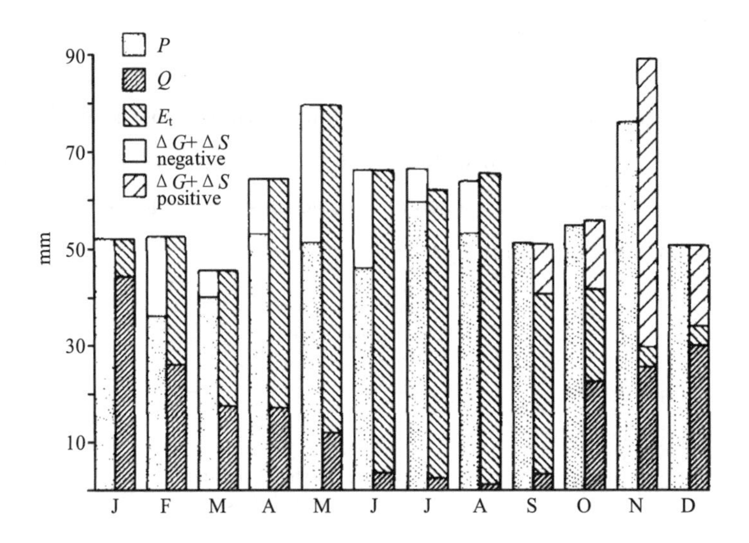

Fig.7 Bar graphs showing mean monthly (1967-1975) values of water balance components for the Catchwater Drain catchment

TABLE 1 Mean monthly values (1967-1975) of water balance components for the Catchwater Drain catchment. Values shown are mm

	J	F	M	A	M	J	J	A	S	O	N	D	Year
P	51.8	35.7	40.2	52.6	50.9	46.0	59.5	52.7	51.0	54.7	75.6	50.4	621.1
Q	44.5	26.1	17.4	17.1	11.9	3.6	2.7	1.2	3.5	22.4	25.3	30.0	205.7
E_t	7.7	26.4	28.3	47.3	67.7	62.4	59.1	64.1	37.1	19.4	4.2	4.0	427.7
ΔG	−0.3	−8.0	−3.0	−5.5	−14.2	−9.7	−3.4	−5.3	5.0	4.2	28.9	8.2	−3.1
ΔS	0.0	−8.9	−2.5	−6.3	−14.5	−10.2	−3.6	−5.6	5.3	9.7	30.5	8.2	2.1

CONCLUSIONS

It has been demonstrated that if hydrological measurements are made with care in a well-instrumented and non-leaking catchment area it is possible to derive satisfactory values of monthly evapotranspiration as a residual item in the calculation of the catchment water balance. The period chosen for the present study was not ideal for such calculations in the sense that it began in January 1967 and ended in September 1975. This choice reflected the still incomplete although continuing quality control and processing of data from the Catchwater Drain catchment, which will eventually yield a complete data set comprising daily and in some cases hourly values of the major water balance components. As an interim analysis, however, the present study has yielded encouraging results and has confirmed the satisfactory nature of the measurements which have been made in the Catchwater Drain experimental catchment.

REFERENCES

[1] Godwin, H. (1931). Studies in the ecology of Wicken Fen: The ground water level of the fen. *J. Ecology,* 20, pp. 157-191.

[2] Nicholson, H. H. (1951). Groundwater control in reclaimed marshland. *World Crops,* 3, pp. 251-254.

[3] Pegg, R. K. (1970). Evapotranspiration and the water balance in a small clay catchment. In J. A. Taylor (ed), *The Role of Water in Agriculture.* Chapter 3, Pergamon, London.

[4] Penman, H. L. (1963). *Vegetation and Hydrology,* Commonwealth Agric. Bureaux, Farnham Royal.

[5] Thiessen, A. H. (1911). Precipitation averages for large areas. *Mon. Weath. Rev.,* 39, pp. 1082-1084.

[6] Ward, R. C. (1962). Some aspects of the hydrology of the Thames floodplain near Reading, Unpublished Ph.D. thesis submitted to the University of Reading.

[7] —(1967). Design of catchment experiments for hydrological studies. *Geographical J.,* 133, pp. 495-502.

[8] —(1972). Checks on the water balance of a small catchment. *Nordic Hydrology,* 3, pp. 44-63.

我国蒸发研究的概况与展望*

唐登银　程维新　洪嘉琏

蒸发既是地球表面热量平衡的组成部分，又是水量平衡的组成部分，而地表面热量、水分收支状况在很大程度上决定着地理环境的形成和演变，因此蒸发的研究是地理环境研究中的一个内容。蒸发与许多国民经济中的实际问题有关，那是显而易见的，水的问题已成为目前全世界所共同关注的问题之一，而几乎所有水的实际问题解决，都离不开蒸发研究。

蒸发是一个范围相当广泛的课题，它发生于土壤-植物-大气系统内，需要水分供给和能量来源，是一个发生在相当复杂体系内的连续过程。为此，必须对土壤水分运动、植物水分传送、蒸发面与大气间的水汽交换和热量交换等各个环节进行研究，才能对蒸发过程有全面的认识。显然这牵涉如地理学、水文学、气象学、土壤学、植物学等学科，是一个难度较大的问题。

我国的蒸发研究工作始于20世纪50年代，迄今不到40年的历史，其间还有一段时间的停顿，目前这项工作又变得活跃起来，许多地方和部门根据生产实际的需要把“四水”（大气降水、地表水、土壤水和地下水）转换列为重要研究课题，而在“四水”转换中，蒸发是其中的关键性项目之一。简略回顾我国蒸发研究的过去，同时展望未来，或许对于推动这项工作的开展有所裨益。

一、蒸发的测定

在水分平衡诸要素中，蒸发的测定大概是最困难的；在热量平衡各要素中，显热流和潜热流（蒸发）的精密分割是相当困难的，因此蒸发的测定方法的研究就成为蒸发研究的主要内容之一。

自然蒸发过程是发生在地气界面上的液汽转换过程，因此它的测定既可以在液相里进行，即测定液态水分损耗的速率；又可以在汽相里进行，即测定大气净得水汽速率。前一类型的测定是假定或创造一个下垫面的封闭系统，进而测定该封闭系统的水分蒸发耗损，这称为液态水分消耗测量；而后一类型的测定是假定所测地域的近地大气为一开放系统，进而测定通过乱流边界层进入开放系统的水汽流速率（蒸发），这称为水汽传送测量。为简

* 本文发表于《地理研究》1984年第3卷第3期第84～97页。

明起见，把通常所见的上述两类测定蒸发的方法归纳为图 1。

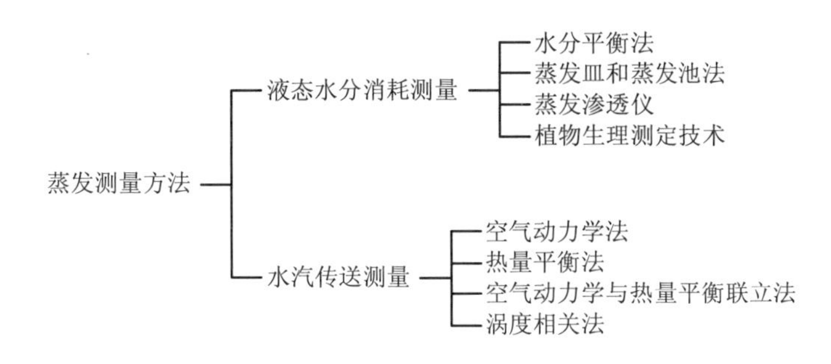

图 1　蒸发测量方法

现按上列分类来谈我国的蒸发测定工作。20 世纪 50 年代中期以前，除水文、气象台站有 20 cm 口径的小型水面蒸发器测定以外，没有其他方法测定的蒸发数据。50 年代后半期和 60 年代前半期，采用了多种方法进行蒸发测定，主要包括以下 4 个方面：

（1）水利部门所属近 200 个灌溉试验站结合作物耗水量的研究，在农田上采用水分平衡法测定蒸发，测定结果成为许多作者分析作物需水量和耗水量的基础[1-8]。这一测定方法所得结果的精度取决于水量平衡方程式各分量的测定精度。其蒸发测定误差可能是各分量测量误差的累积值，而且蒸发往往是几个大项（如降雨、灌溉、土壤水分储量等）的代数和，所以不易得到精确的测定结果。在某些实验站，降雨和灌溉有精确的计量，土壤水分测定有足够的重复次数并且达到足够的深度，计算土层内外的垂直水分交换量的确可以忽略，通过这一方法可以得到相当好的时段（一周以上的）农田蒸发数据。但多数实验站，由于上述条件得不到满足，并且测点的自然条件不理想（如许多试验站的测坑和测筒建立在不开阔的地段），因此得不到精度较高的有代表性的数据。

（2）水利部门在三门峡、上铨、丰满、桓仁、大浦、芦桐埠、重庆、古田、哈地坡、广州、营盘、官厅、武昌等地建立了水面蒸发站，各站设置了大型蒸发池（100 m^2、20 m^2 或 10 m^2）、小型蒸发器（E601 蒸发器、80 cm 口径蒸发器等）及漂浮蒸发器等。中国科学院南京地理研究所在太湖（宜兴）设立了水面蒸发站。有些水面蒸发站，还同时进行了热量平衡和乱流扩散测定方法的研究。这些蒸发站积累了长期连续的蒸发数据，在水平蒸发测定方法方面积累了丰富的经验，并在蒸发规律方面得到了有用的结果[9-12] ①。通过分析对比，水利部门推荐 E601 蒸发器作为全国水文站测量水面蒸发的仪器。

（3）水文地质和水利部门建立了若干均衡场（一种蒸发渗漏仪）。设置这些场地的主要目的在于研究地下水对非饱和带土壤水分的补给以及降雨入渗关系，多数试验在裸地进行，场地的平坦和开阔程度没有高度重视，因此比较难以得到有重大实际价值的蒸发测定数据。

（4）某些研究单位进行了多种蒸发测定方法的比较研究。例如，中国科学院地理研究

① 广东省水文总站：水面蒸发实验资料（广州蒸发实验站），油印本，1968 年。
官厅蒸发实验站：水面蒸发实验资料，油印本，1972 年。
重庆水文总站：水面蒸发实验资料，油印本，1968 年。

所在德州、石家庄、延安、民勤采用除涡度相关法以外的所有方法对蒸发进行了测定[13-18]，北京大学地球物理系对水汽传送测定方法进行了研究，中国科学院沈阳森林土壤研究所对森林的蒸发进行了测定[19,20]，中国农业科学院对土壤蒸发器进行了研究[21]。

近年来，中国科学院禹城水平衡水循环综合试验站，关于蒸发研究的主要设施有：①20 m^2蒸发池为主体的水面蒸发场；②多台水力蒸发器及其他蒸发器组成的陆面蒸发场；③供农田近地层热量水分状况和蒸发研究用的 60 m 高的铁塔及有关资料采集处理系统；④包括测定水量平衡诸要素的平原小流域试验区；⑤土壤水分观测场（利用中子探测土壤水分仪、负压计、烘干法和其他方法进行测定）；⑥遥感技术测定土壤水分和蒸发观测场；⑦气象辐射观测场。同时中国科学院在北京大屯建立了农业生态系统试验站，也把蒸发研究作为一项重要内容。

我国的蒸发测定工作已取得了以上成绩，同时还存在许多不足，需要进行新的努力，简要归纳如下。

（1）液态水分消耗类型的测量做了不少工作，需大力巩固和发展。水面蒸发皿（池）、土壤蒸发器在我国已有一定经验，但测定点不够多，且土壤蒸发器的观测还没有规范化。世界气象组织编辑的指南[22]所包括的各类型的蒸发皿（池）、器，我国都已使用过，但面积更大的、精度较高的大型蒸发渗透仪则没有，应参照澳大利亚[23]、荷兰[24]和美国[26]的经验，做出我们所需的设计。水分平衡法测量蒸发应用相当普遍，但在测量精度上尤其是土壤水分的测量精度不够。除了严格操作规范，注意资料质量之外，要引进和研制如中子探测土壤水水分测定仪[26-28]等更优良的测定仪器，同时加强对土壤水分和地下水运动的研究，使水分平衡法逐步臻于完善。

（2）水汽传送类型的测量比较薄弱。涡度相关法是空白，此法国际上已有 30 年的工作[29-33]。该方法的理论假定最少，被认为是水汽传送测量方法中最优方法之一——一种直接测定蒸发的方法。涡度相关法的基础在于：近自然表面的大气边界层的空气处于乱流之中，在任一位置，向上和向下的瞬时能量流交替发生着，净能量流就是这瞬时能量流的总和。假定能同时地测定垂直于下垫面的风的波动以及空气湿度含量的波动，蒸发就可以被测定出来。这种方法理论上没有限制，但实际上面临着两个技术问题，一个是需要有良好的感应元件，能足够快地对风速和湿度（或温度）做出测量，以便把参与乱流交换的高频部分包括进去，同时要求足够稳定，以便对乱流交换的低频部分做出可靠的测量。另一个是需要有一个良好的分析系统，其采样时间间隔很短，随着对感应输出进行分析。随着现代技术的发展，这些困难正在被克服，最终涡度相关法有可能成为一常规方法。另外三种水汽传送测量方法的研究工作也很不够，需要加强。这三种方法都假定：蒸发面是相当广泛而均质的，水汽扩散是垂直的一维扩散形式；水汽、显热和动量的乱流交换系数是相等的，或者至少三个交换系数之间的关系只受乱流边界层本身性质的影响，而不受蒸发面性质的影响。概括地说，空气动力学方法是根据水汽流对动量的比率推演蒸发，要求有不同高度的风速和水汽压力测定值；热量平衡法是根据水汽流对显热的比率（引入波文比）来推算蒸发，要求对不同高度的温度、湿度以及净辐射做出测定；联立法则是利用空气动力学方法得到显热交换，利用观测资料或计算公式求出净辐射，然后求出热量平衡方程式的余项——潜热交换（蒸发）。这三种方法我国只有少数单位做过工作，上述的理论假定及实际测定中的问题都有待于继续工作。

为简明起见，把各种测定蒸发的方法的适用性、优点、问题及前景列于表 1 中。

表 1　蒸发测定方法

测定方法	适用性	优点	问题	前景
水量平衡法	获得较长时段（如 1 周或双周值）的资料	简便，相当精确可靠	水平衡各分量的测定必须有足够精度；封闭系统内外的水分交换必须清楚	广泛运用
蒸发皿	适用于水文，气象台站，获取一日有限水体的蒸发量	简便，精确，成本低	皿的大小及深度对蒸发值有影响；皿与周围环境热量交换对观测值有影响	广泛运用
蒸发池	获取水体蒸发日过程资料	精确，易于测定，成本高	同蒸发皿，但其影响规模较小	有限使用
小型蒸发渗漏仪	一日蒸发值	简便，一定精度，成本低廉	器内植株的代表性对蒸发测定有影响，器内水分热量调节有困难	广泛使用
大型蒸发渗漏仪	作为标准仪器获取总蒸发数据	精确，代表性好	设计复杂，成本高昂，也在某种程度上会遇有如小型蒸发渗漏仪一样的困难	有限使用
植物生理测定技术	获取蒸腾数据	准确，易于测定	样本的代表性可能有问题，测定样本的生理状况可能有改变	有限使用
空气动力学法、热量平衡法、联立法	瞬时蒸发，连续观测可积分成时段蒸发值	不破坏下垫面、开阔面的平均蒸发值	下垫面不均匀，不易观测，大气中不同实体的交换系数难以测定，要有较好的仪器	有限使用，逐步完善后扩大使用
涡度相关法	瞬时蒸发，连续观测可积分成时段蒸发值	理论基础简单、可靠，不破坏下垫面	成本高，技术复杂	探索

此外，应用遥感技术测定蒸发的方法也在发展，国外试图把地面反射率、地面温度、土壤水分、地面覆盖状况、地面糙率和风速等遥感资料运用于确定蒸发，中国科学院地理研究所也在做这方面的工作。英国水文研究所对这一技术做了相当详尽的评述[34]。总体来说，遥感技术可能对蒸发测定，尤其是大面积的蒸发测定做出贡献，但要得到大面积较接近实际的蒸发测定，只有把遥感技术与地面观测结合起来才有可能。

二、蒸发的计算

蒸发数据广泛运用于许多领域，蒸发计算历来为学者们所关注。现将 30 多年来我国蒸发计算方面的主要工作列于表 2 中。

表 2　我国主要蒸发计算工作

作者	年份	应用公式	简要情况
中国科学院地球物理研究所、中国科学院地理研究所[35]	1959	$E=0.16\sum t$ E——蒸发； $\sum t$——日温≥10℃的稳定期积温	利用该公式计算中国蒸发力，供中国气候区划之用。所得结果为年值，共法出自谢梁尼诺夫法（参阅文献[36]），但运用时对系数做了修改
卢其尧等[37]	1965	$D=\frac{\sum d}{r}$ $\sum d$——月饱和差总量； r——月降水量	公式中的$\sum d$不直接等于蒸发力，但是可用来表征蒸发力。利用饱和差计算蒸发力的可行性及问题，参阅文献[36]，该文献计算了我国310个站点（1951—1960年的月值）
朱岗昆、杨纫章[38]	1955	彭曼公式[42]	计算了我国东部 125 个站点的月蒸发值
钱纪良、林之光[40]	1965	彭曼公式[42]	计算了我国400个站点的蒸发值
陈力[41]	1982	彭曼公式[39]	计算了宁夏地区的最大蒸发量，并以此为基础探讨了有关作物耗水规律
贺多芬[42]	1979	彭曼公式[39]	计算了晋、冀、鲁、豫、陕 5 省 78 个气象站（1951—1960 年）的水面蒸发量，以此为基础对冬小麦的实验资料进行分析，得到了农田蒸发量
邓根云[43]	1979	彭曼公式[39]	用北京日射站和官厅蒸发站的实测资料，对彭曼公式中的净辐射项和干燥力项进行了修订
高国栋[44]	1978	布德科综合法[36]	计算了我国 300 个台站的月蒸发力值
刘振兴[45]	1956	$x=\int_0^z\frac{\mathrm{d}z}{\left(1-\frac{Z}{Z_0}\right)^{1/n}}$ （降水、蒸发和蒸发力之间的一种函数形式，参数 n 表征地理条件）	对 Багров（巴格罗夫）等[46]提出的函数形式进行了改正。原式为 $x=\int_0^z\frac{\mathrm{d}z}{1-\left(\frac{Z}{Z_0}\right)^n}$
黄润本等[47]	1980	丘尔克公式[48]	证明了在研究情况下去掉影响蒸发的植物因子利用丘尔克公式的可行性，论述了蒸发力的计算方法

作者	年份	应用公式	简要情况
傅抱璞[49]	1981	$$\frac{E}{E_0}\approx\frac{W-W_f}{W_{c1}-W_f}-\frac{1}{n(W_{c1}-W_f)}\left(\frac{W^n}{W_{c1}^n}-\frac{W_{c2}^n}{W^n}\right)$$ E——土壤实际蒸发量； E_0——蒸发力； W——土壤湿度； W_f——凋萎湿度； W_{c1}、W_{c2}和 n 是有物理意义的变量，值可从实验中得到	根据函数式 $$\frac{\partial E}{\partial E_0}=F(Q,E_0,E)$$ 和 $$\frac{\partial E}{\partial Q}=\phi(Q,E_0,E)$$ （其中：Q——土壤供水力，其他符号同左侧公式。采用蒸发过程有两个转折点和三个阶段的理论，进行量纲分析，得出计算公式）
刘昌明[50]	1982	$$\frac{E}{E_0}=\left(\frac{M_i-M_k}{M_{sat}-M_k}\right)^m$$ E——蒸发； E_0——蒸发力； M_k——凋萎含水量； M_{sat}——饱和含水量； M_i——实际含水量； m——取决于土壤环境条件，由实验确定	为估算南水北调蒸发量，按 $$\frac{E}{E_0}=f\left(\frac{M}{M_{sat}}\right)$$ 函数式而提出的计算公式
吴厚水[51]	1981	$E=E_0$（充分湿润条件下） $$\frac{W-W_0}{W_H-W_0}=e^{-b\sum E_0}$$ （不充分湿润条件） E 和 E_0——分别为蒸发和蒸发力； W_0——凋萎湿度； W 和 W_H——分别为某时和初始土壤湿度； b——系数	按布达戈夫斯基方法[52]，用实验资料确定系数 b 值
竺士林[2]	1963	$$E=\beta\phi=\beta\sum_{i=1}^{4}\phi_i=\beta\sum_{i=1}^{4}(t_i+50)\sqrt{e_i}$$ E——水稻生长期田间总蒸发； β——水稻生长期耗水系数； ϕ——各发育阶段消耗于田间蒸腾的太阳能累积总和的指标； $$\phi=\sum_{n=1}^{n}\phi_i=\sum_{i=1}^{4}(t_i+50)\sqrt{e_i}$$ t_i——一个发育阶段的平均气温； e_i——一个发育阶段的水面蒸发量	灌溉实验为基础建立的水稻总蒸发公式

作者	年份	应用公式	简要情况
王铁生[3]	1980	1） $E = a_1Y + b$ 2） $E = a_2P + b_2$ 3） $E = a_3T + b_3$ 4） $E = a_4E_0 + b_4$ E——水稻需水量； Y、P、T、E_0——分别为产量、日照、积温和水面蒸发； a 和 b——系数	以实验资料建立的需水量公式
程天文、程维新[13]	1980	（一）水面蒸发力公式 1） $E = 11d + 20$ 2） $E = 0.19\,(20 + E)(1 - r)$ 3） $E = 0.203\,(1 + 0.52U_{206})(e_0 - e)$ 4） $E = 0.147\sum t + 1$ 5） $E = 0.33d^{1.01}(1 + 0.1V_2)$ 6） $E = PD(q_s - q)$ 7） $E = \dfrac{(rE + \Delta R)}{(r + \Delta)}$ 8） $E = 1.6(10t / 1)^a$ （二）农田蒸发力公式 9） $E = 0.48\sum d$ 10） $E = 0.57\bar{t} - 3.72$ 11） $E = \sum Q(0.45\bar{t} - 0.101)$ 12） $E = 0.31d_{14}$ 13）彭曼公式	以 E601 水面蒸发器蒸发量为水面蒸发力，计算公式适于约值。式 1）为饱和差公式； 式 2）为气温、相对湿度公式； 式 3）为风速水汽张力公式； 式 4）为积温公式； 式 5）为饱和差风速公式； 式 6）为布德科公式[36]； 式 7）为彭曼公式[39]； 式 8）为桑斯威特公式[53]，分别说明了各公式的误差情况； 式 9）为累积日平均饱和差公式，计算时段为 5 天； 式 10）为累积日平均气温公式，计算时段为 5 天； 式 11）为总辐射气温公式计算时段为 5 天； 式 12）14 时饱和差公式，计算时段为 1 天； 式 13）计算时段为 1 天，农田蒸发力是用蒸发器测定小麦充分湿润条件下的蒸发量
凌美华[15]	1980	$\dfrac{E}{2E_0} = 0.039\,6W + 0.23$ E——小麦总蒸发量； E_0——E601 水面蒸发器蒸发量； α——与作物发育阶段有关的系数； W——50 cm 土层有效水分	实验资料得出的计算公式

<table>
<tr><th>作者</th><th>年份</th><th>应用公式</th><th>简要情况</th></tr>
<tr><td>施成熙①</td><td>1964</td><td rowspan="7">$E=(e_0-e)f(u)$
E——蒸发量；
e_0——饱和水汽压；
e——空气水汽压；
$f(u)$——风速函数</td><td rowspan="7">根据我国水面蒸发池（皿）实测资料，确立$f(u)$的各种形式</td></tr>
<tr><td>洪嘉琏②</td><td>1983</td></tr>
<tr><td>孙芹芳[10]</td><td>1981</td></tr>
<tr><td>毛锐[12]</td><td>1978</td></tr>
<tr><td>广东省水文总站③</td><td>1968</td></tr>
<tr><td>官厅蒸发实验站④</td><td>1972</td></tr>
<tr><td>重庆水文总站⑤</td><td>1972</td></tr>
</table>

注：①施成熙：确定水面蒸发方法初步研究（油印本），1964 年。

②洪嘉琏：有限水域表面蒸发的计算，中国地理学会水文专业学术会议文件，1983 年。

③广东省水文总站：水面蒸发实验资料（油印本），1968 年。

④官厅蒸发实验站：水面蒸发实验资料（油印本），1972 年。

⑤重庆水文总站：水面蒸发实验资料（油印本），1968 年。

上列计算公式，按应用对象分成三类：一是供陆面蒸发计算，二是供水面蒸发计算，三是推导或修正某些公式。所有这些公式，除个别外，都是考虑水分没有限制条件下的蒸发。由表 2 可知，我国学者所用的公式基本上包括国外普遍流行的一些主要公式，如彭曼公式、布德科公式、桑斯威特公式、别梁尼诺夫公式、空气饱和差公式以及以空气动力学为基础的经验公式。这些公式引入我国，对我国蒸发研究起了推动作用。运用这些公式进行计算，对我国蒸发的时空分布规律有了大概的认识，并在解决生产实际中的蒸发计算方面起到了作用。

无疑，我国学者所采用的绝大部分公式在理论上是健全的，这在布德科的著作[36]中已有相当详尽的说明。个别公式的理论基础还值得怀疑，例如将蒸发与产量联系起来的公式，就是一种纯经验关系，要普遍运用可能是有困难的。理论基础健全的那些公式，所得结果之精度是不相同的，例如以大量水面蒸发测量或以农田实测资料为基础的那些计算公式，其计算结果的精度当然会好一些，而其他一些外国计算公式直接运用于我国，其计算结果的误差还是很不确定的。当然评论一个公式的优劣，不是只有一个标准，除了考虑计算结果的误差以外，还必须考虑资料的情况、计算工作的方便以及计算结果的运用目标等。

我国蒸发计算工作有明显的不足之处，其一是大多数蒸发计算结果没有经受实际的充分检验，而且客观上也往往缺乏供检验的实测数据。特别当考虑到计算公式和参数都来自外国时，这些计算结果的不确定性就变得更加明显。其二绝大多数计算公式都是为计算长时段、大范围的平均蒸发值而设计的，不能得到各种下垫面、各种水分能量供应情况的计算结果。鉴于这些不足，有时所得结果可能对于如在大的尺度上进行区域分异的研究具有重要的参考价值，而对于如农田灌溉、作物干旱机理以及光合产量形成等的研究用处不大，因为或者由于这些计算公式包括的因子过于简单，满足不了实际要求；或者由于这些计算公式运用于局地条件而产生重大误差。

我国蒸发测定工作目前还相当薄弱，这主要是由于实际测定资料的缺乏，限制了蒸发计算的发展。所以有必要强调加强蒸发测定工作，尤其是陆面蒸发的测定，以期改善蒸发计算方法。但实际上，近年我国蒸发的实验研究工作未得到足够的重视，而投入计算蒸发的力量则相对较强，这固然反映了各方面对蒸发数据的急需，同时也说明我国的蒸发实验工作和蒸发计算工作之间不协调。这种不协调如不改变，蒸发研究工作不可能顺利发展。因为卓越的理论和良好的计算方法既需要有坚实的实验观测做基础，也需要用各种实际资料来检验，国际上知名的研究蒸发的学者，如彭曼、布德科、桑斯威特等，无一不是沿着理论和实践相结合的道路前进的。

三、关于潜在蒸发和实际蒸发

这里着重探讨陆面蒸发的问题。陆面蒸发比水面蒸发更加复杂。陆面蒸发的速率，是一个大气、土壤和植被的诸多因子的函数，它几乎随时随地都处在变化之中，它随地面坡度、坡向、土壤物理性质、植物覆被等的变化而在小距离之内发生的变异，比水文、气象其他要素都要大，以致有人怀疑它能对蒸发做出测量和对其规律进行概括。潜在蒸发（或蒸发力）的概念正是为了克服蒸发易变在研究中造成的困难和便利于蒸发结果运用于实际而提出来的。人们提出潜在蒸发是试图找出一种理想情况下的蒸发，作为一个“标准”速率，去比较各种实际情况下的蒸发和降水。自从潜在蒸发的概念被提出来后，蒸发的理论研究及其实际应用都广泛采用了这一概念。

问题是，如何定义潜在蒸发，或者说如何来定义那个“标准”速率，一直存在不同的看法。这就是说，存在多种潜在蒸发的概念，需要我们做出选择，采取何种概念，以适合我们现有的蒸发观测资料以及我国的自然条件。兹举几种比较流行的潜在蒸发的概念。

Thornthwaite（桑斯威特）认为[54]，潜在蒸发是在对于植物利用水分而言不存在土壤水分亏缺条件下所发生的水分耗损。Penman（彭曼）[39]先将潜在蒸发定义为一个理想的广泛的自由水面存在的大气条件下单位面积上单位时间里的水分蒸发，其后又指出[55]，潜在总蒸发是蓬勃生长的、完全覆盖地面的、高度均一的、水分不缺的短矮绿色植物的连续表面蒸发量。Van Wijk（范·维克）[56]认为潜在蒸发是与所考虑的作物在形状、颜色和大小相似的湿润表面的最大蒸发速率。Van Bavel（范·巴维尔）[57]根据适当的气象变量及植被的辐射和热力学特性定义出任一植被的潜在蒸发，当该表面湿润并对水汽环流产生障碍，则潜在值就达到。布德科在《地表面热量平衡》[36]一书中，列出了一些学者关于蒸发力的概念，总的意思是蒸发力等于湿润表面全部净辐射值用于蒸发的数字，并详细说明了利用饱和差法、积温法和净辐射值三种方法确定蒸发力的可行性，而对于用水面蒸发皿数据代表蒸发力表示了怀疑。Бдаговский（布达戈夫斯基）[58]认为蒸发力就是在现有气象条件下足够湿润（而不限制蒸发）的表面的最大可能的蒸发。

这些定义有共同之处，即潜在蒸发都被定义为水分充分或水分条件没有限制的蒸发。但也有差异，即各学者对下垫面种类，下垫面的空气动力学、热力学和生物学特性，所论潜在蒸发发生的场合与周围环境条件是否均一三个问题上做了不同的限定。其不同限定可概括如下：

下垫面种类：①水面；②特指陆面；③任一陆面。

下垫面性质（如高度、颜色）：①严格限定；②不加限定。

下垫面的均一性：①严格要求；②不加限定。

潜在蒸发概念的不一致导致了以下问题：①以自由水面蒸发作为潜在蒸发；②在一地的理想条件下（如满足彭曼所限定的各个条件）实地测得一地的潜在蒸发；③在特定场合下实地测出水分充分供应条件下的蒸发量，作为这特定场合的潜在蒸发值。第一种方法在我国广泛采用，以自由水面（包括蒸发皿和蒸发池）蒸发资料为基础，建立了一些潜在蒸发的经验公式。第三种方式在我国被一些人采用，特别在农田，建立了一些如小麦、玉米等的潜在蒸发计算公式。第二种方式在我国很少人做过。

我国学者在蒸发力（潜在蒸发）方面的工作，归纳起来有 3 个方面：①改善和简化了原有的蒸发力计算公式，如黄润本等[47]、邓根云[43]等对现有公式的某些项和参数进行了检验、改善；②估算了我国蒸发力，并做了蒸发力分布图，如朱岗昆和杨纫章[38]、钱纪良和林之光[40]、卢其尧等[37]、高国栋等[44]；③对农田蒸发力的测定和规律进行了探讨，如程天文、程维新[13]进行了农田蒸发力的测定，以此为基础对国外一些蒸发力公式进行了检验，并初步提出了一些适合于我国一定范围的蒸发力计算公式。

但是，我们对于众多的潜在蒸发的定义在我国的适用性，对于国外和我们自己提出的潜在蒸发计算公式运用于我国各种自然条件可能产生的偏差，从本质上研究不够，这应该成为我国学者今后研究蒸发力的一个主要内容。

就实践目的而言，人们更加关心实际蒸发，例如农业水分运用、水资源估算、植物光合效率及地气间的水汽交换等，都把实际蒸发的情况看作一项基础资料。但要得到实际蒸发量相当困难，而把点上的测量概括到面上更加困难。潜在蒸发的概念是认识实际蒸发的有用工具，有了潜在蒸发这个“标准”速率，然后扣除与土壤制植被有关联的因子的影响（这些影响在潜在蒸发概念中一般是假定被排除掉了的），就能计算出实际蒸发。换句话说，为了得到实际蒸发，除知道潜在蒸发值以外，还必须着重考虑土壤水分和植物因子。

我国实际蒸发的测定工作在灌溉农田上得到了某些结果。明确了作物生育阶段对农田蒸发的影响①，探讨了土壤有效水分含量在总蒸发过程中的作用[15]，尝试了对作物蒸腾和棵间土壤蒸发进行分割[15]，此外在蒸腾方面做过一些测定[18,19]。考虑到我国国土辽阔，下垫面十分复杂，我们对于陆地蒸发的认识太少了。对山地蒸发、森林蒸发、草原蒸发以及裸地蒸发等研究很少，对其基本上没有了解。

对实际蒸发的测定，两件工作是十分重要的。一件是进行有代表性的小流域的蒸发实验工作，以期得到小流域的直接测定结果，为在更大面积上充分了解实际蒸发的时空分布规律打下基础。Mustonen（麦斯通内）等[59]指出，把点上测量的办法运用到流域大小的面积上，一直没做什么工作。而 Ward（瓦特）[60]则明确认为，这是我们现在研究工作的主要缺陷，假如在最近的将来能满意地克服这一缺陷的话，就有理由认为，在稍长于一个世纪的时间里我们在蒸发测定方面从极端悲观的阶段转到了一个一定程度的乐观阶段。另一件

① 程维新：华北平原蒸发力与作物需水量远距离调水论文集，待出版。

是加强对与蒸发有关的土壤、植物因子的研究，建立适宜于计算实际蒸发的新的模式。Monteith（蒙太司）[61]在彭曼公式的基础上，引入阻抗的概念，导出了彭曼-蒙太司公式。同时，蒙太司等[62]还在气孔阻抗测定方面进行了研究。Brown（布朗）和 Rosenberg（洛森别格）[63]也沿着这条路线建立了阻抗模式。近年来，出现了一些更加复杂的模式，对植被—大气间的交换进行数学模拟，把植被分成多个垂直层次，计算每一层的截留辐射，把显热、潜热和生物化学能量进行分割，还建立了植物对环境反应的子模式。Sinclair（森克雷）[64]描述的模式就是一个例子。

以上是对我国蒸发研究的回顾和展望，概括起来就是：

（1）我国蒸发测定方法方面的主要工作是在 20 世纪 50 年代后半期和 60 年代前半期，水面蒸发的测定工作比陆面蒸发工作做得较多、较好。测定方法上主要采用了液态水分耗损的测量方法，气态传送测量则做得较少。今后要特别加强陆面蒸发的测定工作，并有必要对多种测定方法进行研究。

（2）我国蒸发计算方面取得了不小的成绩，但多数结果没有进行充分的检验，今后应当在加强蒸发实验工作的基础上，逐步改善我国的蒸发计算工作。

（3）我们对于蒸发力只限于用一些公式进行计算，而对其本质缺乏深入的研究。我们对于陆面实际蒸发研究很少，对各种自然条件下的蒸发的规律很少了解。我们应当进行有代表性的小流域的蒸发实验工作以及开展能建立包括诸多因子的计算模式的研究工作。

参考文献

[1] 黄荣翰. 小麦的灌溉需水量. 水利学报，1959（2）.

[2] 竺士林. 水稻田间蒸发蒸腾量的研究. 水利学报，1963（3）.

[3] 王铁生. 水稻需水量的初步分析. 水利学报，1980（6）.

[4] 吴化南. 水稻需水量的预报. 农田水利与小水电，1981（7）.

[5] 茆智. 水稻需水量的计算. 农田水利与小水电，1981（7）.

[6] 杜景川. 冬小麦生育期灌水时间的预测方法. 水利学报，1963（3）.

[7] 张之丽. 安徽省丘陵地区水稻灌溉定额的确定. 水利学报，1963（6）.

[8] 马允吉. 关于田间耗水量的几点认识. 灌溉排水，1982（2）.

[9] 陈宏蕃. 水面蒸发及其换算系数的研究. 水资源研究，1980（1）.

[10] 孙芹芳. 10 平方米蒸发池水面蒸发实验研究. 水文，1981（4）.

[11] 毛锐. 湖泊水域环境的蒸发//地理学会陆地水文学术会议文集. 北京：科学出版社，1981.

[12] 毛锐. 太湖、团酒湖水面蒸发的初步研究. 海洋与湖沼，1981，9（1）.

[13] 程天文，程维新. 农田蒸发与蒸发力的测定及其计算方法//地理集利（12）. 北京：科学出版社，1980.

[14] 赵家义. 用水力蒸发器测定农田蒸发的试验研究//地理集利（12）. 北京：科学出版社，1980.

[15] 凌美华. 冬小麦农田蒸发量及其计算方法的研究//地理集利（12）. 北京：科学出版社，1980.

[16] 王积强. ГГИ-500-50 型土壤蒸发器在山东德州地区的应用. 水文，1982（2）.

[17] 王积强. 自动供水土壤蒸发器. 土壤，1982，14（4）.

[18] 郑度. 甘肃民勤地区春小麦的蒸腾//地理集利（8）. 北京：科学出版社，1964.
[19] 覃世，齐济桑. 利用 Potometer 法对栎树总蒸发的测定//林业土壤研究集利. 北京：科学出版社，1964.
[20] 王正非，崔启武. 树冠蒸散的计算//林业土壤研究集利. 北京：科学出版社，1964.
[21] 信迺诠. 土壤蒸发观测方法的研究. 土壤学报，1962（4）.
[22] WNO，Guide to hydrometeorological Practices. Genera，Switzerland，1970.
[23] I C Mcllroy，A sensitive lowcost weighing system，*Recent advances in measurement technology*. IICA 1975.
[24] R Wind，The lysimeters in the Netherlands，Proc. and Informations. No.3 of the Cttee on Hydrol. Res. T. N. O. 1958.
[25] W. O. Pruitt and D.E.Angus，Large weighing lysimeter for measuring evapotranspiration，*Transaction of the ASAE*，Vol.3，No.2 1960.
[26] J. P. Bell，Neutron Probe Practice. Report No.19 Institue of hydro logy，Wallingford. 1973.
[27] E. L. Creaoen，Soil water assessment by the neutron method. CSIRO Australia，1981.
[28] C. H. M. van Bavel and G.B.Stirk，Scil Water measurement with an Am 241 Be neutron souce and an application to ovaporimetry. J. Hydrol. LO.5 1967.
[29] W. C. Swinbank，The measurement of vortical transfer of heat and water vapour by eddies in the lower atmosphere. J. Metcorol，No.8 1951.
[30] A.J.Dyer and F.J.Mather，Automatic eddyflux measurement with the evapotron. J. Appl. Meteorol. No.4 1965.
[31] A. J. Dyer，B. B. Hicks，K.M. King，The fluxatron-a revised approach to the measurement of eddy fluxes in the Lower atmosphere. J.Appl. Meteorol. No.6 1967.
[32] B. B. Hjcks，A Simple instrument of Reynolds stress by eddy correlaton. J. Appl. Meteorol. No.8 1969.
[33] C. J. Moore，Eddy flux measurements above a Pine forest. Quart. J. Roy-Moteorol. Soc. No.434 1976.
[34] K. Blyth，Remote Rensing in hy-drology. Report No.74 of Institute of hydrology，Walingford. 1981.
[35] 中国科学院地球物理所，中国科学院地理研究所. 中国气候区划. 北京：科学出版社，1959.
[36] M. N. 布德科. 地表面热量平衡（中译本）. 北京：科学出版社，1960.
[37] 卢其尧，等. 中国干湿期与干湿区划的研究. 地理学报，1965，31（1）.
[38] 朱岗昆，杨纫章. 中国各地蒸发量的初步研究. 气象学报，1955，26（1、2）.
[39] H.L. Penman. Natural evaporation from open water，bare soil and grass，Proc，Roy，Soc.，A. 193 1948.
[40] 钱纪良，林之光. 关于中国干湿气候区划的初步研究. 地理学报，1965，31（1）.
[41] 陈力. 最大蒸发量的计算、分析及其应用，气象学报，1982，40（2）.
[42] 贺多芬. 我国北方五省冬小麦生长期自然水分条件及其对产量的影响. 中国农业科学，1979（4）.
[43] 邓根云. 水面蒸发量的一种计算方法. 气象学报，1979，37（3）.
[44] 高国栋，陆渝蓉，李怀瑾. 我国最大可能蒸发量的计算和分布. 地理学报，1978，33（2）.
[45] 刘振兴. 论陆地蒸发量计算. 气象学报，1950，27（4）.
[46] H. A. Багров，О Среднем. многадетнем испарении с поверхность суши，Метеор и

Гидр. No. 10. 1953.

[47] 黄润本，黄伟峰. 论干湿气候指数. 中山大学学报（自然科学版），1980（2）.

[48] L Turc （Л. Тюрк）Баланс почвешийа Влаги. Гидрометеоиздат 1959.

[49] 傅抱璞. 土壤蒸发的计算. 气象学报，1981，39（2）.

[50] 刘昌明. 南水北调水量平衡变化的几点分析. 地理科学，1982，2（2）.

[51] 吴厚水. 利用蒸发力进行农田灌溉预报的方法. 水利学报，1981（1）.

[52] A. И. 布达戈夫斯基. 草原地带蒸发的基本规律性//热水平衡及其在地理环境中的作用问题(第二集). 北京：科学出版社，1961.

[53] C. W. Thornthwaite，An approach toward a rational classification of climate，Geogra. review. Vol.38，1948.

[54] C. W. Thornthwaite，1943—1944 Report of the Committee on transpiration and evaporation. Transactins of the American Ceophysical union. Vol.25， 1944.

[55] H. L. Penman，Disussions of evaporation Neth，J.Agr. Sci.，No.4. 1956.

[56] W. R. van Wijk and D.A de vries，Evapotranspiration. Neth. J. Agr. Sci.，No.2. 1954.

[57] C. H. M. Van Bavel，Potential evaporatiou. The combination concept and its experimental verification. Water Resources Res.，No.2. 1966.

[58] Л. И.Бддаговский и C. C. Савина Испаряемость C псверхноеть растит-елвного покров， Метеорология и Гидролошя No.20. 1956.

[59] S. E. Mustonen and J. L. Mcguinness，Lysimeter and watershed evapotranspiration. Water Resources Res. No.3. 1967.

[60] R.C. Ward，Measaring evapotranspiration. A review. J. Hydrol. No.1. 1971.

[61] J. L. Monteith. Evaporation and environment. Symposium of the society for experimenrtal biology. XIX 1965.

[62] J. L. Monteith and T.A. Bull，A diffusive resistance porometer for field use. J. Appl. Ecology No.6-7. 1970.

[63] K. W. Brown and N.J.Rosenberg，A resistance model to predict evapotranspiration and its application to a sugar beet field. Agron. J. No.3. 1973.

[64] T. R. Sinclair，C. E.Murphey and K.R. Knoerr，Development and evaluation of simaplified models simulating canopy photosynthesis and transpiration. J. Appl. Ecol.，No.3. 1976.

原状土自动称重蒸发渗漏器*

唐登银 杨立福 程维新

一、引言

蒸发渗漏器的发展在国际上有较长的历史，Aboukhaled[1]的著作较系统地进行了总结。我国蒸发渗漏器的利用已有30年的历史[2]。20世纪50年代中国农业科学院对土壤蒸发器进行了研究，从60年代起，中国科学院地理研究所应用ГГИ-500土壤蒸发器、小型水力蒸发器以及自动供水式土壤蒸发器对农作物总蒸发进行了测定，同时水文地质和水利部门建立了若干水均衡场。总体来看，世界气象组织编辑的指南[3]所包含的各类蒸发渗漏器我国都有运用，唯面积大、代表性好、精度高的蒸发渗漏器在我国尚没有。

中国科学院地理研究所为了适应理论研究和应用研究的需要，从1979年起在山东禹城建立了目前以水平衡、水循环为主要研究内容的研究基地。鉴于蒸发研究在水平衡、水循环中极为重要，研究也十分困难，因此它构成了禹城试验基地的主要研究课题之一。实际上一些重要的水文、气象、农业等试验基地，都有良好的蒸发渗漏器[4-9]，根据这些经验，地理研究所1985年在中国科学院禹城综合试验站安装了一台原状土自动称重蒸发渗漏器，它是根据澳大利亚联邦科工组织大气物理部原高级研究员麦克伊洛（I.M. Ilroy）的设计，并在他的帮助下建成的。仪器部件的制造和野外安装主要由地理所金工车间承担。

二、仪器的基本结构

仪器基本结构如图1所示，其各部分分述如下。

（一）土桶及其附件

土桶长2 m、宽1.5 m、高2 m。土桶四壁面为1 mm厚的不锈钢板铆接而成，接合部位均涂抹防渗化学物质。土桶底部由10块厚20 mm、长2.05 m、宽15 cm的钢板组成，钢板之间的间隙可以允许渗漏水排出。土桶四角的内部有4根5 cm宽、4 mm厚的角钢，土桶四周有上、中、下三道槽钢加固。土桶底板下，有两根长2.7 m、截面为10 cm×8 cm、管壁厚1 cm的方管钢托着整个土桶。这两根方管钢的四个端头置于平衡器的载荷梁上。

* 本文发表于《水利学报》1987年第7期第46～53页。

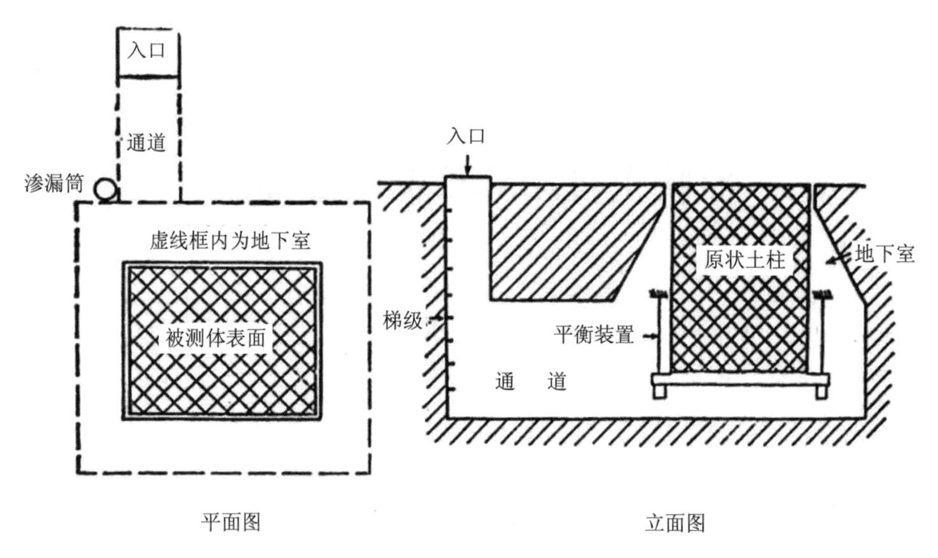

图 1 蒸发渗漏器示意图

土桶内盛原状土，桶内土壤表面与器外大田土面持平。为保证降雨和灌溉时仪器正常工作，土桶上缘露出地面约 10 cm。土桶内土壤体积约 5.7 m^3，按当地土壤容重 1.45 g/cm^3 计，土桶内干土重约 8.3 t，土壤水分变湿时，土桶内土壤总重量可超过 10 t，连同土桶、底板、加固圈、底板托梁等，最大负荷可达 12 t。

（二）地下室

系统包括地下室主体、通道及出入口，全部由厚 3 mm 的钢板在现场焊接而成。地下室主体包围土桶，分两层，一层是下部的长方体，另一层是上部的梯形立方体。长方体高 1.5 m，底面积 9.24 m^2（3.3 m×2.8 m，地下室壁距土桶壁 0.65 m）；梯形立方体的上缘壁与土桶壁的间隙约为 3 mm。地下室总计深约 2.3 m。地下室出入口面积 0.36 m^2（0.6 m×0.6 m），有梯级供出入。连接地下室主体和出入口的是一个 2 m 长、60 cm 宽、1.2 m 高的通道。地下室主体地基有约 30 cm 厚的钢筋混凝土，通道及出入口的地基约为 10 cm 厚的混凝土。

（三）平衡装置

装置原理同普通杆称，基本构成见图 2，由载荷杆、悬吊钢丝、支持点、称杆和配重杆组成。土桶负荷由土桶底部两根方钢托起而放置在载荷杆 A 和 A'上，全部平衡装置在土桶四周，两者间要保持一定间隙，以保持平衡装置动作自如。B、B'、C_1、C_1'、C_2、C_2'为称杆，在称杆 B 和 B'的内外侧，各有四个青铜滑轮，直径 4.2 mm 的钢丝绳经由外滑轮将称杆与载荷梁连接，同样的钢丝绳经由内滑轮与上部顶梁连接，上部顶梁放在支柱上。内外滑轮之间的距离约 90 mm，称杆 C_1、C_1'、C_2、C_2'的长度均为 1 980 mm，两者之比为 1∶22。当土柱负荷通过托梁加载于载荷梁上时，称杆 C_1、C_2 和 C_1'、C_2'就要向上抬起，于是就需要配重杆 D 和 D'，供挂重物之用，以便 C_1、C_2 和 C_1'、C_2'都保持平衡。根据土柱总负荷，最大配重大约需 600 kg。随着土柱重量的增加或减少，配重量也应相应增加或减少。本仪器的称杆和配重杆均系方管钢制成，顶梁和底梁分别为两根厚 15 mm 的钢板连接而成。由上可知，平衡装置实际上是由两组类似于普通杆称的平衡器组成，两组平衡装置由两个等力矩联结器连成一体，形成一个整体的平衡装置。

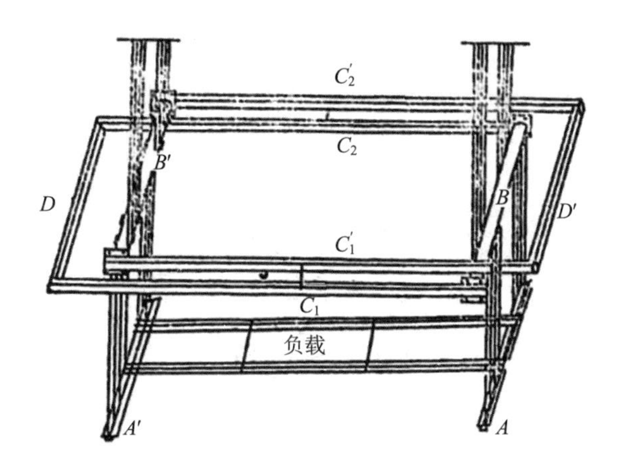

图 2　平衡装置示意

（四）称量控制系统

它是由接近开关、螺旋平衡棒、可逆直流电机、电位器、电路及记录仪组成的机械平衡和检测系统（图 3）。本系统的作用是微调平衡及输出数据。

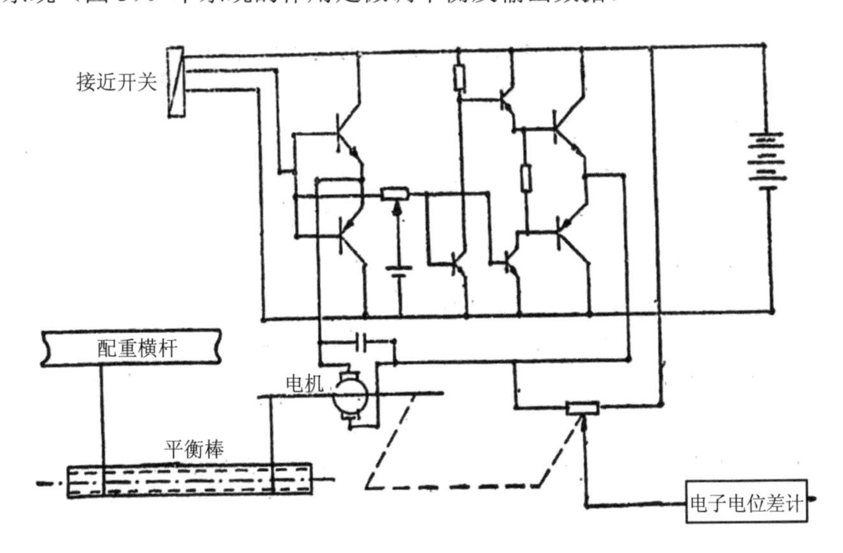

图 3　称量控制系统

（五）渗漏搜集和测定装置

在土桶底部安装有搜集渗漏水的渗漏槽。渗漏槽由 3 mm 厚的橡胶板黏接而成，土柱内的渗漏水分经由底板间隙注入渗漏槽，然后排入渗漏筒内。当大田地下水位高于 2 m 时，渗漏槽也可充水，以模拟土柱保持实际的地下水位条件。

三、仪器的安装程序

野外安装程序如下。

（一）场地和时间选择

场地选择应注意代表性，在农田微气象研究中安装蒸发渗漏器，特别要注意选择在平坦、开阔、排水良好、土壤肥力适中、作物生长良好的地段上。该仪器安装在禹城试验站的开阔平坦地段上，南北虽有防护林，但北面防护林和障碍物（10 m 高的建筑）距仪器 300 m 左右，南边防护林约距 150 m，东西两面 50 m 到达田块地边，隔着小道和排水沟，仍是大片农田。因此仪器所在地段，受障碍物影响小，能代表周围的大片农田。时间选择，原则上在一年的任何时间、不管有无作物或作物的覆盖程度都可以进行安装，但应避开雨季、地下水位很高和土壤太干的时段，因为这要增加安装的困难，特别是当需要抽水才能进行安装时，宁可推迟进行。

所有仪器部件和工具运往安装点时应当总是通过一条小道，而且有可能的话，最好在风向频率的最低方位上。全部安装程序，包括挖掘、物件运送、混凝土浇注等都应格外小心，减少对周围土壤的破坏，土桶包围的区域及其邻近地区更应倍加保护。

（二）装土

就是把一个上无盖、下无底的长方桶充填原状土，基本方法是借助于切割器在重压下把土壤充填入长方桶内。具体做法如下：

把一个下有刀口、由四根角钢组成的切割器摆放在场地上，切割器四面尽可能垂直向下，两邻面之间尽可能相互垂直，下面刀口应基本在一水平面上。切割器放好后，长方土桶置于其上并与之相连，其方法如下，下缘向外突出一个小边的土桶，被切割器及上部四根角钢夹住，通过螺钉将它们连成一个整体（图 4）。切割器的内表面与土桶的内表面不要在一个平面上，两者之差约 3 mm（土桶包围的面积稍大于切割器包围的面积），这样可以保证土壤进入土桶时摩擦力不会太大，并使切割的土壤刚好被土桶包围。土桶的长边垂直于作物行向，短边平行于作物行向。

土桶与切割器连接后，开始取原状土，先进行垂直切割（图 5），对切割器加重压，土桶与切割器将一起向下行进。当切割器进入土壤约 5 cm 时，用铁锹和小刀去掉切割器外面的土壤，再对切割器加压，土桶继续下行，至约 5 cm 深时，又去除切割器外面的土壤。逐次对切割器加压，土桶逐次下行，土壤逐渐进入土桶，直至土桶完全装满土壤（土桶上部

10 cm 不装土），取原状土的任务就算完成。

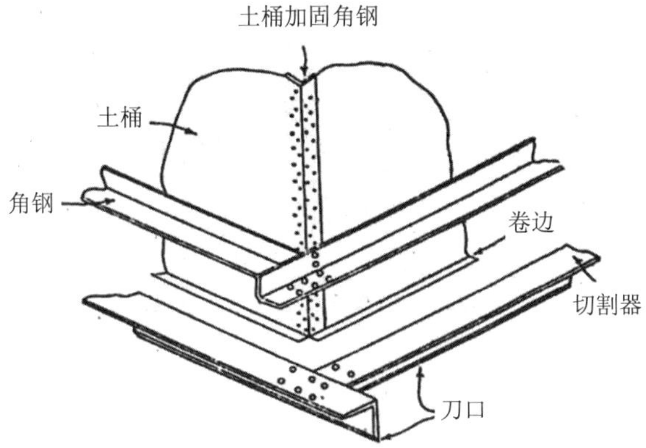

图 4 土桶与切割器连接

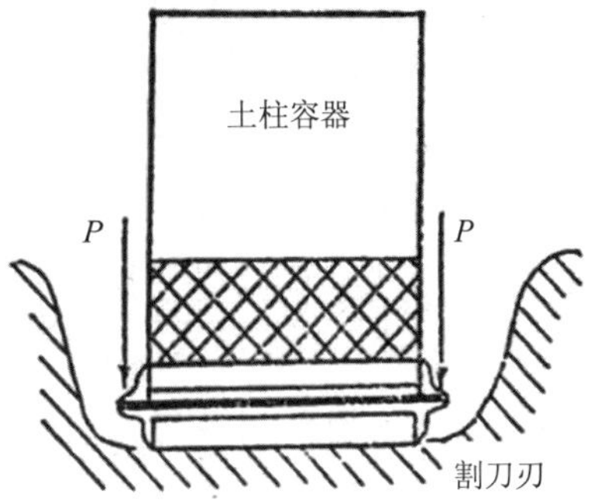

图 5 垂直切割

取原状土时应当注意：①经常检查土桶是否垂直，是否扭曲。如有倾斜或扭曲，应随时纠正，否则会带来困难，甚至前功尽弃，取不成原状土。②周围开挖面积应尽可能小，本次仪器安装时开挖宽度约 1 m，这个土桶周围的开挖槽是以后修建地下室和安装天平的场所。③用铁锹和小刀去除靠近土壤切割器的土壤应十分小心，避免对原状土的破坏。

垂直切割过程中对土桶加固，办法是安装槽钢加固圈。土桶下缘的一道角钢视为第一道，当土桶下到 1/2 处，在土桶中部加一道加固圈，待原状土完全装入土桶后，在上部再加一道加固圈。

（三）原状土底部分离

原状土在垂直方向上切割完成后，将切割器取出，在土桶下缘进行水平切割，以分离土柱。为做到这点，围绕土柱桶的基部放置一个水平切割架，这个架的目的是造成一个导道，以利于土桶底板（10 块）逐块进入（图 6）。头一块底板有对称尖锐锋利的刀口。为了把这一块以及后续块顶入，把千斤顶置于水平位置，令千斤顶顶住尾部，摇动千斤顶柄，所产生的力把底板逐块推入土体，完成水平切割。

（四）吊起土柱桶

底板全部推入后，把水平割架去掉。清除底板以下的土壤，先在底部两端去除土壤，逐渐往里，待挖到从端点算起的全底板长的 1/4 处时，把两根托底方钢塞入，托住底板。方钢下用千斤顶或木块支持，随即挖掘底部所剩余的土壤，挖净为止。此时土柱桶的重量被千斤顶（或木块）所承受。为安全起见，除在方钢下放置千斤顶（或木块）外，还在上部安置了四个倒链，倒链钩住方钢，土柱桶就被倒链吊起（图 7）。

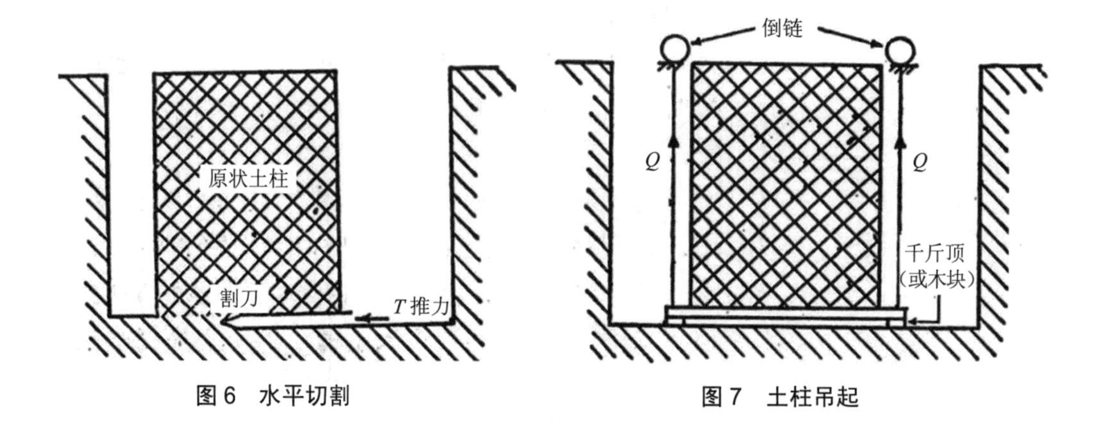

图6 水平切割　　图7 土柱吊起

（五）浇注混凝土地基

临时去掉底部支持的千斤顶（或木块），土柱完全被倒链吊着，突击加深去除土壤，直到所需要深度 2.6 m，紧急浇注混凝土 30 cm 深，然后把事先制备好的一块地下室底板（经焊接而成并在底面涂上沥青的钢板）平铺在混凝土上面，最后松开和去掉倒链，令土柱方钢托梁置于千斤顶（或木块）之上。

（六）安装天平

事先把四根天平基座、两根载荷梁、两根顶梁、两根配重杆、六根称杆、滑轮、钢丝绳及其他用具准备好，按图 2 组装平衡装置，按图 3 组装称量控制系统。

（七）天平承受载荷

天平安装完毕后，通过调节钢丝绳的长度及顶梁的高度，逐渐把土柱重量加于天平上，并使土壤表面达到地面同样的高度，当土柱的重量接近于全部为天平所承受时，把底部千斤顶（或木块）拿开。为安全起见，重新置入适当高度的坚硬木块，使木块顶面与土柱桶托梁底面保持一定距离（如 3 mm），以防万一钢丝绳断裂，伤人毁物。

（八）修建地下室

完成上述工序后，即修建地下室、通道及出入口。地下室底部钢板安装已在混凝土浇注时进行。现在开挖通道及出入口，浇注混凝土地基，把制备好的钢板在实地焊接起来。与土壤接触的钢板表面涂抹沥青，地下室内钢板表面涂抹油漆。

（九）安装渗漏槽

把事先制备好的橡皮渗漏槽送入地下室，安装于土柱下部，并有出水口与渗漏筒连接。

（十）修建防护盖

由图1可知，土柱桶与地下室壁有一个间隙，约3 mm，用薄板建一防护盖，以防水等进入地下室。

以上全部工序完成，蒸发渗漏器即建成。最后需要清理现场，回填土方，平整土地，提供给蒸发研究运用。为使蒸发渗漏器正常运转，需引入电源（在没有交流电的情况下，用直流电），还需修栏杆，以防人畜、农业机械突发性重压仪器。

四、仪器的主体

图8是地下室内的仪器主体结构，包括平衡装置（图上只注明主支撑梁和承载底梁）、土桶（图上注明负载容器）和称量控制系统（图中只显示自动补偿系统，见图3）。

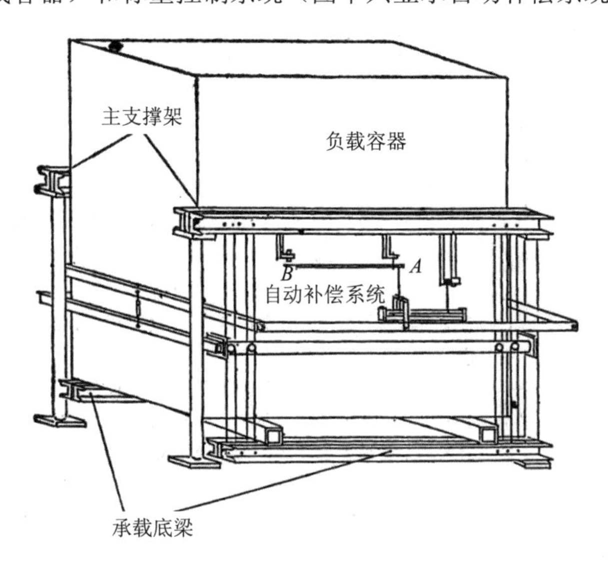

图8 仪器主体部分示意

仪器的主体部分包括该仪器的关键部分，同时显示该仪器如何动作。负载容器（土筒）被方管钢托着，方管钢置于承载梁上，这如同一个物体放在衡器上。按负载容器重量的大小在衡器的配重杆上加重物，以让平衡装置大致保持平衡，这犹如粗调——选配大砝码。然后细调，即通过自动补偿系统精确测定负载容器的重量。这自动补偿系统通过电路加以控制，并在电子电位差计上加以记录。自动补偿系统只能在一定范围内动作，超过其范围需人工增加（或减少）配重杆上的重物。

仪器在使用过程中需要定标，即在负载容器内加（或减）已知重量的物体，同时在电子电位差计上记录格数，即得每格代表的重量变化。定标通常在无风、土桶本身的重量变化微小时进行。

五、仪器特征

（一）盛原状土

其优越性是公认的。国外已有的蒸发渗漏器有原状土的，也有用扰动土的。原状土的代表性好，自不待言。而对扰动土得到的蒸发测量结果，存在一些相互矛盾的看法，一些报告说，如果作物生长得到控制，则蒸发蒸腾的测量不会带来严重的误差，如 Dagg[11]的报告，扰动土蒸发渗漏器内茶树的生长率与外面的没有差别。可是有的报告表明，蒸发器内的作物与外部作物的差异很大，如 Cambell 等[10]报告，扰动土蒸发渗漏器内的甘蔗产量远高于仪器周围的产量。Barrada[12]报告，扰动土蒸发渗漏器的玉米高度、产量和蒸发量趋向于比田间的相应值要高。说到入渗和渗透，扰动土蒸发渗漏器一般都会认为有巨大误差。因此总体来看，在条件许可时应采用原状土蒸发渗漏器，它能取得毋庸置疑的测定结果，唯一问题是经费较高，如 Armijo 等[13]介绍了一个 25 t 重的称重蒸发渗漏器（直径 3.05 m，深 1.22 m），总费用为 51 000 美元（1970—1971 年），几乎比一台类似的扰动土的蒸发器的费用高 1 倍。

原状土蒸发渗漏器的取土费时费事，扰动土蒸发渗漏器取土，也需采取特别措施尽量使土壤恢复原来的情况，例如加利福尼亚州戴维斯的蒸发渗漏器[4]取土就十分小心谨慎，挖蒸发器坑时，将每 30 cm 一层的土壤分别堆放，然后按正确的顺序填回蒸发器土桶，每次大约填 40 cm，通过多次加水及排水，使每 40 cm 厚的松土大约减少 10 cm，在装土完毕后大约经过 2 个月，土壤状况就非常接近于原来田间土壤的容重。

（二）面积大

3 m^2 的面积一般可种植小麦 1 000 株以上，种植棉花或玉米可达 20 株左右，因此在包括植株的数量和植物冠丛的结构、生理生态特征上，可能与仪器外的作物十分近似。本蒸发渗漏器的土桶壁和地下室壁非常薄，分别为 1 mm 和 3 mm，它们之间的间隙仅为 3 mm，保证了蒸发渗漏器和器外大田作物是一个比较均匀的连续表面。Aboukhaled[1]引用了几篇文献，证明蒸发渗漏器大小的重要性：Samil 等的结论是，面积为 0.27 m^2 和 2 m^2 的蒸发渗漏器的总蒸发比 5 m^2 的蒸发渗漏器分别高出 27%和 8%；Sarraf 等报道，按月总蒸发计算，0.27 m^2 的蒸发器要比 4 m^2 的蒸发渗漏器大约高 10%，如累计 10 天的总蒸发量，差异为 17%，而 4 m^2 的蒸发渗漏器的月蒸发值与 16 m^2 的总蒸发值十分一致，差异为 1%～2%；Thompson 等发现，三台 3.70 m^2 的精密蒸发渗漏器的甘蔗耗水值与一台 405 m^2 的蒸发渗漏器的测定值近似。这些报道证明，面积为 3 m^2 的蒸发渗漏器是完全合适的。

（三）环境条件好

文献[1]引述了一些实际例子，尼日利亚 Samaru 的蒸发器四周至少有 60 m 长有均匀作物的土地；加利福尼亚州戴维斯的蒸发器放在一块 5 hm^2 的田块［（350×144）m^2］，其位置使85%左右的风从来的方向吹过这块地的距离在156～195 m：黎巴嫩塔尔阿马拉蒸发器的草缓冲区为2 hm^2，接着是要研究的作物2 hm^2。蒸发渗漏器周围环境的考虑，主要是为了去掉平流的影响，据Stanhill[14]报道，缓冲区50 m内的平流很重要，但200 m以外的平流无足轻重。

禹城蒸发渗漏器所安装的地段的平流情况，已初步开展研究。按上述例子看，禹城站仪器的环境条件是合乎要求的，仪器所处地块面积约2.5 hm^2（250 m×100 m），东、西、北三个方向上隔小路和排水沟与其他大片农田为邻，总体上是平坦、均匀、开阔的地段。

（四）称量系统优越

据试验，称量系统可以灵敏地反应40 g的重量，相当于蒸发器内0.013 mm水分的重量变化，具有很高的分辨率，可以求出短时段的蒸发量。

（五）制造容易、安装简便、成本低廉

全部仪器部件只需一般的工具和一般的技术工人条件就能制造；安装也不困难；所需材料易于获得；自行安装，成本远低于国外同类仪器。

六、结语

本文介绍了中国科学院地理研究所1985年在山东禹城安装的称重蒸发渗漏器的基本结构、安装程序和特点。就仪器的制造和安装来说，可进一步提高和改善；就仪器特性来说，还有许多研究工作需要进行，例如土桶内水分、热量、作物状况及其调节等。除了仪器本身方面的工作外，如何充分利用仪器推动蒸发研究，推动地表物质能量迁移转换的研究，应是一项相当长期的任务。

参考文献

[1] Aboukhaled A，Lysimeters. FAO Irrigation and Drainage Papers，1982（39）.

[2] 唐登银，程维新，洪嘉链. 我国蒸发研究的概况与展望. 地理研究，1984（3）.

[3] WMO. Guide to hydrological practices. WMO，1974（168）.

[4] Pruitt W O，et al. Large weighing lysimeter for measuring evapo-trans-piration. Trans ASAE，1960.

[5] Mukammal E I，et al. Mechanical balance electrical readout weighing lysimeter. Boundary Layer Meteorol，1971.

[6] Mcllroy I C，et al. The aspendale multiple weighed lysimeter installation Division Meteorol. Physics Paper，1963（14）.

[7] Rosenberg N J，Microclimate：the biological environment. New York，1974.

[8] Shinji Nakagawa. Concepts of evapotranspiration and their applicabilities. Environmental Research Center，The University of Tsukuda，1982.

[9] Popov O V. Lysimeters and hydraulic soil evaporimeters. Colloque de Hannoversch-Munden. Associate Int.

D' Hydrol. Sci. Publ.，1959（49）.

[10] Campbell R B，et al. Evapotranspiration of sugar cane in Hawaii as measured by in-field lysimeters in relation to climate. Proc. 10th Congress. Int. Soc. Sugar Cane Tech.，1959.

[11] Dagg M. A study of the water use of tea in East Africa using a hydraulic lysimeter. Agricultural Meteorology，1960（7）.

[12] Barrada Y. Water balance studies. FAO Irrigation and Drainage Paper，1973（13）.

[13] Armijo G D，et al. A large undisturbed weighing lysimeter for grassland studies. Trαns. ASAE，1972.

[14] Stanhill G. The concept of potential evapotranspiration in arid zone agriculture. Acts de Colloque de Montpellier，1965.

一种以能量平衡为基础的干旱指数*

唐登银

摘　要：本文以能量平衡公式为基础，根据实际蒸发与潜在蒸发的关系依赖于土壤水分含量的事实，导出一种表达干湿状况的指标——土壤水分干旱指数。

关键词：干旱指数　气候分类　地表温度　蒸发

干湿分异在理论上和实践上都具有重要意义。干湿状况的研究，为多学科的学者们所注意。仅在气候分类的研究中就有过多种干湿指标，柯本分类[1]、桑斯威特分类[2-5]、布德科分类[6]中所采用的指标影响较大，直到不久前，学者们还在讨论和发展这些指标[1,7,8]。

初期，利用降水量的多寡以及降水量的季节分配作为干湿区分的依据。接着发现同样的降水在不同热量条件下有效性是不相同的，于是提出了降水-温度的对比关系来作为干湿区分的指标。鉴于降水-温度的对比关系的物理意义并不明确，又提出降水与蒸发的对比关系来区分干湿状况，考虑到实际蒸发测量的困难及广泛变异性，于是提出潜在蒸发的概念，并在潜在蒸发的估算方面进行工作，然后把降水和潜在蒸发进行比较，以得到地区的干湿程度。不难看出，干湿分异研究的进展与蒸发研究的进展紧密相关，正是桑斯威特、Bowen（波文）[9]、布德科、Penman（彭曼）[10]等在蒸发研究的不断发展中促使干湿区分研究的进步。

从多年平均状况来说，用降水和潜在蒸发的对比关系来表示干湿程度，大概是合适的。可是就某一相对较短时段而言，一定的降水与潜在蒸发的对比关系并不代表一定的干湿程度，因为这种对比关系并不直接反映当时的土壤水分状况，比如，某一时段降水量少，潜在蒸发量大，降水和潜在蒸发的对比关系反映出的将是干燥，可是如果上一时段降水量很大，土壤储存水分量很多，则此时段可能并不很干旱。因此用降水-潜在蒸发的对比关系来表征干旱有一定的局限性。能否找到一种指标，使它与土壤水分的含量相联系，能客观真实地反映地面干湿状况。本文的任务，就是以能量平衡公式为基础，根据实际蒸发与潜在蒸发的关系依赖于土壤水分含量的事实，导出一种表达干湿状况的指标——土壤水分干旱指数。

---

* 本文发表于《地理研究》1987 年第 6 卷第 2 期第 21～31 页。

一、理论

水分供应是蒸发过程的基本条件之一，土壤水分含量对蒸发速率有一定的影响。尽管土壤水分含量与蒸发速率之间的关系并未完全清楚，但一般认为，存在一个土壤水分含量临界值。当土壤水分含量超过此临界值时，蒸发速率不受土壤水分供应的限制，而仅与气象条件有关；当土壤水分含量低于此值时，蒸发速率除与气象条件有关外，还随着土壤水分有效性的降低而降低。把现有气象条件下充分供应水分的蒸发定义为潜在蒸发 E_0，则有理由认为水分充分供应条件下的实际蒸发量 E_a 等于潜在蒸发 E_0，即 $E_a/E_0=1$，而当水分供应受限时，E_a/E_0 比值小于 1，且随土壤水分含量的减少而变小，直到水分供应停止时，$E_a/E_0 \to 0$。这就是说，可以由 E_a/E_0 的比值来判别土壤水分干湿程度。设土壤水分干旱指数为 SWSI，则

$$\mathrm{SWSI} = 1 - \frac{E_a}{E_0} \tag{1}$$

SWSI 能反映土壤湿润状况，该指数在 0～1 变动，当水分供应充分、蒸发速率不受限时，SWSI=1，即非常湿润，当水分供应非常困难、蒸发严重受阻时，SWSI 可趋近于 1，即极端干旱的情况。

问题在于土壤水分干旱指数如何求取？潜在蒸发虽也有困难，但大量工作已经证明可以根据地面气象观测资料而得到。而实际蒸发，在通常情况下，既没有实测资料，又没有现存的计算方法。Monteith（蒙蒂思）[11,12]和 Jackson（杰克逊）[13]等的工作为解决这一难题提供了基础。他们的工作将蒸发面的温度和蒸发联系起来，避开困难的实际蒸发项，而代之以表面温度和其他一些较易得到的参数。以下将看到，式（1）中的 SWSI 是怎样与表面温度及其他气象要素相关联的。

土壤表面的能量平衡方程可写为

$$R_n = H + \lambda E + G \tag{2}$$

式中，R_n 为净辐射，W/m^2；H 为从土壤到空气的显热流，W/m^2；λE 为潜热流（土壤蒸发所消耗的热量），W/m^2，λ是汽化潜热，E 是蒸发量；G 为土面以下的热流，W/m^2。

按照蒙蒂思[14]，把显热流和潜热流看成是一种电流的类似物，则有

$$H = \rho C_p (T_s - T_A) / r_a \tag{3}$$

和

$$\lambda E = \rho C_p (e_s^* - e_A) / \gamma (r_a + r_s) \tag{4}$$

式中，ρ为空气密度，kg/m^3；C_p 为空气比热，J/（kg·℃）；T_s 为土面温度，℃；T_A 为空气温度，℃；e_s^* 为温度 T_s 时的饱和水汽压，Pa；e_A 为空气水汽压，Pa；γ 为干湿表常数，Pa/℃；r_a 为空气动力学阻抗，s/m；r_s 为表面对水汽传送的阻抗，s/m。

式（2）中的 G 在净辐射中所占比例在许多情况下较小，暂把它略去。同时引入饱和水汽压对温度的斜率 Δ（单位取 Pa/℃），即

$$\Delta = \frac{e_s^* - e_A^*}{T_s - T_A} \tag{5}$$

式中，e_A^* 为空气温度 T_A 时的饱和水汽压，Pa。联立解式（2）～式（5），得

$$\lambda E_a = \frac{\Delta R_n + \rho C_p (e_A^* - e) / r_a}{\Delta + \gamma(1 + r_s / r_a)} \tag{6}$$

这就是表示实际蒸发的彭曼-蒙蒂思公式[14]，式中的 $e_A^* - e$ 即为空气饱和差。如果充分湿润，即 r_s=0，则式（6）可变成

$$\lambda E_a = \frac{\Delta R_n + \rho C_p (e_A^* - e) / r_a}{\Delta + \gamma} \tag{7}$$

这就是表示潜在蒸发的彭曼公式[10]。注意到本文把潜在蒸发定义为现有气象条件下水分充分供应时的蒸发，因此式（7）右端的各项等于公式（6）右端的相应项。

这样，将式（6）、式（7）代入式（1），就有

$$\text{SWSI} = \frac{\gamma(1 + r_s / r_a) - \gamma}{\Delta + \gamma(1 + r_s / r_a)} \tag{8}$$

式（8）就是计算土壤水分干旱指数 SWSI 的公式，式中的γ 为干湿表常数，Δ 为饱和水汽压对温度的斜率，不难得到，唯有 r_s / r_a 的直接求取很困难。我们仍然采用间接的办法，寻找 r_s / r_a 和其他较易得到的参数的关系。联立解式（2）～式（5），可得

$$\frac{r_s}{r_a} = \frac{\gamma r_a R_n / \rho C_p - (T_s - T_A)(\Delta + \gamma) - (e_A^* - e_A)}{\gamma[(T_s - T_A) - r_a R_n / \rho C_p]} \tag{9}$$

式(9)表明：r_s / r_a 取决于净辐射 R_n、表面温度和空气温度差$(T_s - T_A)$、空气饱和差$(e_A^* - e)$、空气动力学阻抗 r_a、干湿表常数γ、饱和水汽压对温度的斜率Δ、空气密度ρ 和比热 C_p，也就是说 r_s / r_a 可以与气象参数联系起来。一般地，在中性条件下，空气动力学阻抗 r_a 是风速的函数，并具有

$$r_a = \frac{\left(\ln \frac{Z}{Z_0}\right)^2}{K^2 u}$$

式中，Z 为高度；Z_0 为粗糙长度；K 为卡玛常数；u 为风速。

在非中性条件下，r_a 可以经过另外的订正而得到，这里不再说明。

根据实际资料，按式（9）计算 r_s / r_a，代入式（8），即得土壤水分干旱指数 SWSI。为了更直观地了解 r_s / r_a，需再做分析。根据式（9），很容易得到

$$T_s - T_A = \frac{r_a R_n}{\rho C_p} \cdot \frac{\gamma\left(1 + \frac{r_s}{r_a}\right)}{\Delta + \gamma\left(1 + \frac{r_s}{r_a}\right)} - \frac{e_A^* - e_A}{\Delta + \gamma\left(1 + \frac{r_s}{r_a}\right)} \tag{10}$$

式（10）是 r_s / r_a 和 $T_s - T_A$ 联系的另一种形式，便于分析土壤干湿的两种极端情况。当水分

供应停止，表面对水汽传送的阻抗很大，$r_s \to \infty$，式（10）变成

$$T_s - T_A = \frac{r_a R_n}{\rho C_p} \tag{11}$$

式（11）表明，在极端干旱的情况下，地面温度和气温之差$T_s - T_A$只与空气动力学阻抗和净辐射有关。

当水分供应充分，表面对水汽传送的阻抗小到可以忽略，即$r_s=0$，式（10）变成

$$T_s - T_A = \frac{r_a R_n}{\rho C_p} \cdot \frac{\gamma}{\Delta + \gamma} - \frac{e_A^* - e_A}{\Delta + \gamma} \tag{12}$$

式（12）表明，$T_s - T_A$受r_a、R_n和$e_A^* - e_A$的制约。

式（11）和式（12）的几何意义如图 1 所示，纵坐标为$T_s - T_A$（地面温度和空气温度之差），横坐标为$e_A^* - e_A$（空气饱和差），EF线满足式（11），GH线满足式（12），分别表示水分停止供应和充分供应时$T_s - T_A$的情况。

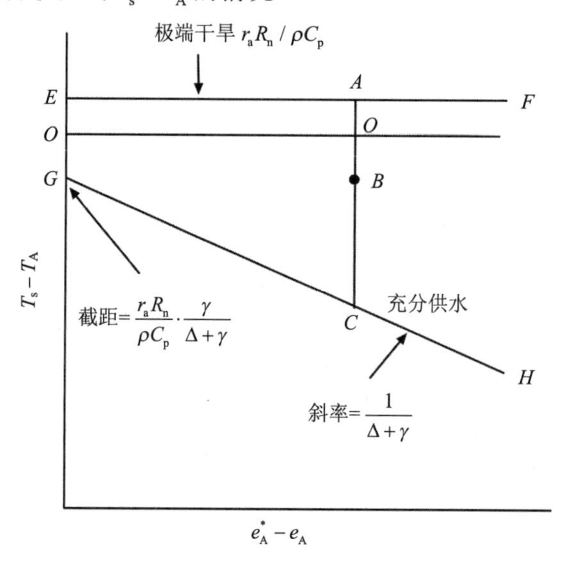

图 1　土壤水分干旱指数图解

两种极端状况之间的r_s / r_a有什么意义？将式(9)分子、分母各除以$(\Delta + \gamma)$，得到式(13)。这样式（13）的右端诸项在图 1 上都有了明显的意义。设在干湿两种极端之间有一点 B，并从 B 点沿垂直方向延长，交 EF 和 GH 分别于 A 和 C，则 A 和 C 分别代表极端干旱和湿润两种状况。

$$\frac{r_s}{r_a} = \frac{\frac{\gamma}{\Delta + \gamma} \frac{r_a R_n}{\rho C_p} - (T_s - T_A) - \frac{e_A^* - e_A}{\Delta + \gamma}}{\frac{\gamma}{\Delta + \gamma}\left[(T_s - T_A) - \frac{r_a R_n}{\rho C_p}\right]} \tag{13}$$

不难看出

$$AO = \frac{r_a R_n}{\rho C_p}$$

$$OB = -(T_s - T_A)$$

$$OC = -\left(\frac{r_a R_n}{\rho C_p}\ \frac{\gamma}{\Delta+\gamma} - \frac{e_A^* - e_A}{\Delta+\gamma}\right)$$

于是式（13）就可以变成

$$\frac{r_s}{r_a} = \frac{BC}{AB} \times \frac{\Delta+\gamma}{\gamma} \tag{14}$$

将式（14）代入式（8），即得

$$\mathrm{SWSI} = \frac{BC}{AC} \tag{15}$$

根据式（14）和式（15），在图 1 上可看到r_s / r_a和 SWSI 的明显物理意义。在其他气象条件（r_a、R_n、$e_A^* - e_A$等）确定时，r_s / r_a随着$T_s - T_A$增加（或减小）而增加（或减少），在$\frac{\Delta+\gamma}{\gamma}$和 0 之间变动；而 SWSI 也一样，随着$T_s - T_A$增加（或减小）而增加（或减少），在 1 和 0 之间变动。

通过图 1 的分析，我们可看出，SWSI 的求取也可以采用图解的方法，图解方法归纳如下：①根据空气动力学阻抗 r_a、净辐射 R_n的资料以及ρ、C_p的数据按式（11）计算出水分供应完全受阻时的$T_s - T_A$，在图上画出 *EF* 线。②按式（12），在图 1 的纵坐标上点截距$\frac{r_a R_n}{\rho C_p}\ \frac{\gamma}{\Delta+\gamma}$，然后以$1/(\Delta+\gamma)$为斜率，做出直线 *GH*，表示水分充分供应时的$T_s - T_A$。③把一定地点、一定时段实际发生的空气饱和差和地面气温之差点于图 1 上，即 *B* 点。④过 *B* 点作垂线与 *EF*、*GH* 分别交于 *A* 和 *C*。⑤测量长度，根据式（15）求取 SWSI。

二、算例

对北京市 1980 年的各月的土壤水分干旱指数进行了计算。大部分气象要素资料取自《中国地面气象记录月报》①，计有土壤表面温度、空气温度、空气相对湿度（据以查表求出空气饱和差）、风速（据以计算空气动力学阻抗 r_a），在计算时都取 14 时的月平均值。计算需要净辐射 R_n资料，北京气象台只有一天五次的总辐射资料，我们只好利用 12：30 的总辐射资料乘以 0.5 求取 R_n以满足所需。各项系数，包括γ、Δ、ρ、C_p按 Monteith（蒙蒂思）[14]的著作附录取值。

按式（11）和式（12）逐月进行计算并绘出图 2，在图上求取各月土壤水分干旱指数。从图 2 可以看出北京市 1980 年各月两种极端水分状况下的地温气温差以及实际发生的状况（点 *B*），并同时注明了各月的土壤水分干旱指数。

---

① 北京气象中心室编：中国地面气象记录月报，气象出版社。

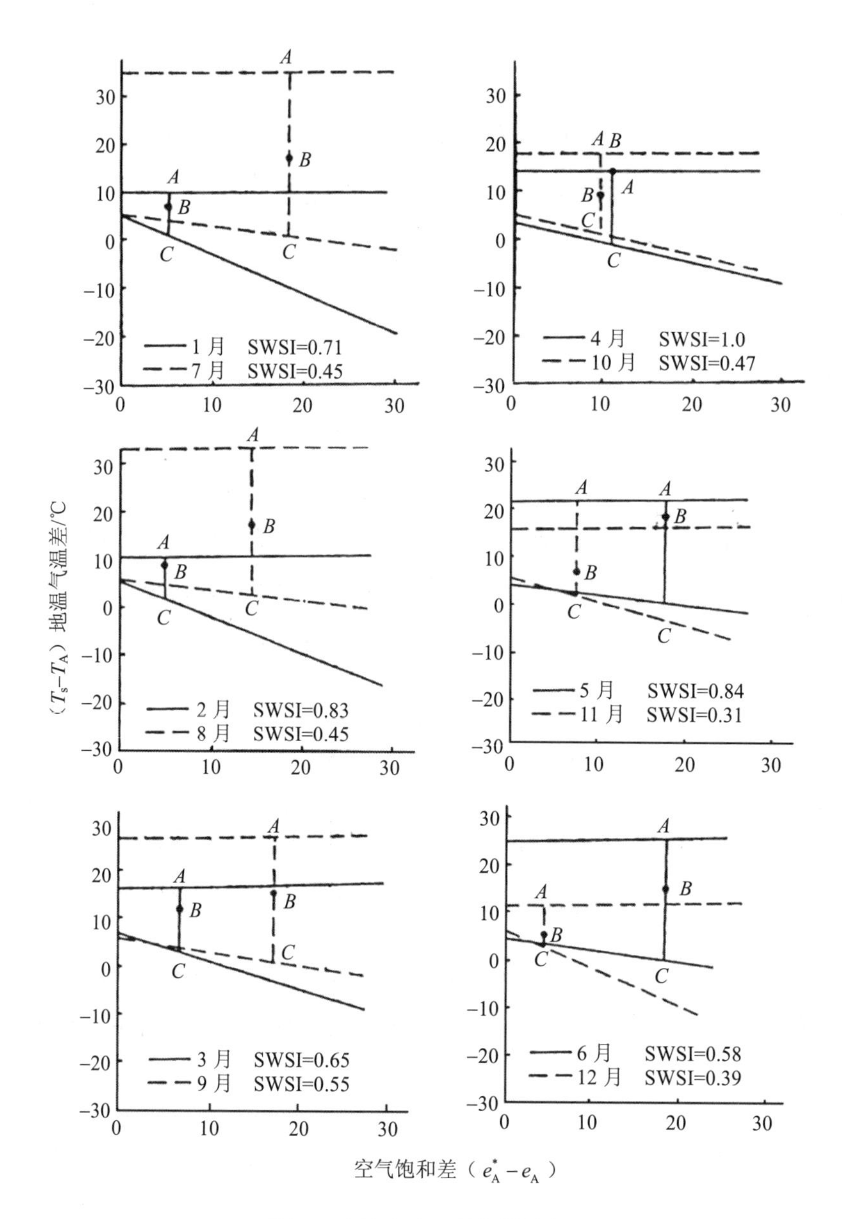

图 2　土壤水分干旱指数算例

将所得土壤水分干旱指数与月平均气温、月降水量绘于图 3 上，看来土壤水分干旱指数是能反映该年各月的土壤干湿状况的：春季（3—5 月）干旱，夏季（6—8 月）湿润，秋季（9—11 月）湿润，冬季（12 月、1 月、2 月）由湿润趋于干旱。特别值得一提的是，7 月降水量不大，但干旱指数较小（SWSI=0.45），反映土壤湿润，这大概由于 6 月降水量大，土壤水分储蓄了较多水分；11 月降水量极少，可土壤水分干旱指数最小（SWSI=0.31），这大概由于秋季雨水一直较丰沛，土壤墒情较好。春季 3 月土壤水分干旱指数有一个下落（SWSI=0.65），可能由于春天解冻时期土壤上层返潮变湿。

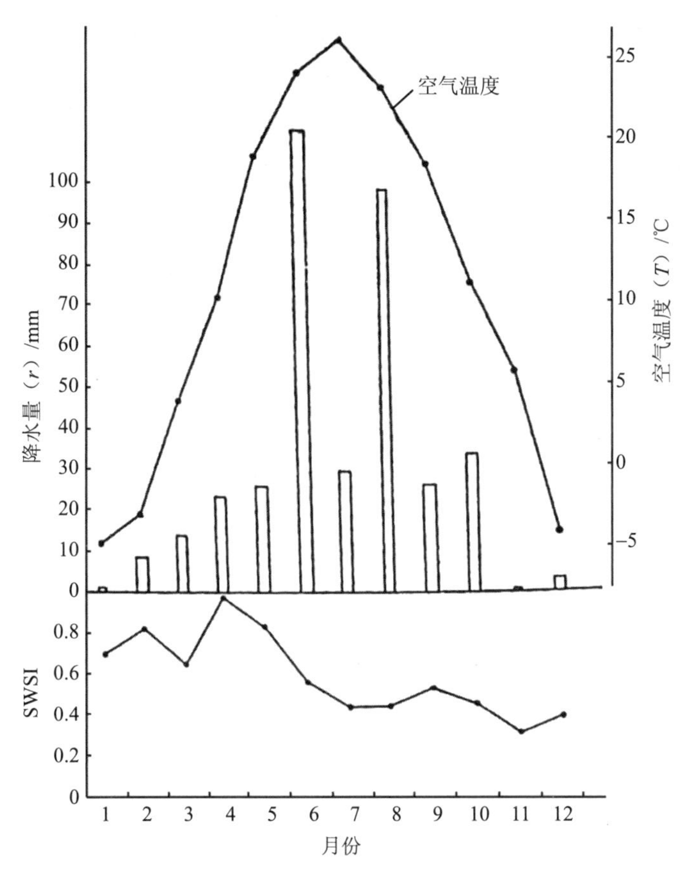

图 3　土壤水分干旱指数和气象要素

三、讨论

（1）关于表面温度。以能量平衡原理为基础，应用作物冠丛表面温度来研究作物水分状况，这是美国农业部水分保持所杰克逊、伊松和雷津纳托等所做的工作，他们建立了作物水分应力指数（CWSI）的概念，并在作物水分应力指数和作物水分势、产量等方面之间找到了某些联系，从而提出了作物冠丛温度可作为作物水分状况的一个指示器。这方面，Jackson（杰克逊）[13]做了简明的总结。在杰克逊等工作的启发下本文提出了土壤水分干旱指数（SWSI）。目的是试图以此推动地理干湿分异的研究，利用气象台站的地面温度观测资料，计算土壤水分干旱指数。

杰克逊等的工作采用红外遥感技术得到了大量可靠的、接触测量不可能得到的实际冠丛表面温度的数据，开辟了一条从冠丛表面温度来研究作物水分状况的新途径。但是直到目前，红外遥感的表面温度的资料还很少，不足以用于进行地理分析，只能试探用气象台站土壤表面温度数据来计算土壤水分干旱指数。作者相信，随着红外遥感技术的发展及实际地表温度资料的增加，利用土壤水分干旱指数来判别地理干湿区分，将具有远大的前途。

要想用红外遥感以外的接触测量的方法得到作物冠丛温度似乎是不可能的，但对于裸土表面温度的测量，情况似乎稍有不同，因为裸土毕竟比冠丛简单得多。图 4 是利用红外测温仪和玻璃地表温度计测定的裸土表面温度的情况①，图上第一个点代表一次观测数据，每天一般 9 次（5：00、8：00、10：00、12：00、14：00、16：00、18：00、20：00、22：00），降雨时停测。总共获得 115 对观测值。由图 4 可知，在多数情况下玻璃温度计观测数据稍偏高，温度在 30℃以下，点子比较集中。反之，点子比较散乱。总体来说，玻璃温度表测定的地温值大致可以反映地面温度的，因此，本文利用气象台站的地温资料来计算土壤水分干旱指数是有一定根据的。当然用玻璃地温表测定值表示真实地面温度会带来多大误差，以及把玻璃地温表测定值修正成更能反映真实地面温度，尚需进行深入的实验和分析工作。

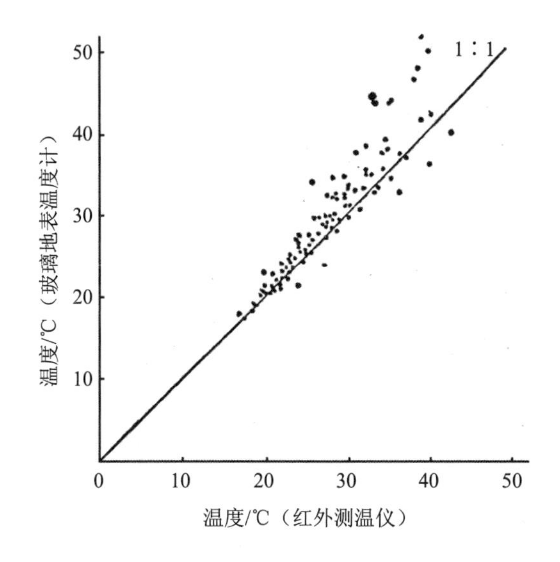

图 4 玻璃地表温度计和红外测温仪的测定结果

（2）关于潜在蒸发和实际蒸发。本文土壤水分干旱指数的基本公式是式（8），是由潜在蒸发的式（7）和实际蒸发的式（8）代入式（1）而得到的。式（7）和式（6）中的各个气象要素及有关参数应当对应地相等，否则就得不到式（8）。这里涉及潜在蒸发的定义问题，我们把潜在蒸发定义为现有气象条件下充分供水条件的蒸发，就避免了式（6）和式（7）中各个气象要素和有关参数不对应相等的麻烦。当然潜在蒸发的定义是不够严谨的，忽略了水分供应条件改变所引起的气象要素及参数的改变。但是要估计这种改变是相当困难的，困难点既包括现有水分状况到底离充分供水有多远，又包括未来充分湿润的面积及现在获取气象资料所代表的范围究竟有多大，而且不易进行实验比较研究。因此，尽管人们批评上述的潜在蒸发定义，除少数理论探讨外，一般的工作，例如用气候资料计算潜在蒸发的工作，都是利用现有资料计算潜在蒸发，而忽略因水分条件改变所引起的气象条件

① 资料取自中国科学院地理研究所山东禹城综合试验站，测定点位于小麦收获后的裸土地段上，时间为 1984 年 6 月 16—30 日。

的可能改变。

（3）关于净辐射。净辐射（R_n）一般气象台站不观测，本文用 R_n=0.5Q，即由总辐射（Q）求取净辐射。净辐射和总辐射的比值一般大于 0.5，如图 5 所示（资料情况如图 4 所示）。由图 5 可知，净辐射和总辐射存在良好的依存关系，其比值为 0.65 左右。取 0.5 是考虑到北京气象台的总观测资料是在 12：30，而所需的净辐射资料是 14：00。当然，由 12：30 的总辐射求 14：00 的净辐射，纯粹带有经验性质，其误差是不可避免的。要想建立 R_n 的普遍经验公式，在没有实测资料时，只能采取近似估算方法。比较有效的方法是根据总辐射资料（实测的和计算的），在不同地区用不同的经验系数，求取净辐射。

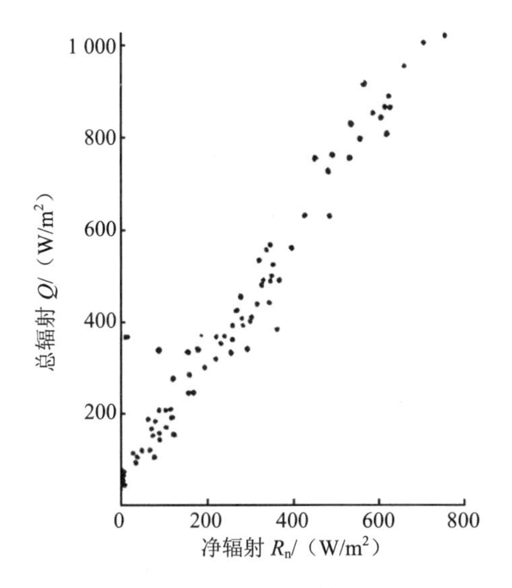

图 5　净辐射和总辐射的关系

（4）关于空气动力学阻抗。空气动力学阻抗（r_a）与地面粗糙状况、风速和空气层结状况有关的参数。在中性条件下，有

$$r_a = \frac{\left(\ln\frac{Z}{Z_0}\right)^2}{K^2 u}$$

式中，Z 为高度，计算时取 200 cm；Z_0 为粗糙长度，取 0.5 cm；K 为卡玛常数，为 0.41；u 为 2 m 高的风速，由 10 m 高的实测风速资料乘以 0.15，近似地得到。在空气动力学阻抗的计算中，Z_0 是一个需要通过实验而得的参数，农田中的 Z_0 的确定参阅 Szeicz（斯兹）等的论文[15,16]。本文根据他们的工作及一般的知识，Z_0 取 0.5 cm。作为一种气候计算，本文的计算没有考虑温度层结对 r_a 的影响。

（5）关于资料选取问题。通常的气候统计工作以各次观测资料（如 2：00、8：00、14：00 和 20：00）加以平均而得到日值，然后用日值得到旬平均、月平均和年平均等。本文所用资料系 14：00 观测值的月平均，这是因为中午蒸发较强烈，易于提示土壤干湿状况对蒸发的影响。当然也可以考虑逐日计算土壤水分干旱指数，然后求旬值、月值等。

（6）土壤水分干旱指数本质的提示。本文得到的 SWSI 反映北京地区 1980 年各月的干湿状况，如果有多个气象台站的计算结果，就可以进行干湿区域分析。在进行这种分析时，应注意各个台站的可比性问题，例如，一个气象站处的地下水位很高，尽管长期无雨，但由于土壤水分含量高，蒸发仍然强烈，从而得到较小的 SWSI，反映的不是比较干旱而是比较温润；又如，一个气象台站的土壤质地特别黏重或特别轻松，都可能因水分保持性质的特殊而造成该气象站的资料代表性不足。

就用气象站资料计算土壤水分干旱指数，可对地理干湿分异进行一般性的了解；如果红外技术进展，而易于获得表面温度及其他有关资料时，利用本文的原理似可得到面上的干湿实际分布。

在有了土壤水分干旱指数的面的知识之后，指数如何分级，如何与自然地理相联系，是又一个有重要意义的研究领域。一方面，可以与有关自然地理要素的分布（如植被、土壤）进行比较分析，以揭露土壤水分干旱指数的本质；另一方面，也可以通过深入的定位实验，研究土壤水分干旱指数和土壤水分含量之间的关系，将土壤水分干旱指数和土壤的干湿状况的内在联系充分显示出来。

地理干湿分异的研究从最初的一般描述到半经验半理论的对比关系，然后到建立在物理基础的方法。这种发展与理论和实验的水平有紧密的联系。地表面能量平衡、水量平衡、遥感技术在理论上和实验上的进展，为地理干湿分异的研究提供了新的机会。本文以能量平衡为基础，从实际蒸发与潜在蒸发的比率受土壤水分含量的制约的事实出发，导出了表征土壤干湿程度的、可以利用一般气象资料进行计算的土壤水分干旱指数公式，显示了土壤表面温度和空气温度之差在土壤水分干旱指数计算中的重要作用，并根据北京气象台的实测资料，计算了 1980 年各月的土壤水分干旱指数。本文也讨论了土壤水分干旱指数计算中可能遇到的问题，需要在理论上和实践上继续开展研究，逐步加以完善。

参考文献

[1] Hare F K. Climatic classification. Climate in review：96-109. Houghton Mifflin Company，1973.

[2] Thornthwaite C W. The climate of North American. The Geographical Review，1931，21：633-655.

[3] Thornthwaite C W. The climate of the earth. The Geographical Review，1933，23：433-440.

[4] Thornthwaite C W. Problems in the classification of climates. The Geographical Review，1943，33: 233-255.

[5] Thornthwaite C W. An approach toward a rational classification of climate. The Geographical Review，1948，38：55-94.

[6] Bndyko M I. Climate and life. Academia press. New York，1974.

[7] Barry R G. Atmosphere，weather and climate. 4th edition. Methuen. London and New York，1982.

[8] Mather J R,Yoshioka G A. The role of climate in the distribution of vegetation.Climate in review：73-84. Houghton Mifflin Company，1973.

[9] Bowen I S. The ratio of heat losses by conduction and by evaporation from any water surface. Phys. Rev.，

1926，27：779-789.

[10] Penman H L. Natural evaporation from open water.bare scil and grass. Proc. R. Soc. A，1948，193：120-145.

[11] Monteith J L. Evaporation and environment.Symp.Soc.Exp.Piol.，1965，19：200-234.

[12] Monteith J L. Evaporation and surface temperature. Q.J.R.Meteorol. Soc.，1981,107：1-27.

[13] Jackson R D. Canopy temperature and crop water stress. Advances in irrigation，1982，1：43-85.

[14] Monteith J L. Principles of environmental physics. Edward Arnold. London，1975.

[15] Szeicz G，Long I F. Surface resistance of crop canopies. Water Resources Research，1969，5：622-633.

[16] Szeicz G，Endrodi G. Aerodynamic and surface factors in evaporation. Watcr Resources Research，1969，5：380-394.

裸地蒸发过程的数值模拟*

杨邦杰[①]　曾德超[②]　唐登银　谢贤群

摘　要：本文以能量平衡为基础，研究了裸地蒸发过程，并提出一个用 Fortran 语言编写、在 IBM-PC 微机上通过的裸地蒸发过程的模拟程序。这一程序能根据地表红外温度或辐射资料计算裸地蒸发量，并分析能量分配过程与土壤中的含水量、温度分布。初步的田间试验说明，计算值与实测值是比较一致的。

关键词：裸地　蒸发　模拟

裸地蒸发过程的研究对农业、地理、气象、水利、水文、生态等学科都有重要意义。在农业方面，从耕地、整地、播种到出苗期间，农田都处于裸地状态。要定量地分析不同的耕作方法对土壤水热运动的影响，以及不同的水热运动状态对种子发芽的影响，就必须定量分析裸地蒸发过程。国内对农田蒸发（有植被的情形）、水面蒸发做了长期的研究工作，而对裸地蒸发却研究很少[1]。

蒸发过程受到能量供给条件，水汽运移条件与蒸发介质的供水能力等三方面物理因素的影响。影响蒸发的诸因素是综合起作用的，要计算某一瞬时的蒸发率，必须同时分析该时刻的能量分配与介质的供水能力。传统的解析方法难以进行定量分析，数值模拟是较好的工具。Van Bavel 和 Hille[2]提出的计算机模拟模式是有坚实物理基础的。但是，他们采用的迭代计算地表温度的方法可能不收敛，而且没有田间试验验证。本文以这一模式为基础，提出用地表红外温度计算裸地蒸发量的更为简便、准确的方法，详尽地讨论了根据地表能量平衡方程式计算地表温度的方法，并提出相应的稳定算法。在分析土壤中的水分与温度分布时采用了改进的差分法——单元水量平衡法，用 Fortran 语言编写了分析裸地蒸发过程的模拟程序，并进行了田间试验验证。

一、根据地表红外温度计算裸地蒸发率

在 Van Bavel 和 Hille 提出的模式中，为了计算蒸发率，首先要根据辐射资料迭代计算地表温度 T_s。地表温度是表示大气-土壤边界上物质与能量交换过程的一个特征量。迭代计

* 本文发表于《地理学报》1988 年第 43 卷第 4 期第 352～362 页。

① 杨邦杰，先后在北京农业工程大学、中国科学院生态环境研究中心系统生态室工作。

② 曾德超，北京农业工程大学。

算地表温度要详尽地分析瞬时的能量平衡，涉及气象因素、土壤物理参数、土壤中瞬时的水分温度分布等。随着技术的发展，地表红外温度比较容易测定，因此，根据地表红外温度计算裸地蒸发率容易获得较高的精度。

计算过程如下：

（1）测定土壤的温度与含水量分布的初值 T_0、θ_0。

（2）测定风速 S_a，空气温度 T_a，空气湿度 H_a，以及地表红外温度 T_s。

（3）计算空气动力学阻力。

$$r_c = r_a \cdot S_t (\mathrm{s/m}) \tag{1}$$

式中，r_a 为 r_c 的绝热或中性条件下的空气动力学阻力值；S_t 为稳定度修正系数。

$$S_t = 1/(1-10R_i) \tag{2}$$

R_i 为理查逊数。

$$R_i = 9.81(Z-Z_0)(T_a-T_s)/[(T_a+273.16)S_a^2] \tag{3}$$

Z 为参考高度，一般为 2 m，Z_0 是地表粗糙度系数。

$$r_a = [\ln(Z/Z_0)]^2 / 0.16S_a \tag{4}$$

（4）地表蒸发率

$$E_s = (H_s - H_a)/r_c \quad (\mathrm{mm/s}) \tag{5}$$

H_s（$\mathrm{kg/m^3}$）是在温度为 T_s 时地表空气的绝对湿度，H_a（$\mathrm{kg/m^3}$）是高度 Z 处的空气绝对湿度，可用露点温度计算，H_0 是温度 T_s 下的饱和湿度。

$$E_s = H_0 \mathrm{e}^{[\phi g/R(T_s+273.16)]} \quad (\mathrm{kg/m^3})$$

式中，R 为通用气体常数，ϕ 为地表土壤的水势，可根据地表土壤含水量 θ，用土壤水分特征曲线计算。g 为重力加速度。

（5）求出蒸发率 E_s，则可解土壤水热运动方程组，计算这一时刻的土壤温度与含水量分布，作为计算下一时刻蒸发率的初值。用计算机模拟程序计算时不用测定每一时刻的地表含水量。如果能测地面表层土壤含水量随时间变化的关系，则有更好的计算结果，且用计算器也能计算某一时刻的蒸发率 E_s。

二、根据地表能量平衡方程式计算地表温度 T_s 与蒸发率 E_s

地表能量平衡方程式为

$$R_n = L \cdot E_s + A + S \tag{6}$$

式中，R_n 为净辐射；L 为水的汽化潜热；E_s 为蒸发率；$L \cdot E_s$ 为蒸发所消耗的能量；A 为加热空气的显热；S 为进入土壤的热通量。分析式（6），可以推导出计算地表温度 T_s 的方程。

（1）净辐射 R_n 的计算：

$$R_n = (1-\alpha)R_g + R_l - \varepsilon\sigma(T_s + 273.16)^4 \qquad (7)$$

式中，α为地表反射率，ε为发射率，可以简化成地表含水量的函数。R_g 为总辐射，R_l 为大气长波逆辐射：

$$R_l = \sigma(T_a + 273.16)^4(0.605 + 0.048\sqrt{1\,370H_a}) \qquad (8)$$

σ 为 Stefan-Boltzmann 常数。

（2）A 与 E_s 的计算：

$$A = (T_s - T_a)C_a / r_c \qquad (9)$$

式中，r_c 的计算见式（1），C_a 为空气体积热容量。

$$E_s = (H_s - H_a) / r_c \quad (\mathrm{mm/s}) \qquad (10)$$

计算过程见式（1）～式（5）。

（3）进入土壤的热通量 S 与地表温度 T_s：

根据式（6），进入土壤的热通量为

$$S = R_n - LE_s - A$$

由式（7）、式（9）、式（10）可知，R_n、LE_s、A 都是 T_s 的函数，所以上式可以写成：

$$S = R_n(T_s) - LE_s(T_s) - A(T_s) \qquad (11)$$

在任一时刻 t_i，对地表厚为 Z_1 的一层土，其温度为 T_1，则：

$$S = -\lambda_1(T_1 - T_s) / Z_1 \qquad (12)$$

其中λ_1 是土层 Z_1 的导热率。

将式（11）代入式（12），可得出下面的方程：

$$T_s = T_1 + (Z_1 / \lambda_1)[R_n(T_s) - LE_s(T_s) - A(T_s)] \qquad (13)$$

这个方程可以用迭代法求解，但有可能不收敛。从物理意义上看，这一方程表示地表某一瞬时的能量平衡，地面温度在–60～60℃，而且只有唯一的值。因此，式（13）在区间[–60，60]之间有唯一解，用两分法搜索求解是可靠的。

（4）求出 T_s 之后，根据式（1）～式（5）计算蒸发率 E_s。

三、土壤中的水分与温度场分布

上面求出了某一时刻 t 的蒸发率 $E_s(t)$与地表温度 $T_s(t)$，则可计算出 t 时刻土壤中的含水量与温度分布。下面就最简单的情况进行分析。

1．土壤中的非饱和水运动

均质一维非饱和水运动方程为

$$\frac{\partial\theta}{\partial t}=\frac{\partial}{\partial Z}\left[D(\theta)\frac{\partial\theta}{\partial Z}\right]-\frac{\partial K(\theta)}{\partial Z} \tag{14}$$

式中，$D(\theta)$、$K(\theta)$ 分别为非饱和土壤水扩散率与导水率；t 为时间；Z 为从地面向下的距离。

蒸发时的上边界条件为

$$D(\theta)\frac{\partial\theta}{\partial Z}-K(\theta)=E_s(t) \qquad Z=0,\ t>0 \tag{15}$$

下边界条件为

$$q=K(\theta_l) \qquad Z=L,\quad t>0 \tag{16}$$

式中，L 为选定的计算深度；θ_l 为 $Z=L$ 处的含水量；q 为 $Z=L$ 处的通量。

初始条件：

$$\theta=\theta_0(Z) \qquad Z>0,\quad t=0 \tag{17}$$

由于是通量边界条件，传统的差分法在物理意义上不能满足水量平衡的要求，下面从单元水量平衡这一要求出发，来推导差分方程，可以称为“单元水量平衡法”。

1）单元划分。这里从上到下分为 30 个单元，前 10 个单元每层厚 1 cm，后 11～20 个单元每层厚 2 cm，20～30 单元每层 7 cm。计算深度 L=1 m。单元划分见图 1。

2）分析单元水量平衡，写出差分方程。第 i 个单元如图 2 所示。单元厚度为 ΔZ_i。以下用 i 表示深度坐标，k 表示时间坐标。从厚意 t_k 到 t_{k+1} 时段 Δt 内含水量的平均值为 $\theta_i^{k+\frac{1}{2}}$，即用单元中点处的含水量代表单元的平均含水量。

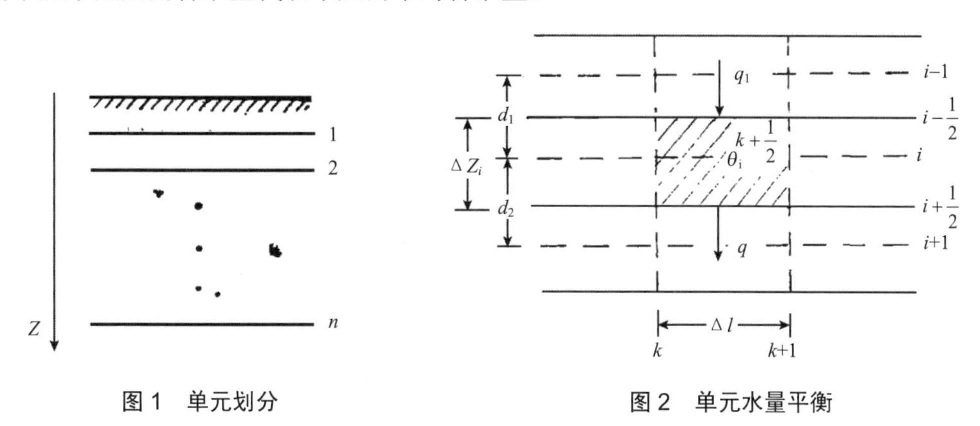

图 1　单元划分　　　　图 2　单元水量平衡

在 t_k 到 t_{k+1} 时段内，单元水量的变化为

$$(\theta_i^{k+1}-\theta_i^k)\Delta Z_i \tag{18}$$

导入单元的水量之和为

$$(q_1-q_2)\Delta t \tag{19}$$

其中

$$q = -\left[D(\theta)\frac{\partial\theta}{\partial Z} - K(\theta) \right] \tag{20}$$

要满足单元的水量平衡条件，则有：

$$(\theta_i^{k+1} - \theta_i^k)\Delta Z_i = (q_1 - q_2)\Delta t \tag{21}$$

q_1与q_2按式（20）写出，代入式（21），得：

$$\begin{aligned}(\theta_i^{k+1} - \theta_i^k)\Delta Z_i = \Delta t\left[D_{i+\frac{1}{2}}^{k+\frac{1}{2}}\left(\theta_{i+1}^{k+\frac{1}{2}} - \theta_i^{k+\frac{1}{2}}\right)/d_2 - K_{i+\frac{1}{2}}^{k+\frac{1}{2}} \right] - \\ \Delta t\left[D_{i-\frac{1}{2}}^{k+\frac{1}{2}}\left(\theta_i^{k+\frac{1}{2}} - \theta_{i-1}^{k+\frac{1}{2}}\right)/d_1 - K_{i-\frac{1}{2}}^{k+\frac{1}{2}} \right]\end{aligned} \tag{22}$$

式（22）中的$D_{i+\frac{1}{2}}^{k+\frac{1}{2}}$、$K_{i+\frac{1}{2}}^{k+\frac{1}{2}}$、$D_{i-\frac{1}{2}}^{k+\frac{1}{2}}$、$K_{i-\frac{1}{2}}^{k+\frac{1}{2}}$是单元边界上的扩散率与导水率，最简单的取法是：

$$D_{i+\frac{1}{2}}^{k+\frac{1}{2}} = D\left(\theta_{i+\frac{1}{2}}^{k+\frac{1}{2}}\right),\quad \theta_{i+\frac{1}{2}}^{k+\frac{1}{2}} = (\theta_i^{k+1} + \theta_{i+1}^{k+1} + \theta_i^k + \theta_{i+1}^k)/4$$

其他$K_{i+\frac{1}{2}}^{k+\frac{1}{2}}$、$D_{i-\frac{1}{2}}^{k+\frac{1}{2}}$、$K_{i-\frac{1}{2}}^{k+\frac{1}{2}}$的取法类推。另外，式（3-9）中$\theta_i^{k+\frac{1}{2}}$可按下式计算：

$$\theta_i^{k+\frac{1}{2}} = (\theta_i^k + \theta_i^{k+1})/2$$

其他$\theta_{i+1}^{k+\frac{1}{2}}$、$\theta_{i-1}^{k+\frac{1}{2}}$的取法类推。

式（22）写成三对角方程：

$$A_i\theta_{i-1}^{k+1} + B_i\theta_i^{k+1} + C_i\theta_{i+1}^{k+1} = F_i \tag{23}$$

上面这一方程组可用追赶法求解，从而用t_k时的含水量值θ_i^k求出t_{k+1}时的值θ_i^{k+1}。

2. 土壤中的温度场分布

一维瞬态的导热微分方程为

$$C\frac{\partial T}{\partial t} = \frac{\partial}{\partial Z}\left(\lambda\frac{\partial T}{\partial Z}\right) \tag{24}$$

式中，T为土壤温度，C为土壤热容量，λ为土壤的导热率。由于地表温度T_s已知，这是第一类边界条件问题，可用差分法求解，计算土壤的温度分布。

四、裸地蒸发过程的模拟程序 EBS4

考虑到国内 IBM 系列的微型计算机比较普及，程序用 IBM-PC 微机 Fortran 语言编写。程序框图见图 3。

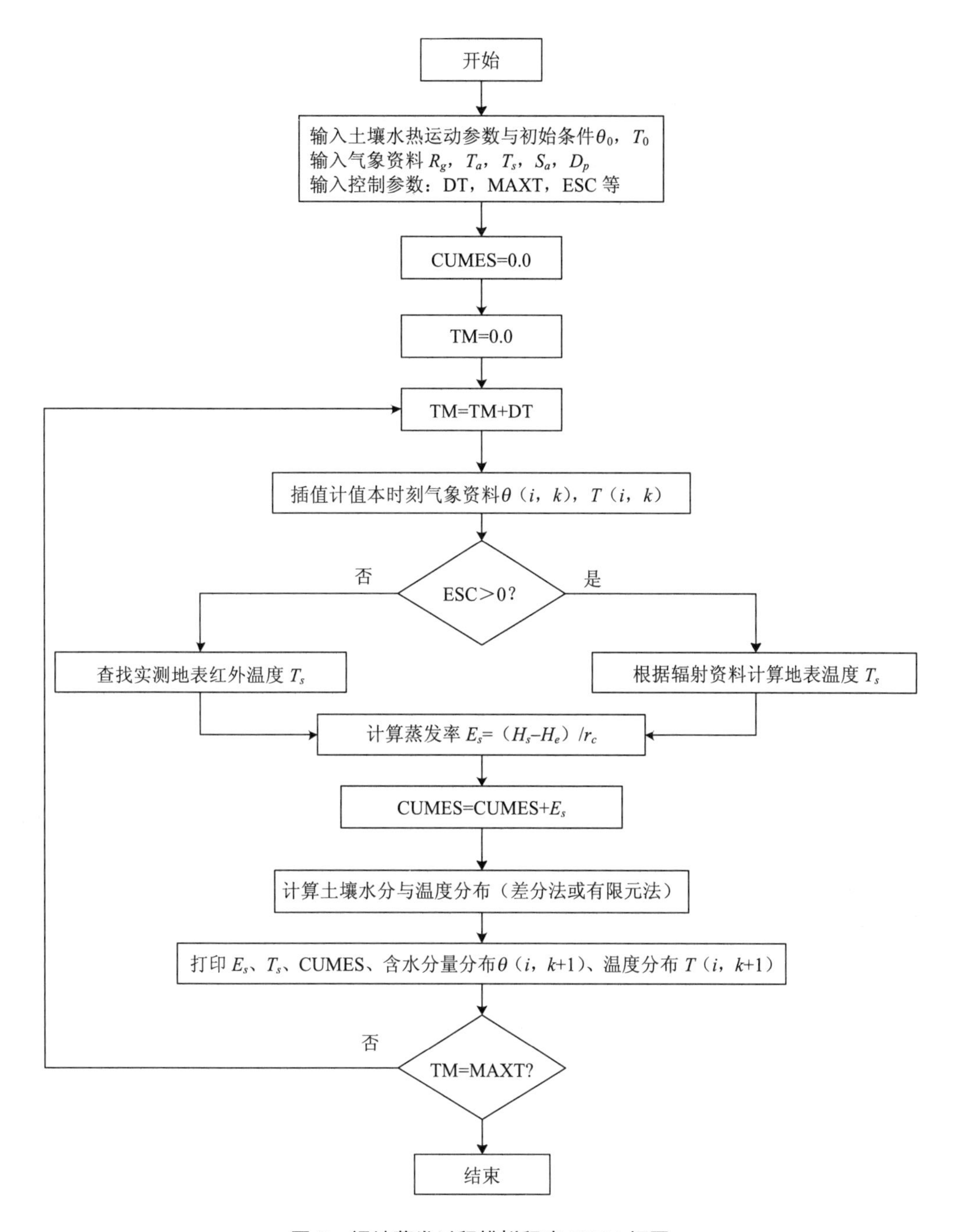

图 3　裸地蒸发过程模拟程序 EBS4 框图

1．输入资料包括：

1）水热参数 $D(\theta)$，$K(\theta)$，λ，C；土壤空隙率ρ，土壤水分特征曲线$\phi=-\mathrm{Suc}(\theta)$，初始条件$\theta_0$，$T_0$ 以及其他有关的物理常数。

2）气象资料。总辐射 R_g（或净辐射 R_n），风速 S_a，空气温度 T_a，露点温度 D_p 随时间变化关系（列表）。如果要用地表红外温度计算，则输入实测的地表温度而不用辐射资料。

3）控制参数。时间步长 DT，最大计算时间 MAXT，控制计算 E_s 方法的参数 ESC 等。当 ESC＞0 时，则用辐射资料计算；当 ESC≤0 时，则用实测的地表红外温度计算。

2．图 3 中的 CUMES 表示累积蒸发率，TM 表示计算时间，进入循环之前赋零。

3．插值计算本时刻的气象数据以及 θ_i、T_i。

4．根据 ESC 值，决定计算 T_s 的方法。

5．计算蒸发率与累积蒸发率。

6．计算土壤中的水分与温度分布，以及能量分配各项：R_n、LE_s、A、S。

7．输出计算结果：蒸发率 E_s，累积蒸发率 CUMES，土壤中的温度与含水量分布，以及能量分配各项 R_n、LE_s、A、S 等。

8．计算时间到则停机，否则计算下一时刻值。

五、田间试验及模拟计算分析

田间试验于 1986 年 10 月 15—19 日在中国科学院禹城综合试验站（山东）进行。耕地前茬作物为大豆，收完豆子后灌水一周，使土壤有较高的含水量以便观察蒸发过程。10 月 12 日开始翻耕整地、播种冬小麦，并镇压。10 月 15 日开始 5 天的裸地蒸发过程观察，白天每两小时记录一次，晚上每 3 小时记录一次。观察项目如下：

1．蒸发量。Lysimeter 自动连续记录。

2．温度场。地表温度用红外测温仪用烘干法测定，同时用地温表记录 0 cm、5 cm、15 cm、20 cm、40 cm、80 cm、120 cm、140 cm 深处的地温。

3．含水量分布。表层 0 cm、5 cm、10 cm、20 cm、30 cm 处取土用烘干法测定，30～150 cm 处用中子仪测定。

4．辐射。测定总辐射 R_g，净辐射 R_n，以及其他辐射项目。

5．小气候观测。2 m 高的风速，空气温度，湿度。

6．用通量板测定进入土壤的热通量。

五天试验中第三天下雨，得到两组连续资料。试验地的土壤水热参数是取样在实验室测定的，列出结果如下：

$$\text{扩散率}D(\theta)=\begin{cases}3.48(\theta/\theta_s)^{7.45} & \theta \geqslant 0.24\\ 7.39\times10^{-2}(\theta/\theta_s)^{1.37} & \theta < 0.24\end{cases}$$

（cm^2/min）

$$\text{导水率}K(\theta)=\begin{cases}8.29\times10^{-3}(\theta/\theta_s)^{12.17} & \theta \geqslant 0.24\\ 2.11\times10^{-5}(\theta/\theta_s)^{3.19} & \theta < 0.24\end{cases}$$

（cm/min）

$$\text{土壤水分特征曲线Snc}(\theta)=\begin{cases}3.37\times10^{5}\,\mathrm{e}^{-24.1\theta} & \theta \leqslant 0.20\\ 4.23\times10^{4}\,\mathrm{e}^{-13.3\theta} & \theta > 0.20\end{cases}$$

（土壤吸力：cm 水柱）

式中，θ_s 为土壤饱和含水率；θ为含水率。

土壤热参数 C、λ的计算采用 De Vries[3]所提出的公式，但系数是用实测值拟合的。

采用 10 月 15 日早 6：00 到 16 日晚 24：00 共 42 h 连续资料进行模拟计算并与实测值对比。输入气象资料见表 1。

表 1 输入气象资料

时间			R_g/	T_s/℃		T_a/℃	D_p/℃	S_a/
编号	日期	小时	（Cal/cm^2·min）	（a）	（b）			（m/s）
0	15	06	0.000	6.4	7.3	17.4	16.7	0.6
2		08	0.347	9.5	12.5	12.0	9.2	1.2
4		10	0.748	18.6	20.7	16.6	11.2	2.8
6		12	0.920	22.6	24.0	22.1	7.9	3.1
8		14	0.699	21.2	21.9	23.8	5.4	3.8
10		16	0.256	17.3	21.2	23.1	7.4	4.1
12		18	0.000	13.1	14.3	18.2	8.2	0.6
14		20	0.000	10.9	12.3	14.3	8.1	0.1
16		22	0.000	9.4	11.3	13.9	7.6	0.6
18		24	0.000	9.2	10.8	13.9	8.4	0.1
21	16	03	0.000	9.0	10.6	12.9	8.7	2.0
24		06	0.000	11.6	12.3	14.7	9.9	4.4
26		08	0.104	12.4	13.3	14.4	10.7	4.6
28		10	0.541	16.2	16.5	16.1	9.6	6.5
30		12	0.69S	16.1	18.8	16.6	8.9	5.5
32		14	0.398	14.8	15.9	15.1	6.5	4.6
34		16	0.142	12.8	13.3	14.3	6.2	5.1
36		18	0.000	10.0	10.8	13.3	6.3	3.7
39		21	0.000	9.2	10.3	12.2	5.1	4.4
42		24	0.000	8.6	9.8	11.6	5.7	3.4

注：R_g 为总辐射，T_s 为地表温度（a. 红外测温仪测定；b. 地温表测定），T_a 为空气温度，D_p 为露点温度，S_a 为风速。Cal=1 kcal=4 186.8 J。

1．图 4 列出了两种方法计算小时蒸发率与 Lysimeter 实测值的对比。两种方法都能获得良好的结果。与实测值有完全一致的趋势。第一天中午的计算值与实测值的最大绝对误差不到 0.1 mm，第二天的计算值与实测值相比有滞后现象，这与输入气象资料以及计算方法有关。

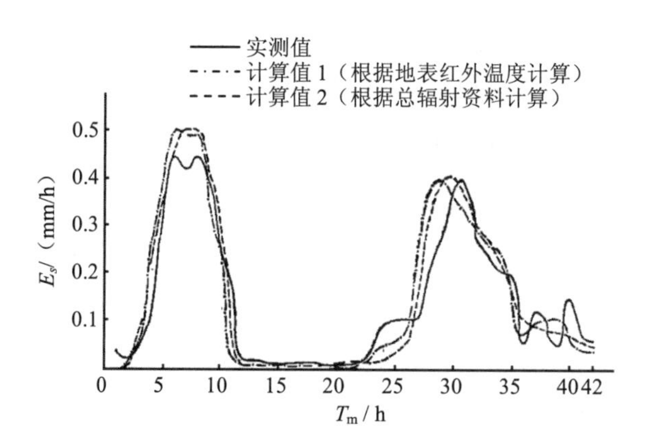

图 4　实测 Lysimer 蒸发率与计算蒸发率比较

2．图 5 是实测 Lysimeter 的累积蒸发量与计算值的比较。用实测地表温度计算的累积蒸发量与实测值比较，42 小时误差 3.3%，有很好的结果。用辐射值计算似乎结果更好一些。然而，用实测地表红外温度计算影响因素少，因而能可靠地得到较好的结果。而用辐射资料计算时，取决于地表温度的计算值是否与实测值一致，影响因素很多，特别是受到辐射资料测定、地表反射率、土壤水热参数测定等因素影响，不容易得到良好的结果。

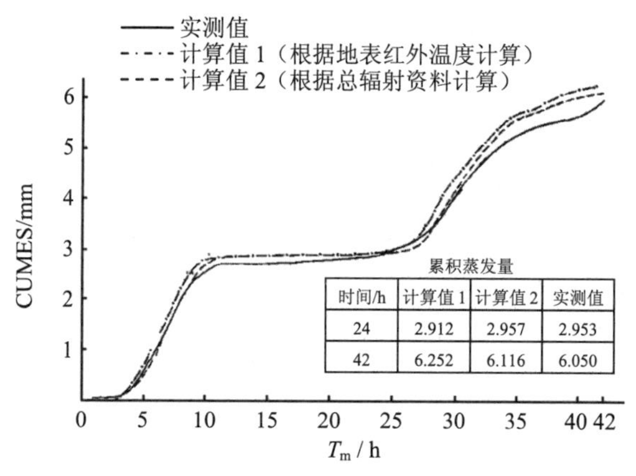

时间/h	计算值 1	计算值 2	实测值
24	2.912	2.957	2.953
42	6.252	6.116	6.050

图 5　实测 Lysimeter 累积蒸发量与计算值比较

3．图 6～图 8 是用辐射资料计算的温度场与实测值的比较。从图 6 可见，计算的地表温度在晚上相差比较大，这是由于地表反射率α只假定为地表土壤含水率的函数而没有考虑太阳高度角对反射率的影响而形成的。由于晚上蒸发率极低（图 4），因此，这一误差对累积蒸发率没有多大影响。图 7、图 8 分别是 5 cm、20 cm 深处温度随时间变化值的计算结果与实测结果比较，二者是比较一致的。

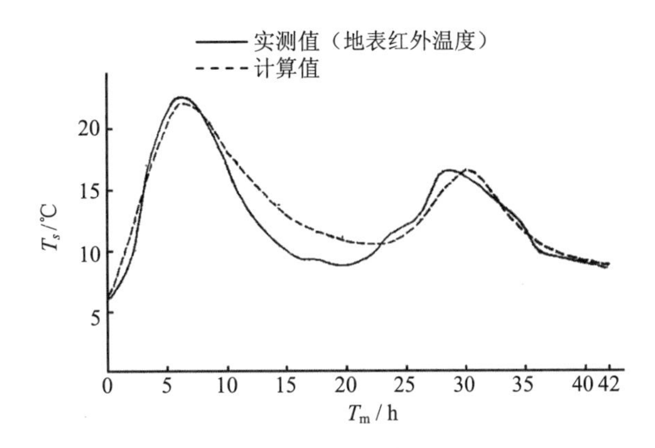

图 6 地表温度：实测值与计算值比较

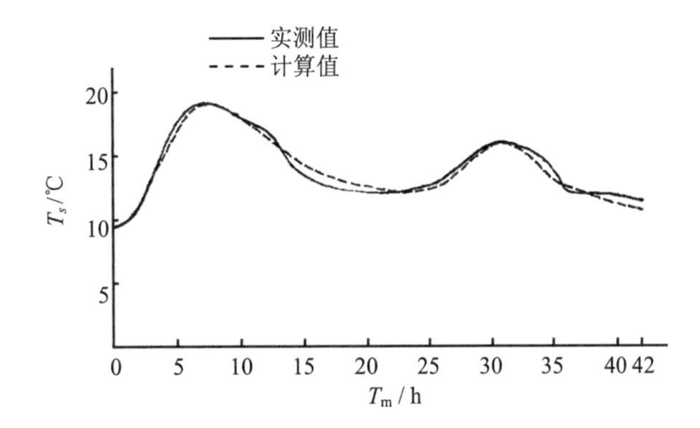

图 7 5 cm 深处温度：实测值与计算值比较

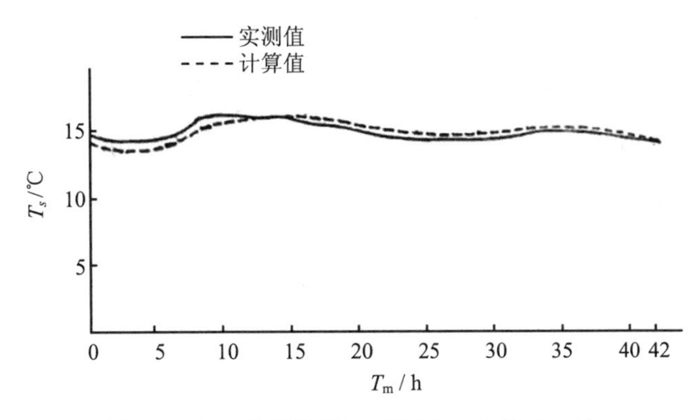

图 8 20 cm 深处温度：实测值与计算值比较

4．图 9～图 11 是实测的含水量分布与计算值的比较。表层含水量测定是取土实测的，这种方法就不如测温度的方法可靠。图 9 是实测的表层含水量与计算值的比较。二者的趋势是一致的，下午地表比较干，而晚上水分向上运动，地表含水量增加。总的结果是表层含水量因蒸发而变干。最大绝对误差只有 0.05（cm^3/cm^3），图 10、图 11 是 5 cm、20 cm 深处含水量实测值与计算值的比较。5 cm 处含水量日变化还有波动，20 cm 处波动已经很小了，实测值与计算值是相当一致的。

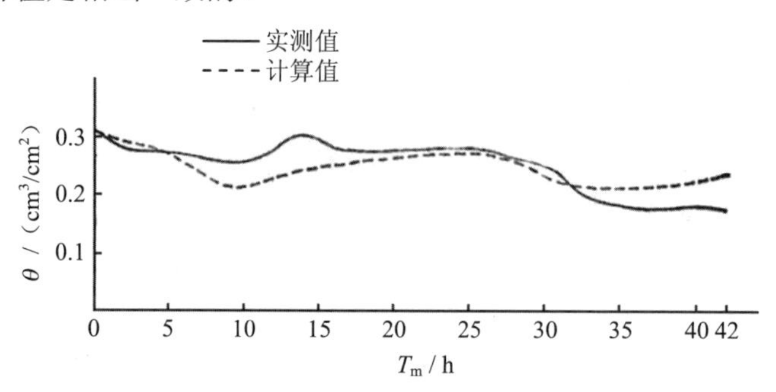

图 9　表层含水量：实测值与计算值比较

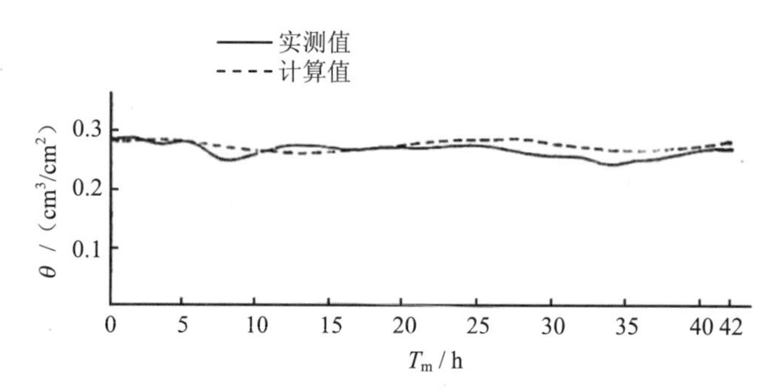

图 10　5 cm 深处含水量：实测值与计算值比较

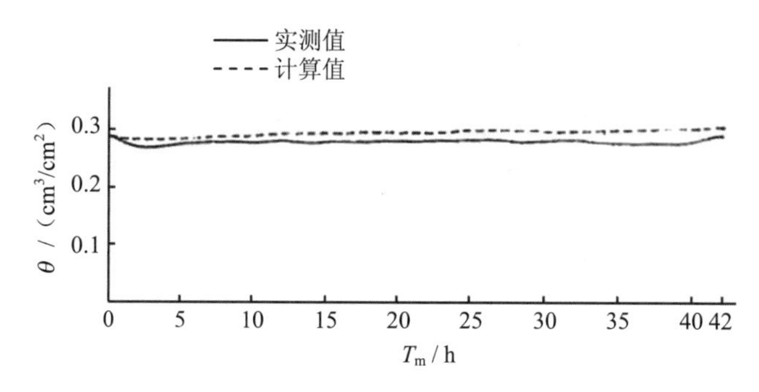

图 11　20 cm 深处含水量：实测值与计算值比较

5．20 cm 以下温度与含水量的变化都很小，没有再列出计算值与实测值。总体来说，蒸发率、累积蒸发量以及温度场的模拟计算，结果是满意的。表层含水量与实测与计算结果比较稍差一些，这与实测方法、计算方法都有关系，但趋势是一致的。

六、结论

1．地表红外温度计算裸地蒸发量方法简便、影响因素少，容易获得较高的精度。如果用地温表测定的地表温度计算，则蒸发率偏大。

2．根据地表能量平衡方程式计算地表温度有坚实的物理基础，只要地表温度能算好，则蒸发率的计算也有很好的结果。然而，计算地表温度影响因素很多，不容易获得很好的结果。本文采用的搜索求解的方法能可靠地获得唯一解，不会有不收敛的问题。

3. 本文提出的“单元水量平衡法”建立土壤非饱和水运动方程的差分格式能保证各单元瞬时水量平衡，避免了传统的差分法处理通量边界条件不合理之处，而且也很容易处理土壤分层不均质问题，保持了差分法的优点，也具有有限元法的一些特点。

4. 研究蒸发过程必须了解影响蒸发的各个方面。本文提出的模拟程序可用于以下研究：①根据两种资料计算蒸发率、累积蒸发量、能量分配以及土壤中的含水量、温度分布；②分析气象因素，土壤因素对蒸发过程的影响；③稍加改进就能计算降雨入渗以及土壤分层不均质的蒸发入渗问题；④由于程序用微机 Fortran 语言编写，便于推广；⑤实际应用时可标准气象资料折算成一天 24 小时资料输入计算机计算，不一定要求每一小时或每两小时实测的小气候资料。

5. 田间试验证明，上述方法与计算机程序是可行的。

6. 限于篇幅，本文对水热参数测定与辨识方法，对非均质土壤水中热耦合运动，方程及其解法，模拟的灵敏度分析等问题都没有作深入的讨论，这些问题将在另外的文章中发表。

7. 以上分析的裸地蒸发过程与实际的耕地——不同的耕作方式、耕作机械形成的种床的蒸发过程还有很大差异。关于不同的耕作工程措施形成的种床、其水分散失过程及水分、温度分布规律性的研究将在以后发表。对这些规律性的研究，可望对研究种子发芽、耕作方式、耕作机械设计的农学家、农业工程师提供新的分析手段。

参考文献

[1] 唐登银，程维新，洪嘉琏. 地理研究，1984，3（3）：84-97.

[2] Van Bavel C H M，Hillel D I. Agric. Meteorol.，1976，17：453-476.

[3] de Vries D A，Afgan N H. Heat and mass trasfer in the Biosphere. Scripta Book company Washington，DC，1975：594.

遥感方法和蒸散计方法估算农田蒸散量的比较*

陈镜明 唐登银

一、引言

本文根据最近发表的一个改进的植物遥感蒸散模式[1]估算麦地蒸散强度，并将其结果与高精度的蒸散计测值比较，以确证改进模式的可靠性。该改进模式的表达式为

$$\lambda E = R_n - G - \rho c_p \frac{T_c - T_a}{r_a + r_{\mathrm{bH}}} \tag{1}$$

式中，λE 为蒸散强度；R_n 为净辐射；G 为土壤热通量；ρ 为空气密度；c_p 常压比热；T_c 为植冠红外遥感温度；T_a 为气温；r_a 为植冠动量汇与大气之间的热传输的空气动力学阻力；r_{bH} 为茎叶边界层上热传输相对于动量传输的剩余阻力。r_a 和 r_{bH} 的计算式子为[1]

$$r_a = \phi_H u(z) / u_*^2 \tag{2}$$

$$r_{\mathrm{bH}} = 75(l / \overline{u})^{1/2} \tag{3}$$

式中，$u(z)$ 为与 T_a 同高度（z）上的风速；u_* 为下垫面摩擦速度；ϕ_H 为垂直热量与动量湍流交换系数之比（K_H/K_M）（计算方法参见文献[2]）；l 为叶子特征尺度；$\overline{u}$ 为植冠内的平均风速。式（2）中的 u_* 计算方法为[3]

$$u_* = k[u(z)] \Big/ \left(\Phi_M \ln \frac{z-d}{z_0} \right) \tag{4}$$

式中，k 为卡尔曼常数；d 为零平面位移；z_0 为粗糙度；Φ_M 为动量传输的稳定度订正。这一模式与目前广泛使用的 Brown and Rosenburg 模式[4,5]（以下简称 BR 模式）相比除多了一项 r_{bH} 外，其余都相同。包括 r_{bH} 的改进模式考虑了控制植冠热传输的叶子边界层阻力这一重要机制，将更精确、可靠。

* 本文发表于《科学通报》1988 年第 33 卷第 20 期第 1577～1579 页。

二、实验方法

本研究的大田试验于1987年5月23—30日在位于山东省的禹城综合试验站进行。在这一时段内，冬小麦（鲁麦5号）处于灌浆期，茎叶茂密（叶面积指数LAI=6～8），蒸腾量大。试验所用的蒸散计为原状土称重式自记蒸散计，表面积（1.5×2）m^2，深2 m，蒸散分辨率为 0.016 7 mm。遥感模式所需的气候观测项目（仪器）有冠温和天空温度（Sharp红外测温仪）、气温（通风阿斯曼）、风速（天津气象海洋仪器厂的轻便风速仪和自制热线微风仪）、净辐射及土壤热通量（CN-11 和 CN-81，EKO Instrument Trading Co.Ltd.）。其中红外测温仪，净辐射表及土壤热流板的输出信号由轻便电脑记录本（Polycorder，Omnidata lnstrument）采集，每分四周，每15 min取平均值。

红外测温仪分辨为0.1℃。为消除环境因子对其读数的影响，每15 min观测时段前后均用轻便黑体（Model 1000，Everest lnterscience lnc.）校正。冠温观测直接在蒸散计上进行，观测角度与地面成45°，与太阳方位角成90° [5]。冠温 T_c 用下式计算[6]。

$$T_c = \left(\frac{1}{\varepsilon}T_b^4 - \frac{1-\varepsilon}{\varepsilon}T_{\text{sky}}^4\right)^{1/4} \quad (5)$$

式中，T_b 为红外测温仪读数；T_{sky} 为天空平均温度（根据辐射原理用多角度测值取加权平均）；ε为植冠比辐射率，实测值为0.986。用式（5）求得的 T_c 常比 T_b 高0.4～0.8℃。

轻便风速仪安装高度为2.3 m。热线微风仪的安装高度分别为25 cm、40 cm、60 cm、100 cm和230 cm，其输出信号（0～4 mV）用Polycorder同时采集。

三、结果分析

计算剩余阻力所需的冠层内的平均风速由植冠内的平均风速廓线求出。从图1可以看出由于小麦生长旺盛，冠层内的风速较小且受上方风速变化的影响也较小。对冠层内风速廓线的曲线拟合的结果为

$$u(z)/u(h) = \exp[-1.80(1-z/h)], \quad 0 \leqslant z \leqslant h \quad (6)$$

式中，$u(h)$ 为植株平均高度 h 上的风速，由60 cm和100 cm测值内差求出。实测 h=85 cm。通过对式（6）进行积分和转换可以推出 z/h=0.573处的风速值可代表冠层内的平均风速。因 h=85 cm，则 z=49 cm。因此本试验取 z=40 cm和60 cm上的平均值作为冠层内的平均风速 $\bar{u}$ 。$\bar{u}$ 与 z=230 cm处的风速 $u_{2,3}$ 在本试验中存在下列幂回归关系

$$\bar{u} = 0.159u_{2,3}^{0.60} \quad (r^2 = 0.66) \quad (7)$$

式中，风速单位为m/s。

计算式（3）中的叶子特征尺度（l）与叶片大小和风的交角有关[7]。因为麦叶多近于直立，可假设风向与麦叶的长轴的交角分布在 45°～90°，所以取角度订正 1.1。实例平均叶片宽度为1.2 cm，因此得 l= 1.3 cm。令式（4）中 d = 0.7 h = 59.5 cm，z_0 = 0.13 h=11.05 cm，在已知风速 $u_{2,3}$ 的情况下，可用式（2）、式（3）结合式（4）、式（7）计算 r_a 和 r_{bH}。为示意这两个阻力随风速分布的特征，表1列出在中性层结下的几组特殊值。

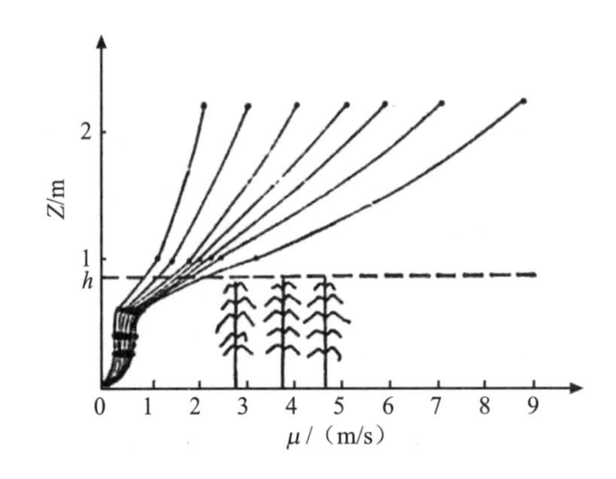

图 1 麦田的风速分布廓线示意图（LAI= 6～8）

注：图中每条曲线代表同一时刻不同高度上的风速，不同曲线代表不同时刻不同风速情况下的廓线。

表 1 r_a 和 r_{bH} 的风速分布特征

$u_{2,3}$ /（m/s）	1.0	2.0	3.0	4.0	5.0
r_a /（s/m）	46.8	23.4	15.6	11.7	9.4
r_{bH} /（s/m）	21.4	17.1	15.2	13.9	12.8
$4/u_*$ /（s/m）	27.4	13.7	9.1	6.8	5.5

表 1 表明在低风速时垂直空气动力学阻力 r_a 在热传输中起主要作用，但在风大时由叶子边界层特性所决定的剩余阻力 r_{bH} 起主要作用，这两者量级相当，不可偏废。Thom[3]建议 $r_{bH}=4/u_*$，由此式计算的结果也列入表 1 中作比较。这一近似式只有在风速区间（1 m/s，2 m/s）内与式（3）大致吻合。由于冠层内风速随大气风速的变化很小，r_{bH} 不应有很大变化。但在缺乏 $\bar{u}$ 资料的情况下，用 $4/u_*$对 r_{bH} 做粗略估计仍能有效地提高模式精度。

图 2 和图 3 比较，由遥感方法和蒸散计方法测算的蒸散强度值，其中下标 1R 和 L 分别代表红外遥感方法和蒸散计方法。图 2 中的λE_{1R}由 BR 模式计算，图 3 中的λE_{1R}用改进模式式（1）计算。比较这两个图可以看出增加了 r_{bH} 的改进模式可以显著地提高模式的可靠性。在图 2 中，不仅点的散度大，λE_{1R}与λE_L 相比系统偏小，而且回归线的斜率与 1∶1 线相差很大并在纵轴上产生一个大截距。这种斜率的变化是由于在忽略 r_{bH} 后，总的空气动力学阻力偏小引起的。其原因是在 $T_c>T_a$。时阻力偏小会使感热通量（H）的计算结果偏大，导致λE_{1R}偏小；而在 $T_c<T_a$ 时情况正相反。后者多在傍晚蒸散量较小时出现，所以点的分布呈上降下升的情况，引起斜率的变化。这种类似的情况在应用 BR 模式时常出现[5]。在图 3 中这种现象基本消除，显示了改进模式的优越性。

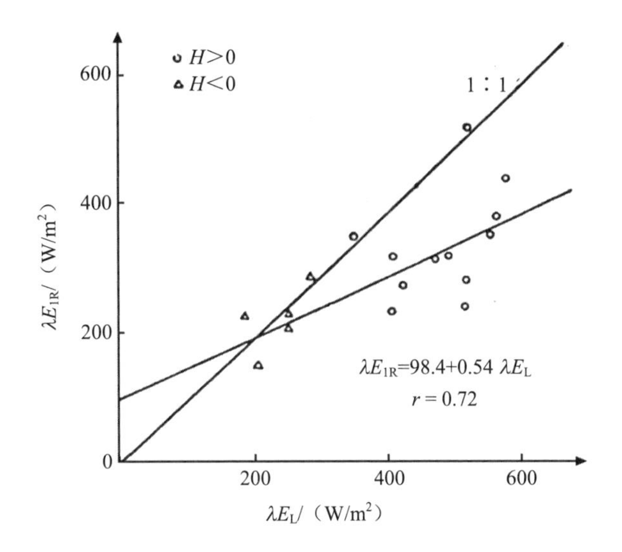

图 2 BR 遥感模式的蒸散强度λE_{1R}与蒸散计测值λE_L的比较

注：H为感热垂直通量。

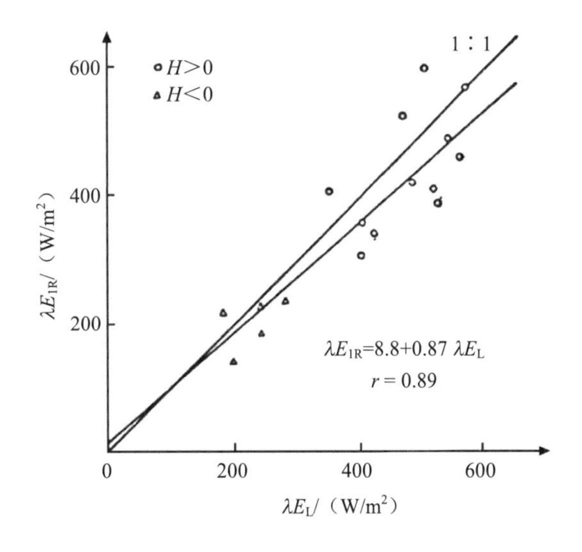

图 3 改进模式的蒸散强度λE_{1R}与蒸散计测值λE_L的比较

注：H为感热垂直热通量。

参考文献

[1] 陈镜明. 科学通报，1988，33（6）：454.

[2] Pruitt W O，et al.，Quart. J. Roy. Met. Soc.，1973（99）：370-386.

[3] Thom A S. in Vegetation and the Atmosphere（Ed. Monteith，J. L.），Vol. 1，Academic Press，1975.

[4] Rrown K W. and Rosenburg，N. J.，Agron. J.，1973（65）：341-347.

[5] Huband，N. D. S.，Monteith，J. L.，Boundary-Layer Meteorol，1986（36）：107-116.

[6] Fuchs，M.，Tanner，C. B.，Agron. J.，1966（58）：597-601.

[7] Gates，D. M.，Papian，L. E.，Atals of Energy Budgets of Plant Leaves，Academic Press，1971.

内蒙古半干旱草原能量物质交换的微气象方法估算*

朱治林 孙晓敏 张仁华 唐新斋 苏红波 唐登银

摘 要: 根据 1998 年 5—8 月和 1999 年 8 月在中国科学院内蒙古草原生态系统定位试验站进行的微气象观测的资料，作者分析了该地区能量平衡及其各分量的基本特征。结果表明：①净辐射通量的转化形式有明显的季节性变化，5—6 月，净辐射能大部分用于感热交换，而后期则多用于潜热交换，5—8 月的日波文比值分别为 1.26、1.42、0.41 和 0.20。②观测期间，波文比的日变化特征表现为，早晚变化大不稳定，而白天则相对稳定。③用涡度相关方法观测的感热和潜热通量之和与同期的净辐射比较，前者的结果偏小 15%左右，两种方法观测到的潜热通量的差异达平均 35%左右。④半干旱草原 CO_2 通量有明显的日变化，在生长旺期，白天 CO_2 通量强度可达到 1.5 mg/（s·m^2）及以上，但在生长后期，1998 年和 1999 年 8 月的白天 CO_2 通量强度分别为 0.38 mg/（s·m^2）和 0.2 mg/（s·m^2）左右；其差异与草地土壤水分和植物长势有关。

关键词: 感热通量 潜热通量 CO_2 通量 微气象方法 半干旱草原

1 引言

全球气候变暖、土地荒漠化等环境问题日益受到人们的关注，在一些草原地区，由于过度放牧或开垦农田已经对草原的生态系统造成了难以恢复的破坏。地-气之间的能量、水分和物质（气体）交换及其随时空变化的特征，在研究生态环境问题方面扮演着一个重要角色。每个地区的经纬度和下垫面状况不同，使得如何更准确地测定和估算下垫面各种热通量的大小一直是微气象学的一个重要研究领域，并且已经形成了许多理论和方法，如波文比-能量平衡法、梯度扩散法、涡度相关法、表面温度-阻抗法等。中国科学院地理科学与资源研究所长期以来都很重视下垫面的能量和水分交换的研究，在理论和方法上取得了大量成果[1-3]，还自行研制了自动换位式波文比观测系统和热线脉动风速仪等高精度仪器[4,5]。

内蒙古半干旱温带草原是我国重要的畜牧业基地，同时它在影响我国北方的气候方面也起着特殊的作用。为了对该地区的能量、水分和物质（本文主要指 CO_2）的交换特征做一些深入研究，中国科学院地理科学与资源研究所及有关单位于 1998 年 5—8 月和 1999 年

* 本文发表于《气候与环境研究》2002 年第 7 卷第 3 期第 351～358 页。

8 月中旬，在中国科学院草原生态系统定位试验站内及周围不同草场样地进行了多学科多方法的联合观测。用于下垫面能量物质交换的微气象观测方法主要包括波文比-能量平衡方法和涡度相关方法。本文将根据观测到的资料，初步分析该地区的能量、水分和物质（CO_2）交换的基本特征。

2 原理与方法

2.1 波文比-能量平衡法（BREB）

根据能量平衡和边界层扩散理论，下垫面能量平衡方程可表达为以下形式：

$$R_n = H + \mathrm{LE} + G \tag{1}$$

$$H=\rho C_p k_h \Delta t/\Delta z \tag{2}$$

$$\mathrm{LE}=(1/\gamma)\ \rho C_p k_w\ \Delta e/\Delta z \tag{3}$$

式中，R_n 为辐射平衡；H 为感热通量；G 为土壤热通量；LE 为潜热通量，其中 L 为水的汽化潜热，E 为蒸发量；ρ 和 C_p 分别为空气密度和定压比热；γ 为干湿球常数，k_h 和 k_w 分别为感热和潜热的扩散系数；Δt、Δe 和 Δz 分别为某两个高度上的温度差，水汽压差和高度差。

将式（2）与式（3）相除，并假设 $k_h=k_w$，那么波文比（感热通量与潜热通量之比）可表达成以下形式：

$$\beta = H/LE=\gamma\Delta t/\Delta e \tag{4}$$

如果是用干湿球方法测定空气湿度，经过适当的数学变换，波文比可表示为以下形式：

$$\beta = \left[(1+s/\gamma)\ \Delta t_w/\Delta t-1\right]^{-1} \tag{5}$$

式中，Δt_w 为湿球温度差；s 为温度在（$t_{w1}+t_{w2}$）/2 时饱和水汽压曲线随温度变化的斜率。

从式（5）中可以看出，波文比的计算可以变成通过测定某两个高度上的干湿球温差和湿球温度来计算。如果计算出β、H 和 LE 就可以很简单地用下式计算：

$$\mathrm{LE}=(R_n-G)/(1+\beta) \tag{6}$$

$$H=\beta\ (R_n-G)/(1+\beta) \tag{7}$$

2.2 涡度相关法（EC）

近地面层通量的测定和计算大多是以梯度-扩散理论为基础。澳大利亚著名的微气象学家 Swinbank 于 1951 年首次提出了涡度相关理论[6]，但由于当时技术方面的原因，不能快速地感应和记录物理量的脉动，所以用该方法估算通量的研究工作只是停留在理论上。随着计算机及其相关测量技术的高速发展，目前在技术上已经可以实现某些物理量的快速感应和记录，这就为该方法的应用提供了坚实的物质基础。涡度相关法被公认为是目前测定近地面通量的最好方法之一，甚至被用作检验其他方法的“标准”[7]。现简单介绍该理论，并给出潜热通量和感热通量的计算公式。

根据通量定义的物理含义，在几乎不带有任何假设的条件下，某物理属性 S 的垂直湍流输送通量可严格地表示为

$$F_s = \overline{w's'} \tag{8}$$

式中，w' 为空气瞬时垂直速度脉动量；s' 为物理属性 S 的脉动量；上横线表示在某一时间间隔里的平均。

该公式的物理含义可以理解为在某一时段内，同时测定大量的垂直风速和有关的物理量（如温度），然后再分别计算它们与其在该时段内的平均值之差（脉动），最后求出两项脉动值相互乘积的平均值。以该公式为基础，我们可以推导出计算 H 和 LE 的计算公式：

$$H = \rho c_p \overline{w'T'} \tag{9}$$

$$\mathrm{LE} = \rho L \overline{w'q'} \tag{10}$$

$$F_{\mathrm{CO_2}} = (AP / T)\overline{w'c'} \tag{11}$$

式中，T'、q'和 c'分别为温度、比湿和 CO_2 浓度的脉动值；A 为常数；P 为大气压；其他符号的物理意义同前。

3　场地、仪器和观测方法

两年的所有观测都是在中国科学院内蒙古草原生态系统定位研究站（43°33′N、116°47′E，1 300 m）的草地上进行的，该观测场地比较宽阔，场地周围的下垫面均匀性比较好。观测场内的下垫面是恢复性沙地针茅和冷蒿等草，但北面的草地已退化并有裸露的沙土。1998 年和 1999 年的天气特别是降水量有明显的差别，1998 年属多雨年，降水量大且集中，而 1999 年为干旱少雨年。根据项目的要求，主要观测只在 5—8 月规定的时间内进行。

使用的仪器包括能量平衡-波文比观测系统和涡度相关观测系统。前者所包括的主要仪器有：净辐射表、土壤热通量板、数据采集器和换位式波文比仪。由中国科学院地理科学与资源研究所研制的这套温湿度换位测量系统能消除仪器的系统误差，野外观测精度为±0.05℃，分辨率为 0.01℃。其两个观测高度分别距地面约 0.5 m 和 1.7 m，净辐射表安装高度为 2 m，两块土壤热通量板埋深距地面约 1 cm。该观测系统为自动采集，每 15 s 采集一组数据，每 5 min 自动将两个高度上的传感器换位一次同时输出一组平均值。

涡度相关系统所使用的仪器包括三维超声温度风速仪，红外水汽和二氧化碳气体分析仪。它们分别用于快速测定垂直脉动风速和脉动温度，空气中水汽含量脉动和 CO_2 浓度的脉动量。仪器安装在波文比观测系统的附近，相距约 5 m，传感器高度约为 2 m，下垫面条件同前。利用高速数据采集器进行数据采集，采样频率为 20 Hz/通道，每 10 min 输出一组计算值。

4 结果与分析

4.1 能量平衡分量和波文比的日变化

图 1 是 1998 年 5 月 30 日和 1998 年 7 月 25 日用波文比-能量平衡方法观测到的能量平衡各分量的日变化情况。比较两幅图可以看出，随着太阳高度角的变大，净辐射的增强，潜热通量和感热通量也随之变大，但在 5 月，由于土壤比较干，蒸发小，所以净辐射能量大部分用于感热交换。而在 7 月，由于前期的降水影响，土壤水分比较充分，此时的潜热通量大于感热通量，但其各个分量基本上是以正午为中心对称分布的。

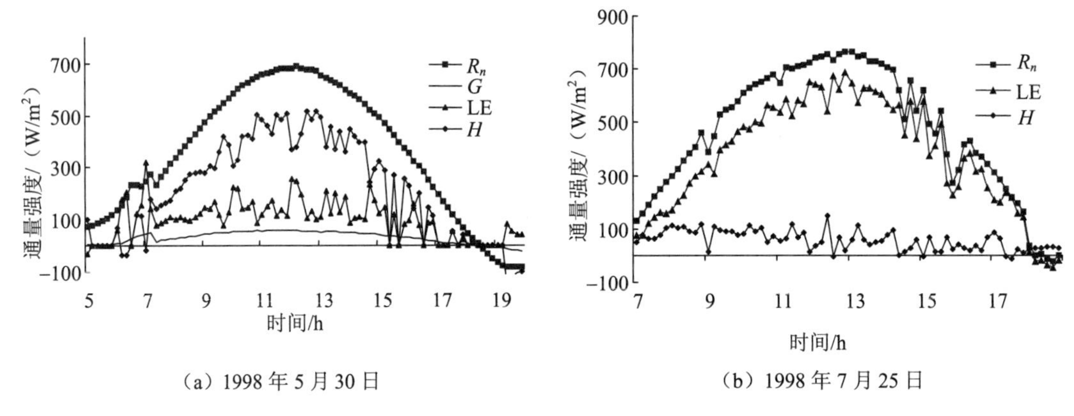

（a）1998 年 5 月 30 日　　（b）1998 年 7 月 25 日

图 1　能量平衡分量的日变化

波文比是反映到达地面的太阳辐射进行能量转化的一个重要指标，在某种程度上可以反映下垫面或土壤的干湿状况[8,9]。图 2 是用两种方法计算的波文比在 1998 年 5 月 22 日随时间的日变化情况。在日出和日落前后，净辐射处于正负转换之际，即 R_n 趋于 0，此时 H 和 LE 也趋于 0 或很小，因此其比值变化就非常不稳定，但是由于它们在一天之中所占比例很小，对总体估算结果影响不大。白天数值比较稳定，用 BREB 方法测定的波文比要比用涡度相关方法计算的值小，但总的变化趋势基本相同。说明两种方法之间存在一定的误差。根据 1998 年 5 月 30 日的统计结果，用波文比-能量平衡方法估算的波文比白天的平均值为 0.583，而用涡度相关方法估算的值为 0.981，前者为后者的 60%左右。其差别还是比较大的。

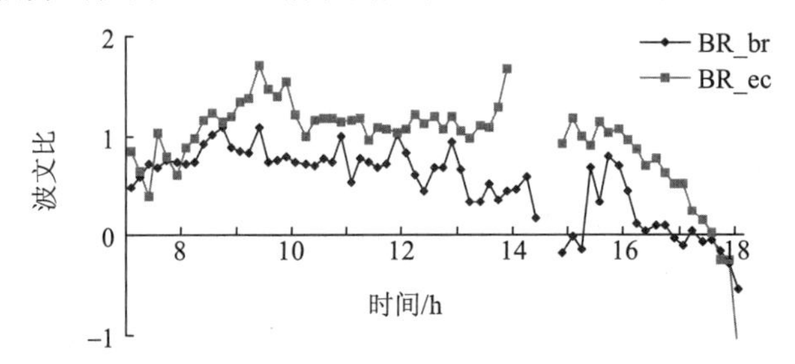

图 2　两种方法计算的波文比日变化的比较（1998 年 5 月 22 日）

注：BR_br 和 BR_ec 分别是用波文比方法和涡度相关方法计算的波文比。

4.2　能量平衡日总量和日波文比的季节变化

为了对该地区能量平衡日总量情况有一个基本认识，我们用 BREB 方法观测的白天资料，以 d 为单位，计算了每日（白天）能量平衡各分量的日均强度。图 3 是 H、LE 和 R_n 的日均强度随季节变化的情况。由于各种原因，所观测的资料不连续，但我们仍然可以看出各分量的总体变化趋势和平均情况。我们所观测到的净辐射、潜热通量和感热通量的日均最大值分别为 497 W/m^2、436 W/m^2 和 343 W/m^2，平均强度分别为 354 W/m^2，209 W/m^2 和 145 W/m^2。

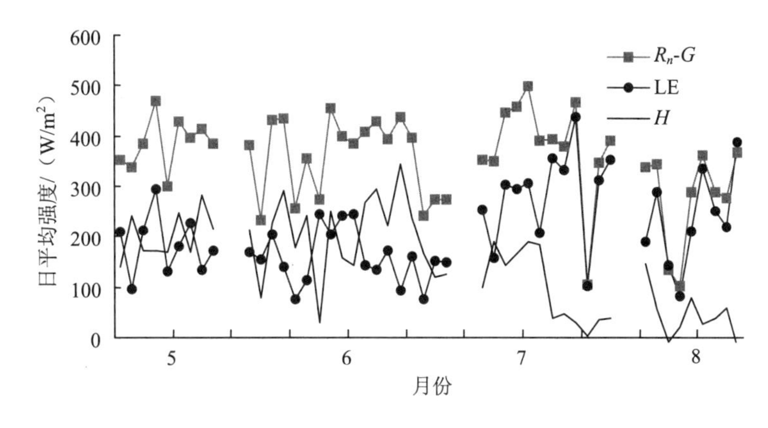

图 3　能量平衡分量日均值的季节变化（1998 年 5—8 月）

图 4 是根据每天的感热通量日均强度（H）与潜热通量日均强度（LE）之比而计算出的日波文比随季节的变化趋势。从图 4 中可以看出，在 5—6 月，由于下垫面相对较干，H 所占的比例还比较大，与 LE 处于同一量级，许多天 H 是 LE 的 1～3 倍，而在 7 月和 8 月，由于有比较大的降水，下垫面非常潮湿，有充足的水分供应蒸发，所以波文比非常小。根据分月资料进行统计得到 1998 年 5—8 月的日波文比平均值分别为 1.26、1.42、0.41 和 0.20。

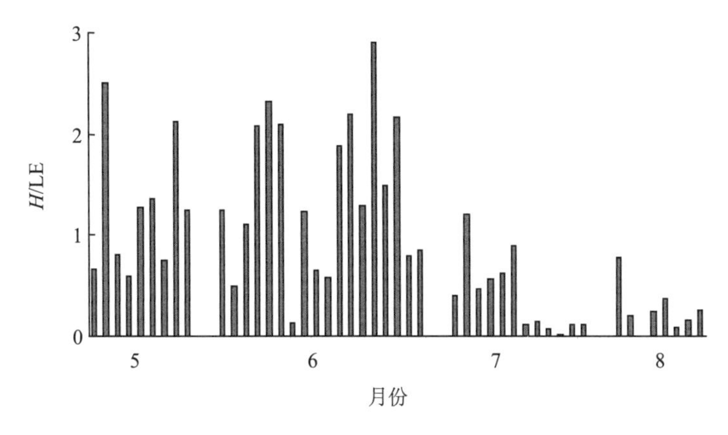

图 4　日波文比（H/LE）值随季节的变化（1998 年 5—8 月）

4.3 两种观测方法的结果比较

由于计算理论、观测仪器和观测方法等多方面原因，到目前为止很难找到一种能特别精确地测定地气之间热交换的方法，或说还没有一种标准仪器，因此各种方法之间必然存在一定的误差，有时误差还相当大，这两种方法也不例外[10]。图 5 是根据在白天同一时刻用 BREB 方法观测到的 R_n-G 或（H+LE）$_{br}$，与用涡度相关方法观测到的感热与潜热通量之和（H+LE）$_{ec}$ 绘制的散点图。从图中可以看出，两种方法得到的结果一致性比较好，但大部分点并非分布在 1∶1 线两侧。根据所有白天的观测资料，它们之间的线性回归方程为

$$Y = 0.868\,4X + 15.7 \tag{12}$$

式中，Y 为用涡度相关法测定的（H+LE）$_{ec}$，X 为用波文比系统得到的 R_n-G 或（H+LE）$_{br}$，相关系数 $R^2 = 0.775\,3$，总样本数 n=1 062。

图 6 是根据用两种方法观测到的潜热通量 LE 所绘制的散点图，根据图中点的分布情况看，用波文比方法观测到的 LE_{br} 比用涡度相关方法观测得到的 LE_{ec} 要大。两种方法得到的结果的线性回归方程为

$$Y = 0.653X - 23.1 \tag{13}$$

式中，Y 为用涡度相关方法测定的潜热通量 LE_{ec}，X 为用波文比方法测定的潜热通量 LE_{br}，相关系数 R^2=0.751，总样本数 n=1 062。

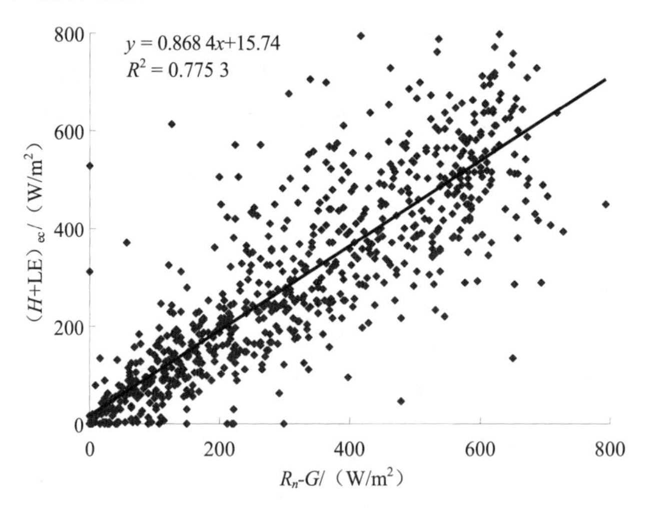

图 5 用 EC 法估算的（H+LE）与用 BREB 方法观测的 R_n-G 的比较（1998 年 5—8 月）

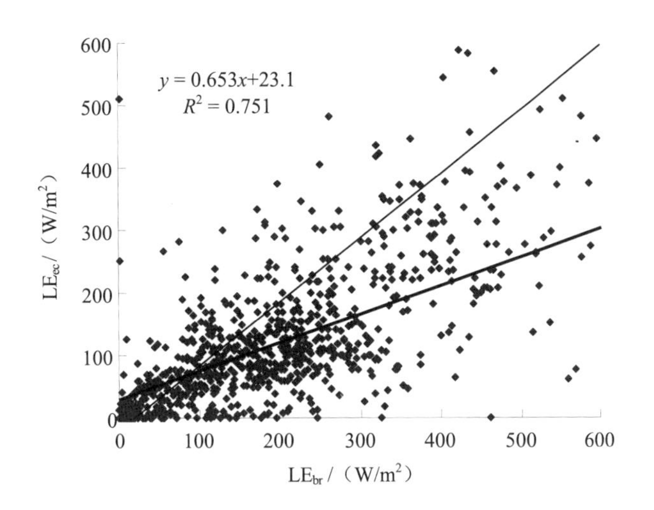

图 6　用 BREB 和 EC 两种方法计算的潜热通量的比较（1998 年 5—8 月）

产生较大误差的原因比较复杂，可能主要有以下几个方面：①观测场地周围的非均匀性。在观测点北约 200 m 是退化的草地（几乎无植被）或裸露的沙地，在有北风的情况下，可能导致观测场地有局地的暖平流。②波文比方法的一个假设是感热通量和潜热通量的传导系数相等。但事实上它们经常并不相等，这些都可能产生计算误差[3]。③仪器本身观测误差。根据我们的对比观测，发现用净辐射表观测的值比用短波和长波辐射表组成的四路法所计算的结果为 11%左右。我们采用的干湿球探头或多或少地要受到太阳辐射的影响，另外，涡度相关观测仪器对环境的要求也比较高，潮湿和风沙等都影响其观测精度，这些问题的解决都将依赖今后仪器和观测方法的不断改进。

4.4　CO_2 通量的日变化

随着全球变暖，CO_2 这种微量气体越来越受到人们的重视。过去在我国，一些科学家尝试使用 CO_2 浓度梯度方法进行通量计算，但由于实际大气中 CO_2 的浓度梯度有时不是很大，所以，如果仪器的精度不够，就会产生很大的误差。多年以来，我们一直在用涡度相关方法直接测定 CO_2 的通量，由于仪器和天气等多方面的原因，其观测结果也是有好有坏，说明 CO_2 的测定确实有一定的难度。尽管如此，我们仍然可以了解其大的变化特征或趋势。

图 7 是 1998 年 5 月 30 日和 1999 年 8 月 20 日 CO_2 通量的日变化情况。在 1998 年 5 月 22 日，草地处于生长旺期，白天的 CO_2 通量变化比较大，大约在上午 7：00 就开始有光合作用，CO_2 通量方向向下，在 10：00—14：00 光合作用非常强，其间平均强度达到 1.5 mg/（s·m²），在 19：00 左右光合作用和呼吸作用保持平衡，通量值在 0 附近变化。而后由于植物的呼吸作用出现向上的通量。植被处于生长后期的 1999 年 8 月 20 日，情况就无明显的日变化并且通量强度也比较小。其值在 0.2 mg/（s·m²）左右变化，表明草地上虽有一定的光合作用和呼吸作用，但由于此时已不是生长旺期，所以值比较小。特别值得一提的是，由于 1998 年是丰水年，在相同季节 CO_2 的通量强度要比 1999 年大，根据 1998 年

8 月仅有的几天过程资料计算，其白天平均强度为 0.38 mg/（s·m²）左右，但由于观测资料比较少，很难分析其季节性的变化。这说明草地的 CO_2 通量强度与土壤的水分状况和植物长势有一定的关系。

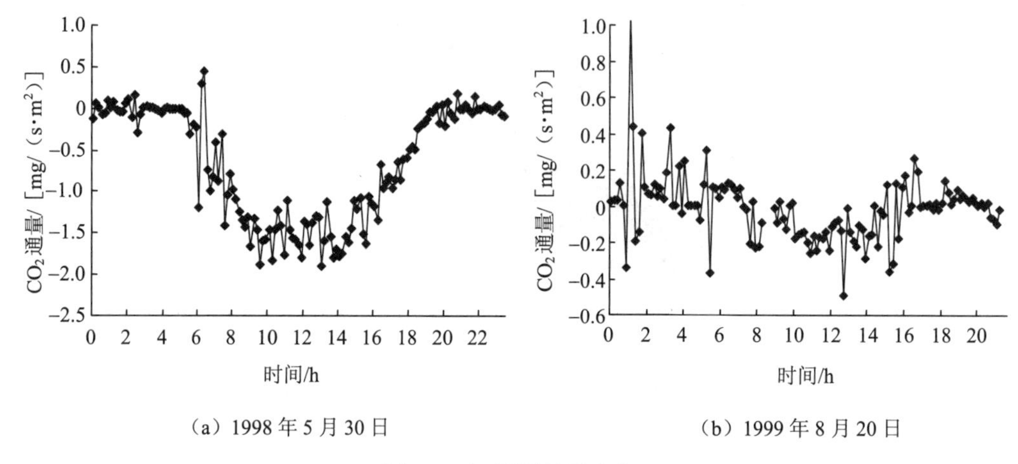

（a）1998 年 5 月 30 日　　（b）1999 年 8 月 20 日

图 7　CO_2 通量的日变化

5　初步结论

根据以上的研究和分析，我们可以得出以下几点基本结论：

（1） 内蒙古草原净辐射能用于感热和潜热交换的方式有明显的季节性变化特征，其主要受下垫面水分的充足与否影响，5—8 月的日波文比分别为 1.26、1.42、0.41 和 0.20。

（2）波文比有明显的日变化，在一天中，早晚变化大且不稳定，白天变化较稳定且比值较小，用 BERB 方法计算的波文比仅为用涡度相关法计算值的 60%左右。

（3）涡度相关方法观测的感热与潜热通量之和与净辐射通量相比，前者比后者小约 15%，用涡度相关方法估算的潜热通量比用 BREB 方法计算的值小 35%左右。其误差来源主要受观测场地、仪器精度和方法的局限性影响。

（4）CO_2 通量有明显的日变化，在生长旺季，生长和呼吸作用比较强，白天最大通量强度超过 1.5 mg/（s·m²），但在草原生长后期，生长和呼吸作用比较弱，1998 年和 1999 年 8 月的白天 CO_2 通量强度分别为 0.38 mg/（s·m²）和 0.2 mg/（s·m²）左右。其差异与草地土壤水分和植物长势有关。

参考文献

[1]　王树森，朱治林，孙晓敏. 拉萨地区农田能量物质交换特征. 中国科学（D 辑），1996，26（4）：359-364.

[2]　中国科学院北京农业生态系统试验站. 农田作物环境实验研究. 北京：气象出版社，1990.

[3]　朱治林. 用波文比-能量平衡方法估算农田蒸发量与 Lysimeter 的比较//农田蒸发研究. 北京：气象出版社，1991：71-79.

[4]　孙晓敏，朱治林，张仁华. 生态系统中蒸发过程的精确测定——换位式波文比观测仪的介绍. 资源生

态环境网络研究动态，1995，6（4）：44-47.

[5] 孙晓敏，周树秀，陈发祖. 热线脉动风速仪及其试验研究//中国农业小气候研究进展. 北京：气象出版社，1993：346-350.

[6] Swinbank W C. The measurement of vertical transfers of heat and water vapor by eddies in the lower atmosphere. J. Meteorol.，1951，8：135-145.

[7] 陈发祖. 微气象学研究的若干进展——兼评涡度相关技术的作用//中国农业气象研究会农业小气候专业委员会. 中国农业小气候研究进展. 北京：气象出版社，1993：18-25.

[8] Blad B L，Rosenberg N J. Lysimetric calibration of the Bowen Ratio-Energy Balance method for evapotranspiration. Journal of Applied Meteorology，1974，13：227-236.

[9] Steduto P，Hsiao T C. Maize canopies under two soil water regimes：Validity of Bowen Ratio-Energy Balance technique for measuring water vapor and carbon dioxide fluxes at 5-min intervals. Agricultural and Forest Meteorology，1998，89：215-228.

[10] Neumann H H，den Hartog G，King K M，et al. Energy budget measurements using eddy correlation and Bowen Ratio techniques at the Kinosheo Lake tower site during the Northern Wetlands Study. Journal of Geographical Research，1994，99：1539-1549.

六、土壤水分与作物-水分关系

Effects of Soil Moisture Stress on the Water Relations and Water Use of Groundnut Stands*

BLACK C R TANG D Y[1] ONG C K[2] SOLON A[3] SIMMONDS L P

Department of Physiology and Environmental Science, University of Nottingham School of Agriculture, Sutton Bonington, Loughborough, Leics. LE12 5RD, UK

SUMMARY: The work described here formed part of a detailed study of the effects of temperature and water stress on growth and development in groundnut (*Arachis hypogaea* L.). Stands of plants were grown in controlled environment glasshouses at mean air temperatures of 25℃, 28℃ and 31℃. Half of each stand was irrigated whenever soil water potential at 10 cm reached −20 kPa. The other half received no further irrigation after sowing, when the soil profile was at field capacity. The effects on plant water status, stomatal conductance and water use were investigated regularly during the growing season.

Leaf water potential (ψ_l), turgor potential (ψ_p) and stomatal conductance (g_l) were already reduced in unirrigated plants by 29 d after sowing (DAS), when leaf area index (LAI) was still below 0.5; g_l was more strongly affected than water status. These differences persisted throughout the season as stress increased. g_l was poorly correlated with ψ_l and ψ_p and of ten exceeded 2 cm s^{-1} in wilted leaves. LAI was not affected before 40 DAS to 45 DAS but was reduced by 20% to 25% in unirrigated plants between 60 DAS and final harvest. The decreases in g_l and LAI reduced canopy conductance by up to 40%. The conservative influence of decreased g_l in unirrigated plants was negated by increases in leaf-to-air vapour pressure difference caused by their higher leaf temperatures. Transpiration rates were therefore similar in both treatments and the lower total water use of the unirrigated stand resulted entirely from its smaller LAI. Unirrigated plants made less vegetative growth but produced more pegs and pods. However, impaired pod-filling reduced pod yields by around 35%.

Key words: Water stress, *Arachis hypogaea*, irrigation, stomatal conductance

---

* 本文发表于 *New Phytologist* 1985 年第 100 卷第 3 期第 313～328 页。

1 Institute of Geography, Academia Sinica, Peking, China.

2 ICRISAT, Patancheru, Andhra Pradesh, India.

3 Technical University of Wroclaw, Wroclaw, Poland.

INTRODUCTION

Groundnut is a sub-tropical grain legume which is widely grown as a pulse or oil crop in North and South America, Africa and Asia under climatic conditions ranging from humid to semi-arid. lt is unusual in producing its pods underground, even though the flowers are produced and fertilized above ground. Although it is a C3 plant, groundnut exhibits the extremely high net photosynthetic rates ($\leqslant$50 mg dm^{-2} h^{-1}; Zelitch, 1971; Pallas, 1973; Pallas & Samish, 1974) and photosynthetic light saturation levels ($\geqslant$1550μEm^{-2} s^{-1}; Pallas, 1973; Pallas & Samish, 1974) more typical of C4 plants.

Productivity is extremely high under favourable climatic and agronomic conditions; unshelled pod yields in the United States average 2900 kg ha^{-1} (FAO Production Yearbook, 1980) and may reach 7200 kg ha^{-1}under optimal conditions (McCloud, 1974). However, average yields in developing countries are much lower (500 to 900 kg ha^{-1}) owing to poor pest and disease control, low soil fertility and erratic or inadequate water supplies. Rain-fed crops are particularly at risk since relatively small seasonal variations in the timing and amounts of rainfall cause disproportionately large fluctuations in yield (Bockelée-Morvan et al., 1974; Cheema et al., 1977). Yield appears to be little affected by stress during the vegetative phase (Boote, 1982) and may even be promoted because excessive vegetative growth is prevented (Gorbet & Rhoads, 1975; Vivekanandan & Gunasena, 1976), but is often drastically reduced by drought during flowering or pod-filling (Ochs & Wormer, 1959; Billaz & Ochs, 1961).

Drought affects both vegetative and reproductive growth by reducing assimilate production, since gas exchange is impaired by reduced stomatal conductances (Bhagsari, Brown & Schepers, 1976) and photosynthetic area is restricted by decreased leaf production and expansion (Ong, 1984; Ong et al., 1985). Mild stress promotes peg and pod production, but more severe stress induces floral abortion and decreases both pod production and pod-filling (Ong, 1984) owing to assimilate shortages and inadequate supplies of water and mineral nutrients, which must be absorbed directly from the soil owing to the limited ability of pods to import materials through the xylary connections with the shoot (Wiersum, 1951; Skelton & Shear, 1971). During severe stress, water may be withdrawn from the pods to support transpiration (Bhagsari et al., 1976).

Previous field studies have shown that the transpiration of groundnut crops grown in alfisols may decrease greatly during the week following irrigation (Harris et al., in prep.), even when approximately 70% of the available soil water remains (Simmonds & Azam-Ali, in prep.), and that reductions in stomatal conductance also occur within a few days of irrigation. The susceptibility to drought of groundnut grown on alfisols may be associated with poor rooting at depth. In this paper we examine how progressive drought, imposed by withholding irrigation, influenced plant water status, stomatal behaviour and transpiration in stands of groundnut grown at differing temperatures in controlled-environment glasshouses, and discuss the significance of the observed stress-induced changes for growth. This work formed part of a larger study of the influence of temperature and water availability on growth and development in groundnut.

MATERIALS AND METHODS

Experimental objectives, treatments and design are described fully elsewhere (Leong & Ong, 1983). Briefly, stands of groundnut, cv. Robut 33-1, were grown in a suite of five controlled-environment glasshouses (Monteith et al., 1983) at mean air temperatures of 19℃, 22℃, 25℃, 28℃ and 31℃; temperature was varied diurnally in a sinusoidal manner over a range of ± 5℃ around the mean. Half of the stand in each temperature treatment was trickle-irrigated whenever soil water potential at 10 cm fell below -20 kPa. The other half received no further irrigation after sowing, when 30 mm of water was applied to both irrigated and unirrigated plots to ensure even germination and establishment.

During the first 30 d after sowing (DAS), the humidification system proved incapable of keeping atmospheric saturation deficit (SD) to the intended daytime maximum of 1.5 kPa in the hottest treatments. However, control improved as the canopy expanded and transpiration increased, and maximum SDs were subsequently restricted to 2.0 kPa. Most of the data presented in this paper are for the 28℃ treatment, but additional material is drawn from the 25℃ and 31℃ treatments to illustrate similarities and contrasts. Environmental conditions during the experimental period are summarized in Table 1.

Table 1 (a) Environmental conditions during experimental period (29 to 77 DAS)

Treatment		25℃	28℃	31℃
Air temperature (℃)	mean	24.8	27.9	30.9
	max	29.9	32.8	35.2
	min	20.2	23.2	26.2
SD (kPa)	mean	0.92	1.17	1.44
	max	1.45	1.75	1.96
	min	0.40	0.55	0.91

(b) Soil water deficits (mm) in the wet and dry suh-plots of the 28℃ treatment

DAS	Wet	Dry
35	0^{*}	15
42	9^{***}	26
46	3^{**}	31
52	16^{**}	41
56	34^{***}	44
63	47^{***}	55
70	39^{**}	60

Note: *, **, and *** indicate that SWD was measured shortly after, midway between or shortly before irrigation.

Water, solute and turgor potentials

Leaf water potentials (ψ_l) were measured using a portable pressure chamber with a rechargeable cylinder (PMS Instrument Co., Oregon, USA). The chamber was taken into the glasshouse to expedite measurements and avoid exposing leaves to large temperature changes after excision. Post-excision water losses were minimized by wrapping single leaflets in polythene before excision and humidifying the air entering the chamber. Individual measurements were completed within 1 to 2 min of excision and leaves of different age and position within the canopy were taken at each sampling time, using three or four replicate leaflets for each.

Immediately after measuring ψ_l, the leaflets were placed in small glass vials, frozen with liquid freon and stored deep-frozen for later determination of solute potential (ψ_l) by dewpoint hygrometry, using a Wescor HR 33T dewpoint hygrometer and C52 chambers. Duplicate measurements were made for each sample, using sap expressed after thawing. Turgor potential (ψ_p) was obtained by difference between ψ_s and ψ_l. Errors in the estimation of ψ_s introduced by apoplastic dilution were assumed to be negligible since measured values of ψ_s and ψ_l agreed closely in fully wilted leaves, where ψ_p is zero.

Leaf and canopy conductances

Stomatal resistance(r_s) was measured using two automatic diffusion porometers (Delta-T Devices, Mark II) and the values obtained converted to their reciprocal, stomatal conductance. The values for the upper and lower leaf surfaces were summed to provide total leaf conductance (g_l). Tests were made using groups of 16 replicate leaflets to determine whether the orientation of the porometer cup on the leaflet influenced the values obtained; the long axis of the cup was aligned either parallel to or across the midrib. Table 2 demonstrates that the measured conductances for both surfaces may be reduced substantially when the cup is oriented across the midrib, presumably because stomatal density, and hence water loss, is lower in this area. All measurements were therefore made with the cup parallel to but excluding the midrib.

Table 2 Influence of porometer cup orientation on measured conductances (cm s^{-1})

Cup orientation	Time (GMT)					
	1115			1345		
	g_s (abaxial)	g_s (adaxial)	g_l	g_s (abaxial)	g_s (adaxial)	g_l
Parallel to midrib	1.12±0.18	1.45±0.23	2.57±0.33	1.31±0.08	1.31±0.05	2.62±0.11
Transverse to midrib	0.80±0.13	1.02 ± 0.11	1.82 ±0.19	1.06±0.07	1.23 ±0.06	2.29±0.12

Note: All measurements were made on 29 DAS using irrigated plants from the 28℃ treatment; values are means of 16 measurements ±SE.

The porometers were allowed to cycle on their calibration plates for 15 min before measurements began, were calibrated before and after each set of measurements and placed in shade between measurements. Separate calibrations were used for each house. Several preliminary runs were made on leaves to ensure full equilibration of cup and leaf temperatures before commencing measurements. Unless otherwise stated, all values presented are means for four to six leaflets of similar age and orientation in the canopy.

Canopy conductance (g_c), a measure of the combined conductance of all the transpiring leaves, was calculated using the approach adopted by Jarvis, James & Landsberg (1976), Squire (1979) and Squire & Black (1982), and based on measurements of the profiles of leaf conductance and leaf area index (LAI) within the canopy. LAI was obtained by growth analysis.

Boundary layer resistance (r_a)

The rate of evaporation from artificial leaves cut from green blotting paper was used to estimate r_a. These leaves, of similar size and shape to groundnut leaves, were saturated, blotted to remove excess water and suspended at various heights in the canopy and positions in the glasshouse, using a support attached to a sensitive electronic balance. The artificial leaves were weighed immediately and again after 3 min and 6 min. Leaf temperature, air temperature and ambient saturation deficit were recordeq. twice during this period using miniature thermocouples and a ventilated Assman psychrometer. r_a (s m^{-1}) was obtained by dividing the mean difference in water vapour concentration between leaf and air (g m^{-3}) by the mean evaporation rate (g m^{-2} s^{-1}). Values of r_a were typically 75 to 80 s m^{-1} at the surface of the canopy, rising to 140 s m^{-1} 30 cm below the surface.

Transpiration rate

The transpiration rates of individual leaves (E_l) or canopy layers were calculated using the relation:

$$E_l = \frac{x_l - x_a}{r_s + r_a}$$

where x_l and x_a are the concentrations of water vapour at the leaf surface and in the surrounding air. The mean transpiration rates for individual canopy layers were multiplied by the corresponding leaf area indices and summed to provide an estimate of total canopy transpiration (E_t; g m^{-2} of ground area h^{-1}).

Soil water status

Tensiometers were used for timing irrigation, water being applied whenever tensiometer readings at 10 cm in the irrigated plots exceeded −20 kPa. Three neutron probe access tubes were installed in every plot and used to monitor soil water content at 10 cm intervals to a depth of 1.2 m; measurements were made at 4 d to 7 d intervals between 35 and 70 DAS in the 28℃ treatment and three week intervals in the other treatments. The water content of the profile was expressed as a soil water deficit (SWD), calculated by subtracting the average profile water content of a specific treatment from the value obtained in the appropriate wet sub-plot immediately after irrigation on 35 DAS. Soil water deficits in the wet and dry sub-plots. of the 28℃ treatment are shown in Table 1.

The use of tensiometers installed at a single depth for timing irrigation proved unsatisfactory since insufficient water was applied at each irrigation to recharge the profile fully. The soil below 40 cm therefore dried steadily during the season and SWD increased gradually (Table 1). However, SWD was always smaller than in the unirrigated plot, even at the end of a drying cycle, and the maximum recorded SWD of 47 mm (Table 1) immediately preceded an irrigation of 20 mm.

RESULTS

The diurnal courses of g_l and ψ_l were inftuenced by systematic spatial variation within the glasshouses; until midday g_l was significantly higher and ψ_l significantly lower on the eastern side of the house, but thereafter the position was reversed. This pattern occurred in both irrigated and unirrigated plants, was most pronounced under sunny conditions and resulted from the presence of an axially oriented, perforated polythene ventilation duct in the apex of each house. The duct cast a shadow approximately 70 cm wide, within which irradiance was reduced by about 15% The shaded band moved from west to east across the stand as solar position changed during the day. Sampling errors associated with the spatial variation introduced by the ventilation duct were minimised in this study by invariably sampling plants distributed throughout the stand,

and were subsequently eliminated entirely by replacing the duct with two large, horizontally rotating fans, which reduced shading and improved air circulation.

Diurnal trends

Figures 1 and 2 show typical diurnal time-courses for the principal environmental and physiological variables. Measurements of g_l were not possible before 29 DAS (Fig. 1) because the leaftets were too small; 71 DAS (Fig. 2) was approximately three weeks before final harvest, when the canopy was fully developed.

The water status and stomatal conductances of unirrigated plants were already affected by 29 DAS, when LAI was still below 0.5. g_l was closely correlated with irradiance (S), particularly in irrigated plants, and was generally slightly lower in the unirrigated plants, the daily mean reduction in g_l being 13% However, the lower conductances of the unirrigated plants were more than compensated for by increases in leaf to air vapour pressure difference (vpd), brought about because leaf temperature was typically about 1.5℃ higher than in irrigated plants. As a direct consequence, transpiration rate (E_l) was higher than in the irrigated plants, except during late afternoon.

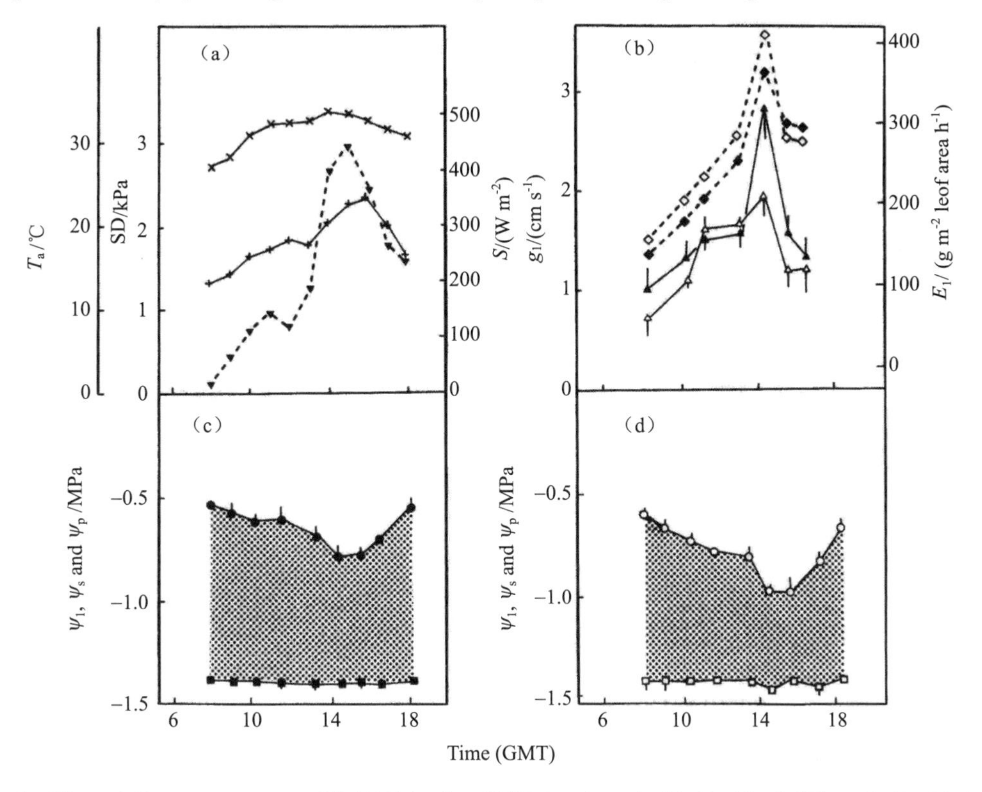

Fig. 1 Diurnal time-courses on 29 DAS in the 28℃ treatment. (a) T_a (x), S (▼) and SO (+) in the glasshouse; (b) g_l (▲, △) and E_l (◆,◇); (c) and (d) ψ_l (●,○), ψ_s (■,□) and ψ_p (stippled areas). In this and subsequent figures, irrigated and unirrigated plants are denoted by closed and open symbols respectively and single standard errors are shown.

ψ_1 and ψ_p were both slightly lower in unwatered plants, in keeping with their higher transpiration rates; the minima between 1400 GMT and 1500 GMT corresponded closely to the period of maximum isolation, SD and transpiration. Thereafter, ψ_1 and ψ_p recovered rapidly as E_1 decreased, returning almost to their early morning values by 1800 GMT. ψ_s showed no significant diurnal variation or difference between treatments.

Broadly comparable results were obtained on 71 DAS (Fig. 2). Owing to a data-logger malfunction, no environmental means are available for 1500 GMT; the values of T_a and SD for this hour are therefore spot-measurements derived from Assman psychrometer records. g_1 was already relatively high by 0500 GMT, even though S was still extremely low, and similar precocious opening was frequently observed. Thereafter, g_1 followed a bimodal time-course in both treatments, with a distinct stomatal closure around midday when S and SD were still increasing. The correlation between g_1 and S was much poorer than on 29 DAS (Fig. 1), and the reductions in g_1 in the unirrigated treatment [Fig. 2(b)] and ψ_1 and ψ_p in both treatments [Fig. 2(c) and (d)] were much more severe.

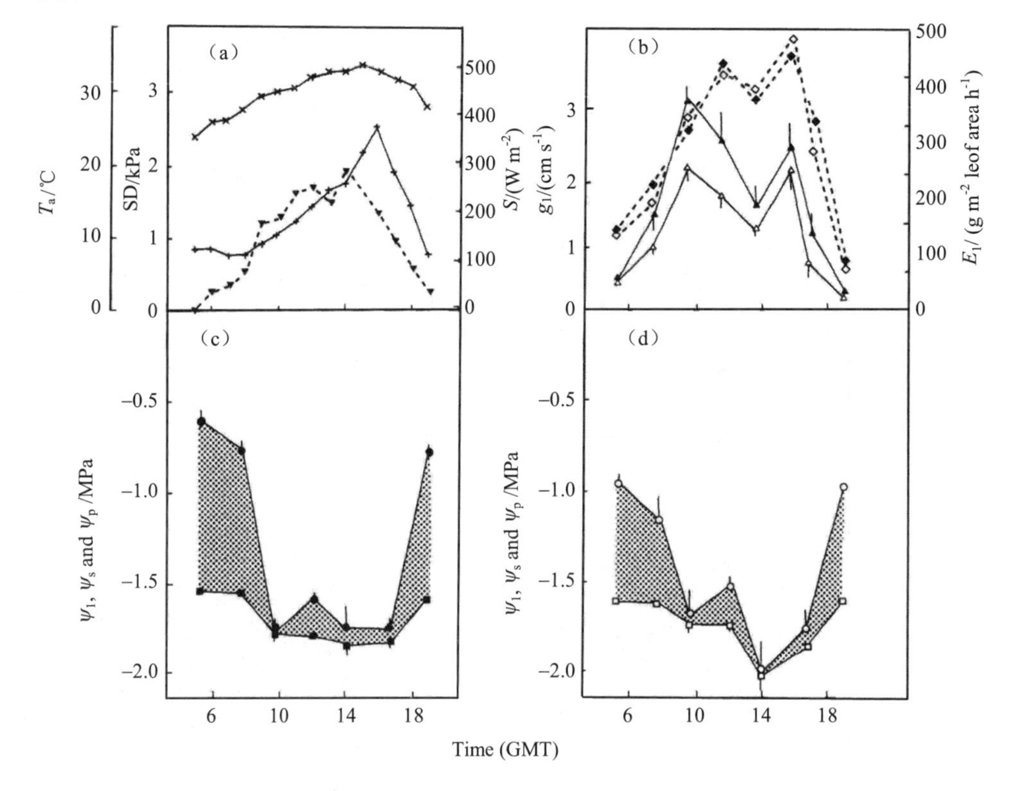

Fig. 2 Diurnal time-courses on 71 DAS in the 28℃ treatment. Symbols as in the legend for Figure 1

With respect to E_1, the large reductions of g_1 in unirrigated plants were again largely negated by opposing differences in vpd since leaf temperatures were up to 1.5℃ and 4.0℃ above those of irrigated plants and air temperature respectively. E_1 [Fig. 2(b)] was therefore generally similar in both treatments, and indeed was slightly greater in the unirrigated plants during early afternoon; the daily mean value for E_1 was only 2.6% lower in the unirrigated plants, despite a reduction of 27.3 % in the corresponding value for g_1.

Foliar water status bore a close inverse relationship to g_1 and especially E_1 (Fig. 2). ψ_1 and ψ_p were 0.3 to 0.4 MPa higher in irrigated plants at dawn and dusk, but fell rapidly and to similar levels in both treatments during the morning as transpiration increased. A transient slight recovery in ψ_1 and ψ_p during the midday depression of E_1 preceded a further decline, which was greater in the unirrigated plants, in accord with their more rapid transpiration. ψ_1 and ψ_p again recovered rapidly and almost completely as E_1 decreased. The diurnal variation in ψ_s and the small differences between treatments resulted from changes in hydration rather than solute content (unpublished results).

Seasonal trends

Figure 3 shows the seasonal trends in ψ_1, ψ_s and g_1 at 0800, preceding the usual rapid diurnal decline in water status, and 1330 GMT, which normally coincided with the period of maximum stress. Although predawn values of ψ_1 and ψ_s would have provided a better measure of overnight recovery, appropriate data are not available for all sampling dates.

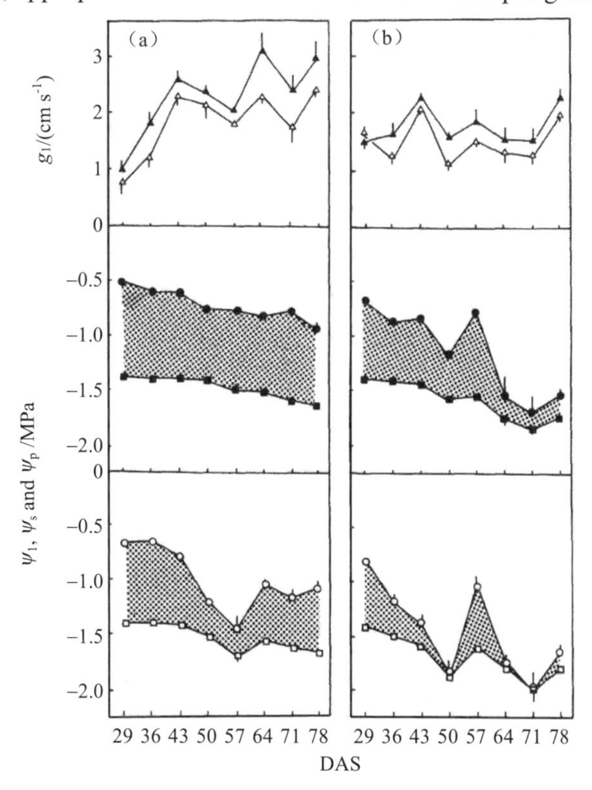

Fig. 3 Seasonal trends in the 28℃ treatment for g_1 (▲, △), ψ_1 (●,○), ψ_s (■,□) and ψ_p (stippled areas) at 0800 GMT(a) and 1330 GMT (b)

In the irrigated plants, ψ_l at 0800 GMT declined by approximately 0.35 MPa during the season but ψ_p remained virtually constant owing to a concurrent decrease in ψ_s. Turgor was consistently lower in the unirrigated plants, where the seasonal decline ψ_l was only partially compensated for by reductions in ψ_s With the exception of 57 DAS, ψ_l and ψ_p were generally much reduced by 1330 GMT, especially in the unirrigated plants, and stress increased in severity as the season progressed. The improvement in water status between 0800 GMT and 1330 GMT on 57 DAS resulted from the arrival of dense cloud after a bright morning. The irrigated plants retained substantial midday turgor until 64 DAS, shortly after pod-filling began. Except on 29 DAS, g_l was always lower in unirrigated plants and decreased between 0800 GMT and 1330 GMT (Fig. 3). The largest differences between treatments were during the latter part of the season at 0800 GMT.

Figure 4 shows the relation between the mean values of g_l at 0800 GMT and 1330 GMT and the corresponding data for ψ_l and ψ_p. The linear regressions were fitted to the data for 36 to 77 DAS and the correlation coefficients with ψ_l and ψ_p were respectively 0.50 and 0.53. Although the correlations were significant ($P<0.005$), the data show considerable scatter, possibly because water stress was not suffciently severe to eliminate stomatal responses to other influential variables such as irradiance, which varied greatly from day to day. Inclusion of the data for 29 DAS reduced r values to 0.25 and 0.33, indicating that stomatal behaviour may have changed after flowering began on 32 and 30 DAS in the irrigated and unirrigated plants respectively; insufficient data are available for the period before flowering to test this theory rigorously.

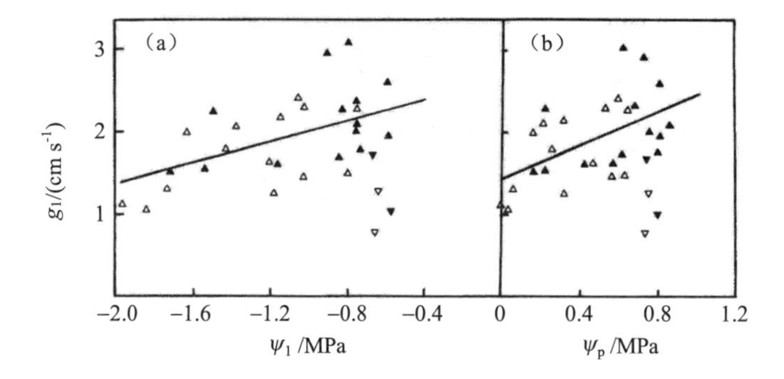

Fig. 4 Relation between mean g_l at 0800 and 1330 GMT and the corresponding values of (a) ψ_l and (b) ψ_p in the 28℃ treatment for the period 29 to 77 DAS. Closed symbols represent irrigated plants and ▼ and ▽ denote data for 29 DAS, immediately preceding flowering. The linear regresslons are fitted to the data obtained during the reproductive phase (▲,△); the regressions are (a) $y = 2.63 - 0.062x$; $r = 0.50$ and (b) $y = 1.45 + 0.10x$; $r = 0.53$

Profiles within the canopy

Figures 1 to 4 all show data for the youngest expanded leaf (leaf 2) which is more susceptible to environmental variations than older, partially shaded leaves. Typical diurnal variations in the profiles of ψ_1, ψ_p and g_1 are shown in Figures 5 to 7. Stress increased rapidly in the early morning and ψ_1 and ψ_p reached their daily minima by 0930 GMT in the irrigated plants [Fig. 5(a)], but continued to decrease until 1330 GMT in the unirrigated plants [Fig. 5(b)]. Stress was most severe near the top of the canopy and differences in ψ_1 of 1.0 to 1.2 MPa between leaves 2 and 10 were common during the period of peak irradiance; leaf 2 was often 0.3 to 0.4 MPa more stressed than the expanding leaf immediately above (Fig. 5) or leaf 3 (data not shown). Water status recovered rapidly as S declined, ψ_1 increasing by 0.5 to 1.0 MPa between 1615 and 1815 GMT. Turgor levels were only slightly greater in the irrigated plants except during the early morning.

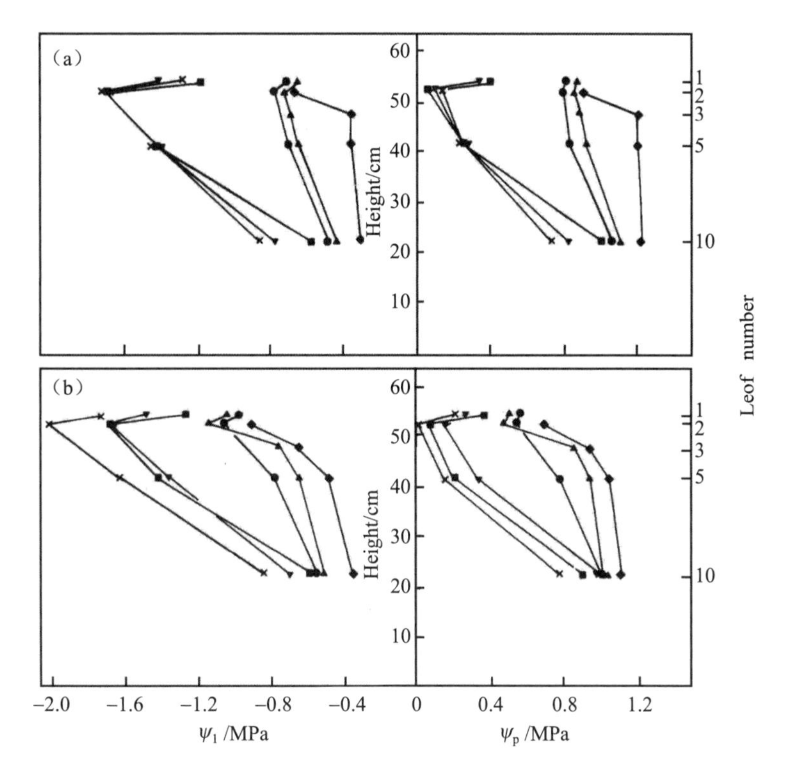

Fig. 5 Diurnal variation in the profiles of ψ_1 and ψ_p in (a) irrigated and (b) unirrigated plants from the 28 ℃ treatment on 71 DAS. Symbols are: ◆, 0500;▲, 0745; ■, 0930; ×, 1330; ▼, 1615; and ●, 1815 GMT. Standard errors are omitted for clarity but are of similar size to those in Figures 2, 6 and 7

Unirrigated plants were consistently more stressed than irrigated plants in the 28℃ [Figs 3, 5 and 6(b)] and 31℃ treatments, but the converse often applied at 25℃ [Fig. 6(a)]. The more favourable water status and higher conductances of the unirrigated plants in this treatment probably resulted from restrictions imposed on light interception and transpiration by the much larger drought-induced reduction of LAI at 25℃ (3.3 vs 1.6) than at either 28℃ (4.5 vs 3.7) or 31℃ (5.0 vs 3.9) at this time.

g_l showed great diurnal variation, particularly near the surface of the canopy where values frequently reached 2.5 to 3.0 cm s^{-1} under sunny conditions (Fig. 7). When evaporative demand was high, g_l in the youngest expanded leaf (leaf 2) was lower than the significantly less stressed leaf 3 (cf. Fig. 5). Below leaf 3, g_l decreased progressively as mutual shading increased and irradiance decreased. The expanding leaf (leaf 1) was too small for g_l to be measured. The absolute values and diurnal variation in the conductances of the uppermost five expanded leaves remained similar as the season progressed and the canopy grew to a height of 70 to 80 cm. However, the number of older, heavily shaded leaves with maximum conductances of 0.2 to 0.5 cm s^{-1} increased steadily since no senescence was observed even when LAI reached 8 to 10. Profiles of g_l were similar in unirrigated plants in the 28℃ and 31℃ treatments, but conductances for specific leaves were typically 10% to 20% lower.

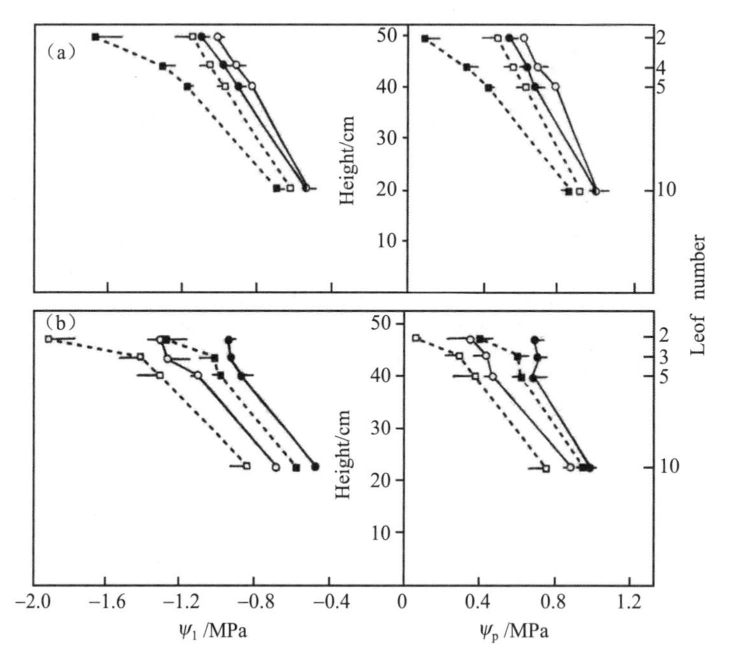

Fig. 6 Profiles of ψ_l and ψ_p at 1100 (●—●), (○—○) and 1530 GMT (■---■), (□---□) in the 25 (a) and 28℃ (b) treatments on 64 DAS

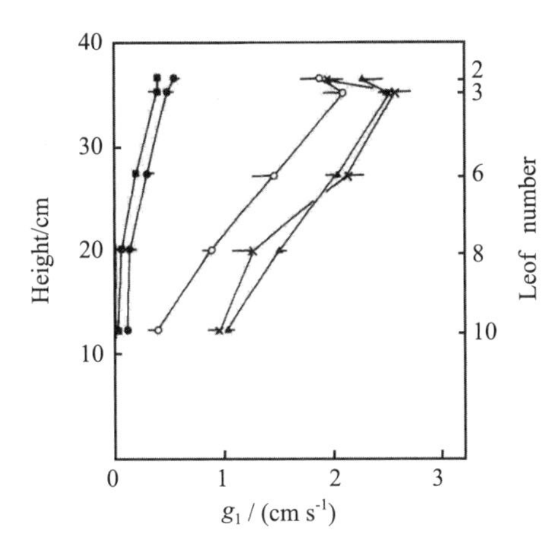

Fig. 7 Diurnal variation in the profiles of g_1 in irrigated plants from the 25℃ treatment on 55 DAS. Symbols are: ●, 0600; ×, 0930; ▲, 1230; ○, 1530 and ■, 1800 GMT

Canopy conductance and transpiration

Diurnal time-courses of canopy conductance (g_c) and transpiration rate per unit ground area (E_t) on 71 DAS are shown in Figure 8. The trends for g_c [Fig. 8(a)] closely resemble those for g_1 (Fig. 2), demonstrating that the responses of leaf 2 were typical of the leaves dominant in determining g_c. g_c was much lower in the unirrigated stand owing to reductions in both g_1 (cf. Fig. 2) and LAI (5.5 vs 4.35); the latter effect resulted from reduced leaf expansion rather than decreased leaf production or premature senescence (Leong & Ong, 1983).

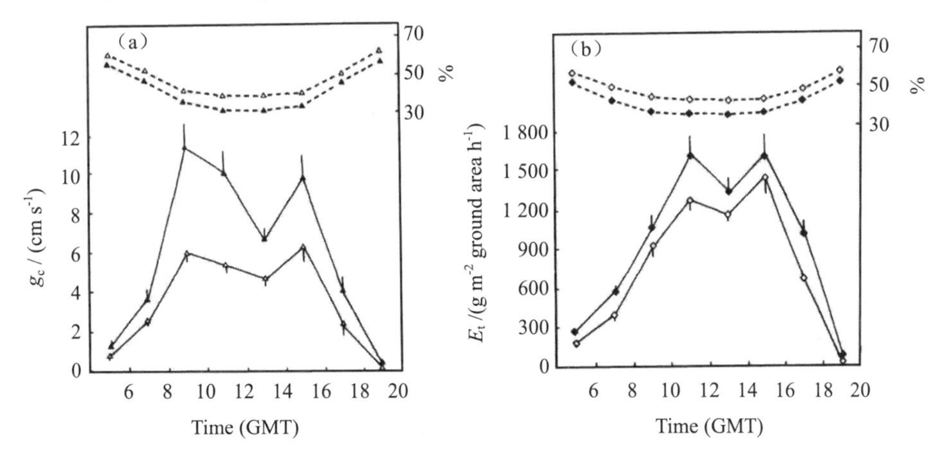

Fig. 8 Diurnal variation in (a) g_c (▲,△) and (b) E_t (◆,◇) in the irrigated (closed symbols) and unirrigated stands (open symbols) grown at 28℃ on 71 DAS. Dashed lines show the fraction of g_c and E_t contributed by the five youngest mature leaves

Expanding leaves (leaf 1) were not included in the calculations of E_t [Fig. 6(b)] since their conductances could not be measured. However, this omission is unlikely to introduce serious errors as these leaves were small, folded about their midrib, protecting the adaxial surface, and were held parallel to direct sunlight. As in single leaves (Fig. 2), the differences in transpiration rate between treatments were much smaller than those in conductance.

DISCUSSION

Foliar water status, conductance and transpiration

Differences in water status between irrigated and unirrigated plants were small but consistent (Figs 1 to 3, 5), and seasonal minimum water potentials were respectively -1.7 and -2.0 MPa. Ong et al. (1985) also found water status in groundnut to be relatively unaffected by a range of soil and atmospheric stress, with minimum ψ_l varying according to treatment between -1.5 and -2.0 MPa. Reports for field crops indicate that ψ_l rarely falls below -1.3 MPa in well-watered plants, but commonly reaches -3 to -4 MPa and occasionally -6 to -8 MPa during severe drought (Allen, Boote & Hammond, 1976; Gautreau, 1977; Pallas, Stansell & Koske, 1979). Variation in tissue hydration was the principal cause of temporal and between-treatment differences in ψ_p since there was no systematic variation in ψ_s between treatments and long term osmotic adjustment, as assessed from measurements of ψ_s at zero ψ_p was small (0.3 to 0.4 MPa), despite the marked seasonal decrease in ψ_l and ψ_p (Fig. 3). In groundnut, as in other species, the capacity for osmotic adjustment depends on the nature of the stress imposed; mild stress induces little or no adjustment, as in this study, but progressive severe stress may stimulate substantial solute accumulation (Ong et al., 1985).

Two factors minimised the differences in water status between treatments. Firstly, the irrigated plants were less well watered than intended (Table 1). Secondly, groundnut is capable of rooting to depths exceeding 90 cm by 70 DAS and may eventually extract water to 150 to 250 cm (Stansell et al., 1976; Hammond et al., 1978; Robertson et al., 1980; Boote, 1982). The unirrigated plants may therefore have gained access to free water deep in the profile, a view supported by two pieces of evidence. Analysis of the neutron probe data shows that water was being extracted to a depth of 70 cm by 45 DAS, but that no soil drying occurred below 80 to 90 cm at any time, probably because of the proximity of standing water. Water tables were not monitored in the glasshouses but periodic observations in nearby dipwells revealed free water within 1 m of the soil surface. Estimates of water use efficiency in the dry sub-plot of the 28℃ treatment, calculated from the mean rates of soil drying and crop growth between 35 DAS and 70 DAS, also suggest that large quantities of water were drawn from the water table, since the values obtained exceeded those expected for groundnut by at least three-fold.

The rapid recovery of foliar water status when stress is relieved (Figs 1 and 2) appears to be common in groundnut, even after sustained severe stress. For example, Allen et al. (1976) observed almost complete stomatal reopening in heavily wilted leaves after 1 h of cloud cover and Pallas et al. (1979) reported that the stomatal resistances of plants subjected to prolonged drought returned to normal one day after irrigation; water status and net photosynthesis may also return to near normal within 1 to 2 d of rewatering. The capacity for rapid, almost full recovery from stress may be an important adaptive response in groundnut.

Withholding irrigation had little effect on E_l (Figs 1 and 2) because the potential conservative influence of the large reductions in g_l was almost totally negated by opposing increases in vpd (Table 3). The important influence of vpd is emphasised by the continued increase in E_l and E_t between 0900 and 1100 GMT on 71 DAS, despite substantial reductions in g_l and g_c (Figs 2 and 8). These results clearly demonstrate the dangers of attributing conservative benefits to decreases in conductance without a full knowledge of the other variables influencing transpiration, particularly in the semi-arid environments where groundnut is often grown.

Table 3 Relative contributions of g_1, vpd and LAI to the observed reductions in E_1 and E_t in the unirrigated stand on 71 DAS (Cf. Figs 2 and 8)

	1 g_l	2 vpd	3 LAI	4 E_l or E_t
Leaf 2	-13.8	+11.8	—	-2.6
Canopy	-11.4	+12.0	-17.7	-17.5

Note: Columns 1 to 3 show the predicted affect of each variable, had it been the only factor to differ between treatments, and column 4 shows their combined effect. The values are daily means and are expressed relative to the irrigated control as percentage changes in transpiration rate.

The maximum stomatal conductances in groundnut of 3 to 4 cm s^{-1} (Figs 1 and 2; Black & Squire, 1979) are exceptionally high compared to many temperate species, and conductances exceeding 2 cm s^{-1} are common even in wilted leaves (Fig. 2). Visible wilting first occurred when ψ_l reached -1.4 to -1.7 MPa, depending on the stage of the season, but net photosynthesis (P_n) showed little response until ψ_l exceeded -1.4 MPa (unpublished results). Bhagsari et al. (1976) also found that P_n in potted groundnut and soybean plants was not affected by increasing stress until shortly before wilting began, but declined to 8% to 13% of watered controls by the time ψ_l reached -3.0 MPa; they concluded that the major effect of drought on P_n was exerted through stomatal closure. These results suggest that g_l is often higher than is necessary to satisfy photosynthetic CO_2 requirements, even in stressed plants, a conclusion which may provide an explanation for observations that groundnut benefits from being intercropped with taller cereals, since the resultant shading would reduce transpiration and minimise water stress.

The ability to maintain high stomatal conductances at low water potentials (Figs 2 and 4) is a common adaptive response to drought which is usually attributed to the maintenance of turgo by osmotic adjustment (Brown et al., 1976; Turner et al., 1978).However, little osmotic adjustment was found either in this experiment or in millet. which also maintains stomatal opening in wilted leaves during the reproductive phase (Hensen et al., 1982a, b).Changes in stomatal behaviour from a water-conserving to an assimilate-maximizing strategy after reproduction begins have now been observed in several species (Hensen et al., 1982b). When this occurs, ψ_1 and ψ_p become functions of g_1 rather than the converse, and low ψ_1 is induced by rapid transpiration whenever high g_1, S and SD coincide (cf.Figs 1 to 2 and 5 to 7). These results demonstrate clearly that the turgor relations of the stomatal complex which control stomatal aperture were largely independent of bulk ψ_1 or ψ_p.

Canopy development and water use

In the absence of other limitations, the rate of leaf expansion in groundnut is extremely sensitive to foliar water status, declining by approximately 10% for every 0.1 MPa reduction in ψ_p (Ong, 1984; Ong et al., 1985). Persistent small differenccs in water status may therefore induce large changes in final leaf size, since the duration of expansion is almost unaffected by water stress. The number of leaves produced may also be greatly reduced by stress (Ong et al., 1985). The consequences for canopy development depend on the severity of the stress imposed. In this experiment, LAI was not affected until after 40 to 45 DAS, but was reduced by 20% to 25% between 60 DAS and final harvest in the unirrigated stands grown at 28℃ or 31℃; LAI nevertheless still reached 7 to 8. Much larger reductions are induced by more severe stress (Ong et al., 1985), seriously delaying or preventing the establishment of full ground cover. In these circumstances, assimilation is limited by incomplete light interception as well as impaired photosynthetic activity.

Total water use by the irrigated and unirrigated stands on 71 DAS, calculated from the areas under the curves in Figure 8(b), was 7.4 and 6.2 mm d^{-1} respectively. Maximum evapotranspiration rates of 5.3 to 6.0 mm d^{-1} are also found in field crops (Kassam et al., 1975; Vivekanandan and Gunasena, 1976; Stansell et al., 1976), and mean values of 5.6 to 7.45 mm d^{-1} have been recorded between 53 and 83 DAS under conditions of high evaporative demand (Mantell & Goldin, 1964); LAIs were similar to those reported here. The lower daily water use of the unirrigated stand was entirely attributable to its smaller LAI, rather than decreased stomatal conductance, owing to the compensatory effect of increased vpd (Table 3). Regulation of water use through control of LAI rather than g_1 is possible when drought is imposed slowly and has the advantage of permitting high stomatal conductances and assimilation rates to be sustained in the remaining foliage for extended periods. In extreme cases, g_1 and ψ_1 may even be higher than in irrigated plants (cf. Fig. 6), with stomatal closure occurring only as a last resort (Squire & Black, 1982).

The contribution of the five youngest expanded leaves (leaves 2 to 6) to g_c and E_t varied diurnally and was larger in the unirrigated stand (Fig. 8). The decreased contribution of leaves 2 to 6 around midday resulted from a relative increase in the stomatal conductances of the older leaves and reflected the improvement in light penetration into the canopy caused by the wilting and nastic folding movements of the younger leaves. These responses serve to reduce insolation during periods of high irradiance. Leaves 2 to 6 comprised 23% and 28% of the total LAI and contributed 34% and 42% of E_t in the wet and dry stands respectively during the period of peak transpiration. Previous research has shown that the top 42% of the leaf area in a groundnut stand intercepted 74% of the incident light and accounted for 63% of the CO_2 assimilated (Boote et al., 1980).

In groundnut, canopy closure occurs at an LAI of 2.5 to 3.0 and fractional light interception reaches 90% to 95% when LAI is 4.0 to 4.5. Diurnal reorientation of the upper leaves therefore causes diurnal variation in fractional light interception when LAI is small. When LAI is large, as on 71 DAS, fractional interception is unaffected, but the area of maximum light interception moves deeper into the canopy, probably to the detriment of carbon assimilation, since photosynthetic activity is maximal in two-week-old leaves but declines sharply in leaves older than four weeks (Trachtenburg & McCloud, 1976; Pallas & Samish, 1974). The shift in the area of maximum light interception to the older, less active leaves is therefore likely to have temporarily decreased the photosynthetic capacity of the canopy, although this effect proved impossible to quantify owing to concurrent changes in other influential variables such as foliar water status.

Effects on growth and yield

Although LAI and total shoot dry weight were reduced by 20% to 25% and 11% to 13% respectively in unirrigated plants, these decreases in vegetative growth were not necessarily reflected in reproductive processes. For example, peg and pod numbers in the 28℃ treatment were 40 and 30% greater in the unirrigated stand, where reduced stem extension permitted an increased number of pegs to reach the soil and produce pods. Total pod yield in the dry stand was nevertheless reduced from 1060 to 657 kg ha^{-1} owing to impaired pod-filling (Ong, 1984), a process which may be adversely affected by several factors in droughted plants. Reduction of minimum ψ_1 to -2.0 MPa during the reproductive phase (cf. Fig.2 and Fig.3) is sufficient to reduce whole canopy CO_2 fixation by 32% (Ong et al., 1985), and Ong (1984) has further reported that the partitioning of the available assimilates to the pods was greatly reduced in the unirrigated stand. Additional limitations imposed by the inability of pods to obtain sufficient water and mineral nutrients when the surrounding soil is dry (Wiersum, 1951; Skelton & Shear, 1971) were probably unimportant in this experiment because volumetric soil water contents at 10 and 20 cm in the dry stand were never less than 20% and 25%, equivalent to a soil water potential no lower than -1.0 MPa. Thus it is clear that although mild water stress during the vegetative phase may be beneficial (ICRISAT, 1981; Boote, 1982), sustained, relatively mild stress during reproduction, particularly at pod-filling, may greatly reduce yields.

ACKNOWLEDGEMENTS

We thank the UK Overseas Development Administration for financing this work, the Royal Society for supporting D.-Y. Tang during his sabbatical leave and our colleages in the ODA unit for their assistance in controlling and monitoring the glasshouse environment.

REFERENCES

[1] ALLEN, L. H., BOOTE, K. J. & HAMMOND, L. C. (1976). Peanut stomatal diffusion resistance affected by soil water and solar radiation. *Proceedings of the Soil and Crop Science Society of Florida*, 35, 42-46.

[2] BHAGSARI, A. S., BROWN, R. H. & SCHEPERS, J. S. (1976). Effect of moisture stress on photosynthesis and some related physiological characteristics in peanut. *Crop Science*, 16, 712-714.

[3] BILLAZ, R. & OCHS, R. (1961). Stades de sensibilité de l'arachide à la sécheresse. *Oléagineux*, 16, 605-611.

[4] BLACK, C. R. & SQUIRE, G. R. (1979). Effects of atmospheric saturation deficit on the stomatal conductance of pearl millet (*Pennisetum typhoides* S. & H.) and groundnut (*Arachis hypogaea* L.). *Journal of Experimental Botany*, 30, 935-945.

[5] BOCKELÉE-MORVAN, A., GAUTREAU, J., MORTREUIL, J. C, et al. (1974). Results obtained with drought-resistant groundnut varieties in West Africa. *Oléagineux*, 29, 309-314.

[6] BOOTE, K. J. (1982). Peanut. In: *Crop-Water Relations* (Ed. by 1. D. Teare & M. M. Peet), pp. 256-280. Wiley, New York.

[7] BOOTE, K. J., JONES, J. W., SMERAGE, G. H., et al. (1980). Photosynthesis of pemut canopies as ageded by ieafspot and artikial defoliation. Agronomy Journal, 72, 247-252.

[8] BROWN, K. W., JORDAN, W. R. & THO AS, J. C. (1976). Water stress induced alteration in the stomatal response to leaf water potential. *Physiologia Plantarum*, 37, 1-5.

[9] CHEEMA, S. S., MINHAS, K. S., TRIPATHl, H. P, et al. (1977). The effects of applying phosphorus and nitrogen to groundnut under different regimes of soil moisture. *Journal of the Research of the Punjab Agricultural University*, 14, 9-14.

[10] FAO PRODUCTION YEARBOOK. (1980). Volume 33, FAO, United Nations, Rome.

[11] GAUTREAU, J. (1977). Niveaux de potentiels foliares intervariétaux et adaptation de l'arachide à la sécheresse au Sénégal. *Oléagineux*, 32, 323-332.

[12] GORBET, D. W. & RHOADS, F. H. (1975). Response oftwo peanut cultivars to irrigation and Kylar (succinic acid 2, 2 dimethylhydrazide, growth regulator). *Agronomy Journal*, 67, 373-376.

[13] HAMMOND, L. C., BOOTE, K. J., VARNELL, R. J, et al. (1978). Water use and yield of peanuts on a well-drained sandy soil. *Proceedings of the American Peanut Research Education Association*, 10, 73.

[14] HENSEN, 1. E., MAHALAKSHMI, V., BIDINGER, F. R, et al. (1982a). Osmotic adjustment to water stress in pearl millet (*Pennisetum americanum* L. Leeke) under field conditions. *Plant, Cell and Environment*, 5, 147-154.

[15] HENSEN, I. E., ALAGARSWAMY, G., BIDINGER, F. R, et al. (1982b). Stomatal response ofpearl millet (*Pennisetum americanum* L. Leeke) to leaf water status and environmental factors in the field. *Plant, Cell and Environment*, 5, 65-74.

[16] ICRISAT ANNUAL REPORT. (1981). Published 1982, pp. 190, ICRISAT, Patancheru, India.

[17] JARVIS, P. G., JAMES, G. B. & LANDSBERG, J. J. (1976). Coniferous forests. In: *Vegetation and the Atmosphere*, Vol. 2, Case Studies (Ed. by J . L. Monteith), pp. 171-240, Academic Press, New York.

[18] KASSAM, A. H., KOWAL, J . M. & HARKNESS, C. (1975). Water use and growth of groundnut at Samuru, Northern Nigeria. *Tropical Agriωlture* (*Trinida*d), 52, 105-112.

[19] LEONG, S. K. & ONG, C. K. (1983). The inftuence of temperature and soil water deficit on the development and morphology of groundnut (*Arachis hypogaea* L.). *Journal of Experimental Botany*, 34, 1551-1561.

[20] MANTELL, A. & GOLDIN, E. (1964). The inftuence of irrigation frequency and intensity on the yield and quality of peanuts (*Arachis hypogaea*). *Israel Journal of Agricultural Research*, 14, 203-210.

[21] MCCLOUD, D. E. (1974). Growth analysis of high yielding peanuts. *Proceedings of the Soil Crop Science Society of Florida*, 33, 24-26.

[22] MONTEITH, J. L., MARSHALL, B., SAFFELL, R., et al. (1983). Environmental control of a glasshouse suite for crop physiology. *Journal of Experimental Botany*, 34, 309-321.

[23] OCHS, R. &WORMER, T. M. (1959). Inftuence de l'alimentation en eau sur la croissance de l'arachide. *Oléagineux*, 14, 281-291.

[24] ONG, C. K. (1984). The inftuence of temperature and water deficit on the partitioning of dry matter in groundnut (*Arachis hypogaea* L.). *Journal of Experimental Botany*, 35, 746-755.

[25] ONG, C. K., BLACK, C. R. SIMMONDS, L. P, et al. (1985). Inftuence of saturation deficit on leaf production and expansion in stands of groundnut (*Arachis hypogaea* L.) grown without irrigation. *Annals of Botany* (in press).

[26] PALLAS, J. E. (1973). Diurnal changes in transpiration and daily photosynthetic rate of several crop plants. *Crop Science*, 13, 82-84.

[27] PALLAS, J. E. & SAMISH, Y. B. (1974). Photosynthetic response of peanut. *Crop Science*, 14, 478-482.

[28] PALLAS, J. E. Jr., STANSELL, J. R., & KOSKE, T. J. (1979). Effects of drought on Florunner peanuts. *Agronomy Journal*, 71, 853-858.

[29] ROBERTSON, W. K., HAMMOND, L. C., JOHNSON, J. T, et al. (1980). Effects of plant water stress on root distribution of corn, soybeans and peanuts in sandy soil. *Agronomy Journal* 74, 548-550.

[30] SKELTON, B. J. & SHEAR, G. M. (1971). Calcium translocation in the peanut (*Arachis hypogaea* L.). *Agronomy Journal*, 63, 409-412.

[31] SQUIRE, G. R. (1979). The response of stomata of pearl millet (*Pennisetum typhoides* S. & H.) to atmospheric humidity. *Journal of Experimental Botany*, 30, 925-933.

[32] SQUIRE, G. R. & BLACK, C. R. (1982). Stomatal behaviour in the field. In : *Stomatal Physiology.* (Ed. by P. E. Jarvis & T. A. Mansfield), pp. 223-245. Cambridge University Press, Cambridge.

[33] STANSELL, J. R., SHEPHERD, J. L., PALLAS, J. E, et al. (1976). Peanut responses to soil water variables in the south-east. *Peanut Science*, 3, 44-48.

[34] TRACHTENBURG, C. H. & MCCLOUD, D. E. (1976). Net photosynthesis of peanut leaves at varying light intensities and leaf ages. *Proceedings of the Soil Crop Science Society of Florida*, 35, 54-55.

[35] TURNER, N. C., BEGG, J. E. & TONNET, M. L. (1978). Osmotic adjustment of sorghum and sunftower crops in response to water deficits and its inftuence on the water potential at which stomata close. *Australian Journal of Plant Physiology*, 5, 597-608.

[36] VIVEKANANDAN, A. S. & GUNASENA, H. P. M. (1976). Lysimetric studies of the effect of soil moisture tension on the growth and yield of maize (*Zea mays* L.) and groundnut (*Arachis hypogaea* L.). *Beitrage zur Tropischen Landwirtschaft und Veterinarmedizin*, 14, 369-378.

[37] WIERSUM, L. K. (1951). Water transport in the xylem as related to calcium uptake by groundnuts (*Arachis hypogaea* L.). *Plant and Soil*, 3, 160-169.

[38] ZELITCH, I. (1971). *Photosynthesis, Photorespiration and Plant Production*, Academic Press, New York.

植物气孔扩散传导率的研究：以花生为例*

唐登银

摘　要：本文对生长在可控环境温室中的花生气孔扩散传导率进行了实验研究，揭示了单个植株之间、上下表面之间、叶片不同部位以及冠层垂直方向上气孔扩散传导率的变异性。同时以气孔扩散传导率与环境条件的测定值为基础，对传导率对环境因子的反应进行了分析，植株顶部叶片气孔扩散传导率与太阳总辐射和空气饱和差有关系；冠层传导率与冠层截留辐射和空气饱和差有相关关系。

关键词：气孔特性　气孔传导率　气孔阻抗

引言

通过叶片气孔，植物与大气进行着气体交换。这种气体交换对植物本身以及植物周围的环境都有着非常重要的作用。它既是一个植物生理过程，又强烈地为外界环境条件所控制，因此它受到多学科的科学家们的注意。人们熟知的植物光合作用及蒸腾作用，就与这种气孔扩散特性有紧密关系，因此对气孔的气体扩散特性进行研究，有助于对植物的这些重要过程加深了解，因而也会在实践中，例如对于提高作物水分利用效率和增加作物光合产物方面做出贡献。

就大多数作物而言，叶片上气孔以外的部分几乎是不透水的，所以一般可把叶片气体扩散特性归结成气孔扩散特性，而把这一特性的测定称为气孔测定。既然气孔扩散特性基本上代表着植株（叶片）的气体扩散特性，那么在研究土壤-植物-大气系统的水汽、能量和物质交换中，就不能不了解气孔扩散特性。

气孔扩散特性的野外研究只是到 20 世纪 70 年代才有了较快的发展，这主要是因为出现了一些适用于野外的气孔计[1-4]。但由于气孔的巨大变异性以及气孔扩散特性与环境条件关系的复杂性，目前的野外研究还很不够，有必要进行更加深入的研究，G. R. Squire 等详细地对此做了说明[5]。

本文对花生叶片气孔扩散阻抗进行了比较系统的测定，其方法可供野外研究参考，同时初步确定了气孔扩散特性与某些环境条件的关系，对于认识气孔扩散特性可能有所帮助。本文除使用气孔扩散阻抗表征植物扩散特性外，还使用气孔扩散阻抗的倒数——气孔扩散

* 本文发表于《植物生态学与地植物学学报》1986 年第 10 卷第 3 期第 180～189 页。

传导率，这样做有方便之处，可以避免阻抗为无穷大时引起的分析气孔扩散特性对环境反应的麻烦[6]。

一、方法

1．场地

该研究于1981年6—9月在英格兰中部的诺丁汉大学农学院的农场上进行，实验安排在可控制环境条件的玻璃温室内。玻璃温室为：长10.1 m，宽4.7 m，中梁高3.5 m，侧檐高2.3 m，总体积约为130 m^3。温室南北走向，并列5个温室，中间相隔15 m，互相不遮阴。温室周围地势平坦，视野开阔。温室下是未经搅动的天然土壤，耕层为砂壤土，30～80 cm是砾质砂土（石子占20%～25%），70～80 cm处，土壤质地变黏。

2．处理

本试验在第三号温室（中间）内进行，日均温约28℃，昼夜变幅±5℃，气湿不超过25 mbar①。温室内分两个处理：不灌水（只在播后供水一次，29.1 mm）；灌水，10 cm深的张力计达到200 mbar时灌水，共计13次，209.3 mm。

3．材料

供试验材料为花生（*Arachis hypogaea*），品种为*Robut* 33-1。6月1日播种，9月2日收获。

4．叶片气孔传导率 g_L

用自动扩散气孔计（英国Δ*T*公司生产之MKⅡ型）测定叶片气孔阻抗，然后求其倒数，得叶片气孔传导率。仪器原理、定标、操作程序等见参考文献[7]。

在播后29 d、36 d、43 d、50 d、57 d、64 d、71 d和77 d等不同时间内对气孔阻抗进行了测定，作为气孔传导率对环境条件反应分析的基本数据。取样分别在灌溉和不灌溉处理内进行，每个处理内随机取样6个叶片，供测叶片为顶部算起的第一叶片和第五叶片。分别对每一叶片的上下表面进行测定。

在播后48 d、55 d和87 d对不同高度的叶片进行了气孔阻抗测定，以确定气孔传导率沿垂直方向的变异性。

在播后38 d，进行了三次（9：31—10：01、11：04—11：30和13：34—13：59 G.M.T）16个叶片（植株顶部）上、下表面气孔阻抗的测量，以估计植株叶片气孔扩散特性的水平均匀性。在进行此项测定时，还检验了感应夹以两种方式夹住叶片所得结果的差异，两种方式是：①令气孔计感应孔平行于主脉且不含主脉；②令感应孔垂直于主脉且包含主脉。

对一叶片上、下表面测量气孔阻抗，求其倒数，得上、下表面的扩散传导率为g_{SU}和g_{SL}，$g_{SU}+g_{SL}=g_L$即为该叶片的气孔传导率。

5．作物冠层传导率 g_C

作物冠层传导率g_C是根据叶片气孔传导率g_L和叶面积系数LAI求取的：

$$g_C = \mathrm{LAI}_L g_{CL} + \mathrm{LAI}_U g_{CU}$$

① 1 bar=10^5 Pa。

式中，LAI_U 和 LAI_L 分别为作物冠层上下两部分的叶面积系数；g_{CU} 和 g_{CL} 为作物冠层上下两部分的叶片气孔传导率。

6．气象变数的测量

在温室内安装了总辐射计，所测辐射代表进入温室达到冠层的总辐射量 Q_1，在地面安装了 3 支 1 m 长的管状辐射计（垂直于植株的行向），所得测定值表示经过植株拦截而达到地面的总辐射量 Q_2，截留辐射 $Q_1=Q_1-Q_2$。温室内安装了测定气温和气湿的仪器。气象变数由控制室的计算机搜集，并打印出 1 h 间隔的资料。

二、结果

（一）气孔传导率的变异性

研究作物气孔阻抗的一个主要困难是它在时间和空间上有巨大的变异性，对这种变异性事先进行研究，才能对有限的测量数据在研究冠层阻抗的代表性和可靠性方面做出判断。

1．叶片表面的变异性

叶片表面的叶脉处和其他部位气孔阻抗的差异见表 1。表中上、下表面的每一个值是 16 个测定结果的平均数，双面表示叶片传导率，是上、下表面值之和。根据这个相当大样本的结果不难看出，所有不含主脉测定方式所得值均大于含主脉方式的值，以叶片传导率而言（双面值），含主脉方式的测定值偏小 8%～30%，平均偏小 17%。这一差异的原因可能是叶片主脉部位上的气孔比其他部位上的少。这一现象引起了在常规测量中应取何种方式进行测量的问题，在常规测量中要求测量简化，不便于两种方式都进行，也很难精确测定出叶脉和叶片其他部分的面积比例，所以通过两种方式测定出阻抗值再根据面积比例求取全叶片阻抗是困难的。比较简易的办法是在叶脉面积比例很小的情况下，将其忽略不计，测定除叶脉以外的其他部分的气孔阻抗值，以代表全叶片的气孔阻抗。

表 1　叶脉对传导率测定值的影响　　单位：cm/s

时间	平行、不含主脉			垂直、含主脉		
	下	上	双面	下	上	双面
9：31—10：02	1.18	1.21	2.39	1.02	1.18	2.20
11：04—11：30	1.12	1.45	2.57	0.80	1.02	1.82
13：34—13：59	1.31	1.31	2.62	1.06	1.23	2.29

2．叶片两面的差异

叶片两面的气孔传导率经常是不一样的，八天观测的叶片上、下表面的气孔扩散率见图 1。由图可知，点子相当零乱，上、下表面气孔传导率的相互关系不严密，在多数情况下叶片下表面的气孔传导率较高。由于叶片两个表面的传导率不一致，并且相互关系不确定，所以分别对叶片的两面进行气孔阻抗的测定，然后求取整个叶片的气孔阻抗，是比较合适的。

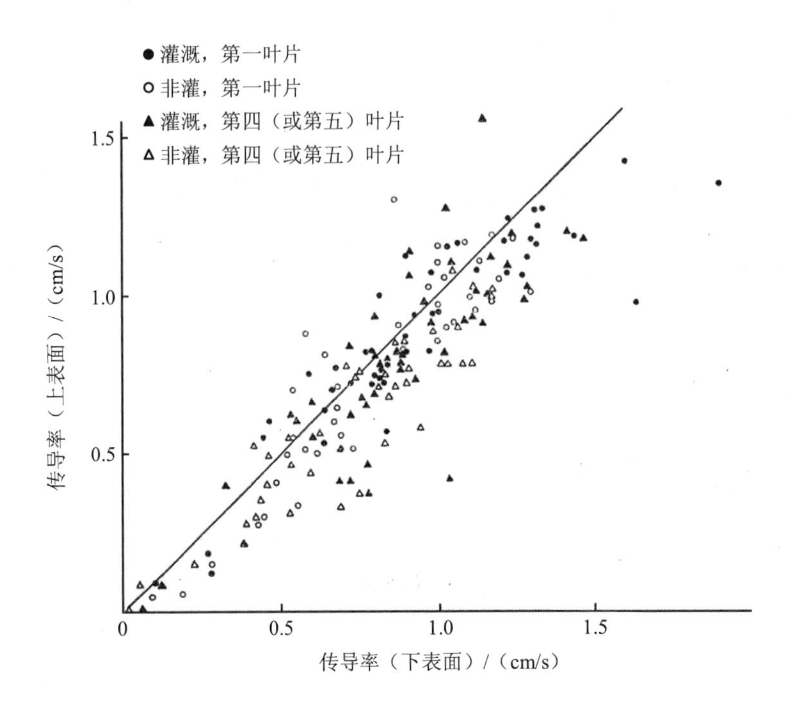

图 1 叶片两个表面的气孔扩散传导率

3. 叶片传导率垂直方向上的变化

在垂直方向上，叶片的传导率是有变化的，这大概是因为遮盖引起辐射在垂直方向上有变化的缘故。本试验进行了 3 d、12 个剖面的气孔阻抗测量（图 2）。总体来看，气孔传导率随高度而增加，只是图 2（c）上第一叶片的气孔传导率比第五叶片的稍低。垂直方向上的这种变异性，给作物冠层的气孔阻抗的确定带来了困难，因为在常规测量中，要测定垂直方向上各层次的叶面积系数和叶片气孔的阻抗，其工作量非常大。本文从建立作物顶层和底层的叶片气孔传导率之间的关系入手，找出一个简单易行的确定作物冠层的气孔传导率的方法。所考虑的是作物封垄以后的情况。把作物冠层区分为两层：顶部五个叶片为顶层，以下叶片为底层。两层的气孔传导率按照如图 2 所示的实测结果进行算术平均求取，例如播后 55 d 冠层上、下两层的气孔传导率分别为从顶部算起的 1、2、5 叶片的平均值和 5、7、9 叶片的平均值。引入一个系数α，$\alpha=\dfrac{g_b}{g_T}$，g_b 和 g_T 分别为冠层底层和顶层的传导率。α 随时间的变化曲线如图 3 所示，其变化是有规律的，早晨和傍晚较小，中午最大，并可用一条曲线拟合各点。为简便计，α值见表 2。

有了α 值，若已知顶层叶片气孔传导率 g_T，就可利用$\alpha\times g_T=g_b$，求出底层叶片气孔传导率，这样就能对冠层的气孔扩散传导率进行较为符合实际的估算。

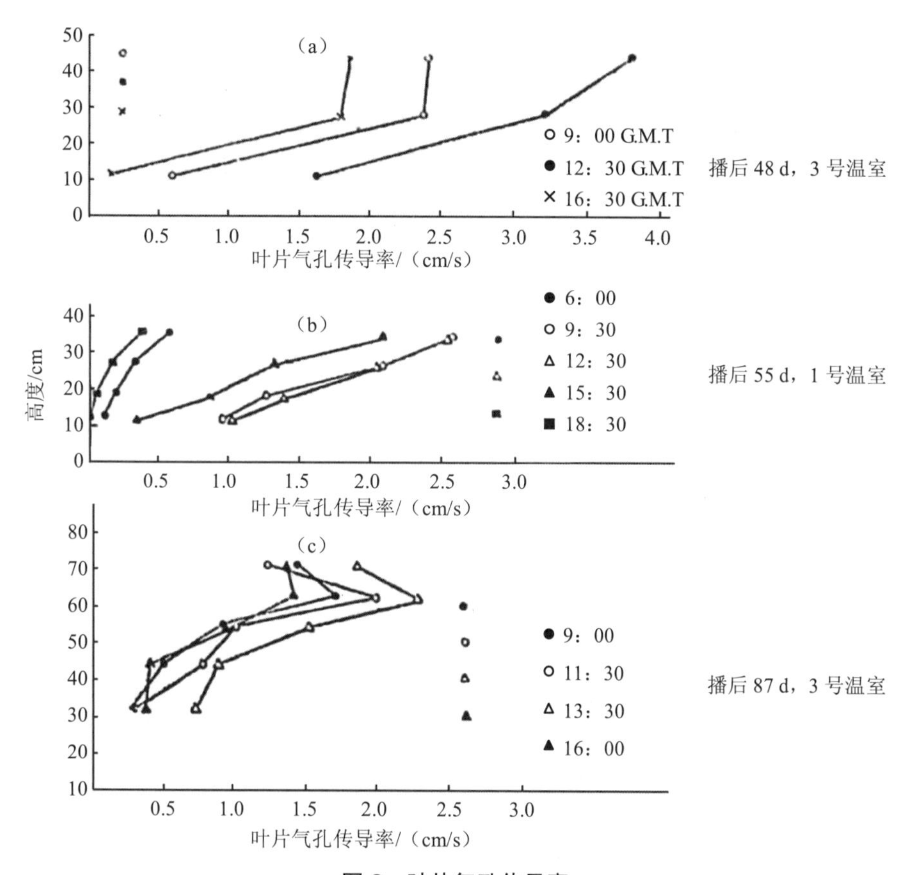

图 2　叶片气孔传导率

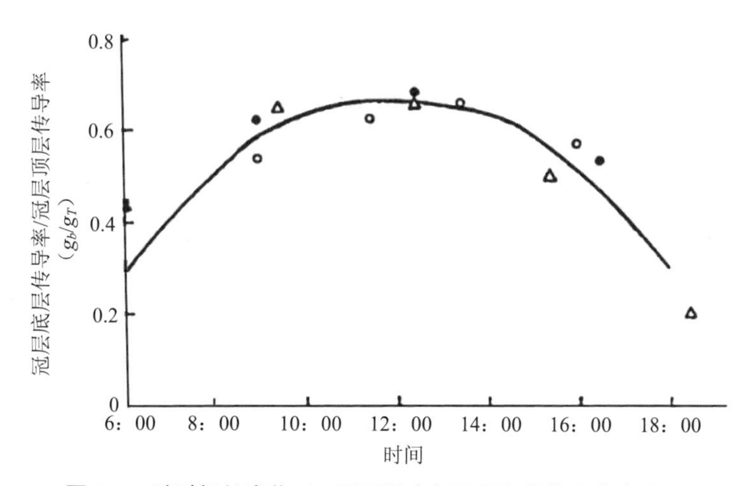

图 3　α 随时间的变化（α 是冠层底部至顶部的传导率之比）

注：●，△，○：同图 2。

表 2　α 值一天的变化

时间	6：00 和 18：00	7：00 和 17：00	8：00 和 16：00	9：00 和 15：00	10：00—14：00
α	0.3	0.4	0.5	0.6	0.65

4．叶片气孔传导率水平方向上的变异性

相距很近的、外观上似乎类似的、暴露条件也相近的叶片，有时气孔传导率也有差异，要区分这种变异性是生物学因子还是环境因子造成的，大概非常困难。本文仅根据统计方法，得到采样数带来的测定误差。表 3 是气孔传导率测定统计学资料，由表 3 可知，16 个叶片平均值的误差都在 17%以内，11：04—11：30 测定结果较差，9：31—10：02 和 13：34—13：59 测定结果较好，平均值的误差都在 10%以内，大多在 5%左右。16 次的测量结果具有相当好的代表性，但工作量太大，本文的常规观测，采用 6 个叶片取样，误差为 10%～30%。

表 3　传导率测定的统计学资料

时间	取样方式	取样部位	取样数	平均值/m	均方差（*v*）	变异系数/%	平均值离差（*SX*）	测定误差（*S*）
9：31—10：02	纵	下表面	16	1.18	0.32	27.1	0.08	6.8
		上表面	16	1.21	0.29	24.0	0.07	5.8
		双面	16	2.39	0.57	23.8	0.14	5.9
	横	下表面	16	1.02	0.38	37.3	0.10	9.8
		上表面	16	1.18	0.30	25.4	0.08	6.8
		双面	16	2.20	0.68	30.9	0.17	7.7
11：04—11：30	纵	下表面	16	1.12	0.73	65.2	0.18	16.1
		上表面	16	1.45	0.92	63.4	0.23	15.9
		双面	16	2.57	1.33	51.8	0.33	12.8
	横	下表面	16	0.80	0.50	62.5	0.13	16.2
		上表面	16	1.02	0.43	42.2	0.11	10.8
		双面	16	1.82	0.74	40.7	0.19	10.4
13：34—13：59	纵	下表面	16	1.31	0.32	24.4	0.08	6.1
		上表面	16	1.31	0.21	16.0	0.05	3.8
		双面	16	2.62	0.46	17.6	0.12	4.6
	横	下表面	16	1.06	0.28	26.4	0.07	6.6
		上表面	16	1.23	0.22	17.9	0.06	4.9
		双面	16	2.29	0.47	20.5	0.12	5.2

（二）气孔传导率对环境条件的反应

气孔传导率是环境条件和作物生理过程综合作用的结果，对于气孔传导率与环境之间的关系已有些模式，这种模式在水文、农业气象和农学上都具有重要意义。由于问题本身的复杂性及实际资料太少，模式正在发展中。

1．叶片气孔传导率

图 4 是叶片气孔传导率在一天之内对环境条件反应的一个例子。气孔传导率测定时间为 5：00—19：00（G.M.T），在两个处理内分别对从顶部算起的第一叶片和第四（或第五）叶片进行测定，图 4 每个点由 6 个上表面和 6 个下表面的读数计算而得出。图 4 也绘出了该日的气温、总辐射和空气水汽压饱和差。由图 4 可知，最高的叶片气孔扩散传导率达 3 cm/s

以上，清晨和黄昏有太阳辐射条件下，其值很小，一般在 0.5 cm/s 以下。上午，随着温度和辐射的迅速增加，叶片气孔扩散率迅速上升；下午，随着温度和辐射的降低，叶片气孔扩散率迅速减小。中午叶片气孔扩散传导率有一个下落，似乎与饱和差急剧增加有关。在黑夜，气孔关闭，叶片气孔扩散传导率为零。比较灌溉与非灌溉两个处理的叶片气孔传导率，前者大于后者，反映了土壤水分势对叶片气孔传导率的影响。

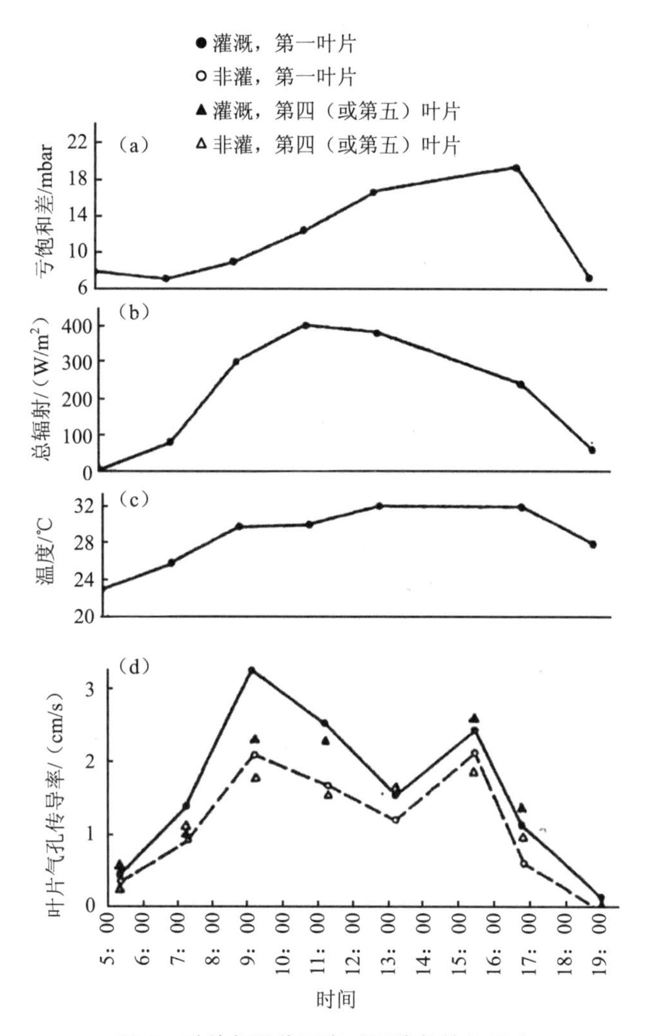

图 4　叶片气孔传导率对环境条件的反映

叶片气孔传导率与达到作物冠层的总辐射之间的关系，图 5 表明：叶片气孔扩散传导率随总辐射增加而增加，但有随饱和差增加而降低的趋势，在图右方总辐射大于 300 W/m^2 时，其影响尤其明显。该图各点取自灌溉处理，代表水分供应不受限制的情况。

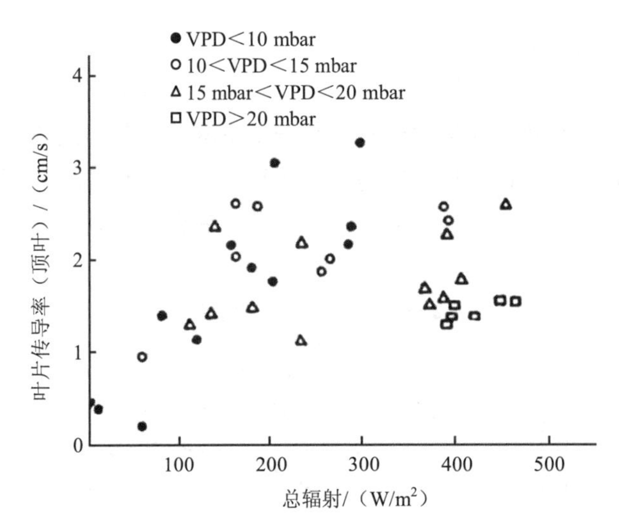

图 5 叶片气孔扩散传导率与气象条件

2．作物冠层的传导率

冠层传导率是由顶层和底层相加而得。顶层传导率由实测叶片气孔传导率乘以顶层叶面积系数而得到；底层传导率则根据表 2 由顶层实测值计算出底层叶片传导率，然后乘以底层叶面积系数而求出。用这一方法计算出了四天（播后第 57 天、第 64 天、第 71 天和第 77 天）的冠层传导率，这代表植被完全覆盖地面的情况。图 6 是湿润处理下冠层传导率与截留辐射的关系，所有黑点，即饱和差低于 10 mbar 的情况下，两者线性相关，冠层传导率随截留辐射而增大。但饱和差大于 10 mbar 情况下，点子散乱。从图 7 中的点可看出，冠层传导率随饱和差增大而减少，同时不同标志的点（代表截留辐射的不同水平）也有一定规律，即截留辐射高时冠层传导率大。由此可见，冠层传导率与饱和差成反比，与截留辐射成正比，见图 8。

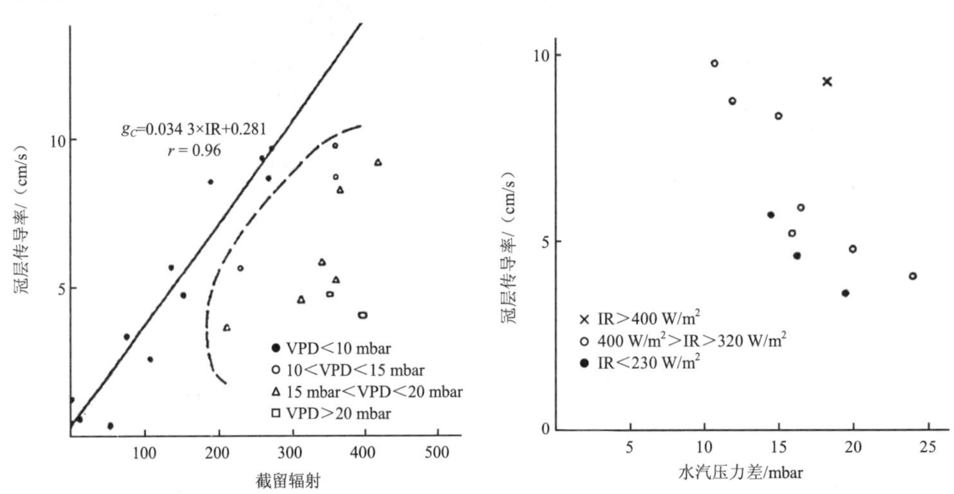

图 6 冠层传导率与截留辐射关系

图 7 冠层传导率与饱和差的关系

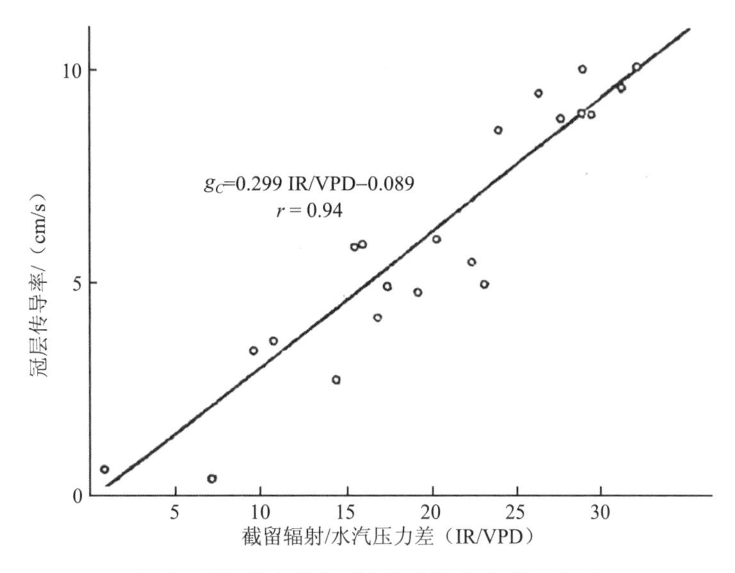

图 8　冠层传导率与截留辐射和饱和差的关系

$$g_C=0.299（IR/VPD）-0.089（r=0.94）$$

式中，g_C 为冠层传导率，cm/s；IR 为截留辐射，W/m^2；VPD 为水汽压力差，mbar；r 为相关系数。

三、讨论

由于扩散阻抗气孔计的出现，研究气孔的方法取得了很大进步。但应用扩散阻抗气孔计于野外研究，有许多问题是值得注意的，本文以实验资料为基础，证明气孔阻抗的野外测定是可以得到连贯的结果，但要注意气孔传导率的巨大变异性，并找出适当的方法，以得到有一定精度的数据。本文的结果，可能随作物品种、植物年龄、植株经历、场地条件等而有所变化。但所得结果表明，小心定标，谨慎试验，是测定气孔所必需的。

对气孔传导率随高度的变化的研究，是想用来考虑整个冠层的传导率。本文得到的结果，是很初步的。作者所见关于冠层传导率的论文，常把顶层叶片传导率乘以叶面积系数当作整个冠层传导率，这显然会导致误差。本文用两层叶片传导率计算整个冠层传导率，结果应该好些。当然，叶片气孔传导率随高度变化规律会因作物品种和作物覆盖度而有差异。

叶片和冠层的传导率对环境条件的反应，是一个相当复杂的问题，既需要从理论上说明反应的原因，又需要大量的实际资料进行理论概括。一般而言，气孔对环境反应的模式，有下列四种：①将传导率与辐射联系起来；②将传导率同湿度和温度联系起来；③将传导率同温度、水分势、饱和差和 CO_2 多个因子相关；④气孔传导率的变化与植株的蒸腾和同化作用保持着一定的关系，因之把气孔传导率与辐射和饱和差联系起来，得到了较好的结果。

四、结论

由于气孔阻抗研究的复杂性，本文在方法上进行了探讨，指出了气孔传导率的各种变异性。在花生叶面上进行测定，当不含叶片主脉时，传导率较大；含主脉测定时；偏小 8%～30%，平均偏小 17%。因叶脉所占面积比例小，本文推荐不含主脉的测定方式为常规测量方法。叶片两面的气孔传导率不易分出大小，以对双面同时进行测定为宜。叶片传导率在垂直方向上的变化，从植株顶部到底部，叶片传导率逐渐减小，当把叶片分成顶层和底层时，两层叶片传导率之间的比值保持一个依时间而定的数值。这为以顶层叶片测定值来确定冠层传导率提供了一个基础。关于叶片传导率在水平方向上的变异性，大样本表明 16 个叶片的测量平均值一般误差小于 10%，最大时略高于 15%，6 个叶片的平均值，其误差在 10%～30%。

叶片和冠层传导率与辐射和饱和差有良好的相关关系，冠层传导率（g_C）与截留辐射（IR）和饱和差（VPD）之间的关系为

$$g_C=0.299\mathrm{IR}/\mathrm{VPD}-0.089$$

参考文献

[1] Stiles W. A diffusiv porometer for field use. I. Construction. Journal of Applied Ecology，1970，7：617-622.

[2] Parkinson K J Legg，B J. A continuons flow porometer. Journal of Applied Ecology，1972，9：669-675.

[3] Day W. A direct reading continuons flow porometer. Agricultural Meteorology，1977，18：81-89.

[4] Beardsell M F，Jarvis P G，Davidson B. A nullbalance diffusion porometer suitable for use with leaves of many shapes. Journal of Applied Ecology，1972，9：677-690.

[5] Squire G R，Black C R. Stomatal behaviour in the field. In Stomatal Physiology，Cambridge University Press，1981.

[6] Burrow F J，Milthorpe F L. Stomatal conductance in the control of gas exchange. In Water Deficits and Plant Growth. Ⅳ. New York：Academic Press，1976.

[7] Monteith J L，Bull T A. A diffusive resistance porometer for field use. Ⅱ Theory，calibration and performance. Journal of Applied Ecology，1970，7：623-638.

水平衡与水循环的试验研究*

唐登银

水平衡与水循环问题，是一个范围广阔的领域，从空间上看，它可以是全球的、全国的、地区的，也可以是整个地理圈的、部分地理圈的，还可以是单一地理类型的、多种地理类型的。从时间上看，它可以是多年平均的、一年的、一月的、一周的、一日的、瞬时的。从内容上看，可以是水平衡的全部分量和水循环的全部过程、部分要素和部分过程。从实践目的看，可以是为全球环境变化服务的、为改善生态系统服务的、为提高农业生产和水分利用效率服务的，等等。因此，水平衡与水循环研究表面上看是一个水文学问题，但它为多个学科（地理学、气候学、生态学、农学等）所关注。国际上水平衡与水循环研究的广泛开展，特别是"国际水文十年计划"及以后的长期研究计划，都把水平衡与水循环研究放在重要位置上，对研究方法、水平衡与水循环的机制、模型的建立、人类活动的影响等各个方面进行了广泛而深入的研究。与此同时，水平衡与水循环研究广泛渗透于地理学、水文学、气候学、植物学、土壤学、生态学、农学和林学等，充分显示了水平衡与水循环研究在实践上的重要性，也显示了在理论研究工作中的活跃性。

本文是介绍中国科学院禹城综合试验站水平衡与水循环研究的由来、方向、任务和特点，让读者了解该站的基本概况。本文作者着重说明，中国科学院禹城综合试验站水平衡与水循环研究饱含着中国科学院地理研究所许多人的辛勤劳动，特别是黄秉维教授在20世纪50年代开始形成的在地理学中应深入开展地表面水热平衡研究的学术思想，左大康教授10年来的原则指导和辛勤耕耘，对禹城综合试验站水平衡与水循环研究工作的开展，起了决定性的作用。

一、由来

禹城综合试验站位于山东省禹城县的南北庄改碱实验区内，站址就在南北庄（图1），与县城相距13 km。该实验区总面积130 km^2，耕地13.9万亩，人口4.7万，地处黄河下游冲积平原，地势低平，西南高（25.5 m）、东北低（21.4 m）。土壤母质为黄河冲积物，土壤质地以粉砂和轻壤分布最为广泛，低平地和局部洼地有中壤土，原先广泛分布的盐碱土已基本治理。实验区的气候条件具有大陆季风气候特征，据20年气象资料统计，年平均气

* 本文摘自唐登银，谢贤群主编的《农田水分与能量试验研究》（科学出版社1990年出版）第1～9页。

温 13.1℃，7 月平均气温 26.9℃，1 月平均气温–3℃，无霜期为 200 d，平均年降水量 610 mm，降雨季节分配不均匀，3—5 月只有 75.7 mm，占全年降水量的 12.4%，而 6—8 月则有降水 419.7 mm，占全年降水量 68.8%。实验区内有数条古河道，地下水储量丰富，单井出水量可达 70～80 m³/h，一般也能达到 50 m³/h 左右；地下水水质较好，矿化度一般为 1～2 g/L，局部地区可达 2 g/L，可以用于灌溉。从基本自然条件看，禹城综合试验站所在的地区在黄淮海平原具有一定的代表性。

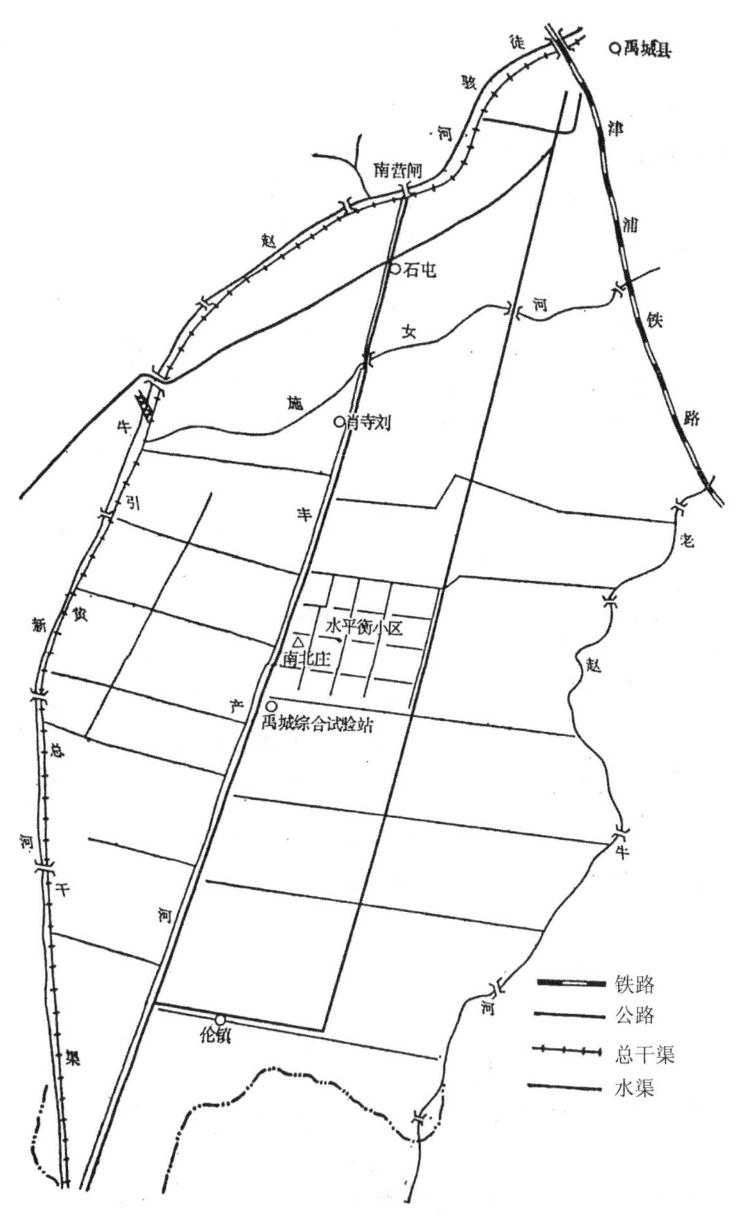

图 1 禹城综合试验站位置

试验站所在地区为鲁西北地区，该地区历史上旱、涝、盐碱自然灾害十分频繁，农业生产十分落后，人民过着贫穷的生活。“十个年头九年旱，十块地里九块碱”“冬春返碱白茫茫，夏秋雨涝水汪汪”的民谣，是该地区昔日的真实写照，也是黄淮海平原大部分地区的旧貌。

1966年，根据党中央、国务院关于治理黄淮海平原的指示精神，国家科委组织中国科学院和山东省有关单位，对该地区进行广泛调查和深入分析，并制定了实验区治理的初步规划，为实验区的建设打下了牢固的基础。中国科学院地理研究所从20世纪60年代初就在该地区进行工作，包括自然、社会、经济调查、定位试验与区域分析、规划等方面内容，为该区的治理做了许多基础性工作。自此以后，在省、地、县的领导下，在有关部门的支持和帮助下，实验区人民不分寒冬炎暑，向自然开战。如今实验区实现了当初的治理规划，并通过长期的实践，治理的范围和内容比当初更加丰富。现在，实验区机井星罗棋布，沟渠纵横交错，林带交织成网，土地平整成方，生产、生活蒸蒸日上，到处是一派生机勃勃的景象。可以毫不夸张地说，就农业生产自然条件的改善和农业生产水平的提高，禹城实验区在黄淮海平原具有典型性。

20 年来禹城实验区的巨大改变，技术上可概括为井（打井灌溉、降低地下水位）、沟（排涝、降低地下水位）、林（改善小气候）、肥（培肥土壤和改良土壤）、平（平整土地，利于灌排和改良盐碱）五个字，本文不详加讨论，只是指出五个字中有一核心问题是解决水的问题。五个字，是人们生产实践的总结，但这些经验必须升华，使其更加系统化、条理化、数量化，才能在更大范围内发挥作用。同时，在取得巨大成就的同时，我们也应清醒地看到，人们长期关注的黄淮海平原的许多问题依然存在，一批如南水北调和旱、涝、碱综合治理的重点科研项目相继被提出来。在这些项目中，水是公认的主要问题之一。水分短缺是一个越来越严重的问题，而涝的威胁并没有解除，时涝时旱，旱涝交替，仍然是影响农业生产的主要自然因素；除因水的灾害直接影响农业生产以外，充分利用水资源，提高农作物产量和水分利用效率的课题也十分急迫。这些问题的妥善解决，首先取决于我们对自然条件和农业生产的正确认识。生产实践的不断发展，对科研提出了更高的要求，一般的区域调查分析，一般的常规测量，可能是越来越不够用了，定位试验研究提到了日程上，它可以提供全面系统的试验数据，扩大和深化对自然界的认识，增强人们改造自然的手段。由以上叙述可知，禹城站水平衡与水循环研究工作的开展，是过去工作的继续、发展和提高，也是当前生产实践所必需。

在竺可桢教授的倡导下，在黄秉维教授、左大康教授的主持下，为农业服务是中国科学院地理研究所一项长期的重要任务，重视定量定位实验和强调自然地理过程（物理过程、化学过程和生物过程）的研究是地理研究所自然地理研究工作的一个重要方向。20世纪60年代，地理研究所在山东德州、河北石家庄、甘肃民勤和陕西延安等地开展农田水分、能量平衡的研究，是地理学走定量实验道路的一种有益尝试。现在很明显，定量定位地研究自然地理过程，加强了地理学活力和竞争力，也加强了地理学认识自然和改造自然的能力。有鉴于地理学本身发展的需要，地理研究所于1979年在禹城实验区开始了定位试验工作，随着试验研究工作的发展，1983年5月中国科学院批准正式建立中国科学院禹城综合试验站。作为中国科学院的一个野外试验站，长远方向可能会随着时间的推移而有变化，就目前而论，它的主要研究方向是水平衡与水循环问题。这除实践上的原因外，还因为水在地理环境中无所不在，水在自然地理过程中的作用无与伦比。由此可见，禹城综合试验站水平衡与水循环的研究，是地理环境物质能量迁移转化研究的一个组成部分，是地理学理论研究的一个阵地。

二、方向

禹城综合试验站水平衡与水循环的研究方向，是研究农田土壤-作物-大气系统的水分交换及其在实践上的作用和理论上的意义，具体地说，包括：①确定系统水平衡各分量；②阐明水循环各个过程的机制；③确定水在作物生长、发育、产量中的作用；④探求水分迁移转化与能量、化学物质迁移转化的关系；⑤探索水在地理环境中的作用。禹城综合试验站水平衡与水循环这一研究方向，目的是为黄淮海旱、涝、碱的成因分析及综合治理提供基本依据，同时为农田水分研究提供基本方法和理论。

图 2 表明水平衡研究的主要内容及目的。从水平衡的各要素。收入和支出两大部分，降水、凝结、地下的水入流（垂直和水平两个方向）、蒸发、蒸腾、径流和地下的水出流（垂直和水平方向）等的研究入手，接着进行三个方面的研究，即沿着图 2 的三个方向，农田水分平衡、营养元素可利用性、盐碱动态三个方面开展工作，最后将这三个方面相联结，就构成旱、涝、盐碱成因分析及综合治理。

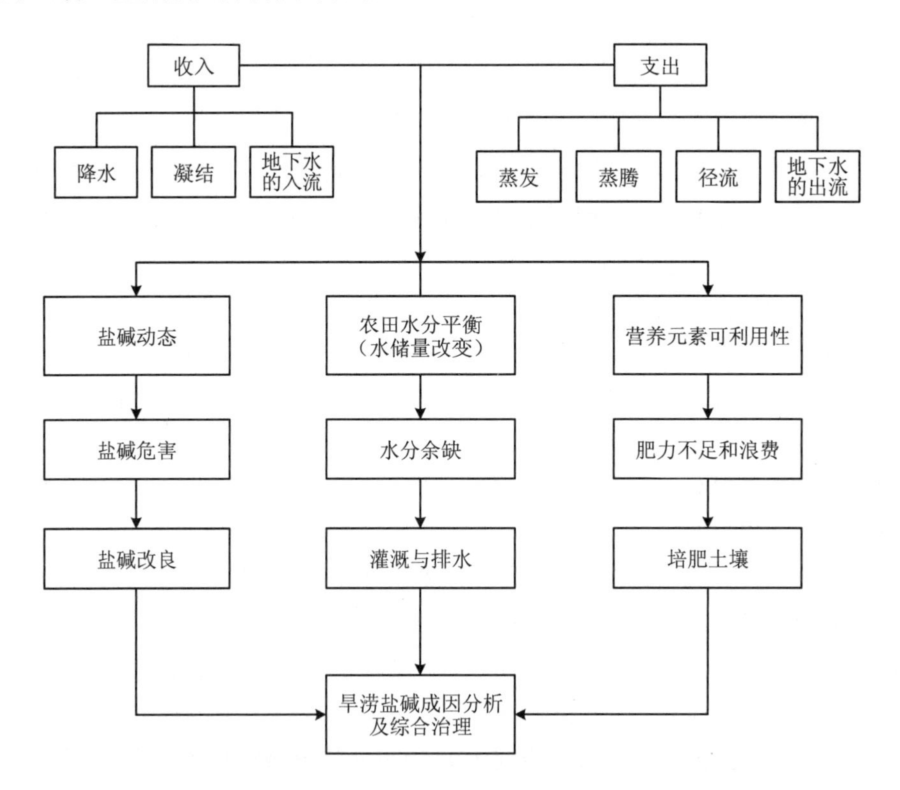

图 2　水平衡研究系统

图 3 是水循环研究的主要内容及目的。从客观存在的实际水体——大气水、植物水、土壤水、地表水和地下水的特性，研究它们之间的相互转换，即各种过程，如蒸发、入渗、渗透、径流等，最终建立水循环过程的模型。在研究初期，重点是单个过程，随着研究工作的深入，应把多个过程联系起来。不难看出，如图 3 所示，禹城综合试验站水循环研究包括两个目前在国际上十分活跃的领域，一个是土壤-作物-大气连续系统的水流，水分关系研究；另一个是非饱和带土壤水分运动的研究。

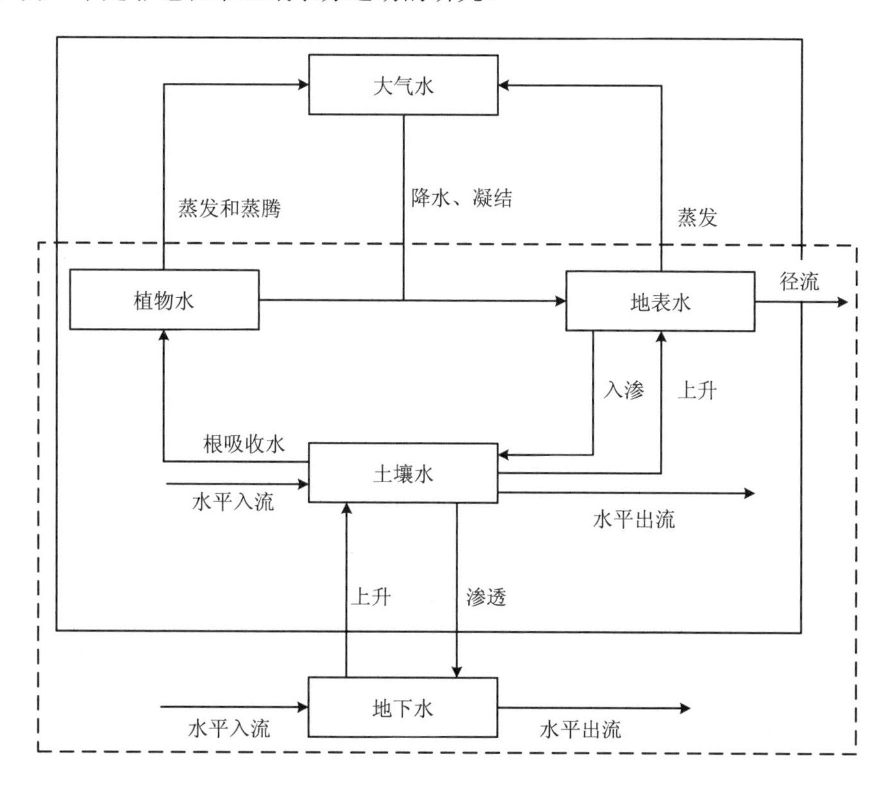

图 3 水循环研究系统

无论是水平衡还是水循环研究，应贯穿一个“三步曲”：第一步是方法学，目的是获得有代表性的精确数据；第二步是建立模式，目的是摸清规律；第三步是运用，目的是将成果运用于学科和实践。图 4 是蒸发研究系统，可明显地看出研究工作中的“三步曲”，其他的研究系统也应当是这样。

以上所述的水平衡与水循环的研究方向及内容是禹城综合试验站长期的任务，就目前相当长一个时间的任务来说，水平衡主要注意农田水分平衡（盐分平衡和养分平衡工作开展较少，参阅图 2），水循环主要放在农田蒸发和降雨入渗补给地下水和土壤水的动态变化上。直到目前，禹城综合试验站水平衡与水循环研究在方法学上下了很大功夫，建立了比较完善的技术系统，例如 60 m 铁塔气象采集系统、30 m 铁塔实验遥感系统、大型称重蒸发渗漏器、水平衡实验装置（降雨-入渗-地下水补给和蒸发条件下土壤水分运动的研究设备）、5 km^2 流域水平衡遥测系统等。这些均为禹城综合试验站水平衡与水循环的研究打下了较好的基础。

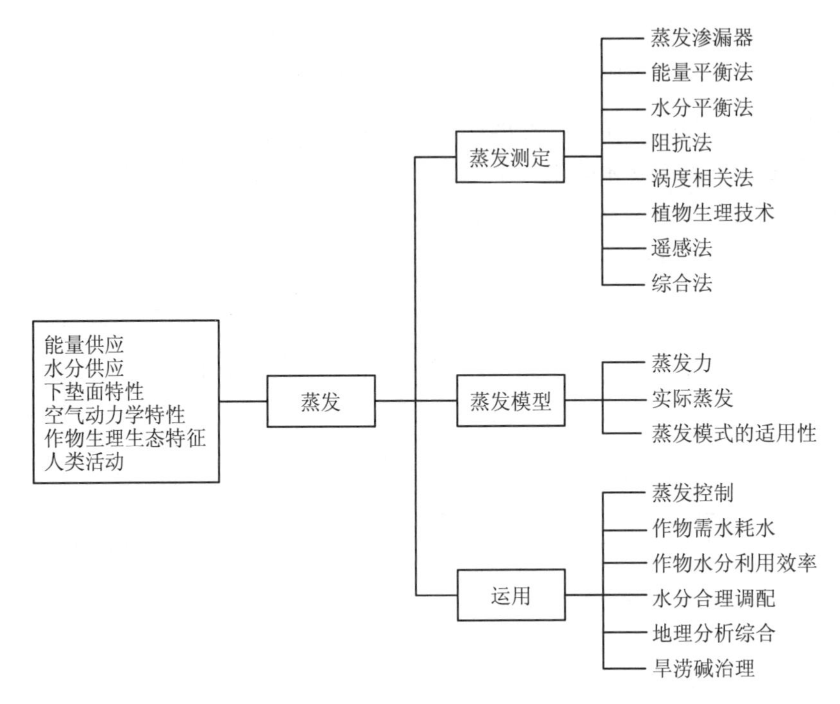

图 4　蒸发研究系统

顺便提一下，在禹城综合试验站水平衡与水循环研究中，过去和将来能量平衡将占有重要位置，这是因为，能量平衡的某些要素（蒸发）本身就是水平衡的重要要素和水循环中的重要过程，并且能量问题紧密地与水分和作物生长有关。

三、任务

主要分以下三个层次。

第一个层次的工作是在试验站的场地上进行试验。试验站试验场地条件较好，面积约200 亩，土地平坦开阔，有良好的排灌条件，土壤盐渍化已基本得到治理，土壤肥力正在提高。通过在试验场地进行尽可能精密的试验，解决以下任务：①农田水平衡与水循环的方法学，包括正确的实验设计、场地布置，仪器安装、仪器定标、资料采集和解析方法等；②农田水平衡与水循环的规律研究，重点是蒸发研究、非饱和带土壤水分运动的研究；③地表面能量平衡及空气动力学研究，重点是辐射物理学和空气水汽热量的传输；④土壤水盐动态；⑤作物对环境条件的反应，重点是作物与土壤水分、土壤物理性质的关系；⑥提高作物产量和水分利用效率的技术措施，包括技术措施的创造和引进，技术措施的环境效应等；⑦遥感技术的研究，通过铁塔上的红外和多光谱的遥感和地面的土壤、作物、大气观测，建立土壤和作物的水分状况，作物的生长和产量状况的遥感物理学基础；⑧非均匀下垫面的物质流、能量流的研究。

第一个层次的任务，概括起来是方法学和基本规律的探索，在点上摸索方法，取得经验，为以下研究层次的工作打下基础。这个层次的任务是根据国内外的现状提出来的，近

20年来在农田水平衡、水循环：能量平衡、作物环境关系方面的研究，在国外取得了突飞猛进的发展，而我国则相对薄弱，客观上要求我们在农田生态系统的物质能量迁移转化的研究工作中从基础工作做起，从点上的实验工作做起，从摸索方法做起，把农田物质流、能量流的研究逐步推向前进。

第二个层次的工作在一个5 km^2的小区上进行。该小区四周以沟为界，地表有出入口，是一个地表水闭合小区，小区内布设有水量平衡各要素及其他项目（如盐分）的观测点。通过小流域的试验，主要完成以下任务：①5 km^2小区水量平衡，建立小区水量平衡的收支账，工作将由粗而细，由较长时段到较短时段，这项工作的进展，有助于推动平原地区径流形成、小流域实际蒸发计算等水文学上棘手问题的解决；②小流域水量平衡要素模型的建立和管理模型的建立，例如地下水位预报模型、土壤水分监测模型、土壤盐分预报模型、水分最佳利用模型等，③非均匀下垫面农田的物质流、能量流，这项工作最有希望的办法是遥感，但目前没有可资利用的资料，方法也没有完全解决，所以该项任务目前暂放在第一层次上进行探索；④人为措施与自然环境的相互关系，例如林带的作用、田间工程的作用、作物布局与自然环境的相互关系等。

第二个层次工作的基础是第一层次，是点上工作的检验和应用，基本规律和实际应用研究同时并重。这一层次的工作又是下一层次的基础，提供基本参数和方法。

第三个层次的工作放在更大的区域内进行，所面临的问题更加全面、更加复杂，有些工作是5 km^2实验区工作的放大，有些工作可能与5 km^2实验区的工作在内容上有所差别。这个层次的工作可概括为：①水资源的估算；②水资源的运用；③提高作物生产和水分利用效率的途径和方法；④防洪、排涝、治碱的区域规划和设计；⑤大规模人工措施，例如大规模调水的环境后效；⑥地理环境的时间序列和空间分布的分析。

以上三个层次的任务，是巨大而长期的，不可能一蹴而就。目前，禹城综合试验站水平衡与水循环的实验技术系统已基本建立，研究工作已进入全面开展的新时期。禹城综合试验站的实验技术系统包括：

（1）气象辐射观测场。观测项目包括气象台站和日射观测台站的全部观测项目，计有温度、湿度、风、云、日照、降雨、地温、20 cm口径蒸发、直接辐射、散射辐射、总辐射、反射辐射和净辐射等，在该场设立了终端，可将各要素传入计算机系统。

（2）水面蒸发场。设有面积为20 m^2、5 m^2、3 m^2蒸发池，以及E601、80 cm口径蒸发器和A型蒸发皿等，观测项目主要为水面蒸发，并可进行水温及水面上空气动力学和热力学的测定。水面蒸发池（器、皿）的水位也可由计算机采样观测。

（3）土壤水分平衡装置。包括一个深3.5 m、面积2 m^2的土槽和多个面积为3 000 cm^2的不同地下水位埋深的、供水式的蒸发渗漏仪，进行降雨-入渗-渗透-补给地下水和自然条件下的地下水与蒸发关系的模拟研究。

（4）降雨试验场。研究精密测定降水量的方法，包括仪器口径、安装高度等对降水量测定的影响。

（5）农田蒸发场。设有面积为3 m^2、深度为2 m的原状土精密称重蒸发渗漏仪和两台面积为 2 000 cm^2、深度为 1.5 m 的水力蒸发器，能精确连续记录蒸发小时值。

（6）土壤水分观测场。除传统的取土烘干称重进行土壤水分测定外，中子探测土壤水分仪和张力计已成为研究的有效工具。

（7）农田水盐动态观测场。在 5 km^2 小区内定期定点同时测定土壤水分和盐分，监测水盐变化趋势，揭示水盐变化规律。

（8）铁塔气象采集系统。铁塔高 60 m，在七个高度处安装温、风仪器，并在铁塔下安装辐射各分量、地温、地中热流及超声风速仪（测定风、温的脉动值）等传感器，所有传感器通过单板机由电缆与计算机相连，达到自动采集、储存和整理资料的目的。

（9）遥感试验场。建有 30 m 高的铁塔，在铁塔上利用红外测温仪和多光谱仪对地面进行不同波谱段的遥感测量，在塔下对土壤、作物和大气进行常规测量，塔下和塔上资料联合分析，建立土壤和作物水分状况、作物总蒸发和生长、发育、产量的遥感物理学基础。

（10）5 km^2 遥测系统。小流域内设置地下水位、降水和径流等传感器，用无线电方式将数据传入计算机。

三个层次的任务各有侧重，紧密联系相互促进，低层次的工作是高层次工作的基础，服务于高层次；高层次的工作是低层次工作的运用。没有高层次的工作，低层次的工作就会没有活力和方向；没有低层次的工作，高层次的工作就会停滞不前和肤浅。

四、特点

水平衡与水循环研究内容很广，涉及学科很多，有所不为才可有所为，因此需要谨慎抉择，使自己的工作保持鲜明的特色。禹城综合试验站水平衡水循环的研究，包括过去的工作和今后的工作，似乎可以归纳为以下特点。

1. 实验性

大量的工作要求在尺度较小的范围内进行实验。一般来说，研究工作总要利用邻近学科的知识和现存的资料，禹城综合试验站的工作当然也不能例外，但是就禹城综合试验站的科研方向和任务来看，需要亲手进行实验，获取第一手资料，工作才得以顺利完成。这是因为禹城综合试验站水平衡与水循环研究的许多内容，例如蒸发、蒸腾、植物截留水分、降雨入渗关系、土壤水分运动、平原径流形成、植物水分关系等在我国的工作都相当薄弱，没有现存的资料用于分析和综合。还因为地理学深入发展的需要，地理学家如果既具备了野外调查和利用现有资料（如水文气象常规资料）的本领，又具有自身实验获取信息的能力，肯定会提高他们在科学中的地位。

把实验性作为一个特点提出，就把禹城综合试验站水平衡水循环研究与区域的水量平衡和一般的水文气象区分开来。为把实验工作搞好，要求实验设计合理，仪器装置精密可靠，资料采集和分析快速先进。鉴于我国实验工作薄弱，起步较晚，我们应当重视外国的经验，避免弯路和失误。

2. 综合性

我们虽然研究水的转换的每一个环节，但通常是把它们放在土壤-作物-大气系统里加以考虑，并把它们联系起来作为一个完整的过程加以研究，同时还要求将水的领域的问题与能量、物质迁移转化总的领域的研究结合起来。不可否认，地理学以外的其他学科也强调全面看问题的综合观点，但它们毕竟有特定的研究对象，例如土壤学家特别关心土壤水分能量状况，植物生理学家特别关心植物水分状况，气象学家特别关心大气圈的情况等，地理学家则不然，他研究的是地理环境中的各个过程，因此，禹城综合试验站水平衡与水循环研究的综合特点是由地理学的性质决定的。比如我们开展农田蒸发工作，就是一项综合性的工作，考虑土壤、作物和大气各个要素，也考虑水分能量的问题。

把综合性作为一个特点提出，就使禹城水平衡与水循环的研究区别于土壤的、植物的、大气的、地下水的水平衡的研究，而这些分别为土壤学、植物学、气象学、地质学的领域。

除地理学强调综合性以外，生态学也是一门十分综合的学科，综合研究生态系统的物质流和能量流理所当然地是生态学的范畴。从理论上争论生态系统的物质流和能量流与地理环境的物质能量迁移转化的异同，以及谁占了谁的地盘，大概不易得出结果。面临挑战，都有机会，关键在于工作，地理学应当在综合研究水平衡与水循环中发挥作用。

3. 多层次性

这除了指内容上的多层次外，特别包含区域的多层次。从禹城水平衡水循环研究三个层次的任务来看，我们既强调点的实验研究，也重视面的工作。我们的方针是点面结合，以点带面、以面促点，增强认识地理环境和人地关系的能力，而这正是国民经济对地理学的要求，也是地理学本身发展的需要。

冬小麦土壤水分消耗的综合研究*

唐登银

冬小麦在粮食作物中占有很大的比重，华北平原是冬小麦的重要产地，但是产量不稳定，在很大程度上取决于水分供应状况，就一般年份而言，为要获得好的收成，总需要灌溉，适时灌水、适量灌水的问题并不能说已解决得很好了。

这是一个很复杂的问题。真正要较好地解决适时、适量灌水的问题，必须多学科综合地加以解决，因为它牵涉面很广，要考虑到土壤，也要考虑作物，同时还要考虑天气，正所谓“看天看地看庄稼”。

为了解决问题，还必须把握问题的核心部分、本质部分。从土壤水分角度方面来考虑，我们认为，土壤水分与植物生长之间的关系以及植物消耗水分的规律性两个密切相关的问题，正是属于此种性质的问题。

植物利用水分过程是土壤水分向根系表面运动，为根吸收，然后传导至叶面，在叶面汽化变成气态进入大气中，当然其中有一部分参与了植物物质的累积过程。这是一个证明自然界是统一整体的明显例子，土壤-植物-大气是一个统一体系，水分作为一种物质在其间活动，而物质运动的同时，能量也要转化。黄秉维先生在概括多数人对自然地理学对象的认识时指出“自然地理学所研究的地理环境，就是岩圈、水圈、气圈的相互作用，主要是物质、能量交换作用所形成的物质体系……”并指出近年来，“对自然地理主要为农业服务这一点也要明确”。“为此而研究地理环境，在陆地上，首先应研究植物及其他地上部分与地下部分所能达到的气圈与岩石圈所组成的物质体系……”

本文偏重于从土壤水分方面来探讨水分消耗的规律性。在水分消耗问题中，土壤水分是很重要的因子，它是供应植物水分需要的最重要源泉，同时，土壤水分状况又是作物、大气条件以及其他因素综合作用的结果；不仅如此，土壤水分状况还影响作物生长，影响热量状况。因此，在此工作中，是把它作为自然界的一个组成要素来看待。在进行工作的过程中，对土壤水分研究的方法、土壤水分的一些基本性质也进行了研究。

一、土壤水分常数测定

试验在石家庄东郊河北农科院耕作灌溉所内进行，地处太行山前冲积扇上，位于滹沱

* 本文摘自赵名茶主编的《能量水分平衡与农业生产潜力网络试验研究》（气象出版社 1992 年出版）第 62～79 页。

河以南，土地平整，土壤为褐色土。在 17 号地、25 号地和在 1 号实验地进行。

小麦生育期间，地下水位情况如图 1 所示。由图 1 看出，1962—1963 年，地下水位最浅时仅 4 m，绝大多数时间均深于 4 m，这大体上能代表该地一般年份的地下水位情况；1963 年冬小麦生育期间，由于 1963 年秋逢特大暴风雨，地下水位有所提高，但从图 1 看出，越冬后，也均深 3 m。

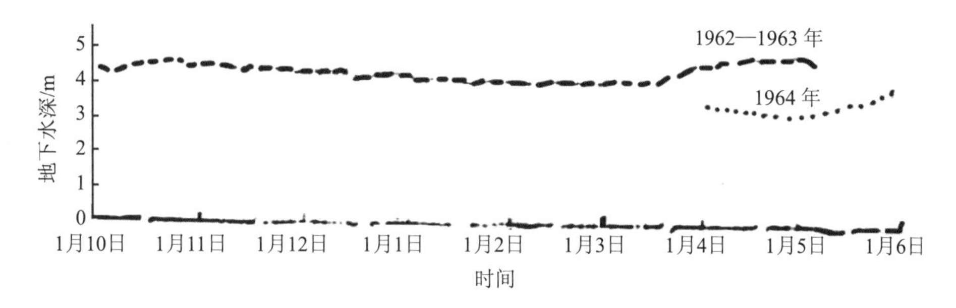

图 1　地下水位过程线

土壤的机械组成：一般来说，应按土壤的发生层次进行测定，但是为了进行每 10 cm 土层的水分计算，而且逐层测定所采用的深度间隔较小（每 10 cm），加上土壤质地在剖面上变化不太大，所以采取逐层测定每 10 cm 土壤的机械组成的方法，结果列于表 1。

表 1　试验地段机械组成

<table>
<tr><th rowspan="3">深度/
cm</th><th colspan="8">土壤部分/%</th><th rowspan="3">地质名称</th><th rowspan="3">类别</th></tr>
<tr><th colspan="3">砂粒
0.05～3 mm</th><th rowspan="2">粗粉砂
0.01～
0.05 mm</th><th colspan="2">粉粒
0.01～0.001 mm</th><th rowspan="2">黏粒
0.001 mm</th><th rowspan="2">细粒
0.01 mm</th></tr>
<tr><th>粗砂
＞3 mm</th><th>中砂
0.25～
1 mm</th><th>细砂
0.05～
0.25 mm</th><th>中粉砂
0.005～
0.01 mm</th><th>细粉砂
0.005～
0.01 mm</th></tr>
<tr><td rowspan="2">0～10</td><td rowspan="2">0</td><td>0</td><td>14.0</td><td rowspan="2">61.0</td><td>6.0</td><td>9.0</td><td rowspan="2">10.0</td><td rowspan="2">25.0</td><td rowspan="2">粉质粗粉
轻黏壤土</td><td rowspan="2">粉砂壤土</td></tr>
<tr><td colspan="2">14.0</td><td colspan="2">15.0</td></tr>
<tr><td rowspan="2">10～20</td><td rowspan="2">0</td><td>0</td><td>16.5</td><td rowspan="2">57.0</td><td>6.5</td><td>8.0</td><td rowspan="2">12.0</td><td rowspan="2">26.5</td><td rowspan="2">砂质粗粉
轻黏壤土</td><td rowspan="2">粉砂壤土</td></tr>
<tr><td colspan="2">16.5</td><td colspan="2">14.5</td></tr>
<tr><td rowspan="2">20～30</td><td rowspan="2">0</td><td>0</td><td>15.5</td><td rowspan="2">58.5</td><td>7.0</td><td>7.5</td><td rowspan="2">11.5</td><td rowspan="2">26.0</td><td rowspan="2">砂质粗粉
轻黏壤土</td><td rowspan="2">粉砂壤土</td></tr>
<tr><td colspan="2">15.5</td><td colspan="2">14.5</td></tr>
<tr><td rowspan="2">30～40</td><td rowspan="2">0</td><td>0</td><td>16.0</td><td rowspan="2">56.5</td><td>6.5</td><td>8.0</td><td rowspan="2">13.0</td><td rowspan="2">27.5</td><td rowspan="2">砂质粗粉
轻黏壤土</td><td rowspan="2">粉砂质
黏壤土</td></tr>
<tr><td colspan="2">16.0</td><td colspan="2">14.5</td></tr>
<tr><td rowspan="2">40～50</td><td rowspan="2">0</td><td>0</td><td>16.5</td><td rowspan="2">54.5</td><td>6.0</td><td>8.0</td><td rowspan="2">15.0</td><td rowspan="2">29.0</td><td rowspan="2">砂质粗粉
轻黏壤土</td><td rowspan="2">粉砂质
黏壤土</td></tr>
<tr><td colspan="2">16.5</td><td colspan="2">14.0</td></tr>
<tr><td rowspan="2">50～60</td><td rowspan="2">0</td><td>0</td><td>14.0</td><td rowspan="2">55.0</td><td>7.0</td><td>9.0</td><td rowspan="2">15.0</td><td rowspan="2">31.0</td><td rowspan="2">粉质粗粉
中黏壤土</td><td rowspan="2">粉砂质
黏壤土</td></tr>
<tr><td colspan="2">14.0</td><td colspan="2">16.0</td></tr>
<tr><td rowspan="2">60～70</td><td rowspan="2">0</td><td>0</td><td>13.0</td><td rowspan="2">52.0</td><td>7.5</td><td>10.5</td><td rowspan="2">17.0</td><td rowspan="2">35.0</td><td rowspan="2">粉质粗粉
中黏壤土</td><td rowspan="2">粉砂质
黏土</td></tr>
<tr><td colspan="2">13.0</td><td colspan="2">18.0</td></tr>
</table>

<table>
<tr><th rowspan="3">深度/cm</th><th colspan="9">土壤部分/%</th><th rowspan="3">地质名称</th><th rowspan="3">类别</th></tr>
<tr><th colspan="3">砂粒
0.05～3 mm</th><th rowspan="2">粗粉砂
0.01～
0.05 mm</th><th colspan="2">粉粒
0.01～0.001 mm</th><th rowspan="2">黏粒
0.001 mm</th><th rowspan="2">细粒
0.01 mm</th></tr>
<tr><th>粗砂
＞3 mm</th><th>中砂
0.25～
1 mm</th><th>细砂
0.05～
0.25 mm</th><th>中粉砂
0.005～
0.01 mm</th><th>细粉砂
0.005～
0.01 mm</th></tr>
<tr><td rowspan="2">70～80</td><td rowspan="2">0</td><td>0</td><td>8.5</td><td rowspan="2">55.0</td><td>6.5</td><td>12.0</td><td rowspan="2">18.0</td><td rowspan="2">36.5</td><td rowspan="2">粉质粗粉中黏壤土</td><td rowspan="2">粉砂质黏土</td></tr>
<tr><td colspan="2">8.5</td><td colspan="2">18.5</td></tr>
<tr><td rowspan="2">80～90</td><td rowspan="2">0</td><td>0</td><td>16.0</td><td rowspan="2">49.0</td><td>3.5</td><td>12.5</td><td rowspan="2">18.0</td><td rowspan="2">35.0</td><td rowspan="2">粉质粗粉中黏壤土</td><td rowspan="2">粉砂质黏土</td></tr>
<tr><td colspan="2">16.0</td><td colspan="2">16.0</td></tr>
<tr><td rowspan="2">90～100</td><td rowspan="2">0</td><td>0</td><td>17.0</td><td rowspan="2">46.5</td><td>4.0</td><td>12.5</td><td rowspan="2">20.0</td><td rowspan="2">36.5</td><td rowspan="2">粉质粗粉中黏壤土</td><td rowspan="2"></td></tr>
<tr><td colspan="2">17.0</td><td colspan="2">16.5</td></tr>
<tr><td rowspan="2">100～110</td><td rowspan="2">0</td><td>0</td><td>14.0</td><td rowspan="2">49.0</td><td>4.0</td><td>13.0</td><td rowspan="2">20.0</td><td rowspan="2">37.0</td><td rowspan="2">黏质粗粉中黏壤土</td><td rowspan="2"></td></tr>
<tr><td colspan="2">14.0</td><td colspan="2">17.0</td></tr>
<tr><td rowspan="2">110～120</td><td rowspan="2">0</td><td>0</td><td>12.0</td><td rowspan="2">46.0</td><td>4.0</td><td>13.0</td><td rowspan="2">23.0</td><td rowspan="2">40.0</td><td rowspan="2">黏质粗粉中黏壤土</td><td rowspan="2"></td></tr>
<tr><td colspan="2">12.0</td><td colspan="2">17.0</td></tr>
<tr><td rowspan="2">120～130</td><td rowspan="2">0</td><td>0</td><td>14.0</td><td rowspan="2">50.0</td><td>5.0</td><td>8.5</td><td rowspan="2">22.5</td><td rowspan="2">36.0</td><td rowspan="2">黏质粗粉中黏壤土</td><td rowspan="2"></td></tr>
<tr><td colspan="2">14.0</td><td colspan="2">13.5</td></tr>
<tr><td rowspan="2">130～140</td><td rowspan="2">0</td><td>0</td><td>14.5</td><td rowspan="2">51.5</td><td>5.0</td><td>11.0</td><td rowspan="2">18.0</td><td rowspan="2">34.0</td><td rowspan="2">杂质粗粉中黏壤土</td><td rowspan="2"></td></tr>
<tr><td colspan="2">14.5</td><td colspan="2">16.0</td></tr>
<tr><td rowspan="2">140～150</td><td rowspan="2">0</td><td>0</td><td>15.0</td><td rowspan="2">53.0</td><td>6.8</td><td>8.0</td><td rowspan="2">18.0</td><td rowspan="2">32.0</td><td rowspan="2">黏质粗粉中黏壤土</td><td rowspan="2"></td></tr>
<tr><td colspan="2">15.0</td><td colspan="2">14.0</td></tr>
</table>

根据表 1 的资料，各号地土壤是有差异的，剖面上各个深度也不相同，总体来看，多数是壤质到黏壤质。

容重由 100 cm^3 环刀取得，也是每 10 cm 逐层测定的，3 次重复，相对误差 $\left(\dfrac{测定值-3次平均值}{3次平均值}\right)$ 最大不会超过 5%，多数在 1%以下。各层容重列于表 2。

表 2　试验地容重资料

深度/cm	地号		
	17	25	1
0～10	1.39	1.33	1.34
10～20	1.49	1.33	1.28
20～30	1.53	1.52	1.51
30～40	1.55	1.48	1.48
110～50	1.45	1.49	1.50
50～60	1.42	1.38	1.53
60～70	1.34	1.45	1.51
70～80	1.39	1.47	1.40

深度/cm	地号		
	17	25	1
80～90	1.36	1.55	1.41
90～100	1.46	1.52	1.42
100～110	1.43	1.49	1.48
110～120	1.45	1.49	1.51
120～130	1.44	1.55	1.49
130～140	1.49	1.46	1.51
140～150	1.46	1.55	1.52
0～50	1.48	1.43	1.42
0～100	1.44	1.45	1.44
0～150	1.44	1.48	1.46

以下是试验地土壤的几个基本水分常数的测定。

1．最大吸湿量

只对 17 号地的土壤做过测定，方法如下：装风干土于称皿内置于 K_2SO_4 的饱和溶液进行吸湿，曾用干湿球温度表测定溶液的相对湿度，达 95%，吸湿从 1963 年 4 月 12 日开始，共 77 d。

最大吸湿量作为一个水分常数，在探讨水分消耗规律时没有很大的实际意义，因为自然界，除表层外，通常不会降至最大吸湿量。

2．稳定凋萎湿度

这对于农田水分状况的研究很有意义。我们用幼苗法测定了凋萎湿度，同时根据罗杰提出的分析野外资料确定水分常数的方法与幼苗法测定的凋萎湿度进行了比较。幼苗法测定如下：在小容器内装上待测土，然后播种植物（我们用的是小麦），覆盖土壤表面，以防止蒸发；植物不断消耗水分，最后水分不足，呈现凋萎，待到放入潮湿空气内萎蔫也不能恢复时，此时的湿度，即为凋萎湿度。我们用三个重复进行了逐层（每层 10 cm）的测定，分析野外资料确定稳定凋萎湿度的方法如下：在生长着植物的地段上，连续地观测土壤水分变化。因为凋萎湿度的意义就是植物不能吸取水分时的土壤湿度，所以假如没有降水、灌水，最后可利用的土壤水分就会被吸取完，这样土壤水分就不再迅速下降，而保持相对的稳定。

在 1963 年不灌处理上（图 2），我们看到，在降水很少的情况下，土壤水分不断降低，最后变化很慢，我们可以把 5 月 18 日的数据近似地看作稳定凋萎湿度，当然表层有些水分通过水汽扩散进入（而不经过植物）大气，所以数值可能偏小，而 80 cm 以下，不能确定，因水分还在不断降低。另外，在较深层，根系很少，很多水分也不是直接由植物根吸取的，所以深层要降至稳定凋萎湿度，很不容易。

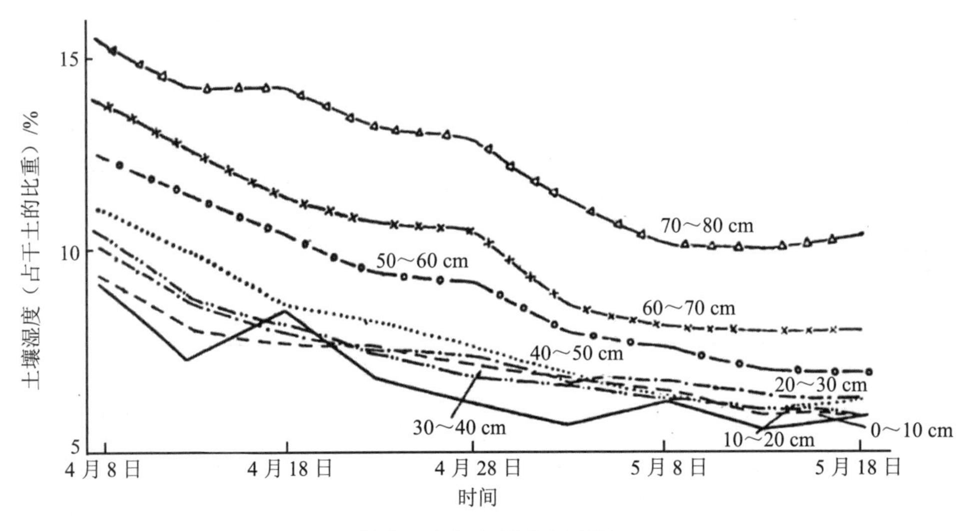

图 2　土壤水分变化过程

将所确定的最大吸湿量和稳定凋萎湿度列于表 3。最大吸湿量本身没有很大意义，如上所述，但在苏联通过大量的数据，统计出最大吸湿量和稳定凋萎湿度之间有个比例关系，即稳定凋萎湿度和最大吸湿量之间的比值平均为 1.34。这给间接测定凋萎湿度以方便，表 3 也列出了稳定凋萎湿度和最大吸湿量之间的比值。

表 3　最大吸湿量和稳定凋萎湿度（占干土的比重）　单位：%

深度/cm	稳定凋萎湿度（分析法）	稳定凋萎湿度（幼苗法）	最大吸湿量	稳定凋萎湿度与最大吸湿量之比
0～10	5.77	6.12	5.26	1.16
10～20	6.03	5.56	5.29	1.05
20～30	6.23	5.81	4.90	1.18
30～40	5.85	5.27	4.88	1.08
110～50	6.14	5.86	5.10	1.15
50～60	6.89	6.92	5.34	1.30
60～70	7.92	7.33	5.59	1.31
70～80	10.34	7.92	5.86	1.35
80～90	—	9.13	5.73	1.59
90～100	—	9.17	6.08	1.51
100～110	—	9.16	5.95	1.54
110～120	—	9.24	6.76	1.37
120～130	—	9.04	6.60	1.36
130～140	—	9.21	5.70	1.62
140～150	—	9.59	5.62	1.71
0～50	—	5.72	5.08	1.12
0～100	—	6.91	5.40	1.28
0～150	—	7.69	5.64	1.36

由表 3 可见，用分析法和幼苗法所确定的稳定凋萎湿度还是相近的，另外，稳定凋萎湿度与最大吸湿量之间的比值还是较稳定的，从整个剖面的平均情况来看，与前人的结果也较相近。这间接地证明，我们所确定的数据大体上是可用的。因为幼苗法所测定的稳定凋萎湿度较完整，以后就用这个结果。

3．田间持水量

这也是一个很重要的水分常数，我们对 17 号地和 1 号地的田间储水量进行了测定。测定方法如下：取 20～30 m^2 的地段，四周筑以高畦，向其中灌水至饱和，土面水分渗完后，以麦草覆盖，上加油毡以防雨，然后作系统的测定。最初几次时间间隔较密，逐渐变稀，以测定土壤所能保持的最大悬着水的数量。两年中，我们进行了完整的测定 5 次，一般都长达 1 个月以上，所得到的结果，有专门的讨论。这里只指出三点：①田间持水量究其含义，是土壤为水饱和后，重力作用下的水分排泄完，毛细管力与重力达到平衡时的土壤水分含量。根据我们的实验，平衡需要相当长的时间。②土壤水分含量在试验期间一直在减少，土壤水分含量是时间的函数，与 Wilcox 一样，我们也得到了幂函数：

$$W = at^{-b} \qquad (1)$$

式中，W 为土壤水分；t 为时间；a 和 b 为系数，将此式两边取对数得

$$\lg W = \lg a - b \lg t \qquad (2)$$

这表明在对数纸上呈直线。图 3 是其中一次系统的测定，可以近似地取得某一天的数值作为田间持水量。③下渗是一个很复杂的物理量，受其他许多因子的影响，例如会受到温度的影响，因此，只有对下渗过程作了深入的研究之后，才有可能比较好地解决田间持水量的测定问题。既然下渗能受很多因素的影响，又考虑到自然条件各要素是经常变化的，所以田间持水量只可作为一个近似“恒”来看。

基于上述，在表 4 中列出覆盖后第二天测定的数据，作为田间持水量。

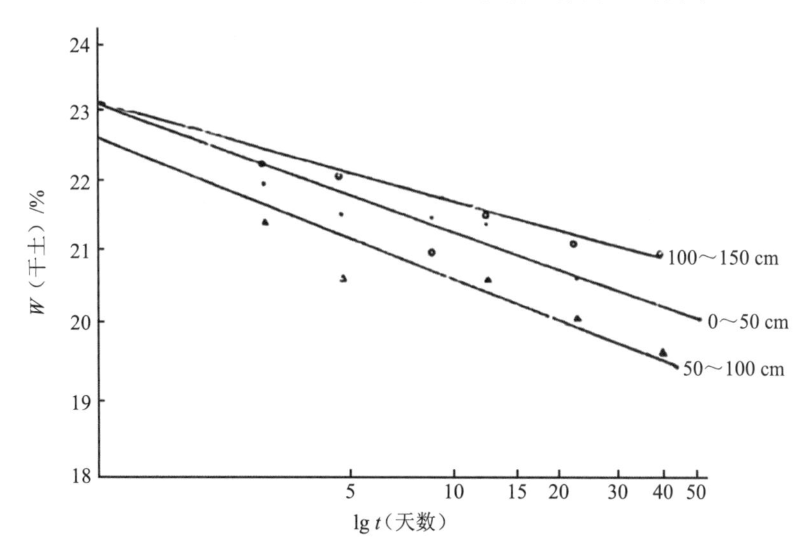

图 3　覆盖条件下土壤水分与时间的关系

表 4 田间持水量（占干重的比重） 单位：%

深度/cm	测定时间					
	1963-03-17	1963-05-26	1963-11-06	1964-05-25	平均	1964-04-12
0～10	23.80	25.45	25.1	22.35	24.18	22.84
10～20	22.40	21.57	21.5	22.11	21.90	21.96
20～30	20.91	20.16	20.9	21.95	20.98	23.20
30～40	20.42	20.46	22.5	21.94	21.33	23.03
40～50	20.75	21.34	21.8	22.56	21.61	22.83
50～60	21.23	21.24	21.9	22.70	21.71	23.73
60～70	21.63	21.38	21.6	21.84	21.61	24.28
70～80	21.57	21.07	22.8	21.60	21.76	24.49
80～90	20.98	21.18	22.5	21.60	21.56	24.83
90～100	21.49	21.53	22.1	21.91	1.76	24.27
100～110	22.35	21.36	22.6	22.33	22.16	23.78
110～120	22.54	21.84	22.4	21.52	22.08	23.46
120～130	22.36	21.78	22.4	22.06	22.15	24.17
130～140	22.20	22.40	22.3	22.04	22.24	24.23
140～150	22.89	23.14	22.6	22.76	22.85	24.94
0～50					22.00	22.77
0～100					21.85	23.55
0～150					22.00	23.73
备注	17 号地系十天的数据	17 号地	17 号地	17 号地	17 号地	17 号地

二、试验处理设计及观测基本情况

两年中基本上都是在越冬后进行了观测，每年平均设两个处理，一个为灌水处理，另一个为不灌处理。不灌水处理面积较小，只有两亩多。

在两个处理上，有小气候、日射、小麦生态和生理、土壤水分的测定，另在耕灌所内，还设有气象观测场，进行一天 3 次（8：00、14：00、20：00）的地方气象观测。本文只对土壤水分的测定做一些说明。

土壤水分测定，是在小区上进行的，其面积为 30～40 m^2。1963 年和 1964 年均用土钻取样逐层（每 10 cm）地进行测定，重复 4 次。在我们的条件下用土钻取样测定土壤水分的精确度进行过专门的实验，根据试验数据，以及一般的数据统计方法，要保证精确度为 10%，其概率 0.9，需要 4 个钻孔。

钻孔的布置一般认为对测定精度没有影响，只要平均分布在地段上就行，假设地面是平坦的话，我们的钻孔布置如图 4 所示。

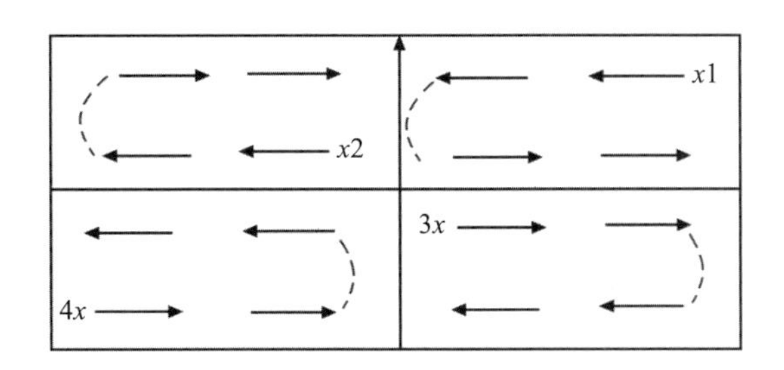

图 4　土钻位置示意图

注：x—最初一次钻孔的点；→→钻孔移动路线；数字为钻孔号。

每次钻孔完毕后，填好钻孔，做好标记，后一次测土距前一次大约 30 cm。

所使用的天平为 1/100 扭力天平，用电热恒温箱烘烤，一般在 12 h 以上，并作检查称重，再烘烤 2 h，然后称重。当后一次称重比前一次称重轻＜0.01 g 时，即属烘干，否则还要继续烘烤，取土量以 40～60 g（干土）居多。

测土时间间隔除特殊情况外（如下雨），均为 5 天一次，极个别的时段才 6 天一次。每次测土在 16：00 以后进行，下午取土样比上午要好。第一，从日蒸发强度的过程来看（图 5），上午蒸发强度的上升比下午蒸发强度的下降要快，在对称于 13：00 的同位相的时刻上，上午较下午蒸发强度要大（还青—拔节个别情况除外，其时蒸发量小）。这就是说土壤水分变化在上午要比下午快，因此，可增加土壤水分测定的精确度，图 5 中表示的蒸发强度日变化，能代表一般晴天的情况。第二，在晴朗的天空里，早晨常有露水，这对测定工作很是不利。第三，取土样总难避免对地段植株有破坏，如上午取样，紧接着是严酷的大气条件，于已受破坏的植株很不利，如在下午取样，紧接着是宁静的夜晚，植株容易得到恢复。当然取样时间还要由其他条件决定，如人力安排、天气情况、灌水时间等。

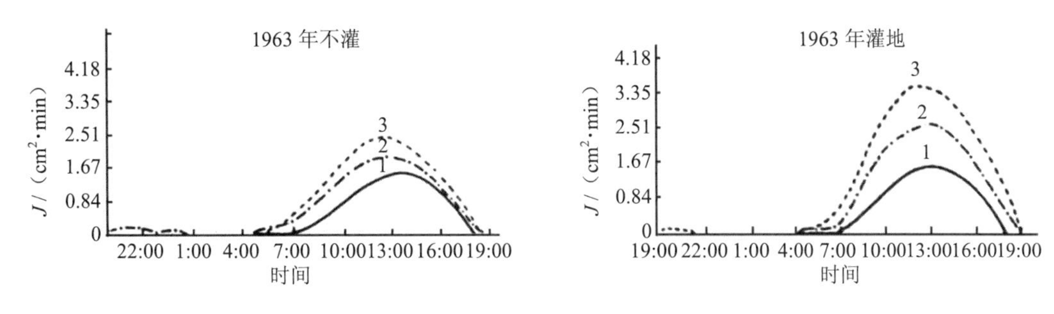

1. 返青—拔节期；2. 拔节—抽穗期；3. 抽穗—乳熟期

图 5　日蒸发强度变程（根据热量平衡法）

测土深度一般到 150 cm，为了更深入地说明问题，也曾做过一些较深的测定。

1964 年，我们增加了用负压计测定土壤水分压力的工作，负压计安设在用土钻取样测定土壤水分的小畦内，每 10 cm 埋设 1 个，直到 100 cm，1 套计 10 支。一般早上 7：00—8：00 观测，在有些时候，也配合小气候、日射、植物生理的测定进行了昼夜观测。

三、土壤有效水分范围内水分能量关系

土壤中的水分是受各种不同的力作用着的，土壤水分吸力的测定对于植物吸取水分很重要。例如 Gardner、布达柯夫斯基都试图利用土壤水分吸力、根系吸力、叶子吸力、土壤和植物对水分运动的阻力、土壤水分传导率，以能量关系为基础来考虑土壤水分的吸取消耗过程和对植物的有效性。这是很有前途的，因为土壤水分消耗是这样一个复杂的生物-物理过程，土壤水分为植物利用的程度的确受很多因子影响。

本文所指有效土壤水分，其范围是从田间持水量到稳定凋萎湿度之间。在自然条件下，一般农田所保持的水分，超过田间持水量的时间很短，低于凋萎湿度也不多见，所以有效水分范围内水分能量关系的研究是很重要的。

饱和持水量以下，土壤孔隙中的水分呈凹弯月面，凹弯月面上的压力对于平面上的压力来说要小，以水平面上的压力为零，则凹弯月面的压力是负压力，利用负压力（或张力）可测定它。严格地说，负压力不是水分含量的单值函数，还受其他因素的影响，但比较近似地看，大体上能找到两者之间的依存关系。根据我们的试验数据，绝大多数呈下列函数关系：

$$\Psi=a/\theta+b \tag{3}$$

式中，Ψ为土壤水分负压力，用 cm 水柱表示；θ为土壤水分，以干土百分数表示；a 和 b 为系数。

图 6 表示出这种关系。每根直线上的数字表示土层深度，可见各层土壤水分压力关系是不同的，这是由于各层土壤不尽相同造成的，除 80～90 cm 土层两个处理分属两条关系曲线外，其余各层两个处理均为一条关系曲线。还要指出的一点是，在 10～20 cm 和 20～30 cm 土层我们得到的较好配合是一次直线方程：

$$\Psi=a-b\theta \tag{4}$$

符号意义与式（3）相同。

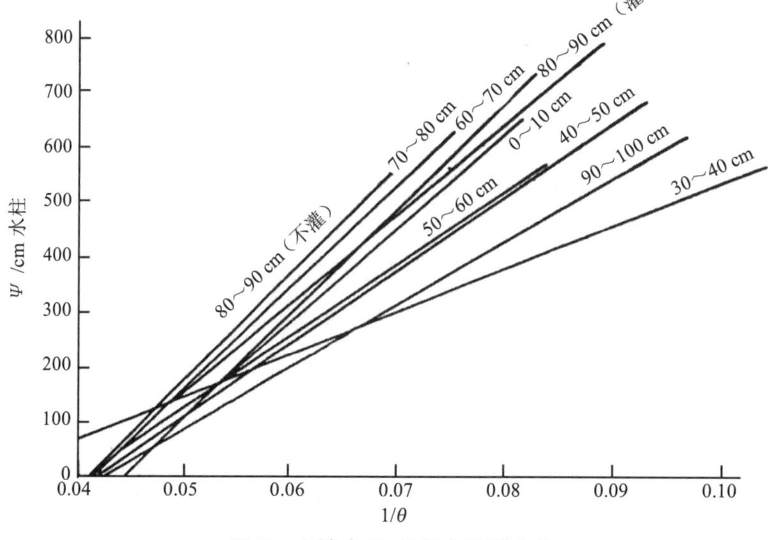

图 6　土壤水分-负压力关系曲线

作 10～20 cm 和 20～30 cm 土层的土壤水分-负压力关系曲线（直线，图略），也试配过双曲线，又作该二层的土壤水分-负压力双曲线关系，结果可以看出，一次直线方程比双曲线方程更符合实验数据。将土壤水分-负压力关系曲线作成一直线方程，还没见过这样的报道，但为尊重试验数据，并考虑这种关系只是经验性的，所以提出来讨论。

上述经验方程适用的范围是压力为 40～600 cm 水柱，相当于田间持水量到超过凋萎湿度不太多的地方（在我们试验中，为田间持水量的 50%以下）。也就是说，在这个范围内，土壤水分负压力随着水分的减少，遵守双曲线的增加，个别情况下，直线地增加。

实验室内进行土壤样本干涸试验，求取土壤干涸速度随水分的变化情况也能间接地说明水分含量不同时能量关系的情况，Veihmyer 和 Hedrikson、娄溥礼均进行过这一实验。1961 年我们在德州、1963 年在石家庄也进行过这一实验，实验装置与科列契夫的实验装置大体一样，看来干涸环境不够恒定对实验结果有一定影响，而 Veihmyer 和 Hedrikson 的实验装置则比较完善，实验在恒定温室内进行，而且采用自动天平自动记录。

图 7 是我们的实验结果，说明田间持水量-稳定凋萎湿度之间干涸速度大致不变，这与 Veimyer 和 Hedrikson 的结果一致。相反科列契夫等得到的结论是，在田间持水量-稳定凋萎湿度之间，干涸速度存在一个明显的转折点，他更进一步引出土壤水分-电阻关系等作为土壤水分从田间持水量到稳定凋萎湿度之间存在一个明显转折点的旁证，娄溥礼的实验结果与其大致不差。

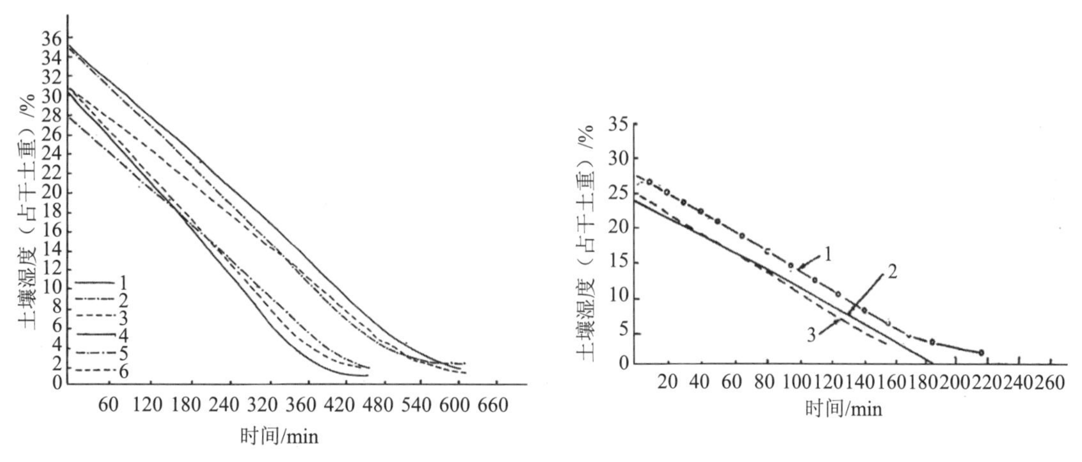

1—5 cm（1961-09-28）；2—5 cm（1961-10-04）；3—15 cm（1961-10-09）；4—15 cm（1961-10-12）；5—35 cm（1961-10-13）；6—35 cm（1961-10-14）

图 7（a）干涸曲线　　图 7（b）干涸曲线

实验结果的矛盾如何解释？最省事的办法当然是说实验条件不一、实验土样不一。但是，这太笼统，当我们稍微仔细审查一下科列契夫的实验结论时，我们觉得，根据他的实验资料，也很难找出转折点，更谈不上明显。图 8 是其实验结果，转绘至此，可以看出，从干涸曲线 1 转绘成有明显转折点的干涸速度曲线 2。

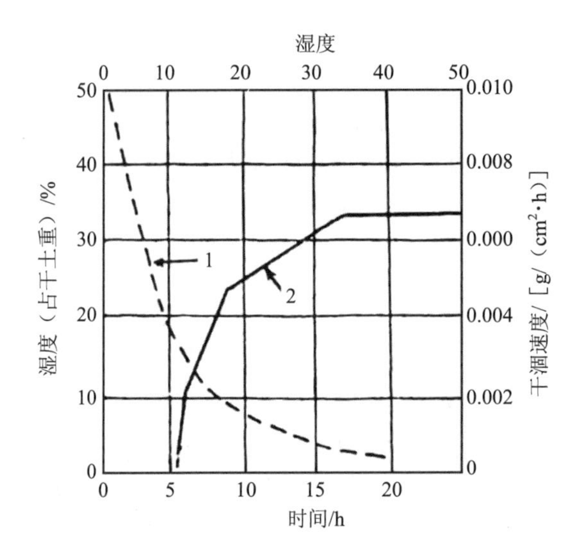

图 8　土壤干涸曲线（1）及干涸速度曲线（2）

$$w = f(t) \tag{5}$$

$$q = \mathrm{d}w/\mathrm{d}t = f(w) \tag{6}$$

谈何容易。不能不说，他在进行资料分析时带有主观性。

以上干涸实验的论述，为的是说明土壤水分在田间持水量-稳定凋萎湿度之间能量不是突然转变的，而是较为缓慢地变化的。要想证明从田间持水量到稳定凋萎湿度之间有一个能量突然转变的点，还需要进行很多的工作，虽说阿尔巴捷耶夫的实验能说明一些问题。我们着重要指出的是，用干涸曲线实验不大容易获得成功。

另外，当研究水分消耗规律和土壤水分对作物有效性的问题时，问题就更复杂了，目前还只能通过试验来解决，想从理论上概括还比较困难。

四、冬小麦利用土壤水分的一般特征

作物利用水分的情形取决于土壤水分状况、大气条件、作物本身状况，甚至于耕作措施和施肥、耕地等都可以影响土壤水分被利用的情况。由此可见，作物利用水分是一个比较复杂的问题，要想了解作物利用水分各方面的情况，只得进行大量的对比实验。麻烦之处还在于，众多的因子常常互为因果，就更增加工作中的困难。

我们的工作进行得不够，所以不能全面论述这个问题，同时两年的观测工作都只在返青以后才开始进行，所以也只能讨论 3 月初至 6 月初小麦利用土壤水分的一般情况。

1. 冬小麦耗水强度变化

冬小麦返青后，气候渐趋暖和，植株不断发育成长，在这两者作用下，日耗水强度随之而发生变化。

由表 5 可以看出，4 月 6—27 日（1、2、3 线）经常有降雨补充，此时土壤水分没有明显下降。由拔节到抽穗期，小麦迅速生长，干物质每平方米的日增长量由 3.42 g 上升到

21.20 g（1964 年），日耗水强度比上一时期增加很多，一般此时天气比较干燥，土壤水分损失较多，水分消耗的深度也大大加强，一般年份，150 cm 以下开始有水分损失。抽穗—乳熟阶段，干物质日增长量和日耗水量仍然保持很高的水平，即使 1964 年这样湿润天气条件，也消耗 150 cm 以下土层的水分（图 9）。

表 5　耗水强度的变化　单位：mm/d

处理	返青—拔节	拔节—抽穗	抽穗—乳熟	乳熟—腊熟
1963 年灌水处理	2.59	4.80	6.34	—
1963 年不灌水处理	1.58	2.98	2.78	—
1964 年灌水处理	1.73	3.84	5.19	5.30
1964 年不灌水处理	1.82	4.14	4.62	5.52

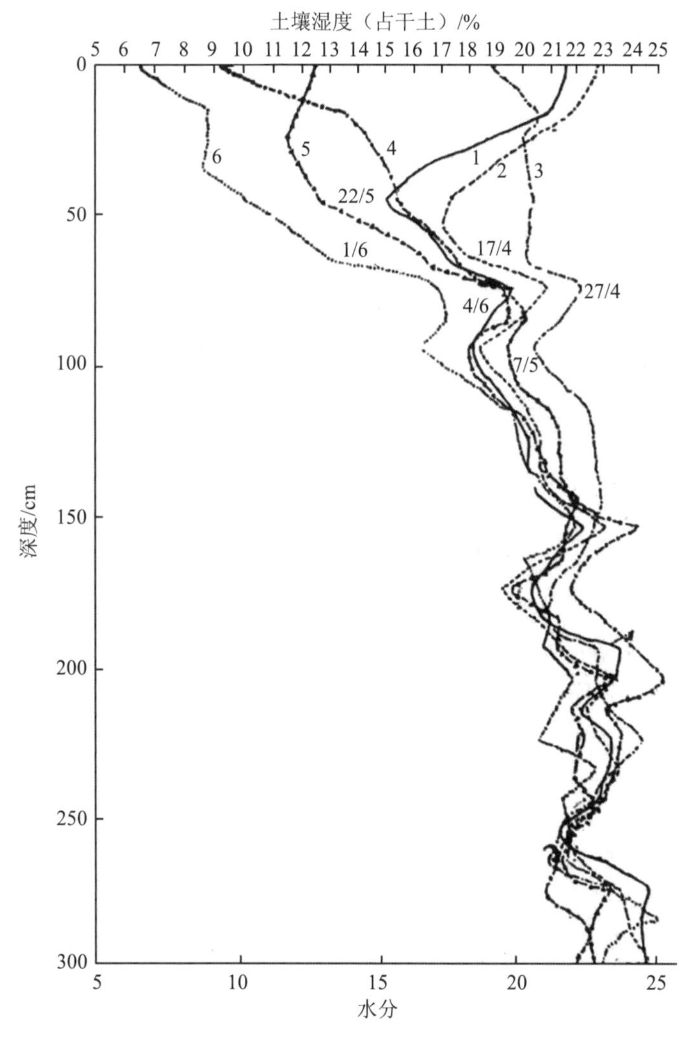

图 9　土壤水分剖面变化图

从图 9 可以看出，4 月 6—27 日（1、2、3 线）经常有降雨补充，此时蒸发比起降水来，相对要小，水分得到不断地补充，4 月 27 日—5 月 7 日，上层 150 cm 水分消耗不少；此后 5 月 7 日—6 月 1 日，此时降水不太多，蒸发又大，根系发育也最盛，所以水分消耗一直深及 2 m 以下。

2. 灌溉对作物利用水分状况的影响

这种影响在 1963 年最清楚，因 1964 年春季雨水较多，所以影响不大。灌溉的影响主要是通过增加土壤水分起作用的，当然它也通过对下垫面热量状况发生影响以及对作物发生影响；然后影响土壤水分被作物利用的情况。

灌溉既能增加土壤水分消耗，从表 5 可以看出，1963 年，灌点的耗水要比不灌点的明显偏大。

灌溉对水分消耗的影响，不仅表现在水分消耗的绝对量上，还表现在水分消耗随深度的变化。从图 10 可以看出在土壤上层，5～20 cm、20～50 cm，灌水处理较不灌水处理水分消耗要快，在较深层，50～100 cm、100～150 cm；起初土壤水分含量相差不大，所以两个处理水分消耗的量不大，相差也不多，而在拔节以后，不灌水处理比灌水处理消耗的水分要多。这是符合一般认识的，即水分消耗，首先是利用较浅层的水分，当上层水分较少时，则利用下层水分的比例要增大。在特殊条件下，例如李玉山在关中旱塬垆土上的工作，说明小麦利用较深层的水分所占的比例也相当大。

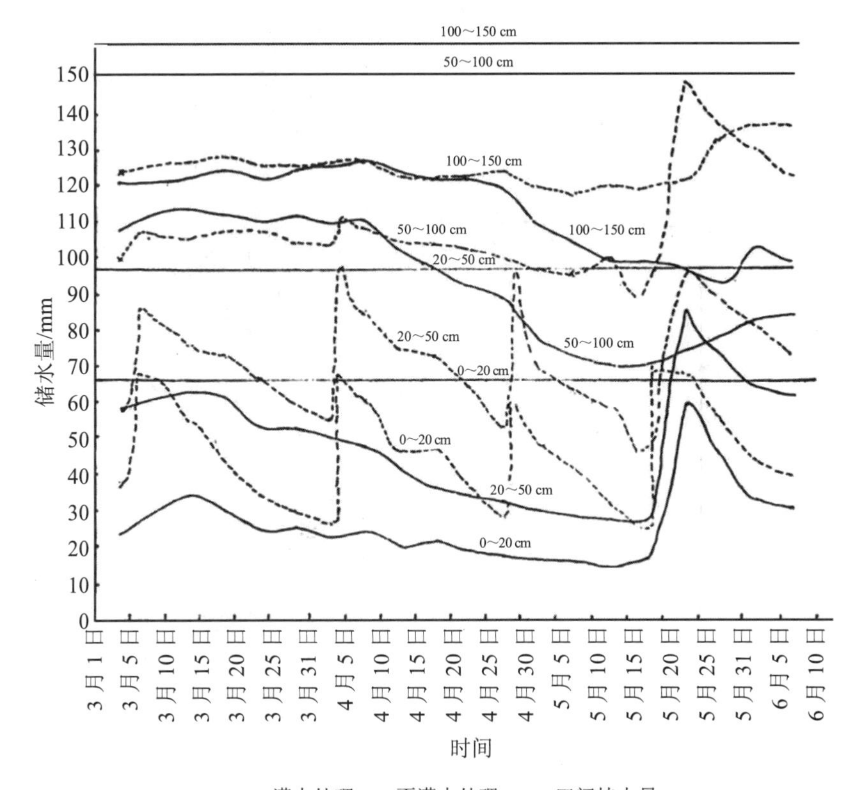

x—x—灌水处理；···不灌水处理；-----田间持水量

图 10 不同深度水分消耗的比较（1963 年）

五、冬小麦土壤水分蒸发的某些定量关系

1. 冬小麦土壤水分蒸发的计算问题

蒸发量的数据在生产实践上和科学理论上是一很重要的数据，举例来说，农田灌溉中，需要进行灌水预报，需要合理配置用水，需要设计一系列的农田水利工程，这一切都很需要掌握水分蒸发消耗的规律。我们都了解水分蒸发是热量平衡和水分平衡方程式共有的一项，因此，水分蒸发的计算不能不具有十分普遍的意义。

但是，蒸发量的准确测定很不容易，许多学者运用多种多样的方法进行了大量的工作，本文不能详加讨论，拟着重探讨利用土壤水分资料计算土壤水分蒸发。我们利用土钻取样测定土壤湿度资料，得到了 5 天内的水分蒸发，利用负压计每天的观测资料，通过负压力-水分关系曲线求取土壤水分，可计算一天的土壤水分蒸发。但是，不论直接利用土钻取样测定的土壤湿度资料，还是负压计观测资料，都碰到测定精确度的问题。根据本文第三部分所谈，土钻取样测定的土壤湿度（4 次重复测定）能达到一定的精确度，所以不能一概以土钻测定土壤水分不精确来否定用水分平衡计算蒸发。负压计测定资料，虽说在某种程度上避免了因空间差异而产生的误差，但是负压计本身还存在一些问题，正像第三部分所谈，负压力还只能近似地看作土壤水分的函数，影响负压力的因子，还需要进行深入研究。

计算土壤水分蒸发碰到的第二个问题，是由于对土壤水分平衡公式的简化所引起的。黄秉维先生写出了以下的土壤水分平衡公式：

$$\gamma=(i_1+i_2+i_3)-(f+E+e_2+e_3+e_4)=(w_1+w_2)+(c_1+c_2) \quad (7)$$

式中，γ为降水，i_1为由大气进入土中的水汽；i_2为由下层进入土中的水汽；i_3为由下层进入土中的悬着水；f为坡面径流；E为蒸腾和土面蒸发；e_2为由土层输送至下层水汽；e_3为由土层输送至下层的悬着水；e_4为由土层排至下层的重力水；w_1为植物及土壤表面所截留的水分；w_2为土壤含水量的变化；c_1为进入植物中成为其组成部分的水分；c_2为与土中矿质及有机质结合的水分。

我们看到，这个公式由 13 个要素组成，但正像黄先生指出的一样，这还只是一个比较完全但仍然是不完全的公式。在具体工作过程中，需要对此公式进行简化。试做以下考虑：①土地平整，田块有畦背，f可以忽略；②气态水的收入以及向下支出的气态水可以认为较少，即 i_1、i_2、e_2 可以忽略；③在短时期内，c_1、c_2 可以忽略。这样一来，式（7）可简化成：

$$(\gamma+i_3)-(E+e_3+e_4)=(w_1+w_2) \quad (8)$$

在土壤水分不是太高的情况下，e_4 会很小，当没有降水时，即$\gamma=0$，此时截水面也会随之等于零，因此有下式：

$$i_3-e_3-E=W_2 \quad (9)$$

用式（9）计算土壤水分蒸发E，困难之处在对于i_3、e_3（悬着水的运动）的估计上。根据上节可知，我们的资料说明植物消耗 150 cm 以下的土壤水分，Мицурин 和 Колясев 对冬小麦土壤水分平衡进行研究的结果，认为蒸发深度为 2 m，但是悬着水的定量估计，

值得进一步研究。我们以后一般只以 150 cm 作为蒸发量计算层，不考虑悬着水的移动，这样做，会造成误差，但由于 150 cm 的深度还算较深，大体上不致有重大的误差，也就是说，我们将采用

$$E=-W_2 \tag{10}$$

对一般降雨的时候进行计算，降水不大时，只将它算进去。如果降水量较大，或灌水量较大，则紧接着雨后（或灌后），是有水分下渗的，下渗量如何考虑，也是一个问题。Wilcox将覆盖裸地上土壤水分下渗量是土壤水分函数的结论运用于农田水分下渗量的估计上，按照 Wilcox 的方法，我们也对覆盖裸地的条件下土壤水分下渗规律进行了试验，得到了同样的结果。由式（1）$W=at^{-b}$取对时间的导数，就是水分下渗量：

$$q=\frac{\mathrm{d}W}{\mathrm{d}t}=-abt^{-(b+1)} \tag{11}$$

这里 q 为土壤水分下渗。根据式（1），消去式（11）中的 t，得

$$q=-ab\left(\frac{W}{a}\right)^{1+\frac{1}{b}} \tag{12}$$

用式（12）可计算已知水分含量时的下渗量，按此式检查我们的试验资料，一般下渗量都很小，这样说，是考虑了土层厚度因素在内的。如果计算土层浅，例如 50 cm，下渗量不会小，用 100 cm 和 150 cm 作为计算层，下渗量在绝大多数时是不大的。

无论何种形式降水，也无论降水大小，降水的同时总伴随着截留，其大小取决于降水强度、持续时间、株高、叶面积大小和几何形态、风向、风速等，所以准确计算这个量也十分艰难。但是植株截留的水分照例要蒸发掉，蒸发就要消耗能量，因此我们可以近似地把截留水分的蒸发和土壤水分蒸发算在一起作为总蒸发的一部分，不必分出它。相反，如果区分出了截留水，则在探讨土壤水分蒸发与气象条件的关系时，会遇到新的困难，需要考虑气象条件，还要考虑有一部分能量已消耗于截留水的蒸发上。

2. 蒸发层的确定

在用土壤水分平衡公式进行计算中，依所取土样可分为下列三种情况：①只包括一部分根栖层，对该层进行水分储量变化计算，根据水分自由能差（或其他方法）估算水分进入和流出层的水分；②基本上包括整个根栖层，计算根栖层水分储量变化，根据水分自由能差（或其他方法）估算水分进入和流出根系层的水分；③超过根栖层的深度，计算该层水分储量变化，根据水分自由能差的方法（或其他方法）估算流入和流出该层的水量。对于第一种情况，其中有一部分根系直接吸收的水分没有办法考虑进去，而对于第二种情况和第三种情况，均可以得到较为准确的蒸发量（水分平均公式计算的问题已如上述）。但是，最方便的是利用式（10），所以希望流入和流出研究土层的水分（水分通量）等于零。由于这样的层或者根本不存在，或者经常变化，所以只好近似地取到水分通量较小的土层做简单的水分平衡计算。具体做法是将逐层（每 10 cm）的储水量变化情况进行分析，确定出水分储量变化很小的层次，将此处作为蒸发层的下界，根据分析的结果、拔节前，变动较

小；拔节后，150 cm 处有些微变化，总体来说变化是不大的，可将它作为蒸发层的下界。

3. 蒸发量与气象条件和土壤水分的关系

影响土壤水分蒸发的因子很多，根据初步的工作，还只能比较大致地做一番讨论，在实践上这种结果也很有用，而且简单易行。以下讨论制约土壤水分蒸发的主要因子——气象条件、土壤水分的情况。

（1）充分湿润条件下土壤水分蒸发

以往的很多工作，都说明土壤水分湿润时，蒸发近似于蒸发力，即蒸发主要取决于外部气象条件。当然，如何计算蒸发力，以什么气象因子作为外部气象条件的表征，议论较多，还是一个没有解决的问题，本文不详细讨论。

在我们的工作中，分别以辐射平衡值和饱和差作为外部气象条件的表征。因为从理论上说有一定的依据，在充分湿润条件下，蒸发占辐射平衡的主要部分，而用饱和差代替蒸发面与外界空气之间的水汽压力差，也不致有重大的误差。从实践上看，比较简单，计算容易，并可找出预报它们的途径。

土壤水分蒸发和饱和差之间呈良好的直线关系（图略），土钻取样测定的土壤水分蒸发和用负压计值计算的土壤水分蒸发都落在直线的两侧，也间接说明这两种方法确定的土壤水分蒸发值令人满意。无论是拔节前还是拔节后，两者之间都呈良好的直线关系：

$$E = ad + b \tag{13}$$

式中，E 为土壤水分蒸发，以 mm 计，由于负压计观测资料只有 100 cm 的资料，为了便于比较，均以 100 cm 土层作为计算层；d 为饱和差，以 hPa 计，一天 3 次（8：00、14：00、20：00）的平均值；a 和 b 为系数。计算结果：

$$E = 0.32d + 4.76 \quad （返青后—拔节）$$

和

$$E = 0.52d + 1.69 \quad （拔节—乳熟）$$

相关系数均较高，达到 0.97（返青后—拔节）和 0.98（拔节—乳熟）。

土壤水分蒸发和辐射平衡之间的关系。辐射平衡为实测值，包括 7：00—19：00 的值，土壤水分蒸发由负压计测定值计算出，两者之间也存在良好的直线关系，其方程为

$$E = aR / L + b \tag{14}$$

式中，E 为土壤水分蒸发，以 mm 计；R/L 中 R 是辐射平衡，L 是蒸发耗热，R/L 以 mm 计；a 和 b 为系数。根据计算，得到

$$E = 0.66R / L + 3.48 \quad （返青后—拔节）$$

和

$$E = 1.03R / L + 1.02 \quad （拔节—乳熟）$$

相关系数也较高，均为 0.98。

从以上可以看出，土壤水分蒸发无论是和饱和差之间的关系，还是和辐射平衡之间的关系，直线方程的系数在拔节前和拔节后是不一样的，这是生物学因素起作用的结果，蒸发条件相同时，拔节后蒸发比之拔节前要大。АΛпатъев 提出了生物学曲线的概念，布达科

夫斯基也得到土壤水分蒸发和蒸发力的关系，随着发育期的不同，系数是不相同的。

（2）不充分湿润条件下的土壤水分蒸发

布迪科认为当土壤水分降到某一界线时，蒸发不再只依赖于蒸发力了，即不再只受外部气象条件的限制而同时受土壤水分的影响。本文根据布达科夫斯基的方法进行了一些工作。

先将不充分湿润条件下的土壤水分蒸发用下式描写；

$$E = b(w - w_3) \cdot E_0 \tag{15}$$

式中，E 为土壤水分蒸发；E_0 为蒸发力；w 为土壤水分；w_3 为凋萎湿度；$w–w_3$ 是有效水分含量；b 为系数。在具体工作过程中，用式（15）较困难，因为任何时段有了 E 和 E_0 的数据，而该时段的 $w–w_3$ 却较难知道，布达科夫斯基用积分的方法解决了这个问题。

因为土壤水分蒸发是土壤水分对时间的导数（假如没有降水、进入或流出研究土层的水量）考虑到水分蒸发是使土壤水分减少，所以式（15）可以写成

$$\mathrm{d}w / \mathrm{d}t = -b(w - w_3)E_0 \tag{16}$$

稍加改变，式（16）变成

$$\mathrm{d}w / (w - w_3) = -bE_0\mathrm{d}t \tag{17}$$

积分后，就可得到：

$$\ln(w - w_3) / (w_{\mathrm{H}} - w_3) = -b\int_0^t E\mathrm{d}t \tag{18}$$

式中，w 为任意时刻的土壤湿度；w_{H} 为初始土壤湿度。这表明将（$w–w_3$）/（$w_{\mathrm{H}}–w_3$）取对数（以 e 为底），则和蒸发力成直线关系。

1964 年降水较多，土壤水分持续较高，只有 1963 年不灌处理的资料便于使用。但依然碰到一个问题，这就是有降水，遇有降水时，按下列办法处理：考虑到各次降水都很小，所以认为绝大部分降水为植株截留，落到土面上的降水，也只能润湿很浅的土层，因此可以认为，各次降水按照上述土壤水分充分湿润条件下土壤水分的蒸发规律汽化到大气中去，也就是按照上述所讲的那样消耗饱和差，拔节后大约是每蒸发 1 mm 的水分消耗 2.5 hPa 的饱和差。

限于资料，只对拔节乳熟进行了计算（图略），该图上蒸发力是以饱和差作为表征的，如果式（18）中的 E_0 换以 d，则 $\ln(w–w_3)/(w_{\mathrm{H}}–w_3)$和$\sum d$ 之间直线方程的斜率是 $a×b$，是充分湿润条件下土壤水分蒸发和饱和差直线方程的斜率（要令其截距等于零）。

根据资料，计算出如下结果，$\ln(w–w_3)/(w_{\mathrm{H}}–w_3)= –0.003\,7\,d–0.007\,5$，相关系数很高，为 0.96。由此可见，当初提出的描写不充分湿润条件水分消耗规律的式（15）是成立的。

（3）时间因子对土壤水分蒸发的影响

随着生育期的不同，生物学因素对土壤水分蒸发的影响不同，上面已经谈到。这里讨论的是，在揭露水分消耗时，计算时段长短发生的影响有的是将负压计观测资料（每天）逐日加起来的数据，有的是将土钻取样测定的资料（每 5 天）逐次加起来的数据，所以时段和不同，有 1 天、2 天、3 天……

但是必须指出，这种累加的结果对于实际运用是有用处的。当所取数据时间过长，实

际运用当然会受到限制，而我们现在的累加做法，是有一定限度的，在揭露土壤充分湿润条件的土壤水分消耗规律时，拔节前没有超过 40 mm（土壤水分蒸发）的点子，拔节后绝大部分的点子在 60 mm（土壤水分蒸发量）以下，以时段而论，拔节前较长，最长达 20 天，而拔节后，最长为 10 天。以这样的结果，用于灌溉预报是满足要求的。举例来说，一般壤土的田间持水量（以 1 m 为计算层）约为 300 mm，根据现有的一般结论，粗略地看，大约干涸到储水量为 200 mm 时是需要灌水了（严格地讲，这个问题也需要进行更多的研究，即什么湿度是作物最适宜的下限问题），这就是说，是要按天气预报预测到未来何时土壤水分蒸发 100 mm，储水为 200 mm（如果其间有降水，问题也不会复杂多少），显然，我们的结果是能够满足这种要求的。以这样的结果，用于根据气候资料计算以月为单位的蒸发量的工作，也是能够保证足够的精确度的。

在揭露不充分湿润条件下土壤水分消耗规律时，由于土壤水分过低，没有负压计的观测资料利用，只好用土钻取样测定的资料，如果只取 5 天的数据，则点子很少，而且所包括的土壤水分变化的范围也很窄。我们采用了如下处理资料的办法：采样次数依次为 1、2、3……n，将第 1 次取样测定的湿度作为初始湿度，以后各次取样顺次为蒸发的结果，这样，得到 1、2、3……$n-1$ 号点子。然后将第 2 次、第 3 次……第 $n-1$ 次取样测定的土壤湿度作为初始湿度，顺次地将以后测定的土壤湿度作为蒸发的结果，但不超过 15 天（从每一初始湿度算起），这样得到的点号是 $2a$、$2b$、$2c$、$3a$、$3b$、$3c$……$n-2a$、$n-2b$、$n-1a$，其中带 a 字的点为 5 天的水分变化数据，带 b 字的点为 10 天的水分变化数据，带 c 字的点为 15 天的变化数据。

工作当然还是应当做得更细。我们试图查明以天为单位的水分变化规律（图略），结果表明，情况不好。造成这种情况的原因有两个，一个是误差较大，另一个是反映了真实情况，即用单因子（辐射平衡、饱和差等）计算日蒸发量本来就不会得到好的结果。此处对最基本的问题做一点说明。

先说以辐射平衡计算蒸发。

最一般的热量平衡方程式如下：

$$R = \mathrm{LE} + B + P \tag{19}$$

式中，R 为辐射平衡；LE 为蒸发消耗的热量（有时是凝结释放的热量）；B 为下垫面与其下层之间的热通量；P 为下垫面与大气间的湍流热通量。

在充分湿润条件下以蒸发耗热力表征，但是蒸发耗热与式（19）中其他各项的比例是不稳定的，有时候其他项占的比例还会相当地大，此种情况受很多因子的影响，这里不多加说明。如果还考虑有平流影响，它的因子也极其复杂，用辐射平衡计算蒸发的问题还要增大。

再讲用饱和差计算蒸发发生的问题。以道尔顿定律为基础，充分湿润条件下的蒸发可写成

$$E = \rho D(q_s - q) \tag{20}$$

式中，E 为蒸发量；ρ 为空气密度；D 为外扩散系数；q_s 为蒸发面温度下饱和空气的比湿；

q 为任意观测高度上空气比湿。

式（20）也可以写成

$$E = \rho D\left[(q_s - q_s') + (q_s' - q_s)\right] \quad (21)$$

式中，q_s'为观测高度上空气温度下饱和水汽的比湿。

式（21）中的（$q_s'-q$）相当于饱和差，可见用饱和差计算蒸发是忽略了（q_s-q_s'）的，当气温与下垫面温度相等时，$q-q'=0$，但是气温与下垫面温度常有差异，而这种差异也随各种因素的变化而变化。式（21）中的外扩散系数 D 也是一个变数，它是风速 u 和稳定度参数 ΔT 的函数。

$$D = uf(\Delta T / u^2) \quad (22)$$

式中，ΔT 为下垫面和观测高度上的温度差，ΔT 和 u 是经常变化的，因此 D 在短时间内不会稳定。

从这些情况中可以看到，用单因子计算的蒸发在许多情况下会发生重大误差，但当时间间隔较长，次要的因素可能会平均，因此，产生的误差会大大减小。

4．土壤水分蒸发的临界湿度问题

土壤水分蒸发的临界湿度是一个争论中的问题，国际上有各种各样的议论，黄秉维先生曾用一个图示来概括这些议论。大致有以下几种观点：①不承认有临界湿度的存在，认为土壤水分在有限水分范围内随着水分的减少，蒸发与蒸发力的比值直线地降低。②有效水分范围内蒸发与蒸发力的比值保持不变，直到凋萎湿度处，即有效水分等于零时，蒸发突然降低为零。③在田间持水量和稳定凋萎湿度之间，有一个转折点，为临界湿度，土壤水分高于它时，蒸发与蒸发力的比值不变，低于它时，土壤水分蒸发要受土壤水分的影响；而有所减少。有的认为是遵守曲线 B，有的认为是遵守曲线 C，有的是认为遵守曲线 D。除此之外，还有其他的看法，例如临界湿度位于何处，临界湿度是常数还是变数，都存在不同的议论。

根据拔节—乳熟资料的分析，土壤水分的临界湿度是存在的，因为土壤水分充分湿润时，它符合式（13），而不湿润时，又符合式（18）。根据式（15），可知当 $E=E_0$ 时，即临界湿度到来的情况，因此，临界湿度 W_k 应满足下式：

$$b(W_k - W_3) = 1 \quad (23)$$

于是可以求出土壤水分蒸发的临界湿度为

$$W_k = 1 / b + W_3 \quad (24)$$

在求取 $\ln(w-w_3/w_H-w_3)$和 d 的关系时，土壤水分是以 150 cm 计算的，所以计算 b 时，不能直接根据 $E=0.52d+1.69$ 选取 a，假定斜率为零，同时 100 cm 土层耗水偏小，可以粗略地估计 a 为 0.6。计算结果为：150 cm 土层的土壤水分蒸发的临界湿度为 330 mm，其田间持水量为 490 mm，临界湿度/田间持水量=0.67。这与过去许多说法相似，即土壤水分蒸发

的临界湿度处于田间持水量的 2/3 处。

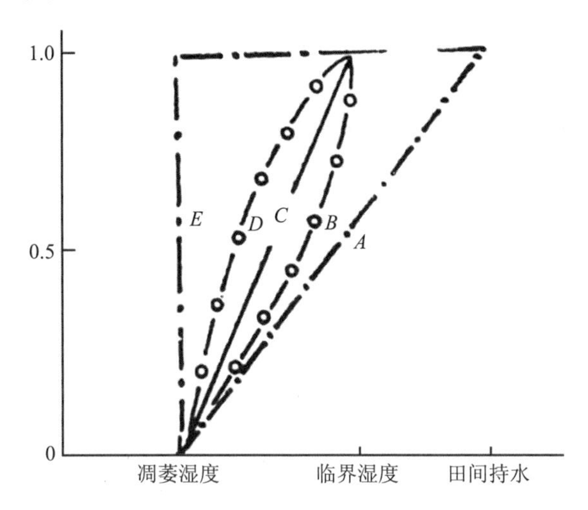

图 11 蒸发与气象条件和土壤水分关系示意图

说到这里，也许会问，在第四部分不是曾经否定过室内干涸试验存在转折点（在田间持水量-稳定凋萎湿度之间）吗？是的，看起来近乎有矛盾，但要指出，有植物生长与没有植物生长是不能相比的，正像已经指出的一样，土壤水分对作物有效性的问题以及对总蒸发影响的问题，绝不能孤立地看土壤水分能量，更不能用土壤水分蒸发临界湿度存在的客观事实来牵强附会地处理室内干涸试验的数据。都是客观事实，都要尊重。这是属于不同性质的两个问题，还需要更多的数据，这两个问题如何联系起来，更需要做大量的工作。

六、结语

（1）本文对试验地基本情况、试验处理和方法的基本情况给予了注意。这些叙述常会使人感到累赘，的确，所叙述的方法有些是通用的，并已沿用很久。例如土壤水分的测定方法、土壤水分常数的测定等，而如今，许多东西常被忽视。实验方法，基本情况要是对实验结果真正不会产生问题，或有统一的规范，那这些叙便是可有可无，因而会变成是多余，但实际情况是，这些东西是很重要的，不予重视，结果会给工作造成困难。

（2）从能量关系来说明土壤水分运转的情况，是今后的方向，我们开始做这方面工作。用土壤水分-负压力关系和室内干涸试验，说明土壤水分在有效水分范围内没有明显的转变。指出探讨水分消耗规律时，要全面地考虑植物、大气和土壤的情况。

（3）根据野外土壤水分观测资料，说明了土壤水分消耗的某些情况：生育期不同，水分消耗不同，这是由于气象条件，作物生长情况不同而造成的；土壤水分不同，影响土壤水分消耗的绝对量，同时也影响水分消耗在剖面上的分布。

（4）根据两年的试验数据，提出了气象条件、土壤水分含量、生育期三个因子影响土壤水分消耗的情况，从定量上论述了它们之间的关系，这些关系的建立，是前人工作的结果，我们的工作对前人的结论进行了验证。

（5）本文题目综合研究，实则不算综合。但是无论从试验方法上、试验处理设计上、试验数据的处理上，一直到试验结果，我们主观上是在想做一番较周密的考虑，由于各方面条件的限制，实有心有余而力不足之感，水分消耗本身的问题考虑不周，与水分消耗有关的其他问题，更是根本没有考虑。但是我们相信，朝着综合的方向前进，其前途还是光明的。

参考文献

[1] 方正三，蔡文宽，王庾雄．负压计（土壤湿度计）的原理、构造设计及其应用．科学仪器，1964，1（3）.

[2] 李王山．关中旱塬地区小麦丰产的土壤水分条件．中国农业科学，1962（5）.

[3] 娄溥礼．土壤积盐与地下水关系的分析．水利学报，1964（3）.

[4] 黄秉维．从自然地理学、土壤水分平衡谈到 J. C. 威尔科克斯的四篇论文．地理学报，1963，29（4）.

[5] Gardner W R. Relation of root distribution to water uptake and availability. Agronomy Journal，1964，56（1）.

[6] Veihmyer E J，Hedrikson A H. Rate of evaporation from wet and dry soil and their significance. Soil science，1955，80（1）.

[7] Visser W C. Soil moisture sampling as a basis for a detalied description of molsture utilization by crops. Plant-water relationships in arid and semi-arid conditions. UNESCO. 1962.

[8] Wilcox J C. Rate of soil drainage following an irrigation：I Nature of drainage curves. Canadian J Soil Sci.，1959.

黑黏土的水分物理特性及其改良对策*

李卫东　唐登银　王庆云①　杨补勤①

摘　要：通过对黑黏土持水性能、饱和导水性能、团聚体水稳性、土壤胀缩性能的观察与研究，分析了黑黏土“旱、涝、僵、瘦”的原因。据此提出了几点改良措施：①建设和完善排水系统，这是黑黏土地区农业生产的基本保证；②充分利用当地丰富的水资源，大力发展作物补充灌溉，这是黑黏土地区作物稳产增产的必要条件；③大力施用有机肥，包括过腹还田，提高土壤肥力，这是改善黑黏土不良水分物理特性的根本措施。

关键词：黑黏土　水分物理特性　改良对策

分布于我国暖温带南沿的砂姜黑土，按我国新的土壤分类系统，大部分被划为变性土纲的黑黏土类[1]。从面积上看，黑黏土是我国变性土的主体。黑黏土主要分布于黄淮海平原的南部（淮北平原、沂沭河平原和胶莱平原等）和南阳盆地，面积约 400 万 hm^2，是我国一种面积较大的典型中低产田。黑黏土低产的主要原因可归为“旱、涝、僵、瘦”4 字，根本原因在于其不良的水分物理特性。但在此方面，以往的研究较少。黑黏土地区水资源较为丰富，尤其是浅层地下水良好，且光热条件好。充分了解和掌握黑黏土的水分物理特性和水分变化特点，因地制宜地灌溉、排涝和耕作，对于提高该地区粮食产量具有重要意义。孙怀文曾对安徽淮北平原黑黏土剖面的持水性能、非饱和导水率、毛管水上升性能和土壤水分蒸发性能做过一定研究[2,3]。本文全部采用原状土对黑黏土的持水特性、饱和导水性能、团聚体水稳性、土壤胀缩性及周年土壤含水量变化和开裂状况等水分物理特性作了一定的观测和研究，并提出了几点改良对策，可与孙怀文的文章互为补充，对黑黏土的进一步改良和开发利用具有指导作用。

1　材料与方法

1.1　材料

用于持水性能与饱和导水率测定的土样分别取自湖北枣阳（1 号剖面，旱地）、山东高密（2 号剖面，荒地）和江苏东海（3 号剖面，水旱轮作）等地。用于其他性质测定的土样

* 本文发表于《中国农业科学》1997 年第 30 卷第 6 期第 30～35 页。

① 华中农业大学土化系。

为取自湖北枣阳的另一剖面，为旱地。周年土壤含水量变化和土体自然开裂状况观测是在湖北枣阳的一块黑黏土休耕地上进行的。以上土壤质地均为黏性。

1.2 方法

持水性能测定：压力膜仪法。孔隙度数据由持水参数推算。饱和导水率测定：双环法。水稳性大团聚体测定：机械筛分法（FT-3 型电动团粒分析仪）。微团聚体测定：水分散—吸管法。颗粒组成测定：吸管法。土壤膨胀量测定：膨胀仪法。膨胀（收缩）量%=［某时刻膨胀（收缩）体积/初体积］×100%。最大胀缩量=最大膨胀量+最大收缩量。塑限测定：滚搓法。流限测定：圆锥体沉入法。土壤含水量测定：105℃烘干法。

2 结果和分析

2.1 土壤持水和导水性能

黑黏土结构性不良，质地黏重，土壤吸水时易膨胀，耕层以下为密实棱柱状或棱块状结构体[4]。一般认为黑黏土持水性较差。表 1 为 3 个典型黑黏土剖面不同状态水分含量数据，可以看出，各层次饱和含水量在 30%～45%；在饱和含水量中，无效水（吸力＞1.5 MPa）和重力水（吸力＜0.03 MPa）均占有较大比重，而有效水（吸力为 0.03～1.5 MPa）含量则较少，占饱和含水量的 15%～24%；犁底层以下含无效水较多，重力水较少，表明犁底层和黑土层土壤结构紧实，缺乏储水和导水大孔隙，因黏粒和蒙脱石含量多，水分主要吸持在矿物层间和细微孔隙中。

表 1 黑黏土不同状态水分的含量（烘干土） 单位：%

剖面	层次	深度/cm	饱和水	无效水（＞1.5 MPa）	全有效水（0.03～1.5 MPa）	重力水（＜0.03 MPa）
湖北枣阳	耕层	0～20	38.0	12.8	7.3	17.6
	犁底层	20～29	33.4	12.5	8.0	12.9
	黑土层	29～44	44.1	22.1	7.6	14.4
	过渡层	44～62	35.4	17.0	7.9	10.5
	砂姜层	62～100	36.5	19.4	5.2	11.9
山东高密	表层	0～17	41.3	17.0	7.3	17.0
	过渡层	17～42	41.5	22.9	7.1	11.5
	黑土层	42～70	45.5	19.6	9.1	16.8
	砂姜层	70～200	38.4	10.8	7.4	20.2
江苏东海	耕层	0～12	41.7	15.8	6.7	19.2
	犁底层	12～20	29.9	20.6	5.7	3.6
	黑土层	20～35	33.6	21.2	6.0	6.4
	过渡层	＞35	47.0	29.9	7.3	9.8

土壤持水特点与土壤的各级孔隙状况密切相关。从孔隙分布状况看（表 2），犁底层和黑土层的总孔隙度并不比耕（表）层小，但<0.2 μm 孔径的无效孔隙却明显多于耕（表）层，而>10 μm 和>200 μm 的大孔隙则少于耕（表）层。这说明犁底层以下层次的通气性差，也正是犁底层和黑土层含无效水多的原因。

表 2 黑黏土的孔隙状况和饱和导水率

剖面	深度/cm	各级孔隙度/%					饱和导水率 K_s	K_s 分级
		总孔隙度	<0.2 μm	0.2～10 μm	>10 μm	>200 μm		
1	0～20	52.6	17.8	10.2	24.6	15.7	3.80×10^{-1}	中
	20～29	56.8	21.4	13.6	21.8	13.3	1.22×10^{-3}	很慢
	29～44	56.4	28.3	9.8	18.3	10.8	1.04×10^{-3}	很慢
	44～62	47.2	22.6	10.6	14.0	8.5	4.13×10^{-3}	很慢
	62～100	52.8	28.0	7.6	17.2	11.0	5.31×10^{-3}	很慢
2	0～17	52.8	21.7	9.3	21.7	14.0	2.31	快
	17～42	51.1	27.9	8.7	14.0	7.4	1.40	稍快
	42～70	59.7	25.8	11.9	22.0	12.1	3.08×10^{-2}	慢
	70～200	61.2	17.2	11.8	32.2	18.6	1.04×10^{-3}	很慢
3	0～12	49.0	18.6	7.8	22.6	16.5	7.96×10^{-3}	很慢
	12～20	47.8	33.0	9.2	5.6	1.8	2.50×10^{-6}	很慢
	20～35	44.0	27.8	7.8	8.4	3.4	7.73×10^{-5}	很慢
	35～	54.7	34.8	8.5	11.4	6.0	3.52×10^{-4}	很慢

几个黑黏土剖面不同层次的饱和导水率测定结果见表 2。除 1 号、2 号剖面耕（表）层（包括 2 号剖面的过渡层）外，各层的数值均十分低，处在 10^{-6}～10^{-2} 级，按饱和导水率分级为“很慢”级[5]。由此可见，黑黏土在水分饱和时，其中的水分移动性能很差。黑黏土易干时开裂湿时膨胀，在降雨较大时上部土层迅速饱和，闭合缝隙，阻止水分下渗，而雨后土壤又因内排水能力差，较长时间处于饱和态，往往形成渍涝。

2.2 团聚体水稳性能

对枣阳黑黏土的水稳性大团聚体的测定结果见表 3，可见水稳性大团聚体含量并不少，在 60%以上，比淮北平原的典型黑黏土要高出两倍多[3]，且下部层次含量较高。另外，耕层偏向于小粒径分布，下部层次偏向于中等粒径分布。该黑黏土水稳性大团聚体含量多可能与其高含量黏粒的黏结作用、钙离子的凝集作用以及土壤频繁干湿交替时膨胀收缩的挤压作用等因素有关。在这些作用下形成的水稳性团聚体，并不是结构良好的团粒，而是颗粒排列紧密，孔隙较小，不利于通气、保水和生物活动的硬土粒。就调节土壤肥力而言，并不是良好的团聚体，而是结构不良的表现[6]。

表 3 黑黏土水稳性大团聚体分析结果（烘干重）（湖北枣阳） 单位：%

层次	深度/cm	各级水稳性团聚体含量					
		＞5 mm	2～5 mm	1～2 mm	0.5～1 mm	0.25～0.5 mm	＞0.25 mm
耕层	0～16	2.47	14.0	26.0	21.40	12.70	76.6
黑土层	20～30	3.98	30.9	19.6	6.82	2.62	63.9
砂姜层	50～60	2.16	27.0	27.0	19.20	9.09	84.6
底土层	80～90	1.32	24.0	23.1	24.60	5.39	78.4

土壤大团聚体由微团聚体进一步团聚而形成。就旱地土壤而言，微团聚体状况影响着孔隙状况和持水性能。对枣阳黑黏土的测定结果表明（表 4），微团聚体主要分布在 0.050～0.002 mm 级，粒径偏小。分散系数是耕层、黑土层较大，相应的这两层的结构系数较小。

表 4 黑黏土微团聚体分析结果[1]（烘干土重）（湖北枣阳） 单位：%

深度/cm	微团聚体含量				颗粒组成				分散系数 K	结构系数 K_c
	＞0.25 mm	0.05～0.25 mm	0.002～0.05 mm	＜0.002 mm（a）	＞0.25 mm	0.05～0.25 mm	0.002～0.05 mm	＜0.002 mm（b）		
0～16	5.42	9.8	56.6	28.2	2.08	4.0	39.1	54.8	51.4	48.6
20～30	5.70	6.5	43.2	41.6	0.38	3.5	31.8	64.4	64.6	35.4
50～60	6.86	7.8	64.1	21.1	3.46	3.1	48.5	45.0	46.9	53.1
80～90	4.21	9.2	73.8	12.8	1.78	2.7	51.3	44.2	29.0	71.0

注：1）$K=\frac{a}{b}\times100\%$，$K_c=\frac{b-a}{b}\times100\%$。

2.3 土壤胀缩性能和塑性

对枣阳一个黑黏土剖面各层次土壤湿水时不同时刻的膨胀量进行观测，结果见表 5。可以看出，黑土层膨胀速度快且时间长、量大；耕层次之；砂姜层膨胀较快但量小，底层最差。剖面各层的最大胀缩量在 12.0%～19.4%。

表 5 黑黏土膨胀性能测定结果（湖北枣阳）

深度/cm	膨胀（收缩）量/%								最大胀缩量/%	含水量/%	
	30 s	1 h	2 h	4 h	8 h	24 h	48 h	烘后（最大收缩）		试验前	膨胀稳定后
0～16	1.4	3.0	4.5	5.8	6.2	6.2	6.2	8.2	14.4	7.4	76.4
20～30	1.4	3.4	4.6	5.9	6.8	7.4	7.4	12.0	19.4	9.6	85.2
50～60	1.9	3.4	4.4	5.2	5.2	5.2	5.2	6.8	12.0	7.0	82.4
80～90	1.4	2.4	3.0	4.2	4.2	4.2	4.2	9.1	13.3	7.0	81.6

土壤含水量变化与气候因素密切相关。黑黏土分布区的气候具有季节性干旱的特点，土壤剖面也会出现季节性的干燥，为土体强烈开裂提供条件。对枣阳一块黑黏土农田（休

耕地）1990 年土壤含水量变化进行了周年动态观测，含水量年变化曲线见图 1。可以看出，表土干湿交替频繁；20 cm 处土壤水分含量低值在 3 月、6 月和 9 月前后，表现出春旱、夏旱和秋旱；20 cm 以下水分变化较平稳，但在干旱时含水量仍可降至 20%以下，落差 7%左右；而严重开裂时陡然降雨，90 cm 深土层土壤含水量也可达 40%的饱和态。

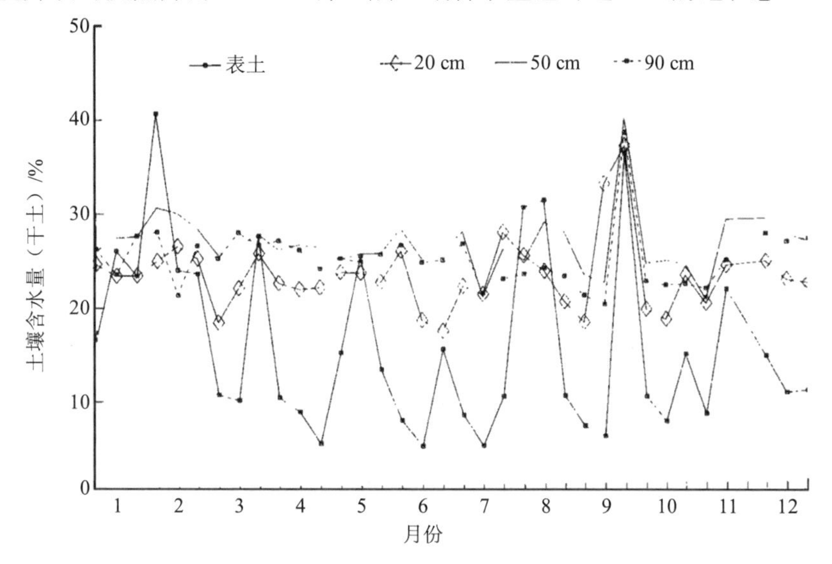

图 1 黑黏土不同深度含水量周年动态变化（1990 年，湖北枣阳）

对枣阳该田（休耕地）土壤的自然开裂状况进行了定期观察，结果见表 6。可见在土表较紧实的情况下，地表出现裂隙。裂隙的数量及宽度随季节和降水而变化，在秋季干旱的时候达到最多、最宽、最深（7 条/1 m，宽 1.7 cm，最深 90 cm）。裂隙的开闭状态与土壤含水量变化和降水量变化十分吻合。

表 6 黑黏土的自然开裂状况（1990 年，休耕地，湖北枣阳）

观察时间（月-日）	裂隙条数/（条/m）	裂隙最宽宽度/cm
06-15	7	0.47
07-16	5	0.70
08-25	7	0.30
09-05	6	0.90
09-17	6	1.70
09-25	0	0
10-05	5	0.30
10-16	5	0.50
10-26	0	0
11-06	4	0.30
12-05	4	0.40
12-14	4	0.50
12-25	4	0.60

3 建议改良措施

针对黑黏土以上的不良水分物理性质，提出以下改良建议：

（1）针对黑黏土易渍涝的特点，建设和完善排水系统。黑黏土区年降水量在 800 mm 左右，年际变化大，可相差 3～4 倍，年内分配不均，60%～70%分布在 6—9 月。黑黏土分布于河间平原，地势平坦低洼，地下水位浅。由于黑黏土易吸水膨胀，阻塞孔隙，内排水能力差，因此在降雨较大时，水分饱和后积水消退慢，往往会造成渍害。对此，必须大力建设和完善排水系统，扩大排水出路，做到大沟、中沟、小沟和田间毛沟配套，既除涝又防渍。

（2）针对黑黏土易旱的特点，充分利用当地丰富的水资源，大力发展旱作物的补充灌溉，提高作物产量。部分黑黏土地区地表水资源已较丰富，在地表水不足的地区，则可开发地下水。黑黏土地区地下水埋藏浅（平均 1.5～3.5 m），水质好，易开发。但由于该地区年降水量尚较大，大部分年份不灌溉仍能有一定收获，因而农民长期以来对灌溉较为忽视，形成了只想灌“救命水”，而不想灌“丰产水”的思想，水资源没有得到充分开发利用。据统计和试验表明，黑黏土区自然降雨一般只能满足小麦需水量的 70%～80%，若灌水两次，一般可增产 10%～30%，而夏玉米灌溉可增产 10%～50%。因此，黑黏土区要达到作物高产稳产，在治涝的同时，还必须补充灌溉，并在有条件的地方发展旱改水。

（3）针对黑黏土不良的水分物理性质，大量施用有机肥，提高土壤肥力。黑黏土不良的水分物理性质主要源于土壤富含膨胀黏粒矿物——蒙脱石。土壤腐殖质可通过胶结黏粒和增加孔隙度在一定程度上抑制蒙脱石胀缩性，同时还可提高多孔水稳性团聚体含量，增大热容，提高有效水储蓄能力，并调节土壤 N、P、K 和微量元素的供应，达到从根本上改良黑黏土的目的。黑黏土含新鲜腐殖质较少，原有的主要为高芳构化度的古腐殖质，品质和活性差[7]。因此，大量施用有机肥，增加黑黏土的新鲜腐殖质是改良黑黏土的关键措施。

参考文献

[1] 李卫东，王庆云. 我国原砂姜黑土的发生特性及其系统分类//中国土壤系统分类进展. 北京：科学出版社，1993：263-266.

[2] 孙怀文. 砂姜黑土的水分特性及其与土壤易旱的关系. 土壤学报，1993，30（4）：423-431.

[3] 孙怀文. 淮北砂姜黑土的水分物理性质与旱涝渍害的关系. 砂姜黑土综合治理研究. 合肥：安徽科学技术出版社，1988：104-112.

[4] 李卫东，王庆云. 砂姜黑土形态特征的观察. 华中农业大学学报，1993，12（3）：245-249.

[5] 侯光炯. 土壤学（南方本）. 北京：农业出版社，1994：87-89，95-108.

[6] 姚贤良，程云生，等. 土壤物理学. 北京：农业出版社，1986：48-83.

[7] 李卫东，王庆云，等. 中国暖温带黑黏土的腐殖质特性及其与土壤发生的关系. 土壤学报，1996，33（4）：433-438.

我国北方地区农业生态系统水分运行及区域分异规律研究的内涵和研究战略*

谢贤群 唐登银

摘 要：本文概述了我国北方地区农业生态系统水分运行及区域分异规律的研究内涵及研究战略；提出要通过对我国北方地区农业生态中水分运行和转换规律的综合田间试验及联网研究，确立北方地区农业生态系统水平衡、水循环过程的机制；建立北方地区有限水环境下作物生产力模型；并对北方地区农业生态系统中水分运行与生产可持续发展及其区域分异规律做出评估。

关键词：农业生态系统 水分运行 区域分异规律

引言

水在生态系统的结构和功能中是最活跃的因素，它参与各种功能的活动，并促进系统内各种功能的相互联系和相互作用，诸多生态系统类型的形成与自然地理过程的发生和演变都与水有密切的联系。在我国北方（东北、华北、西北）地区自东向西的湿润、半湿润、半干旱和干旱类型区的划分，以及与此相适应的森林、草甸草原、干草原与荒漠草原生态系统的形成中，水分条件均起着决定性的作用。各种生态环境中固体物质与化学物质的迁移，水是最重要的载体之一。植物的光合作用和生长发育过程，水是不可或缺的因素。水在生态环境中不断运动，土壤-植物-大气系统（SPAC）内大气水、地表水、土壤水、地下水和植物水等各种水体不断进行水分循环和转换，若能探清它们之间的相互关系和动态变化过程，就能对与水有关的生态过程和自然环境演化现象做出科学的解释，并作出未来生态环境变化的预测，就有可能为正确计算水资源与合理调控和合理利用水资源提供科学依据。

我国北方地区（东北、西北、华北）是我国的主要农业区，而水分资源却是制约该地区农业持续发展的主要限制因素。西北干旱地区，黄土高原半干旱地区和东北平原、华北平原半湿润地区的农业生产实践中都不同程度上存在水分亏缺、养分不足和水资源不能合理利用等问题。为了实现中央制定的到 2000 年粮食产量达 5.0×10^{11} kg，到 2010 年达

* 本文发表于《中国科学基金》1999 年第 13 卷第 2 期第 81～85 页，第 89 页。

5.6×10^{11} kg 的农业持续发展战略目标，就有必要对我国东北、华北、西北这三大主要粮食作物生产区制约农业持续发展的主要限制因素——水分供需矛盾问题进行深入研究。这就需要详尽了解北方地区农业生态系统中土壤-植物-大气系统内水分运行、转化规律，各种人为活动如各种不同耕作管理和调控措施对这些规律的影响和作用。本项研究是一项研究范围广阔的，把地理科学和生物科学融为一体的基础及应用基础研究课题，它已广泛渗透到农学、自然地理学、水文学、气候学、植物生理学、生态学等多种学科领域中。在作物生长发育中各种生态和环境因子，SPAC 系统中的水分循环、能量转换和养分迁移规律，以及反映这些规律和变化的作物水分关系都是需要充分研究的对象和内容。所以对在我国北方地区农业生态系统中水分运移和转化及区域分异规律的研究就具有明确的应用前景和明显的理论及实践意义。

1 水分运行规律研究进展概述

作物与水分关系，区域水量平衡和水量转换研究一直是国际上农业生态学研究的热点，如美国农业部水分保持研究所和北美大平原研究中心曾发表了许多有关对作物缺水生理指标进行监测和预报的研究报告。提出了作物水分胁迫指数 CWSI 和估算区域水量转换的模型[1-3]，荷兰瓦格宁根大学的 De.Wit 等先后出版了数十本有关作物生长模拟模型的系列丛书[4,5]；美国的 Ritchie 等[6]在研究作物生产模拟模型和应用方面取得了很大的成就。此类模型在处理作物对水分吸收方面一般应用水平衡方法模拟根层水分动态及平衡，其中土壤水分平衡或运动模型，是其模型中的一个主要部分。

农业生态系统水分循环与水分运行研究还受到国际上其他研究领域的极大关注，如国际水文计划（IHP）、国际地圈-生物圈计划（IGBP）、世界气候研究计划（WCRP）、全球水量与能量平衡研究计划（GEWEX）等均对此问题给予了足够的重视，把各种尺度下通过土壤-植被-大气系统的水分输送过程以及能量交换问题作为陆地-大气相互作用，地球气候和水圈相互作用模拟等研究的重要内容。

自从 IGBP 提出其生物圈水循环态势的核心研究项目后，自 20 世纪 90 年代起欧美各国即把生态系统中水分传输的研究作为国家关注的研究热点，英国在制定全球生态环境研究的陆地计划（TIGER）时，把生态系统中水分和能量收支的影响作为主要的研究项目，其中包括水和能量的相互作用，水分在土壤-植被-大气系统中的传输模型的建立（SVAT），大陆尺度的水文模型建立等。德国陆地生态系统研究网络（TERN）制定了“植被表面能量与水分交换的调控”研究项目，将土壤水模式、SVAT 模式和区域模式用于评价全球变化对水分与能量收支的影响。

在我国自 20 世纪 60 年代初黄秉维院士率先提出了地表面水热平衡及其在自然地理中的作用理论以来，就开始了农田水分、热量平衡的实验研究工作，在华北平原水资源评价、农田节水应用基础、农田蒸散等领域取得了卓有成效的成果。但是总体来说还缺乏全面、系统和综合的研究，测试手段和研究方法还较落后和单一，在理论上包括诸如研究农业生态系统内水分运行、转化规律，能量、物质传输、迁移规律，特别是由点到面推算模式等许多难点尚未最终突破。在“七五”和“八五”期间，由中国生态系统研究网络组织的研究项目中都已把作物与水分关系和农业生态系统水分转化规律研究列为研究专题，完成了“作物与水分关系研究”系列论文，首次提出了测定计算农田蒸发耗水量和作物水分亏缺及水分传输的试验模型[7]，并首次提出了我国主要类型区主要作物的耗水量、需水量和水分利用效率[8]。

2 农业生态系统水分运行与区域分异规律研究的内涵及研究战略

农业生态系统中水平衡、水循环研究方向，概括地讲是研究农田内土壤-植物-大气系统内水分交换及其在生产实践中的作用和理论上的意义，具体地说，它包括以下内容：①确定生态系统内水分平衡各分量；②阐明水循环各个过程的机制；③确定水在作物生长、发育和产量形成中的作用；④探求水分迁移、转化与能量、化学物质（盐分与养分）迁移、转化的关系；⑤探索水分在农业生态系统结构、功能中的作用。

2.1 农田生态系统水循环研究

农田生态系统水循环研究的主要内容及目的如图 1 所示。可见，现代农田生态系统水分循环的研究是以连续的、系统的、动态的观点和定量的方法为基础的，即把土壤-植物-大气作为一个物理上的连续体，把大气水、地表水、植物水、土壤水、地下水当作一个相互关联的整体，研究农田“五水”转化的过程和规律，揭示农田水分循环的各个方面，即各种过程如蒸发、蒸腾、入渗、渗透、径流等，最终建立水循环过程模型。在研究初期重点应是单个过程，随着研究工作的深入，应把多个过程联系起来，再探求以土壤水和作物关系为中心的农田水分调控机理以及与作物产量形成的内在联系，为农业水管理提供理论和实践应用的依据。

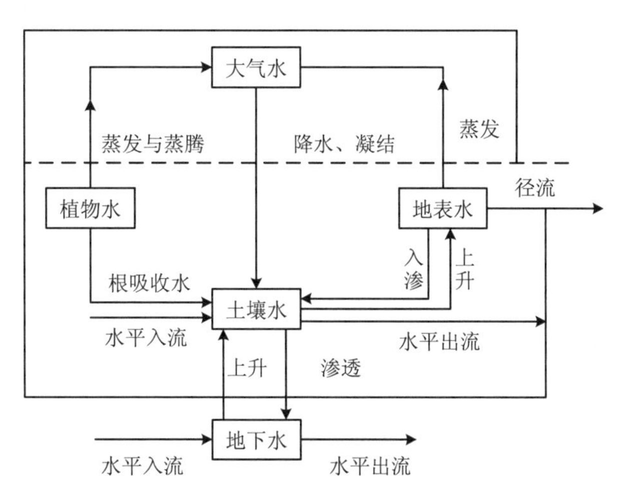

图 1 农田生态系统水循环研究过程

2.2 SPAC中水分循环过程与水量平衡研究

根据上述农田生态系统水分循环过程的思想，康绍忠等[9]提出了SPAC系统水分循环过程与水量平衡研究框架。

图2清楚地显示出，降水、冠层叶片截留、入渗、土壤水分再分布、排水以及作物根系吸水、水在植物体内传输、通过气孔扩散到叶片周围宁静空气层，最后参与大气的湍流交换等一系列的农田水量转化过程在连续不断地进行着，形成了农田水分循环过程。

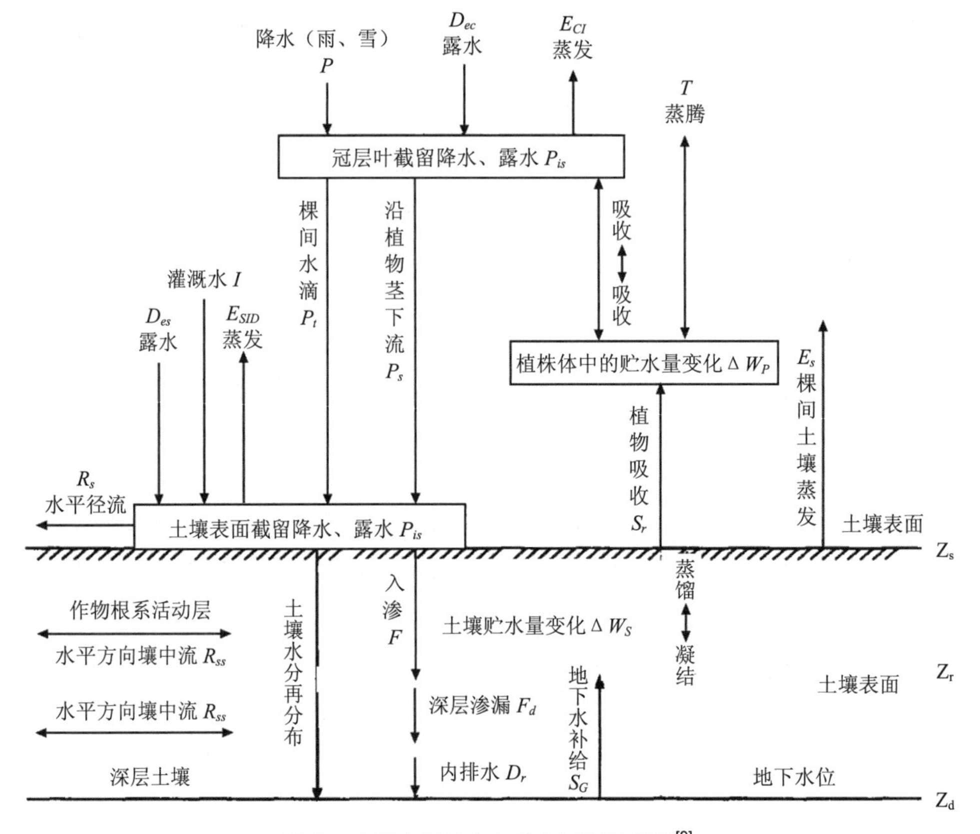

图2 农田水量收支与转化过程示意图[9]

根据图2，在某一时段内农田水量收支差值等于农田内部贮水量的变化，由此，可以写出农田水量平衡方程。对于作物根系活动层以上的土壤和冠层有：

$$(I+P+D_{ec}+D_{es}+S_G)-(E_s+T+F_d+R_s+R_{ss}+E_{SID}+E_{CI})=\Delta W_S+\Delta W_P \quad (1)$$

式中符号意义，如图2所示。

同时农田内部的水量转换遵循以下关系式：

$$P=P_{is}+P_t+P_s \quad (2)$$

$$S_r-T=\Delta W_P \quad (3)$$

$$F+S_G-R_{ss}-F_d-S_r-E_s=\Delta W_s \quad (4)$$

$$P_t+P_s+D_{es}+I-E_{SID}-R_s-F=0 \quad (5)$$

在图 2 中的所有水分循环和水量平衡各分量，如降水、灌溉水、入渗、土壤水分运动、土壤水分入渗补给地下水、潜水蒸发、植物根系吸水和蒸腾、蒸发等都是要专门进行监测和研究分析的。同时在研究农田水势状况及其转换关系的数学模拟时，可将土壤-植物-大气系统分为地上植物部分和地下土壤部分，对于各部分不考虑各状态变量的空间变化而取平均值，然后根据农田水量平衡方程和农田能量平衡方程及水流运动的连续方程，建立这两层的水热交换模式，即求解地上植物部分的叶温、蒸腾速率与地下部分的土壤表面温度、棵间土壤蒸发速率及农田中潜热、大气感热等状态变量的动态变化过程。

2.3 农田生态系统中能量平衡与传输

在农田生态系统水平衡、水循环研究中，SPAC 系统能量平衡研究将占重要的位置，这是因为能量平衡的某些要素（如蒸发）本身就是水平衡中的重要要素和水循环中的重要过程，并且能量平衡与水分循环和作物生长发育又紧密联系在一起。

SPAC 中的能量平衡和传输是一个非常复杂的系统，包括地面-大气之间的太阳辐射传输和下垫面的辐射平衡过程以及地面获得的净辐射能量再分配的能量平衡过程（包括冠丛的蒸腾潜热、大气感热、作物光合作用耗热和冠丛内的热贮量，土壤表面的蒸发耗热、大气感热和土壤热通量等），这些又是农田水分-能量平衡及循环必须研究的过程，是农田水分循环与作物生产力关系研究模型中最重要的子模型之一。

SPAC 中的能量平衡和传输示意图如图 3 所示。

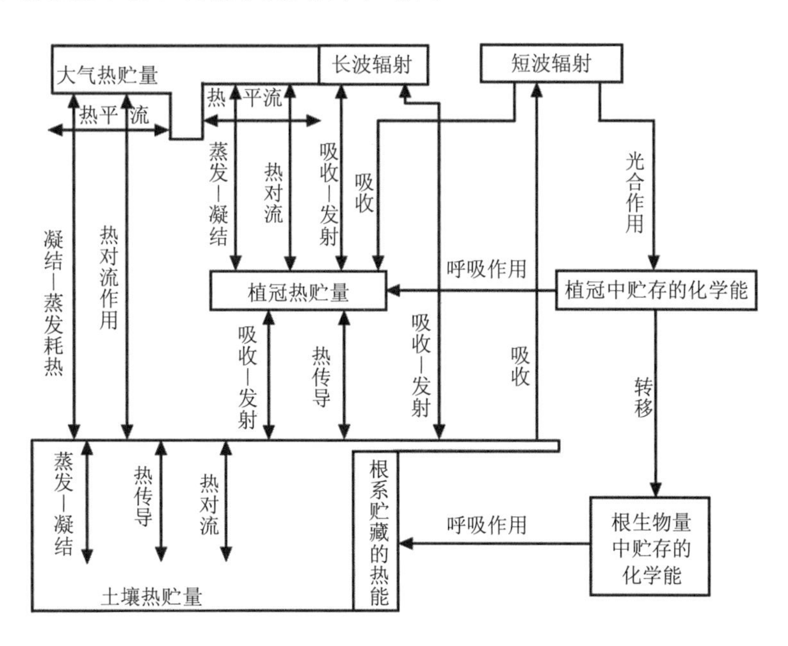

图 3 SPAC 中的能量平衡和传输示意图[9]

2.4 作物-水分、养分关系模型

作物-水分、养分关系模型是作物生长过程中的水分变化不同的养分水平对产量影响的数学描述。所描述的作物生长过程可以是全生育期或由分阶段组成的全生育期，主要预测在有限水环境下水分亏缺（水分胁迫）及不同的养分配比对作物产量影响的数学模型。事实上，作物与水分、养分关系的描述只是作物生长模型中的一个子模型，还有作物生长发育与其他环境因素关系的描述，而一个完整的作物生长的综合模型是一个复杂的 SPAC 水流、能流模型，它的输入量有：①物理参数（导水率、水分含量、土壤水分特征曲线）；②作物参数（根系分布、叶面积指数、作物生长状况、作物水势）；③气象参数（空气温、湿度、风速、太阳辐射能）；④光合作用参数（CO_2 通量，光合有效辐射）；⑤养分水平参数，包括不同的水分、养分组合类型。主要的输出量将是蒸散（作物蒸腾、土壤蒸发）、土壤和作物的水分状况、肥力状况和作物生长发育状况，作物的生物学产量和经济产量（茎、根、叶的干物重、籽粒重、产量等）。农田生态系统水分循环与作物生产力关系的概念模型示意图如图 4 所示。

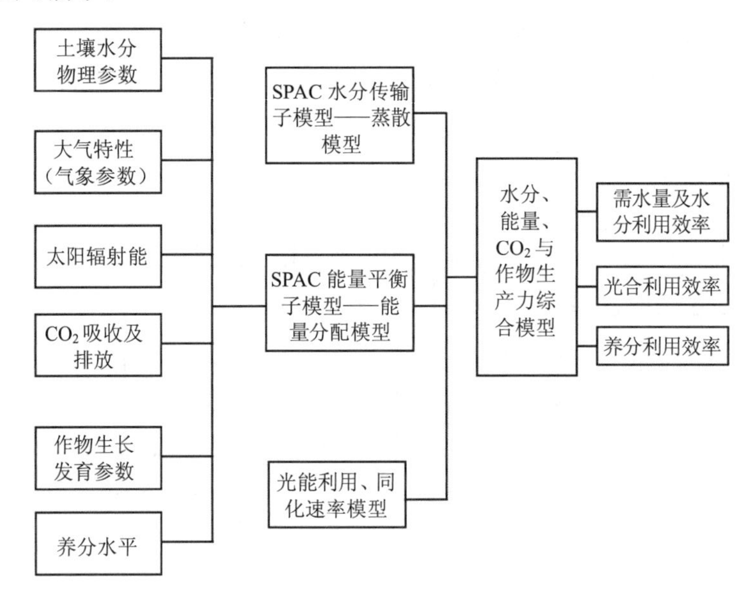

图 4　农田生态系统水分循环与作物生产力关系的概念模型示意图

2.5 水分运行的区域分异规律研究

农业生态系统水分运行规律研究的目的是探索区域内及区域间的空间变异规律，这就要充分利用中国生态系统研究网络在我国北方地区的农业生态试验站内已取得的有关水环境的多年观测资料，并继续对水环境各要素进行系统定点监测，建立要素动态子模型，进而建立中小尺度水分转化、运移的综合模型，在此基础上通过尺度转换建立区域尺度的典型农业生态系统的水分转换模型，寻求区域分异规律，同时要根据水环境要素演变规律、水资源赋存、配置可行性和国民经济对农业的需求，建立水环境要素演变的预测模型，从而对我国北方主要粮食产区不同干湿区域水环境的变化趋势和农田水分供需态势做出评价，并提出水分管理对策，这是整个项目研究的最终目标。其研究框架可归结为如图 5 所示。

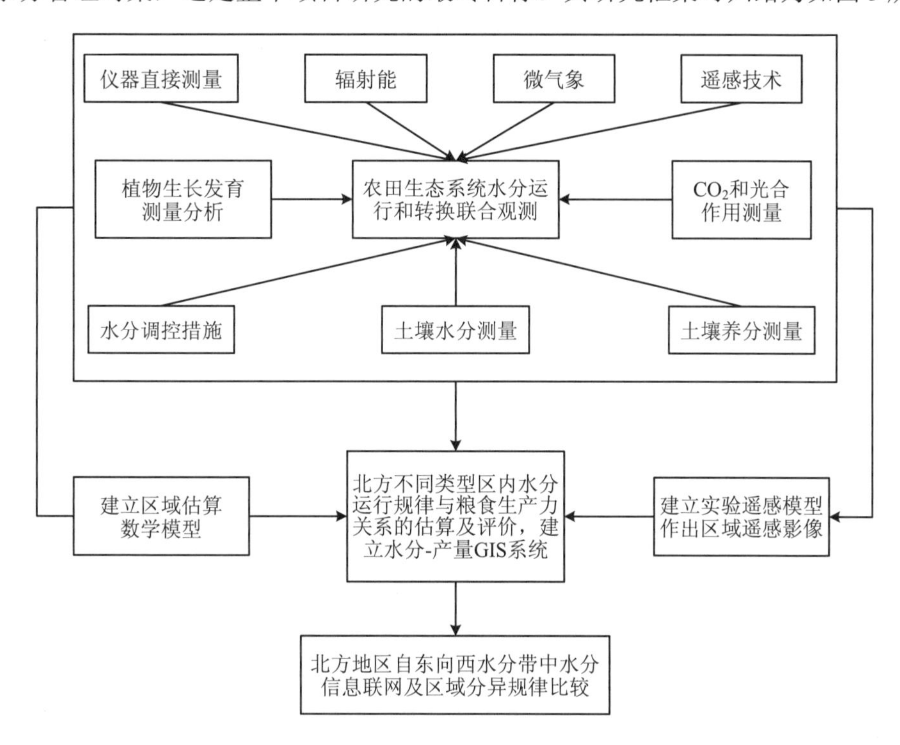

图 5 农业生态系统水分运行及区域分异规律研究框架

由图 5 可见，在农业生态系统水分运行及区域分异规律研究中，以大气水、地表水、植物水、土壤水和地下水相互转换为主要形式的农田生态系统水分运行和转换联合观测研究是水量转换和水分运行与作物生产力关系研究的核心，它首先是以单站的田间综合试验为基础，并把综合观测试验置于土壤-植物-大气连续体中进行，以获取单站的水量转换各要素数据，建立单站的农田水量转换和水分运行的试验模式；其次是把田间综合试验与建立数学模型紧密联系起来，把站（点）的试验与区域的历史和现状的水文、气象、土壤、植被等生态环境要素和作物产量数据联系起来，并进行不同区域的水分信息联网和进行空间变异比较；最后是把田间综合试验与遥感信息紧密联系起来，建立相关的实验遥感模式和建立 GIS 系统，从而实现区域尺度转换。

需要指出的是，上述的研究战略，不可能在较短的时间完成，而是一个较长时期内的任务，在近期内，应着重试验监测方法的探讨研究以获取准确的试验数据，建立典型农田尺度的试验模式，以及水分-生产力关系各子模型的建设及验证上，长期的目标则是通过点（微小尺度）、片（中小尺度）、面（大中尺度）的尺度转换研究，建立数学模型，或通过遥感技术以及建立地理信息系统完成区域水量转换规律及其与农业生产力关系的评估。

参考文献

[1] Reginato R J. Irrigalion Schcduling and Plant water USA. Presentation at the Inlemalional Congress of Agrometeorology，Cesera，Italy，1987，10：121-125.

[2] Major D J. Winter wheat grain yield response to water and nitrogen on the North American Plains. Agri. and Fore. Meteorology，1988（4）：78-83.

[3] Reginalio R J. Winter wheat rseponse to water introgen in the North American Great Plains. Agri. and Fore. Meteorology，1988（4）：90-94.

[4] De wit C T. Simulation of assimilation respiration and transpiration of crops. Center for Agricultural Publising and Documentation，The Netherlands，1978.

[5] Penning F W T，De Vries. Simulation of Plant Grouth and Crop Production. PUDOC. Wagtningen，The Netherlands，1982：420.

[6] Ritchie J T，Hands J. Modelling plants and soil systems. ASA-CSSA-SSSA，1991：537.

[7] 谢贤群，于沪宁. 作物与水分关系研究. 北京：中国科学技术出版社，1992：203.

[8] 谢贤群. 我国主要类型地区农业生态系统作物需水、耗水，水分利用效率研究//李宝庆主编. 农田生态试验研究. 北京：气象出版社，1996：64-81.

[9] 康绍忠，刘晓明，熊运章. 土壤-植物-大气连续体水分传输理论及其应用. 北京：水利电力出版社，1994：90.

利用精确的田间实验资料对几个常用根系吸水模型的评价与改进*

罗毅 于强 欧阳竹 唐登银 谢贤群

摘 要：本文利用大型蒸渗仪测得的作物蒸发蒸腾量（腾发量）、中子水分仪观测的土壤水分和准确测定的根系密度分布资料，对常用的几个宏观的权重因子类的根系吸水模型——Molz-Remson（1970）模型、Feddes（1978）模型、Selim-Iskandar（1978）模型以及作者对上述模型进行修正所得的几个根系吸水模型进行了验证和评价；利用修正的 Feddes 模型的计算结果对根系从不同土层吸水的分布进行了分析。结果表明，Molz-Remson 模型、Feddes 模型以及 Selim-Iskandar 模型模拟根系吸水所得的土壤水分剖面与实测值之间存在比较严重的偏差；利用 Feddes 模型中的土壤水势影响函数（feddes reduction function）对 Molz-Remson 模型和 Selim-Iskandar 模型进行修正后结果没有得到改善；利用根系密度函数对 Feddes 模型进行修正后，计算结果与实测值吻合很好，总体偏差由修正前的 24.7%降低为 5.7%。

关键词：根系吸水模型 土壤水 冬小麦 蒸腾

植被覆盖区构成了地球水文系统的重要组成部分，而植物根系与土壤界面是重要的水文界面。超过蒸发量 50%的水量要流经根土界面[1]，研究根系吸水具有重要的水文学意义。

描述根系吸水的数学模型分为微观模型与宏观模型两类。在实际应用中，微观模型存在许多困难，而宏观模型具有许多优越性[2]。在目前开展土壤-植物-大气连续体的模拟研究中，根系吸水在水流连续方程中常作为一个吸水项处理，即广泛采用根系吸水的宏观模型。

宏观模型又大体上可以分为两类：一类是基于电学模拟法建立的模型[3-5]。这类模型要求计算根系的水势，土壤和根系对水流的阻力。根系水势与根系的生理特性有关，并且随作物蒸腾强度的变化而变化；根系对水流阻力与根系生理特性有关；土壤对水流的阻力与土壤性质和含水量有密切的关系。准确确定根系水势、根系和土壤对水流的阻力在应用中往往存在很大困难。所以，尽管这模型具有较强的机理性，但其应用并不广泛。另一类模型将根系吸水与作物蒸腾联系起来，将蒸腾量在根系层土壤剖面上按一定的权重因子进行

---

* 本文发表于《水利学报》2000 年第 4 期第 73～80 页。

分配来建立根系吸水函数，可以称这类模型为权重因子类模型，这类模型经验性较强。权重因子通常定义为土壤含水量、土水势、导水率、扩散率和根系密度的函数。由于权重因子中所涉及的变量基本上是在构造土壤-植物-大气连续体水流方程时所涉及的，所以这类模型虽然经验性较强，但是应用相当广泛。值得一提的是邵明安等[7]所建立的根系吸水模型虽然也是一个经验性的权重因子类模型，但是在其权重因子中加入了根土水势和根土水流阻力的影响，因而具有电学模拟和权重因子类模型的优点。

在应用权重因子类模型时需要用观测资料对其进行独立检验。因为土壤含水量变化由根系吸水和土壤水势梯度驱动的水流动共同造成，在土壤剖面上直接测出根系吸水强度是困难的，所以通常利用求解水流运动方程的办法，比较预测与实测的土壤水分剖面来评价模型的有效程度。因此，准确测定作物蒸腾速率、土壤含水量和根系密度分布对根系吸水模型的检验是至关重要的。本文的目的就是利用大型蒸渗仪准确测定的冬小麦的腾发量、中子水分仪测定的土壤水分和高精度的根系密度分布资料，对所选取的几个常用的根系吸水模型进行比较和评价，并结合模型的特点进行一些改进。在选取根系吸水模型时注意了以下两点：①宏观模型；②鉴于根茎水势和根土对水流阻力确定的困难，不选电子模拟类的模型而只选常用、易用的权重因子类模型。

1 几个常用根系吸水模型介绍

1.1 Feddes 模型

Feddes 分别于 1974 年、1976 年和 1978 年提出了三个不同的根系吸水模型[3]。其中，1974 年的模型基本上是一个电学模拟类型的模型。后两个模型为权重因子类模型，模型结构相似，只不过 1976 年模型采用土壤含水量为权重因子的参量，而 1978 年模型采用根区土水势作为参变量。考虑到根系吸水取决于根土水势差而非含水量，本文选用其 1978 年提出的模型。模型如下：

$$S = \frac{\alpha(h)}{\int_0^{Lr} \alpha(h)\,\mathrm{d}z} T_r \tag{1}$$

式中，S 为根系吸水速率；L_r 为根系长度；T_r 为作物蒸腾速率；z 为空间坐标；$\alpha(h)$为根区土壤水势对根系吸水的影响函数，定义为

$$\alpha(h) = \begin{cases} \dfrac{h}{h_1} & h_1 \leqslant h \leqslant 0 \\ 1 & h_2 \leqslant h \leqslant h_1 \\ \dfrac{h-h_3}{h_2-h_3} & h_3 \leqslant h < h_2 \\ 0 & h < h_3 \end{cases} \tag{2}$$

式中，h 为土壤水势；h_1、h_2、h_3 为影响根系吸水的几个土壤水势阈值，当土壤水势低于

h_3时，根系已不能从土壤中汲取水分，所以h_3通常对应着作物出现永久凋萎时的土壤水势；（h_2，h_1）是根系吸水最适的土壤水势区间；当土壤水势高于h_1时，由于土壤湿度过高，透气性变差，根系吸水速率降低。h_1、h_2、h_3通常由实验确定，由于缺乏实验资料，本文参考 Marker 和 Mein[10]给出的结果，针对冬小麦，取h_1、h_2、h_3分别为 –0.3 m、–6 m、–15 m。

Feddes 模型中虽然考虑了根区土壤水势对根系吸水的影响，但是没有考虑根系分布的影响。而研究表明，根系吸水强度分布与根系密度分布、土壤水势与叶水势差的分布成正比[9]，本文将利用根系密度分布对 Feddes 模型进行改进。

1.2 Molz-Remson 模型

Molz 和 Remson 于 1970 年、1981 年共同提出了三个权重因子类的根系吸水模型[1-3]。在 1970 年提出的两个模型中，其一假设根系吸水强度在土壤剖面上线性递减，最大值在土壤表面，最小值在根系下边界。并且进一步假定根系吸水在根系剖面上按 4∶3∶2∶1 的模式分配，于是得出如下的根系吸水模型：

$$S=\left(-\frac{1.6}{L_r^{2z}}+\frac{1.8}{L_r}\right)T_r \tag{3}$$

为便于区别，称该模型为 Molz-Remson（1970）线性模型。

Molz-Remson（1970）提出的另外一个模型为

$$S=\frac{D(\theta)R(z)}{\int_0^{L_r}D(\theta)R(z)\,\mathrm{d}z}T_r \tag{4}$$

式中，$D(\theta)$为土壤水扩散率；θ为土壤体积含水量；$R(z)$为有效根系密度函数。所谓有效根系即能有效吸收水分的根系，与根尖和毛根等有关。在应用中测定有效根系密度是困难的，往往采用易于测量的作物根长密度函数来代替。在该模型中，权重因子考虑了土壤水扩散能力和根系密度分布，但是没有考虑土壤水势对根系吸水的影响。

Molz 等[3]于 1981 年提出了一个在权重因子中考虑了根茎水势与土壤水势差影响的模型，该模型代表了根系吸水宏观模型的现代水平。由于确定根茎水势存在困难，本文不予采纳。

1.3 Selim-Iskandar 模型

Selim 和 Iskandar 于 1978 年[3]提出了如下根系吸水模型：

$$S=\frac{K(h)R(z)}{\int_0^{L_r}K(h)R(z)\,\mathrm{d}z}T_r \tag{5}$$

式中，$K(h)$为土壤的导水率。

土壤水分对于作物吸水并不是同等有效的，而是存在一个适宜区间。高于或低于适宜区间的上界或下界，作物吸水就要受到抑制直至停止吸水。在腾发量一定的情况下，在根系密度大，尤其是活性根表面积密度大的地方应该吸收更多的水分。由于测定根系的活性表面积在土壤剖面中的分布在实际应用中存在一定的困难，所以大多数研究者采用根长密度来描述根系在土壤剖面上的分布。冬小麦根系中有发达的毛根根系，这些毛根根系是吸水的主体。在采用人工测量根长的过程中，测定毛根长度是不可能的。作物根系吸水强度在土壤剖面上的分布同时取决于土壤水分和根系分布状况。在根系吸水模型中只有同时考虑了根系和土壤水分因子，才有可能对根系吸水作比较客观的描述。针对上述模型特点，本文对其做以下改进：①在 Feddes 模型的权重因子中加入根系密度分布函数；②在 Molz-Remson 模型和 Selim-Iskander 模型的权重因子中加入土壤水势对根系吸水的影响函数，并将 Molz-Remson 模型中的扩散率表示为土壤水势的函数。结果如下：

改进的 Feddes 模型：

$$S=\frac{\alpha(h)R(z)}{\int_0^{L_r}\alpha(h)R(z)\,\mathrm{d}z}T_r \tag{6}$$

改进的 Molz-Remson 模型：

$$S=\frac{\alpha(h)D(h)R(z)}{\int_0^{L_r}\alpha(h)D(h)R(z)\,\mathrm{d}z}T_r \tag{7}$$

改进的 Selim-Iskander 模型：

$$S=\frac{\alpha(h)K(h)R(z)}{\int_0^{L_r}\alpha(h)K(h)R(z)\,\mathrm{d}z}T_r \tag{8}$$

2 根系吸水模型验证方法

本文也采用求解包含根系吸水项的水流运动方程，比较预测与实测土壤水分剖面的方式来间接检验上述根系吸水模型的有效性。

2.1 土壤水流连续方程

土壤剖面水流运动采用如下一组方程进行描述。

$$D_1\frac{\mathrm{d}\theta_1}{\mathrm{d}t}=-E_s-Q_{1,2}-S_1 \tag{9}$$

$$D_i\frac{\mathrm{d}\theta_i}{\mathrm{d}t}=Q_{i-1}-Q_{i,i+1}-S_i \tag{10}$$

$$D_N\frac{\mathrm{d}\theta_N}{\mathrm{d}t}=Q_{N-1,N}-Q_N-S_N \tag{11}$$

式中，i 代表土层，i=0，1，2，…，N，N 为土层总数；D_i 为第 i 层土层的厚度；θ_i 为第 i 层土壤的体积含水量；$Q_{i,i+1}$ 为第 i 层与第 i+1 层土壤界面上的水流通量；Q_N 为自第 N 层土壤向下的水流通量，规定通量向下时为正；S_i 为第 i 层土壤的根系吸水强度；t 为时间，E_s

为土壤蒸发强度。

$$Q_{i,i+1} = -2K_{i,i+1}\frac{h_i - h_{i+1}}{D_i + D_{i+1}} + K_{i,i+1} \tag{12}$$

$$K_{i,i+1} = \frac{D_i K_i + D_{i+1} K_{i+1}}{D_i + D_{i+1}} \tag{13}$$

式中，K_i 为第 i 层土壤的导水率；h_i 为第 i 层土壤的水势。

2.2 田间观测实验

田间实验在中国科学院禹城综合实验站（简称禹城站）进行。实验分土壤根系剖面调查、蒸渗仪观测作物腾发量、土壤水分剖面监测、冬小麦叶面积指数测定等几项内容，分述如下。

腾发量测定：腾发量在蒸渗仪内进行，该蒸渗仪于 1991 年正式开始运行，其圆柱形土柱截面积 3.14 m^2，土柱高度 5 m，土柱中心位置埋设中子土壤水分仪探测管一个，埋深 400 cm，仪器校验精度相当于 0.02 mm 水柱。每天早上 8：00 和晚上 8：00 各读数一次，测得每日 8：00—20：00 和 20：00 至次日 8：00 的腾发量。本文采用在 1999 年 4 月 24 日上午 8：00 至 5 月 6 日上午 8：00 测得的腾发量资料，其间累计腾发量总量为 54.52 mm。小麦的叶面积指数达 4.5 左右，冠层处于密闭状态，土壤蒸发占腾发量比例较小，本文取 10%。

土壤根系分布：在播种、水分和肥料管理上，蒸渗仪均与周围大田采取同步措施，所以可以利用大田小麦根系分布近似蒸渗仪内小麦根系分布。在距蒸渗仪 5 m 处开挖深 2 m 的剖面。冬小麦行距 15 cm，取两行及其两边各 7.5 cm，沿行向取 30 cm，每 10 cm 土层取得一个 30 cm×30 cm×10 cm 的土样，根系取样深度为 140 cm，共取得 14 个土样。所取土样代表了作物行上和行间根系分布的平均情况。对所取土样及时冲洗，剔除死根和杂质，而后测量根长。根长采用 CID201 面积仪（美国 CID 公司）测定。该仪器具有通过激光扫描方式测定根系长度的功能，校验精度在 2%以内。所以，实验所得的根长分布具有较高的精度。图 1 是实测的单位土体中根系长度（根长密度）在土壤剖面上的分布。分析表明，在 30 cm、60 cm、100 cm 以内的土层内，根长占总根长的比例分别为 81%、94%、99%。

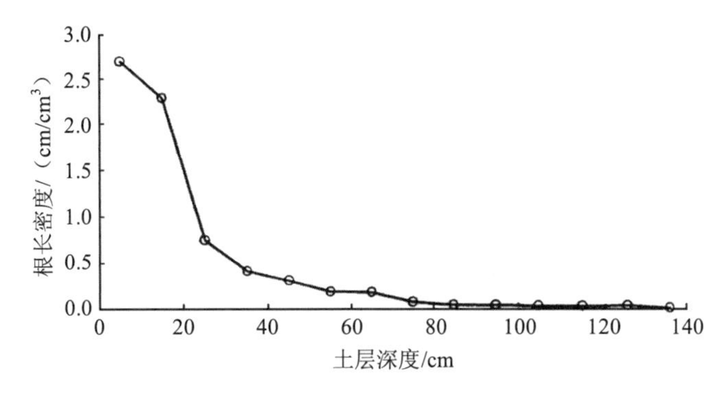

图 1 实测根长密度在土壤剖面上的分布（禹城站，1999 年 4 月 22 日）

土壤水分剖面监测：土壤水分剖面采用中子水分仪进行。观测期间土柱内地下水埋深为 1.56～1.72 mm。土壤水分剖面监测深度 150 cm，每 10 cm 测定一个读数。本文采用 1999 年 4 月 24 日上午 10：00 和 5 月 6 日上午 10：00 监测得到的土壤水分剖面，其间没有降水和灌水，150 cm 土层含水量减少 56.65 mm。根据腾发量资料，在 150 cm 处计有 2.13 mm 的渗漏量。两次测定的土壤水分剖面表明，土壤水分变化主要集中在 60 cm 以上的土层，60 cm 以下土层含水量变化甚微，见图 2。

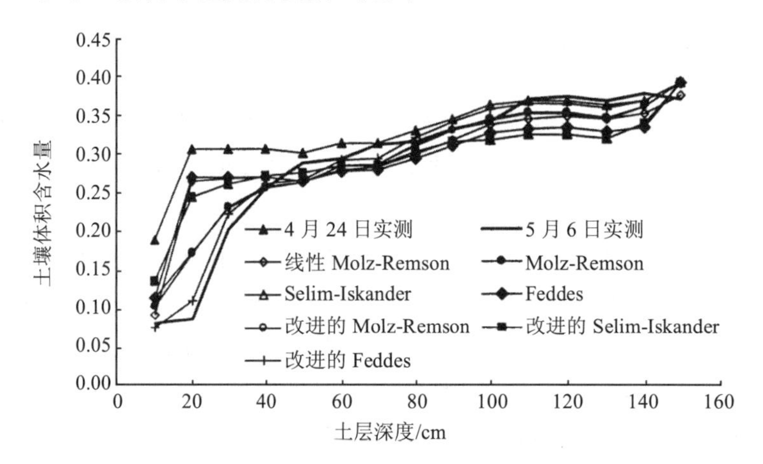

图 2　计算与实测土壤水分剖面对比（禹城站，1999）

土壤特性参数引用文献[8]的实测结果。

将所列的水量平衡方程进行离散。空间步长采用 10 cm，共分 15 层，时间步长采用 24 h，这样便形成一个包含 15 个方程的方程组。将 4 月 24 日 10：00 观测的土壤水分剖面作为土壤水分变量的初始值，将测得的腾发量分割成土壤蒸发和作物蒸腾量后作为上边界条件，将渗漏量在此期间的平均值作为下边界通量代入水量平衡方程组，逐日计算土壤水分的消退过程至 5 月 6 日上午 8：00。将计算所得的土壤水分剖面与 5 月 6 日上午 10：00 实测土壤水分剖面进行对比，以此来验证并评价文中所列各根系吸水模型。

3　结果与讨论

3.1　根系吸水模型比较

图 2 给出了计算所得 5 月 6 日上午 8：00 的土壤水分剖面与 10：00 的实测值的比较，各根系吸水模型的计算值与实测值之间均存在不同程度的偏差。从总体情况看，在土层上部，计算结果比实测值偏大，而在下部则偏小。这说明根系吸水强度在土层上部偏低，在土层下部偏高。为定量评价不同根系吸水模型的偏差程度，定义以下两个指标分别用来衡量偏差在土壤剖面上的分布和总体偏差情况。定义计算的土壤含水量为θ'（Z），实测土壤含水率为θ（Z），用下式来分析偏差在剖面上的分布：

$$\alpha_i = \frac{\theta_i' - \theta_i}{\theta_i} \times 100 \quad （14）$$

式中，i=1，…，N，为土层序号，N为土层总数。

定义以下指标来衡量计算值与实测值的总体偏差：

$$\beta = \frac{\sum_{i=1}^{N} |\alpha_i|}{N} \times 100 \quad （15）$$

表 1 给出了不同根系吸水模型的上述两个偏差指标的值。从表 1 可以看出，30 cm 以上土层，土壤含水率的计算值高于实测值。差别最大的位置在 10～30 cm 的土层，也即根系分布最为密集的土层。对于 Molz-Remosn 线性模型、Feddes 模型、Selim-Iskandar 模型及其修正模型，在 10～20 cm 土层的相对误差率达 200%左右，Molz-Remson 模型及其修正模型的相对误差率分别为 96.8%和 98.68%；修正后的 Feddes 模型的相对误差率为 27.46%，远低于其他模型。在 40～140 cm 的土层中，计算值比实测值普遍偏低，但是偏差不大且在剖面上分布相对均匀，最大相对误差不超过–15%；相较而言，修正后的 Feddes 模型偏差最小。从总体偏差指标来看，Molz-Resmon 线性模型、Feddes 模型，Selim-Iskandar 及其修正模型的总体偏差指标达 20%～25%，Molz-Remson 线性模型稍低，为 21.2%，余者相近；Molz-Remson 及其修正模型的总体偏差分别为 12.5%和 13.5%，二者相近；修正的 Feddes 模型的总体偏差指标为 5.6%，但局部相对偏差仍高达 27.46%。

表 1　不同根系吸水模型计算的土壤含水率剖面与实测值的偏差统计　　单位：%

α_1	Molz-Remson（线性）	Molz-Remson	Feddes	Selim-Iskandar	改进模型		
					Molz-Remson	Feddes	Selim-Iskandar
1	13.88	27.34	40.89	66.53	39.63	–6.76	66.53
2	203.62	96.82	209.44	180.12	98.68	27.46	180.12
3	32.40	14.49	3.94	29.48	13.37	10.07	29.48
4	5.80	1.13	6.26	6.53	0.44	2.45	6.53
5	–7.99	–8.56	–8.27	–4.68	–9.05	–7.72	–4.68
6	–4.61	–2.90	–5.55	–3.16	–3.29	–0.52	–3.16
7	–9.54	–8.34	–11.04	–8.79	–8.70	–5.92	–8.79
8	–4.75	–1.21	–6.87	–3.77	–1.29	2.13	–3.77
9	–4.23	–0.32	–6.83	–5.09	–0.51	2.66	–5.09
10	–1.34	0.74	–4.43	–7.01	0.51	4.79	–7.01
11	–7.08	–4.71	–10.46	–12.40	–4.88	–1.62	–12.40
12	–7.07	–5.49	–10.94	–13.38	–5.66	–2.22	–13.38
13	–6.64	–6.10	–11.10	–13.41	–6.30	–2.48	–13.41
14	–6.82	–4.02	–11.69	–9.93	–4.10	–2.53	–9.94
15	1.71	5.94	5.94	5.94	5.94	5.94	5.94
β	21.2	12.5	24.7	25.6	13.5	5.7	24.7

根系吸水与根系密度及其分布、土壤水势有关。Molz-Remson 线性分布模型中，没有考虑根系因素和土壤水势对根系吸水的影响并且按 4∶3∶2∶1 吸水分布模式构造模型，模拟的根系吸水状况和实际情况必然相差甚远。Feddes 模型虽然考虑了土壤水势对根系吸水的影响，但是忽略了根系分布对吸水的影响，所得结果与实际情况差别很大也是必然的。从 Molz-Remson 模型和 Selim-Iskandar 模型以及用土壤水势对根系吸水的影响函数进行修正后的计算结果看，将土壤的扩散率和导水率纳入根系函数的权重因子不能很好地来描述根系吸水与土壤水分状况的关系。修正后的 Fedds 模型中用根系密度分布和土壤势对根系吸水的影响函数构造权重因子，取得了较好的效果。在修正的 Molz-Remson 模型和 Selim-Iskandar 模型中，如果分别去掉土壤的扩散和导水率，结果与修正的 Feddes 模型相同。

3.2 根系吸水强度分布及不同层次土壤水利用分析

根系吸水强度在剖面上的分布同时与根系密度分布和根区土壤水势有关。图 3 给出了用修正后的 Feddes 模型计算的 4 月 24 日与 5 月 5 日的根系吸水强度分布。4 月 24 日，土壤从表层自上至下的土壤水势都比较高，土壤水势不是根系吸水的限制因素，所以吸水强度分布类似于根系密度分布：在根系密度大的地方，吸水强度也大。在 5 月 5 日，由于前期的土壤水分消耗，特别上层土壤水分消耗较多，土壤水势降低，土壤水势成为根系吸水的限制因子。结果，0～10 cm 土层内根系已停止吸水，吸水强度的最大值出现在 20～30 cm 的土层。在 30 cm 以下的土层，土壤水势仍然较高，不是根系吸水的限制因子，但是根系密度逐渐减小，所以吸水强度也逐渐降低。

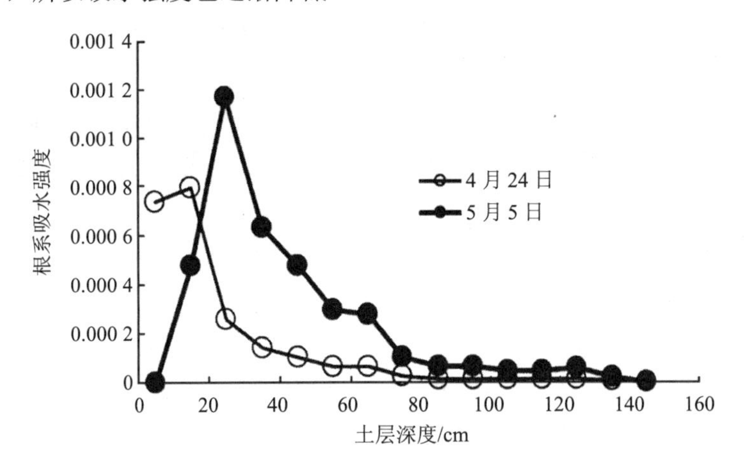

图 3 根系吸水强度的剖面分布

利用修正后的 Feddes 模型模拟计算的结果分析根系对不同深度土层土壤水的利用情况。0～30 cm 土层内，根系吸水量占总吸水量的 65%，是根系吸水最为强烈的土层。从根系密度测定情况来看，0～30 cm 土层根系密度大，毛根发达，充分湿润这一土壤层次对于根系吸水具有重要意义。根系从 30～60 cm 土层吸水量占总吸水量的 23%，大体为 0～30 cm 土层的 1/3。60～100 cm 土层吸水所占比例为 8.5%。

4 结论

（1）利用实测资料对 Molz-Remson（1970）的两个模型、Feddes（1978）模型和 Selim-Iskandar 模型验证结果表明，上述模型模拟的根系吸水在剖面上的分布与实际情况均存在比较严重的偏差。在 30 cm 内的土层中，模拟根系吸水速率偏低，以下土层中，模拟吸水速率偏高。Molz-Remson（1970）线性模型、Feddes 模型和 Selim-Iskandar 模型的总体偏差分别为 21.2%、24.7%、25.6%；Molz-Remson（1970）模型总体偏差为 12.5%。利用 Feddes 模型中的土壤水势对根系吸水的影响函数对 Molz-Remson 模型和 Selim-Iskandar 模型进行修正并没有对偏差取得改善。利用根系密度分布函数对 Feddes 模型进行修正后，总体偏差率降低为 5.7%，改进效果明显。

（2）对改进的 Feddes 模型计算结果分析表明，在土壤供水充分时，根系吸水强度的剖面分布取决于根系密度分布；随土壤上层含水量降低，根系吸水强度的最大值取决于土壤水势和根系密度两个因子，其位置下移，从下层土壤吸取更多的水分。

（3）对 4 月 24 日到 5 月 5 日的根系吸水结果分析表明，根系从 0～30 cm、30～60 cm、60～100 cm 和 100～150 cm 土层吸水量占吸水总量的比例分别为 65%、23%、8.5%和 3.5%。

（4）在上述分析中，采用了禹城站 1999 年 4 月 25 日至 5 月 6 日的土壤水分和腾发量实验观测资料以及 4 月 22 日的根系观测资料。此期处于冬小麦的抽穗期，根系发育基本达到其峰值。上述所得结论也仅限于该时期的具体情况而言。对于在冬小麦的其他生育期内，上述根系吸水模型的适用性尚需进一步研究。

参考文献

[1] Molz F J，Irwin Remson.Extractin term model of soil moisture use by transpiring plants[J]. Water Resources Research，1970，6（5）：1346-1356.

[2] Molz F J，Irwin Remson.Application of an extraction term model to study of moisture flow to plant roots[J]. Agronomy Journal，1971，63：62-77 .

[3] Molz F J，Irwin Remson. Models of water transport in the soil-pant system：a review[J]. Water Resources Res.，1981，17（5）：1245-1260.

[4] Feddes R A，Bresler A E，Neuman S P. Field test of a modified numerical model for water uptake by root system[J]. Water Resources Res.，1974，10：1199-1206.

[5] Hillel D，Talpaz H，Van Keulen. A macroscopic-scale model of water uptake by a non-uniform root system and of water and salt movement in the soil profile[J]. Soil Sci.，1976，121：242-255.

[6] Rowse H R，Stone D A，Gerwitz A.Simulation of the water distribution in soil，2，the model for the cropped soil and its comparison with experiment [J].Plant Soil，1978，49：534-550.

[7] 邵明安，杨文治，李玉山. 植物根系吸收土壤水分的数学模型[J]. 土壤学报，1987，24（4）：295-305.

[8] 吴擎龙. 田间腾发条件下水热迁移数值模拟的研究[D]. 北京：清华大学，1993.

[9] Lanscano R J，VAN Bavel C H M.Root water uptake and soil water distribution：test of an availability

concept[J]. Soil Sci.Am.J，1984（48）：233-237.

[10] Hu Heping. A study of moisture and heat transfer in soil-plant-atmosphere continuum[D]. A dissertation submitted to the University of Tokyo in partial fulfillment of the requirements for the degree of Doctor of Engineering，Department of Civil Engineering，the University of Tokyo，1995.

农业节水的科学基础*

唐登银 罗毅 于强

摘 要：农业节水的核心问题是提高水分利用率和水分利用效率。本文重点阐述了提高田间水平的水分利用率和水分利用效率的有关理论。特别从叶片水平、群体水平、产量水平 3 个不同层次详细论述了作物水分利用效率与环境因子关系的理论，以及从理论出发得出的提高不同层次作物水分利用效率的可能途径。强调农业节水的科学基础是一个涉及多学科的综合理论体系，农业节水的措施也应该是建立在这一综合理论体系上的综合技术体系。最后，对为加强农业节水科学基础而应进一步强化的研究方向提出了几点建议。

关键词：节水农业 农业节水 水分利用率 水分利用效率

1 农业节水的意义

我国是一个水资源相对贫乏的国家。虽然水资源总量为 2.81×10^{12} m^3，居世界第 6 位，但人均占有水资源量仅为 2 317 m^3，居世界第 109 位，仅及世界平均水平的 1/4。由于地区分布极不平衡，水资源与人口和耕地的分布极不适应。北方地区水资源不足。例如，海河流域人均占有水量仅为 351 m^3，为全国平均值的 15.1%，耕地平均占有水量为 3 960 m^3/hm^2，仅为全国平均值的 13.4%；黄河流域和淮河流域耕地占有的水量分别为 6 261 m^3/hm^2 和 6 657 m^3/hm^2，分别为全国平均值的 21.25%和 22.99%（张蔚榛，1995）。西部地区水资源占有量更是远低于全国平均水平。

农业是水资源的最大用户。根据水利部水资源公报的统计资料，1997 年农业用水量为 3.92×10^{11} m^3，占全国用水量 5.566×10^{11} m^3 的 70.4%；黄淮海流域农业用水量为 1.133×10^{11} m^3，占该地区总用水量 1.492×10^{11} m^3 的 76%。因此，农业节水对于解决水资源的供需矛盾和保证农业的持续发展具有重要意义。

水资源的可供给量与对水资源的需求增长构成了一对极其尖锐的矛盾。我国目前人口 12 亿多，年产粮食约 5.0×10^{11} kg，人均 400 kg。预测 2030 年我国人口达到 16 亿，仍按人均粮食 400 kg 计算，需要粮食 6.4×10^{11} kg。如果灌溉农田产出粮食占粮食总产量的 70%，折合 4.5×10^{11} kg。我国现状作物水分生产率较低，总体平均为 0.8～1.0 kg/m^3。按此计算，

* 本文发表于《灌溉排水》2000 年第 19 卷第 2 期第 1～9 页。

生产 4.5×10^{11} kg 粮食作物耗水量达（4.5～5.6）$\times10^{11}$ m^3。以未来灌溉面积 6×10^7 hm^2 计，降雨利用按每年 400 mm 计，作物耗水中雨水利用约 2.4×10^{11} m^3。可见，需要田间净灌水量（2.1～3.2）$\times10^{11}$ m^3。按现状灌水利用率为 0.4 计算，需要灌水量（5.25～8.0）$\times10^{11}$ m^3，这几乎是不可能得到满足的。同时，随着工业发展，人民生活水平的提高，工业耗水和生活用水量逐步增长，而农业由于其竞争能力相对较弱，在总的可用水资源量中，农业用水份额将呈下降的趋势。所以，我国农业发展面临双重挑战：为满足未来 16 亿人口基本的粮食需求确保我国粮食安全所需求的粮食总产量大幅增长，和水资源短缺严重制约农业发展。所以，农业节水势在必行。

2 农业节水：提高水分利用率和水分利用效率

节水农业是提高用水有效性的农业，也就是充分利用降水和可利用的地表、地下水资源采取水利和农业措施，提高水分利用率和水的利用效率的农业，包括节水灌溉农业和旱地农业；“节水农业是以节水为中心的农业类型，在充分利用降水的基础上，采取农业和水利措施，合理开发利用与管理农业水资源，提高水分利用效率和效益；同时通过治水、改土、调整农业生态结构，改革耕作制度与种植制度，发展节水高产优质高效农业，最终实现农业持续发展。农业节水措施包括极其丰富的内容：农学范畴的节水（作物生理、农田调控）、灌溉范畴的节水（灌溉工程，灌溉技术）和农业管理的节水（政策、法规与体制），节水农业的中心是提高灌水和降水的利用率，用水有效性无疑成为判断节水措施的效果与潜力的指标，包括水的利用率和利用效率”，关于对节水农业的内涵界定，论述颇多。综合对节水农业内涵的阐述，农业节水着重强调了以下几点：农业节水以高效用水为核心，包括提高水分利用率和利用效率；农业节水既包括灌溉农业，又包括旱地农业；农业节水涉及作物生理学、农作学、灌溉工程学、土壤学、水文学、经济学乃至社会学的范畴，是一个复杂的系统工程，农业节水的基本理论以多学科交叉的、综合的理论为基础，农业节水措施也是建立在农业节水综合理论体系上的综合技术体系。

对于旱地农业而言，作物耗水的主要来源是降水，农业节水主要指对降水的高效利用问题；对于灌溉农业而言，作物耗水的来源同时包括降水和灌水，农业节水包括对降水和灌水的高效利用问题。水从水源到作物利用需要经过若干环节，在诸环节中均存在提高水的利用率或利用效率问题。雷志栋，胡和平等（1999）将灌溉水从水源到田间为作物吸收利用形成产量分为 3 个环节。第 1 个环节是灌溉水从水源到田间的输水环节，存在提高输水效率问题；第 2 个环节是灌溉水在田间通过各种方式灌溉到作物根系层形成土壤水，存在提高灌溉水利用率问题；第 3 个环节是土壤水为蒸发蒸腾所消耗，存在提高水分利用效率问题。第 1、第 2 两个环节不与作物生理过程直接相关，靠水资源的合理利用和节水工程与管理来提高水的利用率，该环节的节水为技术节水。第 3 个环节中，水分消耗分为作物蒸腾和土壤蒸发两部分。前者直接参与作物的光合作用等生理过程；后者不参与作物的生理活动，但是，蒸发蒸腾是并存的两个过程，二者之间存在密切的联系。将这一过程中的节水概括为内涵节水，所涉及的是水分利用效率问题，也是农业节水的内在问题。第 1 个环节的节水效果的取得需要工程技术的支持，这方面的技术已比较成熟，需要攻克的技术难关相对较少，实施后效果明显且收效快，只要经济条件允许就可以达到，对这一环节中的问题基本不作阐述。第 2 个环节虽然主要的也是灌溉技术问题，但是该环节有关的水分调控手段直接影响作物对水分的利用进而影响作物的水分利用效率，所以将着重讨论第 2 个环节和第 3 个环节中的农业节水问题。

从农业节水内涵、对策、政策等方面对于我国未来节水农业发展进行探讨的论述颇多。将以农业节水的核心问题水分利用率和水分利用效率为主线，从农田生态系统中水分运行的基本理论出发，针对从作物叶片到田间水平的节水问题系统探讨农业节水的科学基础。

3 农业节水的基本理论

农业节水的目的是达到水分利用率、水分利用效率和总体效益三者之间的优化配置，走资源节约型、高产高效的农业用水之路。提高水分利用率和水分利用效率是农业节水问题的核心。水分利用率包括输水利用率、灌水利用率、降水利用率。需要说明的是，因为输水系统损失的水量和降水、灌水形成的地表径流和深层渗漏水量都存在被再次利用的可能，对于水分利用率的定义应该界定在一定的时间与空间尺度内。输水利用率可以定义为输水系统出口水量与入口水量的比值。当对输水系统的入口和出口位置的界定不同时，有不同的输水利用率，例如干渠、支渠、田间渠系等的水的利用率。输水利用率为输水系统各部分利用率的乘积，其值总是小于 1。输水系统水量损失包括渠系的水面蒸发、渗漏、输水管道的渗漏与泄漏等。提高输水利用率主要依靠工程措施，其理论方法和技术已比较成熟，对此问题不做探讨。以下从田间水利用率和水分利用效率两个部分阐述农业节水的有关理论基础。鉴于土壤水分在作物吸收养分水分中的重要作用，也对农业节水中土壤水动力学理论的作用进行简单的阐述。

3.1 田间水利用率

田间水利用率包括灌溉水利用率和降水利用率。灌溉水利用率和采用的灌溉措施密切相关，不同的灌溉措施对于土壤水分剖面的控制能力与效果是大不相同的，直接关系到作物根系对土壤水分的有效利用，进而关系到作物的水分利用效率。提高降水的利用率对于无论是灌溉农业还是旱地农业节水都具有十分重要的意义。

灌水利用率定义为有效灌水量与到达田间的总灌水量的比值：

$$\eta_i = \frac{I_e}{I} \tag{1}$$

式中，I 为到达田间的总灌溉水量；I_e 为有效灌水量；η_i 为灌溉水利用率。

灌溉水到达田间以后，由于采取的灌水措施不同，灌溉水的流向也不同。当采用农沟输水地面漫灌时，灌溉水流向有 3 个：通过地表入渗到达作物有效根系层；由于灌水不均匀或灌水过量而产生的向根系层以下土层的渗漏；农沟尾水排出灌溉田块。对于后两部分水量，很难简单地将其说成是灌溉水的损失。在井灌区和井渠结合灌区，渗漏水量以潜水对根系补给和提水灌溉而被再次利用，但是需要能源消耗和可能会造成土壤养分的淋失和地下水的污染；在无井灌的地区，当地下水埋藏较浅时，灌溉水补给地下水，地下水也可能因潜水补给根系层而被再次利用，当地下水埋藏较深时，渗漏水量为作物再次利用就比较困难；渗漏水量补给地下水以后，也可能以地下水基流的形式流向其他地区为作物利用或被无效蒸发而消耗掉。对于田间输水设施产生的退水，如果未被其他地块的作物所利用，就可以将其作为灌溉水的损失。所以，从水资源利用率的角度来说，对于灌溉水利用率的评价存在一个时间尺度和空间尺度的问题，不可一概而论。为讨论问题简便起见，可以认为灌溉水的损失主要为深层渗漏损失。所以，在这个意义上，提高灌溉水的利用率的主要任务就是减少深层渗漏损失。目前我国灌溉水的有效利用率约为 0.8。通过采用田间管道输水，采用喷灌、滴灌、小畦灌和长畦分段灌溉等灌水方式，辅以平整土地，提高灌水均匀度等措施，灌溉水的利用率可提高到 0.9～0.95。所以，提高田间灌溉水利用效率对于节水有巨大的潜力可挖。

降水利用率指有效降水量与降水总量的比值：

$$\eta_p = \frac{P_e}{P} \tag{2}$$

式中，η_p 为降水利用率；P 为降水总量；P_e 为有效降水量。

降水损失主要指降水产生的地表径流损失和入渗造成的深层渗漏损失。实际上评价降水的有效利用率问题也存在一个时间尺度与空间尺度的问题。对于深层渗漏部分，有可能被作物再利用。对于地表径流部分，有可能被拦截以后作为地表水源重新利用，并且起到调节降水时空分布与作物需水不相适应的作用。如果从节约灌溉水的角度来说，通过调整土壤水分库容，改善地表入渗条件，加大降水的入渗量，可以减少作物生长期内的灌水量和灌水次数。当然，对于旱地农业，因为灌溉条件缺乏，减少降水径流损失水量，增加降水入渗比例，对于改善作物生长的水分状况，提高作物产量，具有不寻常的意义。

3.2 不同层次的水分利用效率分析

植物生长中的大量水分消耗之所以不可避免，是因为植物的光合作用需要通过气孔的开放得到大气中稀薄的 CO_2 进行光合作用形成碳水化合物，所以作物的光合产量与耗水量的比值是个基本数字，此即水分利用效率。凡是对作物光合作用和蒸腾作用产生影响的因子，都会改变水分利用效率。水分消耗除了蒸腾以外还有土壤蒸发。干物质产量和经济产量并不等同。所以，不同层次上的水分利用效率是不一样的。王天铎（1992）将作物的水分利用效率分为 3 个层次，即叶片水平的水分利用效率、群体水平的利用效率和产量水平的利用效率。在这 3 个不同的层次上，水分利用效率的定义、所涉及的影响因素是不同的，提高水分利用效率的调控手段也存在差别。

3.2.1 叶片水平的水分利用效率

叶片水平的水分利用效率是指叶片的净光合速率与相应的蒸腾耗水量的比值，即

$$\mathrm{WUE}_l = \frac{P_l - R_l}{T_l} \tag{3}$$

式中，P、R、T 分别为光合作用速率、呼吸作用速率和蒸腾作用速率；WUE（water use efficiency）为水分利用效率；下标 l 表示叶片水平（at the leaf level）。

从式（3）可以看出，要提高叶片水平的水分利用效率，存在以下几个途径：①增加光合物质产量或降低呼吸消耗；②减少作物蒸腾耗水量；③减少作物蒸腾耗水量的同时也降低了光合物质产量，但是其降低幅度不如耗水量降低幅度大；④增加作物蒸腾耗水量来增加光合物质产量，但是光合物质产量增加幅度大。对于第4种途径在发展节水农业的前提下是不可取的。以下从叶片水平的光合作用与作物蒸腾作用的过程机制及其相互间的耦合关系阐述农业节水的作物生理学基础。

植物气孔保卫细胞表面的水分蒸发向大气散失，叶肉细胞水势降低，造成它与土壤水势之间的差异，拉动从土壤到叶肉细胞的水流，形成从土壤到大气的水流连续体，称土壤-植物-大气连续体（soil-plant-atmosphere continuum）。在连续体中，存在对水流一系列的阻力。借用电学模拟方法，用叶片气孔下腔的水汽压与大气的水汽压的压差梯度来描述叶片的蒸腾速率，如下式：

$$T = \frac{e_i - e_a}{r_s} \tag{4}$$

式中，e_i 为叶片气孔下腔的水汽压，通常假定为叶片温度下的饱和水汽压值；e_a 为叶片周边空气的实际水汽压；r_s 为气孔对水汽的阻力。

叶片周边空气中的 CO_2 进入气孔，达到叶肉细胞的叶绿体所在部位进行光化学反应，光合作用速率 P 可用下式描述：

$$P = \frac{C_a - C_i}{r_s / 1.6 + r_m} \tag{5}$$

式中，C_i 为叶绿体所在处的 CO_2 浓度；C_a 为叶片周边空气中的 CO_2 浓度；r_m 为叶肉阻力。气孔对水汽通量阻力与对 CO_2 通量的阻力之间存在1.6的系数。

通常假定呼吸作用消耗碳水化合物占光合产量的比例为 α，于是叶片水平的水分利用效率可以写为

$$\mathrm{WUE}_l = 1.6(1-\alpha)\frac{C_a - C_i}{e_i - e_a} \cdot \frac{r_s}{r_s + 1.6 r_m} \tag{6}$$

从式（6）可以看出，影响叶片水平的水分利用效率的环境因素包括可以改变叶片气孔腔内的水汽压、叶绿体所在位置的 CO_2 浓度、叶片周边空气的水汽压和 CO_2 浓度、叶片气孔阻力等众多因素。

气孔阻力。将式（6）对 r_s 进行一次微分和二次微分，分别见式（7）、式（8），考察叶片水平的水分利用效率随气孔阻力单因子的变化趋势。

$$\frac{d(\mathrm{WUE}_l)}{d(r_s)} = 1.6\frac{C_a - C_i}{e_i - e_a} \cdot \frac{1.6 r_m}{(r_s + 1.6 r_m)^2} \tag{7}$$

$$\frac{d^2(\mathrm{WUE}_l)}{d(r_s)^2}=-2\times1.6\frac{C_a-C_i}{e_i-e_a}\cdot\frac{1.6r_m}{(r_s+1.6r_m)^3} \tag{8}$$

当叶片发生光合作用时，周边空气中的 CO_2 浓度大于气孔腔中的浓度；周边空气中的水汽压低于气孔腔中的水汽压；同时由于叶肉阻力总是大于 0，所以，从式（7）可以看出，叶片水平的水分利用效率是气孔阻力的增值函数。也就是说一定条件下，增加气孔阻力可以提高叶片水平的水分利用效率。从式（8）可以看出，叶片水平的水分利用效率对气孔阻力单因子的二阶导数为负值，说明叶片水平的水分利用效率随气孔阻力增大的幅度将越来越小，也就是说，在一定程度以后，通过增加气孔阻力的方法提高水分利用效率的效果将不明显。从式（4）可以看出，由于气孔阻力的增加抑制了叶片的蒸腾。但是从式（5）可以看出，随叶片气孔阻力的增加，CO_2 供应不畅，光合作用速率降低了。上面的分析方法中将气孔内 CO_2 浓度作为不变量来处理，并且单方面地分析光合作用与气孔阻力的关系。其实，气孔内 CO_2 浓度、气孔阻力和光合作用速率之间在环境因子的作用下存在复杂的耦合关系。研究结果证实，上述光合作用速率、蒸腾速率和水分利用效率随气孔阻力的变化规律仍如前所述。如此看来，通过增加气孔阻力的办法来降低叶片蒸腾耗水量提高水分利用效率是以降低光合作用作为代价的。气孔作为作物光合作用同化 CO_2 和蒸腾耗散水分的共同通道，其开闭对于光合作用和蒸腾作用均具有控制与调节作用，通过调控气孔阻力的办法来提高水分利用效率要量度而行，否则得不偿失，达不到农业节水的真正目的。

通过调节气孔阻力的方式来协调光合作用与水分利用效率之间的关系，以此来达到节水高效的目的，是农业节水的方向之一。为了能说明实施气孔调节的可能途径，就得考察气孔阻力与其影响因子之间的关系。气孔阻力的变化受多重因子的影响，并且与其影响因子之间存在复杂的耦合关系。叶片的气孔阻力与其影响因子之间的关系可以用下式表示：

$$\frac{1.6}{r_s}=f(h)m\frac{A_n}{(C_a-\Gamma)(1+\mathrm{VPD}_a/\mathrm{VPD}_0)}+\frac{1.6}{r_{s\min}} \tag{9}$$

式中，A_n 为净光合速率；Γ 为 CO_2 补偿点（compensation point）；VPD_a 为叶片周边空气的饱和水汽压差；VPD_0 为参数；$r_{s\min}$ 为最小气孔阻力；m 为参数；f（h）为作物根系层水分胁迫因子（h 为根系层土壤水势），其值介于 0～1，当其值为 1 时，说明作物蒸腾作用与光合作用不受水分胁迫。

气孔阻力与其影响因子之间的相互作用的关系是极其复杂的，许多问题仍在积极的探索之中，式（9）只是一个近似的描述，但它代表了在该领域所作定量描述的最新水平。本文也就借助此式着重分析通过水分调控措施来调控气孔阻力的可能途径，指出与此有关的节水技术的出发点。

在式（9）中，水分胁迫因子对气孔阻力的影响可以认为是单向的。总体而言，水分胁迫加强，气孔阻力变大。田间观测结果表明：气孔阻力随土壤含水量的不同而有明显的变化，但是，气孔阻力随土壤含水量变化曲线存在一“平台”区间，当土壤含水量低于该区间的下限时，气孔阻力明显变大。沈荣开等关于光合作用与土壤水分的关系的观测结果还表明：净光合作用速率随土壤含水量的增加而增大，但到某一含水率时达最大值点，随后随土壤含水率的增大反而降低。综合这两个观测结果，我们会思考这样的问题：如何有效地调节土壤水分状况，使光合作用保持在较高的水平，同时又使气孔阻力维持在尽可能高的水平而降低蒸腾耗水，从而达到较高的产量和高的水分利用效率。

研究表明，根系受旱时会向地上部分发送信号（ABA），气孔会据此调节开度，从而调节蒸腾的进行。如果部分根系受旱而另一部分水分适宜，那么受旱的根系仍会向地上部分发送信号，使气孔收缩（娄成后，王天铎，1996）。作物控制性分根交替灌溉技术（controlled roots-divided alternative irrigation，CRAI），即基于此原理而提出的。CRAI 强调从根系生长空间上改变土壤湿润方式，人为控制或保持根区土壤在某个区域保持干燥，交替使作物根系始终有一部分生长在干燥或较干燥的土壤区域中，限制该部分根系吸水，让其产生水分胁迫信号传递至地上部分，降低气孔开度，抑制作物的奢侈蒸腾，在不显著降低光合作用的前提下达到节水的目的。

气孔阻力对于光照强度、周边空气的饱和水汽压差和 CO_2 浓度、气温等因素都存在一定的相应特性。研究表明，饱和水汽压差升高，气孔阻力增大，净光合速率降低，蒸腾速率增大，水分利用效率降低（于强等，1998）。在灌溉工程上，可以通过喷灌或雾灌等方式降低空气中的饱和水汽压差来抑制作物蒸腾。当然，由于喷灌和雾灌会加大蒸发损失，从总体上来看是否节水仍存在争论。空气温度对于光合作用速率和叶片蒸腾的影响是不同的。叶片气孔腔内的水汽压是接近饱和的。叶片温度升高时，其值呈指数曲线上升。但是，温度对光合作用速率的影响则不同。光合作用速率随温度上升有一个限度，超过该温度值时反而下降。该温度称光合作用最适温度（娄成后，王天铎，1996）。随叶温的升高，气孔开度加大，气孔阻力降低，以此来促进蒸腾降低叶温，但当叶温超过一定限度以后，气孔反而收缩，气孔阻力加大，蒸腾作用降低。总体而言，随叶面温度的升高，水分利用效率降低。所以，在叶温较高的情况下采取措施来降低叶温从而提高水分利用效率也是节水的途径之一。除气孔本身会随时调节其开度以外，由于气孔对化学药剂也很敏感，可以通过施用某些化学物质来抑制气孔开放。如黄腐酸作为气孔蒸腾抑制剂在田间的应用已取得一定效果。

3.2.2　群体水平的水分利用效率

与叶片水平的水分利用效率不同，群体水平的水分利用效率应该在光合作用效率中扣除植物体各部分的呼吸，且此时的光合作用速率为冠层的光合作用速率，以 P_c 表示；在水分消耗项中加上地表蒸发：

$$\mathrm{WUE}_c = \frac{P_c - R}{T + E} \tag{10}$$

式中，R 为群体的呼吸速率，一般是 P_c 的 40%～50%（娄成后，王天铎，1996）。

地表蒸发消耗的水分不参与作物干物质积累过程，属于非生产性水分消耗，如何降低农田地表蒸发在作物蒸散总量中所占的比例，从而提高水分利用效率是农业节水中的重要问题之一。假定在作物全生育期内地表蒸发总量占作物蒸散总量的比为 α，群体水平的水分利用效率可以写为

$$\mathrm{WUE}_c = \frac{1-\alpha}{2-\alpha} \cdot \frac{P_c - R}{T} \tag{11}$$

α 的影响因素较多。研究表明，其值可以达到20%～30%。如果将 α 从30%降低至5%，那么根据式（11）可以算出，群体水平的水分利用效率可提高18%。尤其重要的是，地表蒸发是非生产消耗，降低地表蒸发提高水分利用效率对于节水增效意义重大。

以下从地表蒸发的机理分析降低地表蒸发的途径。

地表蒸发强度与地表土壤孔隙内空气的饱和度与空气中水汽压差值以及水汽从地表到大气参考点途中所受的阻力有关：

$$E = \frac{e_{\mathrm{soil}} - e_a}{r_{\mathrm{soil}} + r_{\mathrm{mulch}} + r_a} \tag{12}$$

式中，r_{soil} 为地表土壤的蒸发阻力；r_{mulch} 为存在地表覆盖时覆盖层对蒸发的阻力；r_a 为零位移平面到参考点的空气动力学阻力；e_{soil} 为地表土壤孔隙中空气的水汽压；e_a 为参考点空气水汽压。e_{soil} 可以表示为

$$e_{\mathrm{soil}} = \exp\left[\frac{M_g \psi}{R(T_s + 273)}\right] e_s(T_s) \tag{13}$$

式中，T_s 为地表温度；e_s（T_s）为地表温度对应的饱和水汽压；ψ 为表土水势，其值为负，该值越低，说明土壤含水量越低；余者为常数。土壤蒸发阻力采用国内外广泛引用的孔菽芬模式来描述：

$$r_{\mathrm{soil}} = a\left(\frac{\theta_{\mathrm{s}}}{\theta}\right)^b + 33.5 \tag{14}$$

式中，θ_{s} 为表土的饱和含水率；θ 为表土含水率；a、b 为与土壤特性有关的常数。

从式（12）可以看出，增加土壤的蒸发阻力和降低表土孔隙中空气的湿度都可以降低地表蒸发。而从式（13）、式（14）可以看出，降低土壤的含水量既可以降低土壤孔隙中空气的湿度又可以增加土壤的蒸发阻力，所以，降低表土湿度将是降低土壤蒸发的一个有效途径。

为了降低表土湿度，可以采取一系列灌溉工程学措施。例如，采用滴灌、地表下滴灌、渗灌等。在我国东部地区和西部地区为解决播期土壤墒情不足的问题，群众在实践中创造了抗旱点浇——“坐水种”的方法，即在种穴内浇少量水，下种，覆干土。这样，既对种床进行湿润，又防止土壤水分的蒸发，有其科学道理。合理的耕作措施也可以达到降低土壤蒸发的目的。例如松暄表土，对地表采取覆盖等措施，都可以达到增加土壤蒸发阻力，降低土壤蒸发，节水保墒之目的。

式（10）表明，水分利用效率随群体光合速率增长而增长。群体光合效率为叶片的光合效率在群体结构上的积分。在群体中各部分的叶片都有比较高的光合效率以后，群体才能获得较高的光合效率。群体光合速率虽然不是单叶光合速率的简单累加，但冠层内单叶光合能力的分布是影响冠层内光合能力的原因。张建新利用数学变分原理分析了群体中叶片光合能力对环境和有限氮资源利用的最优分布指出，叶片光合能力呈现与光强相同的负

指数衰减分布时，群体光合效率最高。所以，通过农艺措施，采用合理的种植密度和调控株型，从而获得较高的群体光合效率，是提高作物产量和水分利用效率的重要方面。这方面还需要在作物光合作用理论的指导下，结合农艺措施，进一步探索高产高效的作物栽培模式。

3.2.3 产量水平的水分利用效率

农作物的收获部分（对稻、麦等为其籽粒）在总生物量中所占的比例为收获指数（harvest index，HI）或经济系数，它总是小于 1，所以按产量计算的水分利用效率 WUE_p 比 WUE_c 又低一些（娄成后，王天铎，1996）：

$$\mathrm{WUE}_p = K_p \frac{P}{T+E} \tag{15}$$

式中，K_p 为经济系数。

K_p 对于不良的气候条件（其中包括干旱）特别敏感。特别是孕穗期中的花粉母细胞分化中的四分孢子时期，花粉母细胞对于干旱特别敏感，开花、授粉时期花粉也对水分供应情况敏感。根据不同生育时期作物经济产量的需水特性，制订合理的供水计划，对于提高产量水平的水分利用效率是非常关键的。

田间水平的作物产量（经济产量）与作物耗水（作物蒸腾与土壤蒸发之和）关系得到了广泛的研究，这些研究成果成为指导灌溉的重要依据。在实验基础上建立作物产量与耗水量的经验关系模式可以分为两大类：一是建立作物产量与各个生长时期耗水量的关系，二是建立总产量与作物生育期总耗水量的关系。对于前者，Jensen 模型在我国得到了广泛的研究与应用；对于后者，通常认为总产量与总耗水量之间的关系呈二抛物线或非等轴双曲线形式。Jensen 模型中的水分敏感指数反映了不同生育期缺水的敏感程度及其对作物最终产量的影响。对于根据作物不同时期的需水特性来合理安排不同生育期的分配具有重要的指导意义。根据作物产量与耗水量的关系、田间水平的水分利用效率、边际产量的分析表明：产量最大时的耗水量和水分利用效率达最大时的耗水量往往不在同一点上；作物耗水量投入超过一定限度以后，边际产量递减直至产量达最大时为零，随耗水量投入的进一步增加，边际产量出现负值。所以追求最大产量与追求最高水分利用效率是一对矛盾。如何通过水分调控的办法协调产量与水分利用效率的矛盾，达到节水高效的目的，是今后节水灌溉发展面临的重要课题。非充分灌溉理论相对于传统的灌溉理论是灌溉观念的变革。充分灌溉的主要目标是获得作物的高产稳产，并以控制土壤湿度作为约束条件。当土壤水分达到或接近土壤含水量下限之前实施灌溉，使其达到田间持水量，并在根系活动层内不产生深层渗漏，即每次灌水都满足“及时足量”的传统灌溉要求。非充分灌溉允许作物承受一定的水分胁迫，利用作物不同生育期对水分胁迫的水分生理特性，使作物产量在不明显降低的情况下有较高的水分利用效率和边际产量。非充分灌溉理论的实施以对作物水分生理特性的深入认识为基础，同时对于灌水控制技术和管理水平提出了更高的要求。

当然，以上关于通过调节气孔阻力的办法来提高作物的水分利用效率的论述是针对一个相对较短的时间尺度而言的。在作物整个生育期这一时间尺度以内，存在以下几点需要说明。①在可供水量一定的条件下，可以通过在作物不同的生育期来实施气孔调节，从而实现可供水量在生育期内的合理分配，达到提高水分利用效率的目的；②研究表明，作物在经受一定的水分胁迫，在胁迫得以释放以后，作物生长存在一定的反冲机制。在适当的时期使作物经历适当的水分胁迫有利于作物生长和经济产量的形成。以上两点说明作物节水、提高水分利用效率的措施需要根据作物的水分生理特点，在全生育期内实施控制，方能达到节水高效的目的。然而，上述两点中涉及的问题的研究还十分欠缺，是今后关于农业节水基础理论应着重研究的问题。

3.3 土壤水动力学理论在农业节水中的地位与作用

作物蒸腾耗水与土壤蒸发耗水的来源无非是降水、地表水、地下水，而真正为作物所利用却只是作物根系层的土壤水。在降水、地表水、土壤水、地下水的相互转化中，土壤水是中间环节，是“四水”转化的纽带。对作物供水状况的一切调控措施最终的作用区域是根系层的土壤水。所以，以研究土壤水在土壤剖面上的能态分布及其在环境因子作用下随时间变化规律为主要内容的土壤水动力学理论是实施土壤水分调控的基础。

在目前广泛采用的灌水设计中，认为土壤水对于根系的有效利用区间的上限为田间持水量，下限为作物永久凋萎时对应的土壤含水量。研究表明，这一设计思想至少存在两个方面的不足。①土壤水分能否为根系吸收，取决于土壤水分的能态亦即水势，土壤水分含量不是一个合理的指标；②在土壤水为作物的可利用区间中，由于不同的含水量对应的能态不同，所以对作物的有效性也是大不一样的。广泛开展不同土壤不同的土壤水分能态对于不同作物在不同生育期的可利用性和对作物光合作用、蒸腾作用的影响以及这种影响对作物生长的后效性，对合理调控根系层水分状况是十分必要的。同时，这也是作物与水分关系研究中的一个薄弱环节，许多工作有待进一步开展。

在农田灌溉中，目前采用了各种节水灌溉措施，例如喷灌、滴灌、渗灌、小畦灌、波涌灌等。在不同的灌水措施条件下，土壤水分的运行规律是不同的。如何结合根系在土壤剖面上的分布、发生、发展规律和根系的吸水特性，将不同灌水措施构造的土壤水分剖面与根系吸水有机地协调起来，达到减少渗漏和地表蒸发提高田间灌水降水利用率的目的，都需借助于土壤水动力学这一手段。

土壤养分、温度都是作物健康生长的重要因子。土壤剖面上的温度变化和养分运移都与土壤水分密切联系。 研究土壤剖面上水分、热、养分运移规律，是土壤水动力学的重要内容，也是开展农田土壤水肥管理的基础。

4 农业节水是一个系统工程

农业节水是一个系统工程，其科学基础需要从土壤-植物-大气连续体中能量转换和物质迁移以及作物环境关系的规律性认识来解释。土壤供水、作物根系吸水、冠层水分消耗到大气蒸发能力是相互联系、相互作用的。同时作物的生长发育受水分环境和大气环境因子的制约。作物是耗水的主体，是我们农业节水最终关心的目标。作物也是土壤-植物-大气连续体中唯一具有生命力的部分，也是我们对其行为机制认识最为欠缺的部分，同时也是农业节水问题中最富有挑战性的领域。

从土壤-植物-大气连续体的两端来说，土壤水分的供给状况和大气蒸发能力均能成为作物蒸腾的限制因子。但是两者的本质不同。大气蒸发能力是系统的驱动力，而土壤供水能力是系统的“摩擦力”。驱动力的减弱只是放慢了系统的运转速度，而“摩擦力”增加则会增加系统运转荷载，过高则会导致系统因“过热”而崩溃。人类对有效控制该系统的运转，使其作高速高效产出的能力还不是很强的。究其原因有以下几个方面：①对于在较大的范围内调控气候因子而言，我们几乎无能为力。例如，在高温低湿的情况下，可以通过调节空气温度湿度的办法降低作物蒸腾，增加光合速率。增加空气中 CO_2 的浓度可以在有效地提高光合作用的同时降低作物耗水。在设施农业中我们可以对这些因子进行很好的控制，并且已经达到了较高的自动化水平。对于大田作物，我们尚无能为力。②对于作物生长对环境因子的响应机制的认识尚不深入。对一些问题经过研究虽然取得了一些了解，但是以定性的成分居多，定量分析并运用于农业节水的定量控制尚需长期努力。对于土壤-植物-大气连续体中的土壤这个环节，人类对其中的水分的控制能力相对要强一些。但是，如何根据系统高效运转的需要对土壤水分作“适度”控制仍然建立在对作物与水分关系的充分认识的基础之上。

随着对土壤-植物-大气连续体研究的深入，对系统认识的深化，人类控制系统，使其朝着高速高效方向运转的手段越来越多，也就是说，农业节水的科学基础将越来越深厚，措施越来越丰富，效果越来越理想。

回到文章开始部分谈及的关于灌溉水运行的 3 个环节的划分可以看出，第 1、第 2 个环节的节水属于外在的节水措施，而第 3 个环节的节水即提高水分利用效率属于内涵节水。内涵节水手段丰富，潜力很大，在我国地域广阔，经济条件尚不能发达的情况下，开展内涵节水应该是发展节水农业的主要方向。作为本文的结束，提出在以下几个方面开展深入研究，以强化内涵节水的理论基础。

（1）进一步开展土壤-植物-大气连续体中水、热、光合作用的过程与相互机制的机理研究；在研究时，应注意广泛吸收作物生理学研究的成果，使土壤-植物-大气连续体理论向纵深发展。

（2）进一步开展田间水平的作物产量与水分关系的实验研究，建立动态的关系模式，直接指导灌溉制度的制定与实施。

（3）开展针对不同灌溉技术的水分在土壤中的运移规律研究，提高通过灌溉措施调控土壤水分的能力，提高通过土壤水分调控作物生长的水平，实现节水高效的农业节水目的。

（4）开展作物在水分亏缺逆境条件下的反应机制及胁迫释放后的反冲机制研究，为在作物生育期内合理分配有限的可供水量提供理论基础。

（5）开展包括土壤学、灌溉学、气象学、作物生理学和农学多学科的协作研究。这是大幅提高农业节水基础理论水平、应用基础理论水平和综合技术体系开发水平的必由之路。

参考文献

[1] 娄成后，王天铎. 绿色工厂——主要作物高产高效抗逆的生理基础研究[M]. 长沙：湖南科学技术出版社，1997.

[2] 于强，任保华，王天铎，等. C3 植物光合作用日变化的模拟[J]. 大气科学，1998（11）：867-880.

[3] 陈雷. 节水灌溉是一项革命性的节水措施[J]. 节水灌溉，1999（2）：1-6.

[4] 张蔚榛. 有关水资源合理利用和农田水利科学研究的几点意见[C]. 21 世纪农田水利学术研讨会论文集，1995：7-13.

[5] 龚元石，李保国. 华北平原农业节水应用基础研究战略，节水农业应用基础研究进展[M]. 北京：中国农业出版社，1995.

[6] 于强，王天铎. 光合作用—蒸腾作用—气孔导度的耦合模型及 C3 植物的叶片对环境因子的生理响应[J]. 植物学报，1998，40（8）：740-754.

[7] Jones H G. Crop characteristics and the ratio between assimilation and transpiration[J]. Journal of Applied Ecology，1976（13）：605-622.

[8] Schulze E D，Hall A E. Stomatal responses，water loss and CO_2 assimilation rates of plants in contrasting environments[J]. Encyclopedia of plant physiology，New series. Volume12B，1982：181-230，Springer Verlag.

SPAC 系统中水热 CO_2 通量与光合作用的综合模型（Ⅰ）：模型建立*

罗毅 于强 欧阳竹 唐登银

摘 要：本文建立了模拟农田 SPAC（soil-plant-atmosphere continuum）系统中土壤水分动态，蒸发蒸腾、CO_2 通量和光合作用的模型。模型包括土壤水流子模型、根系吸水子模型、蒸发蒸腾子模型、冠层阻力-光合作用-CO_2 通量子模型几个组成部分。土壤水流子模型采用土壤水流的连续方程来描述；根系吸水子模型采用了根据 Feddes 模型改进得到的模型；蒸发蒸腾子模型采用 Shuttleworth-Wallace 公式；冠层阻力-光合作用-CO_2 通量子模型采用叶片水平的气孔阻力-光合作用模型，并将其扩展到冠层尺度来确定冠层阻力、光合作用速度以及叶片气孔下腔的 CO_2 浓度，并进而确定冠层的 CO_2 通量。本模型的特点是尽可能采用简便的处理方法来描述 SPAC 系统中的水、热、CO_2 传输过程与光合作用过程，同时各个子模型又具有较强的机理性。

关键词：SPAC 蒸发蒸腾 土壤水 光合作用 CO_2 根系吸水

本研究的目的是建立一个能模拟土壤-植物-大气连续体（soil-plant-atmosphere continuum，SPAC）中的水、热、CO_2 通量、盐分和养分动态、光合作用与作物生长的模型。本文介绍其中的一部分，包括土壤水流子模型、根系吸水子模型、蒸发蒸腾子模型、冠层阻力-光合作用-CO_2 通量子模型。

1 模型建立

1.1 土壤水分运动子模型

将土壤剖面分成不同厚度的土层，考虑各土层中储水量的动态变化、上下边界处的水流通量以及根系从土层中的吸水量，土壤剖面上土壤水分动态可以采用以下一组方程来描述。

$$D_1 \frac{d\theta_1}{dt} = P + I - E_s - Q_{1,2} - S_1 \tag{1}$$

---

* 本文发表于《水利学报》2001 年第 2 期第 90～97 页。

$$D_i \frac{\mathrm{d}\theta_i}{\mathrm{d}t} = Q_{i-1} - Q_{i,i+1} - S_i \tag{2}$$

$$D_N \frac{\mathrm{d}\theta_N}{\mathrm{d}t} = Q_{N-1,N} - Q_N - S_N \tag{3}$$

式中，i 代表土层，i=2，…，N，N 为土层总数；D_1 和 D_i 分别为第 1 层和第 i 层土层的厚度；θ_1 和 θ_i 分别为第 1 层和第 i 层土壤的体积含水量；$Q_{i,i+1}$ 为第 i 层与 i+1 层土壤界面上的水流通量；Q_N 为自第 N 层土壤向下的水流通量，规定通量向下时为正；S_1 和 S_i 分别为第 1 层和第 i 层土壤的根系吸水强度；P 和 I 分别表示降水和灌水强度；E_s 为土壤蒸发强度，t 为时间。

相邻的 i 和 i+1 土层的平均土壤导水率 $K_{i,i+1}$ 和界面上的通量强度 $Q_{i,i+1}$ 分别按以下两式来确定[1]：

$$K_{i,i+1} = \frac{D_i K_i + D_{i+1} K_{i+1}}{D_i + D_{i+1}} \tag{4}$$

$$Q_{i,i+1} = -2K_{i,i+1} \frac{h_i - h_{i+1}}{D_i + D_{i+1}} + K_{i,i+1} \tag{5}$$

式中，K_i 为第 i 层土壤的导水率；h_i 为第 i 层土壤的基质势。

上边界条件分积水入渗和降水入渗以及蒸发几种情形，可以按实际情况具体处理。下边界条件一般有固定含水量边界、通量边界几种。当采用通量边界时，通量形式如下[2]：

$$Q_N = a\left(\frac{\theta_N}{\theta_{s,N}}\right)^b (\theta_N - \theta_c) \tag{6}$$

式中，$\theta_{s,N}$、θ_c、θ_N 分别为 N 层土壤的饱和含水量、临界含水量和实际含水量；a、b 为与土壤性质和地下水位有关的参数。

1.2 蒸发蒸腾子模型

蒸发蒸腾采用 Shuttleworth 和 Wallace 于 1985 年提出的公式计算[3]。Shuttleworth-Wallace 公式在惯常采用的冠层、土壤双层能量平衡模式的框架下建立，其特点是能够分别计算土壤蒸发量和作物蒸腾量，且形式简单，应用广泛。该公式的能量平衡模式及其变量名称见图 1。

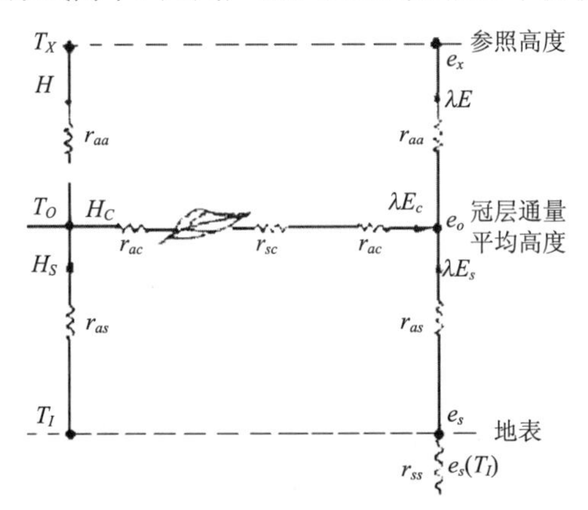

图 1 冠层、地表双层模型结构

1.2.1　能量平衡

冠层顶部太阳净辐射通量 R_n，经冠层截留到达地面的净辐射通量 R_{ns}，地表热通量 G（向下为正），冠层上方水汽通量 λE，作物蒸腾通量 λT_r，土壤蒸发通量 λE_s，冠层上方显热通量 H，冠层显热通量 H_c，地表空气显热通量 H_s，能量平衡方程如下：

$$R_n = \lambda E + H \tag{7}$$

$$R_{ns} = \lambda E_s + H_s - G \tag{8}$$

假设太阳净辐射在冠层中按负指数形式衰减，则：

$$R_{ns} = R_n \exp(-K\mathrm{LAI}) \tag{9}$$

式中，K 为衰减系数；LAI 为叶面积指数。

1.2.2　蒸发蒸腾量的确定

冠层上方的蒸发蒸腾总量分解成两部分：

$$\lambda E = \eta_c \mathrm{PM}_c + \eta_s \mathrm{PM}_s \tag{10}$$

式中的 PM_c 和 PM_s 在形式上与 Penman-Monteith 公式类似，分别用于冠层蒸腾和土壤蒸发计算，但是其结果并不直接代表蒸腾量和蒸发量。

$$\mathrm{PM}_c = \frac{\Delta(R_n - G) + [\rho C_p D - \Delta r_{ac}(R_{ns} - G)]/(r_{aa} + r_{ac})}{\Delta + \gamma\left(1 + \dfrac{r_{sc}}{r_{aa} + r_{ac}}\right)} \tag{11}$$

$$\mathrm{PM}_s = \frac{\Delta(R_n - G) + [\rho C_p D - \Delta r_{as}(R_n - R_{ns})]/(r_{aa} + r_{as})}{\Delta + \gamma\left(1 + \dfrac{r_{ss}}{r_{aa} + r_{as}}\right)} \tag{12}$$

其中的 η_c 和 η_s 定义为

$$\eta_c = \frac{1}{1 + \dfrac{\xi_c \xi_a}{\xi_s(\xi_c + \xi_a)}} \tag{13}$$

$$\eta_s = \frac{1}{1 + \dfrac{\xi_s \xi_a}{\xi_c(\xi_s + \xi_a)}} \tag{14}$$

而 ξ_c、ξ_s、ξ_a 定义为

$$\xi_a = (\Delta + \gamma) r_{aa} \tag{15}$$

$$\xi_c = (\Delta + \gamma) r_{as} + \gamma r_{ss} \tag{16}$$

$$\xi_c = (\Delta + \gamma) r_{ac} + \gamma r_{sc} \tag{17}$$

根据求得的蒸发蒸腾总量确定冠层空气的饱和水汽压差：

$$D_0 = D_a + \frac{r_{aa}}{\rho C_p}[\Delta(R_n - G) - (\Delta + \gamma)\lambda E] \tag{18}$$

于是得到土壤蒸发和作物蒸腾通量，其计算公式在形式上与 Penman-Monteith 公式是相同的。

$$\lambda E_s = \frac{\Delta(R_{ns} - G) + \rho C_p D_0 / r_{as}}{\Delta + \gamma(1 + r_{ss}/r_{as})} \tag{19}$$

$$\lambda T_r = \frac{\Delta(R_n - R_{ns}) + \rho C_p D_0 / r_{ac}}{\Delta + \gamma(1 + r_{sc}/r_{ac})} \tag{20}$$

式中，E_s、T_r 分别为土壤蒸发和作物蒸腾强度。

1.2.3 系统阻力

（1）土壤阻力 r_{ss}

土壤阻力一般采用根据实验资料建立的经验关系。林家鼎、孙菽芬[4]根据实测资料给出以下经验公式：

$$r_{ss} = b_1 + a\left(\frac{\theta_s}{\theta}\right)^{b_2} \tag{21}$$

式中，θ_s 为土壤的饱和含水率；θ 为表层 5 cm 土层的平均含水率；a、b_1、b_2 为经验常数。

（2）空气动力学阻力 r_{aa}

当不考虑空气层结的稳定性因素时，冠层动量汇处到参考高度处的空气动力学阻力按下式计算：

$$r_{aa} = \frac{\left(\ln \frac{z - d}{z_0}\right)^2}{k^2 U} \tag{22}$$

式中，U 为高度 z 处的风速；d 为 0 平面位移；z_0 为冠层粗糙高度与作物高度 h_c 有关。

$$d = 0.667\ h_c,\quad z_0 = 0.123\ h_c \tag{23}$$

（3）冠层边界层阻力 r_{ac}

Jones 给出了冠层边界层传导率公式[5]：

$$g_b(z) = a[u(z)/W_L]^{1/2} \tag{24}$$

式中，a=0.01 $\mathrm{ms}^{-1/2}$，$u(z)$为冠层内 z 处风速；W_L 为叶片宽度；其余符号意义同前。冠层内风速近似呈指数分布，即

$$u(z) = u(h_c)\exp[\beta(z/h_c - 1)] \tag{25}$$

式中，$u(h_c)$为冠层顶部风速；β 为风速衰减系数。

对于整个冠层，Choudhury 等给出的单位叶面积平均传导率的表达式如下[6]：

$$\overline{g_b} = \int_0^{\mathrm{LAI}} g_b(z)\,\mathrm{d}L/\mathrm{LAI} \tag{26}$$

式中，L 为自冠层顶部向下累积的叶面积指数，冠层顶部为 0，底部为 LAI。假定叶面积指数自顶向下均匀分布，则有：

$$\overline{g_b}=\frac{2a}{\beta}\left[\frac{u(h_c)}{W_L}\right]^{1/2}[1-\exp(-\beta/2)] \tag{27}$$

冠层边界阻力为

$$r_{ac}=\frac{1}{\mathrm{LAI}\overline{g_b}} \tag{28}$$

（4）冠层内空气动力学阻力 r_{as}

冠层内空气动力学阻力为地表到冠层动量汇之间的水汽、热、动量的传输阻力。r_2 可以表示为

$$r_{as}=\int_{z_s}^{d+z_0}\mathrm{d}z/k(z) \tag{29}$$

式中，z_s 为土壤表面粗糙度，取 0.01 m；$k(z)$为冠层内动量涡动扩散率。在均匀冠层中，认为服从指数分布：

$$k(z)=k(h_c)\exp[\zeta(z/h_c-1)] \tag{30}$$

式中，ζ 为衰减系数，依植被类型其值在 2～4 变动。通过积分得：

$$r_{as}=\frac{h_c\exp(\zeta)}{\zeta k(h_c)}\left[\exp\left(-\zeta\frac{z_s}{h_c}\right)-\exp\left(-\zeta\frac{d+z_0}{h_c}\right)\right] \tag{31}$$

冠层对水汽的阻力见冠层阻力-光合作用-CO_2 通量子模型部分。

1.3　根系吸水子模型——改进的 Feddes 模型

根系吸水模型采用以下形式[5]：

$$S=\frac{a(h)\mathrm{RT}(z)}{\int_0^{L_r}a(h)\mathrm{RT}(z)\mathrm{d}z}T_r \tag{32}$$

式中，RT(z)为根长密度函数；$a(h)$为 Feddes 根系吸水消减函数（reduction function）[7]，定义如下：

$$\alpha(h)=\begin{cases}\dfrac{h}{h_{r1}} & h>h_{r1}\\ 1 & h_{r1}\geqslant h>h_{r2}\\ \dfrac{h_{r2}-h}{h_{r2}-h_{r3}} & h_{r2}\geqslant h>h_{r3}\\ 0 & h_{r3}>h\end{cases} \tag{33}$$

式中，h 为土壤基质势；h_{r1}、h_{r2}、h_{r3} 分别为 Feddes 根系吸水减函数中定义的几个阈值。当土壤水势高于 h_{r1} 时，由于土壤含水量过高，透气性变差，从而使根系吸水能力降低；[h_{r2}，h_{r1}] 为根系吸水适宜的土壤水势范围；当土壤水势低于 h_{r2} 时，根系吸水能力随土水势的降低而降低，当土壤水势低于 h_{r3} 以后，根系无法从土壤中吸收水分。将根系区土壤剖面划分为 N 层，那么根系在第 i 层土壤中的吸水强度可以表示为

$$S_i = \frac{\alpha(h_i)\mathrm{RT}_i D_i}{\sum_{i=1}^{N}\alpha(h_i)\mathrm{RT}_i D_i} T_r \tag{34}$$

式中，RT_i 为根系在第 i 层土壤中的平均根长密度，i=1，2，…，N。

1.4 冠层阻力-光合作用-CO_2 通量子模型

冠层阻力的计算提供两种方案。当只关心作物蒸腾量的计算或者不具备计算光合作用下 CO_2 通量过程的条件时，建议采用以下建议的 Dickinson 模式来计算冠层阻力；当需要模拟光合作用过程和 CO_2 通量时，可以采用以下建议的冠层阻力-光合作用模式和 CO_2 通量计算公式。

1.4.1 Dickinson 冠层阻力模式[8]

冠层阻力与作物发育期有关，主要概括为叶面积指数的影响。叶面积指数越大，冠层阻力就越小；同时，作物叶片气孔的开度受太阳辐射强度、空气的饱和水汽压差、空气温度和根系土壤水分状况的影响。太阳辐射过强、空气湿度过低。空气温度过高和根系层土壤湿度过低都可以导致叶片气孔的收缩，从而增大气孔阻力，抑制作物蒸腾的进行，避免作物因过速失水而遭到伤害。上述各环境因子对气孔的影响以及气孔对上述环境因子变化的相应机制是其极复杂的。通常采用半经验的方法对作物的最小气孔阻力进行修正来估计实际情况下的冠层阻力。Dickinson 给出了一个估计冠层阻力的以下形式：

$$r_{sc} = \frac{r_{st}}{2\mathrm{LAI}} \tag{35}$$

$$r_{st} = \frac{1}{g_{\max}} \frac{1}{f(R_s)f(D)f(T_a)f(\theta)} \tag{36}$$

式中，$g_{\max}$ 为叶片最大气孔导度，对应叶片最小气孔阻力；$f(R_s)$、$f(D)$、$f(T_a)$、$f(\theta)$分别反映了太阳辐射 R_s、水汽压差、周边温度和根系层水分状况对冠层阻力的影响。

1.4.2 气孔阻力-光合作用-CO_2 通量模式

叶片上的气孔是作物蒸腾耗水与光合作用过程中吸收 CO_2 的共同通道。气孔调节、叶片蒸腾、光合作用之间以及它们的行为与环境因子之间都存在十分复杂的相互作用关系。为了定量描述作物光合作用、蒸腾作用、气孔调节之间的关系，一些学者提出了相应的数学模式。Yu 等[17]在有关研究的基础上，提出了一个叶片水平的气孔阻力-光合作用-蒸腾模型。为了研究群体光合作用和耗水规律等问题的需要。本文在于强提出的叶片水平的模型基础上，引进土壤水分胁迫对气孔调节的影响，同时将模型从叶片水平扩展到冠层水平。

（1）叶片尺度

气孔调节模型，Ball 等[16]提出了一个半经验的气孔模型，认为气孔导度是叶面相对湿度（H_L）、CO_2 浓度（Π_s）和光合速率（P_n）的函数。在植物体水分不亏缺的条件下，有

$$g_s = \Omega\frac{P_n H_L}{\Pi_s} + g_0 \tag{37}$$

式中，Ω 为系数。由于叶片蒸腾速率和空气的饱和水汽压差有密切关系，Leuning[9]使用 VPD 取代 H_L 修正了 Ball Berry 模型，得到

$$g_s = \Omega\frac{P_n}{(\Pi_s - \Gamma)(1 + \mathrm{VPD}/\mathrm{VPD}_0)} + g_0 \tag{38}$$

式中，Γ 为 CO_2 补偿点；VPD 是空气饱和水汽压差。在此引入水分亏缺对作物光合作用的影响系数 $f(\theta)$，其值介于 0～1，和土壤水分状况有关。在适宜的土壤含水量区间内，气孔开度不受土壤水分状况的影响；超出适宜含水量区间，土壤过干或过湿都会影响根系正常吸水，气孔导度相应减小，导度降低，蒸腾阻力越大。

$$g_s = f(\theta)\Omega\frac{P_n}{(\Pi_s - \Gamma)(1 + \mathrm{VPD}/\mathrm{VPD}_0)} + g_0 \tag{39}$$

据定义，

$$\Pi_i = \Pi_s - \frac{P_n}{g_s} \tag{40}$$

由于在弱光下，光合作用趋于 0，气孔导度也趋于 0，从式（39）可知，g_0 是接近于 0 的常数。设 $g_0=0$，比较式（38）、式（39）得到

$$\Pi_i = \Pi_s - \frac{1}{f(\theta)\Omega}\frac{\Pi_s - \Pi_i}{1 + \dfrac{\mathrm{VPD}}{\mathrm{VPD}_0}} \tag{41}$$

这个简化公式表明叶肉细胞间隙的 CO_2 浓度主要取决于大气的湿润程度和 CO_2 浓度。

生化模型，Farquhar 等[10]、Von Caemmerer 等[11]提出了 C3 植物光合作用的生化模型，将光合作用表达为叶肉细胞间隙 CO_2 浓度 Π_i、光合有效光量子通量密度（PPFD）和叶温的函数。Collatz 等[12]、Leuning[9]在此基础上进行了修改，将 Π_i 作为已知量，所以是光合作用系统的生化模型，而不包括气孔的调节作用。在生化反应的基础上，光合作用与光强的关系表达为非直角双曲线方程[13,14]：

$$\Phi P_2 - P(\alpha l + P_{\max}) + \alpha l P_{\max} = 0 \tag{42}$$

式中，P 为总光合速率，α 为初始量子效率。Φ 反映了光合曲线弯曲程度，称为凸度。当 Φ=0 时，此式退化为直角双曲线方程。当达到最大值，即 Φ=1 时，光合曲线在光饱和点以前是一条上升的曲线，在光饱和点以后则是光合恒定的直线[14,15]。式（41）的合理解为

$$P = \frac{\alpha I + P_{\max} - \sqrt{(\alpha I + P_{\max})^2 - 4\Phi(\alpha I P_{\max})}}{2\Phi} \tag{43}$$

本文使用此式，$P_n = P - R_d$。模型中的参数与受环境因素影响的生化过程有关，主要有：

①初始量子效率，初始量子效率受 CO_2 浓度的影响比较明显，其关系可以表示为

$$\alpha = \alpha_0 \frac{\Pi_i - \Gamma}{\Pi_i + 2\Gamma} \tag{44}$$

式中，α_0 是 CO_2 同化的内禀量子效率。

②最大光合速率（$P_{\max}$），主要受 Rubisco 限制，与 CO_2 浓度和温度有关。

$$P_{\max} = V_m \frac{\Pi_i - \Gamma}{\Pi_i - \upsilon} \tag{45}$$

式中，V_m 为单位面积的叶面上 Rubisco 的最大催化能力；υ 为 Rubisco 反应中与 CO_2 和 O_2 的米氏反应曲线有关的参数，这里假定为常数。V_m 依赖于叶温：

$$V_m = V_{m0} \frac{1}{1 + \exp\left[\frac{-\beta_1 + \beta_2 (T_{\text{leqf}} + 273)}{R(T_{\text{leqf}} + 273)}\right]} \tag{46}$$

$$V_{m0} = V_0 Q_{10}^{\frac{T_{\text{leqf}} - 25}{10}} \tag{47}$$

式中，β_1 和 β_2 为参数；R 为理想气体常数。

暗呼吸 R_d 与 V_m 成比例关系，即

$$R_d = \sigma V_m \tag{48}$$

式中，σ 为比例系数。从而得出净光合速率：

$$P_n = P - R_d \tag{49}$$

（2）冠层尺度

假定冠层顶部入射光合有效辐射强 PAR_0，辐射在冠层中按以下指数形式衰减：

$$\text{PAR}(L) = \text{PAR}_0[1 - \exp(-\varpi L)] \tag{50}$$

式中，L 为叶面积指数，其值冠层顶部为 0，在冠层底部达到最大值 LAI；PAR（L）为叶面积指数，为 L 处的入射光合有效辐射强度；ϖ 为光合有效辐射的消光系数。

假定冠层内部空气中的 CO_2 浓度均匀，并且近似采用冠层上方空气的 CO_2 浓度代替，空气温度分布均匀为 T_a，由式（41）求出叶面积指数为 L 处的叶片气孔下腔 CO_2 浓度 Π_i（L），由式（44）、式（45）分别求出初始量子效率和最大光合作用速率，与 PAR（L）一起代入式（43）求出 L 处的光合作用速率 P（L）。

冠层内温度分布的变化对于呼吸速率的影响不大，L 处的呼吸速率仍由式（48）确定，记为

$$R_d(L) = \sigma V_m \tag{51}$$

L 处的净光合速率为

$$P_n(L) = P(L) - R_d(L) \tag{52}$$

通过式（39）求出气孔导度 $g_s(L)$。

将 P_n（L）在冠层上积分，得出冠层净光合速率 P_{cn}：

$$P_{cn}=\int_0^{\mathrm{LAI}}P_n(L)\mathrm{d}L \tag{53}$$

冠层气孔导度 g_{sc}：

$$P_{sc}=\int_0^{\mathrm{LAI}}g_s(L)\mathrm{d}L \tag{54}$$

对水汽的冠层导度 g_{sw}：

$$g_{sw}=1.6g_{sc} \tag{55}$$

冠层对水汽的阻力：

$$r_{sc}=\frac{1}{g_{sw}} \tag{56}$$

（3）CO_2 通量。

在上述冠层光合作用与阻力的计算中，采用了冠层上方某一高度的空气中的 CO_2 浓度近似代替冠层中空气的 CO_2 浓度，由于浓度差别不大，对光合作用的影响是很小的，所以这种近似的处理办法对光合作用的计算不会造成明显的误差。但是，在计算 CO_2 通量的过程中，仍然要考虑从测定 CO_2 浓度高度到冠层气孔下腔过程中的各项阻力，包括空气动力学阻力、冠层边界层空气动力学阻力和冠层阻力，其计算方法如下：

$$F_c=\frac{\Pi_s-\Pi_i}{g_{sc}^{-1}+r_{sa}+r_{aa1}} \tag{57}$$

式中，r_{aa1} 为 CO_2 源汇面所在位置距 Π_s 测量高度间的空气动力学阻力。

2　模型功能

在具备合适的模型参数和输入数据的情况下，本模型可以实现以下几个功能：①利用土壤水流子模型可以单独求解灌水、降水入渗过程；②利用土壤水流子模型、蒸发蒸腾子模型和 Dickinson 冠层阻力模式，在输入地表热通量条件下可以直接模拟腾发条件下 SPAC 系统的蒸发、蒸腾、土壤水流和土壤下边界通量过程；③在具备空气 CO_2 浓度变化过程的观测数据时，利用冠层阻力-光合作用-CO_2 通量子模型可以模拟 SPAC 系统的水分通量、CO_2 通量和光合作用过程；④可以对 SPAC 系统中的蒸发蒸腾、土壤水流、降雨和灌水入渗、CO_2 通量和光合作用过程进行综合模拟。

3　小结

本部分建立了模拟农田 SPAC 系统中的水、热、CO_2 通量和光合作用的系统模型。模型包括 4 部分：①土壤水流子模型采用土壤水流的连续方程来描述。②根系吸水子模型采用惯常使用的宏观吸水模型。考虑到根系吸水与根系分布和土壤水势的关系，采用了根据

Feddes 模型改进得到的模型。③蒸发蒸腾子模型采用 Shuttleworth-Wallace 公式，该公式在形式上是解耦的，代入气象参数和作物参数可以直接求出土壤蒸发与作物蒸腾量。在本质上，该公式仍然反映了土壤-冠层蒸发蒸腾的耦合作用。④冠层阻力子模型采用两个模型。Dickinson 模式可以在只需要求解系统水热流动时使用。在模拟系统水、热、CO_2 通量和光合作用时，采用于强等提出的叶片水平的简化处理的气孔阻力-光合作用模型，并扩展到冠层尺度，来确定冠层阻力、光合作用速率以及叶片气孔下腔的 CO_2 浓度，并进而确定冠层的 CO_2 通量。冠层阻力-光合作用-蒸腾作用具有很强的耦合性，建立耦合模型以求解它们之间的相互作用，需要通过迭代法求解系列非线性代数方程。本文尝试采用解耦后的简单形式，其中考虑了气孔调节和光合作用受环境因子影响的重要过程。

作者将进一步考虑 SPAC 系统中的盐分与养分运移，水分养分的耦合机制，化肥农药对环境作用，作物生长模拟等子模型，建立一个能够在生产中进行作物水肥管理和农田生态环境评价的综合模型。

参考文献

[1] Milhaillovic D T，Piekle R A，et al. A resistance representation of schemes for evaporation from bare and partly plant covered surfaces for use in atmospheric models[J]. App. Met.，1993，32：1038-1054.

[2] 罗毅. 墒情监测与随机预报及作物系数研究[D]. 北京：清华大学，1988.

[3] Shuttleworth W J，Wallace J S. Evaporation from sparse crops-an energy combination theory[J]. Qurat J R，Met. Soc.，1985，111：839-855.

[4] 林家鼎，孙菽芬. 土壤内水分流动、温度分布及其表面蒸发效应的研究——土壤表面蒸发阻抗的探讨[J]. 水利学报，1983（7）.

[5] 罗毅，于强，欧阳竹，等. 用精确的田间实验资料对几个常用根系吸水模型的评价与改进[J]. 水利学报，2000（3）.

[6] Choudhury B J，Monteith J L. A four-layer model for heat budget of homogeneous land surfaces[J]. Q. J. R. Meteorol. Soc.，1988，114：373-398.

[7] Feddes R A，Bresler A E，Neuman S P. Field test of a modified numerical model for water uptake by root system[J]. Water Resources Res.，1974，10：1199-1206.

[8] Dickinson R E. Modelling evapotranspiration for three dimensional global climate models[J]. Climate Processes and Climate Sensitivity，Monograph，1984，29（5）：58-72.

[9] Leuning R. A critical appraisal of a combined stomatal photosynthesis model for C3 plants[J]. Plant Cell Environ，1995，18：339-355.

[10] Farquhar G D，von Caemmerer S，Berry J A. A biochemical model of photosynthetic CO_2 assimilation in leaves of C3 species[J]. Planta，1980，149：78-90.

[11] Von Caemmerer S，Farquhar G D. Some relationships between the biochemistry of photosynthesis and the gas exchange of leaves[J]. Planta，1981，153：376-387.

[12] Collatz G J，Ball J T，Grivet C，et al. Physiological and environmental regulation of stomatal conductance[J].

photosynthesis and transpiration：A model that includes a laminar boundary layer. Agr For Meteorol.，1991，54：107-136.

[13] Long S P，Humphries S，Falkowski P G. Photoinhibition of photosynthesis in nature[J]. Annu. Rev. Plant Physiol.，Mol. Biol，1994，45：633-662.

[14] 索恩利. 植物生理的数学模型[M]. 王天铎，译. 北京：科学出版社，1980.

[15] 陆佩玲，罗毅，刘建栋，等. 华北地区冬小麦光合作用光响应曲线的特征参数[J]. 应用气象学报，2000，5：236-241.

[16] Ball J T，Woodrow IE，Berry J A. A model predicting stomatal conductance and its contribution to the control of photosynthesis under different environmental conditions[M]//Progress in Photosynthesis Research（ed. I. Biggins）. Martinus Nijhoff Publishers，Netherlands，1987：221-224.

[17] Yu Q，Wang T Z. Simulation of the physiological responses of C3 plant leaves to environmental factors by a model which combines stomatal conductance，photosynthesis and transpiration[J]. Acta Botanica Sinica，1998，40：551-566.

SPAC 系统中水热 CO_2 通量与光合作用的综合模型（II）：模型验证*

罗毅　欧阳竹　于强　唐登银

摘　要：本文利用禹城综合试验站土壤-植物-大气连续体系统综合观测场冬小麦田间实测资料，对《SPAC 系统中水热、CO_2 通量与光合作用的综合模型（Ⅰ）：模型建立》一文所建立的模拟土壤水分动态、蒸发蒸腾和冠层 CO_2 通量等功能进行了验证。利用波文比观测水汽通量结果、土壤水分剖面监测结果分别对模拟计算腾发量和土壤水分剖面的验证结果表明，模拟计算的腾发量和土壤水分剖面是比较准确的；将模拟的光合作用过程中的 CO_2 通量与实测值对比表明，模拟值与实测值的变化趋势是一致的，但是数量上存在一定的差异。模拟光合作用过程和强度符合一般规律。总体来说，所建立的系统模型在上述功能的模拟上是可行的。

关键词：CO_2 通量　光合作用　土壤水分　蒸发蒸腾　模型

文献[1]建立了模拟 SPAC 系统中水、热、CO_2 通量和光合作用综合模型。本文采用禹城综合试验站 1999 年冬小麦田间的实测资料，对模型的蒸发蒸腾、CO_2 通量、土壤水分动态的模拟进行验证。田间实验观测包括利用 MASO-Ⅰ型小气候梯度仪连续自动采集温度、湿度、风速、太阳辐射数据，根系剖面分布调查，土壤水分动态监测，CO_2 通量监测等方面。

1　田间实验

1999 年 4 月 7—23 日，在禹城综合试验站综合观测场冬小麦田内进行了包括土壤、作物、气象和 CO_2 通量的联合观测，分述如下。

土壤水分监测。土壤水分采用中子水分仪测定，观测时每 10 cm 土层一个读数。

叶面积指数和株高测定。测定株高时，在观测场内随机取 10 株求其平均值，同时测定这 10 株的叶面积指数，并取其平均值代表大田的平均情况。叶面积指数采用美国 CID 公司生产的 CID201 面积仪测定。该仪器测定面积的校验误差为 2%。

根系剖面测定。4 月 22 日测定了冬小麦根系剖面。取样采用开挖剖面的办法进行。冬小麦行距 15 cm，沿两行并向两边各取 7.5 cm，沿行向取 30 cm，向下每 10 cm 取一个

* 本文发表于《水利学报》2001 年第 3 期第 58～63 页。

30 cm×30 cm×10 cm 的土样，取样深度 140 cm。这样测定的根系分布代表了冬小麦行上和行间根系的平均状况。土样取出以后，立刻用水冲洗，剔除死根和杂质得到活性根系。采用 CID201 测定每层土样中的总根长。采用单位体积土壤中总根长作为根长密度，于是可以得到根长密度在剖面上的分布，见图 1。根据实测数据，将根长密度在土壤剖面上的分布用下式进行拟合：

$$\mathrm{RT}(z)=3.72\exp\left(-\frac{z}{19.26}\right) \tag{1}$$

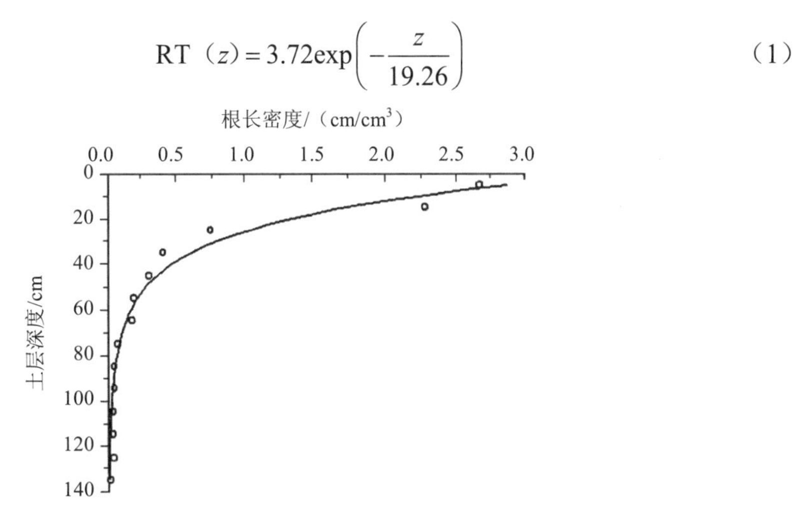

图 1　根系密度在土壤剖面上的分布

小气候观测。观测场内安装了一套小气候自动观测系统。分别在距地表 1 m、2 m、3 m、和 4 m 安装了风速、干湿球温度传感器测定风速和干湿球温度，在距地表 2 m 高度安装了辐射表测定总辐射及其分量和净辐射。在冬小麦行上和行间埋设热通量板各一块测定地表热通量。另外，还安装了管状净辐射表测定冠层内净辐射，地温表监测土壤温度剖面。自动数据采集系统在每个整点前后 5 min 内连续采集数据，取 10 min 的平均值作为整点时刻的观测值。同时，可以用温湿度梯度、净辐射以及地表热通量数据和波文比方法来计算田间总蒸发蒸腾量。本文将用 2 m 和 4 m 高度的观测数据和波文比方法计算蒸发蒸腾量，并以此来检验模型计算的蒸发蒸腾量的可靠性。

CO_2 通量观测。1999 年 4 月 7—23 日进行了 CO_2 通量观测。观测时采用美国 CID 公司制造的 CI301PS 光合作用测定系统采集 CO_2 浓度。该仪器具有两个 CO_2 气体采集通道。实验中，将其两个气体采集通道的导管延长，将延长管的进气口分别置于 MASO-Ⅰ 小气候梯度自动观测系统的 1 m 和 3 m 高度支架上，采集小麦冠层上方 1 m、3 m 两个不同高度的 CO_2 浓度。CI301PS 采集的时间通道设置为 1 min，让其自动采集，记录采集数据，定期将采集的数据转入微机进行分析处理。数据处理采用 Microsoft 公司的 Excel 软件。CI301PS 自动采集过程中，将 1 min 分成两个时间段，每段 24 s，在每个时间段采集一个气体通道的气体，分析其浓度，将 24 s 中采集的多个浓度数据的平均值作为该时段的 CO_2 浓度。CI301PS 对两个气体通道采集的气体按时段轮流进行采集分析。由于时段很短，认为每分钟中采集的两个不同高度的 CO_2 浓度在时间上是同步的，据此推算 CO_2 浓度梯度。

MASO-Ⅰ小气候自动观测系统采集微气象因子的时段间隔为 1 h。在每个整点的前后 5 min 采集数据，将 10 min 的平均值作为整点时的微气象因子观测值。所以，本文将 CI301PS 采集的 CO_2 浓度数据也将每个整点的前后 5 min 的数据进行平均，将平均值作为整点时的 CO_2 浓度观测值。这样就实现了 CO_2 浓度数据的微气象因子观测数据在时间分辨率上的一致性。

根据文献[2]介绍的方法，结合实验观测的两个不同高度的 CO_2 浓度值和 MASO-Ⅰ小气候自动观测系统观测的风速和空气温度值，可以计算出 CO_2 通量。

2 土壤水分动态、蒸发蒸腾量、CO_2 通量与光合作用过程模拟

利用上述实验获得的数据和文献[1]建立的模型，模拟田间蒸发蒸腾量、CO_2 通量、光合作用过程以及土壤水分动态，并利用实测结果对模拟结果进行检验。模拟计算时，做以下几个方面的处理：

（1）采用实测的土壤热通量直接输入能量平衡方程。

（2）模拟期间没有降水，在 4 月 17 日有一次 93 mm 的灌水。灌水入渗过程作为地表 0 积水深度的入渗过程处理。

（3）根系分布密度采用根据 4 月 18 日的实测值拟合的根长密度分布曲线。

（4）土壤水分初始剖面采用 4 月 6 日实测的含水量剖面。计算土层厚度 220 cm，表土层厚度 2 cm，次层厚度 8 cm，以下每 10 cm 一个层次。下边界条件采用固定含水量 0.42。

（5）在光合有效辐射大于 0，作物进行光合作用期间，冠层阻力、光合作用、CO_2 通量计算采用冠层阻力-光合作用-CO_2 通量子模型计算，模拟中将冠层分成叶面积指数相等的 20 层来计算冠层光合速率和冠层阻力。在光合作用停止以后，本模型尚不能计算冠层呼吸产生的 CO_2 通量，也不能计算冠层阻力，所以采用 Dickinson 模式计算冠层阻力。对于冠层阻力模式中的土壤水分胁迫因子，本文构造以下关于土壤基质势的函数：

$$f(h)=\sum_{i=1}^{N}\frac{D_i \mathrm{RT}_i}{\int_0^{L_r}\mathrm{RT}(z)\,\mathrm{d}z}\cdot\alpha(h_i) \tag{2}$$

式中，RT（z）为根长密度函数；D_i 为 i 土层厚度；RT_i 为 D_i 中的平均根长密度；L_r 为根系深度；N 为 L_r 内划分的土层总数；h_i 为 i 层土壤的基质势；α（h_i）为 Feddes 水分胁迫函数[3]。

式（2）的特点是综合考虑了土壤水势和根系密度对土壤水分胁迫的影响。

（6）模型输入量包括土壤参数、土壤初始含水量、灌水量、根系密度分布、叶面积指数、株高、2 m 高度干湿球温度、风速，太阳净辐射、光合有效辐射、地表热通量，1 m 高度 CO_2 浓度。计算时段始于 4 月 7 日 16：00，止于 4 月 18 日 8：00。对于计算时期内没有 CO_2 浓度观测数据的时段，采用同时段的观测值补齐，实现 CO_2 浓度数据的连续性。模型输出包括土壤含水量剖面，土壤蒸发与作物蒸腾、“大叶”气孔下腔的 CO_2 浓度、CO_2 通量、净光合作用速率日变化过程。利用实测的土壤水分剖面验证土壤水分输出结果；利用 MASO-Ⅰ小气候观测仪 2 m 和 4 m 高度的干湿球温度、风速、净辐射和地表热通量和波文比方法计算冠层上方的总水汽通量来验证模型的水汽通量输出；利用本文实验观测到的

CO_2通量来验证模型的CO_2通量输出。冠层群体光合作用速率日过程无实测资料验证，只能大体分析其合理性。

2.1　蒸发蒸腾量

波文比能量平衡法一直被认为是较可靠的蒸发量计算方法[5]，是常规观测精度最高的方法[6]。本文用波文比能量平衡法计算的蒸发蒸腾量来检验模型，模拟水汽通量的可靠性。但是由于波文比方法在早晚时段的计算误差较大[5]，甚至会出现波文比接近 −1 的情况，计算出的蒸发蒸腾量常出现异常值，不能反映实际情况，所以采用波文比能量平衡法时，只用每日 6：00—20：00 的气象数据。根据 MASO-Ⅰ小气候自动观测系统测定的 2 m 和 3 m 高度的温度、湿度、风速数据和净辐射以及地表热通量数据，利用波文比方法[4]计算水汽通量，图 2 是模拟水汽通量与波文比法计算的水汽通量日过程对比。二者的日变化过程吻合得很好。进一步对两者进行相关分析，得到相关直线斜率 0.97，截距 0.81 mm/d，相关直线倾角接近 45°，模拟值微弱偏大。这说明蒸发蒸腾量模拟计算基本上是合理的。由于没有土壤蒸发和作物蒸腾的实测资料，所以模拟计算的土壤蒸发量和作物蒸腾量无法单独进行验证。

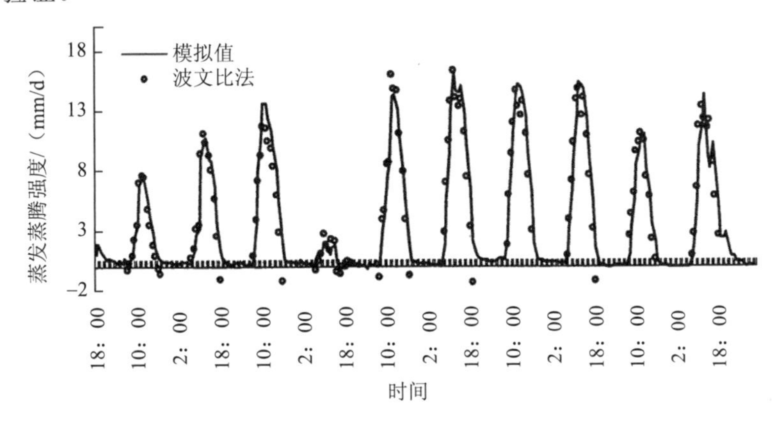

图 2　模拟水汽通量与波文比观测值日过程对比

2.2　CO_2通量

本文采用波文比方法来测定CO_2通量。其原理与测定水汽通量的原理类似，所不同的是要在水汽通量观测的基础上再加测两个不同高度的CO_2浓度。假定CO_2气体的动量交换系数与水汽的交换系数相等[7]，便可以确定CO_2通量。本研究采用 CI301PS 系统来采集不同高度的CO_2浓度，结合 MASO-Ⅰ小气候梯度仪测定的风速、干湿球湿度、净辐射和地表热通量资料来计算CO_2通量。其计算方法见参考文献[2]。

图 3 中的粗实线是利用上述方法计算的CO_2通量。图中的数据间断是因为在连续观测过程中 CI301PS 的供电电源出现了故障。图 3 中的细实线是用模型模拟得出的CO_2通量的变化过程。在模拟过程中，为使模型在实验期间能够连续运转，对于CO_2浓度观测数据出

现间断时，采用已有的观测数据补齐。同时由于模型不能模拟夜间的 CO_2 通量，所以图 3 也仅给出了光合作用过程中的 CO_2 通量。需要说明的是，模拟值给出的是作物冠层产生的 CO_2 通量，不包括来自土壤表面的 CO_2 通量。本实验期间（4 月 7—23 日），作物叶面积指数从 4.7 增长为 5.04，冠层郁闭度较高。同时在此期间，冬小麦生长旺盛，是光合作用很强的时期，所以可以说冠层上方的 CO_2 通量主要由冠层贡献。从几日 CO_2 通量的实测值与模拟值的对比来看，二者随时间的变化趋势和数量上都存在很好的一致性，但是在正午前后的时间里，模拟通量低于实测值；模拟值日过程波动较小，但是实测值波动较大。CO_2 通量实测值受所观测的浓度差值的准确性[2] 和风速观测值的影响而具有较大的波动性。

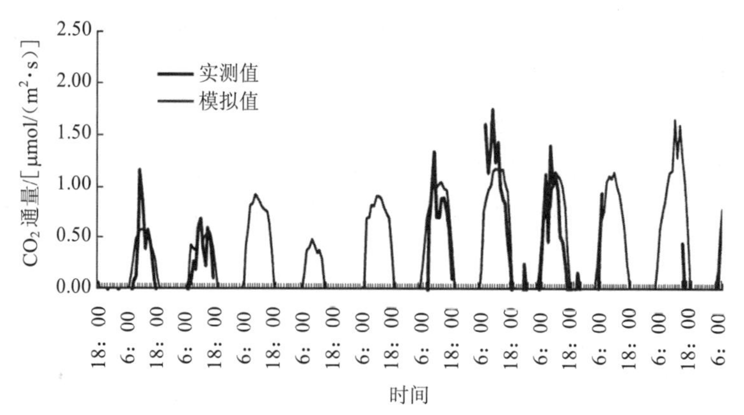

图 3 CO_2 通量模拟值与实测值对比

2.3 光合作用和水分利用效率

图 4 给出了模拟的群体净光合速率日变化过程线。由于没有冠层光合作用日变化过程的实测资料，所以对模拟计算的光合作用日过程不能进行检验。但从图 4 可以看出，光合作用的最大值出现在中午 12：00 左右，大小与天气状况有关，天晴则高，反之则低，最大值一般不超过 70 μmol/（m^2·s），这些都是符合一般实验规律的。

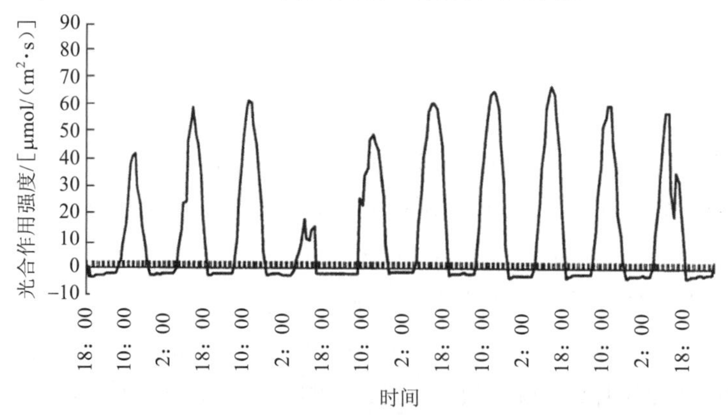

图 4 模拟净光合速率和夜间呼吸速率的变化过程

作物群体的水分利用效率 WUE 是指群体在单位时间内消耗的水量（蒸腾量+蒸发量）产生的碳水化合物，其值越大，说明水分生产效率就越高，这是农业节水所追求的最为重要的目标之一。本文将模拟所得作物群体净光合作用强度与蒸发蒸腾强度的比值作为群体的水分利用效率，主要是考察 WUE 在日间的变化过程。计算结果如图 5 所示。群体水分利用效率日间变化明显。最大值一般出现在早上 7：00 左右，随后迅速下降，10：00 以后趋于稳定，日间变化呈“L”形，这与有关田间实验观测所取得的结果是一致的[8]。在早上，由于有效光合辐射强度小，作物光合作用强度低，但是，此时太阳辐射强度小，作物蒸腾量也小，结果作物的水分利用效率反而很大。虽然此时的水分利用效率很高，但由于作物光合作用强度小而产出量也小。作物光合作用强度随光合有效辐射强度增大而增长，但是光合有效辐射强度增大到一定值时，光合作用强度不再随辐射强度的增大而增大，这个值就是光饱和点。随太阳辐射强度的增大，作物蒸腾强度也随之增大，但是其增长幅度比光合作用强度的增长幅度要大，所以水分利用效率反而降低。从光合作用日变化过程来看，在中午这段时间里，作物光合作用强度最大，所以尽管此间水分利用效率较低，但是作物的产出较多。由于太阳辐射强度增大，作物叶片气孔扩张来提高水分散失速度，从而达到降低叶温的目的，尤其在土壤供水充分的条件下，更是如此。虽然气孔扩张也有利于作物对 CO_2 气体的吸收从而增加光合作用的能力，但是从干物质生产和水分消耗两相比较，仍有“得不偿失”的嫌疑。所以在一日之中，作物干物质生产效率和水分利用效率之间存在一定的矛盾，如何降低作物耗水强度，实现作物水分利用效率在日间达到较高的水平，实现作物生产和水分利用的高产高效是需要深入研究的问题。

2.4 土壤水分剖面

图 6 给出了 4 月 17 日 100 cm 土层水分剖面模拟值与实测值对比。30 cm 以上和 80 cm 以下模拟值与预测值吻合较好，表层土模拟值稍低于实测值；60 cm 上下土层的模拟值与实测值偏差大一些，模拟值高于实测值。总体情况而言，模拟值与实测值吻合良好。

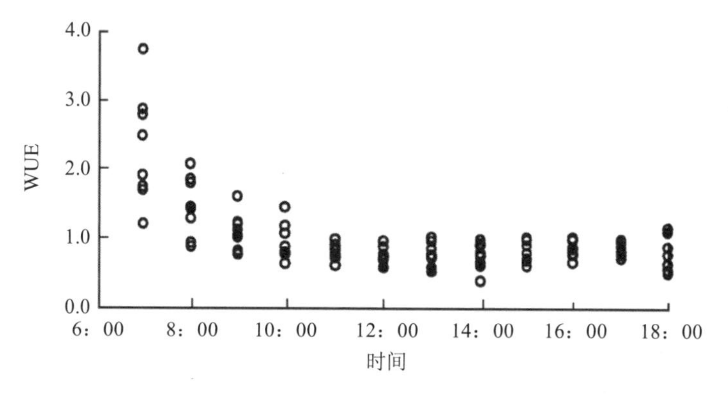

图 5 模拟计算的群体水分利用效率日间变化过程

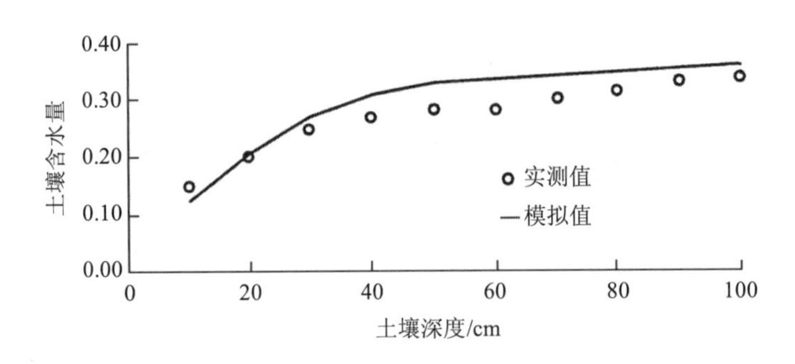

图 6 土壤水分剖面模拟值与实测值对比

3 小结

通过本文研究，得出以下初步结论：①模型模拟的腾发量日变化过程与利用波文比法观测的腾发量对比表明，模型模拟腾发量是可靠的。②模拟计算的土壤水分剖面和实测土壤水分剖面吻合良好，说明模型模拟土壤水分动态变化是可靠的。③模型模拟的日间 CO_2 通量过程与实测值日间过程的趋势是一致的，但是数量上存在一定的差别。模拟值中不包括来自土壤的 CO_2 通量可能是导致上述数量差别的重要原因之一。④模拟的光合作用的日变化过程的趋势是合理的，光合作用在日间出现最大值的时间和最大值的数量也基本是合理的。⑤群体的水分利用效率在日间的变化过程呈“L”形，在早上 7：00 左右出现最大值，随后迅速降低，到 10：00 以后趋于稳定。总体来说，利用所建立的 SPAC 系统水、热、CO_2 通量和光合作用模型模拟在土壤水分动态、蒸发蒸腾、光合作用和 CO_2 通量是可行的。但是存在以下几个问题需要进一步研究：①在 CO_2 通量的模拟计算部分，要进一步加强对土壤 CO_2 通量利用的考虑；②需要开展作物群体光合作用日变化过程的冠层实验来验证模型对光合作用过程模拟的性能；③作物在不同生育期情况下模型各方面性能的表现，需要进一步检验；④模型需要在作物生长模拟部分进行扩展，以形成一个关于土壤水热、光合作用和 CO_2 通量、作物耗水与作物生长的综合模拟模型。

参考文献

[1] 罗毅，于强，欧阳竹，等. SPAC 系统中的水、热、CO_2 通量与光合作用的综合模型（Ⅰ）：模型建立[J]. 水利学报，2001（2）：90-97.

[2] Stetudo P，Hsiao T C. Maize canopies under two soil water regimes，Ⅳ[J]. Validity of Bowen ratio-energy balance technique for measuring water vapor and carbo dioxide fluxes at 5-min intervals，Agricultural and Forest Meteorology，1998，89：219-232.

[3] Feddes R A，Bresler A E，Neuman S P. Field test of a modified numerical model for water uptake by root system[J]. Water Resources Res.，1974（10）：1189-1206.

[4] 雷志栋，杨诗秀，谢森传. 土壤水动力学[M]. 北京：清华大学出版社，1988.

[5] 左大康，覃文汉. 国外蒸发研究的进展[M]//农田蒸发-测定与计算. 北京：气象出版社，1991.

[6] 陈发祖. 蒸发测定方法[M]//农田蒸发-测定与计算. 北京：气象出版社，1991：22-31.

[7] Steduto P，Hsiao T C. Maize canopies under two soil water regimes，Ⅰ[J]. Diurnal patterns of energy balance，carbon dioxide flux，and canopy conductance，Agricultural and Forest Meteorology，1998，89：169-184.

[8] 王会肖. 农田生态系统水分运行及水分利用有效性的实验与模拟[D]. 北京：中国科学院地理研究所，1997.

基于冠层温度的作物缺水研究进展*

袁国富 唐登银 罗毅 于强

摘 要：冠层温度信息可以很好地反映作物的水分状况。自20世纪70年代以来，基于冠层温度的作物缺水指标的研究经历了三个阶段，即单纯研究冠层温度本身变化特征的第一阶段、以冠层能量平衡原理为基础的作物水分胁迫指数的第二阶段和考虑冠层和土壤的复合温度的水分亏缺指数的第三阶段。指标的发展也由使用手持式红外辐射仪信息扩大到使用航空和卫星遥感信息。这一类指标在点和区域尺度上均可应用。加强这一类指标的研究对于我国北方地区农作物的有效灌溉和区域水资源的管理都有重要意义。

关键词：冠层温度 作物水分胁迫指数 水分亏缺指数 遥感

作物缺水研究对于探讨水分对作物生长发育、生理生化过程的影响、指导田间及时灌溉、节约水资源等都有重要意义。用作物本身的生理变化来反映作物的水分状况则是作物缺水研究中一个主要的分支，这些生理变化指标主要有叶水势、茎水势、叶片相对含水量、叶温或冠层温度、叶气孔阻力、叶片或冠层光合速率、作物光谱反射率以及叶片卷曲度等，其中通过作物的冠层温度来反映作物缺水的研究随着探测方法的进展越来越深入并已在国外形成了相对成熟的灌溉技术[1]。本文试图综述国内外在这方面的研究进展，推动和加强我国在这方面的研究工作。

1 基于冠层温度的作物缺水指标研究进展

冠层温度作为一个研究对象才有几十年的历史，Jackson[2]曾经综述过这方面研究的早期进展。通过冠层温度来建立作物缺水指标的研究从20世纪70年代早期就已开始[3]，在早期，研究主要是观察作物在不同水分状况下的冠层温度变化特征，并根据冠层温度的变化特征与农田土壤的水分含量或作物的生理变化的比较来建立反映作物缺水的指标，这些指标有代表性的主要有胁迫积温（stress degree day，SDD）[4,5]、冠层温度变率（canopy temperature variability，CTV）[6]和温度胁迫日（temperature stress day，TSD）[7]等。早期建立的这些指标的共同特点是通过仅考虑作物冠层温度在时间上（如SDD、TSD）或空间上（如CTV）的变化特征来反映作物的水分状况。由于冠层温度是农田生态系统中能量平衡

* 本文发表于《地球科学进展》2000年第16卷第1期第49～54页。

的结果，冠层温度的变化并不仅仅受土壤水分多少的影响，因此通过单一冠层温度建立起来的指标在实际应用中并不理想[8,9]。

Idso 等[10]于 1981 年考虑了影响冠层温度变化的主要环境因子空气湿度，提出了作物水分胁迫指数（crop water stress index，CWSI），这一指标基于一个重要的经验关系，即作物在充分灌水（或潜在蒸发）条件下冠层温度与空气温度的差（以下简称冠气温差）与空气的饱和水汽压差成线性关系，用公式表达如下：

$$(T_c - T_a)_{ll} = A + B \cdot \mathrm{VPD} \tag{1}$$

式中，T_c 指作物冠层温度，℃；T_a 为空气温度，℃；$(T_c - T_a)_{ll}$ 为作物在潜在蒸发状态下的冠气温差，是冠气温差的下限；A、B 分别为线性回归系数；VPD 为空气的饱和水汽压差，Pa。

从而定义 CWSI 如下：

$$\mathrm{CWSI} = \frac{(T_c - T_a)(T_c - T_a)_{ll}}{(T_c - T_a)_{ul}(T_c - T_a)_{ll}} \tag{2}$$

式中，$(T_c - T_a)_{ul}$ 是作物无蒸腾条件下的冠气温差，是冠气温差的上限，Idso 认为这是一个仅与空气温度有关的值，可以由下式计算：

$$(T_c - T_a)_{ul} = A + B \cdot \mathrm{VPG} \tag{3}$$

式中，VPG 指温度为 T_a 时的空气饱和水汽压和温度为 T_a+A 时的空气饱和水汽压之间的差；A、B 与式（1）相同。

随后，Jackson 等[11,12]用冠层能量平衡的单层模型对 Idso 的冠气温差上下限方程进行了理论解释。基于能量平衡的阻抗模式，作物冠气温差的上下限方程可分别表述为

$$(T_c - T_a)_{ul} = \frac{\gamma_a (R_n - G)}{\rho C_p} \tag{4}$$

$$(T_c - T_a)_{ll} = \frac{\gamma_a (R_n - G)}{\rho C_p} \cdot \frac{\gamma(1+\gamma_{cp}/\gamma_a)}{\Delta + \gamma(1+\gamma_{cp}/\gamma_a)} - \frac{\mathrm{VPD}}{\Delta + \gamma(1+\gamma_{cp}/\gamma_a)} \tag{5}$$

式中，R_n 为净辐射通量密度，W/m^2；G 为土壤热通量密度，W/m^2；ρ 为空气密度，kg/m^3；C_p 为空气比热，J/（kg·℃）；γ 为干湿表常数，Pa·℃；γ_a 为空气动力学阻力，s/m；γ_{cp} 为潜在蒸发条件下的冠层阻力，s/m；Δ 为饱和水汽压随温度变化的斜率，Pa/℃；其他符号同上。

对比式（5）和式（1）可以看出，式（5）是对式（1）经验公式的理论解释。

Idso 模式和 Jackson 模式被分别称为作物水分胁迫指数 CWSI 的经验模式和理论模式，随着这两个模式的提出，基于冠层温度的作物缺水指标的研究从单纯研究冠层温度本身发展到考虑冠层的微气象条件，其理论依据加强，因此指标得以广泛应用。同时，对这两个模式的改进研究也在进行，其中对经验模型的改进，主要是考虑影响冠层温度的其他环境因子，如风速[13]、净辐射[14,15]，将它们与冠气温差上下限进行多元线性回归，改善经验模式的计算精度。对理论模式的改进，张仁华[16,17]根据遥感面与冠层的饱和水汽面不重合的

现象出发，建立了一个没有作物因素的作物水分胁迫指数的微气象模式；Clawson 等[9]则将冠气温差的下限视为一个可以观测到的值，简化了理论模式的计算。

CWSI 的经验模式和理论模式以及它们的改进形式都是以冠层能量平衡单层模型为理论基础的，单层模型的适用条件是作物叶面积指数应大于 3，尽量减少土壤在能量交换中的影响，因此 CWSI 的应用在作物生长的早期冠层较为稀疏时应用效果较差。另外它所要求的冠层温度是纯粹的冠层温度，在观测视野内出现土壤都会对正确观测冠层温度以及 CWSI 的计算产生巨大的影响[11,18,19]。在这种情况下 CWSI 一般不能使用由航空和卫星遥感获取的分辨率相对较低的地表混合温度信息，而多使用地面的红外探测装置如手持式红外测温仪等。

为了克服 CWSI 以上的弱点，Moran 等[20]在能量平衡双层模型的基础上，建立了一个新的指标：水分亏缺指数（water deficit index，WDI），采用地表混合温度信息，引入植被覆盖率变量，成功地扩展了这种以冠层温度为基础的作物缺水指标在低植被覆盖下的应用和其遥感信息源。

WDI 的计算基于一个地表温度（指植被和土壤的混合温度）和空气温度差与地表植被覆盖率的关系，在任一植被覆盖率下的地表-空气温差总是落在一个植被指数——温度关系梯形（VIT 梯形）（图 1）内。梯形的 4 个顶点分别代表：①水分充分供给的完全植被；②完全水分胁迫的完全植被；③完全湿润的裸露土壤；④完全干燥的裸露土壤。梯形的存在说明了两点：第一，梯形的 4 边代表了地表能量收支的极限；第二，梯形的左边线（代表极湿）和右边线（代表极干）的线形假设在目前情况下是可行的（详细讨论参考 Moran 的文献）。从图 1 可以看出，对于一个实测的地表-空气温差 T_s-T_a（如图中点 C），从理论上可以推导线段 CB 与 AB 之比就等于实际蒸散与可能蒸散之比，则 WDI 有以下定义：

$$\mathrm{WDI}=1-\frac{E}{E_p}=\frac{(T_s-T_a)-(T_s-T_a)_m}{(T_s-T_a)_x-(T_s-T_a)_m} \tag{6}$$

式中，T_s 为地表混合温度，℃；T_a 为空气温度，℃；$(T_s-T_a)_m$ 和 $(T_s-T_a)_x$ 分别为地表与空气温差的最小值和最大值。

对于梯形的 4 个顶点，它们代表了两种均匀地表（全植被和全土壤）的极端干湿状况，可以使用基于 Monteith 的单层能量平衡模型计算出它们的（T_s-T_a）值。

对于纵坐标代表的植被覆盖率（量纲一），则使用取自遥感数据的植被指数，如 NDVI 或 SAVI 等来代替。这种代替的前提是假定植被指数与植被覆盖率之间是线形关系。在得到梯形的 4 个顶点的（T_s-T_a）值以及相应的植被指数后，就可以获得梯形左右两边的表达式。以土壤调节植被指数 SAVI 为例，梯形的左、右两边可分别表示为以下方程：

$$(T_s-T_a)_m=c_0-c_1(\mathrm{SAVI}) \tag{7}$$

$$(T_s-T_a)_x=d_0-d_1(\mathrm{SAVI}) \tag{8}$$

式中，c_0、c_1 分别为连接点 1、3 线的截距和斜率；d_0、d_1 分别为连接点 2、4 线的截距和斜率（均为正数）。它们可分别由梯形的 4 个顶点的坐标计算获得。至此就可以计算在各种植被覆盖率条件下的水分亏缺指数。

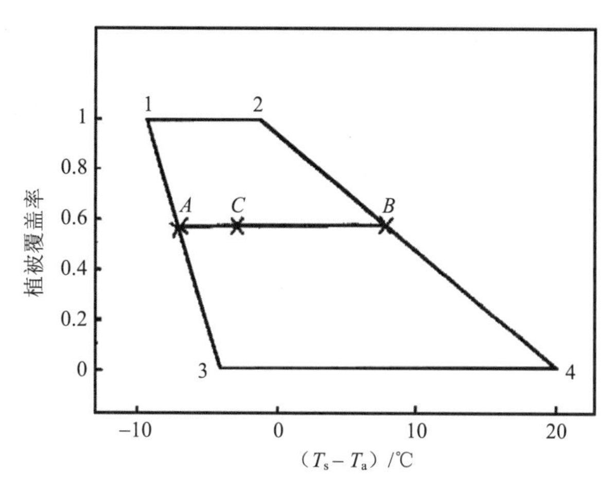

图 1　一个植被指数-温度关系梯形（VIT 梯形）示意图

（Moran 等，1994）

基于冠层温度的作物缺水指标的研究已经从单纯考虑冠层温度本身，发展到考虑影响冠层温度的各种因子；从使用冠层温度发展到使用冠层与土壤的复合温度；从经验性的指标发展到基于单层能量平衡模型再发展到基于双层能量平衡模型；从使用手持式的红外辐射仪信息到使用航空航天遥感信息。它们的发展轨迹可以划分为 3 个阶段，即以胁迫积温 SDD 为代表的第一阶段，主要探讨不同水分状况下作物冠层温度的变化特征；以 CWSI 为代表的第二阶段，考虑冠层微气象条件，从单层能量平衡模型出发建立作物缺水指标；以 WDI 为代表的第三阶段，考虑了冠层和土壤的复合温度，建立了在部分植被条件下也能使用的作物缺水指标。其中所有这些指标中有代表性的指标就是作物水分胁迫指数的经验模式和理论模式以及能在部分植被条件下使用的水分亏缺指数。

基于冠层温度的作物缺水指标在理论上仍然还有待进一步发展，对于水分亏缺指数 WDI 其存在一系列的假设，如何减少假设条件，提高指标的机理性是需要进一步研究的问题。另外对于使用航空航天遥感信息获取作物水分信息时，如何利用各种遥感技术，诸如多角度遥感、高光谱遥感或微波遥感等提高遥感监测作物水分状况的能力也是一个需加强研究的课题。

2　应用研究及问题

冠层温度是通过遥感手段获取的信息，因此这种基于冠层温度的作物缺水指标的应用可以在点和区域两个尺度展开。从目前开展的应用研究看，大量的研究集中在田间尺度的应用上，这是因为被广泛使用的 CWSI 主要是以手持式红外测温仪作为获取冠层温度的手段。

田间尺度的应用研究可以概括为两个方面：一方面研究探讨基于冠层温度的缺水指标反映作物缺水状况的能力并寻找使用这些指标确定灌溉时间的阈值[21-27]；另一方面研究探讨使用这些指标指导灌溉的有效性[28-31]，包括其节水效应和对最终产量的影响等。使用 CWSI 指导灌溉时间已经是一个相当成熟的技术[1,32]，但作为一种灌溉管理手段，CWSI 不能确定明确的灌溉量，因为这种指标与土壤水分含量之间不存在很紧密的关系。目前的解决途径主要是与其他的方法结合，如直接测定土壤水含量，或与基于 Penman-Monteith 公式的蒸散模型结合指导灌溉[29]。事实上，基于冠层温度信息获取作物的蒸散量有 Brown-Rosenberg 公式[33]，Stockle 曾经提出过将这个公式与 CWSI 结合指导灌溉，从而单通过冠层温度信息辅以相关的常规气象数据确定灌溉时间和灌溉量的模式[34]，但目前还没有文献显示应用这种方法的研究。

通过航空或卫星遥感信息获取这种基于冠层温度的缺水指标在区域上的表现，可以为区域旱情的监测和水资源的调配和管理提供依据，水分亏缺指数 WDI 在大范围反映水分亏缺状况上表现良好[35,36]。在区域上应用的难点之一是非遥感参数在区域上的扩展，另一个问题是在作物灌溉后其反映的"滞后性"[11]，即这类指标在灌溉后 3～5 d 才会降至最小值，作物的这种生理现象在区域尺度上遥感监测作物缺水状况时会导致判断失误，有必要研究如何运用遥感手段判断这类指标是否处在"滞后期"内。

在使用航空和卫星遥感信息判断作物缺水状况时还有一个时间扩展问题，即如何将航空和卫星遥感的有着时间间隔的瞬时信息运用到全天的或连续的作物水分状况的监测。Moran 等[37,38]通过将水分亏缺指数 WDI 与作物生长模型相结合探讨这种指标在田间管理上的应用，从而将瞬时遥感信息应用到连续的作物监测，显示了遥感信息的一个新的应用途径，值得我国农业遥感研究领域的重视。

3 我国的研究状况

通过作物的生理特征来反映作物缺水状况的研究在我国起步较晚。张仁华[16]是我国最早研究使用红外遥感信息反映作物缺水状况的研究者，他通过对 Jackson 的 CWSI 的理论模式的研究，认为遥感面与作物冠层的饱和水汽面不重合，通过重新定义潜在蒸发，建立了一种作物缺水的微气象模式，其研究具有很强的理论深度。随后，唐登银[39]借鉴 Idso-Jackson 模式，建立了一个使用表面温度信息来反映地表干湿状况的指标 SWSI，这一指标主要是为研究地理干湿分异特征而建立的。另外于沪宁等[40]通过分析不同干湿状况下冬小麦叶片的气孔阻力变化特征，也借鉴 Jackson 等[11]的定义，使用作物叶片气孔阻力作为变量，建立了一个作物缺水指标。康绍忠等[41]也是借鉴 Jackson 的定义通过叶气孔阻力来衡量作物缺水状况。以上两项研究中建立的作物缺水指标的一个共同特点是避开使用 Jackson 模式中的冠层温度作为指标的输入变量，事实上，冠层温度是一个相对容易获取的变量，并且在应用上具有方便的区域扩展能力，使它在区域尺度上更具有优势。随着遥感科学在我国的发展，使用卫星遥感信息判断区域干旱特征的研究得到了发展，田国良等[42-44]使用 NOAA 卫星的遥感信息建立了一套监测我国华北地区干旱状况的系统。

到目前为止，我国对于基于冠层温度的作物缺水研究显得零星、单薄，没有形成广泛的连续的研究，尤其缺乏基于这种指标的应用研究。随着遥感技术的发展，同时由于我国北方地区水资源短缺的问题越来越突出，这种基于遥感技术的作物缺水研究势必引起重视，得到广泛开展，为我国广大的北方农业区制定有效的灌溉方案，合理的水资源分配提供依据，另外，目前“精准农业”的研究引起了广泛的重视，这一最新的农业生产方式所依赖的技术许多是来自遥感科学，基于冠层温度的作物缺水监测可以成为未来“精准农业”中农田水分状况监测的一项重要技术。

参考文献

[1] Gardner B R，N ielsen D C，Shock C C. Infrared thermometry and the crop water stress index I，History，theory，and baselines[J]. Journal of Production Agriculture，1992，5：462-466.

[2] Jackson R D. Canopy temperature and crop water stress[A]. In：Hillel D，ed. Advances in Irrigation，Vol.1[C]. New York：Academic Press，1982：43-85.

[3] Aston A R，Van Bavel C H M . Soil surface water depletion and leaf temperature[J]. A gronomy Journal，1972，64：21-27.

[4] Idso S B，Jackson R D，Reginato R J. Remote sensing of crop yields[J]. Science，1977，196：19-25.

[5] Jackson R D，Reginato R J，Idso S B. Wheat canopy temperature：A practical tool for evaluating water requirements[J]. Water Resource Research，1977，13：651-656.

[6] Clawson K L，Blad B L. Infrared thermometry for scheduling irrigation of corn[J]. Agronomy Journal，1982，74：311-316.

[7] Gardner B R，Blad B L，Garrity D P，et al. Relat ionships between crop temperature，grain yield，evapotranspiration and phenological development in two hybrids of moisture stressed sorghum[J]. Irrigation Science，1981，2：213-224.

[8] Gardner B R，Blad B L，Watts D G. Plant and air tempera- tures in differentially irrigated corn[J]. Agricultural Meteorology，1981，25：207-217.

[9] Clawson K L，Jackson R D，Pinter P J Jr. Evaluating plant water stress with canopy temperature differences[J]. Agronomy Journal，1989，81：858-863.

[10] Idso S B，Jackson R D，Pinter P J Jr，et al. N ormalizing the stress degree day for environmental variability[J]. Agricultural Meteorology，1981，24：45-55.

[11] Jackson R D，Idso S B，Reginato R J. Canopy temperature as a crop water stress indicator[J]. Water Resource Research，1981，17：1133-1138.

[12] Jackson R D，Kustas W P，Choudhury B J. A reexamination of the crop water stress index[J]. Irrigation Science，1988，9：309-317.

[13] O’Toole J C，Hatfield J L. Effect of wind on the crop water stress index derived by infrared thermometry[J]. Agronomy Journal，1983，75：811-817.

[14] Jalali-Farahani H R，Slack D C，Kopec D M，et al. Crop water stress index models for Bermudagrass Turf：A comparison[J]. Agonomy Journal，1993，85：1210-1217.

[15] Idso S B，Clawson K L，Anderson M G. Foliage temperature：effects of environmental factors with implications for plant water stress assessment and CO_2 effects of climate[J]. Water Resource Research，1986，22：1702-1716.

[16] Zhang R. A new model for estimating crop water stress based on infared radiation information[J]. Science in China B，1986，7：776-784. [张仁华. 以红外辐射信息为基础的估算作物缺水状况的新模式[J]. 中国科学（B 辑），1986，7：776-784.]

[17] Zhang R. Experimental remote sensing model and its land surface process[M]. Beijing：Science Press，1996：186-192. [张仁华. 实验遥感模型及地面基础[M]. 北京：科学出版社，1996：186-192.]

[18] Wanjura D F，Kelly C A，Wendt C W，et al. Canopy temperature and water stress of cotton crops with complete and partial ground cover[J]. Irrigation Science，1984，5：37-46.

[19] Hatfield J L，Wanjura D F，Barker G L. Canopy temperature response to water stress under partial canopy[J]. Transactions of the ASAE，1985，28：1607-1611.

[20] Moran M S，Clarke T R，Inoue Y，et al. Estimating crop water deficit using the relation between suface-air temperature and spectral vegetation index[J]. Remote Sensing of Environment，1994，49：246-263.

[21] Pinter P J Jr，Reginato R J. A thermal infrared technique for monitoring cotton water stress and scheduling irrigation[J]. Transactions of the ASAE，1982，25：1651-1655.

[22] Oliva R N，Steiner J J，Young W C. Red clover seed production，I：Crop water requirements and irrigation timing[J]. Crop Science，1994，34：178-184.

[23] Sudhakara R，Subramanian S，Palaniappan S P. Infrared thermometry—a new technique for scheduling irrigation[J]. Madras Agricultural Journal，1990，77：249-252.

[24] Nielson D C. Scheduling irrigation for soybeans with the Crop Water Stress Index（CWSI）[J]. Field Crops Research，1990，23：103-116.

[25] Howell T A，Hatfoeld J L，Yamada H，et al. Evaluation of cotton canopy temperature to detect crop water stress[J]. Transactions of the ASAE，1984，27：84-88.

[26] Reginato R J. Field quantification of crop water stress[J]. Transactions of the ASAE，1983，26：772-775，781.

[27] Reginato R J，Howe J. Irrigation scheduling using crop indicators[J]. Journal of Irrigation and Drainage Engineering，1985，111：125-133.

[28] Garrot D J，Fangmeier D D，Husman S H，et al. Irrigation scheduling using the crop water stress index in Arizona[A]. In：Visions of the future—Proceedings of the 3rd National Irrigation Symposium[C]. ASAE Pub April，St Josephs，M I，1990：281-286.

[29] Scherer T F，Slack D C，Clark L，et al. Comparison of three irrigation scheduling method in the arid southwestern U. S[A]. In：Visions of the Future-Proceedings of the 3rd National Irrigation Symposium[C]. St Josephs，M I：ASAE Pub，1990：287-291.

[30] Steele D D，Gregor B L，Shae J B. Irrigat ion sheduling methods for popcorn in the northern Great Plains[J]. Transactions of the ASAE，1997，40：149-155.

[31] Stockle C O，Hiller L K. Evaluation of on-farm irrigation scheduling methods for potatoes[J]. A merican Potato Journal，1994，71：155-164.

[32] Gardner B R，Nielsen D C，Shock C C. Infrared thermometry and the crop water stress index，II：Sampling procedures and interpretation[J]. Journal of Production Agriculture，1992，5：466-475.

[33] Brown K W，Rosenberg N J. A resistence model to predicte vapotranspiration and its application to a sugar beet field[J]. Agronomy Journal，1973，65：635-641.

[34] Stockle C O，Evans R G. Accuracy of canopy temperature energy balance for determining daily evapotranspiration[J]. Irrigation Science，1996，16：149-157.

[35] Vidal A，Devaux-Ros C. Evaluat ing forest fire hazard with a landsat T M derived water stress index[J]. Agricultural and Forest Meteorology，1995，77：207-224.

[36] Clarke T R. An empirical approach for detecting crop water stress using multispectral airborne sensor[J]. Hort Technology，1997，7：1，9-16.

[37] Moran M S，Maas S J，Pinter P J Jr. Combing remote sensing and modeling for estimating surface evaporation and biomass production[J]. Remote Sensing Reviews，1995，12：335-353.

[38] Moran M S，Maas S J，Clarke T R，et al. Modeling/Remote sensing approach for irrigation scheduling[A]. In：Camp C R，Sadler E J，Yoder R E，eds. Evapot ranspiration and Irrigation Scheduling，Proceeding of the International Conference[C]. Nov.3-6，San Antonio，Texas，1996：231-238.

[39] Tang D. A drought index based on energy balance[J]. Geographic Research，1986，6：2，21-31. [唐登银. 一种以能量平衡为基础的干旱指数[J]. 地理研究，1986，6（2）：21-31.]

[40] Yu H，Deng G，Lu Z，et al. T he judgement of physiological and ecological effectsand dry degreeof winter wheat under different soil water conditions. In：The study of Relationship Between Crop and Water[M]. Beijing：China Science and Technology Press，1992：66-73. [于沪宁，邓根云，卢振民，等. 不同土壤水分条件下冬小麦的生理生态效应及干旱程度判断[A]. 见：中国科学院台站网络农作物耗水量研究课题组. 作物与水分关系研究[C]. 北京：中国科学技术出版社，1992：66-73.]

[41] Kang S，Xiong Y. Study on the judgement method for crop water stress and inrrigation index[J]. Journal of Hydraulic Engineering，1991，1：34-39. [康绍忠，熊运章. 作物缺水状况的判别方法与灌水指标的研究[J]. 水利学报，1991，1：34-39.]

[42] Tian G，Zheng K，Li F，et al. Estimation of evapotranspiration and soil moisture using NOAA-AVHRR image and ground based meteorological data. In：Remote Sensing Research on Typical Areas of Huanghe River Watershed[M]. Beijing：Science Press，1990：161-175. [田国良，郑柯，李付琴，等. 用 NOAA-AVHRR 数字图像和地面气象站资料估算麦田的蒸散和土壤水分[A]. 黄河流域典型地区遥感动态研究[C]. 北京：科学出版社，1990：161-175.]

[43] Sheng G，Tian G. Drought monitoring with crop water stress index[J]. Agricultural Research in the Arid Areas，1998，16（1）：123-128. [申广荣，田国良. 作物缺水指数监测旱情方法研究[J]. 干旱地区农业研究，1998，16（1）：123-128.]

[44] Wu X，Yan S，Tian G，et al. Using NOAA/AVHRR data to monitor drought with GIS technique[J]. Journal of Remote Sensing 1998，2（4）：280-284. [武晓波，阎守邕，田国良，等. 在 GIS 支持下用 NOAA/AVHRR 数据进行旱情监测[J]. 遥感学报，1998，2（4）：280-284.]

冬小麦不同生育期最小冠层阻力的估算*

袁国富　罗毅　唐登银　于强　於琍①

摘　要：作物最小冠层阻力是研究农田蒸发和作物缺水的一个重要参数。使用作物的冠层红外温度信息，将作物在充分灌溉情况下冠层温度与空气温度之差与空气的饱和水汽压差的经验关系同其理论解释相结合，通过实验数据，估算了在华北平原气候条件下的冬小麦（*Triticum aestivum* L.）的平均最小冠层阻力，为基于这种阻力的应用提供基础。研究表明冬小麦最小冠层阻力随发育期而不同，并且抽穗前后差异明显，给出了冬小麦不同生育阶段的平均最小冠层阻力。

关键词：冬小麦　冠层阻力　最小冠层阻力

植被的最小冠层阻力是指植被处于潜在蒸发状态下的阻力。尽管对潜在蒸发的定义在学术界存在差异[1]，但是大部分研究仍然认为植物处于潜在蒸发状态时对水汽的输送是存在一个最小阻力的。获取作物的最小冠层阻力对于研究农田蒸发和作物缺水等都有重要的意义。

与叶片气孔阻力不同，作物的冠层阻力难以用仪器直接测得，一般采用间接方法推导，目前使用的方法主要有 3 种，①根据能量平衡原理，使用 Penman-Monteith 公式反推[2]，②使用叶片气孔阻力结合叶面积指数空间垂直分布计算得到[3]，③通过结合冠层温度和能量平衡原理进行估算[4]。这 3 种方法各有特点，第一种方法可以使用麦田瞬时能量平衡数据估算冠层阻力，这种方法可以分析冠层阻力的日变化特征和季节变化特征，但所需变量较多；第二种方法简单易用，应用广泛，但叶片气孔阻力不易获得且变化复杂；第三种方法则仅用于估算作物的平均最小冠层阻力，通过给出一个唯一值近似地作为作物的最小冠层阻力。

作物的最小冠层阻力是研究农田蒸发和作物缺水的重要参数，在许多方面应用广泛。在土壤充分供水的条件下，某种作物在某一时刻的最小冠层阻力主要受到空气湿度（影响蒸发势）和光照条件（影响光合作用从而影响气孔的开闭程度）的影响。在不同发育阶段，则还受到作物生理机制（主要是气孔大小、叶片形状和分布等）的制约，因此可以近似地认为，在某一发育阶段同一气候区内典型天气条件下白昼作物的最小冠层阻力基本不变。本研究的目的是使用冠层红外温度信息与能量平衡原理相结合的方法，估算我国华北平原

* 本文发表于《生态学报》2002 年第 22 卷第 6 期第 930～934 页。

① 安徽农业大学农学系教师。

冬小麦在不同发育阶段最小冠层阻力，为基于这种阻力的应用提供基础。

1　方法和实验设计

用作物表面温度信息估算作物的最小冠层阻力是基于 Idso 提出的一个重要的经验关系：作物在潜在蒸发状态下冠层温度与空气温度的差（简称冠气温差）与空气的饱和水汽压差成线性关系[5]，即

$$(T_c - T_a)_{ll} = A + B \cdot \mathrm{VPD} \tag{1}$$

式中，T_c 为作物冠层温度，℃；T_a 为空气温度，℃；$(T_c-T_a)_{ll}$ 为作物在潜在蒸发状态下的冠气温差，是冠气温差的下限，A、B 分别为线性回归系数；VPD 为空气的饱和水汽压差，hPa。

式（1）称冠气温差的下限方程的经验表达式，根据冠层能量平衡单层阻力模型，作物冠气温差下限方程的理论表达式为[6]

$$(T_c - T_a)_{ll} = \frac{\gamma_a (R_n - G)}{\rho C_p} \cdot \frac{\gamma(1+\gamma_{cp}/\gamma_a)}{\Delta + \gamma(1+\gamma_{cp}/\gamma_a)} - \frac{\mathrm{VPD}}{\Delta + \gamma(1+\gamma_{cp}/\gamma_a)} \tag{2}$$

式中，R_n 为净辐射通量密度，W/m^2；G 为土壤热通量密度，W/m^2，ρ 为空气密度，kg/m^3；C_p 为空气定压比热，J/（kg·℃）；γ 为干湿表常数，hPa/℃；r_a 为空气动力学阻力，s/m；r_{cp} 为潜在蒸发条件下的冠层阻力，s/m，即最小冠层阻力；Δ 为饱和水汽压随温度变化的斜率，hPa/℃；其他符号同上。

式（2）是对式（1）经验关系的理论解释，比较式（1）、式（2）有

$$A = \frac{\gamma_a (R_n - G)}{\rho C_p} \cdot \frac{\gamma(1+\gamma_{cp}/\gamma_a)}{\Delta + \gamma(1+\gamma_{cp}/\gamma_a)} \tag{3}$$

$$B = \frac{-1}{\Delta + \gamma(1+\gamma_{cp}/p_a)} \tag{4}$$

从式（3）和式（4）可以看到，经验关系的成立其实是将特定时刻净辐射、土壤热通量、空气温度、风速和作物的冠层阻力视为常定数值的结果，在实际的田间条件下这种情况是不存在的。事实上，作物在潜在蒸发条件下冠气温差随空气的饱和水汽压差的变化离散分布于一个狭长的区域之内[4]。 但是如果在晴朗天气条件下，在 9：00—15：00 的时段内，净辐射和气温变化较小，这时冠气温差的变化更多地受饱和水汽压的制约，它们之间的线性关系就会更加明显；如果在获取冠气温差与空气的饱和水汽压差之间线性关系的观测时段内，使用平均的净辐射和空气温度，就可以得到观测时段的平均冠层最小阻力。联立式（3）、式（4）有：

$$\gamma_{cp} = -\frac{\rho C_p A}{R_n - G}\left(\frac{1}{B\gamma} + \frac{1}{B\bar{\Delta}}\right) \tag{5}$$

通过实验，用回归方法确定 A、B 值后，解式（5）就可以得到作物的最小冠层阻力。对于式（5）为什么能代表作物的最小冠层阻力做以下解释：首先，这种方法基于冠气温差与空气饱和水汽压差的经验关系，这是客观存在的，在上面所说的情况下是合理的，Idso

曾建立多种作物的冠气温差下限方程的经验关系[7]；其次，作物的最小冠层阻力在晴朗天气条件下的白昼是一个变化幅度较小的值，获取的平均冠层最小阻力能够代表作物的最小冠层阻力，同时在本文后面对这一阻力值做进一步的验证中也能说明其合理性。

实验于 2000 年 3—6 月在中国科学院禹城综合试验站进行，试验站位于华北平原东缘，属于典型的暖温带气候，是我国主要的小麦产区，具有代表性。实验地土壤为壤土，供试的小麦品种为农大 4564，土壤水分含量始终保持在田间持水量的 80%以上，在这种情况下可以近似地认为作物处在潜在蒸发状态，土壤水分由中子水分仪 5 d 观测 1 次，在冠层上方 0.5 m 处分别用 CN-11 型净辐射表观测净辐射，温湿度用阿斯曼仪观测，土壤表层埋设土壤热通量板两个，取平均值作为土壤热通量，风速取自架设于实验地附近麦田上方的自动气象站 2 m 高处的观测数据，冠层温度用手持式红外测温仪观测，红外测温仪的比辐射率设为 0.98，其观测视角为 8°，观测时仪器与水平面成 45°夹角，以避免观测视野内显露土壤，观测在东北、东、东南、西南、西和西北 6 个方向上取数，以尽量消除热红外辐射的双向反射造成的影响，然后取平均，观测前后用黑体源进行标定。观测选晴朗无云的天气进行，9：00—15：00（北京时间），间隔 0.5 h 或 1 h 观测 1 次。

2 结果分析

选用冬小麦不同生育期典型的晴朗天气下的3～4 d的数据分析冠气温差与空气饱和水汽压差的关系，实验数据表明，在充分供水条件下冬小麦的冠气温差与空气的饱和水汽压差之间表现出的线性经验关系在不同生育阶段各不一样，图 1 显示了冬小麦在充分供水条件下不同生育期的冠气温差与 VPD 的关系，其中抽穗至灌浆阶段和灌浆至成熟阶段冠气温差和饱和水汽压差的关系基本相同，但由于两个时期农田小气候状况有差异，仍然将它们分别拟合曲线，以反映不同生育阶段的冠层阻力。

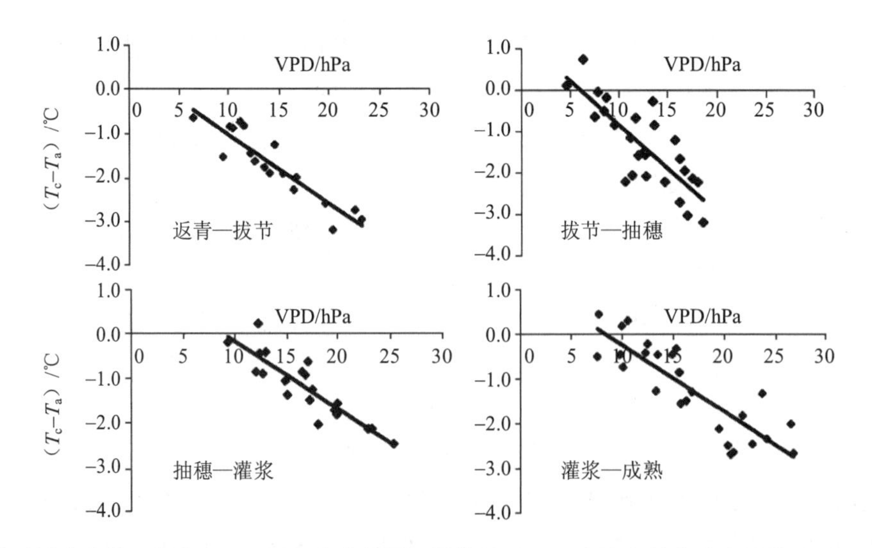

图 1 充分灌水条件下冬小麦田不同生育阶段冠气温差（T_c-T_a）与空气饱和水汽压差（VPD）的关系

通过回归分析得到了不同生育阶段的 A、B 值，结合观测到的其他微气象变量，计算出冬小麦不同生育阶段的平均最小冠层阻力。表 1 给出了实验结果的主要数据，其中平均的 Δ 值是按冠层温度与空气温度的平均温度确定的。

表 1　冬小麦不同生育阶段的冠气温差下限方程和最小冠层阻力

生育期	R_n–G 的平均值/（W/m^2）	Δ 的平均值/（hPa/℃）	A/℃	B/（℃·hPa）	R^2	r_{cp} 的平均值/（s/m）
返青—拔节	411.34	1.37	0.52	−0.16	0.84**	13.01
拔节—抽穗	500.69	1.37	1.27	−0.21	0.64**	18.03
抽穗—灌浆	528.65	1.75	1.36	−0.15	0.79**	26.85
灌浆—成熟	580.17	1.79	1.25	−0.15	0.73**	23.22

注：** 0.01 水平显著。

从表 1 可以看出，冬小麦最小冠层阻力随发育期呈逐渐增大的趋势，这可能是因为随着天气转暖，气温升高导致冠层上方蒸发势加大；另外最小冠层阻力在抽穗前后差异明显，这与冬小麦在抽穗前后由主要是营养生长转变为生殖生长的生理变化过程有关，随着生殖生长阶段茎叶营养物质向籽粒转移，叶片最大净光合速率下降[8]，与之相耦合的冠层阻力会随之升高；另外抽穗至成熟阶段冠层阻力呈略微下降趋势，这可能是由于叶面积指数下降使得冠层下部的叶片能接受更多的光照，从而整个冠层气孔开启面积加大，因而阻力减小。

为了进一步检验估算的作物最小冠层阻力的可行性，将冬小麦最小冠层阻力回代式（2），判断预测的冠气温差与实测的冠气温差的吻合程度，其中空气动力学阻力按以下方程计算：

$$r_a = \frac{\left(\ln \dfrac{z-d}{z_0}\right)^2}{k^2 u} \tag{6}$$

式中，z 为参考高度，m，设为 2 m；d 为零平面位移，m，设为 0.75 h；h 为作物高度，m；z_0 为粗糙长度，m，设为 0.13 h；k 为 von Karman 常数；u 为参考高度的风速。当风速小于 2 m/s 时，计算出的 r_a 偏大，采用 Thom 和 Oliver 的半经验公式[9]进行修正。

图 2 给出了预测的冠气温差与实测的冠气温差之间的关系，大部分都集中在 1∶1 线附近±0.7℃范围内，考虑到最小冠层阻力在白天有一定的波动，以及观测上的误差，这一结果是完全可行的，说明所获得的冬小麦最小冠层阻力是合理的。

3　结论与讨论

本研究通过实验观测，估算了冬小麦不同生育阶段的平均最小冠层阻力，以代表在晴朗天气条件下华北平原冬小麦的最小冠层阻力，对于研究区域蒸发或作物缺水（如作物水分胁迫指数 CWSI 的计算），本研究所得到的这一阻力值具有足够的精度，因而有较好的代表性。

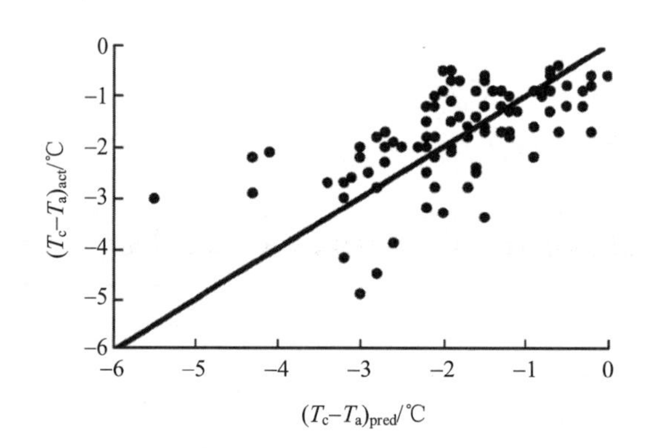

图2　预测的冠气温差［$(T_c-T_a)_{pred}$］与实测的冠气温差［$(T_c-T_a)_{act}$］的比较

Hatfield[2]曾经根据能量平衡原理估算冬小麦的最小冠层阻力大约为20 s/m，本研究获取的最小冠层阻力与其研究结果接近，但将冬小麦的最小冠层阻力估算更细化到不同生育阶段，是一个进展。

冠层阻力是一个变化十分复杂的变量，作物处在潜在蒸发时的冠层阻力也会因冠层周围的微气象环境的变化以及作物生理的变化而变化，本研究得到的是冬小麦最小冠层阻力的平均值，可代表某段时间内某些典型天气条件下区域尺度最小冠层阻力的平均值，这一结果并不适合某些要求较精确微观尺度上进行研究时应用。

最小冠层阻力是作物的一个生理变量，反映了作物的水分消耗特征，不同作物其最小冠层阻力存在差异，与此同时，对于同一种作物，由于气孔阻力受到外界环境的影响，在气候特征差异明显的地区之间，最小冠层阻力也会表现出不同，因此建议在与华北平原气候特征差异明显的地区应用本研究结果时，应对这一数值进行验证。同一作物的不同品种之间其最小冠层阻力也可能存在差异，需要进一步的研究。

参考文献

[1] Tang D Y，Cheng W X，Hong J L. A review：Evaporation study in China. Geog rap hical Research（in Chinese），1984，3（3）：84-97.

[2] Hatfield J L. Wheat canopy resistance determined by energy balance techniques. Agronomy Journal，1985，77：279-283.

[3] Szeicz G，Long I F. Surface resistance of crop canopies. Water Resource Research，1969，5：622-633.

[4] O'Toole J C and Real J G. Estimation of aerodynamic and crop resistances from canopy temperature. A gronomy Journal，1986，78：305-310.

[5] Idso S B，Jackson R D，Pinter P J Jr，et al. Normalizing the stress degree day for environmental variability. Agricultural Meteorology，1981，24：45-55.

[6] Jackson R D，Idso S B，Reginato R J. Canopy temperature as acrop water stress indicator. Water Resource Research，1981，17：1133-1138.

[7] Idso S B. Nonwater stressed baseline：A key to measuring and interpreting plant water stress. Agicultural

Meteorology，1982，27：59-70.

[8] Lu P L，Luo Y，Liu J D，et al. Charact eristic parameters of light response curves of photosynthesis of winter wheat in North China. Quarterly Journal of Applied Meteorology（in Chinese），2000，11（2）：236-241.

[9] Thom A S，Oliver H R. On penman’s equation for estimating regional evaporation. Quarterly Journal of Royal Meteorology Society，1977，103：345-357.

作物冠层表面温度诊断冬小麦水分胁迫的试验研究*

袁国富　罗毅　孙晓敏　唐登银

摘　要：利用红外测温装置能够观测获得作物的冠层表面温度，从而诊断作物是否遭受水分胁迫。基于这种技术，使用作物水分胁迫指数（CWSI）反映我国华北平原地区冬小麦的水分胁迫状况。研究比较了 CWSI 的经验模式和理论模式，根据它们的波动特征，可以看出用 CWSI 经验模式反映华北地区冬小麦水分胁迫不很理想。研究分析了作物水分胁迫指数理论模式与其他一些反映作物水分状况的指标，包括叶水势、叶片气孔阻力，叶片最大净光合速率以及土壤水分含量之间的关系，结果表明理论模式与上述这些指标关系良好，表明其很好地反映了作物的水分胁迫特征。该研究给出了适合于我国华北平原地区冬小麦的作物水分胁迫指数计算的主要参数。研究从实际田间应用的可能性出发，分析并提出了作物水分胁迫指数经验模式和理论模式应用的改进方向。

关键词：冠层温度　作物水分胁迫指数（CWSI）　冬小麦

利用红外测温装置观测作物的冠层表面温度进而诊断作物是否遭受水分胁迫[1]，作为一项具备诸多优点的技术，它的发展及应用在国外已相当成熟[2]。作物水分胁迫指数（crop water stress index，CWSI）是这样一类使用作物冠层表面温度信息来监测作物是否遭受水分胁迫的指标，同时它是这类指标中研究和应用最广泛的一个指标，CWSI 适合于在田间的监测和应用，而且在对其改进研究方面仍然活跃[3,4]。CWSI 有经验模式和理论模式之分，经验模式需要的变量少，应用方便，但它所依赖的经验关系要随不同地区不同作物而改变，而且这种经验关系在一些地区可能并不十分明显，会影响它的应用；理论模式需要的变量多，增加了应用的复杂性，但正因为它强有力的理论背景，就没有经验模式应用上的诸多缺陷。

本研究使用 CWSI 来监测我国华北平原地区冬小麦的水分胁迫状况，研究目的是分析和比较基于作物冠层表面温度的 CWSI 经验模式和理论模式在监测我国华北平原地区冬小麦水分胁迫上的具体表现，为这一指标的进一步应用提供基础。

1　作用水分胁迫指数的定义

根据 Idso[5]CWSI 的定义为

* 本文发表于《农业工程学报》2002 年第 18 卷第 6 期第 13～17 页。

$$\mathrm{CWSI}=\frac{(T_c-T_a)(T_c-T_a)_{11}}{(T_c-T_a)_{u1}(T_c-T_a)_{11}} \tag{1}$$

式中，T_c为作物冠层表面温度，℃；T_a为指冠层上方的空气温度，℃；$(T_c-T_a)_{11}$为冠层温度与空气温度之差（以下简称冠气温差）的下限，是作物处在潜在蒸发状态下的冠气温差；$(T_c-T_a)_{u1}$为冠气温差的上限，是指作物完全没有蒸腾作用情况下的冠气温差。

CWSI 的经验模式和理论模式的区别在于对冠气温差上、下限的求解不同，对于经验模式，冠气温差的下限基于 Idso 发现的一个著名的经验关系，即作物在充分供水条件下的冠气温差与空气的饱和差呈如下线性关系[5]：

$$(T_c-T_a)_{u1}=A+B\cdot \mathrm{VPD} \tag{2}$$

式中，VPD 为冠层上方的空气饱和差；A、B 为经验系数。对于冠气温差的上限，根据获得的经验关系，Idso 提出以下计算公式：

$$(T_c-T_a)_{u1}=A+B\cdot \mathrm{VPG} \tag{3}$$

式中，VPG 为温度为 T_a 时的空气饱和水汽压与温度为 T_a+A 时的空气饱和水汽压的差。

式（1）、式（2）和式（3）构成了 CWSI 的经验模式。对于理论模式，则根据冠层单层能量平衡阻力模式，可以分别推导出冠气温差的上、下限方程[6]：

$$(T_c-T_a)_{11}=\frac{r_a(R_n-G)}{\rho C_p}\cdot\frac{\gamma(1+r_{cp}/r_a)}{\Delta+\gamma(1+r_{cp}/r_a)}-\frac{\mathrm{VPD}}{\Delta+\gamma(1+r_{cp}/r_a)} \tag{4}$$

$$(T_c-T_a)_{u1}=\frac{r_a(R_n-G)}{\rho C_p} \tag{5}$$

式中，R_n为冠层净辐射，W/m^2；G 为土壤热通量密度或冠层下方能量的通量密度，W/m^2；ρ 为空气密度，kg/m^3；C_p为空气比热，J/（kg·℃）；γ 为干湿表常数，Pa/℃；Δ 为空气饱和水汽压随温度变化的斜率，Pa/℃；r_a 为空气动力学阻力，s/m；r_{cp} 为冠层在潜在蒸发状态下的水汽扩散阻力，s/m，即最小冠层阻力。

式（1）、式（4）和式（5）组成了 CWSI 的理论模式。从上述定义可知，经验模式的获取，在得到冠气温差下限方程的经验关系之后，只需观测冠层表面温度、空气温度和空气的饱和差之后就能计算得到；对于理论模式，除需知道作物的最小冠层阻力之外，还要观测冠层上方的净辐射、风速、空气饱和差等信息。

2　研究方法和实验观测

从本研究的目的出发，我们进行了田间实验观测，实验设计和研究方法的基本思路是在田间进行若干个水分处理，分别观测与计算 CWSI 有关的所有项目，同时观测能反映作物水分状况的其他指标包括土壤水分和作物本身的一些生理指标，在上述观测数据的基础上，分析本研究需要得到的结果。

实验于 1999—2000 年冬小麦生长季在中国科学院禹城综合实验站水分池当中进行。实验包括 8 个水分处理，分别是土壤水分含量保持在田间持水量的 80%以上（处理 1）、70%

以上（处理 2）、60%以上（处理 3）、50%以上（处理 4）、小麦拔节期受旱（处理 5）、抽穗期受旱（处理 6）、灌浆期受旱（处理 7）和小麦至返青后一直受旱（处理 8）。处理和观测从冬小麦返青时开始。

对于与计算 CWSI 有关的项目的观测，其中作物的冠层表面温度采用手持式红外测温仪获得（Minolta/Land Cyclops Compac 3），仪器观测视角为 8°，能够观测 8～14 μm 辐射能，观测冠层表面温度的具体方法参见文献[7]。气象数据使用禹城站架于田间的气象观测架 2m 高处的数据，同时我们还在处理 1 的水分池和处理 8 的水分池的冠层上方分别架设了观测架观测净辐射和空气干、湿球温度，以及在土壤表层埋设热量板观测土壤热通量。

为分析 CWSI 在反映作物遭受水分胁迫的能力以及获取反映不同水分胁迫程度的阈值我们同时观测了作物的叶水势、叶片气孔阻力、叶片光合速率、作物产量等。其他的农业参数观测包括株高、叶面积指数、灌浆速率等。

一般来说，对作物冠层表面温度和其他反映作物水分状况的指标的观测时间在晴朗天气条件下的 13：00（北京时间），进行全生育期（返青后）的观测，另外选取若干晴朗天气进行全天相隔 1 h 的连续观测。

3 结果分析

3.1 CWSI 的计算

3.1.1 经验模式的计算

根据定义，计算经验模式需要建立作物最小冠气温差与空气饱和水汽压差之间的经验关系，我们根据在处理 1 的水分池中测得的数据，通过统计回归分析分别得到了冬小麦不同生育期的不同经验关系[7]，式（2）中的系数 A 在返青至拔节、拔节至抽穗、抽穗至灌浆、灌浆至成熟 4 个阶段分别为 0.52、1.27、1.36、1.25；系数 B 分别为−0.16、−0.21、−0.15、−0.15。详细的结果可以参考文献[7]。

冠气温差上限方程按 Idso 的定义处理［式（3）］。根据上述结果，在观测到实际的冠层表面温度和空气饱和差，就能计算得到 CWSI 的经验模式。

3.1.2 理论模式的计算

理论模式的计算中，关键是作物最小冠层阻力，空气动力学阻力和土壤热通量的估算。作者在严密的理论和实验基础上，估算了不同生育阶段冬小麦的平均最小冠层阻力[7]，它们分别是返青至拔节阶段为 13.01 s/m、拔节至抽穗阶段为 18.03 s/m、抽穗至灌浆阶段为 26.85 s/m、灌浆至成熟阶段为 23.2 s/m，本研究将使用上述结果计算 CWSI 理论模式。

空气动力学阻力的计算分两种情况处理，当风速大于 2 m/s 时，按照理论上的风速廓线规律推导获得到经典空气动力学阻力公式计算[8]；当风速小于 2 m/s 时，计算出的 r_a 偏大，我们采用 Thom 和 Oliver 的半经验公式进行修正[9]。

对于土壤热通量，采用我们在田间采集的实测数据。对于田间的实际应用，作物冠层下方的土壤热通量，可以采用一些近似的处理，如建立叶面积指数、净辐射与土壤热通量之间的经验关系[10]，或者近似处理为在作物生育早期未封垄时为 $0.2R_n$，封垄后为 $0.1R_n$[6]。对于种植且长势均匀的农田作物，对土壤热通量采用上述近似处理的精度已经足够。

理论模式中另一个需要注意的变量是 Δ，其计算有通用的公式，这里需要注意的是温度的选取，根据 Jackson 等[6]，这个温度取冠层表面温度与空气温度的平均值较为合适。

3.2　经验模式与理论模式的变化与比较

图 1 显示了不同水分处理在每天 13：00（北京时间）冬小麦 CWSI 经验模式和理论模式在整个生育期内的值的变化和比较它们的变化表现为以下特征：第一，其变化基本随灌溉或降雨事件的发生而波动，说明 CWSI 能反映土壤水分的变化；第二，变化存在日际波动，这是由于影响冠层温度的因素不仅是土壤水分含量，冠层微气象变化、平流过程的影响也是重要原因，由于日际波动的存在，在分析 CWSI 反映不同水分胁迫程度的阈值时，应该注意确立一个值的范围，而不是具体某一个值；第三，CWSI 经验模式和理论模式在反映我国华北平原地区冬小麦水分状况的波动趋势上基本一致，但其值和波动幅度明显不同，经验模式的波动幅度较理论模式要大许多，并且其值经常性地溢出 0～1 范围，这一点在其日变化的比较中也能显示出来。说明经验模式在监测我国华北平原地区冬小麦水分状况的表现并不理想。根据 Gardner 等[11]，冠气温差与空气饱和差的经验关系在饱和差越大时，表现越好，即环境越干燥，经验关系越好，而对于华北平原地区，在冬小麦生长阶段，我们实验观测的结果显示饱和差很少能达到 30 hPa 以上，我们认为这是 CWSI 经验模式在华北平原地区表现不理想的主要原因。

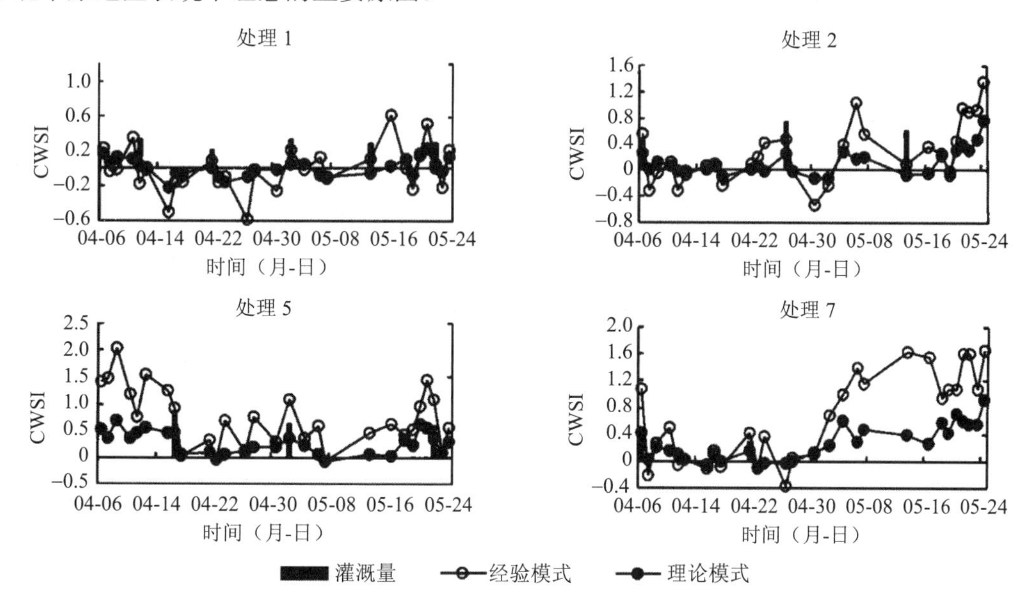

图 1　不同水分处理下华北平原冬小麦 CWSI 在全生育期的变化（2000 年，禹城站）

由于经验模式的上述缺点，在采用基于作物冠层表面温度的作物水分胁迫指数反映我国华北平原地区作物水分胁迫状况时，可能要在两个方向进行探讨，第一个方向是如何改进 CWSI 经验模式的表示方法，如进行多日的滑动平均等统计形式，来平滑经验模式的大幅度波动，以便能更好地应用；另一个方向则是面向实际应用，解决 CWSI 理论模式计算中一些必要参数的观测或获取方式，采用更加准确的理论模式来反映华北平原地区冬小麦的水分胁迫及指导作物田间灌溉。上述这两个方向有待我们进一步研究。

因为经验模式大的波动，在下面将 CWSI 与其他反映作物水分胁迫状况的指标进行的比较研究中，我们将只使用理论模式作为分析用的指标。

3.3　CWSI 反映作物遭受水分胁迫的能力

当作物遭受水分胁迫时，作物的叶水势、叶片气孔阻力、叶片光合速率都会发生相应变化，而遭受水分胁迫的主要原因是土壤缺水，本研究比较了冬小麦 CWSI 理论模式与上述指标之间的关系，来分析 CWSI 是否能有效地反映作物是否遭受水分胁迫。图 2～图 5 分别描述了 CWSI 与上述指标的关系。

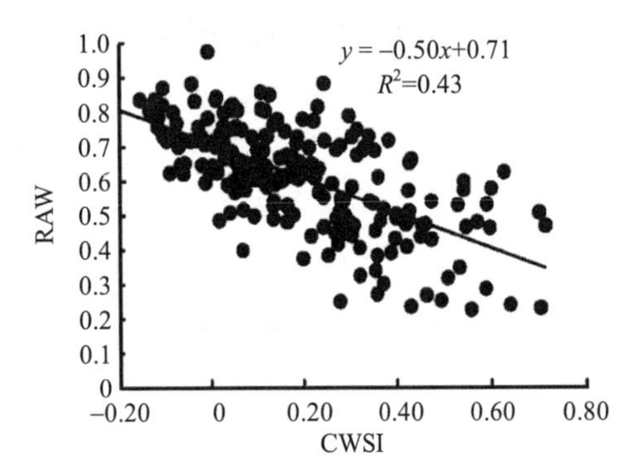

图 2　CWSI 理论模式与土壤水分的关系

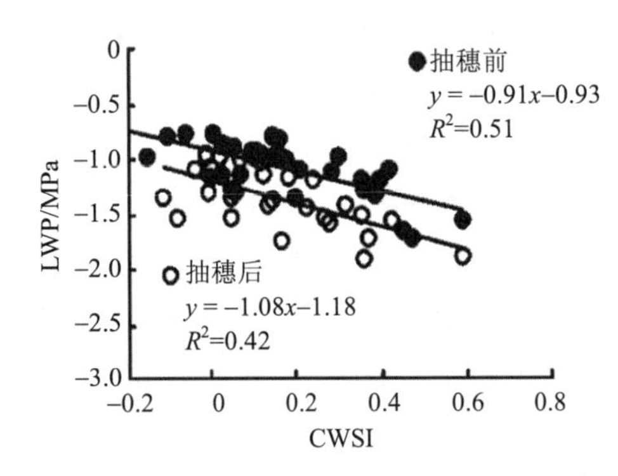

图 3　CWSI 理论模式与叶水势（LWP）的关系

图 2 描述了 CWSI 与土壤含水率的关系，RAW 为土壤有效含水率（土壤体积含水率与凋萎系数之差和田持量与凋萎系数之差的比）。可以看出，随着 RAW 的下降，CWSI 呈增加的趋势，表明水分胁迫程度增加，另外我们看到，土壤水分含量与 CWSI 之间不存在一一对应关系，点的离散程度很大这种关系表明，不能使用 CWSI 来推导具体的土壤含水率。

图 3 显示 CWSI 与冬小麦叶水势之间的关系，实验发现这一关系在冬小麦抽穗前后差异比较大，这与有关实验结果一致[12]。这一线性关系明显。叶水势能理想地表达作物水分状况[13]，因此其线性关系说明 CWSI 能反映作物水分胁迫状况。

图 4 描述了 CWSI 与最大净光合速率之间的关系，作物遭受水分胁迫时，气孔缩小或关闭，光合速率下降，CWSI 上升，图 4 表明了这种关系，同样能说明 CWSI 能反映作物水分胁迫状况。

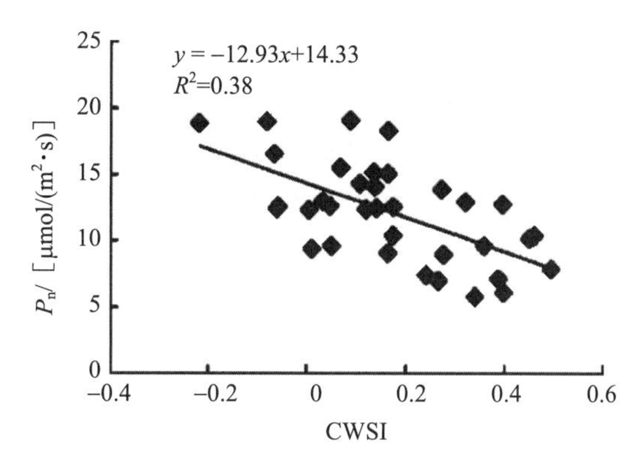

图 4　CWSI 理论模式与最大净光合速率（P_n）的关系

CWSI 与叶片气孔阻力之间的关系，我们选择同一天不同水分处理的 13：00（北京时间）的对应值作比较，图 5 分别显示了 2000 年 5 月 2 日和 5 月 6 日 CWSI 与叶片气孔阻力之间的关系，它们之间显示出较好的指数关系，随气孔阻力增加，表明水分胁迫程度增大，CWSI 也在相应增大。

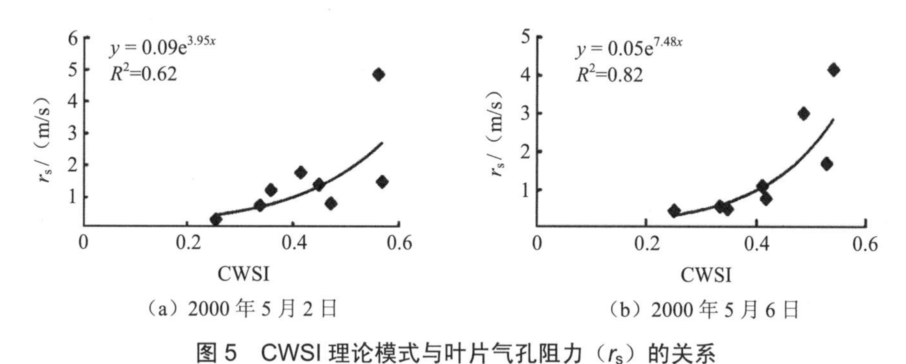

（a）2000 年 5 月 2 日　　（b）2000 年 5 月 6 日

图 5　CWSI 理论模式与叶片气孔阻力（r_s）的关系

CWSI 理论模式与土壤水分、叶水势、叶片最大净光合速率、叶片气孔阻力之间良好的相互关系说明这一指标确实能很好地反映冬小麦的水分胁迫状况，是理想的作物水分亏缺监测指标。

4　结论与讨论

本研究通过在中国科学院禹城试验站的田间实验，通过实验观测数据，分析了基于作物冠层表面温度的作物水分胁迫指数 CWSI 经验模式和理论模式在反映我国华北平原地区冬小麦水分胁迫上的表现。研究获得了计算 CWSI 经验模式和理论模式所需要的关键参数，即经验模式中的作物冠气温差和空气饱和差之间的经验关系，以及作物在不同生育期的平均最小冠层阻力。研究比较了经验模式和理论模式的变化规律，发现经验模式的变化幅度过大，并经常性地溢出 0～1 范围，明显不适合反映作物水分胁迫的特征，而理论模式则表现良好，通过与同时观测获得到作物叶水势、净光合速率以及叶片气孔阻力之间的比较，可以看出 CWSI 理论模式确实很好地反映了作物的水分胁迫状况，但应用比较复杂。

从实际应用考虑，未来的研究可能需要从两个途径来进行：一是如何较好地改进 CWSI 经验模式的形式，以减少这一模式的波动，使得它能更好地反映作物的水分胁迫状况，这一改进途径可能从统计学的方式入手；二是如何从实用的角度解决理论模式当中过多参数的获取，包括观测或者计算获取。相信随着观测技术的进步，精准农业技术的进一步深入研究，用理论模式来监测作物的水分胁迫状况将会走向实用。

由于本研究的结果是基于一个地点和一个生长季的观测数据获得，因此，结论有待进一步的实验进行验证。

参考文献

[1] Jackson R D. Canopy temperature and crop water stress[M]. In：Hillel Ded. Advances in Irrigation. Academic Press，New York，1982：43-85.

[2] 袁国富，唐登银，罗毅，等. 基于冠层温度的作物缺水研究进展[J]. 地球科学进展，2001，16（1）：49-54.

[3] Jones H G. Use of infrared thermometry for estimation of stomatal conductance as a possible aid to irrigation scheduling[J]. Agricultural and Forest Meteorology，1999，95：139-149.

[4] Alves I，Pereira L S. Non-water-stressed baselines for irrigation scheduling with infrared thermometers：A new approach[J]. Irrigation Science，2000，19：101-106.

[5] Idso S B，Jackson R D，Pinter P J Jr，et al. Normalizing the stress degree day for environmental variability[J]. Agricultural Meteorology，1981，24：45-55.

[6] Jackson R D，Kustas W P，Choudhury B J. Areexamination of the crop water stress index[J]. Irrigation Science，1988，9：309-317.

[7] 袁国富，罗毅，唐登银，等. 冬小麦不同生育期最小冠层阻力的估算[J]. 生态学报，2002，2（6）：930-934.

[8] Monteith J L. Principles of enviromental physics[M]. London：Edward Arnold，1973：134-149.

[9] Thom A S，Oliver H R. On penman’s equation for estimating regional evaporation[J]. Quarterly Journal of Royal Meteorology Society，1977，103：345-357.

[10] Nickerson E C，Smiley V E. Surface layer and energy budget parameterizations for mesoscale models[J]. Journal of Applied Meteorology，1975，14：297-300.

[11] Gardner B R，Nielsen D C，Shock C C. Infrared thermometry and the crop water stress index. I. History，theory，and baselines[J]. Journal of Production Agriculture，1992，5：462-466.

[12] Howell T A，Musick J T，Tolk J A. Canopy temperature of irrigated winter wheat[J]. Trans of the ASAE，1986，29：1692-1698，1706.

[13] Kramer P J. Measurement of plant water status：Historical perspectives and current concerns[J]. Irrigation Science，1988，9：275-287.

七、农业开发

李鹏总理等中央领导同志视察中国科学院禹城综合试验站*

唐登银

国务院总理李鹏、国务委员兼国务院秘书长陈俊生、中央农村政策研究室主任杜润生及有关部门领导同志，1988 年 6 月 17 日上午视察了中国科学院禹城综合试验站和禹城县改碱实验区，17 日下午视察了辛店洼治理涝洼地和沙河洼治理沙荒地的农业开发工作，18 日上午接见了山东省、德州地区、禹城县的负责同志及中国科学院、中国农业科学院的部分科技人员，并做了重要讲话。

李鹏等同志在中国科学院禹城综合试验站野外观测场上，仔细听取了试验站科技人员关于水分研究工作的汇报，详细询问了水面蒸发和陆面蒸发的观测结果，特别对各种作物的耗水量以及黄淮海平原农田耗水与降水量的比较感兴趣，将有关数据记录在笔记本上。根据这些数据，李鹏等同志谈到了黄淮海平原水分短缺，要实行农业节水技术。接着，李鹏同志实地观看了试验站农田上的管道输水，询问了成本和效果，对节水农业技术的应用非常重视。李鹏同志在参观过程中谈笑风生、平易近人，在视察现场后高兴地和全站科技人员一起合影留念。在回京的列车上，李鹏同志为试验站题词："治碱、治沙、治涝，为发展农业生产做出新的贡献！"这是对中国科学院禹城综合试验站的极大鼓励和鞭策。

禹城综合试验站，1979 年创立，由中国科学院地理研究所组织管理，1983 年经中国科学院批准，正式建站。1987 年通过专家论证，1988 年中国科学院批准成为开放试验站。禹城综合试验站 10 年的科学实验工作，已形成具有鲜明特色、明确实践目的和科学意义的研究方向，即"土壤-植物-大气系统的水平衡水循环，研究农田生态系统的"五水"（大气降水、土壤水、植物水、地下水、地表水）转换机制和模式，并以此为基础，研究与水有紧密关联的能量转换、物质迁移规律和农田生态系统的控制，为水资源调控和黄淮海旱涝碱综合治理和开发服务"。禹城综合试验站在水分研究和区域治理开发的试验示范推广上做出了一定成绩，现在，李鹏同志的视察，是一个巨大的推动力，禹城综合试验站的工作将进入一个发展的新阶段。

李鹏同志兴致勃勃地视察了禹城改碱实验区、沙河洼、辛店洼的治碱、治沙、治涝的

* 本文发表于《地理学报》1988 年第 43 卷第 3 期第 282～285 页。

试验示范工作。改碱实验区耕地面积13.9万亩，人口4.7万人，有22年的治理开发历史，区内建有机井1 150眼，平整土地4万余亩，修建总长为1 204 km的五级排水渠道，盐碱土面积由原来的万亩减为7 000亩，林木覆盖率由原来的3%提高到18%。过去“旱年赤地一片，涝年遍地行船，田间难见一棵树，到处取土熬硝盐”的景象早已不见了，出现在人们面前的是“渠成网，地成方，树成行，旱能浇，涝能排”的粮棉高产区。1987年与1966年（建区）相比，粮食单产自180斤提高到1 250斤，增长了6倍；棉花（皮棉）从12斤增加到150斤以上，增长11倍；农民人均收入从44元增加到650元，增长了近14倍；1966年以前正常年景每年吃国家统销粮300万～400万斤，现在每年向国家交商品粮800万斤，商品棉600多万斤。实验区总投资（1966—1985年）为2 270.8万元，平均每亩160元，其中群众自筹1 500万元（主要是挖土方），占66%，国家投资770.8万元，占34%，平均每亩56元。沙河洼，面积1.64万亩，洼内沙丘连绵，风起沙扬，埋地压庄，危害21个自然村。1987年春，平掉沙丘78个，营造固沙林带11条，植树4.3万株，开挖支、斗、农渠17条，动土30万m^3，建成果园500亩，农田1 500亩。当年治理，当年收益36.2万元，扣除成本，净收入27.5万元，而总投资45.34万元，每亩平均266.7元，其中群众投资32万元（主要是劳动积累），占71%；国家投资13.34万元，占29%，每亩平均66.7元，主要用于桥、涵、闸和林网建设。今年采取同样办法又开垦沙荒4 000亩。辛店洼，面积5 617亩，是一片沼泽化的易涝荒地，1986—1987年，挖池养鱼，堆土造台田，共动土55万m^3，治理1 000亩，开挖鱼池88个，建成养鱼水面400亩，台田400亩，鱼塘养鱼，台田种植果树、苜蓿以及玉米、花生、棉花等，1987年水面亩产鲜鱼510斤，甘薯亩产4 500斤，黄豆350斤，夏玉米629.4斤，籽棉350斤，纯收入达40万元，总投资93万元，每亩平均930元，其中群众自筹62.6万元，占67.3%；国家投资30.4万元，占32.7%。1988年，治理面积扩大到2 500亩。中国科学院参与了实验区的创建工作，“文化大革命”后又积极参与了实验区的建设工作，禹城改碱实验区成为一个在国内较有影响的黄淮海平原中低产田治理开发的老样板。“七五”期间，中国科学院地理研究所和禹城县人民政府一起，共同提出了“一片三洼”（原来的改碱实验区和三个不同类型洼地）的治理开发任务，就科技工作来说，禹城综合试验站负责牵头，“三洼”（沙河洼、辛店洼、北丘洼）的工作分别由兰州沙漠所、南京地理所和北京地理所主持，经过两年多的工作，三个洼地已成为治沙、治涝、治碱的新样板。

李鹏等同志视察了改碱实验区的旧貌，又看了实验区的方田、林网、排水工程，对改碱实验区的成绩给予了高度评价。李鹏等同志在辛店洼视察了鱼塘台田工程和水生植物试验田，当看到从水池中捞出的螃蟹时，风趣地说：“收获季节来吃螃蟹呀，谁来谁吃，不来不得吃。”李鹏同志在沙河洼，当看到了沙荒地上长势良好的葡萄、果树、花生等作物时，非常高兴，在留言中写道：“沙漠变绿洲，科技夺丰收。”李鹏同志视察这两个洼地时，高兴地与在那里的南京地理所、兰州沙漠所、北京地理所、长春地理所的同志们合影留念。18日上午，特地与因时间关系未能视察的北丘洼的同志合影。

18日上午，李鹏、陈俊生、杜润生等同志在禹城县宾馆会议室做了重要讲话。指出

“农业问题在全国来讲是一个大问题，粮食再上一个台阶是很严峻的任务。”“农业还是有希望的，黄淮海平原就是有希望的地区之一”。“增产潜力还有，中低产田和荒地是可以改造的，而且摸索出了一套改造的经验，主要是盐碱地、沙地、涝洼地，是可以把它们改造好的”。“禹城，‘一片三洼’改造工作相当有成绩，经验很有普遍意义，应该充分肯定”。中央领导同志就黄淮海平原农业开发工作发表了重要意见，着重谈到了搞活两个（资金投入和科技投入）机制和农业节水的问题，指出“资金投入不能无偿地投入，要有偿使用，滚动使用。”“怎样把大批科技人员吸引到开发区，是一个很大的课题，没有灵活的、很有活力的机制是不行的，要对这个问题进行研究”。“发展节水性农业是华北地区农业发展的一个大问题，这个关攻下来，在农业上是相当重要的，中国科学院、中国农业科学院要下功夫，立项进行研究”。这些重要意见，对今后工作有深远的意义。

陪同李鹏等同志视察的有山东省委书记梁步庭、副书记陆懋曾，山东省省长姜春云、副省长马忠臣，德州地区地委书记马忠才，中国科学院院长周光召、副院长李振声、秘书长胡启恒和中国科学院地理研究所所长左大康等。

浅析美国农业的某些特点*

唐登银

农业对于像中国和美国这样的大国来说，在整个国民经济、社会生活中占有特殊的地位。分析美国农业的特点，也许对中国农业的发展具有一定意义。

一、产值巨大的国民经济产业

按照美国的统计方法，国民经济分成 11 个门类：制造业、食品纤维业、服务业、财政保险财产业、政府企业、运输通讯业、零售贸易业、批发贸易业、建筑业、采矿业、林渔业。农业的主体——农场业（种植业）和牧场业（畜牧业）没有单独列为一个产业门类，而是将农场业、牧场业及其产品的加工销售统一起来称为食品纤维业。美国出版的许多书籍谈到农业实际上指的是食品纤维业。

食品纤维业在美国是仅次于制造业的第二大产业，1985 年以来占国民生产总值（GNP）的 17.5%，约为 7 000 亿美元。从雇用劳动力情况看，美国食品纤维业是美国最大的产业，以 1986 年为例，大约 2 100 万人从事田间种植、牲畜养殖、产品处理和销售，组成食品纤维业的劳动大军。

食品纤维业这一巨大的产业部门是由诸多的产业构成的，包括农场、食品加工、制造、运输贸易、零售、饮食、服务等。农场业产值稳定在 400 亿美元左右，仅占美国 GNP 的 2%；而非农场业如加工、市场零售占 14%，各种农业投入（种子、设备、化学物）占 2%。

美国农场业占美国 GNP 的比例很小（2%），在食品纤维业中所占比例也不大，仅为 6%，尽管如此，农场业是食品纤维业的中心，是农业投入物质的唯一发起者，是作物的基本生产者，是食品纤维业的支柱。

食品纤维业拥有 2 100 万劳动大军，但从事农场业的人数约为 210 万，而其他约 1 890 万人进行着农场产品的储存、运输、加工和销售。农场业工人的劳动成果为食品纤维业工人的工作提供了前提，而一支庞大的劳动大军为农场产品提供服务和拓宽市场。

美国食品加工五花八门，雇用大量劳动力，创造了巨额财富。例如 1986 年，美国肉禽业（包括肉类包装、制备肉类、禽类调味工厂等）雇用 37.2 万人，年工资总额 47 亿美元；奶制品业（包括液体牛奶、浓缩和固体奶、奶酪、黄油、冰淇淋）雇用 16.3 万人，年工资

* 本文发表于《国际科技交流》1990 年第 6 期第 20～21 页。

总额19亿美元；烘烤业（包括面包、饼干、薄脆等）雇用21万人，年工资总额26亿美元；罐头、冷冻食品业雇用23.8万人，年工资总额32亿美元；棉花加工厂雇用10.2万人，年工资总额14亿美元。

二、有巨额的对外贸易

美国农产品出口长期居于世界前列，创纪录的1981年达438亿美元，控制世界农业贸易的39%，占世界粗谷物出口的70%以上。

美国农产品的出口占总生产量的比重很高，1986年，3/10的农田的收获量供出口，1979—1983年，美国生产的农产品的30%～40%供出口。美国出口最多的5种产品是玉米、小麦、大豆、棉花、稻米。美国农产品出口到全世界约170个国家和地区，居前十位的国家或地区是日本、荷兰、加拿大、韩国、中国台湾、西德、墨西哥、埃及、意大利和苏联（1987财政年度）。

美国也是世界上最重要的农业进口国之一。从1972年起逐步增加，现大约每持在200亿美元的水平上。进口的主要产品是肉类、水果、蔬菜、糖、咖啡、可可、橡胶等。美国从大约155个国家进口农产品，居前列的十个国家是加拿大、墨西哥、巴西、澳大利亚、哥伦比亚、新西兰、法国、印度尼西亚、荷兰、丹麦。

美国农业进出口长期保持顺差，而其他国民经济产业外贸平衡出现逆差，形成鲜明的对比。

三、劳动生产力不断提高

美国农场业的产量不断增加，从1984年起平均产量每年增加2%。例如，玉米、大豆和小麦，1930年的产量分别是38.4蒲式耳/英亩[①]、21.7蒲式耳/英亩和16.5蒲式耳/英亩，而1985年分别是118蒲式耳/英亩、34.1蒲式耳/英亩和37.5蒲式耳/英亩；棉花由1950年的269磅[②]/英亩提高到1985年的630磅/英亩；奶牛每头年产奶由1985年的5 314磅上升到1987年的13 786磅；禽类由1960年的500万只发展到1987年的2 000万只。

农场业产量增加的同时，所使用的劳动力却不断减少。1947年农场工人为1 000万人，占美国总劳动力的17%；而1985年，农场工人降到250万人，占总劳动力的2%。在食品纤维业内部，1947年农场业与非农场业的劳动力之比为4∶6；到1985年，比例降为1∶9，这反映了农场业的劳动工人数量迅速减少。

产量不断增加，所用劳动力却不断减少，其结果是农场业劳动生产率不断提高。大体上看，从1940年算起，美国农场劳动力减少了75%，而单位面积产量却翻了一番。现在美国农场工人单位时间的生产量比1960年增加3.3倍，是1947年的7.7倍以上。

---

① 1蒲式耳=27.216 kg，1英亩≈6.072亩。

② 1磅=0.453 6 kg。

四、农场业的购置投入不断增加

农业劳动生产率不断提高，一个重要原因是购置投入不断增加。农场业投入有三大要素——土地、劳力和资本。项目包括总投入、非购置投入、购置投入以及总投入的各个分项目。

据报道，美国农场业总投入几十年变化不大，而投入各分项目变化却很明显，非购置投入不断下降，其中劳动力投入减少最快，而购置投入不断上升，其中以化学药物投入上升最快。

美国年用化肥达到 2 000 万 t 的水平，其中氮肥约为 1 000 万 t，磷肥、钾肥各约为 500 万 t。除草剂年消耗为 4 亿磅，杀虫剂为 1 亿磅，化肥年销售额为 16 亿美元（1970 年）、86 亿美元（1981 年）和 64 亿美元（1985 年）；农药市场年总计 40 亿美元，除草剂 25 亿美元，杀虫剂 10 亿美元，杀真菌剂 2.65 亿美元。美国抗生素的农业应用 1953 年为 44 万磅，1985 年上升到 990 万磅。

区域农业综合开发与黄淮海平原农业持续发展*

李卫东　唐登银

摘　要：可持续农业是当今世界农业探索的热点，我国近年来实施的区域综合治理与开发战略，已证明是促进我国农业持续发展的根本措施。黄淮海平原历史上旱涝和盐渍化灾害频繁，形成了大面积的中低产田，粮食产量长期低而不稳。但黄淮海平原耕地面积占全国的 1/5，粮食总产量占全国的 23.8%（1993 年），在全国农业中举足轻重。"六五"时期以来，我国在黄淮海平原实施了大规模的综合治理与开发战略，取得了巨大的成就。多年来的治理开发工作，使得黄淮海平原的农业在朝着持续发展的道路上不断前进，农业现代化和持续性水平明显好于全国平均水平。现实和经验表明，集约化持续农业是黄淮海平原实现农业现代化的最佳途径。目前黄淮海平原农业增产的潜力仍然很大，可为我国到 2000 年粮食综合生产能力再新增 500 亿公斤的目标做出巨大贡献，但农业开发方面则应从重点开发中低产田转移到重点建设高产田，走农牧结合、高产高效、现代集约化持续农业的道路上来。

关键词：区域农业综合开发　黄淮海平原　农业持续发展

随着科学技术的进步和农业生产水平的不断发展，农业生产逐步从传统型发展到现代型，但也产生了许多问题，如资源耗竭、水土流失、环境污染和生态失衡等。这促使一些发达国家不断地寻求各种新的出路，相继提出了有机农业、生物农业、生态农业等各有偏重的农业模式。为了解决发展和环境的双向协调问题，20 世纪 80 年代提出了具有新意且更适合现代农业的"可持续农业"模式。可持续农业不仅是当今世界农业研究和探索的热点，也必将是下一步农业发展的主导方向。

在我国这种人多地少、农业生产落后的国家，要以有限的土地资源保证十几亿人民有饭吃且逐步奔小康，农业生产和农村经济的持续发展尤为显得重要。在这方面我国实施的区域农业综合治理与开发工作提供了丰富宝贵的经验和技术并做出了巨大成就。尤其是在黄淮海平原，我国已进行了几十年的综合治理和开发，彻底改变了黄淮海平原农业生产的面貌。实践证明，区域农业综合治理和开发战略，是促进我国农业持续发展的根本手段和措施。

我国已明确提出，从 1995 年起到 20 世纪末的 6 年内，我国粮食的综合生产能力要再增加 500 亿公斤。黄淮海平原作为我国目前最大的农业区和商品粮基地，预计约承担 1/3

---

* 本文摘自唐登银等编的《黄淮海平原农业可持续发展研究》（气象出版社 1999 年出版）第 47～52 页。

的任务。因此，深入总结黄淮海平原农业综合治理开发的经验，提出切合实际的农业持续发展战略和方向，对于实现该目标和黄淮海平原今后的农业综合开发和持续发展，具有重要现实意义。

1　黄淮海平原农业发展的历史和现状

由于季风气候的影响，黄淮海平原70%的降水量集中于夏季，年度变率极大，加之地势平坦，径流不畅，故而历史上旱涝灾害频繁，土壤盐渍化普遍。据近500年历史资料的统计，旱灾成灾率为25%～30%，涝灾成灾率为32%～66%，即3～4年发生一次大的旱灾，1.5～3年发生一次大的涝灾。这里有盐渍土233.3万hm^2，潜在盐渍化面积约266.7万hm^2。此外，还有266.7万hm^2黏质砂姜黑土和166.7万hm^2风砂土等低产土壤。由于受旱、涝、盐、碱的影响，低产田和中产田约1 333.3万hm^2，占全区耕地的70%，它们的产量水平分别相当于高产田的30%和66%。

1949年以来，经过大规模的综合治理，黄淮海平原的有效灌溉面积已占耕地面积的61.5%，农业机械化发展较快，机耕面积达耕地面积的47.3%。该地区已由多灾的缺粮区变成重要的粮棉生产基地，彻底扭转了南粮北调的局面。目前，占全国耕地面积1/5的黄淮海平原，粮食总产占全国的23.85%，其中小麦、玉米、棉花和烟草分别占全国总产量的44.1%、28.6%、39.0%和41.1%（1993年）。因此，黄淮海平原的年成丰歉，对全国农业形势影响极大。

2　黄淮海平原农业综合治理开发的历史和成就

我国对黄淮海平原的治理已有数千年的历史，但真正大规模的治理是在1949年以后。国家在这一地区开展了全国最大规模的水利工程建设，使黄河、淮河和海河的隐患得以根治，水旱灾害明显减少。但由于早期治理上的不够科学，在水利上重引轻排，在旱情缓解的同时又产生了严重的渍涝和土壤盐渍化。直到20世纪70年代初周总理批准的“河北黑龙港地区科技大会战”及此后的“十二年国家科技发展规划”，在广大科技人员认真总结经验教训，采用综合措施科学调度水盐的治理下，黄淮海平原的区域农业治理才朝着正确方向前进，农业生产得以较大提高。

随着对这一地区农业生产重要性和巨大潜力认识的深化，国家从第六个五年计划开始，领先于中国其他农业区域率先在这里进行国家级科技攻关行动。“七五”期间，根据“六五”攻关的经验和结果，确立了综合治理与开发并举、多学科、多部门、多层次协同作战，试验区、示范区和扩散区结合，点、片、面结合的开发战略。在四个部院主持下，有十几个学科，100多个科研单位，1 000多名科技人员参加。5年时间里，建立并完善综合试验区12个，总面积1.45万hm^2；建立各类研究试验区（片）28个县，总面积5万hm^2；建立示范区24.6万hm^2，形成扩散区48.3万hm^2；改造盐碱涝洼沙荒地17万hm^2，植树约4亿株。此间获农业科技成果达134项，推广重大成果81项，累计面积720万hm^2，直接经济效益74.15亿元。使试验区在提高抗旱防涝、防治土壤盐渍化能力，改善农田生产条件和生态环境方面取得明显进展。1986—1990 年，粮食平均单产增加约 2.4 倍，年人均收入增长 1.8～2.3 倍，林木覆盖率提高到 14%～20%，累计增产皮棉 249 万担，粮食 183 万 t，油料 17.6 万 t，盐碱地面积减少 60%以上。34 项成果获不同级别科技奖励，总项目获 1993 年度国家科技进步特等奖和 1995 年第三世界科学院农业奖。黄淮海平原的农业综合治理开发中，提出了六项重大技术体系，分别是区域水盐管理测报技术体系、农田节水技术体系、优化施肥技术体系、作物良种及栽培技术体系、农田综合防护林建设技术体系和农业信息技术体系。这些技术体系不仅在“七五”“八五”期间农业治理开发中发挥了巨大指导作用，对未来也具有长远的指导意义。

在国家攻关计划实施的同时，中国科学院也将黄淮海平原农业开发单独立项开展了卓有成效的工作。1988 年年初，中国科学院和冀、鲁、豫、皖四省向国务院提出了“关于开展黄淮海平原部分地区中低产田治理开发的工作报告”，受到国务院和有关部门的高度重视，中国科学院将其列为院“重中之重”项目，成立了农业项目办公室。1988 年以来，组织了地学、生物学、化学和新技术的 30 个研究所的 600 余名科技人员，投入黄淮海平原农业综合开发主战场，将封丘试验站、禹城试验站和南皮试验站的成熟技术和经验推广到 5 个地区（市）的 44 个县，建立了 23 个农业综合开发基地，21 个技术示范点，示范区面积约 2.3 万 hm^2。“七五”后三年，推广农业技术 50 多项，累计面积达 100 万 hm^2，受到国务院表彰。1991 年中国科学院又将“黄淮海平原农业综合开发”列为重大科研项目，30 个研究所 710 名科研人员投入农业开发主战场。“九五”刚开始，中国科学院的黄淮海农业开发项目在中国科学院地理所主持下又已启动。展望未来，黄淮海平原农业综合开发工作尽管难度越来越大，但在广大科技人员和地方领导、群众的共同努力下，必将再上新台阶，为黄淮海平原农业发展和国家 2000 年农业发展目标的实现做出巨大贡献。

3 黄淮海平原农业发展的持续性特点

作为全国最大的平原，黄淮海地区经过国家多年的综合治理开发和大量投入，农业生产环境得到了很大改善，生产水平明显提高。据任天志运用农业（农村）持续化和现代化综合指标体系以 1985—1993 年资料为基础，结合实际调查，对黄淮海平原的整体情况进行的评价表明（表 1、表 2、表 3），近年来黄淮海平原的农业和农村均呈持续发展状态，二者的持续化水平较一致。黄淮海平原的农业现代化和农村现代化水平均达到了前现代化的第五阶段，处于向现代化过渡时期，但仍属传统农业，距初步现代化尚有一段距离。黄淮海平原的农业现代化和持续性水平均好于全国平均水平，说明黄淮海平原农业和农村发展势头要快于全国平均水平。

表 1　黄淮海平原农业（农村）发展综合评价指数（1985—1993 年）

	农业持续化	农业现代化	农村持续化	农村现代化
黄淮海平原	5.68	4.30	5.63	4.20
全国平均	5.40	3.73	5.33	3.66

表 2 黄淮海平原同全国农业生产水平比较（1993 年）

	粮食单产/（kg/hm²）	肉单产/（kg/hm²）	劳均产粮/（kg/劳）	耕亩种植值/（元/hm²）	夏种指数/%
黄淮海平原	4 935	360	1 714	8 107	162
全国平均	4 125	405	1 317	6 945	155

表 3 黄淮海平原同全国及发达国家农业现代化水平比较（1993 年）

	亩施化肥/kg	亩农机动力/kW	灌溉面积/%	劳均耕地/（hm²/劳）	户均耕地/（hm²/户）	人均耕地/（hm²/人）	1991 年农产品商品率/%
黄淮海平原	27.3	0.30	61.6	0.28	0.35	0.087	46
全国平均	22.1	0.22	51.3	0.29	0.41	0.082	47
美国	12.4	—	11.00	83.1	80	0.80	99
日本	43.6	0.75	76.0	0.60	2.00	0.043	85

黄淮海平原在现代化水平上的优势主要体现在生产水平较高、技术与装备条件较好和经济水平相对较高等几个方面，而在资源环境方面基本与全国一致。黄淮海平原的农业生产条件整体上略好于全国平均水平，表现在机械化程度较高、有效灌溉面积比率较大，但与发达国家相比农业现代化程度仍属中低水平。黄淮海地区农业人口比重和农业劳动力占乡村总劳动力比重与全国一样属于以农为主型，农村产业结构与全国基本一致，但在农业内部结构上，种植业比重较大，而林、牧、渔比重偏小。黄淮海平原的农村经济实力强于全国平均水平，但人均收入则低于全国平均水平，属于“粮棉大县、财政穷县”的情况普遍。

按照生产持续性、经济持续性、生态持续性三大目标衡量，黄淮海平原农业与农村总体上是持续发展的。持续程度上的优势仍体现在生产、技术与装备和经济水平的持续性等几个方面。其中生产的持续性优势较大而资源环境方面较差。

黄淮海平原农业生产的持续性体现在以下几个方面：①生产条件不断改善。经过多年科技攻关与开发，农业生产条件有了显著提高，为该地区农业生产持续发展打下了坚实的物质基础。②生产总量持续增长，生产水平不断提高。其中粮食和肉类提高显著，1985—1993 年增加幅度分别为 51.9%和 138.2%，单产也有较大幅度增长。该地区在全国的地位和作用日益重要。除国家投入外，这与该地区重视农田水利建设、重视农业投入和普及推广良种和先进栽培技术也有关。目前已出现了以桓台县为代表的吨粮县。然而棉花生产近几年滑坡，这与棉花价格偏低有关。③技术水平不断提高，农民科技意识明显增强，生产逐渐由凭经验向依靠科技过渡。

从 1985 年以来农业和农村经济上看，黄淮海平原也是持续发展的，表现在：①农村经济实力逐渐壮大，农民生活水平有所提高但速度较慢。1993 年黄淮海地区农村社会总产值和人均社会总产值分别比 1985 年增加 2.65 倍和 2.36 倍。人均占有粮食和肉类也有较大提高，说明畜牧业有了较大发展。人均收入按现价计，1993 年比 1985 年增长了 1.18 倍，但按

1990 年可比价计，则增长不足 0.1 倍，低于全国平均水平。②生产效率有所提高。1991 年前粮食生产徘徊不前，但各方面产值都有较大提高，1993 年国家调整粮食收购价后，粮食单产和生产效率有较大提高。③农村第二、第三产业逐步兴起，产业结构不断优化。主要是农村工业迅速崛起，在农村社会总产值构成中，占比由 1985 年的 29.45%上升到 1993 年的 58.43%，逐步占据农村经济主导地位。畜牧业在农业内部结构中的比例也由 19%上升到 25%。

黄淮海平原经国家多年的综合治理与开发，不仅人民生活发生了根本改观，生态环境也开始向良性转化。旱涝状况有了显著改善，土壤盐渍化已基本得到完全治理，林业的发展减少了风沙，土壤肥力也有一定提高，黄淮海平原农业持续发展的主要原因在于国家人、财、物的大量投入以及乡镇企业的迅速发展。

尽管黄淮海平原农业实现了持续发展，尤其近十多年来，农业和农村经济条件、生产条件和农民生活水平都有较大改善，但也必须看到，黄淮海平原仍处在传统农业阶段，目前尚存在一些影响持续发展的障碍因子，如农业现代化水平较低，水资源状况恶化，产业结构不协调，农业经济成分中畜牧业比重仍偏低，工业对水体污染加剧，农村加工业不发达。农业科研、教育、服务体系不景气等。这种情况下，发展无疑是第一位的。从世界农业发展的历程与中国和黄淮海平原的现状看，实现农业现代化将是黄淮海平原农业发展的根本方向。黄淮海平原资源严重不足，集约化水平普遍较低，资源和劳力集约利用的潜力很大。当然在集约的同时也必须考虑资源和环境的持续性，这既是农业自身发展所要求的，同时也是克服农业短期行为、保护农业环境、不断提高农业综合生产能力的重要保证，是黄淮海平原农业实现持续发展的基础。因此，集约化持续农业应是黄淮海平原实现农业现代化的具体道路。

4 黄淮海平原农业进一步综合开发的潜力

就目前来看，黄淮海平原农业生产的潜力仍是巨大的。粮食产值虽已取得了很大提高，但仍有较大面积的中低产田。在许多地方，肥料和水分的利用仍存在不科学的浪费现象。大址的作物秸秆未得到有效利用，饲料潜力很大。

在同一区域相对稳定的光、热、水、土资源条件下，技术投入水平对提高土地生产率起着决定性作用。石元春等以联合国粮农组织（FAO）的农业生态区法为基础，以黄淮海平原的实际情况做修正与检验，分三级计算了小麦、玉米、棉花和大豆四种作物不同层次的生产力。结果表明，以近期生产力计，四种作物增产潜力在 30%左右，粮食总产增长潜力约 200 亿 kg；以远期（20～30 年）生产力计，四种作物增产潜力可达 100%～150%，粮食总产增长潜力在 700 亿 kg 以上。可见黄淮海平原粮食增产潜力之大。而已存在的丰富的剩余劳动力则是黄淮海平原农业发展另一个有待开发的巨大资源。

帕维里期提出，美国 1929—1972 年农业增长中科技进步的贡献份额为 81%，提高土地生产率的贡献份额是 71%。中国农业科学院农业经济研究所对我国 1972—1985 年农业增长中科技进步的贡献份额估算是 35%，黄淮海平原显然高于此数。据石元春估计，在未来 10 年黄淮海平原农业增长中科技进步的贡献份额可在 60%以上，资源的技术替代，具有很大的潜力。科技进步日新月异，特别是我国在黄淮海平原的综合治理开发中已积累了大量的经验和研究出了许多具有针对性的集成配套技术，将这些经验和技术深化并推广开来，黄淮海平原的农业生产必将在今后几年内上一个新台阶。

5　黄淮海平原“九五”农业综合开发的方向

国家立项的农业开发，基本宗旨有三：一是以改造中低产田为主，内涵开发与外延开发相结合；二是以提高粮、棉、油、肉、糖等主要农产品的综合生产能力为主要目标，坚持政府行为，兼顾市场导向；三是按照国家制定的农业发展战略，把农业增产和农民增收两个目标有机地结合起来。这三条宗旨，符合社会主义市场经济体制转轨中农业的产业特点，符合国情、民情，在“九五”期间乃至更长时间内，都应贯彻执行。国家“九五”农业开发的布局：提高东部，开发西部，主攻中部。黄淮海平原的农业开发目前正处于提高阶段。黄淮海平原目前和今后面临的主要制约因素是：耕地面积不断减少，人口逐年增加，水旱灾害频繁，可利用水资源严重紧缺等。对此，黄淮海平原农业开发工作，必须最大限度地挖掘现有耕地资源和水资源增产潜力，努力开发新的耕地和水资源，不断提高抗拒自然灾害的能力，提高土地的产出率、利用率、收益率和农产品的商品率。这是实现新增 150 亿 kg 粮食的主要途径。从这个思路出发，黄淮海平原的“九五”农业开发应坚持的原则：把提高粮、棉、油、肉的综合生产能力放在首位，在继续搞好中低产田改造的同时，重点建设高产田，坚持农牧结合，增产增收，高产高效，走现代集约化持续农业的道路。

参考文献

[1]　石元春. 以黄淮海平原为例谈区域资源开发和持续利用. 中国科学院院刊，1994（3）：239-244.

[2]　卢良恕. 中国可持续农业的发展. 中国人口•资源与环境，1995，5（2）：27-33.

[3]　朱丕荣. 持续农业是中国农业发展的必然趋向. 中国人口•资源与环境，1995，5（1）：52-54.

[4]　海方权，安晓宁. 中国现代集约持续农业发展之展望. 中国农村经济，1995（5）：12-15.

[5]　汪雁题. “九五”农业综合开发规划的思路. 农业经济问题，1995（9）：9-14.

区域农业生态系统健康定量评价*

武兰芳 欧阳竹 唐登银

摘 要：鉴于农业生态系统健康与人类、社会、经济、环境等具有密切的关系，从区域尺度出发，提出区域农业生态系统健康的概念、评价指标体系及其相应度量方法，并采用专家评判标准赋值法对各指标进行了标准量化。认为农业生态系统存在不健康、亚健康和健康 3 种状态，在这 3 种状态下各指标的属性判断值分别是 1、5 和 10，并以山东省禹城市为例进行了实证分析应用。结果表明：1980—2000 年，禹城市农业生态系统总体上表现为由不健康状态经过亚健康状态，目前处在向健康状态的过渡阶段，综合健康指数由 4 上升为 6。其中，结构特征在由亚健康状态向健康状态过渡中又转变为亚健康状态，是因为资源可供性和结构多样性向不健康状态转变；生产功能特征表现为由不健康过渡为亚健康进一步向健康状态过渡，其中生态效率有向不健康转变的趋势；抗逆特征表现为由亚健康向健康过渡的趋势，而其中自生产力已表现为不健康状态。评价结果与实际情况基本相符。

关键词：农业生态系统 健康 指标体系 评价

世界人口在 1999 年突破了 60 亿大关，目前每年的增长数约为 9 300 万人，预计到 2050 年，将达到约 100 亿人。人口激增将对地球环境产生更加巨大的压力。农业生产是一种需要高度集约利用资源的大规模的产业，其最基本的功能就是依靠日渐减少的资源供养越来越多的人口，所以，农业集约化生产仍然是社会各界研究和发展的主要目标[1]。农业生产面临的主要矛盾就是如何在进一步提高食物产量的同时注重产品的质量，并极大限度地保护资源环境。20 世纪许多生态环境恶性事件的发生，告诉人们人类活动会胁迫生态系统健康，导致生态系统结构和服务功能发生变化。人类如果不能维持（农业）生态系统的健康，人类社会自身的健康发展就会受到严重胁迫。农业生态系统覆盖了地球上约 30%的陆地面积，农业生态系统的健康问题也就显得越来越重要，农业生态系统健康的研究与管理将逐步成为未来农业生产的新范式[2]。正如加拿大 Guelph 大学健康问题研究小组所言：一个农业生态系统包括农业区域内所有生物和非生物环境以及其社会和经济组成，如果人们要研究个人健康、家庭健康、群体健康甚至农场健康和社区健康，人们必须把这些健康问题综合在一起进行农业生态系统健康的研究。本文从区域尺度出发，研究我国县级水平

* 本文发表于《生态学报》2004 年第 24 卷第 12 期第 2740～2748 页。

农业生态系统健康评价的指标体系与评价方法，使农业生态系统健康评价从概念框架走向实证应用。

1　农业生态系统健康的内涵及其评价研究进展

农业生态系统健康研究可以追溯到20世纪40年代，1942年在新西兰出版的 *Soil and Health* 杂志，首次提出以“健康的土壤-健康的食品-健康的人”为研究主题，但当时并没有引起人们足够的重视，直到20世纪80年代后期到90年代初，在可持续发展思想的影响下，伴随着退化生态学的研究，生态系统健康逐渐成为生态学研究的一个新的热门领域[3]。1994年国际生态系统健康学会（ISEH）成立，1995年 *Ecosystem Health* 正式创刊；与此同时，1993—1996年加拿大启动了农业生态系统健康研究项目，在1998年出版其研究报告 *Agroecosystem Health：Analysis and Assessment*，随之建立了“全球农业生态系统健康网络”，加入的国家主要有加拿大、秘鲁、洪都拉斯、肯尼亚、尼泊尔和埃塞俄比亚6个国家，这个网络的建立为全球农业生态系统健康研究提供了交流信息的平台，促进了农业生态系统健康理论研究与实践工作的深入发展，从此，开创了农业生态系统健康研究的新局面。鉴于农业生态系统健康与社会、经济、人类、生态环境等密切相关，目前，农业生态系统健康研究在国际上已日益成为（农业）生态学研究的前沿领域，研究的内容主要包括农业生态系统健康评价[4-7]，农业生态系统健康与人类健康的关系[2,8]，农业生态系统健康的影响因素及管理等[9-13]。

农业生态系统是指生产农产品并提供农村服务的有机整体，它包括如土地、劳力、资本、管理及各种投入等一系列与农业有关的因素，这些因素既相互联系又相互作用，共同影响和决定着农业生态系统的结构与功能，使得农业生态系统成为自然-社会-经济复合生态系统，其运行与调控既要遵循自然生态系统的原理，又要满足社会经济发展的需求。由于农业生态系统的特殊性和复杂性，至今，关于农业生态系统健康的概念还没有形成统一的定义，不同研究者从不同研究领域和研究兴趣出发得出了不同的认识与理解。Soule 等[14]根据系统的结构和功能特征描述了农业生态系统的健康状态，认为一个健康的农业生态系统，其功能上应该具有“稳定的生物量动态和营养流”，并表现出“高水平的系统完整性和持续性”。Okey[15]认为，农业生态系统的健康状态是由系统的稳定性和弹性之间的平衡组成的，具有平衡生态效益和经济效益的特征，健康的农业生态系统要能够在环境条件发生波动时维持稳定的生产水平，如果遇到重大干扰，也能够很快转变原有生产方式为一种新的生产方式，既使生产者获得满意的经济收入，也为社会提供充足的食物。Haworth 等[16]认为，农业生态系统健康的概念可以从系统功能和系统目标两方面理解，系统功能包括完整性、弹性、效率及日渐增长的生命的必要物质，系统目标包括社会、自然、经济及其相互之间的制约。Wang 等[17]指出，健康的农业生态系统主要是指那种能够满足人类需要而又不破坏甚至能够改善自然资源的农业生态系统，其目标是高产出、低投入、合理的耕作方式，有效的作物组合，农业与社会的相互适应、良好的环境保护与丰富的物种多样性等。Xu 等[7]认为，因为结构和功能表现了农业生态系统的基本特征，所以区域农业生态系统健康是指在一段时期内系统实现一定功能和维持一定结构的能力，其功能主要是满足社会需求，其结构既是实现其自身功能所需，也是为社会提供系统服务功能所需。总之，农业生态系统健康是一个总体概念，是指农业生态系统表现为能够持续发展的良好状态，因为农业生态系统的层次性，在不同时间尺度和不同空间尺度上，应该具有相应特定的具体内涵。根据系统结构的层次理论，农业生态系统的空间尺度，既可以小到一块农田，也可以大到整个地球，从上至下形成镶嵌式层次结构，通常下一级层次又是上一级层次的亚系统；在不同层次与尺度上，农业生态系统的构成因素有所不同，而且这些构成因素之间的相互作用及所表现出来的属性也存在差异，而且在特定环境条件下随着时间推移而发展变化。所以，在区域水平上的农业生态系统健康（区域农业生态系统健康）应该表现为根据区域资源状况特点，形成合理的农业生产结构，保持良好的系统运转功能，具有抵抗各种自然灾害和社会经济风险的能力，提供有效的系统服务功能，满足所有受益者的合理目标要求，同时对邻近生态系统不产生负面压力。

农业生态系统健康的概念和内容处在不断地研究发展之中，对农业生态系统的健康状态进行准确评价是重要基础与关键。生态系统健康评价主要有两种方法[18]：一是指示物种法，比较适用于一些自然生态系统的健康评价；二是结构功能指标法，适用于任何类型的生态系统。对于农业生态系统健康评价，在指标体系研究上呈现出两个明显的特点：一是已逐步从单一考虑系统自身特点的指标体系转到综合人类活动的指标体系，二是由单纯考虑生物环境指标体系逐步转到涉及社会经济领域。Swanton 等[13]认为生物多样性是农业生态系统健康指标特征之一，并指出通过化学除草剂大面积管理杂草不利于生物多样性的保持和农业生态系统的健康，应该采取对杂草的综合管理。Dumanski[19]则提出应该用土壤质量指标作为农业生态系统健康的标准，因为土地是农业生产的最基本要素。而 Berka[20]却认为任何生物学现象和人类活动都依赖于水，土地的使用类型也直接影响水的质量，所以应该用水（质）作为生态系统健康的一个综合环境指标。Yiridoe 等[5]分析了经济指标应用于农业生态系统健康评价的重要性，并提出了生物环境指标与经济指标结合的概念框架，为评价农业生态系统健康提供了较为系统的认识。Xu 等[7]从农业生态系统的结构、功能、组织和动态四个方面对评价农业生态系统健康的指标进行了解释和说明，其中也包含了社会经济与生物环境指标，并尝试应用于实证研究，但只是做了定性评价。

至于评价方法，Conway[21]曾提出应该采用综合指数分析法对农业生态系统进行分析，就是把农业生态系统不同层次的 4 种特性进行有机结合，即生产力、稳定性、持续性和公平性。Costanza[22]提出利用系统的活力、组织和恢复力计算生态系统健康综合指数，以评价系统的稳定性与完整性。Mukhebi[23]也提出通过权重法将农业生态系统健康的各项指标转变成一个综合指数，这些指标的权重系数应根据每个指标重要性的真实程度而确定。但是，这些方法均没有明确具体操作方法。

总之，前人研究虽然提出了农业生态系统健康评价的概念框架，但定性描述居多，定量研究很少。从评价指标的选取、度量标准、评价方法及其适合的尺度范围，尚需要进一步深入研究。

2 区域农业生态系统健康评价的指标体系与评价方法

农业生态系统的运行既受自然生物生态过程作用，更受人类社会经济利益驱动，前者是系统的基础，后者是系统的目标。很明显，对于这种复杂系统要选择单个恰当的指标是不可能的，所以，只有把生物环境指标和社会经济指标进行有机结合建立一套指标体系，才能全面反映农业生态系统的健康状态。生态指标通常用于评价资源环境状况，社会经济指标通常用于评价受益者决策与管理目标的实现程度。指标体系建立的目的实质上就是要全面、准确、科学地对农业生态发展的阶段、状态、程度与水平进行综合评估和判断，以揭示系统本身的变化趋势及人类该如何对农业生产发展进行规划调控。在一套指标体系中，因为不同的指标具有不同功能，有些可以评价资源环境状态及其一段时间的变化趋势，有的可以对环境变化进行早期预警，而有些可用来判断引起环境变化的原因，所以，研究目的不同常会影响对指标的取舍权重，需要对不能同时兼顾的各种因素进行权衡决定。

2.1 区域农业生态系统健康评价指标体系建立的原则

区域农业生态系统健康指标体系的建立，并不是某些单个指标之间的简单组合，而是遵循一定原则所建立的各项指标内在有机联系的整体。

首先要科学性与实用性相结合。科学性是指指标体系必须建立在科学的基础上，以便客观和真实地反映农业生态系统发展的状态，各个子系统之间的相互联系与相互作用关系，能较好地衡量农业生产目标的实现程度。在科学性的基础上，指标体系还必须具有实用可操作性的特征，一方面，要注重时间、空间与适应范围的可对比性，以便进行各种纵向和横向的比较与推广运用；另一方面，评价指标必须尽可能简单明了、容易理解，易于量化，相关数据容易获得，可操作性强。

其次要系统性与层次性相统一。因为农业生态系统本身可以分若干个子系统，子系统又包含若干次级子系统，具有层次性，每一子层次又可以用众多的指标进行标度，最终合成一个指标来描述系统的总体状况，所以指标体系也应分层设置，以便于对系统各组成要素、各个方面与过程等进行全面准确的评估。

最后要静态性与动态性相结合。农业生产由原始农业、传统农业到现代农业，随人类社会而不断发展，因而农业生态系统在时间尺度上是不断演变发展的，而且不同阶段拥有不同的社会目标和不同的人类调控能力，导致其结构与功能发生较大变化。因此，指标体系不仅要能反映当前农业生态系统健康状态，而且要能反映一段时期内农业生产发展及变化趋势。

2.2 农业生态系统健康评价指标体系及其度量

根据评价指标体系建立原则，区域农业生态系统健康评价指标体系主要由系统结构、生产功能和抗逆功能 3 个方面组成。系统结构指标主要反映农业生态系统的资源状况和生产结构组成；生产功能指标主要是根据系统产出功能来评价农业生态系统对受益者目标要求的满足程度，即系统提供产品的能力和效率；抗逆功能指标是指农业生态系统运行状态与外部压力或胁迫的关系，及农业生态系统对自然灾害和社会经济风险的应对能力（图1）。

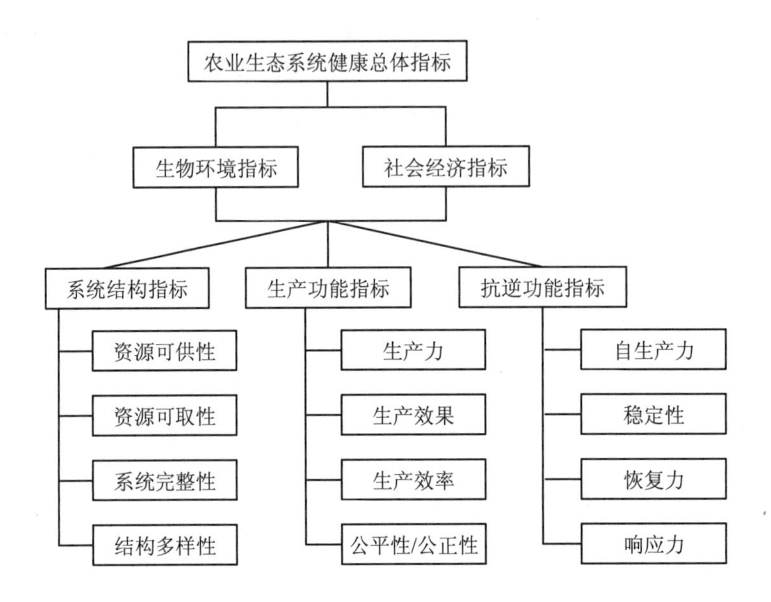

图1 评价农业生态系统健康的指标体系框架

2.2.1 系统结构指标

（1）资源可供性。资源可供性是指一个系统能够获得维持正常功能所必需资源的最大数量。农业生态系统功能的实现依赖于许多资源，具备一定数量的各种资源对于农业生态系统功能的体现是必需的，而且资源的数量不仅决定了其产出农产品的生产潜力，同时反映其对外界环境变化的应对能力。因此，资源可供性是描述农业生态系统结构特征好坏的一个重要标准，在其他条件相同的情况下，资源可供性高的农业生态系统应该比资源可供性低的农业生态系统更健康。在我国，劳力资源丰富，耕地资源紧缺，因而资源可供性可用人均耕地占有量和劳均耕地占有量表示。

（2）资源可取性。资源可取性是指对系统内资源进行获取和利用的难易程度，也可以说是指资源供给与需求之间的分配关系。当一个农业生态系统处在胁迫条件下，其正常功能就会出现波动，此时就需要用替代资源来支持，因而不难理解资源可取性经常就成为系统如何应对胁迫条件、以维持其正常功能的主要决定因子之一。一个农业生态系统如果其各种资源都比较容易获取，则这个系统就会表现出较高的健康水平，如在耕地资源供给中表现有高、中、低产田，高产田主要是因为水肥条件较好，明显高产田比例高的农业生态系统要比低产田比例高的农业生态系统健康。用有效灌溉面积占耕地面积的比例和标准化生产环境达标率表示耕地资源的可取性。

（3）结构完整性。结构完整性是指系统具有合理的组织结构。通过合理的结构系统能够自身维持其良好的功能，最终达到一个良好的状态。当一个系统维持着自然、人类、社会和经济的正常运转时，这个系统就具有结构完整性，实际上就是系统在结构和功能上具有全面性，系统在运行过程中，对资源利用消耗遵循“整体、协调、循环、再生”的原则，如我国许多生态农业模式通过种植业与养殖业的有机搭配与组合，使各个生产环节的废弃物达到循环升级利用的同时，还减少了外部物质的投入。这样，系统完整性就与系统健康相一致。

（4）结构多样性。在农业生态系统中，结构多样性是指系统组分的数量及这些组分在空间的变化范围与程度，更多的是指农业生产结构多样性。生产结构的多样性带来系统功能的增强，主要表现为可以由于避免市场价格波动而引起的经济损失与风险，可以满足社会对农产品种类消费需求上的不断变化，还可以产生环境景观多样性的美学价值等。结构多样性合理的农业生态系统比不合理的健康。结构多样性可以通过计算结构多样性指数进行度量，通常也可用养殖业产值占农业总产值的比重和经济作物占作物总播种面积的比重表示。

2.2.2　生产功能指标

（1）生产力。生产力一般是指单位资源投入量所能生产的产品量，它描述了一个系统生产产品的能力。在生态学上，生产力通常是指在单位时间内单位面积上一个生态系统所固定的化学能的总量，被定义为“总初级生产力”。在农业经济分析中，生产力通常是指单位资源量（如土地和劳力）所生产的产品数量或经济收入。农业生态系统的生产力受到各种因素影响，是农业生态系统功能表现的一个重要特征，作为农业生态系统健康的一个指标，在其他条件相同的前提下，生产力高的农业生态系统要比生产力低的农业生态系统表现得更健康。本文用耕地生产力，即单位面积耕地粮食产量和农业产值来评价区域农业生态系统的生产力。

（2）生产效率。生产效率一般是指系统功能产出与投入的比率。在生态学上，生产效率主要是通过分析光合作用和能量转化的生态学过程，例如光合效率被定义为植物所固定的化学能与吸收的总太阳能的比率，生态效率是指单位面积上单位时间内系统所产出能量与投入能量之比，用工业辅助能利用率和光能利用率表示。在经济学上，生产效率实际上就是指经济效益，其实质就是尽可能有效地利用资源以满足人们的需求，以尽量少的成本获取尽量多的经济产品或经济回报。用生产效率作为评价农业生态系统健康的功能指标，显而易见，生产效率高的农业生态系统明显比生产效率低的农业生态系统更健康。

（3）生产效果。生产效果作为评价农业生态系统健康的一个指标，既指系统通过其结构和功能来满足社会需求的能力，也指系统满足生产投资者合理目标的一种实际能力。社会对农产品的需求首先表现为数量充足，在数量满足的前提下又追求质量上乘和种类多样；生产者在力求满足社会市场需求的过程中获取合理的收入回报。我国是一个人口大国，粮食问题主要依靠自己解决，只有在粮食供给达到基本要求后，其他生产活动才能如愿进行。因此，生产效果可用人均粮食占有量和农民人均纯收入衡量。

（4）公平性与公正性。公平性与公正性一般是指农业生态系统的资源与产品如何在人类中如何被均衡地分配，这种均衡分配既包括代际之间，也包括国家与地区之间，也就是指人类具有维护资源合理分配与利用的权利与机会。这一概念在可持续农业的研究与发展中曾经得到广泛使用，在农业生态系统健康分析与评价中，具有相同的含义，但实践中要真正界定进行量化，却存在困难。

2.2.3 抗逆功能指标

（1）自生产力。自生产力是指系统依靠自身作用维持系统运转的能力，它反映的是农业生态系统在多大程度上要依靠外部投入才能维持其结构和完成其功能，所以，它强调一个具有自生产力的系统应该主要依赖于其自身拥有的资源和努力。一般来说，一个自生产力较高的系统，其功能和结构就基本上不受外界的影响；一个健康的农业生态系统，其农业生产的发展不应该过度依赖于人类创造的外部投入，也不应使其邻近的生态系统受到损毁。现代农业生产中投入大量的化肥、农药、农机等工业辅助能，自生产力的大小用单位面积耕地上工业辅助能投入的多少度量。

（2）稳定性。农业生态系统的稳定性是农业生态系统管理的一个重要目标，人们期望通过管理使农业生态系统在周围自然和社会环境发生波动的干扰下，其生产力能保持稳定或增长。农业生态系统的稳定性描述了农业生态系统健康的动态性质，可以定义为相对于对各种胁迫状况下的生产稳定性，反映了农业生态系统对自然灾害和社会经济压力的抵抗和防御能力。从时间尺度上来看，农业生态系统的稳定性是农业生态系统健康的一个必要组成部分，可用耕地生产力的稳定性表示，耕地生产力的稳定性用单位面积耕地粮食产量和农业产值的年增长变化率来衡量。

（3）恢复力。恢复力是指系统在受干扰后通过某种方式恢复其原来结构与功能的能力。在农业生态系统中，恢复力是指农业生态系统应对各种自然灾害和社会经济胁迫的能力。恢复力与稳定性有相似之处，但稳定性更注重农业生态系统结构与功能的恒久不变的状态，而恢复力是指系统的维护能力，更确切地说是指系统应对胁迫的机制与策略，是在各种灾害发生后如何把危害减少到最小程度。所以，恢复力与系统如何利用其资源减轻外部干扰以维护其能力密切相关，因此，可以认为恢复力就是系统的抗灾能力，这样恢复力就可用旱涝保收面积或盐碱地面积占总耕地面积的比例进行衡量。

（4）响应力。响应力是指系统应对各种胁迫的潜力和能力范围。农业生态系统更重要是指对自然环境和经济社会环境变化的应变，包括结构调整、功能改变等，以保证生态系统功能不下降。Gallopin[24]指出，响应力是系统对新环境做出反应的一种能力，这一能力包括从应变趋向平衡。因此可以看出，农业生态系统的响应力，是指系统对自然灾害和社会压力应变的时间过程，指在多长时间内由受害状态转变为原来的正常状态。目前，这一指标的应用仍然停留在理论探讨阶段。

2.2.4 评价标准

农业生态系统健康评价指标确定后，类似于医学诊断，还需要明确各项指标的健康标准，才能对生态系统健康状况进行诊断评价。可是，目前还没有统一认可的农业生态系统健康标准，需要经过实践探索。鉴于农业生态系统的服务功能是实现经济效益、社会效益和生态效益的协调发展，根据我国农业生产的实际水平与条件，参照我国农村小康社会标准和生态县建设标准，采用专家评判标准赋值法，提出我国区域农业生态系统健康评价的参考标准，并将健康标准分为不健康、亚健康和健康 3 种状态，在这 3 种状态下各指标的属性判断值分别是 1、5 和 10。特别说明的是，对于稳定性指标，暂且认为健康和不健康两种状态，只要粮食单产和耕地产值不减产或不降低就视为健康，否则为不健康（表 1）。

表 1　区域农业生态系统健康评价指标体系及其评判标准

基准层	指标层	度量层	不健康	亚健康	健康
			1	5	10
结构特征	资源可供性	人均耕地/hm^2	≤0.08	0.08～0.15	≥0.15
		劳均耕地/hm^2	≤0.10	0.01～0.30	≥0.30
	资源可取性	有效灌溉面积比例/%	≤70	70～90	≥90
		标准化生产环境达标率/%	≤70	70～90	≥90
	结构多样性	养殖业占农业比重/%	≤30	30～50	≥50
		经济作物占种植业比重/%	≤20	20～30	≥30
功能特征	耕地生产力	耕地粮食产量/（kg/hm^2）	≤4 500	4 500～7 500	≥7 500
		耕地农业产值（元/hm^2）	≤5 000	5 000～10 000	10 000
	生产效果	人均占有粮食/kg	≤200	200～500	≥500
		农民人均纯收入/元	≤1 000	1 000～2 500	≥2 500
		无公害产品比例/%	≤70	70～90	≥90
	生态效率	工业辅助能利用效率（O/I）	≤2.5	2.5～3.5	≥3.5
		光能利用率/%	≤0.3	0.3～0.4	≥0.40
抗逆特征	自生产力	工业辅助能投入/（10^6 J/hm^2）	≥55 000	55 000～25 000	≤25 000
	稳定性	粮食单产增长率/%	≤0	—	>0
		耕地产值增长率/%	≤0	—	>0
	抗灾力	旱涝保收面积比例/%	≤50	50～70	≥70
		盐碱地面积比例/%	≥25	5～25	≤5

2.2.5　评价模型

建立了农业生态系统健康评价指标体系和确定了各指标判断标准后，农业生态系统各层次及其总体健康综合指数的计算方法是从基层到高层，直到最后复合成一个具体的数值，其数学表达式为

$$H=\sum W_i\cdot\sum W_{ij}G_{ij}\quad (i,\ j=1,\ 2,\ \cdots,\ n)$$

式中，H 为农业生态系统健康综合指数，可以用来表征不同区域农业生态系统健康的状态，也可用来分析同一区域不同时段的农业生态系统健康状态的变化趋势；W_i 和 W_{ij} 为不同层次评价指标权重系数；G 为不同层次评价指标的得分数值。

在该评价模型中，各指标权重的确定是关键。本研究权重系数的获得利用层次分析法[25]。该方法是一种定性分析与定量分析相结合的决策方法，按照“分解-判断-综合”的思维特点，把多层次、多准则的复杂问题分解为各个组成因素，并将这些因素按支配关系分组，形成递阶层次结构，通过两两比较的方式确定各层次中诸因素的相对重要性，然后综合判断，确定决定因素的主次相对排序。主要步骤如下：

第一步，通过对每一层指标进行两两成对比较，按照1～9级标度的方法（表2）构造下一层对上一层判断矩阵。

表2　标度及其描述

标度	描述
1	两个元素对于某个性质相同重要
3	一个元素比另一个元素稍微重要，即两个元素中稍微偏重于一个元素
5	一个元素比另一个元素较强重要，两个元素中较强偏重于一个元素
7	一个元素比另一个元素强烈重要，即其中一个元素显示出其主导地位
9	一个元素比另一个元素绝对重要，即一个元素占有绝对主导地位
2，4，6，8	两个相邻判断的中值，需要有两个相邻判断的折中
倒数	元素 i 与元素 j 比较得判断值 a_{ij}，元素 j 与元素 i 比较得判断值 $1/a_{ij}$

第二步，计算判断矩阵的最大特征根 $\lambda_{\max}$ 及其正交化特征向量 $P=[p_1, p_2, \cdots, p_n]^T$，得到各元素的权重。

第三步，误差检验。如果决策者或专家判断估计时，有小的误差，必然导致特征值也有偏差。为使根据经验构造的判断矩阵与理论矩阵具有令人满意的一致性，需用相容性指标CI进行检验，即 $CI=\frac{I_{\max}-n}{n-1}<0.10$ 就可以认为该判断矩阵所得到的权重向量是可以接受的。

3　区域农业生态系统健康评价的实证分析

山东省禹城市位于东经116°23′～116°45′，北纬36°40′～37°12′，南北最长处64.4 km，东西最宽处28.8 km，总面积990 km^2。在地理上属于黄河泛滥冲积平原，地势平缓。在气候上属于暖温带季风气候区，四季分明，气候温和，光照充足，年平均降水量593 mm，降水多集中在6—8月，呈现春旱、夏涝、晚秋旱的规律。禹城农业生产的资源条件、发展水平及其生态系统特性在我国黄淮海平原具有典型性和代表性：历史上长期受到干旱、洪涝、盐碱和风沙等多种自然灾害的危害，农业生产环境恶劣，中华人民共和国成立以来，特别是改革开放后，经过区域农业开发和治理，农业生态系统发生了显著的变化，一方面表现出生产条件明显改善，农业生态系统结构和功能发生了显著变化，生产能力稳定提高；另一方面农业生态环境仍十分脆弱，盐碱、旱涝、风沙等灾害还时有发生，存在潜在威胁，仍然需要加强预防；同时面临农产品需求和产出持续增加与维护资源环境的矛盾，农用化学物品用量不断增加，可能导致潜在生态环境与农畜产品受到污染，人口增加导致水土资源日趋短缺等，都会直接影响农村社区和农业生态系统的健康状态。在此，以禹城市为研究案例，对上述指标体系中的各个指标进行量化标准赋值。

按照标准值划定指标健康状态的范围及其评判标准，根据禹城市历年农村经济统计资料，将相关数据经过计算整理，禹城市农业生态系统健康评价各指标的得分情况列于表3。如前所述，由于结构完成性、公平性与公正性及响应力，目前还没有找到比较准确的度量方法，所以在本实例研究中也没有得到有效应用。

表 3　禹城市农业生态系统健康评价指标权重及得分

评价指标			1980 年	1985 年	1990 年	1995 年	2000 年
结构特征（0.649）	资源可供性（0.637）	人均耕地（0.833）	5	5	5	5	5
		劳均耕地（0.167）	10	10	1	1	1
	资源可取性（0.258）	有效灌面积比例（0.750）	5	5	5	5	10
		标准化生产环境达标（0.250）	10	10	10	10	10
	结构多样性（0.105）	养殖业占农业比重（0.833）	1	1	5	5	1
		经济作物占种植业比重（0.167）	1	10	10	5	10
功能特征（0.279）	耕地生产力（0.731）	耕地粮食产量（0.833）	1	1	5	5	5
		耕地农业产值（0.167）	1	5	10	10	10
	生产效果（0.188）	人均占有粮食（0.500）	1	5	5	5	5
		农民人均纯收入（0.500）	1	1	1	5	10
	生态效率（0.081）	工业辅助能利用效率（0.833）	10	1	5	5	1
		光能利用率（0.167）	1	1	1	5	5
抗逆特征（0.072）	自生产力（0.105）	工业辅助能投入（1.000）	10	5	5	1	1
	稳定性（0.637）	粮食单产增长率（0.167）	10	10	10	10	10
		耕地产值增长率（0.833）	10	10	10	10	10
	抗灾力（0.258）	旱涝保收面积比例（0.500）	1	5	5	5	10
		盐碱地面积比例（0.500）	1	5	5	5	10

注：括号内的数为指标权重系数。

禹城市农业生态系统健康指数见表 4，从综合健康综合指数来看，1980—2000 年，该区域农业生态系统状态由不健康状态经过亚健康状态，目前处在向健康状态的过渡阶段，综合健康指数由 4 上升为 6。其结构特征在由亚健康状态向健康状态过渡中又转变为亚健康状态，是因为资源可供性和结构多样性向不健康状态转变；功能特征表现为由不健康过渡为亚健康进一步向健康状态过渡，其中生态效率有向不健康转变的趋势；抗逆特征表现为由亚健康向健康过渡的趋势，而其中自生产力已表现为不健康状态。

表 4　禹城市农业生态系统健康指数

指标	1980 年	1985 年	1990 年	1995 年	2000 年
结构健康指数	5	6	6	6	5
资源可供性	6	6	6	4	4
资源可取性	6	6	6	6	10
结构多样性	1	3	6	5	3
功能健康指数	2	2	5	6	6
耕地生产力	1	2	6	6	6
生产效果	1	3	3	5	8
生态效率	8	1	4	5	2
抗逆健康指数	8	8	8	8	9
自生产力	10	5	5	1	1
稳定性	10	10	10	10	10
抗灾力	1	5	5	5	10
综合健康指数	4	5	6	6	6

4 讨论

指标体系的建立是农业生态系统健康评价的核心，而各个指标的度量方法和标准量化是使评价从定性走向定量的关键。本文提出的指标体系、度量方法与标准量化，主要是从农业生态系统的结构和功能演替过程，提供优良生产环境和农产品服务功能，强调人类社会目标导向与区域资源环境演变的关系角度出发，综合了区域尺度范围内十几项便于操作的指标用于分析评价农业生态系统健康态势，并以山东省禹城市农业生态系统演化与发展为案例，对农业生态系统健康评价指标体系进行了量化实证分析，评价分析结果与实际情况基本相符，说明该指标体系可以用于评价同类型农业生态系统的健康状态。但是，农业生态系统健康评价指标的确定是一个非常复杂的问题。在实践中可能还有其他指标，特别是不同类型和不同层次的农业生态系统，会在选取指标、度量方法与度量标准上存在一定的差异，可根据具体情况进行适当调整；而且各个指标权重系数的确定，也会直接影响评价效果。因此，对于如何探讨适合于不同类型农业生态系统健康评价的指标体系和评价方法，还有必要进一步深入研究。如何从不同时间尺度和空间尺度正确评价农业生态系统的健康状态，仍然是农业生态系统健康今后研究的主要内容和重要方向。

参考文献

[1] Matson P A，Parton W J，Power A G，et al. Agricultural intensification and ecosystem properties. Science，1997，277（25）：504-509.

[2] Nielsen N O. Management for agroecsystem health：The new paradigm for agriculture.Proceedings of the Annual Meeting of the Canadian Society of Animal Science.Vancouver，British Columbia，Canada，1998：5-8.

[3] Zhang J E，Xu Q. Prospect ive of hot problems in contemporary ecology. Progress in Geography，1997，16（3）：29-37.

[4] Rapport D J，Gaudet C，Karr J R，et al. Evaluating landscape health：Integrating societal goals and biophysical process. Journal Environmental Management，1998，53：1-53.

[5] Yiridoe E K，Weersink A. Areview and evaluation of agroecosystem health analysis：The role of economics. Agricultrual system，1997，55（4）：601-626.

[6] John E Ikerd. Assessing the health of agroecosystems：A socioeconomic perspective. 2002，http://www.ssu.missouri.edu/facult y/jikerd/paper/ott a-ssp.htm.

[7] Xu W，Mage J A. Areview of concepts and criteria for assessing agroecosystem health including a preliminary case study of southern Ontario. A griculture Ecosystems & Environment，2001，83：215-233.

[8] Peden D G. Agroecosystem management for improved human health：Applying principles of integratged pest management to people. Proceedings of the Annual Meeting of the Canadian Society of Animal Science. Vancouver，British Columbia，Canada，1998，7：5-8.

[9] Altieri M A. The ecological impacts of transgenic crops on agroecosystem health. Ecosystem Health，

2000，6：13-23.

[10] Bradshaw B，Smit B. Subsidy removal and agroecosystem health. A griculture，Ecosystem and Environment，1997，64：245-260.

[11] Parkes M，Panelli R. Integrating catchment ecosystems and community health：The value of participatory action research. Ecosystem Health，2001，7（2）：85-106.

[12] Giampietro M. Socioeconomic pressure，demographic pressure，environmental loading and technological changes in agriculture. A griculture，Ecosystems and Environment，1997，65：201-229.

[13] Swanton C J，Murphy S D. Weed science beyond the weeds：the role of integrated weed management（IWM）in agroecosystem health. Weed-Science，1996，44（2）：437-445.

[14] Soule J D and Piper J K. Farming in nature's image：An ecological approach to agriculture. Island Press，Washington，1992.

[15] Okey B W. System approaches an properties，and agroecosystem health. Journal of Environmental Management，1996，48：187-199.

[16] Howorth L，Brunk C，Jennex D，et al. Adual perspective model of agroecosystem health：system function and system goals. Journal of Agricultural and Environmental Ethics，1997，10（2）：127-152.

[17] Wang X Y，Shen Z R. Progress of assess method of agroecosystem health. Jounal of China Agricultural University，2001，6（1）：84-90.

[18] Kong H M，Zhao J Z，Ji L Z，et al. Assessment method of ecosystem health. Chinese Journal of Applied Ecology，2002，13（4）：486-490.

[19] Dumanski J. Criteria and indicators for land quality and sustainable. ITC，1997（3/4）：216-223.

[20] Berka C，M ccallum D，Wernick B. Land use impacts on water quality：Case studies in three watersheds. Http://www.ire.ubc.ca/ecoresearch/publica3.html 2001.

[21] Conway G R. The properties of agroecosystem. Agricultural Systems，1987，24：95-117.

[22] Costanza R. Toward an operational definition of ecosystem health. Eosystem health new goals for environmental management. Edited by Robert Constanza，Bryan G. Norton，and Benjamin D. Haskell，Island press，Washington，D.C.，Covelo，California，1992：239-256.

[23] Mukhebi A W. Views on agroecsystem health. In：Agroecosystem health，ed.N.O.Nielson. Proceedings of an international workshop. University of Guelph，Guelph，Canada，1994.

[24] Gallopin G C. The potential of agroecosystem health as aguiding concept for agricultural research. Ecosystem Health，1995，1（3）：129-140.

[25] Alphonce C B. Application of the Analytic Hierarchy Process in Agriculture in Developing Countries. Agricultural Systems，1997，53：97-112.

生态农业发展新思路*

武兰芳 欧阳竹 唐登银 程维新 张兴权

摘 要：本文指出进一步把生态农业扩展到区域水平及更大范围是一种新的探索，其发展总体思路是根据地域特点及其资源状况，应用生态学原理与技术和现代化管理运行机制，通过建设生态农业园、绿色生物园和观光农业园3个子系统建立健康稳定的农业生态系统，以获取优质高效安全的绿色食品和休闲旅游的美好环境，扩大农业生态系统服务功能，并提出黄淮海平原黄河故道和农牧交错带生态脆弱区生态农业开发典型模式。

关键词：生态农业 典型模式 农业生态系统

生态农业建设是一个复杂的大系统工程，具有动态性，并随社会经济发展和环境资源变化，需经过规划、设计、系统研制开发、全系统组装、运行和更新等阶段。生态农业发展基础是市场导向和区域优势。多年来我国生态农业建设与生态农业技术应用多集中于户、村层次，且呈现出局部实践和系统封闭的特点，由于结构多样性与主导性不协调致使系统开放不足，很难达到经济规模，因而未得到普遍应用且难以持续[1,2]。因此生态农业的理论与实践仍需不断探索新途径和新模式，促进区域农业的总体发展。

1 生态农业开发总体思路

高效生态农业开发是应用生态学原理，根据区域特点合理有效开发资源环境，在区域层次以突出产品优质化和生产规模化体现经济高效性，与农业结构调整虽内涵和方法各有侧重，但对解决我国农业当前面临的问题异曲同工，相得益彰，对解决现存农业困难有很强针对性。生态农业开发总体思路是以区域状况为基点，运用生态学原理、环境技术和生物技术以及现代化管理运行机制等，建立健康稳定的农业生态系统，包括生态农业园、绿色生物园和农业观光园3个子系统（图1），三位一体，各有侧重。生态农业园着重农业生态系统配置、资源利用和环境保护，绿色生物园着重绿色食品生产和阻止有害物质进入生物体，农业观光园着重景观观赏、农产品品尝、乡村娱乐和土特产品购物等，三者互为依赖，互相促进。生态农业园是系统运行的基础，生态农业园建设应用生态学原理，建立结构合理、功能优化的农业生态系统，并通过优化农业经营管理模式，实现农产品高产优质

---

* 本文发表于《中国生态农业学报（中英文）》2004年第12卷第2期第26～28页。

高效，环境优美，人与自然友好相处的目标。遵循自然规律，利用生态系统物流和能流进行生态系统组成要素配置，优化生态系统结构，进行无公害清洁生产，以人文精神建设美丽的田园风景，提升农民生活质量。同时按照经济规律，利用经济系统价值流计算投入产出比，保证农产品质量，实施品牌战略，提高产品竞争力，加强科学管理和监督机制，保证园区健康稳步发展。绿色生物园是产品质量的保证，目前农产品质量安全性已受到社会普遍关注，我国有机食品、绿色农产品生产尚处于起步发展阶段，其生产规模和产品范围将不断扩大，经营管理将逐步完善规范，因此生态农业开发区应建设成为净土、净气、净水的绿色食品生产基地。农业观光园是新型农业发展模式，追求山乡野趣，感受幽静田园风光，品味农家生活已逐渐成为城市居民向往的旅游新时尚，观光农业正是顺应这种新潮流而发展的新型农业模式，它具有常规农业所有功能并叠加了旅游功能，改传统农业只注重土地本身生产能力的单一经营为深度开发高附加值产品、发展高新农业技术的复合经营方式，具有高度的开放性，追求景观美化和环境舒适，充分体现人与自然和谐相处，促进农业生态环境和乡村环境的改善与保护，使土地资源、生物资源和人力资源等形成相互促进的关系，扩大信息交流，提高生态农业开发区知名度，是现代农业产业化发展的重要方向，对促进区域生态平衡和社会文明具有积极意义。

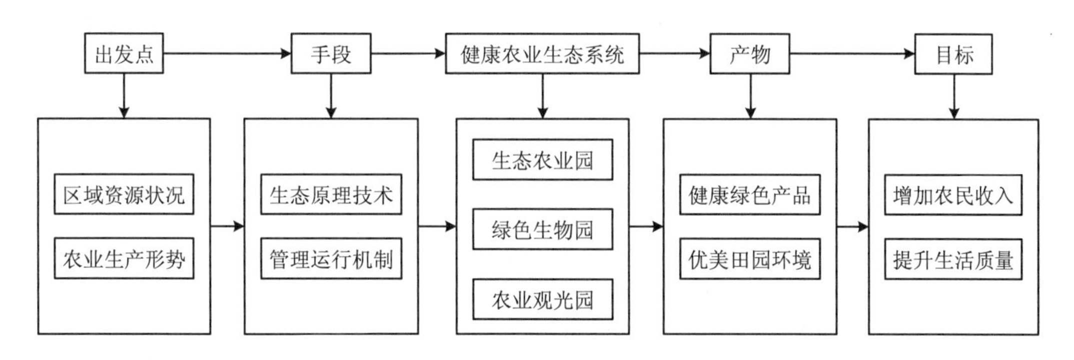

图1 生态农业开发总体思路

2 生态农业开发典型模式

黄河故道禹西生态农业开发典型模式。禹西位于黄淮海平原鲁西北，其自然资源特点具有代表性，开发区为黄河故道支系之一，引黄渠道横贯该区，且区内地下水和光温资源丰富，属于暖温带半湿润季风气候，四季分明，年太阳总辐射量为 5 215.6 MJ/m^2，多年平均降水量 592 mm，年平均气温 13.1℃，≥10℃年积温 4 477℃，年无霜期 200 d 左右，适宜鱼类生长期（20～30℃）约 155 d，有利于农业发展。但土地资源相对较紧缺，人口密度达 500 人/km^2，人均耕地 0.1 hm^2，土壤类型为潮土和盐化潮土，土壤质地多为重壤土，表层土壤含盐量 10～30 g/kg，属轻盐化-中盐化土，局部达 50 g/kg 以上，属重盐化土，连片低洼盐碱地约占总面积的 64.8%，旱涝和盐碱是制约该区农业生产发展的主要因子。由于地势低洼、渍涝和盐碱危害严重，禹西大片土地荒芜弃耕，人均粮田仅有 0.044 hm^2，粮食单产为禹城市平均水平的62.1%，小麦和玉米单产分别为3 430 kg/km^{2}和4 140 kg/km^2。黄河故道禹西生态农业开发典型模式首选“台田池塘”模式，该模式改传统的小麦/玉米单一种植为池塘高效养殖与台田高效种植相结合立体种养模式，即在低洼盐碱地深挖池塘、高筑台田，合理搭配池塘与台田，实现水土分层管理，池塘似1个小型水库，“旱能浇、涝能排”，为台田农作物生长创造良好条件，二者构成良好的生态环境，既综合治理改造盐碱洼地，又高效利用水土资源，典型“台田池塘”结合模式为桑-蚕-鱼模式，即在台田种植桑树养蚕，蚕沙喂鱼，塘泥肥桑田，桑-蚕-鱼合理配置，充分利用光温水土资源，促进物质能量良性循环和转化增殖，并可进行多种类型种养结合，如池塘模式有鱼-鸭混养模式、白莲-藕-鱼模式和河蟹-茭草模式等，此外还可进行名优特新品种养殖（如南美白对虾、黄鳝和青虾等），台田可种植经济价值较高的作物（如蔬菜瓜果和林果花卉等），且实施无公害生产技术，进行产品结构调整，提高耕地经济效益。

农牧交错带武川生态农业开发典型模式。武川位于我国北方农牧交错带阴山北麓，属于温带气候，光照充足，温度偏低，年太阳总辐射量为5 715 MJ/m^2，年平均气温2.8℃，年无霜期110 d，≥5℃年积温2 402℃，≥10℃年积温2 024℃，多年平均降水量351.7 mm，且6—9月降水量占全年降水量的80%（并多呈阵性降水），对丘陵旱坡地造成明显水土流失，区内有2条河流横贯，常年流水，年径流量为750万m^3。该区位于由山地向高原过渡地带，区内地貌类型较丰富，有中海拔高度低山、丘陵、波状高原和河谷川滩地等，土地资源丰富，人口密度为20人/km^2，人均耕地1.67 hm^{2}以上，土壤质地大部分为栗钙土，干旱、风蚀、沙化和土壤瘠薄是该区农牧业生产的最大障碍因素，也是影响我国北方地区农业生产发展的主要环境灾害，广种薄收，粮食平均单产仅750 kg/hm^{2}左右，靠开垦过牧为生。武川生态农业开发典型模式是建设高产高效农田与“种草围栏圈养轮牧”相结合，高产高效农田建设是退耕种草养畜的重要基础，即把水土资源条件较好的滩川平地建设成为高产稳产高效农田，配置高产稳产粮田与高效特色种植业；其次在此基础上将所有坡耕地全部退耕种草，实行禁止随意放牧，恢复自然植被与人工草场建设相结合，根据草场产草量确定牛、羊、兔等草食牲畜比例，开始阶段牛、羊养殖在相当长时间内采取围栏圈养方法，待植被充分恢复后可适当进行轮牧。武川生态农业开发区的建设将人均0.33 hm^{2}滩川平地改造为节水灌溉农田，合理耕作，耕地生产能力提高了10倍，合理配置粮食、特色经济作物（如中草药材、反季节蔬菜、花卉等）及畜禽养殖比例，既达到粮食自给有余，又获得较好收入，基本改变越穷越垦、越垦越穷的恶性循环，促使该区生态系统得到恢复与重建，改善与提高农业基础设施，极大地优化了农业生态系统结构与功能，使风蚀、沙化和水土流失得到有效控制，合理开发利用水土资源，并将带动周边地区生态环境治理与建设。

不同地域环境条件生态农业开发模式共性。应用生态原理和技术进行区域生态环境治理，建设绿色食品生产基地和农业观光园3个目标，1村1户则很难形成规模气候，只有跳出户、村层次，上升到区域水平，依靠千家万户组成联合体，在较大范围统筹规划与合理配置，才能提升农业生态系统服务功能。1988年全国开展的农业综合开发工作主要目的是改造中低产田和利用荒地资源，提高农作物产量。新阶段生态农业开发所遵循的原则是因地制宜地宜草则草、宜牧则牧、宜农则农，以有效利用资源和改善生态环境为前提构建多元化农业生态系统，利用多种微地貌类型、水文地质条件和土壤类型差异，在不同环境条件自然地理单元配置不同种植业和养殖业，配置不同景观，达到生态系统结构合理和功能优化的目的。绿色食品生产基地建设是一项复杂的系统工程，从生产环境认证、生产技术规范到产品质量检测均有严格执行标准，其生产、加工、储运多个环节引入现代经营管理模式，各环节均在严格监控机制下运行，才能符合相关的国家标准和国际标准，因此生态农业开发区每项生产内容都要进行大气、土壤和水体环境质量监测，从源头控制有害物质进入生物体等，这一系列过程 1 家 1 户小农经济难以实现，必须依靠产业化联合生产与经营，建立产前、产中和产后链接的生产技术体系，执行农业标准化生产。观光农业园建设是生态农业开发与发展过程中通过对生态保护和环境美化，赋予各项内容以可观赏性或可品味性，使生态农业开发区整体构成秀丽风景，有纵横交错的林带林网，有错落交替的田间搭配，有便利交通的道路网络，天然环境特点与人工点缀修饰有机结合，诱导“整体、协调、循环、再生”的生态文明，营造“天蓝、水清、地绿、景美”的生态环境，充分体现人与自然和谐相处，使人们既能欣赏大自然的造化，也能感受现代化农业的神奇，既可领略田园风光，又可品味农家生活，在休闲度假中品尝、购买纯正优质的绿色土特产品，充分发挥农业生产和农业生态系统的服务功能。

3　生态农业开发运行保障体系

生态农业开发运行保障体系：一是建立新型组织管理与运行机制，为适应市场经济与现代农业发展要求，生态农业开发区首先要建立开放性管理运行机制，采取政府引导，动员全社会参与，尤其要吸引国内外、区内外、各类人才和资金，使其成为该区农业对外开放的窗口和基地；其次按照市场经济规律办事，建立合理的利益分配机制，保证参与建设的相关部门、企业和人员自身利益，在生态农业开发区建立高效率、高效益运转和持续发展的新机制，开发区建设基本任务是提高该区域农业科技整体水平和农民对农业标准化生产及农业新技术的吸纳能力，与产业化基地建设及发展同步，力求突出当地资源环境及社会经济特点，形成有区域特色的农业综合开发途径及推进农业产业化发展进程，形成代表该区域未来发展趋势的农业综合开发模式；同时以社区或行业协会组织形式，公司联基地，基地带农户，带动一批种、养、加产业链的发展，并建成符合市场和经济特点的新型农业社会化服务体系。二是完善生态农业开发技术体系与加强人才培训，针对区域农业生产资源特点及农村经济发展的需求，发展和转化国内外生态农业技术成果，体现出经济高效性、生态合理性及景观美好性，将种植业、养殖业、农产品加工业、资源开发利用及生态保护和环境改善等领域新技术成果进行技术组装配套及其完善，形成规范化和标准化高效生态农业新技术体系，以这些技术体系为依托，根据国内外农产品供求趋势及该区域自身特点，形成高起点规划、高标准设计、高质量建设和高效率管理的生态农业开发区。生物技术、信息技术、农产品深加工技术等代表 21 世纪农业科技发展的基本趋势，是现代高效农业的主要支撑，生态农业开发区在立足生态农业技术基础上，与国内和区内相关科研院校大力协作，选择以现代生物技术与生态技术相结合项目、以信息技术与市场经济相结合项目，保证开发区技术先进性和高效性，并保证资源高效利用和生态环境改善的可持续性。农民是技术执行的主体，生态农业技术及模式能否得到快速推广与普及，与农民文化素质高低至关重要，农业标准化和绿色产品生产在我国刚刚起步，绝大部分农民对此了解甚少，因此生态农业开发过程中首先要对开发区农民进行技术培训，重点培训无公害绿色农产品生产技术规程和生态农业技术，通过宣传教育使他们充分认识生态农业的实质与内涵，认识农业标准化生产的重要性和绿色产品开发广阔前景，自觉地投身于生态农业开发建设中。

参考文献

[1] 伍世良，邹桂昌，林健枝. 论中国生态农业建设的五个基本问题. 自然资源学报，2001，16(4)：320-324.

[2] 张象枢，王栗. 生态农业建设的系统方法. 农业环境与发展，1995，12（1）：36-39.

用科技的力量解决农业问题的一次重要实践

——国家农业开发计划启动记实*

唐登银

1　黄淮海平原旱涝碱综合治理是曾经的主要研究主题

中国科学院作为国家研究团队，以任务带学科，急国家之所急、想人民之所想，把自己最主要的精力放在解决国家的重大问题上。以地理研究所为代表的中国科学院 1966 年起在禹城开始旱涝碱综合治理工作，1978 年起，禹城综合试验站主要研究主题就是旱涝盐碱、贫瘠、风沙综合治理。至 20 世纪 80 年代中期，旱涝盐碱综合治理取得较系统的成果，这一成果的最突出特点，是成果写在大地上，印刻在当地群众和干部的心中，农业生产条件明显改善，不同类型盐碱地得到不同程度的治理，制约农业生产的旱、涝、碱问题不同程度得到克服，农田单位面积产量大幅上升，农民收入迅速增加。

2　“一片三洼”治理是最核心的技术成果

禹城县全县面积约 990 km^2，耕地约 80 万亩，20 世纪 60 年代以前广泛分布盐碱地，绝大部分耕地都有旱涝盐碱威胁，还存在大量盐碱荒地。为了解决禹城旱涝盐碱问题，开展了四种类型盐碱地的治理和开发。一是以南北庄为中心的牌子大洼浅平洼地，约 13.8 万亩，淡地下水，改造办法是“井沟平肥路林改”；二是地势低、排水困难的以辛店洼为代表的涝洼地，约 0.6 万亩，改造办法是鱼塘-台田；三是风沙危害严重甚或有流动沙丘的以沙河洼为代表的风沙地，约 2.7 万亩，改造办法是引水、平地、林网，配置合理种植结构；四是地下水矿化度高、地表盐碱危害极重且有碱化的北丘洼，约 1.6 万亩，采用强排强灌、地面覆盖、先行种植耐盐碱作物等措施。牌子大洼浅平洼地为“一片”，辛店洼渍涝洼地、沙河洼风沙危害地、北丘洼重盐碱地为“三洼”。“一片三洼”治理，针对不同中低产田，产生了不同治理模式，禹城“一片三洼”治理被称为禹城经验，是旱涝碱综合治理最核心的技术成果。

---

* 为 2011 年 6 月 17 日在国家农业开发办禹城调研座谈会上的发言。

3 禹城经验可以适用于黄淮海平原

“一片三洼”四种中低产田及荒地类型，在禹城全县具有代表性，“一片三洼”的治理经验很容易就推广到禹城全县。推而广之，禹城是黄淮海平原的缩影，黄淮海平原所有的中低产田类型大致也与禹城县雷同，因此禹城经验较容易运用于黄淮海平原。

4 中低产地改造开发工作是长期工作的结果

中国科学院1950年建院后，一大批地学、生物学科学家把精力投入农业，而且把主要精力投入艰难地方，如盐碱危害区、水土流失区、风沙区、荒漠区等，用“多兵种”方法，用综合手段解决区域农业问题。黄淮海平原旱涝碱一直是中国科学院关注的问题，宏观上对旱涝碱成因、类型、分布、改造利用进行了大量工作，也在微观上设立了很多研究点，开展了深入研究。因此禹城“一片三洼”治理的科研成果更严格地说是中国科学院几代科学家长期工作的结果。

5 “一片三洼”治理经验遇到了推广机遇

20世纪80年代中期，全国粮食产量在达到约8 000亿斤的情况下，连续几年徘徊，国家粮食安全成为国人尤其是国家领导人忧虑的大问题。中国科学院李振声副院长深刻洞察这一形势，思考科学院如何为农业做事，为国分忧。李院长经过调查和分析，提出：中低产田亩产极低，提高单产相对容易，且中低产田的面积大约是总耕地面积的2/3，粮食增产潜力主要在中低产田上，禹城“一片三洼”治理的经验为中低产田治理开发提供了基础技术支撑。李院长同河南省、山东省、河北省领导交换意见，取得了各省主要领导人的支持，由此信心大增：黄淮海平原约300个县，每个县增加1亿kg粮食产量，就可达到300亿kg。李院长为国家农业做事的思路得到了周光召院长及其他院主要领导的支持，动员全院力量投入黄淮海平原农业开发，1988年春召开黄淮海战役全院动员大会，由此，全院开展了黄淮海平原中低产田治理开发工作的大会战。

6 科技成果转化成国家行动

李振声副院长向国务院领导人汇报科学院中低产田治理开发工作，1988年6月国务院秘书长陈俊生、李鹏总理先后到禹城视察，充分肯定科学院“一片三洼”的试验示范工作。李鹏指出：“这里取得的成就，对整个黄淮海平原开发，乃至对全国农业的发展都提供了有益的经验。”陈俊生指出：“你们创建了科研与生产相结合的典范，为黄淮海平原中低产田改造和荒洼地开发治理提供了科技与生产相结合的宝贵经验。”由此，以中低产田和荒地治理开发为主要内容的农业开发工作在全国展开，“一片三洼”科技成果转化为国家行动。

7 以中低产田治理开发为主要内容的农业开发工作成绩卓著

经过20多年的工作，在国务院农业开发办的领导下，各省农业开发取得巨大成就。粮食安全、生态安全、环境优化、抗灾、减灾、农村基础建设、农村面貌取得巨大进展。

8　黄淮海平原的科研工作孕育了黄淮海精神

中国科学院黄淮海平原科研成果对国家农业生产产生重大影响的同时，几代人通过几十年的努力还培育出了黄淮海精神，这种精神内涵广泛，好人好事千千万万，模范先进层出不穷，正是这种精神支撑着科研工作顺利前行，结出美好的果实。这种精神是一个庞大的聚合体，包括奉献国家、服务人民的爱国主义精神；自找苦吃、以苦为乐、克服困难、攀登科学高峰的艰苦奋斗精神；实践第一、群众第一、视群众为亲人、视领导为朋友、农民-干部-科研人员三位一体参与实践共同探索未知的求是精神；扎根基层、坚守阵地、甘于寂寞、坚定信念、做前人没有做过的、做外国人没有做过事的革命乐观主义精神；不计名利、没有主角配角、多学科、多兵种团结奋战的集体主义精神。新时期，有许多新状况，新时期，面临更加繁重的任务，应当发扬黄淮海精神，推进科研工作取得飞跃。

9　与时俱进，推进农业开发工作

1988 年启动的国家农业开发计划，历时已超过 20 年，李鹏视察禹城在 1988 年 6 月 18 日，第二天是 23 周年的日子。现在，中国的农村、农民、农业较 23 年前已有翻天覆地的变化，为了适应新形势和新需求，农业开发应赋予新内容。以欧阳竹为代表的新一代黄淮海人，研发了“四节一网”（节水、节肥、节药、节能和农业信息网）高产高效现代农业模式，可以称作禹城经验二代版，这些经验似可成为农业开发的新内容，在一些粮食产量较高、社会经济发展较好的地区加以推广。禹城经验二代版具有如下特征；第一，二代版针对禹城粮食生产实际，依靠市委、市政府、乡镇、村各级政府，依靠农民，实行科研、行政、农民相结合，实行多学科融合作战，开发出了适应现代农业的新模式。取得了良好的经济效益、社会效益、生态效益，当地农民和政府十分满意，中央有关部门（如水利、信息）对禹城经验给予充分肯定。第二，二代版在现代农业上下功夫，着力解决中国农业小户分散经营、资源紧缺、粮食生产开支较大、粮食效益低下等问题，探索了农业发展现代化的中国道路。第三，二代版在科学内涵上下功夫，运用了已经发展的科学技术，大力推动资源节约型农业、清洁农业、生态农业、精准农业。第四，二代版把农业生产作为一个大系统考虑，考虑农业劳动力，以及农业生产组织形态，引入新的经营模式，推广简易生产、规模生产、机械化操作，发展现代农业。“十一五”期间中国科学院投入巨大人力、物力、财力开展了农业项目，禹城试验区提出了“四节一网”高产高效现代农业模式，这是一项新的成果，我衷心希望，这一科研成果能够迅速推开，转化为国家行动，为国家农业开发做出新贡献。

八、区域水资源

黄河下游引黄灌区水价与水资源调控*

任鸿遵　唐登银

摘　要：40 多年来，我国水利建设取得了巨大成就，但是，在以往的计划经济条件下，水利事业普遍存在"重建轻管"的问题，延续至今，尚未妥善解决，从而导致一些地区水资源的极度浪费及出现不良的环境后效。水资源管理是水资源合理开发利用的基本保证，它涉及政策、法律、体制、经济及现代科学技术，是一项跨部门、跨学科的系统工程。目前，我国在水资源管理中最突出的问题是尚未完全纳入市场经济的轨道，水价远低于供水成本，不能发挥水费征收的经济杠杆作用，遏制水资源的浪费及合理地调控地表水与地下水资源，同时，偏低的水价也使供水部门缺乏足够的资金进行工程运营与维修，造成工程老化，降低供水效率[1]。

黄河下游灌区，位于豫鲁两省境内，灌溉面积约 2 800 万亩，多年平均引水量在 100×10^8 m^3 左右，该灌区自 20 世纪 50 年代末引黄灌溉以来，上述问题表现尤为突出。随着黄河上、中游地区的发展，用水量增加，黄河下游灌区的用水矛盾越来越突出。本文试图以此为典型，分析供水成本的构成、现行水价确定中存在的问题及其对水资源调控的影响，供水价问题的深入研究及水价政策的制定参考。

关键词：水价　水价政策　水资源调控

1　供水成本及其计算

水资源是有价的且具备一定的商品属性，其理由，一是因为水资源和其他矿产资源一样，是属国家的宝贵资源，使用者必须通过一定的程序花钱去购买它；二是在水资源开发利用的过程中，工程的兴建、维修、更新与管理等均需要投资，使用者也需要负担这部分费用，因此，水价的制定，应该以包括上述两方面的供水成本为依据，并通过制定合理的水费政策来征收。

1.1　现行引用黄河水的供水成本构成

因黄河是个多泥沙的河流，所以其供水成本既包括与其他地表水资源相同的一面，也有不同的一面，可用下式表达：

* 本文发表于《地理研究》1998 年第 17 卷第 1 期第 48～55 页。

$$T_c = \left(\sum_{i=1}^{i=6} C_i \right) \frac{K_i}{Qr} \tag{1}$$

式中，T_c 为供水成本；Q 为年引水量；r 为渠系利用系数；K_i 为折现系数；C_i 为供水成本中所包括的各项费用。其中，C_1 为水利工程的折旧费，根据水利工程的抵偿年限计算得出；C_2 为工程的运营管理费；C_3 为水资源费；C_4 为清淤费，利用黄河水，引起了渠道严重的淤积，因此，清淤是引黄灌区中不可或缺的工程，其费用包括清淤施工管理费，不形成固定资产的清淤赔偿费和清淤投劳折资的差额等；C_5 为沉沙地区扶持生产生活费，引进的黄河水，必须经沉沙池沉淀后方可使用，因此这部分费用包括沉沙池的建设以及池区群众的粮、煤生活补助费等；C_6 为排水系统工程建设费，因黄河下游灌区多建成灌排合一的系统，因此该项已包括在 C_1 中。

根据式（1），以位山灌区的高唐县为例，计算结果如表 1 所示。

表 1　引黄灌溉供水成本计算①

项目	工程折旧	运行管理	清淤	水源	扶持沙区	合计
成本/（元/m^3）	0.02	0.05	0.01	0.04	0.02	0.14

由于灌区不同部位的引水条件不同，可使供水成本有所差异，但其值不大，据对黄河下游最大的灌区——位山灌区的不同部位进行计算，其供水成本介于 0.12～0.14 元/m^3。

1.2　现行抽取地下水的供水成本构成

目前，大部分地区抽取地下水进行农业灌溉，不收水资源费，因此，井灌成本主要由折旧费及运行管理费两部分构成，计算结果如表 2 所示。

表 2　井灌成本计算

项目	机井折旧	机泵折旧	运行管理	合计
成本/（元/m^3）	0.03	0.02	0.13	0.18

由于黄河下游灌区成井深度、井型及采用的机泵都比较类似，因此，井、机、泵的折旧费各地相差不大；但因各井的出水量的大小及采用的能源种类（电或柴油）的不同，其运行管理费却相差很大，如高唐县地下水的出水量较小，且多用柴油，因此运行管理成本较高。而其上游的茌平县（如尚庄万亩井灌区）地下水的出水量较大，且用电抽水，其运行管理成本较低，两者相差近 1 倍。由此可以看出，利用地表水和利用地下水，究竟哪一个成本高的问题不能一概而论，主要取决于开采地下水的运行管理费的大小，如以上所说

① 卢宗峰同志协助计算，特此感谢。

的茌平县，其地下水的供水成本低于引黄的供水成本，高唐县则反之。

2　现行水价及存在的问题

2.1　水价的历年变化

长期以来，水的价值观及其商品属性不被人们所认识。引黄水的经济管理大体经历了3个阶段：

（1）从20世纪50年代以来大规模引黄灌溉开始至1979年，用水不计成本，不收水费，一切费用均由政府支付。

（2）1979—1985年，开始象征性地征收水费，并实施按亩计算的办法，标准为2元+0.5斤粮食/亩。

（3）1985年以后，由于国务院颁发了“水利工程水费核定、计收和管理办法”的文件，水费的征收逐步走上正规化，但大部分地区仍延续按亩收费的办法，仅在少数灌区（如位山灌区）逐步实施“计量用水、按方收费到县”，1994年后全面推行“计量用水、按方收费到乡”的措施，但水价很低，远不及供水成本。如位山灌区直至1997年，水价才提至0.05元/m^3左右。

利用地下水，虽然暂不收水资源费，但从打井到灌溉，所有的费用都由农民自身负担。因此，对农民来说，提取地下水就比引用黄河水贵得多。

2.2　现行水价及水费征收办法带来的问题

（1）自1980年以来，国家投入小型农田水利的费用逐渐减少，主要依靠水管理部门资金的自身循环来维持工程的运行。由于现行水价远低于供水成本，所以出现水利经费入不敷出的问题，并造成缺乏足够的资金对工程进行维护，导致工程老化、效率降低的恶性循环，如位山灌区骨干工程的效率仅为原设计的50%，而田间工程只达到20%。

（2）大部分灌区的水费征收办法仍以按亩收费为主，摆脱不了喝大锅水的恶习，造成水资源的严重浪费。

（3）由于引黄水的大部分投资由国家负担，而井灌的费用则由农民自己支出，所以，即使在井灌条件非常优越的地区，农民也是弃井用河，使不同类型的水资源不能得到合理的调控。

（4）大部分灌区水价不分时间、地点、用量的多少及水质的好坏，均采用一个标准，这样就背离了水资源的商品价值规律，不利于用经济手段来调节水量的丰、缺及水质的好坏。

3　水价与水资源调控

不同类型的水（降水、地表水、地下水、土壤水及植物水等）在其形成与运移的过程中在不断地转换，它们之间互相制约，又互有联系，因此，合理地利用水资源，就是要在摸清水资源相互转换的基础上，联合调度与优化调控不同类型的水资源，其中地表水与地下水的联合利用与调控是其主要内容之一[2]。如果利用不当，不仅水资源不能得到充分利用，而且由此会诱发出一系列的环境问题，如大量利用黄河水，只灌不排，必然会引起地下水位的抬升和土壤次生盐渍化的发展，反之，片面强调与超量开发利用地下水，必会导致地下水降落漏斗和地面沉降的形成，进而使地下水资源枯竭。影响地表水与地下水联合利用的因素很多，但就目前的情况来说，水价因素起了重要作用，由于不合理的水价确定方法和水费征收政策，可以使地表水与地下水的联合调度失控。

3.1 地表水与地下水的区域调控

黄河下游引黄灌区水资源分布的特点是，沿黄及引黄干渠两侧，不仅引用黄河水极为方便，且因黄河水的侧渗及田间灌溉水下渗的补给，地下水也比较丰富，而灌区的边远地带，引黄水不易到达，且地下水的埋藏相对较深。合理的地表水与地下水区域调控的方式，应在沿黄及引黄干渠两侧，大力开发利用地下水，适当引黄补源，而将黄河水引向缺水地区，使水资源在地区上得到合理的调配，且取得良好的环境后效。图 1 给出了位山灌区合理的地表水与地下水区域调控的实例。由图可见，沿黄、一干渠、二干渠两侧及徒骇河、

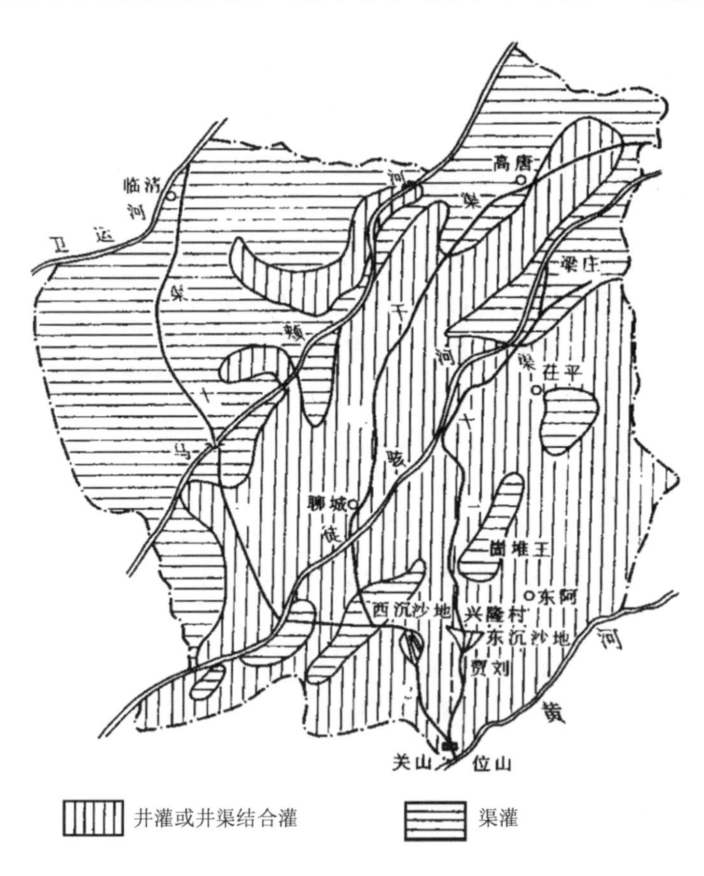

1—东输沙渠；2—西输沙渠

图 1 位山灌区水资源区域调控示意图

马颊河之间，包括阳谷县的沿黄地区及东阿县、聊城市、茌平县及高唐县的大部分地区，地下水条件优越，单井出水量为 40～60 m^3/h，地下水埋深 1～3 m，地下水矿化度多小于 2 g/L，适合于发展井灌区或井渠结合区；而在马颊河以西及高唐县的北部等地区，地下水埋深大于 7 m，单井出水量一般小于 20 m^3/h，过去因缺水，超量开采，已形成大面积的降落漏斗，在这些地区，可通过三干渠及二干渠的延伸，以引黄河水为主，发展渠灌。但是，以往由于不尽合理的水价确定方法及水费征收政策，现有地表水与地下水利用的区域调配模式正好与上述合理的模式相反。在地下水条件好的地区，农民仍大量引黄河水，大批的机井弃之不用，地下水位偏高，至今仍有 28 667 hm^2 盐碱地没得到改造，还有约 33 333 hm^2 土地潜伏着土壤次生盐渍化的危机；相反，在西部地区和北部地区，仍以利用地下水为主，不仅用水得不到保证，且运行费用大，农民负担重，形成了水资源利用在经济上与环境上的恶性循环。

3.2　地表水与地下水的时间调控

无论是引黄水或地下水，其量及利用方式在时间上都有一定的变化。黄河下游灌区的用水方式通常是 3—4 月第一次春灌，浇小麦返青、拔节及春田造墒水；5—6 月浇小麦灌浆水及夏播套种水；9—10 月浇小麦播种造墒水。从来水看，黄河每年 7—9 月是汛期，来水量最大，但因 7—8 月黄河含沙量大，且灌区内部处于排涝阶段，因此，此时引黄河水需慎重。9 月以后来水量逐渐减少，至次年 2 月达最低值。第一次春灌主要依靠三门峡水库放水，但 5—6 月仍处在枯水阶段，且水库蓄量变小，黄河下游常出现断流现象[3]，近年来，断流时间提前，时段加长，使黄河下游灌区农业用水的供需矛盾日趋突出。地下水的动态变化自然规律，具有类似的特点，即 7—9 月为高峰期，10 月至次年 2 月为相对稳定期，3—6 月虽为消退期，但此时正是大量引黄灌溉的时期，有灌无排的用水方式往往可使地下水位抬升，在强烈的蒸发作用下，导致土壤次生盐渍化的发展。

在地表水与地下水均很丰富的地区，必须结合用水需求的不同阶段及地表水与地下水在时间上的变化特点进行合理调配，原则是充分利用地下水、合理发展井灌、以井保丰、引黄补源。其调控方式如图 2 所示。在图 2 中，有四个控制变量：①地下水临界埋深，是使盐分不能通过毛细作用带至地表的地下水埋深，黄河下游灌区一般为 1.7～2.0 m，少数重壤黏土地区约为 1.2 m。②防渍深度，不引起渍害的地下水埋深，其值与作物种类及生育阶段有关，一般为 50～70 cm。③机电井允许提水深度，一般为 6～8 m。④地下水恢复埋深，在一个调控周期内，地下水位必须得到恢复，即使调控周期末地下水的埋深小于或等于初始埋深。

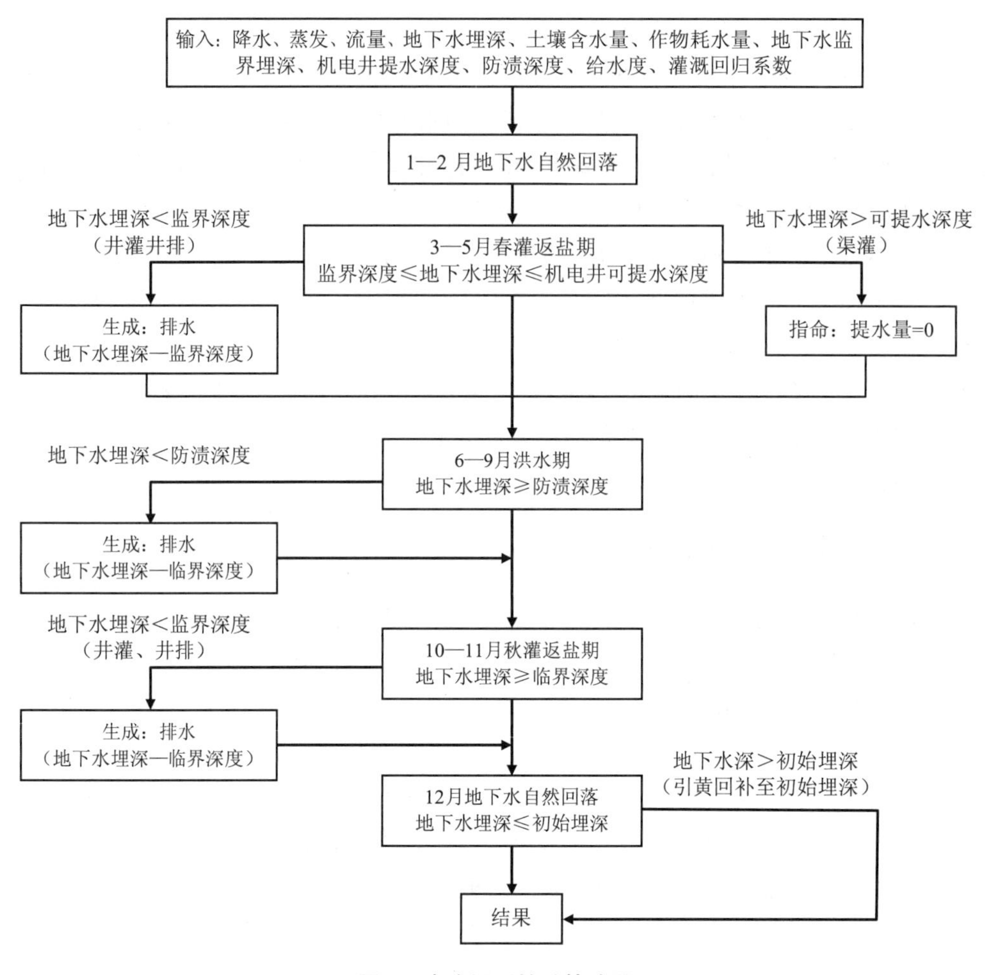

图 2　水资源调控计算略图

表 3 是地表水与地下水合理调控与否的地下水位变化过程对比，两者显著的区别在于，未经合理调控的，其地下水位偏高，尤其是在春季返盐期，地下水埋深均小于临界深度；经合理调控的，其地下水位均控制在临界深度以下，防止了土壤次生盐渍化的发生。

表 3　地下水埋深变化过程对比（山东齐河）

调控方式	1 月	2 月	3 月	4 月	5 月	6 月	7 月	8 月	9 月	10 月	11 月	12 月
地下水埋深（合理调控）/m	2.78	2.76	2.72	3.47	2.80	2.32	1.84	2.27	2.13	2.28	2.49	2.56
地下水埋深（不合理调控）/m	1.90	2.07	1.95	1.64	1.45	1.61	1.27	1.58	1.61	1.83	1.90	1.92

地表水与地下水合理调控的另一个重要原则是使得运行费用最低，其目标函数为

$$F = \min \sum_{i=1}^{i=n} K_i (G_i C_1 + S_i C_2) \tag{2}$$

式中，i 为时段；K_i 为资金折现率；G_i 为第 i 时段地下水提取量；C_1 为提取单位体积地下

水的运行费；S_i 为第 i 时段地表水提取量；C_2 为引用单位体积地表水的运行费用。

显然由于在某些地区地下水的运行费用远高于地表水的运行费用，所以按式（2）优化分析的结果必然是以利用地表水最为经济[4]，并符合农民自身的经济利益，所以，长年来，从水管理部门到基层行政主管部门都是重河轻井，群众普遍存在"大锅水不用太吃亏""水从门前过，何必再用井"等错误认识，导致一度放弃机井建设和保护，无井地区不建井，有井地区不用井，甚至井被废弃，井灌面积下降。当黄河水多时，大量引黄，引起土壤次生盐渍化，当黄河断流时，又无水灌溉。

4　水价与节水和配水

水是一种宝贵资源，和其他矿产资源一样，应符合价值规律，而现今水价及水费征收政策不利于节水；统一的水价政策不利于在市场经济的条件下，通过价格变动来带动社会生产和社会需求变化，从而达到资源的最优配置。

4.1　水价与节水

由以上分析可知，由于农业用水水价过低，水资源的浪费现象十分严重。据调查，目前黄河下游灌区的渠系利用率仅 0.4～0.45，也就是在毛用水量 600～700 m^3/亩中，有一半水损失在输水过程中，而到达田间的水，又有一半消耗于棵间蒸发上，因此，该区节水的潜力很大。

根据商品供销规律，水价与用水量的关系可用下式表示：

$$Q_2 = Q_1\left(\frac{P_1}{P_2}\right)^E \tag{3}$$

式中，Q_1、Q_2 分别为原用水量与现用水量；P_1、P_2 分别为原水价与现水价；E 为价格弹性系数，小于 1。

式（3）表明，水量与水费增加的倍比成反比关系。刘善建根据华北地区几个水价调整的实例分析[5]，当 E=0.4～0.8 时，水价提高 5 倍，用水节约 30%～60%；水价提高 2 倍，用水节约 10%～15%。因本区水价低，节水潜力大，所以，利用水价的提高来促进节水是完全可行的。

4.2　水价与配水

把水价与配水结合在一起，可以有效地调正因水量在地区上与时间上的变化或水质的变化等所引起的供（配）水的变化[6]。

4.2.1　来水变化的供水调正

由于黄河来水在年际间是有变化的，有枯水年、平水年及丰水年之分，对供水会产生较大的影响，此时可采取变动水价来调正供需矛盾。如果天然来水少，说明当年不能按原计划配水，此时可使水价上浮，以鼓励用户采取各种措施节水，缓和供需矛盾，减少损失；

如天然来水多，说明当年的供水量超过了实际需水量，可能产生弃水，此时可使水价下调，以鼓励用户利用各种方式蓄水或补充地下水。

4.2.2 调正区域间配水

地区间的供水条件可能会有很大差异，有些地区水资源贫缺，从价值观点上看，水产生的效益更为明显，具有比丰水地区更高的价值。此外，为供应这些地区的水，需增加水利设施或增建水利工程，投资也相应地加大，所以，在这些地区，水价应上浮，以鼓励节水和增加偿还额度。

4.2.3 限制超量用水

农田灌溉应实施计划配水，对于一个灌区来说，如果上游用户超计划用水，必然会给下游用户带来损失，为补偿这种损失并惩罚浪费水资源者，应实施“超量用水、加价收费”的办法，以调节地区间的供水矛盾。

4.2.4 限制占用农业用水

近年来，由于城市、工业及旅游业的发展，出现侵占农业用水的现象，这部分水的水价应大幅度上浮，此举既可弥补给农业造成的损失，同时还可限制其他部门对农业用水的侵占。

4.2.5 水价与水质

由于在输水过程中，水的质量有时会有所变化，如黄灌区的上游，水的含沙量大，且渠道淤积严重，下游反之，此时应考虑水价的浮动，即上游下浮，下游上调。

以上通过黄河下游灌区的一些实例，说明水价在节约用水与水资源调配中的重要性，但这些都需要通过深入的研究，并制定出相应的水价政策来体现，使之既要达到合理征收水费的目的，又不至于超出农民的承受能力。

参考文献

[1] 任鸿遵，等. 水资源管理. 节水管理与节水技术——以位山灌区为例. 北京：气象出版社，1995.

[2] Gerale T，Mara O. Efficiency in irrigation. The conjunctive use of surface and groundwater resources-proceedings of a world bank symposium，1988.

[3] 崔树彬，等. 黄河下游断流情况及趋势分析. 水问题论坛，1996（2）.

[4] 刘昌明，杜伟. 考虑环境因素的水资源联合利用最优化分析. 水利学报，1986（5）.

[5] 刘善建. 关于华北水资源开发利用的战略问题. 华北地区水资源合理开发利用——中国科学院地学部研讨会文集. 北京：水利电力出版社，1990.

[6] 朱斌，江文华. 水资源管理. 中国 21 世纪水问题方略. 北京：科学出版社，1996.

黄河下游引黄区沉沙处理运行方案分析研究*

唐登银　高善明

摘　要：黄河是多沙性河流，引黄必带进大量泥沙，沉沙池沉粗排细，能有效处理泥沙。当沉沙池淤满，失去自流沉沙作用时，采用"以挖待沉"可以延长灌区运行年限，但没有扬水沉沙方案优越。根据黄河下游地上河的特殊地貌条件，如果能在河漫滩上建沉沙池，可以解决沉沙占地的难题。

关键词：引黄灌区　沉沙池　以挖待沉　地上河

黄河是多沙性河流，每年输往下游的泥沙多年平均 16×10^8 t，其中约有 12×10^8 t 入海；另外 4×10^8 t 主要沉积在河床中，逐渐形成地上河，少部分泥沙随河水引进灌区或放淤。由于河床高出堤外平原 0.5～2.5 m，引黄一般具有自流灌溉这个得天独厚的优越条件。如何多引水、少引沙，将带进来的泥沙处理好，充分利用水资源，让更多的农田得以灌溉，是灌区长年努力的目标。

1　泥沙处理途径

黄河下游引黄灌溉，始于 1951 年开工的"引黄灌溉济卫工程——人民胜利渠"，以后位山引黄灌区、潘庄引黄灌区以及黄河口地区一系列灌区和平原水库的建成，为黄淮海平原合理开发黄河水沙资源，做了有益的探索。从 20 世纪 70 年代开始，河南、山东 75 处灌区，引黄灌溉面积已发展到 2 000 万亩[1]，对沿黄地区的棉花、粮食增产起了决定性的作用。处理泥沙的对策主要有：

（1）渠首引水避开沙峰。凹岸建闸，锐角引水，以减少泥沙入渠；春季多引黄，汛期少引黄，洪水时不引黄。

（2）沉沙池沉粗排细。人民胜利渠灌区运用 30 年来，为获得最佳沉沙效果，曾试用过三种形式的沉沙池。

湖泊式沉沙池：1952 年 9 月至 1953 年 3 月放水二次，水深不足 1.0 m。缺点是，粗细颗粒全部沉下，不能起到沉粗排细的处理泥沙作用，缩短了使用年限；池水渗漏严重，使池周围地下水位上升及土壤盐渍化。

梭形沉沙池：池长 5.7 km，中间最大宽度有 80 m、100 m、120 m 三种，向两端逐渐

* 本文发表于《地理研究》1998 年第 17 卷第 4 期第 401～407 页。

缩窄，进出口最窄处仅宽 25 m。1953—1955 年运行效果表明，初期拦沙效率高（一般 80%以上），沉粗排细作用较显著；随着使用时间的延长，排出的粗泥沙逐渐增多。因此，在梭形池出口设置建筑物，调整水位比降，控制出口含沙量和泥沙粒径十分必要。其缺点，一是造价高；二是泥沙落淤多在梭形池中间部位（占长度 55%），影响运用年限。

条形沉沙池：将梭形池进出口渐变段缩短，中间段宽度相等且增到 400～500 m，成为现在通用的条形沉沙池。拦沙效果一般在 30%～50%，平均淤厚度 1.8 m。粗泥沙处理在沉沙池区是比较经济的，30 年来沉沙结合改造沙荒、盐碱、洼坑地，共淤改土地 55 075 亩[1]。在灌区下游还开展淤临（修大堤挖的土塘）、淤背（洼地放淤），将处理泥沙与黄河修防工程结合起来。

（3）放淤沉沙，改良涝洼盐碱地。利用黄河水含沙大、养分高的优势，有计划（汛期）引黄放淤，可取得良好的效果。形式有三种：

沉沙池放淤：人民胜利渠 1953 年开始在武陟县马营一带，利用黄河背河洼地修建第一沉沙池（面积 15 000 亩），经过几次放淤沉沙，变成淤厚 3 m 的稻麦两熟良田。

洼地围堤放淤：人民胜利渠在古墙、后小召、孟营等村 500 余亩古黄河背河洼地上，1958 年围堤放淤，到 1960 年淤成，一般淤厚 0.8～1.0 m。放淤前粮食亩产 100～200 kg，淤成后增到 300 kg 以上。

种稻淤灌：洼地在种稻过程中，引黄淤灌，表土淤积一层富含养分的细淤泥，起良好的改土作用。

（4）集中送水、输泥到田间。引黄要用大流量、短时间轮灌配水，切忌细水长流，以减轻渠道淤积，有更多泥沙直接送到田间。

2 沉沙池沉沙效果

渠首引进来的河水，含沙量比较高，必须经过沉沙池沉粗排细作用，处理后的低沙水，由各级渠系输送到田间，保证农作物稳产高产。所以，沉沙池沉沙效果如何，直接关系到引黄灌区能否继续运行和灌溉年限的长短。以下就位山灌区、潘庄灌区和人民胜利渠灌区 20 多年的实测数据，解析沉沙池处理泥沙的效益和存在的问题。

（1）位山灌区沉沙池。位山灌区利用王小楼和郝林大洼，分别建成东、西沉沙池区（图 1）。东池 1968 年兴建，长 4.0 km，负责一干渠供水沉沙，原设计 7 个条池，规划面积 1 400 hm^2。运用 20 年，实际建成 3 个条池，占地 920 hm^2，累计沉沙 1 616.8×10^4 m^3，出口有兴隆庄闸控制，过水能力 80 m^3/s。西池 1970 年建成，长 5.5 km，宽 3.5 km，负责二、三干渠供水沉沙，原设计 9 个条池，规划面积 1 933.4 hm^2，过水能力 160 m^3/s。运用 20 年，已建成 5 个条池，占地 1 053.3 hm^2，累计沉沙 2 332.3×10^4 m^3（表 1）。

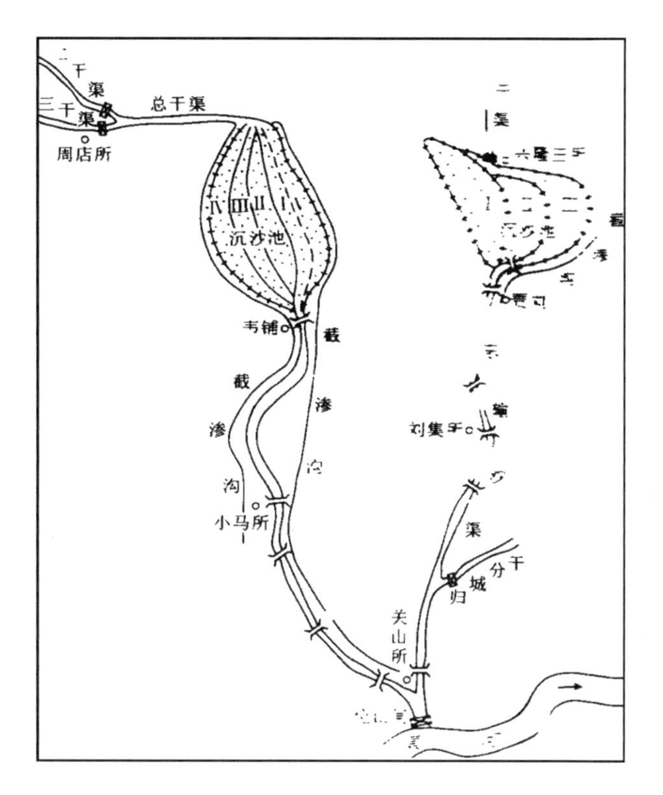

图 1 位山灌区东、西沉沙池区条池分布概况

表 1 位山灌区东、西沉沙池使用情况（1970—1989 年）

沉沙条池		兴建时间	总面积/hm²	沉沙情况		人工高地		现用池面积/hm²
				厚度/m	沙量/10^4 m³	面积/hm²	厚度/m	
东池	1	1968 年 11 月	397.8	1.12	449.2			
	2	1970 年 11 月	197.1	1.28	252.4			
	3	1973 年 11 月	325.2		865.2	206.67	3.73	118.53
	小计		920.1		1 616.8	206.67		118.53
西池	1	1970 年 11 月	187.7	1.96	368.0			
	2	1970 年 11 月	201.8	1.43	295.5			
	3	1975 年 11 月	169.7	1.63	276.8			
	4	1980 年 11 月	340.1		1 106.6	239.47	4.11	（100.67）
	5	1983 年 11 月	151.5	1.88	285.0			
	1+5	1989 年 11 月	（339.2）			139.2	3.5～4.5	200
	小计		1 049.8		2 332.3	378.67		200
合计			1 969.9		3 949.1	585.34		318.53

1970 年复灌，到 1982 年年底，原有 7 条池（东 3、西 4）淤厚泥沙 1.5～2.0 m，基本失去自流沉沙作用。为了解决沉沙空间，延长池区使用寿命，从 1983 年开始西池区 4 号条池进行人工清淤，扩建 5 号条池，挖出的泥沙推到池外，堆成高 3.5～4.0 m 的人工高地，

池内清出空间继续自流沉沙，这就是所谓的“以挖待沉”运行方式[2]。据统计，全灌区1970—1993 年引水总量 231.8×10^8 m^3（不含引黄济津），引沙量高达 17 436×10^4 m^3。其中1970—1989 年引水量 189.95×10^8 m^3，引沙量 12 990×10^4 m^3（东输沙渠占 43%，西输沙渠 57%），输沙渠累计沉沙量 2 746×10^4 m^3（年均 137×10^4 m^3），约占引沙总量的 21%；沉沙池沉沙量约为 3 949.1×10^4 m^3（表 1），占引沙总量的 30.4%[2]。1970—1985 年引水量 125.93×10^8 m^3，引沙 11 056×10^4 m^3，年均 691×10^4 m^3，淤积部位分布[3]：输沙渠 134×10^4 m^3，占引沙量 19.39%；沉沙池 247×10^4 m^3，占 35.75%；干渠及以下沟渠，田间 310×10^4 m^3，占 44.86%。

（2）人民胜利渠灌区。1952 年以来，先后用过沉沙池共有 9 处（个别重复使用），沉沙池沉沙 7 442×10^4 m^3（约 1×10^8 t），约占总引沙量 36%（表 2）。

表 2　1952—1991 年人民胜利渠灌区泥沙淤积分布情况

分布位置		数量/10^4 m^3	占总引沙量/%	水分比例/%
沉沙地		7 442	36	
灌溉系统	各级渠道	4 546	22	
	田间	4 010	20	
	小计	8 556	42	60
排水系统	东西孟姜女河	232	1	
	支斗排	874	4	
	小计	1 106	5	
卫河	上游	1 638	8	
	下游	1 740	9	
	小计	3 428	17	40
总计		20 532	100	

（3）潘庄灌区。潘庄灌区根据沉沙区面积有限的特定条件，由 1980 年前的总干渠二级沉沙池沉沙，自流灌溉与提灌相结合的运行方式，改为现行的总干渠三级沉沙池沉沙，以挖待沉，造地还耕，分散处理，沉沙结合淤改的方案[2]。从 1970 年开灌，至 1990 年年底，灌区共引水 173.52×10^8 m^3，累计引进泥沙 1.366×10^8 m^3，年均引沙 719×10^4 m^3。泥沙主要淤积在沉沙池（占 33.8%）、渠系和田间，还有部分进入排水河沟（表 3）。灌区按照“一不淤河，二不碱地”的要求，处理泥沙采取以下措施：一是总干渠三级沉沙池沉沙，以挖待沉，一、二、三级沉沙池共有 14 个条池，占地 2 086.4 hm^2，已还耕 10 个条池，造地 1 579 hm^2（高出原地面 3.5 m）。二是干渠“挂铃铛”，分散处理泥沙，齐河、禹城和平原三县（市）11 个条池占地 552.3 hm^2，围堤沉沙结合淤改，已还耕 7 个条池约 366.4 hm^2（表 4）。淤地平坦，林果、庄稼长势较好，受农民欢迎[4]。三是在人工清淤的同时，还推行机械清淤，总的评价是能清淤部分泥沙，但成本高、效率偏低、存在一些技术问题。

表 3 1981—1989 年潘庄灌区泥沙淤积量空间分布

淤积部位		淤积量/10^4 m^3	占总沙量百分比/%
沉沙池	总干沉沙池	2 515.87	33.8
	干渠沉沙池	297.77	4.0
	小计	2 813.64	37.8
灌溉系统	总干渠	1 563.79	21.0
	各级渠道	853.63	11.5
	田间	442.80	5.9
	小计	2 860.22	38.4
排水系统 10 条河沟		1 770.48	23.8
合计		7 444.34	100

资料来源：赵崇涛. 潘庄引黄灌区泥沙问题综述. 1991 年 2 月。

表 4 潘庄灌区沉沙淤改和还耕情况

沉沙池名称		条池数目		面积/hm^2		使用时间/年	还耕后高出原地面/m	沉沙方式
		开挖	还耕	总占地	还耕			
总干渠	一级	5	4	673.3	505.7	19	3.8	以挖待沉
	二级	4	3	395.1	233.3	4	3.7	
	三级	5	3	1 018	840	19	3.5	
	小计	14	10	2 086.4	1 579			
干渠	三干	4	3	248.5	200	18	1.0	围堤沉沙
	七干	2	1	93.3	50	5	1.36	
	十一干	1		80.0		8		
	十二干	1	1	64.7	64.7	7	0.79	
	十四干	1	1	43.3	433	4	0.58	
	夏庄支	2	1	22.47	8.4	6	1.31	
	小计	11	7	552.3	366.4			
合计		25	17	2 638.7	1 945.4			

从以上可知，利用沉沙池处理泥沙，结合淤改，是行之有效的措施。但是，目前的“以挖待沉”普遍存在困难，每年组织 10 万～20 万劳动力清淤，用工多、费用高、难度大，给当地政府和农民背上沉重的包袱。例如，位山灌区 1989 年引沙量 1 676×10^4 m^3，其中沉沙池沉沙 503×10^4 m^3（占 30%），组织 25.9 万民工清淤，耗资 1 256.88 万元（分摊值）。潘庄灌区清淤泥沙 744.8×10^4 m^3，耗资 1 489 万元。

3 沉沙池运行方案比较

新建的条池运行 2～3 年以后，池区淤满泥沙，失去自流沉沙作用。为了延长灌区年限，对现有沉沙池进行改造，让其继续处理泥沙。我们对以下两种运行方案进行比较。

（1）沉沙池以挖待沉。在扩新池有困难的情况下，以挖待沉可以延长沉沙池运行时间，是人们可以接受的主要优点，尤其是过去容易平调劳力的情况下，执行比较顺手。人工堆成的高地经过改造，种植作物也能获得比较好的收成；但是，地面起伏不平、土层结构松软、漏水漏肥严重，易带来环境沙化和周边次生盐碱等一系列问题。

（2）沉沙池扬水沉沙。当沉沙池运行数年，已淤厚泥沙 1.5～3.0 m，失去自流沉沙作用时，可启动池外扬水站向池内扬水（按设计高程，事先建好围堤，提高水位），沉沙池开始进入扬水沉沙阶段。某条池继续运行 3～5 年，再淤厚泥沙 2.5～3.5 m，最后在淤积层顶部加淤红黏土 20～30 cm 作为盖层，排干水，即是高出周围地面 4.0～6.5 m 的淤成高地。轮换其他条池继续扬水沉沙。不需要清淤。

我们认为，扬水沉沙淤成的高地，与以挖待沉堆成的高地，土层结构有质的差异。淤成高地有水下落淤的平坦顶面，层中有粗细变化的层理，单层泥沙粗细随黄河来水来沙条件及含沙量而变化，因而夹有多层红淤土和有机质。土质密实，具有黄河下游冲积平原沉积层的一般特征，不存在土层松软、漏水漏肥等严重问题，开发环境较人工高地优越得多[4]。

无论是建扬水站高水位扬水沉沙，还是以挖待沉运行方案的购买机械进行机械化清淤，都要投入一定资金，且需运用一定时间以后，方知真正的效益。山东省水利勘测设计院初步设计，二者投资情况见表 5。扬水方案，一次性投资较大，建设周期较长，电力消耗多，但管理方便，效果比较好，淤成高地生态环境优越；机械清淤方案，动力用燃油，容易解决，但维修任务重，技术存在一些困难，效率偏低，堆成高地沙化问题突出。

表 5 不同泥沙处理方案经济指标比较表

项目	扬水沉沙	挖泥船清淤
1. 基建费/万元	7 503	5 895.1
2. 年运转费/万元	1 646.92	1 330.82
3. 年折旧费/万元	255.1	280.02
年运转费+年折旧费/万元	1 872.02	1 610.84
4. 年入卫水量/10^8 m^3	5.0	5.0
5. 一方水泥沙处理成本/元	0.037 4	0.032 2

资料来源：山东省水利勘测设计院. 山东省引黄入卫工程可行性报告. 1990 年 9 月。

4 建河漫滩沉沙池的可行性

为了农作物的稳产高产，有计划地发展引黄灌溉，是黄河下游的一项主要措施。今后只要黄河有水可引，黄河水资源仍将是该区的主要农业用水水源。但是，目前已有灌区普遍面临沉沙空间越来越小，扩建沉沙池就要与农作物争地，农民利益不易顾及。将来，引黄灌区发展，胜利油田建平原水库越多，沉沙空间的矛盾越突出。我们设想，能否利用黄河下游地上河的特殊性，试行在河漫滩上建沉沙池，如果成功，可以从根本上解决沉沙空间的难题。

4.1 黄河下游河漫滩特性

黄河是多沙性河流，年均含沙量 36 kg/m^3，汛期有时 400 kg/m^3。大量泥沙淤积，逐渐形成河床高出堤外平原 0.5～2.5 m 的地上河。由于黄河水位猛涨猛落，水流动态多变，因而河槽两岸广泛分布宽阔平缓的河漫滩平原。近主槽附近的低河漫滩，经常被洪水淹没，沉积物颗粒比较粗，不具备建造沉沙池的条件。远距河槽的高河漫滩，除了高程大，地层结构与低滩明显差异。其下部有较粗的河床相中细沙；上部沉积极细的河漫滩相黏土、沙质黏土和粉沙层，这种二元结构表明，沉积物粗细相间，厚度比较大，层理发育，不存在工程上的湿陷和渗漏问题。汛期，大洪水上滩，滩面沉积物很细，含丰富的养分和有机质，农民在滩上种植一季小麦，可获得很好收成。黄河下游现场考察发现，高河漫滩沉积物也有层理和韵律现象：每一单层下部，沉积粗细混杂的沙质，厚 1～3 cm；向上为分选较好的粉沙至黏泥，水平薄层理。再往上，则是另一单层的混杂沙、粉沙至泥薄层。但是，混杂沙与其下的黏泥，分界相当清晰，沉积不连续，表现河漫滩这个总体沉积环境中，也存在侵蚀与堆积过程。混杂沙就是一次洪水滩面受侵蚀后的快速堆积物。我们设想利用高河漫滩地面高出堤外平原，分布范围广阔，沉积物细黏这个特殊条件，探讨建立沉沙池的可行性。

4.2　河漫滩沉沙池可能有的优势

我们在引黄灌区渠首附近，选择高河漫滩适当部位建立沉沙池，具有其他地区不可代替的优势。①高河漫滩地面一般略高出堤外平原，建沉沙池可以自流沉沙；也不影响黄河正常行洪。②高河漫滩分布范围广，居民点少，建沉沙池空间大，一条池淤满，再轮换其他条池继续运行；不存在与民争地的矛盾。③高河漫滩在大洪水时，可能被淹没。洪水淹没滩地过程中，可将部分淤积沙冲刷带走，不需要清淤。人们要做的事，主要是挖条池和配套的渠道等。

4.3　可能性与疑点

在黄河下游河漫滩上建沉沙池，从根本上解决引黄灌区沉沙空间的难题，在理论上是成立的，如果找到合适之处，在具体操作上也是可行的。存在的疑点是，灌区引黄闸一般建在曲流段的凹岸，这里引水方便。然而，曲流凹岸地带，河漫滩不甚发育，或是河漫滩距引水点比较远。具体情况如何，需在实地考察和试验工作基础上，得以因地制宜地解决。

参考文献

[1]　牛立峰. 人民胜利渠引黄灌溉三十年. 北京：水利水电出版社，1987.

[2]　高善明. 引黄灌区泥沙处理途径的探讨//戴旭. 山东省位山灌区水资源合理利用与管理. 北京：海洋出版社，1991：114-123.

[3]　尤联元. 灌区泥沙运移规律的研究//戴旭. 节水管理与节水技术——以位山灌区为例. 北京：气象出版社，1995：135-136.

[4]　高善明. 泥沙综合治理与开发//戴旭. 节水管理与节水技术——以位山灌区为例. 北京：气象出版社，1995：159-163.

引黄灌溉与黄河断流*

吴凯　谢贤群　唐登银

摘　要：引黄灌溉平均每年为黄河下游地区增产粮食 49.1×10^8 kg；山东省引黄灌区粮食产量年增长速率为 6.5%。黄河断流，若以两年一次的洛口—利津河段同时断流统计，则每年至少损失粮食 17.21×10^8 kg；平均每断流一天，直接经济损失达 3 930×10^4 元。因此，研究、缓解黄河断流，保证、发展引黄灌溉，是黄河下游农业持续发展的关键。

关键词：引黄灌溉　黄河断流　农业持续发展

黄河下游黄河水资源利用有两个显著特点：一是引黄灌溉的巨大经济效益；二是黄河断流日趋严重，成为各界关注的热点。

1　引黄灌溉的发展及其增产效益

1.1　引黄灌溉的时空分布

（1）引黄灌溉的发展阶段

黄河下游的引黄灌溉是从 1952 年开始的。由于开始阶段大引、大灌，忽视了排水，造成水资源大量浪费，并引起了大面积土壤次生盐渍化。为此，1962 年被迫停止引黄。1965 年复灌后，至 1972 年引黄规模才基本上稳定下来，并有所发展。20 世纪 90 年代初，黄河下游引黄水量达 136.34×10^8 m^3（表 1）。位于山东省境内的位山灌区 90 年代引水量为 70 年代的 1.74 倍，潘庄灌区为 1.93 倍（表 2）。

表 1　黄河下游典型年引黄水量统计　　单位：10^8 m^3

年份	河南	山东	合计
1989	37.23	134.79	172.02
1990	32.99	80.92	113.91
1992	33.80	89.30	123.10
平均	34.67	101.67	136.34

* 本文发表于《地理科学进展》1998 年第 17 卷第 3 期第 36～42 页。

表 2　黄河下游典型灌区引黄水量统计　单位：$10^8\ m^3$

年份	位山灌区	潘庄灌区
1970	6.79	5.42（72～79）
1980	11.93	11.23
1990	11.81（90～96）	10.45（90～97）

（2）引黄灌溉的区域分布

黄河下游（桃花峪—河口）大型灌区（1996 年实灌面积在 20 000 hm^2 以上）1992—1996 年平均农业用水量为 $48.35\times10^8\ m^3$，其中桃花峪—艾山站区间占 53.0%，艾山—洛口站区间占 17.80%，洛口—利津站区间占 26.7%，利津—河口区间占 2.5%；其实灌面积为 $84.96\times10^4\ hm^2$，其中桃花峪—艾山站区间占 52.9%，艾山—洛口站区间占 18.6%，洛口—利津站区间占 26.2%，利津—河口区间占 2.3%（表 3）。

表 3　黄河下游大型灌区效益统计（1992—1996 年）

区间或灌区	农业用水量/$10^8\ m^3$	实灌面积/$10^3\ hm^2$	粮食		棉花	
			总产/10^8 kg	公顷增产量/kg	总产/10^3 kg	公顷增产量/kg
桃花峪—艾山站区间	25.61	449.19	24.56	2 546	7.35	480
人民胜利渠灌区	3.66	39.94	4.27	3 597	1.17	816
位山灌区	11.35	215.93	8.54	1 725	3.48	576
艾山—洛口站区间	8.61	158.14	10.85	2 622	2.39	596
潘庄灌区	5.03	87.24	6.31	3 873	1.31	513
李家岸灌区	2.69	50.10	3.62	2 049	0.57	720
洛口—利津站区间	12.90	222.98	14.05	3 568	5.71	678
邢家渡灌区	1.53	47.23	4.20	3 162	0.87	594
簸箕李灌区	4.61	52.97	1.72	3 282	1.42	597
利津—河口区间	1.23	19.33	1.24	2 124	0.44	213
桃花峪—河口	48.35	849.64	50.70	2 805	15.89	537

1.2　引黄灌溉的增产效益

黄河下游大型灌区平均每年每公顷增产粮食 2 805 kg。山东省引黄灌区的粮食产量自 1980 年开始每年以 6.5%的速度递增[1]。若黄河下游引黄灌溉面积以 1980—1995 年平均值 $175.1\times10^4\ hm^2$ 计[2]，则可增产粮食 49.1×10^8 kg。在各区间中，增产效益最高的是洛口—利津站区间，平均每年每公顷增产粮食 3 568 kg，为全区平均值的 1.27 倍。值得提及的是，正是洛口—利津站区间近年来黄河频频断流。

2　黄河断流的发生频率、原因、趋势及其缓解对策

2.1　黄河断流的发生频率

（1）不同地区断流的发生频率

黄河下游花园口站以下河段长为 768 km，共有夹河滩、高村、孙口、艾山、洛口、利津等 6 个水文站。1972—1997 年 26 年中夹河滩、高村、孙口、艾山各站断流发生频率均不到 16.0%，平均每 7 年发生 1 次；洛口站断流发生频率为 46.2%，平均每 2 年发生 1 次；利津站断流发生频率为 76.9%，平均每 4 年发生 3 次。其中夹河滩—利津全线断流的年份有 1981 年、1995 年、1997 年（表 4）。平均每断流 1 天，本区直接经济损失可达 3 930×10^4 元。

表 4　黄河下游各站断流发生频率统计表（1972—1997 年）

站名	夹河滩	高村	孙口	艾山	洛口	利津
断流年数/年	3	4	4	4	12	20
发生频率/%	11.5	15.4	15.4	15.4	46.2	76.9

若利津、洛口站同时断流，则减少的灌溉面积将占黄河下游灌溉面积的 28.5%，将损失粮食 17.21×10^8 kg；若利津、洛口、艾山站同时断流，则减少的灌溉面积将占总面积的 47.1%，将损失粮食 25.75×10^8 kg。

（2）不同季节断流的发生频率

利津站 1972—1997 年春灌期间（3—6 月）累计断流天数占全年断流天数的 66.0%，秋灌期间（7—10 月）断流占 26.3%，冬灌期间（11 月至次年 2 月）断流占 7.7%（表 5）。

表 5　黄河利津站各月断流天数统计表（1972—1997 年）

时间	春灌				秋灌				冬灌				全年
	3 月	4 月	5 月	6 月	7 月	8 月	9 月	10 月	11 月	12 月	1 月	2 月	
累计天数/d	96	73	171	259	128	24	26	61	21	7	0	42	908
发生频率/%	10.6	8.0	18.9	28.5	14.1	2.6	2.9	6.7	2.3	0.8	0.0	4.6	

（3）不同月份断流的发生频率

1972—1997 年，利津站 6 月累计断流天数最多，占全年的 28.5%；5 月为次，占 18.9%；7 月再次，占 14.1%。从各月断流发生频率来看，全年大致于 2—4 月为断流第一高峰期，以山东段沿岸大面积农田开始春灌为标志；5—7 月为断流第二高峰期，以宁夏、内蒙古灌区开灌为标志；9—10 月有时会形成断流的第三高峰期，以山东段秋灌为标志（表 5）。

2.2 黄河断流的原因

（1）来水量减少

从表 6 可以看出：①20 世纪 70 年代、80 年代、90 年代前 6 年花园口站以上流域年均降水量与 1950—1995 年均值的距平分别为+0.1%、–0.9%和–11.3%；90 年代年均降水量仅为 70 年代的 88.7%。②70 年代、80 年代、90 年代前 6 年花园口站以上流域天然径流量与 1950—1995 年均值的距平分别为–5.5%、+3.1%和–20.0%；90 年代天然径流量仅为 70 年代的 84.6%。③70 年代、80 年代、90 年代前 6 年花园口站实测径流量与 1950—1995 年均值的距平分别为–9.6%、–4.5%和–32.6%；90 年代实测径流量仅为 70 年代的 74.5%。这就是说，黄河上中游的来水量，在 70 年代以后，距平基本上处于负值状态，90 年代以后更甚，其均值仅为 70 年代的 75%～85%[3]。

表 6 黄河流域主要站各年份年均降水量，天然、实测径流量统计（1950—1995 年）

项目	区间或站名	单位	1950—1959 年	1960—1969 年	1970—1979 年	1980—1989 年	1990—1995 年	1950—1995 年
降水量	花园口以上	mm	449.8	457.5	437.5	433.3	388.0	437.2
		%	+2.88	+4.65	+0.07	–0.89	–11.25	
	花园口以下	mm	684.3	695.8	658.4	596.6	635.1	655.7
		%	+4.36	+6.12	+0.41	–9.01	–3.14	
天然径流量	花园口以上	10^8 m^3	597	657	552	602	467	584
		%	+2.23	+12.50	–5.48	+3.08	–20.03	
	利津以上	10^8 m^3	606	674	564	607	468	594
		%	+2.02	+13.47	–5.05	+2.19	–21.21	
实测径流量	花园口	10^8 m^3	489	507	385	407	287	423
		%	+14.79	+19.01	–9.62	–4.46	–32.63	
	利津	10^8 m^3	480	490	312	293	177	365
		%	+31.51	+34.25	–14.52	–19.73	–51.51	

（2）用水量增加

从表 7 可以看出，70 年代、80 年代、90 年代前 6 年花园口—利津河段年平均用水量与 1950—1995 年均值的距平分别为+22.7%、+65.8%和+58.3%，90 年代用水量为 70 年代的 1.29 倍。

表 7 黄河流域主要河段各年份平均用水量统计（1950—1995 年）

河段名	项目	1950—1959 年	1960—1969 年	1970—1979 年	1980—1989 年	1990—1995 年	1950—1995 年
兰州以上	10^8 m^3	8.79	12.32	16.43	17.73	20.71	14.72
	%	–40.29	–16.30	+11.62	+20.45	+40.69	

河段名	项目	1950—1959 年	1960—1969 年	1970—1979 年	1980—1989 年	1990—1995 年	1950—1995 年
兰州—头道拐	10^8 m^3	64.54	80.19	83.31	101.38	110.57	86.04
	%	–24.99	–6.80	–3.17	+17.83	+28.51	
头道拐—花园口	10^8 m^3	29.50	49.30	63.36	69.13	68.20	54.83
	%	–46.20	–10.09	+15.56	+26.08	+24.38	
花园口—利津	10^8 m^3	18.90	33.16	83.55	112.88	107.77	68.07
	%	–72.24	–51.29	+22.72	+65.80	+58.30	
利津以上	10^8 m^3	121.73	174.97	246.65	301.12	307.25	223.67
	%	–45.58	–21.77	+10.27	+34.63	+37.37	

（3）浪费水严重

据统计，1980—1989 年利津站年入海水量为 286×10^8 m^3，其中非汛期入海水量仍占 33.3%，暂且不说这部分水量应如何合理利用，单就实际引水利用率来看，水资源浪费仍很严重。潘庄灌区 1972—1990 年平均引水量为 8.73×10^8 m^3，但实际用水量为 3.50×10^8 m^3，引水利用率仅为 40.1%[4]。

2.3 黄河断流的发展趋势

（1）最长断流天数趋势预测

设 1970—1974 年为时段 1，1975—1979 年为时段 2，依此类推，则时段中年最长断流天数（N_m，d）与时段数（t）的关系为

$$N_m = 8.929\,9\mathrm{e}^{0.452\,6\,t}$$

其相关系数为 0.88，平均相对误差为+10.4%。据此推测，2000 年（时段 7）断流天数为 212 d，占全年的 58.1%。鉴于 1997 年断流天数已达 226 d，因此，上述推测是可能的[4]。

（2）断流长度趋势预测

设 1991 年为时段 1，1992 年为时段 2，依此类推，则时段中年断流长度（L，km）与时段数（t）的关系为

$$L = 45.428\,6 + 95.142\,9\,t$$

其相关系数为 0.92，平均相对误差为+3.8%。据此推测，2000 年（时段 10）断流长度可能达到 768 km，即花园口站以下全部断流。

（3）最早断流日期趋势预测

设 1970—1974 年为时段 1，1975—1979 年为时段 2，依此类推，则最早断流日期（DOY，儒略日，d）与时段数（t）的关系为

$$\mathrm{DOY} = 209.12\mathrm{e}^{-0.263\,8\,t}$$

其相关系数为 0.89。据此推测，2000 年（时段 7）最早断流日期为 33 d（儒略日），即 2 月 2 日。

2.4　黄河断流的缓解对策

（1）加强黄河水资源的统一管理和调度。黄河水资源应实行总量控制、分级管理：一是进一步建立和完善黄河水资源管理法规，实行以法管水；二是要建立黄河干流骨干工程及重要引水工程的水资源统一调度和管理体制，制定不同来水情况下的调度方案。

（2）上、中、下游统筹兼顾，科学配水。1987 年国家制定了沿黄八省黄河水资源分配方案，总分配水量为 349.6×10^8 m^3。1989 年、1990 年、1992 年 3 年实际平均引黄水量为 303.3×10^8 m^3（表 8）。由表 8 可知，陕西、山西、河南三省用水量仅为配水量的 30%～60%，但山东省却为 145%，可见该方案不尽合理。进一步分析可知，该方案仅相当于平水年方案。由此可见，应根据黄河水资源的时空变化特点，重新制定平水年、枯水年的配水方案，每个方案都必须特别限定不同河段 3—6 月的配水量[5]。

表 8　沿黄八省（区）黄河水资源分配水量与实际用水量统计

项目	青海	甘肃	宁夏	内蒙古	陕西	山西	河南	山东	合计
配水量/10^8 m^3	14.1	30.4	40.0	58.6	38.0	43.1	55.4	70.0	349.6
实际用水量/10^8 m^3	11.9	23.8	34.4	63.8	19.7	13.3	34.7	101.7	303.3
用水量/配水量/%	84.4	78.3	86.0	108.9	51.8	30.9	62.6	145.3	86.8
建议配水量/10^8 m^3	14.1	30.4	40.0	70.0	25.0	20.0	45.0	105.1	349.6

（3）增加黄河干流的调蓄能力。在条件许可时，在黄河干流新建一些控制性枢纽工程（如李家峡、大柳树、碛口、龙门等水库）和其他调蓄工程（如东营地区的平原水库），进一步调水调沙。

（4）优先实施江水北调黄河方案。南水北调东线一期工程调入南四湖上级湖水量每年为 53.5×10^8 m^3。现有江苏江水北调工程、京杭运河航运工程与治淮工程已成功运行多年，江水已北调 404 km，但属于京杭运河一部的山东境内南四湖以及梁济运河 247 km 尚未开工。为此，在南水北调东线工程中，可优先实施江水北调黄河方案。按原设计要求，山东可净增水量 30.7×10^8 m^3，黄河以北净增水量 20.2×10^8 m^3，后者暂作为入黄河水量。这样一来，相当于在黄河山东段增加了水资源量 50.9×10^8 m^3，约占山东省实际引水量的 50%，可大幅缓解黄河断流之患。

（5）加快节水农业建设的步伐，全面实施节约用水。在治水方针上，应实施“以井保丰、以库调蓄、引黄补源”治水用水方针。在灌溉技术上，大力推行渠道衬砌、管道输水、滴灌、喷灌、小畦灌等节水灌溉技术。在管理上，要尽快实行水资源有偿使用制度，依法征收黄河水资源费；要合理确定水价，用经济杠杆调控引黄水量：枯水高价，丰水低价，超计划用水加价。

参考文献

[1] 员汝安，宫永波. 山东科学引黄供水的研究与实践. 人民黄河，1997（9）：32-34.

[2] 黄河断流成因分析及对策研究组. 黄河下游断流及对策研究. 人民黄河，1997（10）：1-9.

[3] 焦恩泽. 人类活动是黄河下游断流之根源//黄河断流与流域可持续发展. 北京：中国环境科学出版社，1997：88-91.

[4] 吴凯，谢贤群，刘恩民. 黄河断流概况、变化规律及预测. 地理研究，1998，17（2）：125-130.

[5] 张仁. 黄河下游断流问题及其对策//黄河断流与流域可持续发展. 北京：中国环境科学出版社，1997：66-69.

[6] 杨联康. 解决黄河断流问题的途径. 光明日报，1998-01-09.

黄河下游水量变迁对农业生产力的影响*

吴凯 唐登银 谢贤群

摘 要：1990—1995 年黄河下游地区引黄灌溉面积已达 222.3 万 hm^2，引黄水量达 107.8 亿 m^3。引黄灌区粮棉统算年增产粮食可达 65 亿 kg，年增效益可达 45.5 亿元。20 世纪 90 年代，黄河每断流一天，工农业经济损失可达 4 408 亿元。2010 年黄河下游地区引黄灌溉水量可以增加 78.7 亿 m^3。

关键词：黄河 水量变迁 农业生产力

黄河下游地区包括河南、山东两省沿黄的 67 个县（市）。1995 年该区人口为 4 044.6 万人、耕地面积为 344.6 万 hm^2，分别占黄淮海平原相应值的 19.0%和 19.5%。1995 年该区粮食总产、棉花总产、油料总产分别为黄淮海平原相应值的 21.2%、22.2%和 14.6%。

1 黄河下游引黄灌溉的发展现状

1.1 引黄灌溉的发展阶段

黄河下游的引黄灌溉是从 1952 年开始的。目前，黄河下游有引黄涵闸 93 座、虹吸管 12 处、排灌站 13 座、设计引水能力 4 500 m^3/s。在沿黄地区共开辟 666.7 hm^2 以上灌区 100 处。黄河下游已有 19 个地市 92 个县（市、区）用上了黄河水。黄河下游 20 世纪 90 年代引黄水量达到 107.8 亿 m^3，为 70 年代的 1.3 倍，实灌面积为 222.3 万 hm^2，为 70 年代的 2.2 倍（表 1）[1,2]。

表 1 黄河流域不同年代不同河段年耗水量与灌溉面积统计[1]

耗水量：亿 m^3；灌溉面积：万 hm^2

河段	1950—1959 年		1960—1969 年		1970—1979 年		1980—1989 年		1990—1995 年		1950—1995 年	
	耗水量	灌溉面积	耗水量	灌溉面积	耗水量	灌溉面积	耗水量	灌溉面积	耗水量	灌溉面积	耗水量	灌溉面积
上游	73.4	68.0	45.2	88.5	102.9	112.7	121.1	130.3	131.7	131.5	102.5	104.0
中游	30.0	42.3	49.4	80.2	63.4	114.4	62.1	130.1	60.2	33.3	52.4	97.2
下游	18.9	30.0	33.1	33.3	83.5	100.0	112.9	146.8	107.8	222.3	68.1	96.4
全流域	122.3	140.3	177.7	202.0	249.8	327.1	296.1	407.2	299.6	487.1	223.0	297.6

* 本文发表于《中国农学通报》1999 年第 15 卷第 1 期第 8～10 页。

1.2 引黄灌溉的区域分布

黄河下游大型灌区（1996 年实灌面积在 2 万 hm^2 以上）1992—1996 年平均农业用水量为 48.35 亿 m^3，其中桃花峪—孙口站区间占 26.5%，孙口—艾山站区间占 26.5%，艾山—洛口站区间占 17.8%，洛口—利津站区间占 26.7%，利津—河口区间占 2.5%（表 2）。

表 2 黄河下游大型灌区效益统计（1992—1996 年）

区间	灌区	农业用水量/亿 m^3	实灌面积/万 hm^2	粮食		棉花	
				总产/亿 kg	增产/（kg/hm^2）	总产/亿 kg	增产/（kg/hm^2）
桃花峪—夹河滩		3.66	3.994	4.27	3 597	0.117	816
	人民胜利渠	3.66	3.994	4.27	3 597	0.117	816
夹河滩—高村		4.06	5.905	3.64	3 329	0.078	505
	黄寨	1.79	2.059	1.05	2 928	0.017	510
高村—孙口		5.07	9.535	6.72	2 213	0.142	458
	陈垓	0.77	2 708	2.01	1 785	0.046	450
孙口—艾山		12.82	25.485	9.93	1 668	0.398	499
	位山	11.35	21.593	8.54	1 725	0.348	576
艾山—洛口		8.61	15.814	10.85	3 041	0.239	584
	潘庄	5.03	8.724	6.31	3 873	0.131	513
洛口—利津		12.90	22.298	14.05	3 476	0.571	659
	簸箕李	4.61	5.297	1.72	3 282	0.142	597
利津—河口		1.23	1.933	1.24	2 124	0.044	213
	王庄	1.23	1.933	1.24	2 124	0.044	213
桃花峪—河口		48.35	84.964	50.70	2 650	1.589	558

2 黄河下游引黄灌溉的效益

2.1 下游灌区的增产效益

下游灌区粮棉统算年增产粮食暂按两种方法估算：①按下游灌区粮食增产 2 650 kg/hm^2、棉花增产 558 kg/hm^2（表 2）、灌溉面积 222.3 万 hm^2（1990—1995 年）、粮棉种植比 8∶1 估算，下游灌区粮棉统算年增产粮食 63.4 亿 kg。②按河南省粮食增产 2 837 kg/hm^2、棉花增产 546 kg/hm^2、灌溉面积 65.3 万 hm^2（1952—1997 年）、粮棉种植比 8.6∶1，山东省粮食增产 2 486 kg/hm^2、棉花增产 540 kg/hm^2、灌溉面积 171 万 hm^2（1980—1996 年）、粮棉种植比 7∶1 估算，下游灌区粮棉统算年增产粮食 66.0 亿 kg。因此，下游灌区粮棉统算年增产粮食可达 65 亿 kg，年增效益可达 45.5 亿元。

2.2　典型灌区的增产效益

①河南省人民胜利渠灌区：设计灌溉面积为 5.91 万 hm^2。1992—1996 年年引水量为 3.66 亿 m^3。年增产粮食 3 597 kg/hm^2，增产棉花 816 kg/hm^2。1996 年粮食单产为 6 751 kg/hm^2，棉花单产为 822 kg/hm^2，益本比为 3.50。②山东省位山灌区：设计灌溉面积为 28.80 万 hm^2。1992—1996 年年引水量为 11.35 亿 m^3，实灌面积为 21.59 万 hm^2。年增产粮食 1 725 kg、增产棉花 576 kg/hm^2。1996 年粮食单产为 4 827 kg/hm^2，棉花单产为 364 kg/hm^2，益本比为 3.68。

3　黄河断流对农业持续发展的影响

3.1　断流造成的经济损失

1972—1996 年，因黄河断流，该区累计受旱面积为 469 万 hm^2，减产粮食 98.6 亿 kg、工农业直接经济损失为 268 亿元，其中 20 世纪 70 年代占 8.3%，80 年代占 10.9%，90 年代前 7 年占 80.8%，90 年代，平均每断流一天，粮食减产 1 600 万 kg，经济损失 4 408 万元。

3.2　断流与决口改道并存已成可能

黄河下游长期处于小流量或断流状态，使淤积在下游河道中的泥沙的主要位置由滩地转向主河槽（由 20 世纪 50 年代占 23%变化为 90 年代占 86%），这就引起 1998 年花园口站 4 700 m^3/s 的洪水水位比该站 1958 年 22 300 m^3/s 的洪水位还高 0.56 m，淹没田地 8.8 万 hm^2，水围村庄 105 座，涉及人口 67.4 万，工程出险 564 坝次[3]。更为严重的是，花园口站 1998 年 7 000 m^3/s 的一般洪水可上漫高滩，接近于 1855 年黄河改道时的情况。又据预测，1997—1999 年黄河流域将会持续 3 年春夏之交大旱、夏秋之交大涝，1999—2000 年黄河有可能出现水患，可见决口改道已成可能[4]。

4　黄河下游引黄灌溉的发展前景

4.1　引黄灌溉的发展潜力

黄河多年平均天然径流量为 580 亿 m^3，国家批准的黄河最大可利用水量为 370 亿 m^3，剩余的 210 亿 m^3 为入海水量（冲沙水量）。由于 1970 年以来黄河入海输沙量由 16 亿 t，减为 13 亿 t，则冲沙水量也可减为 170.6 亿 m^3；为考虑河道用水，全年必须维持 50 m^3/s 的流量，则需水量 15.8 亿 m^3。利津—河口区间灌溉用水占下游总量的 2.5%，则需留引水量 2.7 亿 m^3。冲沙水量、河道用水和利津站以下的灌溉引水需留 189.1 亿 m^3 的黄河水。1950—1997 年利津站平均入海水量为 354.5 亿 m^3，扣除需留的 189.1 亿 m^3，尚可利用 165.4 亿 m^3。考虑到黄河下游仅有三门峡水库可以调节（小浪底水库建成后将有所改善），因此，引黄灌溉的发展潜力为 115.8 亿 m^3（按 70%计）。

4.2 2000年和2010年引黄灌溉发展前景

2000年黄河下游地区将增加引黄水量40.8亿m^3。其中，河南省将增加9.6亿m^3，主要来自三义寨、大功、人民胜利渠、渠村、南小堤和赵口等引黄灌区扩建工程；山东省将增加31.2亿m^3，主要来自引黄济烟、彭楼引黄入鲁灌溉工程、菏泽南部引黄、引黄济济、引黄济淄、引黄济潍、引黄济青和平原水库等。

2010年黄河下游地区将增加引黄水量78.7亿m^3。其中，河南省将增加17.4亿m^3，主要来自三义寨等引黄扩建工程和小浪底水库的新建灌区；山东省将增加61.3亿m^3，主要来自引黄济青、济南、东营等地区[5]。

参考文献

[1] 王玲，林银平，王建中，等. 黄河下游断流成因分析. 人民黄河，1997（10）：13-17.

[2] 吴凯，谢贤群，唐登银. 引黄灌溉与黄河断流. 地理科学进展，1998，17（3）：36-42.

[3] 霍有光. 对解决黄河千里悬河的建议. 中国科学报，1998-11-18.

[4] 报刊文摘. 中科院一研究员指出明年应提防黄河水患. 报刊文摘，1998-10-08.

[5] 水利部规划计划司办公室. 跨世纪的中国水利. 北京：中国水利水电出版社，1998.

黄淮海平原农业持续发展的水资源问题*

张士锋 唐登银

摘 要：黄淮海平原现有农业耕地面积 2.84 亿亩，是我国最重要的粮食生产基地之一，但是整个平原的农业缺水现象十分严重，尤其是黄河以北地区，缺水量可达 192 亿 m^3。研究表明，解决该地区的水资源危机并非没有出路，除了一般人们所考虑的南水北调工程之外，该地区的农业节水潜力可达 50 亿 m^3 之巨，而且，有的大型引黄灌区上游地区的地下水也有很大的潜力可挖，仅鲁西北就有 10 亿 m^3 地下水没有很好利用。此外，加强管理、调整灌水模式，也会有很好的节水效果。

关键词：黄淮海平原 水资源 供水 需水

国家“九五”战略计划对全国的粮食生产提出要求：到 2000 年年底粮食增产 500 亿 kg。根据我国现状，扩大粮食耕作面积的潜力不大，所以粮食增产的手段将主要放在增加粮食单产上。以粮耕面积基本持平计算，要求全国单产平均增加约 10%。

黄淮海平原占地 35 万 km^2，有农业耕地约 2.84 亿亩，占全国农业耕地面积的 19%，1993 年粮食播种面积 3.55 亿亩，粮食总产 1 068 亿 kg。因为黄淮海平原主要是中低产田，所以承担着国家粮食增产 1/3 的任务，这就要求黄淮海平原的粮食亩产由现在的 300 kg 增加到 2000 年的 350 kg。

1 黄淮海平原水资源情况

要实现粮食单产有一个较大的提高，水资源问题是关键。黄淮海平原黄河以北地区现有耕地 1.3 亿亩，多年平均降水量在 580 mm 左右，黄河以南地区有耕地 1.54 亿亩，多年平均降水量在 800 mm 左右。无论南岸还是北岸，都存在水资源缺乏的问题。

1.1 黄河以北地区的需水和供水状况研究

黄淮海平原的黄河以北和黄河以南地区，其水文、气候等地理因素存在一定的差异，农田供需水的情况也有相应的不同。鲁西北平原是黄淮海平原在黄河以北地区具有代表性的冲积平原之一，有 27 个县（市），占地 2.97 万 km^2，现以这一地区为典型进行研究。

---

* 本文摘自唐登银等编的《黄淮海平原农业可持续发展研究》（气象出版社 1999 年出版）第 64～68 页。

1.1.1 需水情况

鲁西北平原的农作物需水情况，依当年的农田气候情况的不同而不同，以当地具有代表性的冬小麦-夏玉米一年两熟作物为典型的生长模式，根据现有的研究，其农田耗水量的多年平均值为 840 mm，而该地区的多年平均降水量为 568 mm，其中入渗 154 mm，形成径流为 43 mm，另外有地下水补给 130 mm，通过水平衡计算的结果，缺水为 339 mm，如果考虑凝结水（多年平均值为 99 mm），实际缺水量为 240 mm，按鲁西北地区耕地面积 2 460 万亩计算，则农田需水量为 39.36 亿 m^3。

1.1.2 可供水状况

（1）地表水和地下水。鲁西北地区缺乏大型天然常年河流和湖泊，有的河流也要依靠客水补源，同时也没有兴建大型蓄水工程，因此降雨径流一般都成为弃水而不能作为水资源加以利用，这就形成了地表水资源偏少的局面。而相对地，地下水资源较为丰富，大部分地区的地下水埋深在 2～5 m，具有良好的开发潜力。鲁西北部分地区的地表水、地下水资源情况见表 1。

表 1 鲁西北地区的水资源状况 单位：亿 m^3

		地表水	地下水	水资源总量
滨州地区	现状利用量	1.79	11.34	5.29
	可供应量	2.53	11.34	7.33
德州地区	现状利用量	1.79	11.34	9.03
	可供应量	1.54	11.34	12.88
聊城地区	现状利用量	0.58	6.30	6.88
	可供应量	1.20	9.86	11.06
合计	现状利用量	4.16	17.04	21.2
	可供应量	11.34	26.00	31.27

（2）引黄水量。由于当地水资源的不足，鲁西北地区的社会经济发展在较大程度上依赖客水资源的利用，这主要是指黄河水的开发，通过该地区几个大型灌区的引黄工程，使黄河水进入农田，同时为当地工业和生活用水提供了新的水源。

在鲁西北沿黄地区的引黄灌区中，设计灌溉面积和有效灌溉面积均在百万亩以上的大型灌区共有 4 个，依次为位山灌区、潘庄灌区、李家岸灌区和邢家渡灌区，其设计灌溉面积之和为 1 465 万亩，占鲁西北地区耕地面积的 60%。

鲁西北四大灌区的基本参数和历年引水情况见表 2 和表 3。

表 2 鲁西北四大灌区的基本参数和历年引水情况

灌区	位山	潘庄	李家岸	邢家渡
耕地面积/万亩	554	588	266	159
设计灌溉面积/万亩	540	500	266	159
受益县（市）个数	7	8	7	5
引黄水量/万 m^3	127 890	126 020	69 457	4 115

表 3 鲁西北四个大型引黄灌区历年引水量 单位：万 m^3

年份	位山	潘庄	李家岸	邢家渡
1985	95 400	67 200	45 116	8 865
1986	127 600	154 900	69 296	3 866
1987	123 100	157 400	60 956	1 041
1988	173 600	144 300	70 195	7 144
1989	188 300	184 100	104 959	20 236
1990	105 500	102 600	58 054	0
1991	65 300	124 300	59 709	0
1992	153 800	125 900	73 749	0
1993	132 300	118 600	90 233	0
1994	114 000	80 900	62 298	0
合计	1 278 900	1 260 200	694 565	41 152
平均	127 890	126 020	69 457	4 115

1.1.3 供需情况分析

以上水量供需情况表明：鲁西北的滨州、德州、聊城 3 个地区的农业需水量为 39.36 亿 m^3，当地地表水和地下水的现状供水量为 21.2 亿 m^3，远景可供水量为 31.27 亿 m^3。由此可以看出，这一地区确实存在供需差距，而客水水源，即黄河水的引用，就对该地区的工农业生产起到至关重要的作用。

如果以鲁西北的水资源供需情况推测整个黄淮海平原黄河以北地区，则该地区在现状情况下需水 209 亿 m^3，净缺水量 96 亿 m^3。如以水的利用系数为 0.5 计算，则这一地区的缺水量为 192 亿 m^3。

1.2 灌溉定额的设定与需水量的预测

以平均净缺水量为 240 mm，水利用系数为 0.5 计算，黄淮海平原黄河以北地区的平均综合灌溉定额为 320 m^3/亩，根据不同的降水频率，山东省设计了如表 4 的灌溉定额。

表 4 山东省计划综合用水定额 单位：m^3/亩

降水水平年	1990 年	1995 年	2000 年	2010 年
平均	313	310	300	280
50%	319	316	306	285
75%	399	395	382	356
90%	508	503	487	454

若以平均年降水水平下的灌溉定额，并以山东省的水平推算整个黄淮海平原的黄河以北地区，则在 1990 年、1995 年、2000 年和 2010 年等年份下的农田需水量为 407 亿 m^3、403 亿 m^3、390 亿 m^3 和 364 亿 m^3。这种需求是在当地的地表水、地下水资源状况和目前的引黄用水（约 100 亿 m^3）水平下所不能满足的。至于偏枯年份（降水频率 75%），则需

水量更大，分别为 519 亿 m^3、514 亿 m^3、497 亿 m^3 和 463 亿 m^3，供需平衡将会完全破坏。

目前，黄淮海平原的农业耕地还没有实现灌溉化，灌溉农田耕地占所有农田耕地的比例为 66%，而且由于现状供水条件的其他因素，部分灌溉农田的实际灌溉情况还没有达到设计水平，所以农田的平均灌溉定额大大低于此值，以山东省高唐县为例，其现状年份和 2000 年、2020 年的平均用水灌溉定额为 181 m^3/亩、172 m^3/亩和 154 m^3/亩。而在偏枯年份（75%降水频率），其农田灌溉定额分别为 231 m^3/亩、219 m^3/亩和 196 m^3/亩。

以上的灌溉定额在考虑了整个地区的可供水条件之后，制定的农田灌溉定额更为符合该地区的实际情况，如以此推算黄淮海的黄河以北地区，则在 50%降水年份下，在 1990 年、2000 年和 2020 年的农田需水量为 235 亿 m^3、224 亿 m^3 和 200 亿 m^3；而在 75%降水年份下，在 1990 年、2000 年和 2020 年的农田需水量为 300 亿 m^3、285 亿 m^3 和 255 亿 m^3。

1.3 黄河以南地区的需水和供水状况

黄淮海平原的黄河以南地区主要包括淮北地区、山东的黄河以南部分和河南省一部分，多年平均降水量在 800 mm 左右，是半湿润地区。除黄河沿岸部分地区的降水量在 650 mm 以下外，大部分地区的年降水量都在 650 mm 以上。作物的耗水量与华北平原相比，有着一定的差别，如冬小麦生育期耗水量比黄河以北地区要少 50 mm 左右。所以黄河以南地区的水资源情况要明显好于黄河以北地区，但因为有效降水在年内的分布不均等原因，这一地区，尤其是黄河沿岸还有相当程度上的缺水情况。

2 对策研究

针对整个地区的缺水状况，采取一系列的措施，实施节水战略，将对黄淮海平原的资源环境产生深远的影响。

2.1 完成硬件配套，改进水利设施，使渠系的利用系数有一个较大的提高

目前黄淮海平原的农田灌溉用水的效率仍然很低，约为 0.5，其中，地下水的利用效率为 0.6，地表水为 0.4。如果能在近 20 年的时间内将现有的水利工程进行改造，如衬砌渠道，减少输水损失，可望将灌溉用水的效率由 0.5 提高到 0.7，其中地下水的利用效率提高到 0.8，地表水的利用效率提高到 0.6，则可以在整个黄淮海地区的农田灌溉中，每年节约用水 50 亿 m^3。

2.2 继续开发当地水资源，充分利用当地的可利用水源

仅以鲁西北的部分地区为例，德州、聊城和滨州 3 个地区的水资源远景可开采量达 31.27 亿 m^3，而现状开采量只有 21.2 亿 m^3，也就是说还有 10 亿 m^3 以上的年采潜力，其中，尤其以地下水为主。

2.3 实行计量用水到乡村，并最终实现计划用水

现在大部分地方的计量用水只普及到乡一级单位，有的甚至还在县一级水平，这会不可避免地出现用大锅水的现象，造成水资源浪费。为消灭这种不合理的现象，就要努力完善用水计量系统，逐步实现用水计量到村，最后到户，并最终实现计划用水。为了这一目标的实现，就必须做到以下几点：

（1）编制地下水、地表水的联合调度方案，并采取必要的手段进行实施。有关地表水和地下水的联合调度，实际上是一个深化的过程，目前有些洪区已有的地表水和地下水联合调度方案还不能得以顺利实施，其原因是方案的可操作性不强，水管部门很难如实执行。

（2）制定更为合理的水费标准。目前很多地方的地表水和地下水调控失当，其重要原因就在于取水收费的制度问题。如能利用水费作为经济杠杆，调节整个灌区的上下游水资源的合理利用，则有可能使这种不合理的局面得到改观。

2.4 调整灌溉模式，减少灌溉定额

在缺水地区，要逐步消灭大水漫灌的用水方式，推广实施包括滴灌、喷灌、雾灌和管道灌溉技术的先进的灌溉模式，以达到减少灌溉定额的目的。

一方面，先进的节水灌溉方式会明显地降低灌溉定额；另一方面，科技投入在土壤墒情和土壤水资源的评价与利用中，将会对作物生理特征、作物需水情况的机制研究产生积极影响。

2.5 南水北调

南水北调引水工程是目前国内水利事业中的一项重大工程，无论是现在正努力预备实施的中线工程，还是深受山东、江苏等地区期盼的东线工程，都会给黄淮海地区的水资源状况带来巨大的转变，同时，这对当地的农业可持续发展会产生深远的影响。

3 结论

要使黄淮海平原的农业生产上一个新的台阶，粮食问题理所当然地摆在首位，在未来的 5 年内，粮食亩产要由现在的 300 kg 增加到 350 kg，这就要求这一地区采取多种不同的方针策略，但是无论是发展高产高效农业、改良中低产田，还是开辟新的灌溉农田，都离不开水资源的问题。仅黄河以北地区 192 亿 m^3 的缺水量，就可以使我们认识到在黄淮海平原水利水资源方面的任务是非常艰巨的，其中既有工程的投入、硬件设施的建设，也有节水意识、组织管理等方面的因素。在“九五”期间以至将来这两个方面工作的深入将决定农业的发展。

参考文献

[1] 左大康. 黄淮海平原治理与开发（一）. 北京：科学出版社，1985.

[2] 许越先. 节水农业研究. 北京：科学出版社，1992.

[3] 许越先. 鲁西北平原自然条件与农业发展. 北京：科学出版社，1993.

[4] 程维新. 农田蒸发与作物耗水量研究. 北京：气象出版社，1994.

[5] 许越先. 区域治理与农业资源开发. 北京：中国科学技术出版社，1995.

[6] 毛汉英. 人地系统与区域持续发展研究. 北京：中国科学技术出版社，1995.

黄河下游河川径流的变化趋势与对策*

吴凯 唐登银 谢贤群

摘　要：黄河下游河川年径流量有逐年减少的趋势，花园口站 20 世纪 90 年代实测年径流量为 80 年代的 65.1%，这与上中游年降水量减少、用水量增加有关。河川年最大流量逐年减少，花园口站 20 世纪 90 年代平均最大流量为 80 年代的 68.6%，并出现了“小流量、高水位、大漫滩”的发展态势。河川小流量或断流日趋严重，利津站 20 世纪 90 年代累计断流天数为 80 年代的 8.2 倍，本文分析了缓解其影响的可行对策。

关键词：黄河下游　径流　趋势　对策

黄河是我国第二大河，花园口站以下为其下游，该站控制面积为 73.00×10^4 km^2，以下河长为 767.7 km。1998 年花园口站年径流量为 218.0×10^8 m^3，年最大流量为 4 700 m^3/s。1998 年黄河下游（不包括流域外的引黄灌区）水资源总量为 52.78×10^8 m^3，仅占全流域的 7.8%[1]。

1　年径流量的变化趋势及其原因

1.1　年径流量逐年减少

花园口站 20 世纪 50 年代和 60 年代实测年径流量的距平值均为正值，70 年代、80 年代和 90 年代（前 8 年）的距平值均为负值，并有递减的趋势，90 年代的距平值达–35.7%，其中，1990 年距平值为–12.4%，1993 年为–26.7%，1995 年为–42.6%，1997 年为–65.8%。90 年代平均年径流量为 80 年代的 65.1%。天然径流量也有类似的变化规律（表 1）[1,2]。

经计算，花园口站 1949—1998 年实测径流量的频率计算成果为：$W_{cp}=417.7\times10^8$ m^3，$C_v=0.35$，$C_s=2.5C_v$，$W_{1\%}=849\times10^8$ m^3，$W_{2\%}=782\times10^8$ m^3，$W_{5\%}=690\times10^8$ m^3。与长江相比，黄河年径流量变差系数较大。长江汉口站年径流变差系数为 0.12，最大、最小径流量之比为 2.1，而黄河花园口站年径流变差系数为 0.35，最大、最小径流量之比为 6.0。这就是说黄河水情不太稳定，故黄河每年水资源利用量应视该年属于何种水平年（丰、平、枯）而定。

* 本文发表于《地理研究》2000 年第 19 卷第 4 期第 377～382 页。

表 1 花园口站（或以上区间）各年份降水量、用水量、天然径流量与实测径流量统计（1950—1997 年）

项目	单位	1950—1959 年	1960—1969 年	1970—1979 年	1980—1989 年	1990—1997 年	1950—1997 年
降水量	mm	450	458	438	433	388	435
	%	+3.4	+5.3	+0.7	–0.5	–10.8	0
用水量	10^8 m^3	111.1	151.2	171.3	190.4	187.4	161.2
	%	–31.1	–6.2	+6.3	+18.1	+16.3	0
天然径流量	10^8 m^3	596.8	657.1	552.9	602.1	455.3	577.7
	%	+3.3	+13.7	–4.3	+4.2	–21.2	0
实测径流量	10^8 m^3	485.7	505.9	381.6	411.7	267.9	416.5
	%	+16.6	+21.5	–8.4	–1.2	–35.7	0

1.2 年径流量递减的原因

1.2.1 年降水量逐年减少

花园口以上流域 20 世纪 50 年代、60 年代和 70 年代降水量的距平值均为正值，而 80 年代和 90 年代均为负值，且有减少的趋势，90 年代的距平值为 –10.8%（表 1）。由于降水量减少 10.8%，相应的径流量也大致减少 10.8%。

1.2.2 年用水量逐年增加

花园口以上流域 20 世纪 50 年代和 60 年代用水量的距平值均为负值，70 年代、80 年代和 90 年代的距平值均为正值，且有增加的趋势，90 年代距平值为+16.3%（表 1）。由于用水量增加 16.3%，相应的径流量则应减少 16.3%。与年降水量减少的影响相比，年用水量的增加应是年径流量减少的主要原因。

值得指出的是，在 2030 年以后，应当考虑全球变化对年径流量的影响。据预测，若以 1986—1990 年降水量均值作为现状，则黄河下游年降水量现状年为 400.7 mm，2050 年为 410.4 mm，年平均增长率为 0.048 4%；年径流量现状年为 377.5×10^8 m^3，2050 年为 388.7×10^8 m^3，年平均增长率为 0.059 3%；年输沙量现状年为 11.90×10^8 t，2050 年为 12.85×10^8 t，年平均增长率为 0.16%[3]。这就是说，由于全球环境变化的影响（温室效应），2050 年下游来水来沙量均略有增长，但年增长率仅分别为万分之六和万分之十六。

2 年最大流量的变化趋势及其影响

2.1 年最大流量逐年减少

花园口站年最大流量在 8 000 m^3/s 以上的，20 世纪 50 年代有 7 年，60 年代、70 年代各有 2 年，80 年代有 4 年，90 年代未出现过；各年代最大的最大流量，50 年代为 22 300 m^3/s，60 年代、70 年代接近 10 000 m^3/s，80 年代为 15 300 m^3/s，90 年代仅为 7 860 m^3/s（表 2）。90 年代平均最大流量为 80 年代的 68.6%。

经计算，花园口站1949—1998年最大流量的频率计算成果为：

$Q_{m,cp}$ =7 383.8 m^3/s，C_v =0.48，C_s =4.0C_v，$Q_{m,1\%}$ =20 000 m^3/s，$Q_{m,2\%}$ =17 600 m /s，$Q_{m,5\%}$ =14 400 m^3/s。

表2　花园口站各年份最大流量统计（1950—1997年）

项目	1950—1959年	1960—1969年	1970—1979年	1980—1989年	1990—1997年
年代最大流量/（m^3/s）	22 300	9 430	10 800	15 300	7 860
＞10 000 m^3/s的年数/年	4	0	1	1	0
＞8 000 m^3/s的年数/年	7	2	2	4	0
＞6 000 m^3/s的年数/年	10	7	4	7	3

2.2　“小流量、高水位、大漫滩”的态势反映洪水威胁加剧

近年来，由于黄河下游洪水偏小，主槽淤积严重，漫滩流量减小，过洪能力锐减。1998年花园口站最大流量4 700 m^3/s的洪水位达94.38 m，比1958年22 300 m^3/s的洪水位93.82 m还高0.56 m，这就是说，1958年能过22 300 m^3/s的洪水断面，现在连4 700 m^3/s的洪水也过不去（表3）[4]。1998年洪水位在1958年H-Q关系线上对应流量为30 000 m^3/s，在1982年H-Q关系线上对应流量为22 000 m^3/s，已超过或接近该站的设防流量（22 000 m^3/s）[5]，洪灾威胁加剧。更为严重的是，花园口站7 000 m^3/s的一般洪水可上漫高滩，接近于1855年黄河改道的情况，可见，黄河下游决口、改道的隐患是严重存在的。

表3　花园口站典型年最大流量与最高水位统计

项目	1958年	1976年	1982年	1992年	1996年	1998年
最大流量/（m^3/s）	22 300	9 210	15 300	6 410	7 860	4 700
最高水位/m	93.82	93.42	93.99	94.33	94.73	94.38

3　小流量或断流的频率及其对策

3.1　小流量或断流的频率

小流量的频率。据花园口站资料统计，流量小于800 m^3/s的天数占全年的比例，由20世纪40年代的18.1%上升到90年代的51.2%，90年代为80年代的1.4倍；流量小于3 000 m^3/s的天数占全年的比例，由40年代的82.1%上升到90年代的98.9%，90年代为80年代的1.1倍（表4）[1]。

表 4　花园口站各年份小流量频率统计（1946—1998 年）　　单位：%

项目	1946—1949 年	1950—1959 年	1960—1969 年	1970—1979 年	1980—1989 年	1990—1998 年
流量小于 800 m^3/s 的天数占全年的比例	18.1	33.4	29.6	38.6	36.7	51.2
流量小于 1 000 m^3/s 的天数占全年的比例	40.8	51.8	41.4	57.5	57.8	74.2
流量小于 2 000 m^3/s 的天数占全年的比例	64.2	76.5	71.7	85.3	83.3	95.2
流量小于 3 000 m^3/s 的天数占全年的比例	82.1	90.5	85.6	93.2	91.2	98.9

断流的频率。1972—1998 年 27 年中夹河滩、高村、艾山各站断流频率均不到 19.0%，为五年一遇；洛口站断流频率为 48.1%，为两年一遇；利津站断流频率为 77.8%，为四年三遇。1997 年利津站 2 月 7 日开始断流，6 月 25 日以后，夹河滩站以下全线断流。该年利津站断流 226 d，洛口站断流 132 d，艾山站断流 74 d，孙口站断流 65 d，高村站断流 25 d，夹河滩站断流 18 d。利津站断流形势演变见表 5。由表 5 可知，20 世纪 90 年代利津站累计断流天数为 80 年代的 8.2 倍。

表 5　利津站断流形势演变统计（1972—1998 年）

项目	1972—1979 年	1980—1989 年	1990—1998 年	1972—1998 年
最早断流日期	4 月 23 日	4 月 4 日	1 月 1 日	1 月 1 日
最长断流天数/d	21	36	226	226
累计断流天数/d	86	105	859	1 050
最长断流长度/km	316	662	704	704

利津站 1972—1998 年春灌期间（3—6 月）累计断流天数占全年断流天数的 62.5%，秋灌期间（7—10 月）断流天数占全年的 26.0%，冬灌期间（11 月至次年 2 月）断流天数占全年的 11.5%[6]。

3.2　断流的对策

3.2.1　统一调度黄河水资源

对照 1987 年国家制定的沿黄八省（区）黄河水资源分配方案，1989 年的引水量为配水量的 95.5%[7]，1989 年花园口站径流量为 $425.3\times10^8\ m^3$，接近于多年平均值 $417.7\times10^8\ m^3$，可见，该方案仅是一个平水年方案。由于黄河水情不太稳定，因此，应按其时空变化的特点，进一步制定丰水年、平水年、枯水年的配水方案，设定各河段防断流专项用水指标，特别限定 3—6 月的配水量。1998 年 12 月，国家颁布了《黄河可供水量年度分配及干流水量调度方案》 和 《黄河水量调度管理办法》，并授权水利部黄河水利委员会统一调度黄河水量。从 1999 年 3 月 1 日开始，水利部黄河水利委员会对黄河刘家峡水库至头道拐、三门峡水库至利津干流河段非汛期水量进行统一调度。1999 年利津站仅断流 8 d，而今年，截至 7 月，黄河尚未发生断流，充分体现了该措施的必要性、有效性[8]。

3.2.2 增加黄河干流的调蓄能力

应加大已建大型水利枢纽（如龙羊峡、刘家峡、三门峡水库）的补水调节力度，在小浪底、万家寨工程投资高峰过后，再建一些大型水利枢纽（如西霞院反调节水库、大柳树水库、碛口水库）和其他调蓄工程（如东营地区的平原水库），进一步调水调沙。1987—1997 年三门峡站年径流量平均为 269.5×10^8 m^3，其中，7—10 月占 45.9%，11—2 月占 22.6%，3—6 月占 31.5%[9]。在小浪底水库建成后，这部分水量将经其调蓄，其有效库容为 51×10^8 m^3。若近期利用 16%，则既可弥补下游用水高峰期水量不足，也可解决下游防洪、防凌、减淤等问题。

3.2.3 江水优先北调黄河

南水北调东线工程长江、黄河间引水线路长 651 km，已建成 62.1%（江苏境内），仅缺 37.9%（山东境内）。近期若能优先实施江水北调黄河方案，将江水引入东平湖后，既可由东平湖入黄河，使下游 410 km 的黄河河道过流，也可通过山东境内的西水东调工程，沟通东平湖与已建的引黄济青工程和拟建中的引黄济烟工程，将江水输送到缺水严重的胶东地区[9]。2010 年，山东省可实现引江水 30.4×10^8 m^3[10]，入黄河水量可达 20×10^8 m^3，既可减轻引黄负担，又可缓解黄河下游断流之患。

3.2.4 全面实施节约用水

在治水方针上，应实施“以井保丰、以库调蓄、引黄补源、节水灌溉”的方针。在节水技术上，既要大力推广渠道衬砌、管道输水、滴灌、喷灌、小畦灌、膜上灌、作物控制性分根交替灌溉等节水灌溉技术[11-13]，又要推广抗旱节水品种、农田秸秆覆盖、少、免耕技术、适水施肥与化学节水措施等节水农业技术[14]。在管理上，应尽快实行水资源有偿使用制度，依法征收黄河水资源费；要合理确定水价，用经济杠杆调控引黄水量：枯水高价、丰水低价、超计划用水加价。

3.2.5 引黄灌溉变分散引水为集中供水

引水现状。黄河下游现有引黄涵闸 93 座、虹吸管 12 处、排灌站 13 座，设计引水能力 4 500 m^3/s。90 年代引黄水量为 107.8×10^8 m^3，实灌面积为 222.3×10^4 hm^2。引黄灌溉公顷增产量：粮食为 2 650 kg，棉花为 558 kg[15,16]。

集中供水方案。在小浪底水库建成后，可在南大堤以南和北大堤以北的适当位置，分别建造南北两条引黄灌溉总干渠，利用小浪底水库泄流设备与花园口断面之间的落差，直接从小浪底水库集中供水，将下游引黄灌区的现有渠网与南北两条总干渠连接起来，水库、黄河、渠道联合运用。由于大水、清水入黄，浑水入渠，因此，还可将计划中的输沙入海水量部分用于农田灌溉，从而加大了引黄灌溉的力度[17]。

集中供水方案的可行性。仅就泥沙问题而言，其可行性表现在：①黄河冲沙水量 200×10^8 m^3，是针对三门峡站年输沙量为 16×10^8 t 这一前提的，但是，1950—1997 年，该

站年输沙量仅为 12.14×10^8 t，则仅需冲沙水量 151.8×10^8 m^3；1987—1997 年，该站年输沙量仅为 8.31×10^8 t，则仅需冲沙水量 103.9×10^8 m^3。换句话说，冲沙水量 200×10^8 m^3 中至少可再利用 40×10^8～80×10^8 m^3。②该站 1950—1997 年汛期输沙量占年总量的 87.8%，非汛期仅占 12.2%，即约 1.48×10^8 t；1987—1997 年汛期输沙量占年总量的 94.7%，非汛期仅占 5.3%，即约 0.44×10^8 t。可见，非汛期，即春灌期间的泥沙问题并不严重[1]。

3.2.6 将长江、黄河上游电网联网，南电北送

四川省地处长江中上游，为我国水能资源富集区，技术可开发装机容量超过 1×10^8 kW，年发电量达 5 569×10^8 kW·h。目前已开发的装机容量和年发电量还不到总量的 10%。黄河上游水电站的水库夏季无法多蓄水，将近 200×10^8 m^3 的库容大量闲置，如果四川与西北之间联网，汛期黄河上游水库少发电、多蓄水，从四川调电（可调 40×10^8～50×10^8 kW·h）；而枯期西北水电站多发电，可多放水 31×10^8 m^3，既可缓解黄河断流问题，又可向四川反送电，以满足四川枯期负荷需求（可调 37×10^8 kW·h）[18]。

综上所述，黄河下游河川径流的变化趋势是年径流量逐年减少、年最大流量也趋减少、小流量或断流频繁。从 1999 年以来黄河水情来看，统一调度黄河水资源是必要的、有效的。在当前南水北调工程即将全面启动和西部大开发形势下，近期南水北调东线江水优先北调黄河、西部南电北送等均是可行方案，值得推荐。

参考文献

[1] 朱晓原，张学成. 黄河水资源变化研究[M]. 郑州：黄河水利出版社，1999.

[2] 钱正英. 中国水利的发展方向[J]. 中国三峡建设，1998，12：1-7.

[3] 陈霁巍. 黄河治理与水资源开发利用[M]. 郑州：黄河水利出版社，1998.

[4] 徐建华，王玲，李雪梅. 看长江洪灾，想黄河防洪[J]. 人民黄河，1998，20（12）：17-19.

[5] 陈先德，韦中兴. 黄河的沉思[J]. 人民黄河，1998，20（12）：7-19.

[6] 吴凯，谢贤群，唐登银. 黄河断流的原因、规律、对周边农业生产和生态环境的影响评估及对策[J]. 地理科学进展，1998，17（增刊）：78-83.

[7] 张仁. 黄河下游断流问题及其对策[A]//黄河断流与流域可持续发展[C]. 北京：中国环境科学出版社，1997：66-69.

[8] 涂曙明，荆茂涛，李建章. 黄河，大旱之年不断流[N]. 中国水利报，2000-07-22.

[9] 杨联康. 解决黄河断流问题的途径[N]. 光明日报，1998-01-09.

[10] 水利部规划计划司，办公厅. 跨世纪的中国水利[M]. 北京：中国水利水电出版社，1998.

[11] 刘颖秋. 关于黄河开发与治理的几点看法[J]. 人民黄河，1999，21（11）：28-30.

[12] 许越先. 区域治理与农业资源开发[M]. 北京：中国科学技术出版社，1995.

[13] 杨素哲. 沿黄地区面对黄河连年断流的严峻形势应采取的地区性对策[J]. 人民黄河，1999，21（1）：23-24.

[14] 国家科委社会发展科技司，农村科技司，科技成果司，等. 农业节水技术[M]. 北京：水利电力出版社，1992.

[15] 吴凯，唐登银. 黄淮海平原水分变迁对农业生产力的影响[J]. 地理科学进展，1998，17（增刊）：184-189.
[16] 吴凯，唐登银，谢贤群. 黄淮海平原典型区域的水问题和水管理[J]. 地理科学进展，2000，19（2）：136-141.
[17] 马秀峰. 黄河的变化与防治对策[J]. 人民黄河，1999，21（8）：40-43.
[18] 刘俊峰，王光明. 长江、黄河上游水资源优化调度探讨[J]. 人民长江，1999，30（12）：45-47.

黄淮海平原典型区域的水问题和水管理*

吴凯 唐登银 谢贤群

摘 要：本文简要介绍了黄淮海平原典型区域的水问题及其变化规律。沧州—衡水地区的水问题主要有：水资源严重匮乏、深层地下水严重超采以及风暴潮影响严重。本文估算了该区的缺水损失，并建立了漏斗中心水位埋深与地下水超采的经验关系。黄河三角洲地区的水问题主要有水资源尚嫌不足、黄河断流影响大以及地下水超采有所发展。本文提出了黄河断流的开源对策。安阳地区的水问题主要有水资源不足与地下水位下降速率加剧。本文也建立了该区地下水水位与地下水超采量的经验关系。此外，本文还预测了各典型区引黄、引江灌溉的发展前景，2010 水平年外流域调水可望占可供水量的 32%以上。

关键词：黄淮海平原 区域 水问题 水管理

黄淮海平原包括北京、天津、河北、山东、河南、江苏、安徽等 5 省 2 市的 317 个县（市、区）。1997 年人口为 2.16×10^8 人，耕地面积为 17.8×10^6 hm^2。本文涉及的 3 个典型区域是冀中平原的沧州—衡水地区、鲁北平原的黄河三角洲地区和豫北平原的安阳地区。

1 沧州—衡水地区的水问题

沧州—衡水地区包括沧州、衡水两市的 26 个县（市、区），人口和耕地面积分别占黄淮海平原的 4.9%和 7.6%。

1.1 水资源严重匮乏

水资源奇缺。该区 2000 水平年缺水率（缺水量与需水量之比）为 52.7%，2010 水平年缺水率为 44.8%，为黄淮海平原的严重缺水区（表 1）[1]。

引黄、引江潜力大。该区 2000 水平年外流域调水为 3.53×10^8 m^3（为引黄水），占可供水量的 13.1%；2010 水平年外流域调水为 15.64×10^8 m^3（其中引黄水为 5.88×10^8 m^3，引江水为 9.76×10^8 m^3），占可供水量的 43.3%（表 2）[2]。

缺水损失大。2000 水平年，该区城市缺水量 0.15×10^8 m^3，缺水损失率 83.33 元/m^3，则城市缺水损失为 12.50×10^8 元（表 3）。农村缺水量为 29.82×10^8 m^3（表 1、表 3），根据

* 本文发表于《地球科学进展》2000 年第 19 卷第 2 期第 136～141 页。

农业供水量与粮食产量的关系（表 4）、冀中平原棉粮总产之比（表 5）、棉花折粮按 8∶1 计，则平均每缺 1 m^3 水损失粮食（折粮）2.52 kg。若粮价按 0.90 元/kg 计，则农村缺水损失达 67.63×10^8 元。因此，全区缺水损失可达 80.13×10^8 元。

表 1　黄淮海平原典型区域不同水平年水资源供需平衡（P=75%）

区域	2000 水平年				2010 水平年			
	可供水量/$10^8\,m^3$	需水量/$10^8\,m^3$	缺水量/$10^8\,m^3$	缺水率/%	可供水量/$10^8\,m^3$	需水量/$10^8\,m^3$	缺水量/$10^8\,m^3$	缺水率/%
沧州—衡水地区	26.93	56.90	29.97	52.7	36.15	65.46	29.31	44.8
黄河三角洲地区	31.80	34.93	3.13	9.0	35.52	41.02	5.50	13.4
安阳地区	17.43	24.06	6.63	27.6	25.21	31.20	5.99	19.2

表 2　黄淮海平原典型区域不同水平年可供水量的开发潜力（P=75%）　单位：$10^8\,m^3$

区域	2000 水平年				2010 水平年			
	引黄水	引江水	污水处理回用	微咸水	引黄水	引江水	污水处理回用	微咸水
沧州—衡水地区	3.53	0.00	1.47	2.11	5.88	9.76	3.93	2.65
黄河三角洲地区	24.20	0.00	0.18	1.00	25.90	1.21	0.50	1.00
安阳地区	1.62	0.00	0.17	0.00	4.76	3.34	0.23	0.00

表 3　河北省主要城市不同水平年缺水损失率（P=75%）　单位：元/m^3

城市	2000 水平年	2010 水平年	城市	2000 水平年	2010 水平年
邯郸	0.00	108.70	沧州	83.33	128.23
邢台	58.84	100.00	唐山	73.57	113.64
石家庄	70.43	104.17	秦皇岛	0.00	125.00
保定	59.52	94.34	廊坊	0.00	125.00

表 4　沧州—衡水地区农业供水量与粮食产量的关系（1988—1996 年）

年份	农业供水量/$10^8\,m^3$	粮食产量/10^8 kg	年份	农业供水量/$10^8\,m^3$	粮食产量/10^8 kg	年份	农业供水量/$10^8\,m^3$	粮食产量/10^8 kg
1988	19.60	32.44	1991	20.29	39.97	1994	23.07	45.90
1989	22.15	31.34	1992	22.50	32.70	1995	23.19	55.81
1990	21.54	36.76	1993	21.29	43.12	1996	24.90	63.81
						平均	22.06	42.43

表 5　冀中平原粮棉产量统计（1988—1996 年）　单位：10^8 kg

年份	粮食总产	棉花总产	年份	粮食总产	棉花总产	年份	粮食总产	棉花总产
1988	62.84	4.25	1991	73.93	4.47	1994	87.05	2.96
1989	64.15	3.78	1992	63.12	2.23	1995	103.60	2.86
1990	71.17	4.05	1993	79.73	1.46	1996	119.78	1.97
						平均	80.60	3.11

1.2　深层地下水严重超采

地下水漏斗发展迅速。沧州漏斗是以沧州市为中心，包括青县、泊头及黄骅等小型漏斗在内的漏斗群组，形成于 1967 年，至 1997 年 6 月，漏斗面积超过 10 000 km^2，中心水位埋深达 92.4 m，1971—1985 年平均降深为 3.6 m，1985—1997 年平均降深为 1.3 m①。1998 年中心水位埋深高达 93.73 m。1985—1998 年沧州漏斗中心水位埋深 $H_{沧}$（m）与 1985 年为起始年的年数 t 的关系为

$$H_{沧}=72.691\,2+1.634\,5\,t \qquad r=0.953 \tag{1}$$

1988—1996 年沧州漏斗中心水位埋深 $H_{沧}$（m）与沧州市地下水开采量超过 6.0×10^8 m^3 的累积量 $\sum W_{沧}$（10^8 m^3）的关系为

$$H_{沧}=77.431\,8+0.627\,6\sum W_{沧} \qquad r=0.909 \tag{2}$$

冀枣衡漏斗包括衡水市、冀县、枣强、武邑 4 个县（市）的全部及景县、故城、深县的一部分，形成于 20 世纪 70 年代初的衡水市，以后不断加深、扩大。1981 年漏斗面积为 6 175 km^2，中心水位埋深为 47.7 m。1997 年 6 月漏斗面积达 11 051 km^2，中心水位埋深达 75.7 m。1981—1997 年平均面积扩大 287 km^2，埋深增加 1.6 m。1998 年中心水位埋深高达 76.2 m。1985—1998 年冀枣衡漏斗中心水位埋深 $H_{冀}$（m）与 1985 年为起始年的年数 t 的关系为

$$H_{冀}=46.781\,3+2.278\,7\,t \qquad r=0.937 \tag{3}$$

1988—1996 年冀枣衡漏斗中心水位埋深 $H_{冀}$（m）与衡水市地下水开采量超过 6.0×10^8 m^3 的累积量 $\sum W_{衡}$（10^8 m^3）的关系为

$$H_{冀}=52.203\,2+0.994\,4\sum W_{衡} \qquad r=0.913 \tag{4}$$

地面沉降加剧。沧州与大城沉降区面积为 9 363 km^2，沧州市中心沉降 1 680.9 mm，年均沉降 84 mm。沧县、阜城两县典型区咸淡水界面一般下移超过 10 m，最大深度超过 30 m。

① 河北省南水北调中线工程建设开发筹备处。南水北调中线工程河北省段情况介绍，1999.

防止地下水漏斗发展的对策。该区地下水漏斗发展迅速，完全是地下水长期超采所致。据研究，沧州市深层地下水长期超采，平均每年超采 1.5×10^8 m^3，浅层地下水平均每年超采 1.0×10^8 m^3。因此，为了防止地下水漏斗的进一步发展，应广开水源，并严格限制超采深层地下水。在沧州—衡水地区 2000 水平年可供水量中，外流域调水为 3.53×10^8 m^3，污水处理回用 1.47×10^8 m^3，微咸水利用 2.11×10^8 m^3，三者占可供水量的 26.4%；2010 水平年可供水量中，外流域调水为 15.64×10^8 m^3，污水处理回用 3.93×10^8 m^3，微咸水利用 2.65×10^8 m^3，三者占可供水量的 61.5%（表 2）。

1.3　风暴潮影响严重

渤海湾沧州岸段“970820”风暴潮是由 1997 年 11 号台风引起的。黄骅港气象站实测最大风速为 34 m/s，阵风 12 级，并与天文大潮第二个高峰叠加，最大增水值为 3.20 m，其频率为百年一遇[3]。

2　黄河三角洲地区的水问题

黄河三角洲地区包括东营、滨州两地市的 11 个县（市、区），人口和耕地面积分别占黄淮海平原的 2.4%和 3.2%。

2.1　水资源略显不足

缺水率不大。该区 2000 水平年缺水率为 9.0%，2010 水平年缺水率为 13.4%，为黄淮海平原的轻微缺水区（表 1）。

引黄、引江发展潜力大。该区 2000 水平年引黄水量为 24.2×10^8 m^3，无引江水，外流域调水占可供水量的 76.1%；2010 水平年引黄水量为 25.9×10^8 m^3，引江水量为 1.21×10^8 m^3，外流域调水占可供水量的 76.3%（表 2）。

2.2　黄河断流影响大

黄河断流的频率。1972—1998 年 27 年中利津站断流频率为 77.8%，平均每 4 年发生 3 次。1997 年利津站 2 月 7 日开始断流，6 月 25 日以后，夹河滩以下全线断流，年内有 11 个月出现断流，累计断流天数为 226 d，断流长度为 704 km。1972—1998 年 3—6 月断流天数占 62.5%，7—10 月断流占 26.0%，11 月至次年 2 月断流占 11.5%[4]。

黄河断流的原因。①来水量减少。黄河上中游来水量，在 20 世纪 70 年代以后，距平基本上处于负值状态，80 年代花园口站实测径流量距平为 –4.5%，90 年代（前 6 年）为–32.6%，1997 年为–68%。②用水量增加。80 年代花园口—利津区间用水量距平为+65.8%，90 年代为+58.3%，1997 年该区间耗水径流量为多年平均值的 2.0 倍。③浪费水严重。黄河流域内的宁夏灌区单方水产粮仅为流域外新疆灌区的 39.9%，宁夏灌区单方水农业产值仅为新疆灌区的 56.8%；工业用水万元产值的水费，黄河流域为 320 元，海滦河流域为 144 元，淮河流域为 179 元[5]。

黄河断流的对策。仅就开源而言有：①大力发展平原水库。2010 水平年，新建平原水库汛期蓄水 3.0×10^8 m^3，引黄调蓄 4.5×10^8 m^3，两者占可供水量的 21.1%①。②积极推进跨流域调水。2010 水平年引黄水量为 25.90×10^8 m^3，引江水量为 1.21×10^8 m^3，两者占可供水量的 76.3%。也应充分开发利用引黄地面回归水。目前引黄水可重复利用率达 6%，按此推算，2010 水平年引黄回归水可达 1.55×10^8 m^3，占可供水量的 4.4%。③开发利用劣质水。2010 水平年污水处理回用 0.5×10^8 m^3、微咸水利用 1.0×10^8 m^3，两者占可供水量的 4.2%。④开发利用黄河河床地下水。黄河河床蕴藏着 4.0×10^8 m^3 水质较好的淡水资源，可在滩地打辐射井，通过管道供水。若利用 50%，也可达可供水量的 5.6%[6]。

2.3 地下水超采有所发展

近 10 年来，该区东营市井灌区地下水超采有所发展，漏斗区面积已超过 200 km^2，中心水位埋深已达 31.04 m[6]。

3 安阳地区的水问题

安阳地区包括安阳市的 5 个县（市、区），人口和耕地面积分别占黄淮海平原的 1.9% 和 1.7%。

3.1 水资源不足

缺水率较大。该区 2000 水平年缺水率为 27.6%，2010 水平年缺水率为 19.2%，为黄淮海平原的缺水区（表 1）。

调水潜力大。2000 水平年引黄水量为 1.62×10^8 m^3，无引江水，但水库调水量为 2.01×10^8 m^3，调水量占可供水量的 20.8%；2010 水平年引黄水量为 4.76×10^8 m^3，引江水量为 3.34×10^8 m^3，水库调水量为 2.14×10^8 m^3，调水量占可供水量的 40.6%（表 2）。

3.2 地下水位下降速率加剧

该区安阳县地下水位从 1989 年的 6.08 m 下降到 1997 年的 15.51 m，下降速率为 1.18 m/a；滑县地下水位从 1983 年的 7.33 m 下降到 1997 年的 25.87 m，下降速率为 1.32 m/a，并有逐年加剧趋势：1983—1986 年为 0.30 m/a，1986—1991 年为 1.07 m/a，1991—1992 年为 1.70 m/a，1992—1997 年为 2.12 m/a②。该县水利工程供水量中无蓄水工程供水，并且仅 1994 年以后才有少量引水工程供水，因此，该县基本上是井灌供水。1988—1996 年滑县地下水开采量超过 2.5×10^8 m^3 的累积量 $\sum W_{滑}$（10^8 m^3）与地下水水位 $H_{滑}$（m）的关系为

$$H_{滑}=8.0813+0.4884\sum W_{滑} \qquad r=0.951 \tag{5}$$

① 山东省水利厅. 山东省黄河三角洲地区水资源开发与利用，1994.

② 中国科学院封丘农业生态实验站试验区. 黄淮海中部平原水资源失衡问题与对策，1999.

综上所述，黄淮海平原典型区域的水问题主要有：

（1）水资源匮乏。2010 水平年沧州—衡水地区缺水率高达 44.8%，黄河三角洲地区为 13.4%。

（2）地下水降落漏斗、地面沉降均较严重。1998 年沧州地下水漏斗中心水位埋深已达 93.73 m，地面下沉 1.68 m。

（3）黄河断流加剧。1997 年利津站全年断流 226 d。

其相应的水管理措施主要有：

（1）积极推进跨流域调水。2010 水平年黄河三角洲地区外流域调水将占可供水量的 76.3%，安阳地区占 32.1%。

（2）严格限制超采深层地下水。目前，沧州市年平均超采 1.5×10^8 m^3。

（3）开发利用引黄回归水、劣质水和河床地下水。

本文参阅了河北省、河南省、山东省水中长期供求计划等成果，特此致谢。

参考文献

[1] 吴凯，许越先. 黄淮海平原水资源开发的环境效应及其调控对策[J]. 地理学报，1997，52（2）：114-122.

[2] Wu Kai，Tang Dengyin，Xie Xianqun. Effect of water fluctuation on agricultural production in the Huang-Huai Hai Plain，China[J]. The Journal of Chinese Geography，1999，9（3）：313-316.

[3] 韩占成. 渤海湾沧州岸段“970820”风暴潮纪实[J]. 水文水资源，1999，20（2）：3.

[4] 吴凯，谢贤群，唐登银. 黄河断流的原因、规律、对周边农业生产和生态环境的影响评估及对策[J]. 地理科学进展，1998，17（增刊）：78-84.

[5] 霍世青，王怀柏，彭梅香. 1997 年黄河下游断流情况分析[J]. 人民黄河，1998，20（1）：1-3.

[6] 魏星明，李宝智. 黄河入海口区域水资源供需对策研究[J]. 水问题论坛，1996（3）：44-48.

黄淮海平原水量变化对农业生产力的影响及对策*

吴凯　唐登银　谢贤群

摘　要：本文研究分析了黄淮海平原引黄灌溉的时空分布与增产效益，1990—1995 年黄河下游引黄水量为 107.8 亿 m^3，1992—1996 年引黄灌溉的增产效益粮食为 2 650 kg/hm^2，棉花为 558 kg/hm^2。文中简析了黄河断流的频率及其影响，1990—1998 年洛口站累计断流天数为 392 d，利津站累计断流天数为 859 d。提出了水资源短缺地区农业水分管理对策，其中包括不同供水方案对农业生产的影响、粮食生产布局的区域调整与农业水分管理的开源节流措施。

关键词：黄淮海平原　水量变化　农业生产力　影响　对策

黄淮海平原包括北京、天津、河北、山东、河南、江苏、安徽 7 省（市）的 317 个县（市、区），总土地面积为 34.64 万 km^2，其中耕地面积为 1 795 万 hm^2，1998 年人口为 2.14 亿人。该区为我国主要粮棉产区，1996 年粮食总产量为全国总产量的 22.9%，棉花总产量为全国总产量的 39.5%，油料总产量为全国总产量的 22.7%。该区人均占有水资源量为 600 m^3，耕地单位面积水量为 7 218 m^3/hm^2，均约占全国平均值的 25%，为我国水资源严重短缺地区。

1　引黄灌溉时空分布与增产效益

黄河下游的引黄灌溉始于 1952 年，由于开始阶段大引、大灌，忽视了排水，造成水资源大量浪费，并引起大面积土壤次生盐渍化。为此，1962 年停止引黄。1965 年复灌后，至 1972 年引黄规模才基本稳定并有所发展。该区现有引黄涵闸 93 座、虹吸管 12 处、排灌站 13 座，设计引水能力 4 500 m^3/s。在沿黄地区共开辟 666.7 hm^2 以上灌区 100 处，已有 19 个地市、92 个县（市、区）用上了黄河水。该区 1990—1995 年引黄水量达到 107.8 亿 m^3，实灌面积为 222.3 万 hm^2，占全流域的 45.6%，为 20 世纪 70 年代的 2.2 倍[5]。1992—1996 年黄河下游大型灌区（1996 年实灌面积 2 万 hm^2 以上）年均农业用水量为 48.35 万 m^3，其中桃花峪—艾山站区间占 53.0%，艾山—洛口站区间占 17.8%，洛口—利津站区间占 26.7%，利津—河口区间占 2.5%；其实灌面积为 84.96 万 hm^2，其中桃花峪—艾山站区间占 52.9%，艾山—洛口站区间占 18.6%，洛口—利津站区间占 26.2%，利津—

* 本文发表于《中国生态农业学报（中英文）》2001 年第 9 卷第 1 期第 40～42 页。

河口区间占 2.3%（表 1）。黄河下游灌区年增产粮食 2 650 kg/hm^2、增产棉花 558 kg/hm^2，粮棉种植面积比例为 8∶1，复种指数 1.6，棉花按 8 倍折粮估算，其粮棉统算年增产粮食可达 101.4 亿 kg。

表 1 黄河下游大型灌区粮棉增产效益（1992—1996 年）

灌区区间	农业用水量/亿 m^3	实灌面积/10^3 hm^2	粮食		棉花	
			总产量/亿 kg	增产/（kg/hm^2）	总产量/万 t	增产/（kg/hm^2）
桃花峪—艾山	25.61	449.19	24.56	2 173	7.35	520
位山	11.35	215.93	8.54	1 725	3.48	576
艾山—洛口	8.61	158.14	10.85	3 041	2.39	584
潘庄	5.03	87.24	6.31	3 873	1.31	513
洛口—利津	12.90	222.98	14.05	3 476	5.71	659
簸箕李	0.61	52.97	1.72	3 282	1.42	597
利津—河口	1.23	19.33	1.24	2 124	0.44	213
桃花峪—河口	48.35	849.64	50.70	2 650	15.89	558

2 黄河断流频率及其影响

黄河断流频率。1972—1998 年夹河滩、高村、艾山各站断流频率均<19.0%，洛口站为 48.1%，利津站为 77.8%。1997 年利津站 2 月 7 日开始断流，6 月 25 日后夹河滩站以下全线断流，其中利津站断流 226 d（表 2）[2,3]，洛口站断流 132 d，艾山站断流 74 d，孙口站断流 65 d，高村站断流 25 d，夹河滩站断流 18 d。1972—1998 年 3—6 月春灌期间利津站累计断流天数占年断流天数的 62.5%，7—10 月秋灌期间断流占全年的 26.0%，11 月至次年 2 月冬灌期间断流占全年的 11.5%。1999 年 3 月 1 日始黄河水利委员会按照国家要求对黄河刘家峡水库至头道拐、三门峡水库至利津干流河段非汛期水量进行了统一调度，同年利津站仅断流 8 d，截至 2000 年 7 月黄河尚未发生断流。可见，只要严格统一调度黄河水资源，黄河可以不断流[4]。

表 2 洛口、利津站断流演变趋势（1972—1998 年）

项目	1972—1979 年		1980—1989 年		1990—1998 年		1972—1998 年	
	洛口	利津	洛口	利津	洛口	利津	洛口	利津
最早断流时间（月-日）	06-20	04-23	06-09	04-04	02-07	01-01	02-07	01-01
最长断流天数/d	8	21	16	36	132	226	132	226
累计断流天数/d	19	86	19	105	392	859	430	1 050
最长断流长度/km	316	316	662	662	704	704	704	704

黄河断流的影响。对生产和生活的影响，黄河下游直接以黄河为工农业生产和居民生活饮用水水源的有郑州、新乡、开封、濮阳、菏泽、济宁、聊城、济南、德州、淄博、滨州和

东营等地市，中原油田和胜利油田生产、生活用水也均以黄河为主要水源。1972—1996 年因黄河断流，该区累计受旱面积为 469 万 hm^2，粮食减产 98.6 亿 kg，工农业生产直接经济损失为 268 亿元，其中 20 世纪 70 年代占 8.3%，80 年代占 10.9%，90 年代前 7 年占 80.0%。黄河下游存在决口改道隐患，黄河下游长期处于小流量或断流状态，使淤积在下游河道中的泥沙主要位置由滩地转向主河槽。黄河铁谢—利津段 20 世纪 50 年代泥沙淤积在主槽中的仅占 23%，90 年代却增至 86%，造成 1998 年花园口站洪水位（4 700 m^3/s）比该站 1958 年水位（2.23 万 m^3/s）还高 0.56 m，即 1958 年能过 2.23 万 m^3/s 的洪水断面，现在连 4 700 m^3/s 的洪水也过不去，1998 年的洪水位在 1958 年 *H-Q* 关系线上对应流量为 3 万 m^3/s，而 1982 年 *H-Q* 关系线上对应流量为 2.2 万 m^3/s，已超过或达到该站的设防流量，洪灾威胁加剧[1]。更为严重的是该站 7 000 m^3/s 的一般洪水可上漫高滩，接近于 1855 年黄河改道时的情况，可见决口改道已成可能。

3 水资源短缺地区农业水分管理对策

3.1 开辟灌溉新水源

开辟灌溉新水源：一是积极推进跨流域调水，据 7 省（市）资料，其外流域调水潜力 2010 年可达 300.2 亿 m^3，2030 年可达 417.4 亿 m^3。在黄淮海平原可供水量预测中 2010 年外流域调水可达 189.2 亿 m^3，2030 年可达 237.1 亿 m^3，分别占调水潜力的 63.0%和 56.8%，2010 年、2030 年外流域调水占可供水量的比例分别为 20.2%和 22.1%。二是开发利用地下咸水，据分析咸水灌溉作物增产效果明显，用 2～4 g/L 微咸水灌溉的小麦单产为 3 630 kg/hm^2、夏玉米为 4 725 kg/hm^2，用 4～6 g/L 咸水灌溉的小麦单产为 2 925 kg/hm^2、夏玉米为 4 037 kg/hm^2，增产幅度均较大。但应注意对盐分的控制，一般年份以 2～4 g/L 微咸水灌溉较稳妥，应掌握不旱不浇、咸淡水轮灌或混合灌。三是发展污水灌溉，开发污水处理回用。据预测，到 2010 年和 2030 年该区工业与生活用水量将分别达 384.8 亿 m^3 和 652.1 亿 m^3，污水排放量分别达 319 亿 m^3 和 528 亿 m^3。这些污水若经过处理达到灌溉用水水质标准，则可大幅缓解农业缺水的紧张状况。在预测的可供水量中 2010 年、2030 年污水处理回用与微咸水利用量分别为 46.0 亿 m^3 和 100.3 亿 m^3，分别占当年污水排放量的 14.4%和 19.0%，均小于 20%，可见其开发利用潜力较大。

3.2 发展节水灌溉技术

发展节水灌溉技术：一是逐步实施渠道防渗和管道输水，该区灌溉输水损失平均为 55%，减少输水损失的主要措施是渠道防渗和管道输水。渠道防渗一般可将渠系水利用系数由 0.45 提高到 0.70，管道输水可将井灌水利用系数由 0.65 提高到 0.95。该区渠灌面积占 45%，井灌面积占 55%，若能有 50%实现渠道防渗和管道输水，则区域水资源整体利用率可提高 15%。二是积极发展喷灌、滴灌和管道输水小畦灌等节水灌溉技术，中国科学院禹城综合试验站建成喷灌试验区（1.6 hm^2），节水率达 40%；建成管道输水小畦灌试验示范区

（4.0 hm^2，畦田规模为 3 m×40 m，灌水定额为 60 mm），节水率可达 30%。三是进一步加强灌溉用水管理，合理制定节水灌溉制度，根据作物耗水量与耗水过程确定作物关键需水期，再按作物耗水量、同期降水量、同期潜水蒸发量等确定灌水量。经计算，山东省禹城市冬小麦高产灌溉定额为 270 mm，夏玉米为 100 mm。重视田间水管理，山东省在引黄灌区实行分级供水、用水计量、按量收费，充分调动了水管部门和群众的积极性，提高了水资源利用率。

3.3　调整作物布局

小麦、玉米是主要耗水作物。为了减少水分消耗，保证该区农业的持续发展，调整作物布局势在必行。一是控制与稳定小麦播种面积，该区属于全国黄淮区域小麦主带的县（市）应稳定其小麦播种面积，其他地区应适当控制小麦播种面积。如河北省沧州市经过优化分析，将小麦播种面积控制在占粮食播种面积的 36.6%。二是适当压缩玉米种植面积，在保证全国黄淮区域玉米主带的县市播种面积外，可将部分玉米种植面积改种高粱、大豆或其他作物，特别是恢复大豆生产。三是适当进行粮草轮作，冀中、滨海等低平原区均可适当推行粮草轮作。据分析，种植 0.067 hm^2 地高产黑麦草可抵上 475 kg 稻谷或 428 kg 大麦。若将一部分小麦-玉米为主的种植制度改为小麦-饲料玉米间作大豆或豆科饲料作物为主的种植制度，可增效益 20%左右。

参考文献

[1]　朱晓原，张学成. 黄河水资源变化研究. 郑州：黄河水利出版社，1999.

[2]　国家环境保护局自然保护司. 黄河断流与流域可持续发展. 北京：中国环境科学出版社，1997.

[3]　吴凯，谢贤群，刘恩民. 黄河断流概况、变化规律及其预测. 地理研究，1998，17（2）：125-130.

[4]　涂曙明，荆茂涛，李建章. 黄河，大旱之年不断流. 中国水利报，2000-07-22.

[5]　徐建华，王玲，李雪梅. 看长江洪灾，想黄河防洪. 人民黄河，1998，20（12）：17-19.

[6]　陈先德，韦中兴. 黄河的沉思. 人民黄河，1998，20（2）：7.

[7]　中国农学会，农业部农业司，综合计划司. 2000 年中国粮食论坛. 北京：中国农业科技出版社，1996.

[8]　由懋正，黄荣金. 海河低平原水土资源与农业发展研究. 北京：科学出版社，1991.

[9]　胡毓骐，李英能，等. 华北地区节水型农业技术. 北京：中国农业科技出版社，1995.

[10]　杨继富，余根坚. 我国节水灌溉材料设备的生产状况及对策. 节水灌溉，1999（6）：5-7.

[11]　Wu Kai，Tang Dengyin，Xie Xianqun. Effect of water fluctuation on agricultural production in the Huang-Huai-Hai Plain，China. The Journal of Chinese Geography，1999，9（3）：313-316.

中国北方地区40年来湿润指数和气候干湿带界线的变化*

王菱 谢贤群 李运生 唐登银

摘 要：本文研究了中国北方地区1961—2000年40年间气候干湿带界线分布和10年际变化。40年来中国北方地区，在东经100°以东地区，半干旱区和半湿润区的分界线不断波动向东推进，20世纪90年代比60年代向东和向南扩展，半干旱区面积扩大，半湿润区面积缩小，气候趋向干旱化；东经100°以西地区，极端干旱区面积在缩小，湿润指数有增大趋势。如果把温度和湿润指数相结合，东经100°以东的黄淮海区和黄土高原区为持续的干暖型；东经100°以西的西北地区，则由干暖型向湿暖型转变：河西走廊和东疆盆地转型的时间发生在20世纪70年代初，北疆山地绿洲荒漠地区转型的时间发生20世纪80年代中期前后。气候干湿带界线的变化取决于降水和潜在蒸发的变化速率。40年来，在东经100°以东地区，降水和潜在蒸发都呈下降趋势，但降水减少速率大于潜在蒸发下降速率；在东经100°以西地区变湿的原因，研究认为除了降水有所增加外，潜在蒸发也在下降，而且潜在蒸发下降速率的绝对值大于降水增加速率。

关键词：中国北方地区 湿润指数 气候干湿带界线变化

1 引言

气候干湿带界线的变化是大气水分循环变化的体现，对可利用水资源严重匮乏的中国北方地区，“水”的问题是限制经济持续发展和环境改善的最严重问题之一。在过去40年中，不仅全球和中国温度升高了[1,2]，而且气候干湿带界线也发生了变化。研究干湿带界线的变化，是全球变化的重要研究内容。

气候干湿带划分的可靠指标是大气降水或大气湿润（干燥）指数，前者表示大气水分的收入；而后者则包括在自然状况下，大气水分收、支的两个重要分量：降水（r）和潜在蒸发或可能蒸发（E），体现了水量平衡和能量平衡的变化。

我国完成的中国综合自然区划和中国气候区划（初稿）[3,4]，迄今仍为我国最完整、最系统的自然地域划分，在国内外产生了很大影响，其干湿区划是以干燥度 $D=\frac{0.16\sum t}{r}$ 为指标，式中 $\sum t$ 为日平均气温≥10℃期间的积温（等价于可能蒸发），r 为≥10℃期间的降水，

* 本文发表于《地理研究》2004年第23卷第1期第45～54页，此次出版略有改动。

0.16 是根据我国实际情况，假定秦岭、淮河一带的可能蒸发和降水接近平衡调整出来的系数。秦岭、淮河在热量分布、水分平衡和地理景观变化上，都可视为我国地理上非常重要的南北分界线。但这一方法运用于中国北方，还存在一些不足：因为北方地区在一年中有相当长时间的日平均气温＜10℃，而这期间的降水和蒸发在水分平衡中起重要作用，在农业生产上，秋冬季的降水贮存于土壤中，是农业生产中重要的水资源，不能不予考虑。干湿指标的关键因子在于潜在蒸发的计算，许多学者提出了不同的计算方法，并被应用于中国[5,6]，不同学者从不同的角度运用不同方法得出不同结果，彼此之间难以比较，更难以与世界范围内的区划类比。彭曼公式计算潜在蒸发，由于考虑影响因子较多，具有一定的物理基础，但把它直接引入中国运用，遇到公式中参数如辐射平衡随高度变化、风速函数和反射率变化等问题[7]。

以降水量变化来确定干湿区域界线的变动是干湿区划的另一个重要指标[8]。最传统、应用最多的是用 40 mm 等雨量线作为中国半干旱与半湿润区分界线。40 mm 等雨量线是重要的自然地理区域分异指标：在大农业上，是农业与牧业交错地带；在林业上，40 mm 雨量是营造乔木林的基本水分条件；在水系上，是内陆水系和外流水系的分界，在民族地域分布上，是少数民族和汉族杂居的区域，是气候的敏感地带[9]。但降水只考虑水分收入部分，未能与地面能量和水分平衡相联系，作为自然地理区划指标仍有不足之处。

毫无疑问，上述区划结果，对国民经济建设和科学研究起到巨大作用。随着科学技术的发展和气象资料积累，我们有可能对干湿区划作进一步改进和研究它的变化。

2　资料来源和计算方法

2.1　资料来源

本文涉及的中国北方是指淮河、秦岭和昆仑山以北的广大区域。选取 207 个气象台（站）1961—2000 年逐年逐月降水、气温、风速、日照百分率、绝对湿度，计算逐月和逐年湿润指数，资料来源于中国气象局。

2.2　湿润指数的计算方法

本文以年湿润指数作为气候干湿带区划指标。年湿润指数（W）的计算方法为年降水与年潜在蒸发之比：

$$W = \frac{r}{E} \tag{1}$$

式中，r 为年降水量，mm；E 为年潜在蒸散量，mm。

潜在蒸发（E）用式（2）进行计算，式（2）是在对中国太阳辐射的研究[10,11]、对公式中的参数进行订正[12,13]的基础上，并在农田实验中得到验证[14,15]的彭曼公式：

$$\begin{aligned} E = {} & \delta/(\delta+\gamma)1/L[(Q+q)_{0i}(0.248+0.752n/N)(1-R)-\sigma T_{\mathrm{a}}^{4}(0.56-0.08\sqrt{\mathrm{ed}}) \\ & (0.1+0.9n/N)]+\gamma/(\delta+\gamma)[0.26(1+0.749\,1a\times 10-3U_{2})(\mathrm{ea}-\mathrm{ed})] \end{aligned} \tag{2}$$

式中，E 为潜在蒸发，mm；$\delta/(\delta+\gamma)$ 和 $\gamma/(\delta+\gamma)$ 为加权因子，它们是气温和海拔高度的函数，其中 δ 为气温等于 T_a 时饱和水汽压的曲线斜率（hPa/℃），γ 为干湿表常数，hPa/℃；L 为蒸发潜热，J/cm^3；$(Q+q)_{0i}$ 各月晴天总辐射月总量，MJ/（cm^2·月），i=1，2，…，12（月），n/N 为日照百分率；R 为不同季节并引入积雪指数的反射率，σT_a^4 为气温等于 T_a 时的黑体辐射，J/（m^2·s）；ed 为实际水汽压，hPa；（ea–ed）为水汽压差，hPa；U_2 为 2 m 高度处风速，m/s；a 为风速观测高度的换算系数，在中国气象台站网中，风速观测高度为 10 m，在计算时，需将 10 m 高的风速换算成 2 m 高的风速。

3 气候干湿带指标的确定

自然地理区划是建立在确切的生态学意义上的，干湿界线的确定应以阐明客观存在的地域和反映分异的自然变动地理单元为基础[16]，这个界线既有突变性，也有渐变性，存在不同等级的自然综合体的复杂镶嵌，应考虑自然要素间相互作用和相互联系的综合体的一致性。

在中国，极具生态学意义、又被公认的自然地理界线有两条：一条为秦岭、淮河一线，干燥指数等于 1.0；另一条为降水量等于 40 mm 农牧交错带。气候干（湿）带的划分，首先应与这两条线相符，同时也应与世界干湿气候带的划分具有可比性，因为气候和环境变化是全球性的，这样，就需要一个既能反映国内生态环境，又能与全球大范围相类比的干（湿）指标。

联合式（1）和式（2），计算出了湿润指数。本文为分析我国北方干湿状况，参考了我国自东向西植被带的分布特征[17]，对联合国环境规划署、世界粮农组织、教科文组织和气象组织的专家于 1977 年根据生物气候带特征，对世界沙漠化问题确定的划分气候干湿带标准，即 r/E＜0.03 为超干旱，也称极端干旱，r/E= 0.03～0.20 为干旱气候带，r/E=0.20～0.50 为半干旱气候带，r/E=0.50～0.70 为半湿润气候带[18]，进行了适当的修改和补充，即 r/E=0.50～0.75 为半湿润气候带，r/E=0.75～1.0 为比较湿润气候带，r/E＞1.0 为湿润气候带。

本文制作了北方地区 1961—2000 年 40 年平均干湿带的分布图，同时划出了同期降水量的分布。湿润指数＜0.03 的极端干旱区，主要分布在塔里木盆地东部和柴达木盆地的西部，年平均降水量在 30 mm 以下；湿润指数在 0.03～0.20 的为干旱区，分布于内蒙古、甘肃、青海的中西部和新疆的大部分地区，年湿润指数 0.20 线与年降水量 200 mm 古线基本相符，经内蒙古的二连、百灵庙，宁夏的银川，青海的都兰；湿润指数在 0.20～0.50 的半干旱区，分布于新疆北部和西部山区，东北平原西部，华北平原北部和黄土高原的中部；湿润指数 0.5 线，沿海拉尔以北、齐齐哈尔、阜新、丰宁、河曲、吴旗、固原一线，与 400 mm 等雨量线相一致；湿润指数等于 0.5～0.7 的为半湿润区，分布于东北平原中、东部，三江平原和华北平原。华北平原半湿润区南界（湿润指数等于 0.75）大致经过山东的莒县、临沂，河南商丘、许昌、卢氏和陕西的安康，大致与 750 mm 等雨量线相符；在东北地区，湿润指数 0.75 线大致经过内蒙古的图里河，黑龙江的北安、通河、牡丹江，辽宁的抚顺，再东拐至丹东以南，在北部，雨量分布为 500～550 mm，南部为 550～600 mm；东北地区湿润指数等于 0.75～1.0 的比较湿润区分布于小兴安岭和张广才岭，年降水量为 550～600 mm；在黄淮海南部，湿润指数 1.0 线，沿江苏淮阴，安徽的阜阳，河南的驻马店，与年降水量 1 000 mm 等雨量线相当，也与综合自然区划[4]的干燥度指标等于 1.0 的数值一致，大致与淮河、秦岭一线相符，这是我国最重要的气候分界线；长白山地区，年湿润指数≥1.0，与年降水量≥800 mm 相当。虽然在长白山区和黄淮海南部，湿润指数都≥1.0，但前者雨量却比后者少 200 mm 左右，这显然是因为前者潜在蒸发量较少的缘故。

从上述分析可知，湿润指数 1.0 线与自然区划[4]中干燥度等于 1.0 的界线基本相符，湿润指数 0.5 线与 400 mm 等雨量线基本相符，也就是说与中国两条最重要的自然地理界线相符，故可以认为本文所确定的湿润指数和干湿带的划分是可信的。

4　气候干湿带的 10 年际变化

本文还分析了 20 世纪 60 年代（1961—1970 年）、70 年代（1970—1980 年）、80 年代（1981—1990 年）和 90 年代（1991—2000 年）气候干湿带界线的变化。与 60 年代相比，70 年代湿润指数等于 0.5 一线，由经齐齐哈尔、河曲、兰州，分别向北移到嫩江、向南移到太原、向东移到固原一线，最大移动距离达 170～200 km，半干旱地域扩大，半湿润地域缩小，东北地区湿润指数等于 0.75～1.0 和大于 1.0 的湿润气候带明显缩小；西北区＜0.03 极端干旱区的面积也在缩小。

80 年代，东北地区湿润指数 0.5 线向西退缩，＞0.75 的区域增加，气候变得较为湿润；但华北平原和黄土高原，湿润指数 0.5 线仍向东推进，但强度比 70 年代弱；在中部的阿拉善高原，出现了＜0.03 的极端干旱区域；西部地区＜0.03 的范围继续缩小。

90 年代，三江平原和东北平原的东部相对较湿润，黄土高原地区湿润指数 0.5 线，由 60 年代的河曲、榆林，向东、向南移动到太原以东、运城以南，最大移动距离达 510～580 km，华北半湿润地区的面积仍在缩小，气候逐渐变干；而西部＜0.03 的地区继续缩小，新疆北部和西部湿润指数等于 0.2～0.5 的半湿润区在扩大。

综上所述，40 年来，中国北方地区干湿气候带是在不断地波动变化，这一变化可大致分为三个类型：

（1）弱干湿交替型，以东北地区最为典型，60 年代相对湿润，70 年代为 40 年中最干旱时期，80 年代相对变湿，90 年代又有变干迹象；

（2）持续变干型，包括华北平原、黄土高原和淮北平原，半湿润和半干旱的分界线，即湿润指数等于 0.5 一线，40 年来是波动向东推进，60 年代属半湿润地区的汾渭谷地（太原、运城等地），到 90 年代已变成半干旱气候地区；

（3）持续变湿型（相对意义的变湿，这是因为湿润指数虽然变大，但气候仍然干旱），主要分布在河西走廊和东疆盆地、北疆和南疆，湿润指数＜0.03 的极端干旱区域在持续变小，0.2～0.5 的半干旱区在扩大。

5 干湿带界线变化原因的探讨

干湿带界线的变化取决于湿润指数（*W*）的变化。根据中国农业区划方案[19]，把中国北方分成5个一级区、16个二级农业类型区，它们是东北区（包括4个二级区：大小兴安岭、东北平原、长白山区、辽宁平原丘陵），黄淮海区（华北平原、山东丘陵、淮北平原），内蒙古高原及长城沿线（冀东及长城沿线山地、河套银川平原），黄土高原区（汾渭谷地、陕北宁东丘陵沙地、晋陕甘黄土丘陵沟壑区、宁南陇中黄土丘陵），西北区（河西走廊和东疆盆地、北疆山地绿洲荒漠、南疆山地绿洲荒漠），表1列出了我国北方地区5个农业大区平均湿润指数10年际变化。

表1 我国北方地区湿润指数10年际变化

地区	1961—1970年	1971—1980年	1981—1990年	1991—2000年	90年代与60年代差/%
东北区	0.690	0.656	0.740	0.690	−1.3
黄淮海区	0.650	0.649	0.620	0.643	−3.3
内蒙古高原及长城沿线	0.423	0.393	0.383	0.417	−1.4
黄土高原区	0.584	0.505	0.570	0.467	−20.0
西北区	0.121	0.124	0.153	0.165	+36.4

从表中可以看出：40年来，我国北方的5个农业类型大区中，有4个区的湿润指数呈下降趋势，其中黄土高原区下降最为明显，20世纪90年代比60年代下降了20.0%；西北区湿润指数呈明显上升趋势，20世纪90年代比60年代上升了36.4%。

从湿润指数（$W=\frac{r}{E}$）定义来看，它的变化取决于降水（*r*）和潜在蒸发（*E*）两个分量，40年来，*E*和*r*都发生了明显变化，气候的变干或变湿则取决于这两个分量的变化速率。中国北方大致以东经100°为界，在东经100°以东的地区，40年来湿润指数呈下降趋势，气候趋向干旱化；在东经100°以西的地区，湿润指数呈明显上升趋势，气候相对变湿。表2选取东经100°以东的黄淮海区的华北平原和山东丘陵、黄土高原的汾渭谷地的3个农业类型二级区和东经100°以西的西北区的河西走廊和东疆盆地、北疆山地绿洲荒漠、南疆山地绿洲荒漠3个农业类型二级区，比较20世纪60年代和90年代降水、潜在蒸发和气温变化。

从表2中可以看出，东经100°以东的华北平原、山东丘陵和汾渭谷地，20世纪90年代潜在蒸发量比60年代分别降低29.6 mm、48.8 mm和43.7 mm，而同期降水则分别减少3.8 mm、62.4 mm和94.4 mm，降水减少的速率大于潜在蒸发量减少的速率；东经100°以西的河西走廊和东疆盆地、北疆和南疆山地绿洲荒漠，1991—2000年平均降水比1961—1970年分别增加6.6 mm、51.3 mm和1.5 mm，而同期潜在蒸发量则分别减少161.6 mm、75.8 mm和71.3 mm，潜在蒸发量的下降速率绝对值大于降水增加速率，由此可得出：东经100°以东地区，湿润指数降低主要与降水的减少有关，气候干旱程度增加；东经 100°以西，湿润指数明显增加，虽然与降水的增加有关，但更与潜在蒸发量的减小有关，是气候变湿的重要原因之一。

表 2　20 世纪 60 年代和 90 年代降水、潜在蒸发量和气温的比较

地区	降水/mm			潜在蒸发量/mm			气温/℃		
	1991—2000 年	1961—1970 年	差	1991—2000 年	1961—1970 年	差	1991—2000 年	1961—1970 年	差
华北平原	548.6	586.4	−3.8	956.4	986.0	−29.6	13.5	12.5	1.0
山东丘陵	643.2	705.6	−62.4	1 102.0	1 070.8	−48.8	13.7	13.3	0.4
汾渭谷地	429.3	523.7	−94.4	866.8	910.5	−43.7	1.9	1.0	0.9
河西走廊和东疆盆地	38.7	32.1	6.6	964.0	1 125.6	−161.6	12.5	10.2	2.3
北疆山地绿洲荒漠	219.6	168.3	51.3	853.6	929.4	−75.8	5.6	4.8	0.6
南疆山地绿洲荒漠	57.6	46.1	1.5	929.3	1 000.5	−71.3	12.0	11.6	0.4

彭曼公式对潜在蒸发量的定义为 “在土壤永不缺乏水分，植物生长活跃，完全郁闭，且高度均一的短草条件下，土壤蒸发和植物蒸腾之和” [20]，也称蒸发力。很明显，这是大气蒸发能力的一个量度，它标志大气中存在一种控制各种下垫面蒸发过程的能力。表 2 列出的潜在蒸发量是按式(2)计算的结果。本文又对近 40 年来我国北方地区 70 个气象台(站)观测蒸发皿的蒸发量进行了统计分析，表 3 列出了我国北方地区东经 100°以东和以西各 3 个二级农业类型区的蒸发皿测定蒸发量的 10 年际变化。从表中可以看出：蒸发皿测定的蒸发量呈明显下降趋势，而且西部的下降速率大于东部。这一结果与国外有关研究[21-23]是一致的，这说明在过去的 50 年来，蒸发皿的蒸发量下降趋势至少在北半球具有普遍性。潜在蒸发量和蒸发皿的蒸发量下降原因与太阳辐射和辐射平衡的变化有关，由于篇幅的限制，有关这方面的研究，将另文做详细的阐明。

表 3　蒸发皿测定的蒸发量的 10 年际变化　　单位：mm

地区	1961—1970 年	1971—1980 年	1981—1990 年	1991—2000 年	90 年代与 60 年代差值
华北平原	1 895.5	1 733.2	1 709.6	1 727.9	−167.6
山东丘陵	2 248.6	2 129.6	2 129.7	1 908.9	−339.7
汾渭谷地	1 779.5	1 743.5	1 583.1	1 751.7	−27.8
河西走廊和东疆盆地	3 051.8	2 722.5	2 594.8	2 389.4	−662.4
北疆山地绿洲荒漠	2 128.4	2 102.5	1 901.2	1 737.3	−391.1
南疆山地绿洲荒漠	2 604.4	2 533.2	2 393.1	2 232.1	−372.3

6　湿润指数变化趋势的检验

利用 Mann-Kendall 法[24]，对中国北方地区的湿润指数作突变性检验，图 1 中的 UF_k

为湿润指数的顺序统计量曲线，UB_k 为逆序统计量曲线，并给定显著性水平：当α=0.05，临界线 U=±1.96。若 UF_k 或 UB_k 的值大于 0，则表明湿润指数序列呈上升趋势，小于 0，则表明呈下降趋势。如果 UF_k 和 UB_k 两条曲线出现交点，且交点在两条临界线之间，那么交点对应的时间便是突变开始时间。当统计量曲线超过临界线 U=±1.96 时，为出现突变的时间区域。本文只列出有明显变湿的 2 个二级农业类型区域的检验结果，从图中可以看出：河西走廊和东疆盆地，1965 年以前气候比较干旱，1971 年发生突变，此后气候逐渐变湿，至 1987 年显著变湿，信度 $U_{0.05}$>+1.96；北疆山地绿洲荒漠，变湿突变点发生在于 1984 年前后，至 1993 年前后，气候显著变湿，信度 $U_{0.05}$>+1.96。

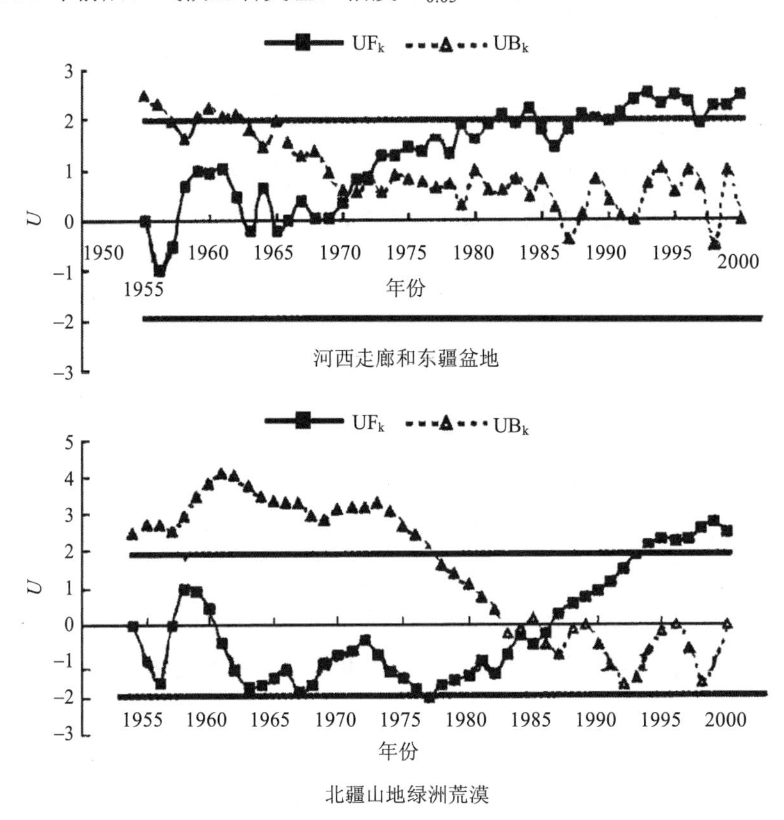

图 1 湿润指数 Mann-Kendall 统计量曲线（直线为α =0.05 显著性水平临界线）

如果把温度和湿润指数变化相结合，这两个农业区，是由干暖型向湿暖型转变。河西走廊和东疆盆地转型的时间发生在 20 世纪 70 年代初，北疆山地绿洲荒漠转型的时间发生在 20 世纪 80 年代中期前后。在北方其他地区，干湿界线虽有波动变化，但 40 年来湿润指数统计量曲线信度都在 $U_{0.05}$=±1.96 之间变动，未能超出±1.96 的明显变湿或变干的界线。

7 结论

本文研究了我国北方地区 1961—2000 年 40 年平均气候干湿带界线分布及其 10 年际变化，得出以下结果：

（1）40 年来，东经 100°以东的黄土高原和黄淮海地区，半干旱区和半湿润区的分界线，不断波动向东和向南推进，半干旱区面积不断扩大，半湿润区逐渐缩小，气候趋向干旱化；东经 100°以西的西北地区，极端干旱区和干旱区的面积渐趋缩小，气候变得相对湿润。

（2）如果把温度和湿润指数相结合，东经 100°以东的黄土高原和黄淮海地区，为持续的干暖型；东经 100°以西的西北地区，则由干暖型向相对湿暖型转变，河西走廊和东疆盆地转型时间发生在 20 世纪 70 年代初期，北疆山地绿洲荒漠转型时间发生在 20 世纪 80 年代中后期。

（3）干湿带界线的变化，取决于降水和潜在蒸发量的变化速率。东经 100°以东的地区，降水和潜在蒸发量的速率都呈下降趋势，但降水的下降速率大于潜在蒸发量的下降速率，气候趋向干旱化；东经 100°以西的西北地区变湿的原因，本研究认为除降水有所增加外，潜在蒸发也在下降，而且潜在蒸发量的下降速率大于降水增加速率。

参考文献

[1] Folland C K，et al. In Climate Change 2001：The Scientific Basis. Houghton J T，et al. Eds. Cambridge：Cambridge Univ. Press，2001：99-181.

[2] 陈隆勋，朱文琴，王文，等. 中国近 45 年来气候变化的研究. 气象学报，198，56（3）：257-271.

[3] 黄秉维. 中国综合自然区划草案. 科学通报，1959，18：594-602.

[4] 中国科学院区划工作委员会. 中国气候区划（初稿）. 北京：科学出版社，1959.

[5] 卢其尧，卫林，杜钟朴，等. 中国干湿期与干湿区划的研究. 地理学报，1965，31（1）：15-23.

[6] 张庆云，陈烈庭. 近 30 年来中国气候的干湿变化. 大气科学，1991，15（5）：72-81.

[7] 钱纪良，林之光. 关于中国干湿气候区划初步研究. 地理学报，1965，31（1）：1-14.

[8] 张家诚. 气候变化对中国农业生产的影响初探. 地理研究，1982，1（2）：8-15.

[9] 龚高法. 中国农业对气候变化的敏感带和敏感地区//张翼，等. 气候变化及其影响. 北京：气象出版社，1993.

[10] 左大康，王懿贤，陈建绥. 中国地区太阳总辐射的空间分布特征. 气象学报，1963，33（1）：78-95.

[11] 张炯远，冯雪华，倪建华. 用多元回归方程计算我国最大晴天总辐射能量资源的研究. 自然资源，1981（1）：38-46.

[12] 王懿贤. 高度对彭门蒸发计算公式中 $\delta/(\delta+\gamma)$ 和 $\gamma/(\delta+\gamma)$ 二因子的影响. 气象学报，1981，39（4）：503-506.

[13] 王懿贤. 彭门蒸发力快速表算法. 地理研究，1983，2（1）：93-107.

[14] 王菱，倪建华. 以黄淮海为例研究农田实际蒸散量. 气象学报，2001，59（6）：784-793.

[15] 李运生，王菱，刘士平，等. 土壤根系界面水分调控措施对冬小麦根系和产量的影响. 生态学报，2002，22（10）：1680-1687.

[16] 倪绍祥. 苏联地理学界关于自然地理区划问题研究近况. 地理研究，1982，1（1）：95-102.

[17] 中国科学院《中国自然地理》编辑委员会. 中国自然地理植物地理. 北京：科学出版社，1988.

[18] Masami Ichikawa. Present situation of desertification and its research in the world. Geographical Review of

Japan，1998，61（2）：61-103.

[19] 陈百明. 中国农业资源综合生产能力与人口承载能力. 北京：气象出版社，2001.

[20] Penman H C. Natural evapotranspiration from open water，bare soil and grass. Proc. R. Soc. Lond. Ser. A，1948，193：120-145.

[21] Michael L Roderick，Graham D Farquhar. The cause of decreased pan evaporation over the past 50 years. Science，2002，298：1410-1411.

[22] Brutsaert W，Parlange M B. Hydrologic cycle explains the evaporation paradox. Nature，1998，396：30.

[23] Peterson T C，Golubev V Sgrolsman，P Ya. Evaporation losing its strength. Nature，1995，377：687-688.

[24] 魏风英. 现代气候统计诊断与预测技术. 北京：气象出版社，1999.

九、大学毕业论文

广州自然地理*

唐登银　黄润华　张翰文　宁业祺　艾瑞英　廖奕谋　蒋耘

重印前言

几年前，老同学在中山大学聚会时，向以细心著称的杨干然告诉我，在办公室废纸堆里发现了我们1959年的毕业论文，并把论文给了我。

翻开纸张发黄的这本论文，仿佛又回到40年以前。那是一个特定的历史时期，1958年的“大跃进”打乱了原有的教学秩序，从那年夏天到翌年春天，我们参加了全国第一次土壤鉴定、全民“大炼钢铁”、下乡搞人民公社规划，常规的课堂教学中断了。另有一批同学提前毕业，其中有几位还到其他高校进修。所有这些活动使我们有机会接触社会，增长了我们的实践经验，但毕业论文的写作毕竟不能按原有计划安排了。

作为一种补救，也是当时流行的集体主义精神的延伸，学校决定可以由几个人合作写毕业论文。当时我们几个人曾参加过不同的社会实践，唯一的共同点是对广州市的地理条件都或多或少有所了解，于是就决定了以广州市自然地理作为本论文的内容。

毕业以后，7 位作者被分配到不同的工作岗位，多数是一分配定终身。我们的工作情况大致如下：

唐登银——中国科学院地理研究所（今地理科学与自然资源研究所）；

黄润华——北京大学地质地理系，几经分合，今在环境学院生态学系；

张翰文——中国科学院广州分院地理研究所，现旅居加拿大；

宁业祺——国家测绘总局测绘研究所，后在广西壮族自治区教师进修学院；

艾瑞英——中国林业科学院林业研究所，后转入北京大学地质学系；

廖奕谋——南开大学，最初筹办陆地水文专业，后在校图书馆，最后在环境保护专业；

蒋　耘——山西省测绘局。

这篇论文，水平自然不高。字里行间，依然可见当年思想和文字的稚嫩，不少地方又装作少年老成的样子。为了保持原貌，也是忠实于历史，除个别错别字和偶尔的笔误之外，基本上是原文照录。其中有些地方，还清楚地表现出那个年代的时代风貌。

---

* 本文为作者等人在中山大学的本科毕业论文。

无论如何，这可算我们的处女作，弥足珍贵。现在重印出来，不仅作者们可以人手一份，也可以作为一份历史档案，奉献给母校。我们这些作者都已年过花甲，退休在家，不再在教学科研的第一线拼搏了。也正因如此，我们也才有这份闲情和这份怀旧之情，重印这篇论文。令人痛惜的是，作者中的三位——宁业祺、艾瑞英和廖奕谋同学，不幸过早地离开了我们，重印的这篇论文，他们是无缘再见到了，但这也算是对几位亡友永久的纪念吧。

2000 年 10 月于北京

前　言

广州市地处北纬 23°24′～23°32′，东经 113°9′113°37′，广州城位于广州市的西南象限里，北界、东界距城区约 30 km，而西界和南界距城区不过 8 km。全市面积约 1 000 km^2，包括旧广州市区和旧番禺县城的北部。

广州市地处低纬，面向海洋，处于三角洲的边缘，自然条件有很多特殊性。同时，广州市是华南最大的城市，政治、经济、文化和贸易中心。所以，对广州市自然地理的研究，在理论上、实践上和教育上都有一定意义。

一、地质

本市是南华准地台华夏复背斜的一部分[1]，出露的岩层不多。对本市地质的研究，很早便已开始。1929—1930 年，哈安姆（Arnold Heim）、李承三等做了比较全面的调查，并总结了前人的工作，在很大程度上阐明了本市的地质情况[2]。但自此以后二三十年，后来者可谓寥寥无几，许多问题固悬而未决，有些错误也一再沿袭，未能改正。只是近年来，由于本系教学实习与科学研究活动的开展，特别是方瑞廉副教授，在做了深入的调查研究以后，对哈安姆等的意见，提出了很大的修改与补充。如水口系、小坪系和红色岩系的时代问题，水口系的分层和分布问题，本区新构造运动问题等，都取得了新的进展。在这些工作的基础上，本文也得以新的资料和见解来阐述本市的地质情况。

（一）岩性与构造

区内发现的地层有水口系、小坪系、红色岩系和近代冲积层等。火成岩主要为花岗岩，分块状花岗岩和流状花岗岩两种。此外，还发现有小片的流纹岩露头。

1. 水口系

分布在本市西北，以水口村（今属南海县）附近最为发达，因以得名。水口系的时代，自哈安姆之后，长期以来认为是二叠—三叠纪。近年方瑞廉先生再度调查，发现了大量化石，才确定该岩系为中石炭纪的产物[2]。

水口系可分为三部分。下部为砾岩、角砾岩、石英状砂岩和紫色砂页岩，厚约 700 m。在本区内分布于东南郊的崙头和北山等地。中部为石英岩、砂岩、页岩和紫红色砂质页岩，夹不纯灰岩，厚约 1 000 m，在本市东北郊由瘦狗岭向东至黄村一线，与花岗岩相接触，并形成高 60～100 m 的丘陵。上部为石英岩、砂岩、砂质页岩和灰、白、淡红等色的灰岩，夹燧石和煤，厚 640 m，分布在白云山、五雷岭和越秀山一带，形成高峰。区内没有发现二叠纪的露头（图 1.1）。

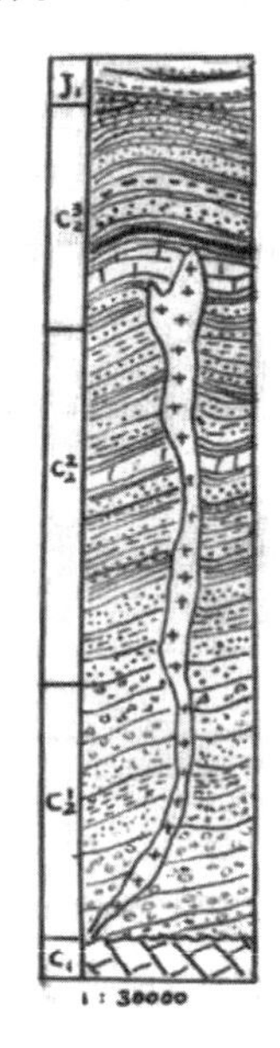

图 1.1 水口系柱状剖面图

2．小坪系

分布于白云山以西的小坪、茶头一带。主要为黑色炭质页岩和砂岩等，夹薄煤层，含丰富的植物化石，经鉴定为三叠纪顶部瑞替克期（Rhactic）的产物。

小坪系在本区西部组成两列东北—西南走向的台地，呈一向斜构造：石井、鹤边和大围一带岩层倾向东南，平均约 70°，白云山西部的陈田、肖岗一带岩层倾向西北，约 50°。

3．红色岩系

主要由红色砂岩、紫红色泥质页岩和底部砾岩等构成。因未发现完整的化石，其时代较难确定。近年一般认为属于白垩—老第三纪的产物。

红色岩系分布在北郊、东郊和河南岛、白鹤洞一带。在登峰走廊、石牌华南师范学院附近和石榴岗、崙头一带，构成 45～55 m 的红色台地；在三元里、黄花岗及黄埔—琶洲、中山大学—南石头以至白鹤洞一带，则构成 20～25 m 的红色台地。

红色岩层受到轻微的变动，在鸡笼岗—崙头一线尚可看见一个不对称的向斜构造：鸡笼岗、瘦狗岭皆可见红色岩系底部的砾岩与水口系石英砂岩呈不整合接触，皆向南倾斜。广深铁路以南的红色岩层皆倾向北。在崙头一带又发现底部砾岩。

4．第四纪冲积物

在区内分布很广，但历来研究不够，今仅就其物质来源不同而分为下述数种：

A．残积和坡积：广泛分布于山地、丘陵和台地的顶部与缓坡，因工作尚少，未能详细划分。个别地区残积层很厚，据钻探记录，27 m 以下尚未达基岩。由此推断，残积层厚度可能超过 30 m。

B．山谷冲积：分布于东北部山地与丘陵、台地的谷底，以及龙眼洞等山间盆地中，物质略粗，冲积层较薄。

C．山前冲积：指白云山以西、流溪河两侧的倾斜平原，主要是山间顺向河及间歇性流水的冲积，由山麓冲积扇的联合体向外逐渐变成山前倾斜平原，物质也由粗变细。地下水位较低，灌溉比较困难。

D．冲积扇：主要分布在白云山东麓等地，为个别的冲积扇。

E．三角洲冲积：主要分布在河南岛南部水网区，物质细致，冲积层厚薄不一，一般在 30 m 左右，是良好的农作区。

F．河流冲积：指西江和北江下游、珠江两岸及流溪河、白泥水沿岸的河流冲积物，物质细致，为良好的农作区。

5．花岗岩

本区火成岩几乎全部是花岗岩，是燕山期侵入的，分布于东北部。又分为流状与块状两种，流状花岗岩含排列有序之眼球状石英和长石，故曾被误认为片麻岩或含泥质及云母的砂岩。其实这是岩浆侵入时沿石英砂岩裂缝流动而形成的。白云山、大芋嶂和龙眼洞东北诸山，如凤凰岭等，皆由花岗岩构成，其中大芋嶂高达 400.5 m，为本区高峰之一。块状花岗岩分布于龙眼洞周围诸山（除东北部为流状花岗岩外）。其抵抗力较弱，所成山岭较流状花岗岩者为低，并易沿枕状节理风化，形成石蛋地形，火炉山即其佳例。

6．流纹岩

仅见于中山大学以南 1 km 许之漱珠岗附近几个孤立的小丘，岩色微紫，长石晶体较大，其中有极标准的卡罗斯弼双晶。因未发现它与其他岩层的接触关系，故其喷出时代尚难确定。哈安姆认为可能属第三纪，最近方瑞廉先生重新研究，以其长石晶体特大，该岩石可称为流纹斑岩，即属于侵入岩株，并推断其活动时代或与广州花岗岩侵入同时[5]。总之，流纹斑岩的时代问题，尚待进一步研究。

（二）地壳运动与地形发育史

地史上历次地壳运动对南华准地台都有较深刻的影响，发生了多次褶皱与断裂，故其基部岩层多已变质，构造也较复杂。

水口系与小坪系沉积的间断表明，在石炭纪水口系沉积以后，本区的地壳曾发生变动，岩层褶皱成山，出露于海面之上。经二叠纪和三叠纪初的长期侵蚀，地势削平。在白云山以西，小坪、茶头一带，是一个山间盆地，到侏罗纪时，地盘趋于稳定，盆地中遂沉积下小坪系，其中丰富的化石还证明了当时气候温暖潮湿，在盆地中及其周围生长着繁茂的植物。

小坪系形成以后，地壳又发生剧烈的变动，使小坪系地层发生剧烈的褶皱，并形成向斜构造，同时伴随着大量岩浆侵入，这就是燕山运动。此时本区地盘急剧上升，因而在红色砂岩底部形成角砾岩，见于鸡笼岗等地（图 1.2）。

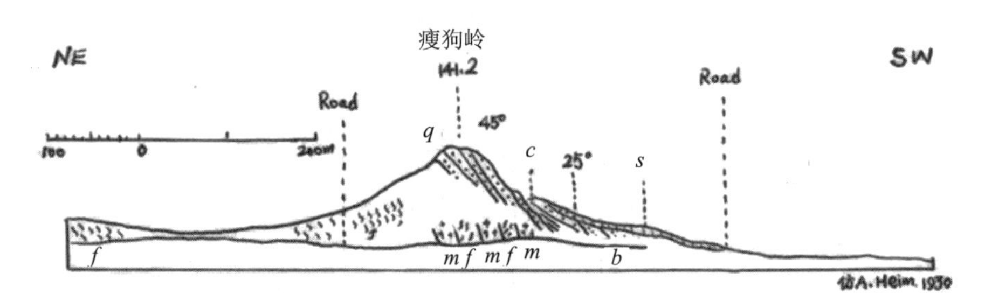

q—石英岩；*c*—红色黏土，红色岩层的底部；*b*—带石英岩碎屑的角砾岩；*s*—地表碎屑；
f—流状花岗岩；*m*—块状花岗岩

图 1.2　瘦狗岭地质剖面图

燕山运动是本区地形形成的主力，它形成了本区西部小坪系的褶皱，东北部的山地与南部的盆地，形成了今日地形的基本轮廓。

燕山运动以后，华南有了较稳固的地盘，此后的构造运动多表现为垂直升降运动。白垩纪末，受四川运动的影响，在南部盆地边缘堆积下石英角砾岩，成为红色岩系的底部，有如前述（附瘦狗岭地质剖面图）。到第三纪初，气候炎热而干燥，盆地四周风化作用强烈地进行，在盆地中沉积下红色岩系。它由底砾岩和红色砂岩、紫红色泥质页岩间层组成。这表明了红色岩系沉积过程中气候曾数度变化。

此后，在一个相当长的时期内，地盘比较稳定，四周山地逐渐削低，河流的搬运作用使盆地中的沉积物不断增加，盆地逐渐填高。到渐新世晚期，形成一个准平原地形[4]。

在本文讨论范围内未发现新第三系沉积，但在邻近地区，如花县赤岗、从化新成社和三水驿岗都发现了新第三系。后两处不整合地覆盖在红色岩系之上[4]。这几个地方的新第三系都是砾岩或铁质角砾岩，说明在渐新世晚期，准平原形成以后，地壳又急剧升起，此时地壳运动已列入喜马拉雅运动的范畴。喜马拉雅运动的主幕发生在中新世，其余波延至上新世，个别地方甚至更新世。正如前面指出，燕山运动以后，华南准地台便有了较坚强的基础，所以喜马拉雅运动在本区只表现为垂直升降运动，伴随有断层作用的发生，而红色岩系则受到角度的倾斜，在本区表现为向斜构造。

（三）新构造运动

我们可以把喜马拉雅山以后的地壳运动划入新构造运动的范畴。对本区新构造运动的研究，在解决本区近代地壳运动特征和地形发育史等方面，都有很大意义。

首先应该指出，珠江下游属于近代的陷落地区，从其广阔的三角洲平原、平原与周围山岭的截然相接、积水洼地的广泛分布、断层地形的常见，以及地震的频发等现象中，都不难看出端倪。同时，在下沉的趋势中，又有个别地区是上升的。所以，方瑞廉、李丙怡先生指出："……（珠江下游）整个地区是一种补偿性的断块错动，这是珠江下游新构造（运动）表现的一个特征。"[4]

研究本区的新构造运动，首先引人注目的是明显的台地、典型的海蚀穴地形和沿河阶地等现象。此外，近年的钻探还查明，三元里一带海平面以下 9 m 深处有一系列石灰岩溶洞。这些事实表明，第四纪以来，本区有过好几次显著的地壳升降运动。

45～55 m 和 20～25 m 台地的分布，不仅在本市，而且在整个华南地区都极为明显。构成台地的岩石，在雷州为玄武岩，在阳江、海陆丰为花岗岩[6]，而在本市则为花岗岩、红色岩系和小坪煤系等。如果这些岩石的世代可以互相对比，已知雷州玄武岩为第四纪的产物，则本市这些台地的形成也应该在第四纪。方瑞廉、李丙怡先生在研究珠江下游新构造运动时更把这些（80～100 m 以下各级）台地推断为中更新世以后的产物。

至于本区台地的成因，历来有海成与河成两种意见。近来较多人赞成河成的说法，因为石牌台地（45～55 m）南缘有一系列水口系石英砂岩与花岗岩构成的丘陵，高度在 60～100 m，海成之说很难解释这列丘陵的存在，故河成说较为合理[7]。不过，无论是河成还是海成，在中更新世以后，本区地盘曾两次间歇性上升，形成这两级明显的台地，则是毋庸置疑的。

45～55 m 和 20～25 m 两级台地形成以后，地壳运动还在继续进行。三元里海平面以下 9 m 处地下溶洞的洞穴堆积与高要七星岩的洞穴堆积大致相同，时代同为更新世。可见中新世以后，地壳又曾一度下降，遂使溶洞深埋于地下。

最近时期，本区地壳运动的趋势是升还是降？本市东南郊七星岗的海蚀穴回答了这个问题。该海蚀穴高出海平面约 5 m，这是本区近期地壳上升的有力证据。同时，邻近地区也有不少例子，如中山县有高出高潮面之蚝壳层，分布很广。香港有高出高潮线之介壳堆积，以及本市长洲岛的蚝壳层等，足资旁证。此外，海南岛周围有许多珊瑚礁，一般高出高潮线 1 m，最高者竟达 15 m。这些事实都指示着，不仅是本区，而且整个华南地区，近期都有轻微的地壳上升运动。方瑞廉、李丙怡先生根据现有资料推算出，七星岗的海蚀穴由海平面升至现在的高度，约略经过 3 000 年的时间[4]。所以，可以说，在历史时期内，本区仍在缓缓上升之中。

二、地形

（一）本区地形形成过程的特征

地形是内营力和外营力在地壳上矛盾斗争的产物。过去，人们一直认为，内营力形成地形起伏的轮廓，而外营力只是对这个轮廓起修改作用。这个概念是不正确的。K. K. 马尔科夫认为：“外力过程在地形形成中与内力过程的作用具有同等重要的意义。”В. Г. 列别杰夫也指出：“内力和外力乃是同一等级的数值。”所以，在考察本区地形形成的内力作用时，同样要着重于外力作用的研究。如本区的白云山地乃花岗岩侵入其上部沉积岩中褶皱而隆起的，经过长期的风化侵蚀作用，上部的盖层已几乎被全部蚀去，露出广大的花岗岩体。而进行剥蚀作用的同时，进行着巨大的加积作用，形成冲积扇及其联合体和山麓倾斜平原等地形。外力作用对现代地形的作用，可见一斑。

前面已经指出，本区是南华准地台的一部分，经受多次的地壳运动，这是本区地形形成内力过程的复杂性。同时，本区地处亚热带，高温多雨，风化侵蚀过程极其强烈，使得外力作用又特别显著。所以，可以说，复杂的内力作用与强烈的外力作用是本区地形形成过程的重要特点。

（二）地貌类型

不同的地形形成过程常产生不同的地形，而同一形态的地形，其成因也常是不同的。所以，越来越多的地貌学家采取成因与类型相结合的原则进行地貌类型的划分。根据这样的原则，并参照广东省地貌图，我们将本区地貌类型分为下列几类：

（1）火成岩侵入侵蚀—剥蚀低山；

（2）侵蚀—剥蚀丘陵；

（3）侵蚀—剥蚀台地；

（4）冲积平原；

（5）山麓洪积—冲积平原；

（6）河流阶地。

现分述如下：

1．火成岩侵入侵蚀—剥蚀低山

我们把 200 m 以上的高地划为低山而不是丘陵。一方面因为本区山地是九连山系的末端，另一方面是为了适合广州地区的特点和习惯，因为广州附近称为山者，如白云山（364 m）、火炉山（324 m）等，高度皆在 300 m 上下。

本区山地分布在东北部，由白云山向东延伸到大洞岭（154 m），向东包括火炉山一直到罗岗墟以北的山地，面积共占全区的 1/3。

构成本区山地的岩石主要是花岗岩，夹有数层水口系石英砂岩。花岗岩大多出露地表，其上部的盖层几乎全部被剥蚀。这正说明本区外力作用的强烈。

花岗岩分为流状和块状两种。流状者抵抗力较强，形成的山地高于块状者，如龙眼洞以北的大芋嶂（400.5 m）、凤凰山（382.0 m）和牛头山（375 m）等。其外观多表现为尖削突出。块状花岗岩山地以火炉山为最高（324 m），沿块状节理风化，常形成石蛋，散布于山坡和山顶。火炉山一带还可以看到许多石英岩脉，出产很完整的石英结晶。白云山本身是由流状花岗岩和几层石英岩脉相间而成，石英岩抗蚀力较强，多呈陡岩峭壁。而花岗岩抗蚀力较弱，风化后，流状花岗岩变成微紫色或紫色泥质，含云母、砂粒和黑色矿物较多，边缘风化剧烈者变为白云母。块状花岗岩多呈白色或肉红色，含有几厘米大的长石，风化后也成泥质，有石英小粒。

山地的西部和南部分布着许多山间谷地，如龙眼洞，长 4 km、宽 2 km，四面被低山和台地包围。龙眼洞谷地有龙洞水发源于其北面的大芋嶂和动旗峰，由北向南流，经过火炉山西缘，沿飞鹅岭、大坑岗麓东南流。往西绕过石牌台地，再向南在车陂流入珠江。

依四周地势来看，龙眼洞盆地可能由于断层而形成，其东南部为花岗岩山地，东北部为流状花岗岩山地，东南火炉山属块状花岗岩。

白云山东麓有明显的断层地形，这早已为吴尚时先生所论证，近年的钻探更证明了他的结论。断层线有两组，一组东北—西南走向，另一组西北—东南走向。

龙眼洞西面隔着南延的花岗岩低山，是沙河谷地。沙河发源于动旗峰西南大王楼（313.5 m）东西两边的山麓和沙河谷地也是南北长条形分布，沿河有明显的河流阶地。

东部的罗岗洞是一个较大的山间盆地。此外，龙眼洞以东的联和市也是山间谷地之一，面积比较小。其北部大零田—水声下有 80 m 以上的台地。水声下瀑布高 100 m 左右，地貌形态表现较新，谷坡陡立。瀑布以上为一壮年谷地，地势平坦。陈国达先生认为，这是由于这里地壳升起较新，侵蚀作用尚未抵达此处。他以这个现象作为本区近期地壳上升的证据，是有道理的。

2．侵蚀—剥蚀丘陵

高度在 200 m 以下，一般 80～100 m，分布比较零散，主要在广州市区以北、西北和东北一带，构成岩性也比较复杂，但是以中石炭纪水口系砂页岩和后期侵入的花岗岩为主。其他有侏罗纪的小坪系变质而成的石英岩和老第三纪的喷出岩——流纹岩等。

侵蚀—剥蚀丘陵的形成，是古老而坚硬的岩层经过地壳运动隆起后，受侵蚀—剥蚀的结果。

本区丘陵面积很小，仅在西北部孤立地分布在平坦的冲积平原之上，高度多在 50 m 左右，一般不超过 70 m，由水口系构成，呈东北—西南向排列，这种华夏式走向是燕山运动的产物。

东北部的丘陵，夹在低山和台地之间，高度大多在 100～200 m，如钟落潭东南 2 km 左右的五雷岭（163 m），以及以东的大河岭（154 m）、岐岭（192 m）、石帽（149 m）和火炭岭（141 m）等。

市区以东，白云山以南和珠江之间，丘陵与台地、冲积平原相交错，丘陵高度都在 60 m 以上，像沙河东面的瘦狗岭（141.2 m）、鸡笼岗（95 m）等。这些丘陵由坚硬的石英岩构成，大致呈西北西—东南东走向，为石牌以北花岗岩台地的南界。

市区东南端鹿步新墟以北的鸡冠山（205.4 m）、佛迹岭（158 m）一带的丘陵多由花岗岩组成。

河南岛中山大学以南的漱珠岗（32.1 m）和陈山（35.9 m）为流纹岩所构成，这也是本区唯一的喷出岩，现在开采岩石作建筑之用。

3．侵蚀—剥蚀台地

高度在 20～80 m，是本区引人注目的地形之一。最明显的有 20～25 m 和 45～55 m 两级，分布于珠江两岸，即著名的石牌台地（45～55 m）和康乐台地（20～25 m）。西北部流溪河两岸的平原上也有分布。在市东北端群山中，尚有 60～80 m 高的台地。

构成台地的岩石主要为花岗岩、红色岩系和小坪系、水口系等，这些性质不同的岩石往往构成高度相同的台地，表示这是古代剥蚀面经地壳间歇性上升形成的。

至于台地形成的时代问题，以及形成的主力是河流还是海浪的作用，对这些问题历来都有争论。我们认为，台地的形成年代当在中更新世以后，是河流侵蚀作用形成的，这在地质部分已有说明，这里不再赘述。

4. 冲积平原

这是本区主要的地貌类型，是近代河流冲积作用形成的。冲积平原分布在除白云山地以外的地区，包括市区的北面、东面和南面。地势平坦、河网纵横，众多的小支流无论在灌溉上和交通上都有很大意义，给耕作提供了充足的水源，农业发达，以种植蔬菜、果树和水稻为主。

5. 山麓洪积—冲积平原

白云山地的西北部，在流溪河两岸，有两块面积较大的山麓洪积—冲积平原。在本区内，尤以白云山麓为明显。该平原自山麓向西北倾斜，高度从 40 m 降到 20 m 以下。流溪河西北为广花盆地北缘山麓平原，本区仅包括其南部。

山麓洪积—冲积平原是经常性与间歇性流水共同作用的产物。这里，暴流起着很重要的作用。间歇性的暴流从山区带来大量泥沙石砾，一出平地，流速骤降，产生巨大的堆积作用。先是形成各个孤立的冲积扇，逐渐在山前连成一片，形成狭长带状的冲积扇联合体。

在白云山地的北部，有不少源出深谷的小河，长度由一千米至数十千米不等。无论在暴雨后或是在平时，经常性流水把山间的风化物搬运到冲积扇以外更远的地方，并在沿途沉积下来，在冲积扇联合体以外，更逐渐形成倾斜的冲积平原。

山麓冲积扇及其前面的倾斜平原并没有截然的分界线，因为它们的形成作用并没有质的差别，只不过在冲积扇中间歇性的暴流作用显得更为重要罢了。因为其组成物质较粗，由花岗岩的石蛋、砾石和粗纱等组成，其前面的倾斜平原物质较细，主要由粗细不等的砂粒组成，上面经过人类长期耕种，形成了水稻土。

越接近流溪河，组成物质越细，流溪河的作用明显地重要起来，沿河两岸也为良好的耕地。

这个平原的组成物质一般较粗，潴水不易，地下水位也较低，灌溉较困难，宜种植耐旱和喜沙性的作物，如甘薯和花生等。

6. 河流阶地

分布比较零星，仅在珠江两岸偶见之。河南岛可见 10 m 高的一级，流溪河两岸有高出河面 6～7 m 的阶地。此外，沙河及车陂水一带也有发育较好的河成阶地和河漫滩。这些阶地都可以证明台地形成后本区地壳的上升运动。此外，石榴岗附近七星岗下有高出海面约 5 m 的海蚀穴地形，是本区近期地壳上升的有力证据。

（三）地貌分区

А. И. 斯皮里东诺夫认为，地貌区乃是该地区的地形形态、类型及它们的组合，形成仅为该区所特有的地形景观，这种景观使该区不同于其他地区。地貌区的研究能使我们对于该区地貌有更深刻的了解。同时，对自然区划也有很大的帮助，尤其是在小区（低级的）自然区划中，地貌常为主要标志之一。

地貌分区不是一级而是多级的。我国地貌区划草案中，把地貌区分为 5 级，即地貌地域、地貌省、地貌州、地貌区和地貌小区。我们根据本市地貌的特点，分出 5 个地貌单元，相当于上述的第五级，即小区一级，但我们仍称为“区”。

地貌小区是地貌区的一部分，是地形形态与类型最一致、最简单的组合，常具有一种独特的、专门的地形类型。如白云山地花岗岩侵入侵蚀—剥蚀低山区，即由一种类型所构成。

在给地貌区命名时，遵循简单、明了的原则。命名应包括三部分：地名—成因—形态。

下面给出广州市 5 个地貌区，但不做描述，因为在本文讨论的范围内，自然区与地貌区的划分相差不大，我们将把各地貌区的特点结合到各自然区里阐述。

广州市地貌区包括：

1）白云山地花岗岩侵入侵蚀—剥蚀低山区；

2）石牌—康乐剥蚀台地与残丘区；

3）珠江冲积平原区；

4）流溪河下游洪积—冲积平原区；

5）江村附近剥蚀台地与冲积平原交错区。

三、气候

（一）影响广州气候的主要因子

1．纬度位置与太阳辐射角

广州气象台位于北纬 23°8′，东经 113°17′，距北回归线以南 35 km。低纬度决定了一年中太阳辐射的高度角较大，太阳两次（6 月 12 日和 7 月 1 日）经过天顶，自 4 月 25 日至 8 月 18 日近 4 个月之久，入射角在 80°以上，冬至时入射角最小，但仍有 43°26′。

入射角大，太阳直接辐射强度也大，以全年中各月 15 日为例，如表 3.1 所示。

表 3.1　全年各月 15 日的太阳辐射强度

月份	1	2	3	4	5	6	7	8	9	10	11	12
入射角/（°）	45.5	53.8	64.4	76.8	85.6	89.8	88.4	81.0	70.0	58.5	48.4	43.6
辐射强度/（$kcal/m^2$）	0.856	1.020	1.220	1.451	1.634	1.702	1.681	1.538	1.327	1.105	0.913	0.817

这种计算是按干洁空气计算的，实际上要比此值小。当密云厚度达 50～100 m 时，已完全散射太阳光线，使有效辐射数值大幅降低。一年中 10 月云量最小，而太阳直接辐射最大。一年中全球辐射差额为零，但从各地分布来看，由赤道向两极，是从正值向负值变化。北半球在 30°N 以南为正值，以北为负值。说明广州将暖空气向北输送及冷空气流入。

广州一年中昼夜长度差异较小，太阳辐射量分配较均匀，不像高纬地区差别那么大，以二分二至白昼长短为例，见表 3.2。

表 3.2 二分二至时不同纬度的白昼长短

地名	春分	夏至	秋分	冬至
广州	12 h 7′	13 h 35′	12 h 12′	10 h 43′
北京	12 h 9′	15 h 1′	12 h 12′	9 h 20′
漠河	12 h 11′	16 h 55′	12 h 15′	7 h 30′

2．大气环流

广州的主要气流是季风环流，冬季盛行干冷的大陆气团，夏季则盛行温暖的海洋气团，形成夏季高温多雨、冬季干冷的气候。例如，夏季北太平洋热带气团和北太平洋赤道海洋气团盛行时，使广州地面温度平均约为 30℃，比湿 20～21 g/kg。冬季西伯利亚大陆气团使广州地面温度平均 10℃左右，比湿 3～6 g/kg。

同一纬度由于大陆东西位置不同，受不同性质气团所影响，表 3.3 是广州和苏丹（北非东北部）两地的气温与降水量比较。

表 3.3 广州和苏丹气温与降水量比较

	气温/℃			降水量/mm	
	1 月	7 月	全年	1 月	7 月
广州	13.6	28.1	21.7	42.8	26.0
苏丹	22.9	33.4	27.8	10.2	99.1

广州面临海洋气团路径的要冲，形成多雨区，而苏丹则相反，处于东北风向影响的范围，形成干燥气候。

以广州和武汉相较，纬度相差 7°，绝对最高温广州为 38.7℃，武汉为 42.2℃，这表明广州受海洋调节较武汉大。广州冬季受大陆气团影响显著降温。印度加尔各答和广州纬度相差不多，但加尔各答 1 月平均温度为 14.4℃，绝对最低温 0℃。而广州绝对最低温 –0.3℃，这是因为广州受北方寒潮的侵入而降温之故。主要寒潮路径是从湖南经湘桂走廊，再沿西江河谷入广州，以及从江西经浈水沿北江南下到广州，造成冬寒。

夏季菲律宾群岛东部广阔的海洋面上形成台风后，便由东南向西北作水平移动（在信风带内），一般到达 20～25°N 时，因高空西风影响而转向东北移动，常侵袭广州。台风带来大量的暴雨是广州重要雨源之一，尤其以 7 月、8 月为重要。广州各种雨量所占比例中，台风雨即占 20.8%。

3．下垫面

广州位于我国南部，距海直线距离 110～150 km。珠江贯穿市区，河网密布，水面面积占 60 km^2（按旧市界计算），水面蒸发量较大，对减缓夏季的最高温度有一定作用，使广州与沿海各站比较，极端最高温只高出 0.3～0.4℃。

广东省北部的南岭形成天然屏障，冷暖气团交绥受到阻碍，因此广州 1 月气温比衡阳高 2.1℃，但由于南岭山地有许多山隘缺口，寒潮可以从缺口侵入，造成明显的降温。与厦门比较，厦门纬度比广州高 1°多，但厦门绝对最低温度为 2.2℃，比广州高 2.5℃，冬季广州多北风而厦门多东风。

气候对植物繁殖有很大影响，反之，植物对小气候也起着重要作用，它削弱了太阳辐射，增加了蒸发量，缓和温度变化，削弱风速等。

广州是一个大城市，有高大的建筑物，工厂、砖瓦房、铁屋顶、柏油路等，对蒸发量、风速、温度等气候要素都有一定影响，形成特殊气候，城内无论冬夏气温都高于郊区。如 1951 年广州气象台与康乐园气温的比较（表 3.4）：

表 3.4 广州气象台与康乐园气温的比较 单位：℃

	1 月	7 月	全年
广州气象台	13.5℃	28.4	21.9
康乐园	13.1	27.8	21.3

又如 1955 年绝对最低温度，康乐园为 0℃，气象台为 0.7℃。在降水量方面，也因为城区凝结核丰富而多于郊区（表 3.5）。

表 3.5 广州气象台与康乐园降水量的比较 单位：mm

	1951 年	1953 年	1955 年
广州气象台	2 144.9	1 997.7	1 689.4
康乐园	2 118.0	1 937.3	1 622.6

（二）广州气候要素的主要情况

1. 气压系统和风

季风的特点决定了广州四季的气压，冬季广州位于西伯利亚高压南缘，受极地气团控制，但仍受到海洋气团和西风环流影响，平均气压比内地低，但极端最高气压仍然很高，与内地相差不远，较平均值高许多。如 1936—1955 年统计最高值为 1 034.4 mbar（1955 年 1 月 11 日），较同年长沙最高值 1 039.1 mbar 只差 4.7 mbar，而比广州历史平均值 1 011.4 mbar 却高出 23 mbar。冬季风向多属偏北风，频率占全季 27%，一般风速不大，在 1.5～2.0 m/s，风力 13.8 kg/m^2。

春季（3—5 月）冷暖气团经常在此地区冲突，北方冷气团逐渐减弱，海洋气团加强，平均气压呈直线下降，表现过渡季节的现象，极端值和平均值近似，风向不定，由东北向东南转向，以东南风为最多。

夏季（6—8 月）受热带海洋气团控制，印度低压不断向东北方向伸展，热带低压台风活动频繁，成为平均最低气压的季节。风向主要为偏南风和东南风，风向频率东南风占 16%～24%，南风 10%～24%，风速 1.5～1.8 m/s，风力 0.28～0.41 kg/m^2，极端最大风速为 33.7 m/s（1936 年 8 月 17 日）。

秋季（9—11 月）北方冷气团急剧增加，台风仍然继续发生，气压极端最低值为 985.1 mbar（1953 年 9 月），暖空气南撤，也表现出明显的过渡性，风向由东南转向东北，趋向冬季的情况。

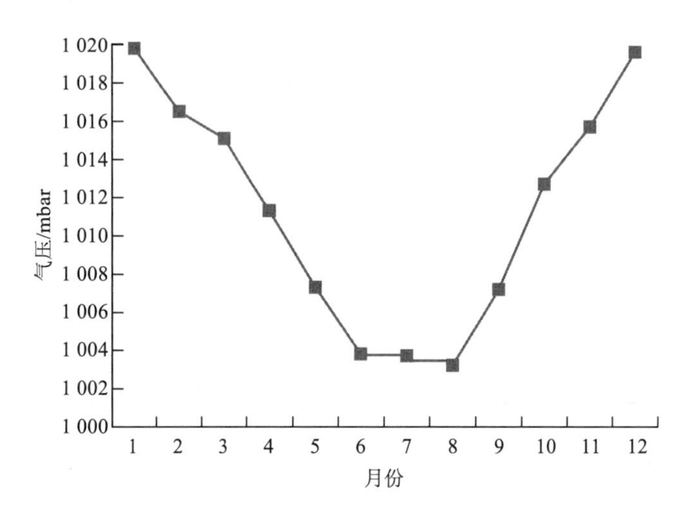

图 3.1 广州市全年逐月气压（1955—1959 年资料）

2. 气温

（1）温度的年变化

据 1913—1957 年资料统计，广州年平均温度为 21.7℃，比汉口高 4.9℃（汉口为 16.8℃），比北京高出 9.8℃（北京为 11.9℃）。月最高温度出现在 8 月，为 28.2℃，最低温度在 1 月，为 13.6℃，有个别年份最高最低温度提前一个月出现。极端最高温度为 38.7℃（1953 年 8 月 12 日），极端最低温度为–0.3℃（1934 年 12 月 8 日），1—3 月的极端最低值也可达到 0℃（表 3.6、图 3.2）。

表 3.6 广州气温资料

单位：℃

年份		1 月	2 月	3 月	4 月	5 月	6 月	7 月	8 月	9 月	10 月	11 月	12 月	全年
1913—1957	平均	13.6	13.8	17.2	22.3	25.5	27.2	28.1	28.2	27.4	23.4	19.1	14.7	21.7
1912—1955	极端最高	28.0	29.2	30.6	33.0	35.7	36.7	37.2	38.7	37.6	36.0	32.0	29.0	38.7
	年份	1911	1950	1923	1928	1952	1918	1952	1953	1916	1927	1925	1927	1953
	日期	6，31	11	29	8，15	23	29	14	12	5	6	10	6，1	8，12
1912—1955	极端最低	0.0	0.0	0.0	8.9	10.6	16.7	21.0	20.4	13.7	10.0	1.1	–0.3	–0.3
	年份	1914—1918	1912	1912	1925	1923	1926	1912	1936	1931	1931	1922	1934	1934
	日期	1，15	19，4	14，15	9	5	3	27	4	30	30	27，28	8	8，12

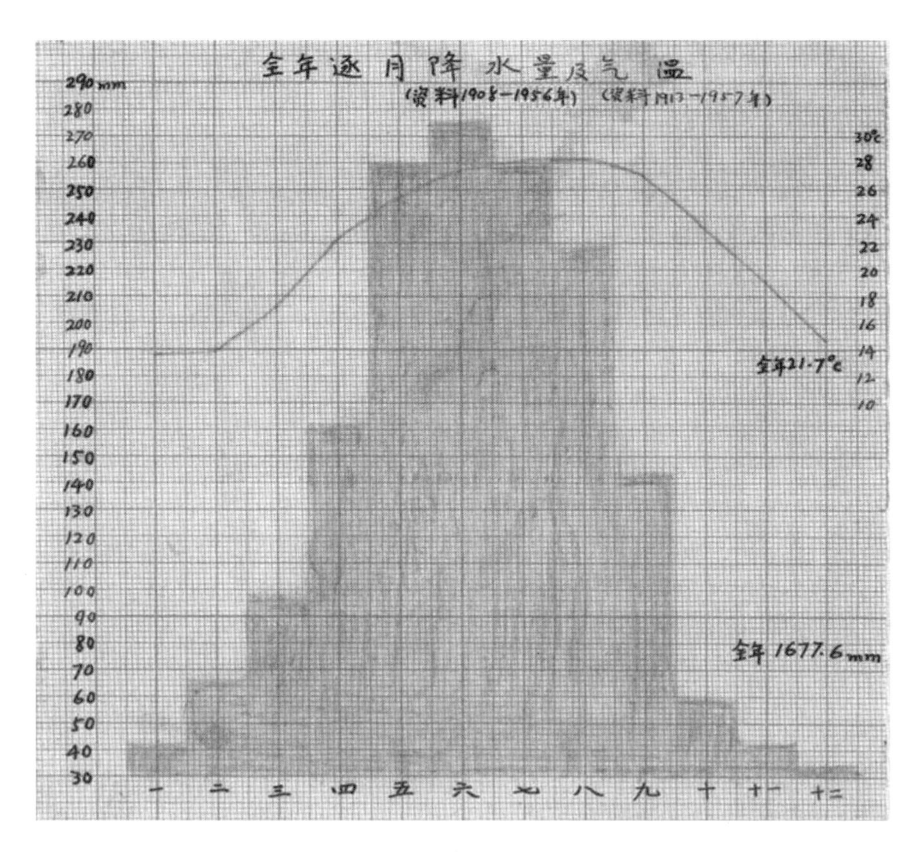

图 3.2　广州市全年逐月降水量和气温曲线

从以上图、表可以看出，广州虽然纬度较低，但受海洋调节，夏季不甚炎热（不及内陆纬度较高的城市炎热），又因受寒潮的侵袭，冬季虽然温和，但极端最低温度仍相当低。秋季受大陆气团控制，天气干燥，晴朗少云，太阳辐射强烈，受海水对热量的调节，使秋季水温较高，影响秋温较高；而春季由于冷暖锋面经常接触，多云雨，日照少而温度较低，因此广州秋温高于春温。

（2）温度的季节变化

按日平均温度计算，以一年中＞22℃为夏季，广州自 4 月 16 日开始至 10 月 31 日共 195 d；在 10～22℃为春秋，共 166 d；10℃以下为冬季，广州无真正的冬天。绝对最低温度 5℃以下的日数平均每年只有 5～13 日，候平均气温大于等于 30℃的酷热期广州也没有。气温年较差 14.7℃，大陆度 43.4。由此可见，广州气候是海洋性的，但受大陆影响仍然不小。

四季积温以大于 5℃计算，春季为 1 969.8℃，夏季 2 205.1℃，秋季 2 165.5℃，冬季 774.1℃，以冬季最小。对农作物来说，全年都可生长。水稻一造生长需连续积温 2 400℃左右，而广州全年连续积温 6 986.5℃，足够二造水稻生长。蔬菜可一年八熟。

（3）温度的日变化

1 月日中温度最高点在 15：00 出现，最低点在 7：00 发生；7 月日中温度变化不大，最高点在 13：00，最低点在 4：00—5：00；4 月和 10 月最高点发生在 14：00，最低点在 6：00，10 月最低温稍高。4 月日较差最小，为 6.4℃；10 月日较差最大，为 8.5℃，平均不超过 10℃。

白昼温度（以 7：00、13：00、19：00 计算）变化与日平均温度变化趋势相似，不过昼间温度比日平均温度稍高，以 2 月差别最大，达 1.4℃；但也有反常规现象，日平均温度反较昼间温度为高。这种现象仅在 2 月出现，这是因为一天的最低温度出现在 6：00 左右，而不是在午夜，使昼间温度较低，而晚上地面有效辐射减小，加上晚间风速不大，所以出现这种情况。

（4）霜冻

寒潮到达华南已经变性，来势较弱，时间短，但霜冻和冰点以下的低温还会出现，从而冻害农作物。广州的霜期短，平均初霜在 12 月 31 日，终霜在 1 月 2 日，仅 22 天，实际霜日只有两天，发生霜日最大可能性是在 1 月，最大霜期是在 11 月 26 日—3 月 15 日，霜冻威胁时间很长。结冰发生过一次，绝对最低温度 0℃，在 1955 年 1 月 11—12 日，池塘、沟渠的边缘都结了厚约 3 mm 的冰。霜冻对热带作物威胁很大，为了农业更大丰收，必须做好预报和防寒工作。

3．降水

（1）降水的年变化

广州处于低纬，日照强，空气上升运动急剧；离海近，空气中水汽丰富。经常受气旋与台风影响，形成多雨区。年平均降水量 1 677.6 mm，最高年降水量 2 600 mm（1920 年），最小年雨量 1 086.3 mm（1916 年）（图 3.3），按水稻一造生长需水量 710 mm 计，也足够双季稻生长要求。

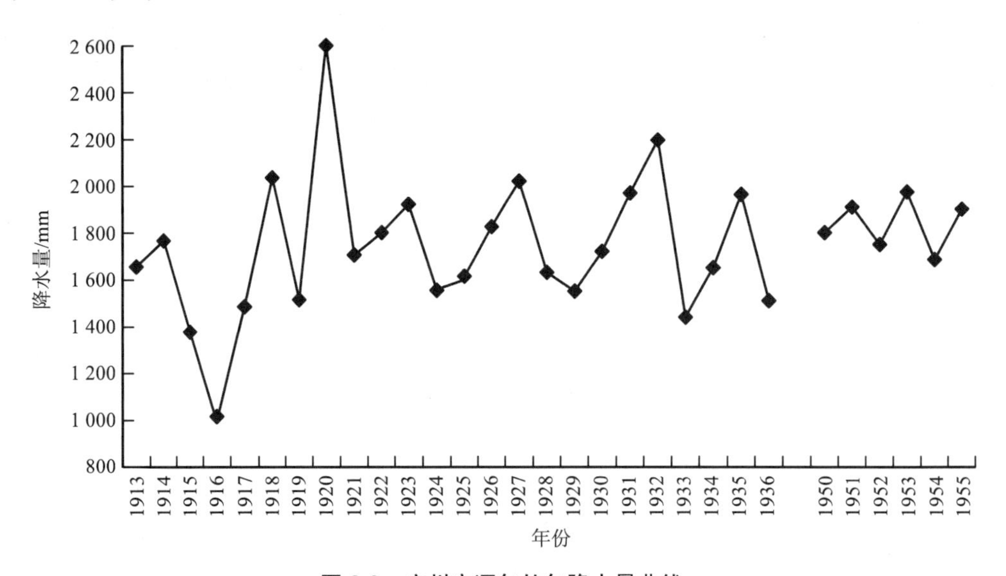

图 3.3 广州市逐年的年降水量曲线

月平均降水量分配，夏季雨量最多，5 月、6 月、7 月的降水量都在 260 mm 以上，

3 个月雨量占全年的 47%，尤以 6 月最多，达 275.9 mm。4—9 月为雨季，一般有两个高峰。5 月中旬至 6 月底主要受锋面影响，是全年最高峰，另一个高峰在 7 月中旬至 8 月中旬，主要是台风的影响。

平均降水日数以 6 月最多，平均有 19.5 日；11 月最少，平均也有 5.8 日。年平均降水日数为 152.7 d。干燥度春季为 0.51，夏季为 0.53，秋季为 1.1，冬季为 2.61，年干燥度并不算大。

降水逐月变化如表 3.7 所示。

表 3.7 广州降水资料 单位：mm

年份		1 月	2 月	3 月	4 月	5 月	6 月	7 月	8 月	9 月	10 月	11 月	12 月	全年
1908—1956	平均值	42.8	66.3	98.8	162.0	261.6	275.9	260.8	339.2	143.9	58.9	43.2	34.2	1 677.6
1921—1955	一日最大量	35.9	71.9	73.8	128.7	143.5	284.9	182.5	129.7	131.4	76.6	132.5	58.3	284.9
年		1922	1949	1932	1952	1934	1955	1932	1955	1953	1926	1950	1931	1955
日		27	10	11	7	13	6	30	29	19	1	24	8	6

（2）降水变率、降水保证率和降水强度

年降水的绝对较差为 1 556.9 mm，等于最少降水年的 1.5 倍，常年平均降水量的 0.93 倍。年变率并不大，年相当变率为 13%，但旱涝对广州的影响是重要的。衡量旱涝的指标列于表 3.8。

表 3.8 广州市旱涝年的降水量指标 单位：mm

标准差	平均年水量	大旱年	旱年	常年	涝年	大涝年
344.4	1 661.8	<973.0	973.0～1 317.4	1 317.4～2 006.2	2 006.2～2 350.6	>2 350.6

以广州 1908—1943 年和 1950—1955 年记录统计，以表 3.8 为标准，广州常年最多，旱涝年份只有少数，大旱年更少，情况如表 3.9 所示。

表 3.9 广州市 1908—1955 年旱涝情况统计 单位：次

年份	大旱年	旱年	常年	涝年	大涝年
1908—1943，1950—1955	0	6	26	7	1
占总数百分比	0	15	65	17.5	2.5

按月的相对变率以 11 月为最大，在 87%以上，5 月和 6 月最小，为 26%～27%。夏季雨量多且较稳定，冬季雨量少，不稳定，配合作物主要在夏秋季生长的要求，对农业用水有利。但季节变化是主要的，广州市各季节的旱涝指标如表 3.10 所示。

表 3.10 广州市各季节的旱涝指标 单位：mm

季节	标准差	平均季雨量	大旱季	旱季	常季	涝季	大涝季
春	159.8	509.3	189.7	189.7～349.5	349.5～669.1	669.1～828.9	＞828.9
夏	235.2	771.4	301.0	301.0～536.0	536.0～1 006.6	1 006.6～1 241.8	＞1 241.8
秋	112.4	231.8	7.0	7.0～119.4	119.4～344.2	344.2～456.6	＞456.6
冬	92.2	149.2	0.0	0.0～57.0	57.0～241.4	241.4～333.6	＞333.6

按表 3.10 标准，各季旱涝次数季百分比如表 3.11 所示。

表 3.11 广州市各季的旱涝情况统计 单位：次

季节	大旱季		旱季		常季		涝季		大涝季	
	次数	%	次数	%	次数	%	次数	%	次数	%
春	1	2.4	4	9.7	31	75.8	4	9.7	1	2.4
夏	0	0.0	8	19.0	28	66.8	3	7.1	3	7.1
秋	0	0.0	3	7.5	27	67.5	8	20.0	2	5.0
冬	0	0.0	7	17.5	26	66.5	6	15.0	1	2.5

从表 3.11 得知，常季占 66.5%～75.8%，涝季占 7.1%～20.0%，旱季占 9.7%～19.0%。春季发生旱涝的次数和百分比均不算大，但春季旱涝对农业影响很大，应注意防旱涝工作；同时，夏季防旱防涝和秋季防涝也值得注意。

降水最大保证率是某月降水量在这个范围内的保证程度，最小保证率的性质也是这样。运用 1912—1955 年资料计算，广州最多降水量和最小降水量保证率列于表 3.12。

表 3.12 广州最多降水量和最少降水量保证率

	保证率/%	1 月	2 月	3 月	4 月	5 月	6 月	7 月	8 月	9 月	10 月	11 月	12 月	全年
最多降水量/mm	95	88	129	196	284	451	439	468	449	289	102	133	78	2 060
	90	86	123	191	257	411	429	466	388	287	90	127	71	2 030
	85	55	115	173	250	362	394	404	298	252	79	117	52	1 990
	80	554	114	147	248	335	355	399	260	249	77	97	50	1 960
	75	37	90	141	239	312	312	389	245	202	65	67	49	1 920
	70	29	60	128	236	302	302	257	240	179	56	61	45	1 820
最少降水量/mm	95	0	27	26	43	160	172	113	124	46	0	0	5	1 270
	90	2	28	29	71	161	181	124	131	50	2	1	5	1 390
	85	8	31	37	97	180	191	130	142	62	7	2	7	1 470
	80	8	33	40	102	183	192	133	149	80	8	9	8	1 480
	75	10	33	55	107	206	210	156	156	96	20	10	10	1 510
	70	12	34	57	121	224	230	172	177	105	27	13	15	1 510

从平均降水量来看，一般在3月以后急增，雷暴降水量所占的百分率，4月达70%，5—7月都在75%以上，7月最高，达84%，说明夏半年多暴雨（表3.13和图3.4）。

表3.13　广州3—10月平均月降水量和雷暴降水量　　单位：mm

	3月	4月	5月	6月	7月	8月	9月	10月
月降水量	107.1	188.8	304.7	338.3	246.3	213.6	251.4	47.8
雷暴降水量	43.1	139.7	272.8	213.2	212.2	166.4	140.1	19.6
百分率/%	44	70	88	65	84	77	65	46

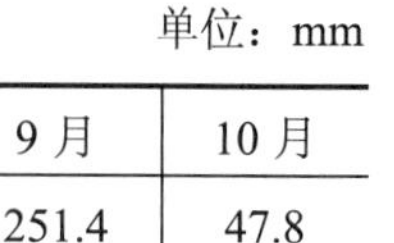

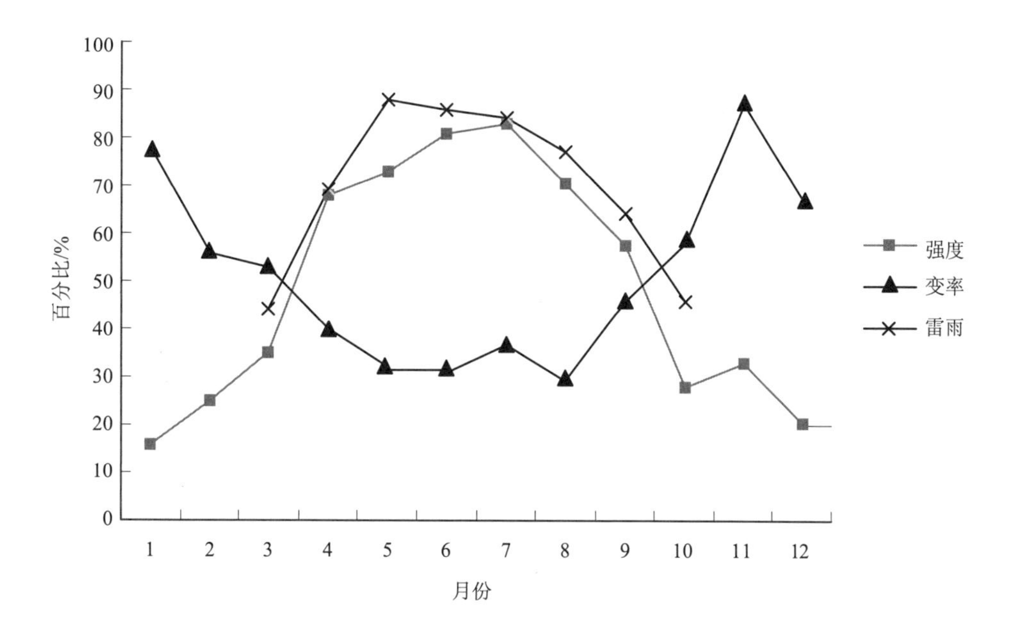

图3.4　广州市全年逐月降水强度、相对变率和雷雨降水百分比曲线

日最大降水强度在1955年6月6日曾发生过284.9 mm/d的降水量，其次1932年7月30日也达182.5 mm/d，均在夏季，与平均降水强度一致。

4．其他

全年无论绝对湿度还是相对湿度都较大，年平均绝对湿度22.1 mbar，以7月最大，达31.4 mbar，1月最小，为12.3 mbar，如图3.5所示。相对湿度年平均为78%，比北京（55%）大。各月以4月最大，达84%；11月最小，为70%，各月变化不大，见图3.6。但个别年份某一天可达50%以下，如1955年1月3日仅为9%，几乎和西安的最小相对湿度相等。相对湿度日变化，以中午最小，日出前最大，在冬季延迟出现。

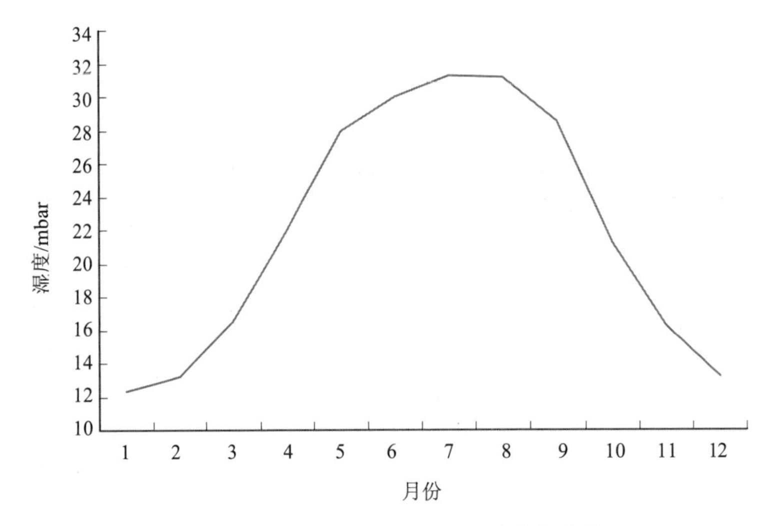

图 3.5　广州市全年逐月相对湿度变化曲线

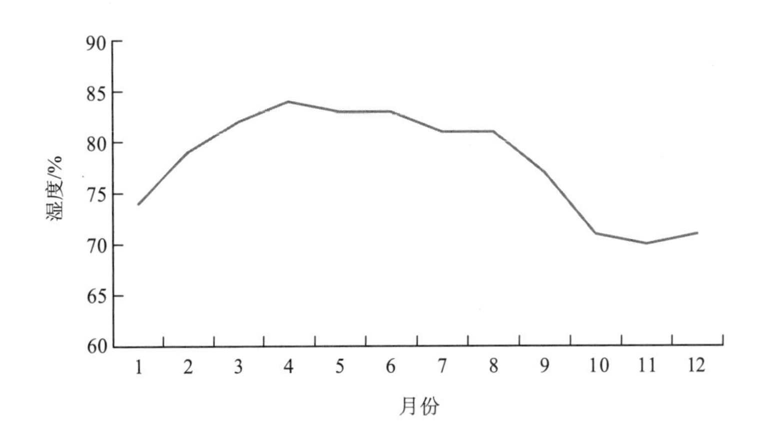

图 3.6　广州市全年逐月相对湿度变率

云量的变化与湿度有密切关系，最多云出现在 3 月以后，即湿度最大时。降水量逐渐增加，云量发生变化。全年云量为 6.2，春季 7.5，夏季 6.1，秋季 4.7，冬季 6.4。一年中以 10 月和 11 月为最小。晴、昙、阴天日数与云量关系最为密切，广州阴天日数以 3—6 月最多，10 月最少。云量少使日照相对增强。晴天日数以冬季最多，达 9.2 d，春末夏初最少。1951—1955 年晴天、阴天、昙天的日数变化见表 3.14。

表 3.14　广州市 1951—1955 年逐月晴天、昙天和阴天日数统计

	1 月	2 月	3 月	4 月	5 月	6 月	7 月	8 月	9 月	10 月	11 月	12 月	全年
晴天	4.0	3.2	0.8	1.2	0.6	0.0	0.0	0.4	1.8	8.8	8.8	8.6	38.2
昙天	13.4	8.0	6.0	7.0	9.2	7.2	12.8	14.8	13.8	14.4	11.2	10.6	128.2
阴天	13.6	17.0	24.2	21.8	21.2	22.8	18.2	15.8	14.4	7.8	10.0	12.0	198.8

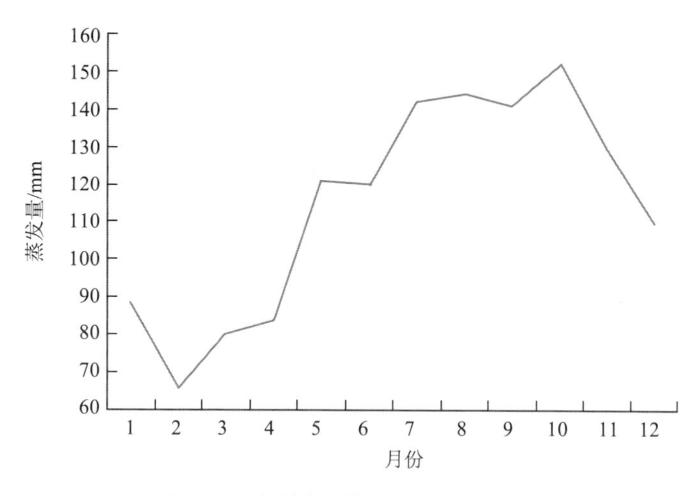

图 3.7　广州市累年逐月蒸发量曲线

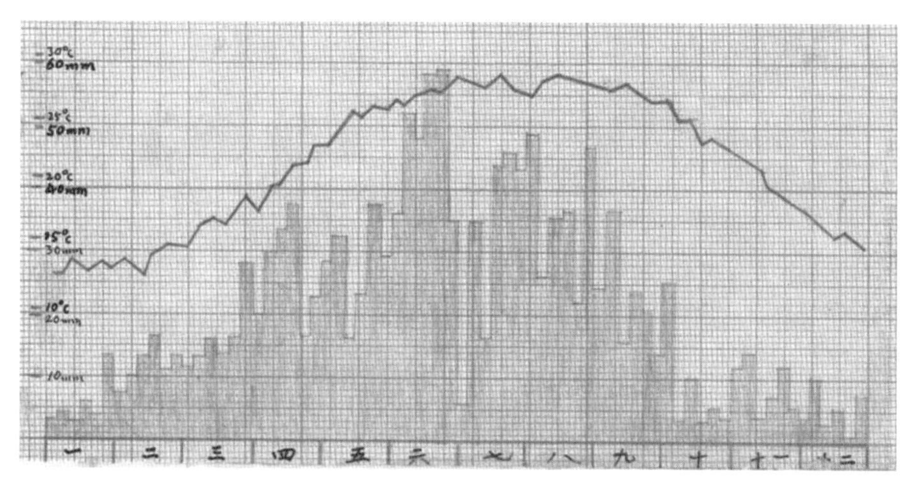

图 3.8　广州市候平均气温及降水量

广州太阳辐射角大，太阳辐射力强，蒸发力大。全年平均蒸发量 1 376.7 mm，2 月最小，66.0 mm；10 月最大，152.2 mm。这是因为温度和风速、云量等因素综合作用的结果。广州的日照时数年平均为 1 882.8 小时，日照百分率仅为 43%，其中秋季最大，达 58%；夏季为 49%；冬季为 35%；春季最小，为 28%。

广州是一个大城市，居民的活动、汽车的奔跑、工厂的烟囱等，均造成大量微小尘粒悬浮在城市上空不高的地方，形成霾，能见度变劣。霾日分配为冬季 9.5 d，春季 4.7 d，秋季 2.3 d，夏季 0.8 d，全年 17.6 d。

（三）结论

从以上研究可知，广州气候的特点为：

（1）日照强烈，辐射强度大，日照时间短，全年气温高，夏热冬暖，昼夜差别不大。

（2）受海洋调节，缓和了冬夏温度变化升降走极端，冬夏温差变化不大；寒潮又能入侵，绝对温差仍然较大。

（3）季风强烈影响，风向变化显著，冬夏雨量变化大，雨量集中于夏季。

（4）雨量丰富，有明显的雨季（4—9 月）和旱季（10 月至次年 3 月）。

（5）受台风影响大，季风指数达 71（北京为 29）。

根据以上特点，广州属于南亚热带季风区，季节变化明显，是长夏无冬的多雨气候带，属于 Cufa 型气候带。夏季高温多雨，冬季温凉干燥，年较差 7～10℃，气温上无冬季，但风向及雨量变化有明显的季节不同。

广州气候优越，作物全年可以生长，但寒潮和台风可能带来灾害性天气，主要是降温、暴雨、旱涝、强风和霜冻。对于怕寒作物，霜冻是最大的威胁，如 1955 年 1 月 11—12 日，石牌种在低地的甘蔗、番茄和香蕉等都受到冻害。

四、水文

（一）河网概况

广州市地处珠江三角洲之北缘，三角洲交错迂回之河网在本区南部表现也较明显。广州近海，潮汐经常影响，是为重要之水文特征。东北—西南走向的白云山地，斜贯本区，成为一个凸出的分水地段，对于水系有着显著的影响。

珠江现已用作东、北、西三江之总称，实际上它只是指流经广州的一段水道，三江各有主要河道分别入海，而在它们尚未入海之先，有着众多的河汊互相沟通，广州可通过珠江和其他河汊与三角洲相联系，成为这些河流的水运中心。流溪河在江村下老鸦岗附近与南流的白坭水和自西来的芦苞—西南涌相汇以后，转向南微偏东，这里才有“珠江”之称（有些人把这里仍称为流溪河，而把珠江仅局限于广州市区及以下的一段河道）。珠江至石门附近分为两支，绕南海县境之蟠龙岛南进：左支经石门、横沙，石门两岸，山岗相对，形成峡谷，水流甚急，是一奇观。在横沙南 1.5 km 处左支又分为大担沙（或称牛牯沙）分为东西两汊；左右经水口村，在泌冲码头下渐折向东，到石围塘西北 2 km 处与左支西汊相汇，再下到广州市区西南的黄沙才与左支东汊相汇。在这里仅有一小段不分支的河道；不远，珠江在白鹅潭复分为两支，绕河南岛东行：北支称为前航线，流过广州市区，河面甚为狭窄，其下游河道又较淤浅，故不适较大船只航行，而小艇甚多，为水上居民群居之处；南支称后航线，河床较宽也较深，又能与三角洲各河汊互相沟通，其中在大尾角就与佛山涌相遇，经此取道陈村水道和平洲水道达潭洲水道，这就是广州通过珠江三角洲和西北江各地的交通线。后航线在下又被一些沙洲和岛屿所分隔：其北称沥滘水道，至黄埔与前航线重汇；其南仍是后航线，经市头、新造等地后在麻涌大盛村附近，东江北水道流入后始向南，入狮子洋经虎门出海。整段珠江，起于老鸦岗直到东江北支河口止，最短长度为 nnn km[①]。

流溪河是珠江的一条主要支流，它发源于从化县吕田，沿东北—西南的谷地流动，途

① 因未找到具体数据，用 nnn 代替。

原文缺数据，现据小比例尺地图估算，此河段的长度不过四五十千米——2003 年注。

中多流经花岗岩山地。在太平场何家埔入广州市北境，至此两岸都为较宽阔的冲积平原，有不少小溪注入，最后在老鸦岗与白坭水、芦苞—西南涌等汇聚成珠江。流溪河全长 nnn km，其中广州境内的下游有 nnn km。在下游，流溪河的河床宽为 200～300 m，河道甚为淤浅，沙滩不少，涨水季节能行小船。

珠江通过好几条河汊与西江、北江和三角洲相沟通，而这些河汊对于广州的洪水和河运都具有很大的意义，它们是芦苞涌、西南涌和平洲水道、陈村水道等。芦苞涌在三水上游 25 km 的芦苞从北江分支出来，流经古云村后分为二汊：北汊九曲河，向东流入白坭水；南汊称为古云东海，向东南流至新村又复分为二汊：东汊流经官窑，西汊乐平涌在三江墟分别注入西南涌。西南涌是在西南也从北江分支出来，向东偏北流去，在三江、官窑遇芦苞涌来水，随后至金溪分两支注入珠江。芦苞—西南涌将珠江和北江以及西江（需经过思贤滘）连接起来，枯水季节（10 月至次年 3 月）两涌均为沙滩阻隔，与北江不相通流；但在汛期，西、北两江的洪水大量经两涌分流，在未筑芦苞和西南水闸之前，经实测结果表明，当北江水涨达最高水位时，芦苞—西南涌注入珠江的流量相当于 5 倍珠江的流量（详情在下节“洪水”中述及），构成威胁广州的主要洪水，可见其作用不容忽视；当然，在已经筑闸加以调节的现在，情况是好得多了。在近百年的历史上，芦苞—西南涌还是广州通达西北江的要道，但近代淤积早已不能航行。现时广州通达西北两江沿岸和珠江三角洲各地的水运主要是通过平洲水道和陈村水道再经潭洲水道而进行。平、陈两水道是在后航线大尾角附近转出去的，在这里河床较深（2～3 m）。此处珠江联结三角洲河网的河汊还有佛山涌、大石涌等，一般都较淤浅。广州通达东江沿岸的水道主要是在黄埔下，经东江北支而进行。

白云山地矗立于广州市境，许多小溪都从山麓发源，分别向北、向南注入流溪河和珠江，这些小溪也是广州河系的一个组成部分，它们在农业灌溉上能起到一些作用。小溪主要是受雨水补给，多雨水就多，少雨水就少，无雨就干涸。这些小溪的名字，多半是以流过的大墟镇来命名，如沙河、车陂水、罗岗水等（一条河可能有几个名字，而且当地老乡常常不称呼它们），因此这里就不一一述及。

（二）侵袭广州的洪水

广州市位于高温多雨的南亚热带地区，又处三角洲河口地段。每当春夏雨季来临，势必河水上涨，加之潮汐顶托，因而洪水威胁颇为严重。根据各种史料记载，珠江三角洲从 15 世纪以来直到 1949 年，550 年间先后共发生大的洪灾就有 152 次之多，平均不到 4 年就有一次，而 20 世纪的前 50 年几乎每两年就发生一次（1900—1949 年共发生 24 次），可见洪水发生之频繁。

在中华人民共和国成立前，历代反动统治者只知对人民实行残酷的盘剥，毫不顾及广大劳苦群众生命财产的安全，每次洪水都给人民带来巨大的损失，流离失所，饥馑死亡。就拿 1915 年（乙卯年）那次洪水为例：由于北江大堤年久失修，发洪时堤岸崩溃，致使整个珠江三角洲完全被水淹，受灾田地达 460 万亩，损失难以计数。管制站也被水浸 7 天，西关许多平房淹没屋顶，东堤一带水深约 1.5 m，整个沙面和一些沿河大街都可以自由行驶小艇。可是反动军阀却置之不理，毫不采取救灾措施，任凭洪水为害。中华人民共和国成立后，洪水也时有发生，但由于党和政府有计划地治理河道和巩固堤防，已知洪水危害甚少。今年（1959 年）广东大部分地区自入夏以来，雨量特多，造成百年少遇的大洪水。除东江中下游和流溪河下游的部分地区因未充分估计到水势的凶猛而受水害外，西江、北江流域和珠江三角洲广大地区和广州市，在党和政府全力领导和组织之下，群众战胜了洪水，洪峰虽高出了历史最高水位，但大小堤围都安然无恙、秋毫无损。东江人民也在党和政府的大力救护和其他地区人民的积极支援之下，都被引渡到安全地带，有吃有穿。在洪水退却之后，现在正大力恢复生产，力争秋收消灭灾迹。1949 年前后，两相对比，我们不难看出社会主义制度的无比优越性。

珠江每年 4—9 月为涨水季节，河中水量较多，但洪峰的出现则是短暂的，历时不长，急涨急落。因为经常受到潮汐的顶托影响，流量无从测算，一日内水位也涨落两次，使得水位过程甚为复杂。洪水的情况是较难用具体资料说明的。据推算，在正常情况下，在北江大堤起着应有作用的时候，广州洪水水位的或然性是这样的：出现 5 年一遇的洪水时，水位高 1.80 m，10 年一遇时为 1.92 m，20 年一遇时为 1.99 m，50 年一遇时为 2.07 m，百年一遇时为 2.14 m[20]。广州市的安全水位是 2.00 m（以上高程数均以黄埔汛期平均高潮位 1.63 m 起计，这些高程也就是珠江基面以上的数字，下同），可见，洪水的威胁是很大的。而当北江大堤失效，发生溃堤时，问题就更严重了，如 1915 年北江溃堤，广州水浸时，本市的水位是 3.47 m，超过安全水位近 1.5 m。如果要对广州洪水做一个全面了解，就必须对其产生的原因加以叙述。

影响广州洪水的因素是好几个方面的，是综合的。主要有西、北两江洪水的威胁、地方性暴雨成灾、潮汐顶托和泥沙淤积等。现一一叙述如下：

西江和北江是构成珠江的两条主要河流，如果以它们交汇处思贤滘作为起点（其下为珠江三角洲），西江流域面积为 352 930 km^2，占整个珠江流域面积（450 713 km^2）的 78.2%，北江为 46 480 km^2，占珠江的 10.3%[44]；在多年平均总流量上[20]，珠江流域共计 3 700×10^8 m^3，其中西江通过高要的有 2 510×10^8 m^3，占珠江总流量的 67.8%，北江通过石角的流量有 492×10^8 m^3，占总流量的 13.3%；历史洪水的最大流量，西江的梧州是 54 200 m^3/s（1915 年 7 月 10 日），北江的横石是 18 600 m^3/s（1915 年 7 月 10 日）[20]。西、北两江都流经华南的多雨地带，每当春夏雨季到来时，常有暴雨出现，各地几乎同时开始发洪，很容易造成灾害。西江、北江都不流经广州市，在它们发洪时，如何又威胁广州呢？原来北江自出飞来峡后，所经之处均为低平之冲积平原，尤其是其左岸，南连珠江三角洲，兼及广州市区，如果不以丝毫措施加以节制，每当汛期一到，洪水即盈河床而泛滥，低平之平原、三角洲及广州都会受淹而成泽国一片。自石角起沿北江左岸所筑之北江大堤，起着捍卫上述地区之作用，免除洪水为灾。此外，北江还通过芦苞涌和西南涌两条河道与流经广州之珠江相沟通，据实测结果表明[21]，当北江水涨达到最高水位时，即使北江大堤安全，而芦苞和西南两涌流量注入珠江的，还是约 5 倍于珠江本身之流量，如果不加以节制，广州及其西北一带平原也会常遭淹没。1949 年以后，重修了芦苞水闸和新建了西南水闸，使通过两涌的流量在最高水位时起到了很大的保障作用。而当西江发洪时，由于其源远流长，集水面积很大，因而流量特为丰富，如上述梧州历来最大流量为 54 200 m^3/s，但在马口附近，西江河道突然收缩，无法宣泄全部洪水，迫使西江水量经由沟通西、北两江的河汊思贤滘而大量分流，注入北江。据 1949 年以后的水文资料记录，最大流量可达 5 500 m^3/s，这虽然可以稍微缓和西江下游的洪患，但北江在三水以下，因河道也很狭窄，又多泥沙淤积，泄水本就困难，这样就会更加造成北江洪水的宣泄不畅，抬高了北江水位，影响北江大堤安全，威胁着广州。若当西、北两江同时发洪，北江的水本来就够大了，而西江流量仍然要大量注入北江，造成北江水量大增，如果加上潮汐顶托，泄洪也会更加困难，这样情况就达到最严重的程度。倘在此时堤防有失，则洪患无疑！西、北两江每年在汛期内洪峰次数较多，一般北江发洪时间较早，在 4—8 月，西江较晚，在 5—9 月，但洪水在思贤滘的遭遇是经常的，在遭遇洪水后，对三角洲威胁较大的洪峰有 5 次[22]，即所谓头造水、四月八、龙舟水、慕仙水和中秋水。其中以龙舟水和慕仙水最为严重。阴历七月以后，洪峰才告减弱。这些洪峰的出现，也就相应地影响着广州水位的变化。西江和北江洪水遭遇的情况，根据实测和洪水调查结果，可分为四种类型[20]：①西、北两江特大洪水遭遇类型，如前面提及的、灾害空前严重的 1915 年大水即是；②北江为主、西江相应的遭遇类型，1931 年的大水就是这样，当时保护广州市的北江大堤受到较严重的威胁，北江下游清远一带有洪灾，三角洲受影响较小；③西江为主、北江相应的遭遇类型，1947 年的大水即是如此，是时三角洲发生仅次于 1915 年之水灾，但广州未受淹；④西、北两江一般洪水遭遇、又受三角洲下游潮水顶托的类型，如 1947 年，其情况是三角洲出现相当严重的灾害，但广州未受淹。从上面的遭遇类型来看，对于整个珠江三角洲的影响最严重的是西、北两江特大洪水遭遇情况，其次是西江为主、北江相应的情况，北江为主的洪水则对广州市的安全威胁较大。

暴雨也是形成广州洪水的一个因素。这里所指的暴雨是地方性的，也即是指降在广州市区内的暴雨。热雷雨和台风雨都能在很短时间内降下较多的雨量。由于广州市区某些排水管道狭窄和局部暂时淤塞，雨水不能及时排出，汇聚在低洼之街区，就发生水浸，妨碍人们的正常活动；如果暴雨量过大，或与涨潮同时发生，或珠江水量原本就较大，则雨水更难排泄，瞬时间，沟满壕平，泛滥成灾，就会造成一些损失。然而这种积水成灾的历时甚短，为害还不算大。广州市区最易发生这种泛滥的地方有两处[23]：一是西关的内街等地，因地势低洼经常积水为害；二是小北一带，因东壕上游汇集白云山以东之水，一时不易宣泄，也易被淹。1949 年以后，人民政府改筑、新筑了不少下水道工程，疏通了壕渠，致使暴雨为害大为减少，也不会造成较大的泛滥了。

潮汐是三角洲河口地段一种经常性的自然现象。在广州，它对洪水的形成，是不能孤立进行的，往往要在其他因素的前提下，才能发生明显的影响。西、北两江发洪，暴雨成灾，如果再加潮汐的作用，情况就会更加严重。当河水中水量达到最大时，潮水的顶托对洪患的形成就起着决定性的影响。因为它能使水位抬高，在广州，大水时的水位也能抬高 0.5～1 m，可见威胁是很大的。历来，珠江三角洲的大水灾也多在大潮时发生，前面所述西、北两江洪水遭遇的第四种类型就表现得更加明显。

上面关于广州洪水形成的三个原因常常交错在一起，共同构成对广州的威胁，它们又都是经常的、表现明显的原因。

此外，泥沙的淤积，使得洪水逐年增大，虽然它在短时期内表现不甚明显，但也是一个值得注意的因素。据史料记载，公元8世纪以前，珠江三角洲是很少有大洪水记录的，宋朝（约在10世纪）始修建堤防，前面述及的152次大洪水，其分配情况是这样的：15世纪大洪水14次，16世纪23次，17世纪29次，18世纪26次，19世纪36次，20世纪前50年（截至1949年）就有24次[24]。由此可见，洪水出现的频率逐渐增多了。虽然珠江的含沙量与其他河流比较起来，它是算小的，但日积月累，泥沙的沉积使得出海水道逐年加长，河道变窄，河床淤高，沙洲日多，河道也迂回了，致使排水困难，易于泛滥，因而洪水日渐增加。

洪水对广州的威胁是严重的，尤其是西、北两江的发洪这个主要原因。虽然有北江大堤、芦苞水闸、西南水闸加以护卫，这些工程也确实起了很大作用，1959年西、北两江同时发生历史上少有的大洪水，而广州市仍然安全如常，人民生活顺利无忧就是证明。但是，西、北江洪水的威胁还是没有彻底消除。为此，对西、北两江进行全面的开发与治理是非常必要的。目前，国家对珠江流域综合利用规划工作已全面展开。

规划的要点表明，在防洪的措施上，工程也是极其庞大的。在规划[20]的提要中写道："为了防止三角洲的洪水灾害，在规划上必须按点、线、面结合，大、中、小结合，上、中、下游统筹兼顾，以蓄为主、以泄为辅的原则进行：在上游广大的面上，结合发展山区生产，大力兴修综合水土保持工程，面上蓄水；结合水力资源的综合开发，在兴修上游的水库中承担一定的防洪任务；下游培修堤围，修筑必要的调洪水闸，充分发挥堤闸的防洪作用。这三种措施同时进行才能合理解决防洪问题。"

对广州来说（西、北两江，三角洲也是如此），西、北两江的防洪措施是尤为重要的。为了充分发挥西、北两江现有防洪堤的作用，远景规划[20]中百年洪水的组成，应该在安全线下泄量上保证思贤滘为46 000 m^3/s（略低于目前20年一遇的洪水），即西江高要的下泄量为36 000 m^3/s（相当于目前5年一遇），北江石角下泄量为10 000 m^3/s（相当于目前3年一遇）；这样才能满足西江马口安全泄量36 000 m^3/s 的要求。而其相应水位为9.23 m，较历史洪水位仅低0.1 m，也才能满足北江河口安全泄量10 000 m^3/s（本为9 000 m^3/s，故河堤还需加高）的要求，其相应水位为 8.8 m，较历史洪水位低 0.34 m；此时，广州市相应水位为1.92 m，较安全水位2.00 m低0.08 m。而这些需要满足的安全下泄量，估计西、北两江上游远景规划方案中的综合利用水库（西江将建9个大型水库，北江将建4个大型水库和1个分洪区）是完全可能达到要求的。同时，规划中还表明，为了在1962年以前减少三角洲的洪水灾害，必须将西江和北江分治而修建思贤滘水闸、西江大堤和加强北江大堤，并且还要求西、北两江上游随着大型电站的兴建，逐步达到控制百年一遇洪水的下泄量，在北江石角不超过12 000 m^3/s，西江高要不超过44 000 m^3/s。

我们相信，在为人民谋幸福的共产党和人民政府的坚强领导下，广大人民发挥冲天的干劲，规划是能在短时期内逐步实现的。到时，富裕的珠江三角洲和繁荣的广州市，即使遇到百年大水，也能免遭水灾危害。

（三）珠江的潮汐

广州位于三角洲北缘，受潮汐影响，每日涨落两次，属于非正规半日周潮。潮水位和潮差的变化如表 4.1 所示。

表 4.1　广州市潮汐基本数据　　单位：m

	平均高潮水位	平均潮差	最大潮差	最小潮差	最高水位	最大变幅
黄埔海关（假定基面）	2.45	1.56	2.78	0	3.78	3.75
浮标厂（珠江基面）	0.763	1.285	2.38	0	3.48	3.47

黄埔海关站变化较大，平均潮差也仅为 1.56 m，最大潮差不及 3 m，在华南地区并不算大。例如，钱塘江澉浦最大潮差为 7.8 m，海宁为 5.7 m，远较广州大；福州及浙江的其他地区也较广州大。广州较上述地区的纬度低（月球视赤纬较大），雨量较多，并多有台风沿河道平行而进，均是使广州潮水位及潮差变化较大的因素。变化反而较小的主要原因，乃是地形的影响。珠江虽为喇叭形河口，但三角洲河道分汊甚多，潮水进入河口不远即进入三角洲河网区，分散流入河涌，大幅增加了河宽面积；潮高却与河宽的平方成反比，因此，潮水位在进入河口不远，大概在黄埔附近便不继续升高，使潮水位及潮差变化不大。另外，珠江口内外沉积甚盛，沿河口及离河口较远的沿海地区均遭淤浅；海岸构造复杂，有许多岛屿横列河口，使潮浪不易大量涌入，也是重要的原因。钱塘江口喇叭形更为典型，河口往上，河宽迅速减小，没有河道分汊，潮水位能迅速升高，潮差甚大，闻名于世。其他地区虽不是喇叭形河口，但没有三角洲的河道分汊，变化也较广州大。

潮水位及潮差的变化，随月球运转的位置不同而改变。月高潮最高水位，由阴历 11 月至次年 4 月出现在望日前后 1—3 日，5—10 月在朔日后 1～3 日出现。低潮最高水位出现日期，多在朔望后 1～5 日的白天。最大潮 1—6 月在望日后 1～4 天，最小潮差出现日期，在上下弦月 1～4 天，分点潮附近。全年最大潮差发生在秋分朔日。

潮水位及潮差，也随潦水及枯水改变而发生季节变化。以 4—9 月为潦水季，10 月至次年 3 月为枯水季，浮标厂站的情况见表 4.2。

表 4.2　广州市潦水季和旱季的潮水位和潮差

	浮标厂站（40～45 年，假定基面）	
	高潮水位	潮差
4—9 月	2.181 m	1.259 m
10 月至次年 3 月	1.949 m	1.389 m

潮水位的变化以潦水季节较高，枯水季节较低；潮差的变化则相反，潦水季小，枯水季大。这是因为潦水季上水量大，不仅高潮水位较枯水季为高，低潮也保持较高的水位。

枯水季节上水量虽小高潮不及潦水季高，但低潮水位降低远比潦水季低潮明显，潮差反而较大。这种变化，月变化更加明显。如浮标厂站 7 月平均高潮水位较 1 月高 0.494 m，而平均潮差却比 1 月低 0.2 m。

广州（黄埔）潮汐历时，以涨潮历时较短（5：20），落潮历时较长（7：50）。涨落潮历时差为 1 小时 45 分。年涨落潮历时之差，冬至附近最小，夏季附近最大；1—6 月递增，由 1 小时 7 分增至 2 小时 46 分。7 月开始逐月减小，至 12 月为 1 小时 08 分。由黄埔上溯，涨潮历时缩短，落潮历时延长。

由于自然条件的影响，最高潮、最低潮发生时间往往迟于月中天时，产生了高低潮间隙。广州（黄埔）年平均高潮间隙为 13 时 22 分，低潮间隙为 20 时 26 分。一年之中，平均高潮间隙在冬至附近最大，1—6 月，不规则地逐月缩短，由 1 月的 13 时 36 分缩短至 6 月的 13 时。7—12 月逐月延长，由 7 月的 13 时 7 分增至 12 月的 13 时 30 分。平均低潮间隙却在夏至附近最大，1—7 月由 20 时 17 分增至 20 时 38 分，7 月后逐渐减小，至 12 月为 20 时 16 分。

潮汐影响的范围，不仅受起潮力的大小和地形影响，而且深受河流上水量的影响，随季节流量发生变化及各年之潦枯情况不同，潮区界点也有所变化。广州区是潮汐影响的边缘地区，潮汐影响的上限常在此移动。珠江的浮标厂站终年可受潮汐影响，但潮差已不甚大，洪水季节最小潮差接近于零，是潮汐影响上限的下界。枯水季节，潮汐上溯，至江村以上。潮汐影响的上限上下移动达 30 km 以上，最大影响的范围离河口 80 多 km[20]。

广州附近，咸潮一般不能到达，只在黄埔以下的狮子洋附近，河南岛及珠江沿岸农田多有潮水灌溉。但在特殊枯水年份，咸潮也可到达，如 1955 年到达广州以上；农田咸灾面积甚大，西北江三角洲达 108 万亩，东江三角洲也达 30 万亩，较一般年份增加 1 倍[20]；对工业用水和居民用水甚为不利。随着珠江规划的实现，上游电站的兴建，提高枯水流量冲咸，并结合联围筑闸，引淡蓄水防旱等措施，不仅使咸潮不能进入广州，130 万亩农田也可免除咸潮灾害。

（四）航运和灌溉

广州河道纵横，内河航运经三角洲河网可达西、北两江及东江和三角洲各埠。如经平洲水道、潭洲水道可达三水，连接西北两江，经陈容水道至江门，陈村水道至石岐、市桥，经花地涌抵佛山，经东莞支线达东莞连接东江，等等。其中最重要的潭洲水道及陈村水道，远景规划可通航 3 000 t 和 1 000 t 的内河机轮和货运驳轮[27]。沿海及远洋航运也甚发达，为华南重要基地。目前 3 000 t 海轮可达内港，将来黄埔港可泊万吨巨轮，5 000 t 海轮可候潮直抵内港[27]。

广州目前灌溉系统还不够完善，灌溉形式因地形而异。在珠江两岸及河南岛多用潮水自流灌溉；流溪河下游平原需打井提水；西北部台地、山间谷地和小盆地多利用当地径流。随着水利的兴建，灌溉系统将逐渐完善。通过结合平整土地、整理渠系、合理排灌等措施，进一步扩大潮水自流灌溉面积；打井取水将被机械提水代替；利用当地径流灌地，兴建大批中小型工程后，也可完全解决。

五、植被

（一）植被特征

1. 人为破坏严重

自有人类活动直至城市兴起、发展，由于过度砍伐、放牧、割草和战争，给城市植被带来了伤害。这里再也见不到原始森林，破坏后的植被以灌木草地和草地等群落为主，有些地方更完全被栽培植物所代替，而森林残存无几，而且多是人为保护的风水林和风景林。

2. 残存亚热带季雨林的特点

天然植被破坏虽然严重，但残存的林地仍可看出亚热带季雨林的特点：种类繁多，达1 600种，有榕树、木棉、荔枝、香蕉和甘蔗等热带种属和亚热带水果；有干高冠大的木棉、桉树、榕树；有气根的榕树，有板根的榕树和木棉；还有扭肚藤、海金莎、山银花、玉叶金花、买麻藤等藤本植物；无根藤、寄生藤、桑寄生等寄生植物。就残存的自然植物群落来说，层次有四五层之多。

3. 植被多样，外来植物特别多

因生长条件好，植被多样，除农作物、药用植物和盆栽观赏植物外，还有耐旱的岗松、野古草和水生草类、附着在树干上的喜湿、阴生的苔藓等、被称为活化石的银杏、水松和水杉等。广州是中国南大门，对外通商很早，外来植物种属很多，仅中山大学康乐校园就有外来植物32种，常见的有桉树、白千层、南洋杉、南洋楹和木瓜等。

（二）自然植被

1. 亚热带次生季雨林群落

主要为残留的风水林和风景林，仅见于上元岗、下元岗、茅岗、下泉塘和龙眼洞附近的蒲岗等地，呈点状分布，面积极小。

这种群落一般生长在发育着红壤的20 m上下的台地上，水分比山地丰富，又因分布于村落旁而得以保存。

这种群落分为三层：上层乔木一般高5～9 m，郁闭度30%～60%，种类复杂，以韩氏蒲桃、荷木、逼迫子、长叶榨木和罗伞树为主。中层高1 m左右，郁闭度达60%～80%，由小乔木、灌木组成，以降真香、九节木、罗伞树、三椏苦为主，还有大沙叶、野牡丹、酒饼叶、黑面神、黄牛木、桃金娘、牛耳枫和越南下珠。下层为草本植物，为数不多，种类有芒萁骨、乌毛蕨、金钱草、莎草、马拉巴奥图草、短野黍、散穗云果黍和毛排线草等。林下较干燥，地面有枯枝落叶层，未见分散。上元岗附近的郁闭度较大，地面较湿，有苔藓出现。在林中出现藤本植物，如扭肚藤、海金莎、山银花、玉叶金花、买麻藤等。寄生植物有无根藤、寄生藤和桑寄生等。

2. 稀灌木草地植物群落

分布较普遍，见于山地、丘陵和台地上，母岩以花岗岩和红色砂页岩为主，土层较薄，水分也较少，在它们的上面，间或有马尾松生长。大致可分为下列三个群落：

（1）岗松-鹧鸪草-芒箕群落

分布于山地、丘陵和台地上，因生长条件不同，覆盖度各异，一般高度为 20～40 cm，岗松可高达 50 cm。群落上层以岗松为主，其他个别地区还有桃金娘、酸藤子、水杨梅、山丹、野牡丹、黄牛木。草本以鹧鸪草、芒箕和野古草为主，常见的还有四脉金茅、望冬草、鸭嘴草、野香茅、长穗画眉、吉曼、水柞草、蜈蚣草、狗仔草和地棯等。从群落的成分来看，属于稀灌木中生群落。

（2）黑面神-野香茅群落

分布于塘溪和一些台地顶部，总盖度 40%～50%，灌木一般高达 30～40 cm，以黑面神占优势，常见的还有山芝麻、鬼灯笼、黄荆、岗稔，有少数藤本，如海金莎、酸藤子等。草本一般高 10～30 cm，以野香茅、纤毛鸭嘴草占优势，常见的还有白茅、竹节草和地棯等。

（3）金樱子、两面针-竹节草、纤毛鸭嘴草群落

分布在土华附近，总盖度 95%。灌木一般高 1～1.7 m，多具刺，成丛生长，除金樱子、两面针外，还有黑面神、山石榴、白簕花。藤本有粪箕笃、扭肚藤、老鼠耳等。草本高度 5～30 cm，除竹节草、纤毛鸭嘴草外，还有绊根草、鼠尾粟、狼尾草等。

3. 草地植物群落

分布在白鹤洞附近的东望村、西望村、河南岛的南石头、小岗、旧凤凰、漱珠岗、石榴岗、石溪、大塘、市北郊的西村、三元里、白西北直至黄婆洞一带。

植物生长在河南岛和市西北的 20～25 m 和 45～55 m 两级台地上，这里的岩石主要为红色砂页岩和水口系砂岩，还有极少的喷出岩，因为地势较平，土层也较厚，分布在红色岩系上面的尤甚，水分也较山地丰富。

群落覆盖度 40%～60%，一般高为 5～30 cm，为一年生中草群落。主要种有野香茅、纤毛鸭嘴草、野古草、臭根子草、竹节草等，常见的还有铺地黍、长穗画眉、狼尾草、鼠尾粟、雀稗、一点红、地胆头、异叶小绿豆、蜈蚣草等。此外，还有极稀疏的小灌木，如五杨梅、黑面神、桃金娘、岗松、黄栀子春花等。

4. 水生植物

本区是珠江下游，地势低洼，河汊、池沼甚多，是水生植物生长的好环境。而且种类很多，主要有水蕨、蘋、槐叶蘋、满江红、水龙、金藻、水皮莲、水芹、黄花狸藻、灯心草、大水萍、鸭跖草、软骨草、囊藻、水车前、大藻、浮萍等。其中包括沉生的和浮生的，浮生的多在静水的池、塘、沼里。有流水的河汊中，底泥上生长着沉生的藻类和草类。

（三）人为植被

气候对栽培作物的影响是巨大的。高温多雨，使广州的树木常青，四季果蔬不断，农作一年三造。由于气候季节的变化，干湿交替，使栽培作物多种多样，果蔬有四季之别。寒潮到

来时温度突降，使杨桃、木瓜、香蕉和许多蔬菜受到伤害。台风入侵，疾风暴雨、树木折断、花果残落，水浸蔬菜，导致腐烂和虫害。此外，地势对栽培作物也有影响，如河流冲积地宜种蔬菜、水果和水稻等。在较高的台地上，宜种菠萝、橄榄、乌榄和其他较耐旱的水果。山坡上土层薄、水分缺乏，对农作物不很适宜，只适合马尾松和油茶等生长力强的植物生长。

因本区属大城市，栽培作物多为城市服务，以蔬菜和果树较重要。

1. 蔬菜

多种植于旱田，或在水田中和水稻间作，也有生长于池沼中的水生蔬菜，全年皆为生长期，四季都有收获（表 5.1）。

表 5.1　广州市主要蔬菜的生长日数和生长季

蔬菜名称	芥兰	白菜	菜心	椰菜	菠菜	花菜	茄子	黄瓜	节瓜	白瓜	苦瓜	豆角
生长日数	40	60	40	90	70	100	90	35	60	70	90	60
生长期	8 月—次年 2 月	8 月—次年 2 月	8 月—次年 2 月	10 月—次年 4 月	8—11 月	8 月—次年 2 月	2—6 月	2—4 月	2—8 月	2—8 月	5—9 月	3—10 月

河南岛的菜地多种菜心、白菜、韭黄、椰菜、节瓜、豆类和水生的通菜、西洋菜和莲藕。北郊的西村、瑶台、三元里、萧岗和新市一带，以菜心、芥兰、红豆、丝瓜、苦瓜、椰菜和葱为主。东郊的杨箕村、冼村、石牌一带，则以红豆、黄瓜、苦瓜、菜心、西瓜、白菜、椰菜和菠菜为主。西郊多湖沼，在泮塘、小梅、南源和荔枝湾一带，主要为水生蔬菜，如莲藕、慈姑、荸荠、菱角、蕹菜和西洋菜。东北郊上元岗、下元岗、长湴、岑村一带，以豆类为主。

2. 水果

本区的水果属亚热带型多年生植物，除香蕉和木瓜外，一般要种植多年后才能收获。水果成熟多在夏季（6—8 月，表 5.2）。

表 5.2　广州市主要水果的开花期、结果期和成熟期

类别	杨梅	荔枝	番石榴	龙眼	香蕉	木瓜
花期	4 月	2 月	4 月	3 月	常年	常年
结实	5 月	4 月	5 月	5 月	常年	常年
成熟	8 月	6 月	8 月	7 月	常年	常年

产量较大而且较出名的有南岗、黄埔和大塘的荔枝，新滘的龙眼，罗岗和黄陂的菠萝，新滘、赤岗、赤岗和琶洲的香蕉，花地和芳村的杨桃，河南大塘的番石榴，东圃、罗岗和南岗的柑和橙，罗岗和南岗的橄榄，钟落潭、九奥、岑村和陈田的柿子，罗岗、南岗和九奥的杨梅。此外，还有木瓜和番石榴等。

3. 粮食作物

主要是水稻，以流溪河一带占地最多，江村公社占耕地面积的 55%，石井、人和、竹料等公社也占 40%左右，珠江两岸水稻面积较小。小麦分布于江村和钟落潭一带，种植面积不大。此外，还有玉米、高粱和红花豌豆等。

4．经济作物

以甘蔗为主，分布于新滘、白鹤洞、三元里、东圃、江村和南岗一带。花生喜爱沙质土壤，分布于北郊的人和、太和、竹料和钟落潭等地。其他还有大豆、黄麻和农药（广藿香、排香），以及熏制茶叶用的茉莉、白兰花和鸡蛋花等。

5．人工林

集中在山地和台地上，尤多见于钟落潭、竹料、太和、人和、沙河、三元里、黄埔、罗岗和龙眼洞一带，大部分为1949年后所种，在40万亩的栽培林地中占35万亩，以马尾松为最多，从台地、山麓到山顶皆能生长。常见的还有桉、小叶桉、木麻黄、凤凰木和竹子，分布于近郊的风景区和远郊的山麓和台地上，种类以中山大学康乐校园为最多，达1 000种以上，占广州植物种的70%。此外，还有油桐与油茶等经济林。市区之内，只有街道两旁、公园、学校和住宅区有为数不多的风景树木和行道树。1949年以来，在党的领导下，历年进行山区建设、绿化园林、改造大自然的伟大工作，不久，广州将会变成绿色的城、花果的城。

六、土壤

（一）成土条件

1．生物气候条件

在谈到广州市生物气候条件时，总是用热带、亚热带或更明确地用热带边缘、南亚热带等词来描述。的确，这些词相当准确地表述了广州市的生物气候条件。黄秉维先生认定[43]，广州处于湿润南亚热带中，并且简明地指出了这一带的基本特点是：活动温度总和超过6 000℃，冬季温度较高，偶然发生的低温为时短暂，多年生果类如荔枝、龙眼、香蕉、菠萝和杨桃等的栽培成为农业经济中占有一定比重的组成部分。同时，水分条件好，干湿无特别明显的季节性差异。

不难看出，上述生物气候条件在广州市表现得更加深刻。比如，广州活动温度总和为6 986.5℃，极端最低温度为–0.3℃（1934年12月8日），年降水量为1 677.6 mm。

从热量、水分条件出发，广州市土壤具有这些基本特征：风化强烈、土层深厚；淋溶强、硅铝率低、土壤呈酸性；机械组成黏重，具可塑性，结持很明显。土壤表现的上述一些特征，在决定土壤的性态、土壤肥力方面有着很大的意义。

在本文的气候、植被部分已经阐明，广州市的天然植被当是亚热带季雨林类型。由于人为活动的影响，天然林几乎没有，一般植被为稀疏的人工林和草坡地。植被破坏，覆盖度小，引起水土流失。而且在红色岩系台地、丘陵和花岗岩低丘上都有相当严重的土壤侵蚀。其中在红色岩系丘陵地区，冲沟发育，在景观上形成崩岗限区的形态[40]，即令目下侵蚀不甚严重者，土壤有机质累积都不丰富，一般在2%上下[32,33]，在大田山一带植被保存较好的地方，有机质也不过4%[32]。

植被对土壤的影响远非如此简单。当然，这种影响也是很重要的。正如C. B. 佐恩教授所指出的那样，中国热带植被的交替，决定了土壤的形成过程，以及有机质含量和成分[38]。

但关于这一点，还有待深入研究。

2．地质条件

在研究母质对土壤的影响方面，李庆逵、石华的意见是值得注意的。他们认为，华南大面积丘陵地土壤，成土母质对土壤有特殊的影响。因为在这些丘陵地上，今天仅生长稀疏的短草植被，有机质累积较少，在侵蚀严重的地区，红色风化壳直接暴露于地表，所以母质的影响在事实上起了主导作用[36]。这一意见是因为考虑了生物的“主导”因素在内而提出的，所以相当完备，当作在几十年前，土壤研究走的是“地质路线”，而制作的土壤图，可称为“准地质图”。尽管如此，这些研究成果还能相当完善地反映土壤的面貌。不是别的原因，正是当时在研究土壤时，客观地把握了母质对土壤的重大作用。

广州市的面积不大，地质情况颇为复杂。本文的地质部分已经阐明，广州市的岩石主要有水口系的石英砂岩和石英岩等、小坪系的黑色页岩和砂岩，以及红色岩系的红色砂页岩和砾岩。属于火成岩的花岗岩（流状、块状两种）分布也十分广泛，还有小面积分布着的流纹岩。

关于母质对土壤的影响，首先是母质不同，因而使机械组成各异。表 6.1 是不同母质发育的土壤机械组成的差异①。

表 6.1　不同母质发育的土壤机械组成的差异　　单位：mm

母岩	深度/cm	砾	细砾	粗砂	中砂	细砂	极细砂	细土	黏土
红色砂岩（石牌东望芦山）	0～20	9.66	8.06	9.07	12.56	24.19	18.72	12.05	5.17
	20～40	18.08	6.10	6.82	10.51	14.00	20.30	15.10	9.37
	40～100	15.30	6.07	6.57	6.48	8.92	14.95	25.02	16.46
花岗岩（石牌北孖髻岭）	0～20	5.63	2.84	11.33	16.45	17.60	9.15	20.15	16.20
	20～50	5.60	2.34	10.35	15.70	16.88	7.08	18.50	23.30
	50～100	3.66	4.24	11.33	15.08	15.30	7.15	16.15	26.40
石英岩	0～15	12.40	2.27	8.21	8.25	25.10	19.10	16.00	9.35
	15～40	6.35	2.57	9.40	8.35	22.13	20.45	17.30	14.10
黑色页岩（太和附近望岗）	0～50	—	2.54	6.45	2.60	9.10	14.05	31.80	33.60
	50～100	—	4.70	4.90	1.43	4.23	11.68	33.70	39.40
	100～150	—	9.60	7.80	2.50	8.10	15.00	30.40	26.60

表内所列之机械组成数据表明，黑色页岩质软，易于风化，因之砂粒含量为零，细砂和粗砂也很少，而黏土含量极高；花岗岩组织易于崩解，黏土和细土含量也颇高。唯独红色砂岩结构致密，乃新近之地层，粗砾含量高，黏土、细土含量相对地少，而石英岩乃抵抗风化之物，同红色砂岩的表现一样。

同机械组成受母质影响一样，土壤中的物质组成更是表现出母质的影响。

① 此表根据文献[33]资料制成。粒级大小划分标准不明。

下列是各种岩石上发育的土壤的 SiO_2 的含量，单位为%①。

小坪系	红色岩系	花岗岩	流纹岩	石英岩脉
70.776	90.368	81.692	81.374	94.924

其次，从土壤外部形态看，各种母质上发育的土壤也是很不相同的，仅从颜色这一项看，就可以粗略地找出一般的对应关系：红色岩系发育的土壤显现红色和紫红色，火成岩上发育的土壤显红黄色，石英砂岩上发育的土壤显黄白色，黑色页岩上发育的土壤显黑色[33]。最后，从土壤层次看，花岗岩上土壤土层深厚，层次较为明显，而在红色砂、砾岩上，土层浅薄，常不及 50 cm，层次也不明显[32]。

3．地形和水文条件

本文的地形部分已把广州市地形分出了山地、丘陵、台地和平原等类型，各种地形类型的水热条件、利用程度和土壤特点都是不同的。山地和高丘略为潮湿，又多远离城区，受人为影响不剧，植被可以生长良好。但山地坡度大，特别是石英岩和流状花岗岩山地（丘陵）更是险峻。因之，土层浅薄，或岩石暴露于地表，土壤发育处于初期阶段。白云山东麓，学者们视作一断层，这里的土壤更显山地土壤的特征。台地坡缓，土层深厚。然台地临近市区，或成为城镇之工业、建筑用地，或受严重破坏，引起水土流失，形成冲沟地形，这是“坏地”。平原水分充足，土壤肥沃，栽植稻谷、蔬菜和果树。平原与山地、丘陵、台地比较，俨然不同。服务于大城市的平原与其他地区的平原比较，其农业经营特点和土地特点也迥然不同。

广州市低地的土壤也不是完全一致的，主要是水分条件，使土壤在地区上也各有差异。

广州市面积比较大的平地，主要有珠江冲积平原、流溪河沉积平原和山间盆地如龙眼洞盆地等。珠江平原，特别是河南岛东南半壁，河网稠密，可以利用潮水灌溉。潮水不及之地，河水灌溉也很方便，地下水位通常 50～100 cm[33]，甚至更高。这样，这里的土壤具有特别优厚的水分条件。同时，潮水灌溉还带来相当丰富的有机质。只是在洪水来临，排水困难，才有内涝之患。在水分过多的条件下，土壤进行还原作用。同时，季节性干湿交替，水分经常上升、下降，也影响土壤的形成。流溪河一带的平原，除沿河两岸外，大多数有厚的冲积层。这个平原，基本上是古侵蚀面，今有冲积，在 1 m 以内，多在 50 cm 之内。薄的冲积层之下，就是各种岩石。于是，这里水分条件不好，颇有干旱之感。若土层之下有黏土层储水，方能打井取水，以此灌溉。地下水随季节而异，进行着氧化—还原作用。龙眼洞盆地内乃花岗岩山地的物质冲积，冲积层厚度在 1 m 以内，多在 50 cm 左右。此种地形上发育的土壤似流溪河平原。

4．人为活动

广州市的土壤，受人为影响格外剧烈。

人为活动首先是通过对植被的作用而对土壤发生影响的。1949 年以前，不能很好地合理利用自然资源，天然植被被破坏，引起不同程度水土流失。1949 年以后，为合理利用自然资源开辟了无限美好的前景，并且，在很短的时期内，就获得了显著成效。但是，毕竟

① 资料引自文献[32]，该分析数据显然有误，这里仅作比较之用。

还没有完全改变破坏了的自然面貌。关于人为活动对植被的破坏，以及由此而产生的对土壤的影响，上文已经谈到，不再重复。

在叙述母质对土壤的影响时，十分强调母质的作用，并举出了母质对土壤影响一系列实际情况。已经说过，强调母质对土壤的作用的条件是植被遭受破坏。而这一点，归根结底，还是人为活动的作用。

广州市的兴起与发展，是一段很长的历史过程。所以，人为活动对于土壤形成过程影响是相当深刻的，特别是低地的土壤，耕作悠久，在耕作、施肥和灌溉等一系列农业技术措施影响下，根本改变了土壤的性质。

（二）土壤特性及其改良利用

先把土壤分为山地、丘陵、台地和低地、平原、谷地等不同地形单元发育的不同类型的土壤。

山地、丘陵和台地的土壤类型为红壤，该土类按其发育阶段分出红壤、幼年红壤和侵蚀红壤 3 个亚类，亚类之下不再进一步划分土种。

低地、平原和谷地的土壤类型有菜园土和水稻土 2 个土类。水稻土之下分围田、洋田、垌田和坑田等 4 个亚类。这样的分类，也基本上表示出了水稻土的潜育性、潴育性和淹育性等发育阶段。亚类之下，再划分土种和变种。一个农民命名，相当完整地表示出了变种。在农民命名之后，仍主要以发生学的分类命名。由此得出的广州市土壤分类系统如下：

甲、山地、丘陵和台地土壤

- i. 红壤
  - 1. 红壤
  - 2. 幼年红壤
  - 3. 侵蚀红壤
- ii. 石质土
  - 4. 石质土

乙、低地土壤

- iii. 菜园土
  - 5. 菜园土
- iv. 水稻土
  - A. 坑田
    - 6. 望天田
    - 7. 黑坭田
  - B. 垌田
    - 8. 结粉田
    - 9. 黄坭格田
    - 10. 坭坦
  - C. 洋田
    - 11. 沙田
    - 12. 粉沙田
    - 13. 半沙坭田
  - D. 围田
    - 14. 坭田
    - 15. 黑胶坭
    - 16. 矾田

i. 红壤①

中国南部分布着大面积的红色风化壳。Б.Б.波雷诺夫指出，风化壳不是土壤，而是母质，在这种母质上，因植被特点不同可发育成不同类型的土壤[37]。И.П.格拉西莫夫也指出，云南昆明红壤是古地理条件的产物[35]。其他中外学者如梭颇、德日进、杨钟健、李四光、熊毅和朱显谟等人也分别论述了中国南方各地土壤是古土壤。

梭颇并且认为，红壤目前仍在继续发展，И.П.格拉西莫夫在研究华中的红壤时，认为自然条件仍能有砖红壤化作用。

对于红色风化壳上发育的土壤分类还是很不一致的。本文根据广州市的成土条件和土壤特性，把广州市的红色风化壳上发育的土壤归入红壤土类。

广州市的红色风化壳上的土壤，也就是说，广州市的土壤，具有这样一些基本特征：

- 土体中强度分解，具有较强的富铝化作用，但土体中仍残留抵抗强度风化的矿物如石英等。
- 土壤具可塑性、结持力强、机械组成黏重。但山地、丘陵土壤表现这一特点不明显，主要在台地上表现出来。
- 土壤颜色为杂色与黄红色，但土层中网纹层不显著。
- 土层深厚，与母质关系明显。一般层次清楚，常见 A、B、C 三层。
- 淋溶强烈，B 层常有胶膜出现。剖面均呈酸性（水解酸度在 5～6）。R_2O_3 向下移动。
- 阳离子代换能力很小，代换性氢、碱金属和碱土金属含量不高。

上述的广州市红壤的一般特点，表现在И.П.格拉西莫夫在广州石牌所做的观察里。如下：

剖面：丘陵缓坡，栽植松林，地表散布沙砾与碎石块，有冲刷现象，母质为花岗岩残积物。

0～30 cm 灰黄色，重壤土，含有砾质，塑性较弱，团块结构不明显。

30～70 cm 较黏重，也含砾质，橙黄色带灰斑，疏松。

70～100 cm 红色，砾质黏土，塑性小，团块—块状结构不明显。

100～150 cm 红色，紧实，砾质壤土，有塑性。

150～235 cm 砖红色，砾质黏土，塑性小，团块—块状结构不明显。

235～330 cm 紫红色，有塑性，石英砾质黏土，结构不明显。

该剖面的理化分析结果见表 6.2。

表 6.2 红壤剖面的理化分析结果

采样深度/cm	各粒级含量/%（粒径单位为 mm）					
	1.0～0.25	0.25～0.05	0.05～0.01	0.01～0.005	0.005～0.001	＜0.001
0～10	31.25	12.85	5.28	2.83	15.78	32.01
20～30	31.01	9.60	4.00	4.33	15.31	35.75
40～50	30.37	9.96	4.45	4.44	15.43	35.35

① 此部分主要根据文献 31，32 和野外观察资料编写。

采样深度/cm	各粒级含量/%（粒径单位为 mm）					
	1.0～0.25	0.25～0.05	0.05～0.01	0.01～0.005	0.005～0.001	<0.001
80～90	23.42	5.11	8.00	6.53	19.72	37.22
120～130	29.78	8.23	8.29	6.24	21.54	24.92
130～210	18.43	12.92	1.34	5.56	24.81	36.94
300～310	14.87	4.52	15.10	9.27	23.10	33.14

采样深度/cm	烧失量	SiO_2	Al_2O_3	Fe_2O_3	TiO_2	CaO	MgO	Na_2O	K_2O	SO_3
0～10	7.48	69.11	17.15	5.25	0.70	0.38	0.36	0.05	0.41	0.14
20～30	6.86	67.05	18.86	5.72	0.72	0.41	0.25	0.04	0.28	0.28
40～50	6.88	66.75	19.09	6.23	0.68	0.24	0.55	0.03	0.07	0.07
80～90	8.18	59.87	23.43	6.24	0.72	0.34	0.51	0.03	0.20	0.20
120～130	7.65	62.30	21.32	6.21	0.72	0.45	0.47	0.04	0.50	1.14
200～210	9.35	55.11	26.04	9.01	0.77	0.10	0.18	0.04	0.31	0.14
300～310	10.00	52.98	27.02	8.51	0.83	0.10	0.32	0.04	0.31	0.14

现将红壤各亚类的特性叙述如下。

1．红壤

分布很广，花岗岩地区发育的全是此亚类。植被以草本为主，覆盖度一般为 20%～40%。土壤的主要特征是土层深厚，可达 2 m 以上。层次较明显，有机质层薄，厚度 4～14 cm，含量 2%～4%。

红壤分布在多种地形类型、多种母质条件下，因此，性质有所差异。发育在流状花岗岩上的红壤和发育在块状花岗岩上者相比，前者土层浅薄；台地与山地、丘陵相比，台地坡度平缓，土层特别深厚。发育于红色岩系上者，则颜色特别鲜红。

红壤亚类大部分是荒山荒地，今后主要是大力造林，防止水土流失。其中已辟为耕地者，已成耕型红壤，只要合理经营，例如开辟梯田，还会有良好的收成，特别是种植菠萝等果品。

2．幼年红壤

分布不广，主要在石英岩、石英岩脉和红色沙砾岩上，大体在珠江两岸的红色岩系台地上。植被稀落，土层薄，常在 50 cm 以下。表层有机质很少，土层与母岩关系还十分密切，土壤发育还处在幼年时期。

3．侵蚀红壤

广州市土壤侵蚀颇为严重，片状侵蚀几乎遍地皆是。侵蚀红壤作为一个亚类，是指侵蚀严重的红壤，即发生了沟状侵蚀的红壤，严重时形成冲沟，有时发生崩塌。

本亚类主要分布在白云山以东 60 m 左右的红色岩系台地和丘陵上，因水土流失严重，土壤表层全部被冲走，植被凋萎，冲沟中更是寸草不生。

侵蚀红壤分布地区给耕作业、工程建设和道路建设带来很大危害，所以必须认真防止土壤侵蚀的继续发展。

ii. 石质土[①]

4. 石质土

零散分布于市内东北部山地的山顶上，如履顶岭、太方塔、小梁山、大王楼、白石头、人头岭、帽峰山和石菴锥等地。

此乃未风化之石块，尚未形成土壤。

iii. 菜园土

5. 菜园土

主要分布在广州市的南郊和东郊，如腊德村、瑞宝、大塘、龙潭、士华、小洲、北山、芳村、花地和冼村等地。母质主要是珠江冲积土。菜园旁多有许多深度和宽度各约 2 m 的沟渠，有规则地和果基相间分布。地下水位 1 m 左右，由于经常灌溉和地下水位较高，土壤常具有一些水稻土的特点，1 m 以下有潜育层，质地黏重，B 层有胶膜。菜园土的特点是表层呈片状结构，片理明显，富有弹性，是由于铲草和添加淤泥或珠江泛滥带来的沃坭堆积形成的。果树业的发展具有很重要的意义，是城郊农业极其重要的一部分，今后需得大力发展。

iv. 水稻土[②]

A. 坑田

在广东话里，“坑”是峡谷的意思。坑田环境的主要特征是“山高水冷”，坑田是附近山地物质堆积的地方，物质颗粒较大，土壤肥力较低。

6. 望天田——砂壤质薄耕作层谷底冲积物上发育的淹育性水稻土

分布于禺东之黄陂、黄麻洞等地，耕作层浅薄，呈棕灰色，铁锈水涌现水面而成“油镜”。土壤分层不清楚，50 cm 以下多为粗砂，呈棕色或黄色。此种土壤肥力低，水稻生长不良。需要开环山沟，排除铁锈水，多施有机质肥料，进行合理轮作制度。

7. 黑坭田——砂壤质薄耕作层谷底冲积潴育性水稻土

主要分布于禺北山地，以钟落潭公社之九奥为多。来自山上的有机质堆积在这里，未经分解，使土壤呈暗灰色。土壤底层仍属红壤，但已处于潴育性阶段。此种田土肥力不高，但在坑田中仍属上等。黑坭田肥力潜在力量较大，需设法发挥其潜力，例如，深耕以加厚其耕作层，促进土壤有机质分解等。

B. 垌田

“垌”是指较为广阔的平地，阳光充足，母质为冲积—坡积物，地下水位较低。本市垌田缺少河水灌溉，蓄水能力差，常见干旱。

8. 结粉田——砂壤质薄耕作层红壤母质潴育性水稻土

主要分布于龙眼洞、长湴谷地一带，表土棕灰色，或呈灰色，砂壤质，向第二层过渡不明显，60 cm 以下为红壤母质。当地农民大量施用石灰，使土壤理化性质恶化，影响水稻生长。改良措施主要包括施用矿坭和绿肥，以改良土壤结构，提高土壤肥力。同时，要

① 根据文献[33]编写。

② 根据文献[31]编写。

大力兴修水利，并且要注意合理轮作。

9．黄坭格——砂壤质薄耕作层冲积—坡积物上发育的潴育性水稻土

主要分布于罗岗等地，表土暗灰色，耕作层浅薄，厚度9～12 cm，下有潴育层。砂粒大，保水保肥力不好。此种土壤若种植杂粮和花生，则收成颇佳。

10．坭坦——壤土质薄耕作层冲积—坡积物上发育的潴育性水稻土

主要分布于南岗（禺东）一带，表土黄灰或兰灰色，泥沙各半，心土黄灰色，底土为杂色黏土。此种土壤保水保肥力强，土壤肥力颇高，历来亩产700～800斤，甚至1 000斤。此种土壤可作为基本农田，精耕细作。

C．洋田

“洋”，指的是河边比较宽广的平原，但有别于围田。本区洋田主要在流溪河一带，河流冲积物和山麓洪积物不厚，冲积层下地层颇为复杂。

11．沙田——砂壤质薄耕作层冲积—坡积物上发育的强度潴育性水稻土

主要分布于本市东北山地的西麓，大体呈东北—西南向延长分布。此种土壤位于山前，位置较高，冲积物颗粒较粗，水分也较缺乏，土壤性质近似于黄坭格。

12．粉沙田——细砂壤质薄耕作层冲积物上发育的潴育性水稻土

主要分布于汪村以北15～25 m高程的地面上。另外，在流溪河以东地区呈狭长分布，与沙田毗邻。其分布下限为绝对高度15 m。表土黑灰色，耕作层较薄，厚度约10 cm，以下为潴育层，底土质地甚黏。保水性能不强，但可掘井灌溉。

13．半沙坭田——壤土质薄耕作层河流冲积物上发育的潴育性水稻土

分布比较广泛，主要在15 m以下的流溪河平原上，全部分布此种土壤。土壤肥力颇高，水分条件好，灌溉方便。土壤质地多为壤质，表层厚20 cm。这种土壤适于稻作。

D．围田

“围”，因为地势较低，潮水又频，所以必须筑堤以围之，其内田土方可经营。围田水分条件特别优厚，肥料也特别充分，经营也比较特殊。主要种植蔬菜，其次是水稻和甘蔗等。蔬菜每年收获多次，土壤性质发生了很大的变化。

14．坭肉田——轻黏质厚耕作层珠江冲积物上发育的轻度潴育性水稻土

分布于本市西北和西南的平原上，表土黄灰色或灰色，肥沃，耕作层深厚，20 cm 左右，中部为灰色的心土层，底土为杂色（以黄红色为主）的砂土。土壤肥力很高。

15．黑胶坭——轻黏土质厚耕作层珠江冲积物上发育的下位潜育性水稻土

主要分布于珠江北岸和河南岛。地势低下，河网纵横，地下水位经常很高，潜育过程充分发展，土壤呈黑色、灰蓝色，耕作层深厚，达25 cm左右。质地均黏重，肥力虽高，惟耕作困难，且通气、透水不好，致使禾苗生长并不良好。此种土壤主要是筑好堤围，防止水淹，犁冬晒白，并可加入沙土及垃圾等肥料以改良土质。

16．矾田——黏土质厚耕作层珠江冲积物上发育的下位潜育性水稻土

分布于本市东南一隅，耕作层深厚，黄灰色或黑色，黏质，1 m以下为砂壤质或砂质。土壤pH为5.5，对水稻生长无益。近来兴修水利，洗咸改良土壤已有所收效，今后仍需继续进行。

（三）土壤区划

根据广州市的自然条件，主要是根据土壤本身的特征，同时注意土地利用情况，以及今后发展方向，进行本区的土壤区划。

在每一个区内，由一定的土壤类型（亚类）组成，区内土壤互相紧密联系，土壤肥力程度表现一致，在区内的土壤利用和改良有一致的方向。

现在，把广州市的土壤分作4个区，实际上，各个区受行政界线的限制，都不完整。

1．东北山地红壤坑田区

特点是“山高水冷”，应着重防止水土流失，进行封山育林，水田进行水利土壤改良，排除毒水，增施有机质，以及进行适当的轮作。

本区内山地上的红壤亚类和谷地中的坑田，是不可分割的。

2．东部低丘陵、台地幼年红壤、侵蚀红壤、垌田区

本区应恢复植被，制止冲沟发展，垌田需大力兴修水利，以防止干旱，发展方向是种植水稻，尤适于发展杂粮和花生。

3．西北部平原洋田区

本区地势高亢，近代冲积物也薄，土地不耐旱，土壤肥力不太高，有机质和氮、磷、钾含量均不丰富。应着重兴修水利，注重施用有机肥料。主要发展粮食作物，如水稻、杂粮等，蔬菜的发展也很重要。

4．南部围田区

本区土壤肥沃，水分充足，接近城区，适于发展为城市服务的农业，如果类和蔬菜等。唯本区土壤黏重，且有洪涝之患，故应排除过多水分，促进土壤熟化。

七、综合自然地理区

（一）白云山地马尾松灌木草地区

本区位于广州市的东北部，在5个区中占地最多。其分布界线如下：西北部以东北—西南向的山麓线为界，从伕子岭—梅田—太和市—三元里一线与流溪河下游平原区为邻；南界甚为参差，主要在白云山—坳背山—大芋岭—乌石山—鸡啼山一线，但又以火炉山、大岭和刘村大山等山地向南突出，而其南邻的石牌台地区却以龙眼洞、联和市、罗岗洞等盆地向北嵌入本区内；东部界线则以广州市界为准，与邻近的增城县接壤。这条市界本是一条较窄的山脊，大体上也是珠江和东江的分水岭。

本区的特征是一群200 m以上的低山山地，其中最高的是帽峰山，高达541 m，坐落在东界上。此外，在400 m左右的山峰上也有好几处，如大芋嶂（400.5 m）、水壳后（397 m）、摸星岭（382 m）、白云山（364 m）、凤凰山（382 m）、牛头山（375 m）、全峰（443 m）、良洞岭（397 m）和打石阑岗（404 m）等。除了低山，本区北部还有一些丘陵和台地的

分布。

本区山地是在燕山造山运动时，由花岗岩的侵入而形成的向西倾斜的一个穹隆地区，是粤东平行岭谷九连山脉的西南端。构成山地的花岗岩有流状花岗岩和块状花岗岩两种。前者质地较坚硬，形成之山较高。此外，山地的岩石还有少部分水口系的砂岩和石英岩脉（主要在火炉山）等。断层在山地也有发育，白云山东侧表现最为明显，龙眼洞—联和市—常平社一线平直之谷地也似断层（地堑）。从广从、广增公路分别通过这里，切山而过。向西倾斜的穹隆山地，形成东陡西缓的不对称山岭，白云山就是这样。发源于这里的小溪也就表现为东坡河谷陡峭、短小，常发生急湍和暴流。而西坡河谷则较宽广平缓，河流也较长，流速较慢。这种性质在山地的北部也可看出，虽然山地被切割而破碎，但山头向西北逐步降低，如帽峰山，其南坡甚陡，高度由 500 多 m 骤降至 100 多 m，而向西北，山势渐低，由 541 m 的帽峰山—335 m 的葫芦石—285 m 的大嶂—200 m 的牛屎顶，逐渐倾斜至山麓。

山地的突起，构成了分水地段。发源于山地的山谷河流，背向呈辐射状散开。山地东部，河流多在本区范围之外，流入东江。山地南部的河流，大多在山地里，流程很短，向南流到石牌台地后，注入珠江。向西注入流溪河的小河，由于山坡较缓，大多伸入山地内部，与流溪河形成格子状水系的特征。

广州地处高温多雨的南亚热带，又靠近海洋，气候条件优越，本区的情况基本上也是如此，但又具有其小气候特征。山地南坡接受太阳辐射较强，岩石物理风化较强，水分条件较差，植物生长较困难。春夏季节东南风盛行，南坡向风，多地形雨。山北背风，焚风效应使空气干燥，山北的流溪河下游地区雨量较少。山地对空气的抬升作用造成山区多雾，白云山也因此而得名。冬天，山地对南下的寒潮也起着屏障作用，使得南坡背风地带的谷地和盆地比较暖和，适合热带作物生长，龙眼洞和罗岗垌都可能成为这些作物的地点。

本区由于人为干扰较强烈，自然植被几乎完全被破坏。即使寺庙附近，也因日寇入侵，林木破坏殆尽，水土流失严重，成土过程微弱。山地上虽大部分地区发育着薄层的红壤，但都含有粗糙未完全风化的母岩碎屑，尤其是石英颗粒。不少山头和陡坡上，由于表土遭受强烈冲刷，母岩外露，形成石质山地，植被不能生长，童山濯濯。养料和水分的缺乏，使贫瘠的薄层红壤上很不利于植物生长，只有一些对养分要求不高的浅根植物，如岗松、铁线草、桃金娘、芒箕、鹧鸪草、山芝麻和一些莎草科及禾本科植物。1949 年以后，在山地大力栽植了马尾松和一些桉树，但尚未成林。

在一些山间谷地，山坡表土在坡麓堆积，土层较厚，养料和水分比较丰富，红壤发育甚好，植物也较茂密，有禾本科高草，如望冬草、大采叶和芦如菅等。有些地方还有灌木丛生长。这些谷地，早已被人类开发利用，种植了农作物，低处辟为稻田，高处用于旱作，种植番薯和木薯等。因此，谷地里的红壤都已发育成坑田。

白云山地占广州市很大的面积，但目前的利用很不理想，虽有个别山头（如火炉山）有水晶矿开采，但其他地方依旧荒芜，只要善加规划，仍有良好的发展前途。现在，我国大规模的社会主义经济建设已全面展开，广州市总体规划也在进行，人民公社的建立更为生产发展打下了优厚的基础，山地综合利用已提到日程上来，土种的利用已经开始。关于山地的利用改良，首先要大力植树造林，封山育林，使水土流失逐步消除。在水热条件较好的谷坡，可种植有价值的经济林，如热带树种、果木和油茶等。为了保证山溪在其下游平地的灌溉和防止山洪，在这些河流中上游可修建水库。在坑田里，应大力追肥，深耕细作，提高农作物单位面积产量。

（二）石牌台地残丘灌木草地区

本区位于城区以东，向东延长成长条形。西起白云山东麓和广州市区，北接白云山地，东以广州市行政界线为止，南连珠江冲积平原围田、蔬菜果园区，界线西起东山沿公路稍南经石牌村、程界转接鱼珠公路，经棠下村南，东陂村北，再经渔南公路，至鹿步村虎岗山麓。

本区地形明显地表现为 20～25 m 及 40～45 m 两级台地，土地经侵蚀，和缓起伏。两级台地主要由花岗岩和红色岩系构成。以瘦狗岭—鸡笼岗—大灵山—大村岗等 ESE 走向的水口系中部的石英砂岩和流状花岗岩硬岭残蚀山丘为界，此线以北为块状花岗岩，形成 40～45 m 台地。此线以南为红色岩系的砂岩和页岩，形成 40～45 m 和 20～25 m 两级台地。此外，属珠江平原的珠江南岸也有 20～25 m 的红色台地分布。鱼珠以东也为花岗岩组成的台地，其间分布大田和鸡冠两座低山和一些丘陵。

瘦狗岭—孖髻岭以北的 40～45 m 台地，称为石牌台地，由花岗岩构成，缓坡起伏成浑圆馒头状。岗上有花岗岩石蛋，岩石风化甚深，达数十米。台地中间有一长溢谷地，长十多千米，宽 1 km，谷底高约 20 m，为一古河谷，现已高出沙河、东陂水 5～10 m。台地西部沙河流经此区，切过台地流入珠江。沙河上游昔日在河水村附近流入长溢谷而灌入东陂水，后来沙河溯源侵蚀切过台地而抢水，使长溢干涸而成死谷。沿岸有二级阶地，台地与山地之间，有一宽 1 km、长 3 km 之断层构造盆地，名为龙眼洞。盆地东、北、西三面被山地包围，只有南面与台地相接。盆地底高约 30 m。流经盆地之龙洞水源于大芋嶂山地，与沙河并行，流至台地后称东陂水，也切过台地流入珠江。

硬岭残蚀山丘以南，黄花岗以北，台地被切割成以牛鼻岗为中心的两个 40 m 台地。牛鼻岗台地南北长 3 km，东北宽 2 km，由红色砂岩及少数红色页岩和砾岩构成，岩层向北倾斜，倾角 15°～20°，但在广九铁路之北、鸡笼岗以南倾向相反，向 SW 倾斜，倾角较大。黄花岗以北台地主要为红色砂岩，北部也有红色砾岩构成的较高的山岭。植被稀少，特别是铁路两旁，侵蚀破坏最为严重，冲沟甚为发育，形成崩岗。台地与台地间被小河切割成宽谷，如沙河和车陂水均是。台地前缘为台地冲积平原，有一定的坡度，组成物质与珠江平原不同。

鱼珠以东地区，地形较为复杂，除广布的 40～45 m 台地外，尚有低山、丘陵和冲积平原。大田和鸡冠山分别高 249.7 m 和 205.4 m。大田山为流状花岗岩组成，鸡冠山则与瘦狗岭—大灵山一脉相通，由石英砂岩及流状花岗岩构成。丘陵散乱地分布于山地与台地之间，高度在 100 m 左右，也由花岗岩构成。丘陵、台地与山地之间，有一较宽平的罗岗洞盆地，其最西部靠近珠江岸边，以南岗车站为中心，是一片相当广阔的平原，周围被台地包围。

本区北部有山地屏障，冬天寒潮受到阻挡，为一避风地区，气温较珠江平原（康乐园）和广州气象台（城乡交界处）稍高。夏天，红色台地地势较高，岩石比热较小，易于吸热，增温迅速，吸热后也易于放热，使气温升高，该地区气温也高于广州气象台。台地上降水较山区和城区稍小，与珠江平原相似，雨量仍很丰富。但台地上降雨后即产生径流而流失，不能保持水分，土壤显得干燥。

台地及其间的谷地是人类活动的重要场所，植被和土壤均受人为活动的强烈影响。台地、丘陵和低山的花岗岩母质上均发育了红壤，母质风化甚深，土层较厚，在 2 m 以上。植被覆盖度小，土壤腐殖质含量很少。红色岩系台地受侵蚀特别强烈，土层很薄，颜色鲜红，成土过程微弱，为幼年红壤。在台地间的谷地与龙眼洞、罗岗洞等盆地中，经栽植水稻，发育成水稻土，是为坑垌田。缓坡上辟有梯田。耕作层都较薄，8～12 cm。一般来说，坑田和梯田多为望天田，处于淹育性阶段，而垌田主要为结粉田和黄坭格田，处于潴育性发育阶段。望天田水源缺乏，灌溉极为重要。垌田多发育在山间冲积物上，组成物质较粗，特别是在结粉田中，宜多施有机肥，并可采用水稻与花生、番薯等轮作。本区南部是一片倾斜的冲积平原，主要为半泥沙田，土壤肥沃，灌溉也较便利，现多栽种蔬菜。

本区原生植被全遭破坏，被次生植被所代替。台地和丘陵上为稀灌木草地群落，并有菠萝、橄榄等水果和马尾松、桉树等乔木生长。谷地和小盆地已开垦为农田，种植水稻、蔬菜和杂粮。龙眼洞的蒲岗和上元岗，以及黄埔附近的茅岗、下泉塘仍残存小片亚热带季雨林群落，为广州地区仅有的植被类型。

根据城郊农业为城市服务的原则，必须大力发展蔬菜和水果，供城市人民消费。台地水分条件较差，不易灌溉，发展蔬菜较为困难，但对水果生产，特别是耐旱的菠萝，最为有利。台地存在的主要问题是水土流失严重，最好是开辟梯田种植菠萝，既可发展生产，又可保持水土。花岗岩和红色砂页岩台地在广州附近是很好的建筑基础，许多建筑物，特别是学校和工厂，都建在其上。20 m 台地高度适当，交通便利，最宜作城市发展用地，40 m 台地也很理想，特别宜于修建学校和工厂。谷地和盆地应该大力发展蔬菜生产，水稻和杂粮也很重要。

（三）珠江冲积平原围田、蔬菜、果园区

本区位于广州市南部，北与石牌台地、残丘灌木草地区为界，次及广州城区，然后以一楔形嵌入江村下游具有平行陇岗的平原区中。东部、西部和南部皆以市区行政界线与其他行政区域为邻。

本区河道纵横，全区由若干大小不一之“岛”构成，为最引人注目的特征。

区内地层绝大部分为近代冲积层所覆盖。其次，芳村区南部，城郊的黄埔和石榴岗公路线上露出第三纪红色岩系。此外，区南缘官洲岛上岭头附近有花岗岩露头，这是广州红色盆地的南缘。漱珠岗流纹岩面积虽小，但这是广州市其他地区所难以见到的。

本区地形主要是近代冲积层构成的珠江平原，十分平坦，绝对高度 11 m 左右，最高不

超过 15 m。不过，平原上凸起了相当大面积的红色岩系台地。由红色岩系组成的台地在本区内主要高度为 20～25 m 的一级。其次，河南岛七星岗以东还有 45～55 m 一级。除红色岩系构成的台地外，官洲岛上有由花岗岩组成的 45～55 m 的台地。台地面一般十分平坦，20～25 m 台地的地面坡度在 5°左右。

前已述及，本区特征之一是河道纵横，接近河口，有潮汐之利，田地水分条件特别优越，冲积平原之下地下水位很高，通常在 50～100 cm。

红色岩系基础稳固，能承受高压，是良好的建筑用地，而且交通方便。区内土壤肥沃，灌溉方便，又接近城区，人为活动十分强烈。台地上有众多建筑物，芳村以南地区尤多。河南岛西部，有许多学校和工厂，附近风景林较多，例如，中山大学校园内，桉树参天，古榕森森，百花齐放，四季常青。但是，其他红色岩系台地上，植被生长不佳，绝大部分为草本群落。

本区自然条件优越，加之长期耕作，果木众多，如河南岛东南半部的士华、小洲、大塘和琶洲等地。其他地区也有果园零星分布，蔬菜也占重要地位，尤其集中在河南岛中部和珠江北岸。总之，果园、菜园和围田是本区突出的特点。

区内台地上大部分土壤为红壤。在红色砾岩分布区域内，主要为幼年红壤。珠江平原上的土壤，质地甚为黏重，且排水不畅，地下水位又高，土壤潜育化现象较明显，但就其养分而言，堪称上乘。唯狮子洋岸边，土壤酸性较强，是为矾田，对植物生长不利。平原上的土壤经人为改造，形成了菜园土与水稻土两个土类。

本区低地的土壤，依地势之高低，有所谓大浸田、二浸田和围田之分。大浸田和二浸田一经筑堤围封，就成围田，用水闸控制灌溉，十分方便。

就目前情况而言，按照郊区生产蔬果为主、服务城市的原则，充分利用有利的自然条件，本区的发展方向应当是种植蔬菜和果树。是否可以说，本区的菜地和果园已经成为独特的景观，今后更应充分发展。

本区自然条件已十分优越，但台地缓坡仍有干旱之患，今后应多筑塘池，以济灌溉。冲积平原上，土壤黏重，且有水患，需要改良土壤，联围固堤尤为重要。

（四）流溪河下游具有平行陇岗的平原水稻区

位于广州市西北部，东以白云山地的山麓为界，西北为行政界线。

本区是广花平原的一部分，流溪河的西南段贯穿平原，和芦苞、白坭两水汇合后向南流入珠江。河道宽阔，一般在 20 m 左右。

组成河流的物质各地不同，西部、西南部和沿河两岸为河流冲积物。东部白云山前是倾斜和缓的平原，组成物质是洪积物。山麓物质较粗，夹有巨砾和花岗岩石蛋。山麓平原是冲积扇的联合体，趋向河边，物质渐细。流溪河西北，京广铁路以东，也是山前平原的一部分，但上面的小丘上有残积物的分布。冲积层厚度各处不一，薄者仅 1 m，厚者则达 20～30 m。

平原的高度一般在 10～20 m，西南较低，东北部较高，靠近山麓处可达 20～40 m。

平原上，特别是西部，残丘屹立，一般高度在 30～60 m，相对高度在 40 m 左右，走向为东北—西南，由新街车站到三元里，呈五列平行排列，形成细长的陇岗，流溪河以南的亭岗为第一列，由石炭纪水口系岩层组成，高度较大，约 60 m。其余 4 列，自北向南为芒种岗（59 m）、蜘蛛山（58 m）、三元岗（60.24 m）和鹅髻岭（60.2 m）。亭岗以南由侏罗纪小坪系岩层组成，高度较低，起伏和缓，顶部平坦，高度可分两级：南部低丘高 20 m 左右，和珠江两岸的台地相对应；北部高约 40 m，和另一级台地相对应。在流溪河以西的长岗湖和黄榜岭一带，以平台的形式出现，高约 20 m。假如这是冲积台地，则它的形成应与南部 20～25 m 的台地同时形成。此外，流溪河沿岸还有距河面 6～7 m 高的台地，这说明平原形成以后，本地区的地壳仍有上升运动。

河流的流向为东北—西南、西北—东南和南北向数种，切穿了北北东—南南西排列的陇岗，形成了流溪河的江村峡、白坭水的渡石峡和珠江的石角。

本区东西方的水网分布差异很大，白云山前顺向平行的小河注入流溪河。北面较高的平原河流较大，地势较高，农田靠井灌，林立的井架形成了一种特殊的景观。

流溪河水位与流量变化较大，每年枯水期（冬季）水深不过 1 m，沙洲坦露水面。流溪河的白坭水、芦苞水汇合处地势低平，河流分汊，潮水常达江高镇，大潮可达石马（江村尾），洪水季节容易成灾。这一带都有堤防保护，1949 年以后加修巩固，尤其上游的水电站修筑以后，抗洪能力大有提高。

本区多为平原，地势低平，适于农耕。土壤经长期种植水稻，形成了水稻土，主要为洋田，多处于潴育化阶段。又因地势低、冲积物来源丰富，大河沿岸多为半沙坭田，离河较远处为质地较粗的粉沙田和沙田。半沙坭田经灌溉后多种植水稻、蔬菜和甘蔗。粉沙田和沙田水分较缺乏，多为两季水稻，干季种植甘薯和小麦。较高的地方，甚至全年都种植甘薯、玉米和花生等耐旱作物。

在丘陵地上发育着红壤，土层薄，水分不易保持，在它上面生长着草地植物群落，还有人工种植的马尾松，有些台地和丘陵也已辟为耕地，种植杂粮和少量果树。

本区土壤肥力不高，水分较缺乏。因此，除保证供应城市的蔬菜和亚热带水果外，今后应发展花生和甘薯等适应沙性土和耐旱的作物。较平缓的丘陵可以种植菠萝和水果，较陡的山坡可以种植桉树和马尾松，井灌区应推广使用机械提水。粉沙田和沙田应多施有机肥以改良土壤。

主要参考文献资料

[1]　哈安姆、李承三，等：广州附近地质，两广地质调查所特刊，第七号，1930.

[2]　方瑞廉：广州水口系的地质时代及若干有关问题，地质论评，1959.

[3]　黄汲请：中国东部大地构造分区及其特点的新认识，地质学报，1959，39（2）.

[4]　方瑞廉、李丙怡：珠江下游新构造运动的初步观察，未刊稿，1957.

[5]　方瑞廉：珠江下游火山岩的活动时代和在本区地壳运动上所表现的地貌形态．未刊稿，1957.

[6]　曾昭璇：南海沿岸大陆最新升降问题（提要），华南自然地理论文集，1957.

[7] 杨运强：广州市水平基面问题研究，中山大学毕业论文，1955.

[8] 陈正宜：广花平原地势的演变，中山大学毕业论文，1956.

[9] 吴尚时：中大台地地形之研究.

[10] 吴尚时：广州市北山区地理.

[11] 吴尚时：白云山东麓地形之研究.

[12] 罗开富：中大附近地理述要.

[13] 广东省气象台：广州的气候（油印本）. 1959.

[14] 陈世训、沈灿燊：广州的气候.

[15] 陈海茂：广州之气候，中山大学毕业论文，1948.

[16] 黄润本：广州气温的一些统计分析，中山大学学报自然科学版，1959（1）.

[17] 沈灿燊：广州康乐地温的变化，地理学资料，1958（2）.

[18] 沈灿燊：华南地区的霜冻，广东人民出版社，1957.

[19] 陈世训：中国气候讲义，中山大学，1958.

[20] 珠江流域开发与治理方案（珠江流域综合利用规划摘要），油印稿，1959.

[21] 修理芦苞节制闸工程计划概要，珠江水利（复刊版），第 1 期，194×.

[22] 秦权人：三水地区自然地理，地理学资料，第 2 期，1958.

[23] 吴在琨：广州市排水问题之初步研究，中山大学毕业论文，1948.

[24] 沈灿燊：珠江三角洲及潭江水文地理，未刊稿，1958.

[25] 沈灿燊：水文学讲义，中山大学，1956.

[26] 广东省水文总站：水文资料整编，未刊稿.

[27] 广东省内河水运网规划办公室：广东省内河水运网规划报告，油印本，1959.

[28] 侯宽昭，等：广州植物志，科学出版社，195×.

[29] 张超常，等：康乐园植物.

[30] 广州市河南果作和蔬菜的生产配置，中山大学毕业论文，1955.

[31] 广州郊区土壤鉴定办公室、广东省土地利用局佛山工作组合编：广州郊区土地资源勘查报告，1958.

[32] 叶文华、汪晋三、黄新华：广州市郊土壤地理，中山大学毕业论文，1957.

[33] 邓植仪：番禺县土壤调查报告（附 1∶50 000 土壤图），广东省土壤调查组印行，1930.

[34] 广州郊区土壤鉴定办公室、广东省土地利用局佛山工作组合编：1∶50 000 土壤分布图，土壤改良利用分区图，1958.

[35] И.П.格拉西莫夫：中国境内土壤地理考察，油印本.

[36] 李庆逵、石华：广东、广西、湖南、广西初步土壤区划，土壤学报，35 号，1959.

[37] 黎积祥：广东高要鼎湖山土壤发生与分类的一些问题，中山大学学报（地理专刊），1959（1）.

[38] C. B. 佐恩、李庆逵：中国热带土壤发生与分类的一些问题，土壤学报，1957，6（3）.

[39] 黄瑞采：土壤学，科技卫生出版社，1958.

[40] 邓国锦等：广州市附近文化景观图，中山大学学报（地理专刊），1959（1）.

[41] 姚清尹：广州自然条件，中山大学毕业论文，1956.

[42] 李国真：广州自然地理，油印本，中国科学院广州分院地理研究所印.
[43] 黄秉维：中国自然区划初步方案，地理学报，1958，24（4）.
[44] 徐俊鸣：广东自然地理特征，广东人民出版社，1957.
[45] 李雁芳、毛赞猷：广州市芳村土地利用，中山大学毕业论文，1954.
[46] 张荣祖：广州东郊之土地利用，中山大学毕业论文，1950.

后记

论文定稿了，但是实际上还可以作很多删改补充。就连我们自己，对自己的论文也很不满意。

水平低下，力不从心，写不出好东西来，这是根本方面。时间仓促，更实在是一件憾事。的确，我们有信心说，时间多一些，文章中的谬误一定可以减少些。

关于各自然要素的编写，主要是依据其他人的资料。我们只希望总结这些资料，能够比较全面、扼要地叙述出广州市的自然面貌，尤其希望使各个自然要素的写作成为综合部分的必要准备，而不是一个个自然要素的罗列。但是，一方面，由于水平不高；另一方面，由于我们的论文是集体写作的，所以，上述希望能否达到，尚属疑问。

关于综合部分，过去做得很少，又由于部门资料在某些地区（例如北部）还很少，更因综合能力所限，所以，综合部分的写作，缺点恐怕更多。

如果说，我们的论文还有一定内容的话，那么，应当指出，这是集体的成就。尤其必须强调指出的是老师们的集体指导作用：本文指导老师是徐俊鸣老师。同时，方瑞濂老师、陈世训老师、沈灿燊老师、李见贤老师、黎积祥老师和覃朝峰老师，他们从拟定提纲、介绍资料、审阅初稿都给予了大力指导。此外，邓国锦老师、易绍祯老师对综合部分提出了很多宝贵意见。老师们的指导，使得我们改正了不少错误，内容有所增加，质量有所提高。我们衷心感谢指导我们工作的老师们。

如果我们的论文能够引起哪怕是少数人对广州自然地理发生兴趣的话，我们将感到万分兴奋。我们尤其希望同行们能够来进一步研究它！

最后，诚恳地希望专家们批评指正。

1959 年 8 月于康乐园

十、地理所所史编制

《中国科学院地理研究所所志（1940—1999）》*后记

唐登银

2008年5月，中国科学院地理科学与资源研究所决定开展所史工作，并成立了工作领导小组、办公室，聘请院士和历届所领导担任顾问，责成中国科学院老年科技工作者协会地理科学与资源研究所分会具体完成。按统一部署，成立了两个编写小组，分别承担地理研究所与自然资源综合考察委员会志书的编写。在《中国科学院地理研究所所志》完成之时，有必要记述编写所志的若干思考、做法、情况，以飨读者。

牢记所志是一部有关地理研究所历史的重要文献，高标准严要求修编所志。地理科学与资源研究所领导重视和支持这项工作，把它视为研究所精神文明建设的一部分。“盛世修史”，全所同志，尤其是离退休同志，共襄盛举，不为名不为利，为所志的完成做出了贡献。虽然直接参与撰稿的作者只有几十人，但为所志提供资料和图片，参加座谈和讨论，阅读稿件并提出修改、补充意见和建议的人数数以百计。所志编写小组召开过数十次座谈和讨论会，包括曾在地理研究所工作，但早已离开地理研究所的一些老专家和老同志也来参加讨论，为所志提供资料和线索，有的亲自执笔，这是所志编写工作能够顺利完成的重要保证。

充分认识历史档案在编修所志中的重要作用。档案是编写所志最重要最直接的证据，为达到史实准确，编写小组仔细查阅了现存于中国科学院机关档案室和中国科学院档案馆的有关地理研究所档案，逐卷阅读、摘抄了留存在地理科学与资源研究所的原地理研究所档案，还查阅了遥感应用研究所、南京地理与湖泊研究所、成都山地灾害与环境研究所、兰州冰川冻土研究所、兰州沙漠研究所等兄弟研究所的档案。搜集了中国地理研究所保存在中国第二历史档案馆有关档案资料。以所获取的大量档案为基础，对地理研究所60年的历史做了较翔实的记述。

《中国科学院地理研究所所志》重点放在出成果、出人才上。志书，一般要求是横不缺项、竖不断线，按照这一要求所志记述地理研究所从始至终，即1940—1999年的方方面面，现在呈现的志书基本满足了这一要求。同时又能看出，现在的志书，重点放在了研究室、科技成果、人物简介三篇上，其篇幅明显大于其余各篇。编写小组认为，突出研究室、成果、人才，应当成为研究所所志的一个特征。

研究室篇是所志的重头戏。研究室是研究所的基本组成单元，是科研活动的主要活动

---

*《中国科学院地理研究所所志（1940—1999）》由科学出版社于2016年出版。

单位．是出成果、出人才的主要场所，因此，所志设置专篇，分章记述研究室。地理研究所的实际情况是按照学科发展的需要，依靠一批老专家，“因神设庙”，设立一批研究室，发展一批学科，取得一批理论和应用成果，详细记述研究室，对于了解整个地理研究所至关重要。所志中研究室篇，被称为“室志”，共 20 章，记述了 20 个研究室。室志的主要内容涵盖：①无题序；②沿革；③学术方向与学科发展；④学科组（任务组）；⑤研究室人员变化；⑥人才培养和成果。虽然编写研究室的室志有统一的提纲，但由于历史发展不一，学科性质不同，人才成果各具特色，因此，各研究室难以做到完全一致。还需要说明的是，20 世纪 60 年代地理研究所设立过沙漠研究室、冰川与冻土研究室、西南地理研究室，但因时间短，且很快独立建成中国科学院兰州沙漠研究所、中国科学院兰州冰川与冻土研究所（以上两所与中国科学院兰州高原大气物理研究所现合并为中国科学院寒区旱区环境与工程研究所）、成都地理研究所（现成都山地灾害与环境研究所），本所志没有组织撰写这几个研究室的室志。此外，地理研究所还设立过理论地理研究室（1988—1992 年）和生态环境物理研究室（1992—1994 年），但时间都很短，本所志也没有这两个研究室的室志。

人物简介篇的编写在不断排除困难中取得进展。一般来说，志书应包括“人物志”或“人物传”，而且都遵循“生不入传”的原则，编写小组认为研究所的主要任务是出成果、出人才，因此，所志不能不涉及人物，而且需要一个完整的人才展示，所以不取“生不入传”的原则。如何记述人物，经过认真研究、讨论，决定只记述人物的一般特征，包括姓名、性别、出生年月、职务，主要工作领域，主要获奖等，这就把一般志书中的“人物传”变成了“人物简介”，简明扼要，紧扣研究所出成果出人才的主题。所志编写前后数年。在此期间，一些老同志因病去世，为真实反映此情况，“人物简介”中生卒年月截至 2016 年 9 月。

所志工作从 2008 年算起，前后经历了大约 7 年。2011 年 8 月编写小组提供了所志的草稿，随后又先后提供了初稿、送审稿、终审稿、终稿。经过大家反复讨论和修改，基本得到了肯定和认可。编写小组深知，所志肯定存在遗漏和错误，敬请不吝赐教，待以后有机会予以修正。

所志是集体的成果。所志的扉页列出了顾问小组、领导小组、办公室、编写小组名单，每个机构、每位成员各司其职，有效地组织、参与了所志工作。地理科学与资源研究所的院士们对所志编写给予了鼓励和指导。在具体讨论、撰写、修改稿件中，参与人数众多，所志扉页列出了撰稿人 74 人，资料提供者 144 人。此外，所职能部门、图书馆、中国国家地理杂志社为所志工作提供了许多帮助。兄弟研究所的同志也为我们的所志工作提供了资料和帮助。衷心感谢为所志做出贡献的所有人！

所志终稿由杨勤业及袁朝莲、项月琴审核。

《中国科学院地理研究所所志》编写小组

2015 年 8 月 20 日

《地理学发展之路——中国科学院地理研究所科学活动回忆录（1940—1999）》后记*

唐登银

本书是一部中国科学院地理研究所科研工作的回忆录。中国科学院地理研究所，始于1940年在重庆建立的中国地理研究所，迄于1999年与中国科学院自然资源综合科学考察委员会整合成中国科学院地理科学与资源研究所，至今正好有70年的历史。回忆录包含156篇文章，每篇文章叙述的都是地理研究所曾经发生的历史。每篇文章内容虽然只是一个片段，只是地理研究所历史长河中的一滴水，但通读这些文章，研究所过去70年的历史发展，可以一目了然。

本书是地理研究所所志工作的一项成果。2008年春，地理科学与资源研究所新一届领导班子上任伊始，就决定启动所史编研工作。所史工作初始即提出完成两项成果：一是所志；二是回忆录。所志是“官书”，是研究所历史的方方面面的完整记述，回忆录是个人回忆。回忆录的征集工作成为所志开始阶段最主要的工作之一。因为回忆录是所志编写的基础，同时也是广泛发动群众参与所志工作的有效方式。回忆录文章具有可读性，一篇文章围绕一件事，一次科考，一次会议，一次谈话，一个人物，亲力亲为，比较深入和生动，既谈工作的成功，也谈失败；既讲科研工作做什么，又讲为什么这么做；既包括历史发生的事实，又包括个人思考与感情流露。因此，细读这些回忆录文章，既可以吸取工作上的经验与教训，也可以从中感知科研工作的艰辛和欢乐。

“地理学发展之路”，是本回忆录的书名，也是所要表达的基本主题。地理研究所在过去70年发生了翻天覆地的变化，规模由小到大，从最初的几十人到最多时达600人；学科设置不断扩充，从最初少数几个学科到涵盖了地理学的主要分支学科；研究能力不断提升，从以经验性为主的定性研究到推动实验研究工作的定量、定性相结合。地理学的完整学科体系呈现出来，许多推动国家社会主义经济发展的科研成果产生出来。地理研究所成为国内外有影响的重要研究机构，在地理学的发展中占有举足轻重的地位，地理研究所的科研工作似乎可看作全国科研教育部门地理学科研工作的缩影。回忆录的文章忠实记录了地理研究所的历史，在某种程度上反映了中国地理学的发展之路，一个艰难而辉煌的历程。对

* 《地理学发展之路——中国科学院地理研究所科学活动回忆录（1940—1999）》由科学出版社于2016年出版。

于那些希望了解中国现代自然科学（尤其是地球科学）发展的人来说，可以从本文集获得裨益。

本书是地理研究所广大职工辛勤劳动的结晶，回忆录的撰稿人满怀激情和责任心，发挥主观能动性，整理各种尘封多年的历史资料，搜索大脑中的残存记忆，呕心沥血地写作，不为名，不为利，本着对研究所负责，对国家负责，对历史负责的态度，让地理研究所的历史真实再现。特别要提及黄秉维、陈述彭、吴传钧三位院士，他们是地理学的大师，分别是自然地理学、地图和遥感、人文经济地理学的三面旗帜，他们的学术思想、学术成就、实际贡献永存人间，他们待人处世和人格魅力堪称典范，他们人已仙逝，不可能给文集专门撰稿，是一大憾事。但他们被回忆，仍然在回忆录中担当了极其重要的角色。为了避免重大历史事实的缺失，回忆录收录了三位大师的重要遗作。刘昌明、郑度、陆大道几位院士，在百忙中撰文，把他们的学术思想、研究心得、成长历程奉献给大家。曾在地理研究所工作的施雅风、童庆禧、巢纪平几位院士，心系地理研究所，对地理研究所怀着特殊的情感，欣然为回忆录写作，给回忆录增光添彩。回忆录中最多的作者是一大批地理研究所离退休的职工，无论是科技工作者，还是行政管理人员，现在出现在大街上、商场中、公园里，都是一些普通的老头或老太太，但他们都曾是活跃在第一线的与地理研究所共成长的叱咤风云的人物。他们没有显赫的社会地位和影响，但他们经历和参与了地理研究所各种活动，成为地理研究所发展的重要力量。他们在离退休前，忙于日常工作，少有时间全面思考个人经历，离退休后过着相对悠闲的生活。此次回忆录文章的征集，为这些同志提供了一次极好的机会，他们不顾年迈体弱，不分严寒酷暑，收集材料，辛勤写作，提供了许多回忆文章，真实地再现了鲜为人知的地理研究所的片段，使地理研究所的发展由模糊变成了清晰。回忆录撰稿人中青年人员偏少，是一大遗憾，虽然编辑小组也曾广泛发动和个别征集，效果仍不明显，中青年人员可能由于眼下工作太忙，无暇顾及，造成反映 20 世纪 80 年代和 90 年代地理研究所的文稿很少，这也许需要等待今后找机会加以弥补。

本书由中国科学院地理研究所所志编辑小组负责征稿和编辑。编辑小组于 2008 年所志工作启动之时成立，成员 9 人，包括中国科学院老年科技工作者协会地理科学与资源研究所分会中原地理研究所的 7 位理事，他们是唐登银、张青松、李宝田、杨勤业、项月琴、吴关琦和赵令勋。还有长期从事档案工作的袁朝莲，长期从事期刊编辑的顾钟熊。编辑小组做了以下主要工作，一是提出回忆录构想，即写人和事，要真实；写实，不写虚，要求生动，每篇文章只写一件事，一个人，全书串起来反映地理研究所的发展轮廓。二是征稿，通过邀请函、大会发动、电话约稿，广泛征集回忆录文稿。同时，对院士（尤其是所外院士），对一些年迈人员，对一些重要事件和人，特别予以关注，以便适时征集到稿件。三是稿件修改加工。在文责自负的总前提下，按照总体构想，编辑小组认真阅读收到的稿件，提出修改意见，绝大多数文稿都与撰稿人联系，几易其稿，而相当一部分稿件，编辑小组甚至亲自动手，帮助撰稿人修改。四是编辑整理，全书编成沿革轶事、大师回忆、科研工作回忆、工作和生活掠影四板块，方便大家阅读。9 人编辑小组作为一个整体，努力完成了所承担的任务，编辑小组工作是有成效的，工作过程是民主的、和谐的，尽管编辑小组为了大大小小的问题经常发生争论，但丝毫不影响工作，相反，是对工作的一种推动。编辑小组成员普遍反映 3 年相处民主、和谐、融洽，退休后还能在一起工作是一种缘分，这一段工作将成为他们共同的美好回忆。9 人编辑小组中，张青松、杨勤业在文稿征集和修改中担当了更多的工作，项月琴负责全组工作的协调及文稿的储存、传输，顾钟熊负责文稿修改加工、编辑，袁朝莲负责档案查询和影像资料的收集与整理，为本书的出版做出了更多的贡献。

我本人在所志工作中得到了锻炼和提高。对于过去的事，我经常的态度可以用现在流行的网络语言“神马都是浮云”来表达，满不在乎；对于未来，尤其在退休后，我没有什么雄心壮志，安安逸逸度过晚年。这次参与所志工作，完全是一种机遇巧合，我因不明不白地被推上了中国科学院老年科技工作者协会地理科学与资源研究所分会理事长的位置，所以这项交给老科协操办的所志工作不期然地落到了我的肩上。通过 3 年的工作，许多同志对地理研究所的感情深深打动了我，许多同志平凡而伟大的业绩深深吸引了我，地理研究所艰难而光辉的历程鼓舞了我。我对回忆录的出版感到高兴和释然，地理研究所的一部鲜活历史终于呈现了出来，试想一下，如果再推迟几年，熟悉地理研究所历史的人，年龄越来越大，力所不能及，要想再完成所志工作将十分困难。我衷心希望，回忆录将对地理科学与资源研究所的今后工作和地理学的长期发展产生积极的影响。

衷心感谢所领导刘毅、成升魁、葛全胜、周成虎、于贵瑞等同志，他们高度重视所志工作，视所志工作为研究所的精神文明建设工程、凝聚民心工程、文化遗产保护工程，提出了所志工作的指导意见和具体要求，提供了人员、经费、设备和办公场所各项工作的条件，保证了所志工作的顺利开展。还要感谢所内各职能部门以及陈远生、王群力、孙丽娇、张国义、李娟、方琢玉、邓芝、孙建华、艾树等同志，他们对所志工作给予了支持和帮助，使工作得以顺利完成。

全书最后由杨勤业审定。

2011 年 4 月于北京

第二部分

实验地理众人谈

忆“农田热量、水分平衡”学科组

孙惠南[①]　赵名茶[②]

1959年秋，唐登银、孙惠南分别从中山大学地理系和苏联列宁格勒大学毕业，被分配到地理所自然室，赵名茶是1961年从北京大学毕业。从那时起，这三人就组成一个自然地理研究室下设的学科组，该学科组组长是1955年中山大学地理系毕业的谭见安，该学科组可视为对所长学部委员黄秉维提出的水热平衡学术思想的组织上的落实。谭见安当时忙于防洪治沙，研制风洞，一切水热平衡的工作都直接由黄秉维先生领导和管理。

黄秉维先生于20世纪50年代中期明确提出了革新和发展地理学的思想，使之从一个古老描述性的学科，建设成为有现代数理理论依据，又能联系实际，为我国农业生产服务的科学。他在我国首先提出了地理学的三个新方向：水分热量平衡、化学地理和生物地理学。对应于黄先生提出的三个新方向，除了设立水热平衡学科组外，还设立了生物组（王荷生、杜炳鑫、杨淑宽等）、化学组（汪安球、何悦强、屈翠辉等），从组织结构上保证能顺利开展地理环境的物理过程、化学过程和生物过程的研究。

水热平衡学科组建立的最初阶段，一是全力学习相关知识，主要是学习俄文文献；二是调查研究如何开展工作。黄先生了解到华北平原水分不足，他想从冬小麦灌溉需水量入手，研究全区冬小麦的热量、水分供应和亏缺，提出解决水分短缺的理论依据和方案。1962年，他派我们三人到陕西农科院武功实验站去收集他们多年的农田水分观测数据，时长半年多。此项工作未获得预期结果。

1963—1965年，地理所气候室和自然室在石家庄耕作灌溉所开展了冬小麦实验田里观测冬小麦从返青到成熟生长期的太阳辐射能、田间小气候和土壤水分变化。当时地理所有十多个人在那里工作，有从苏联学习回来的童庆禧、张成宣，中年科学家丘宝剑担任石家庄会战的领导。气候室负责观测小麦田辐射和小气候，大家是一个目标一致、分工明确、团结合作的好集体。自然地理研究室的水热平衡学科组的人员，孙惠南、赵名茶负责地上（大气圈层），唐登银负责地下（土壤），自然地理研究室的生物组人员负责小麦生理生态（蒸腾、叶面积各种有关生态参数）。

我们从早到晚每天都在麦田中进行观测。我们两人在小气候组观测太阳辐射和田间小气候，老唐则一个人负责土壤水分观测。虽然有明确分工，但很多工作需要大家配合才能

---

① 孙惠南，中国科学院地理科学与资源研究所研究员，曾担任中国科学院地理研究所副所长，已退休。

② 赵名茶，中国科学院地理科学与资源研究所研究员，已退休。

完成，每当要测土壤水分时，几乎是全体出动，用土钻从表层到 3 m 深取出土样，既没有机电动力，也没有其他设备，全凭一身力气，十分费劲，但大家都争先恐后地轮流上阵，毫不吝惜地进行奉献，土壤水分观察工作的组织者是老唐。为了解冬小麦耗水规律，土壤水分状况的研究占有重要地位，工作繁复、项目众多，要测土壤容重、凋萎湿度、田间持水量等。实验地设了 3 块样地，分别是充分灌溉、不灌与大田灌溉。3 块样地，每块取 4 个钻孔，每钻孔中每隔 10 cm 取样一个，他管理所有取出的上百个土样，要反复称重、烘干、计算分析。十分繁复，可他却举重若轻，有板有眼，各项安排都很贴切。与石家庄会战冬小麦观测的同一时段，1961—1965 年，由方正三领导，水文室主要参加，气候室和自然室部分人员参加的，也对小麦田的热量水分平衡进行了深入广泛的研究。

1965 年，我们 2 人到安徽寿县参加四清工作队，下半年黄先生调我们回所，做水分热量平衡实验工作总结，老唐和我们分别写出了自己分工负责的课题总结。1966 年春我们照常出差石家庄，继续各项研究，突然，“文化大革命”开始了，我们观测以及全部的研究工作都被停止，撤回所里参加“文化大革命”。以前，在所里平日除工作外，思想交流并不多，但在运动中我们三个人的观点却出奇地一致，三个人都成了被批判的对象。黄秉维当然成为被批判的对象，当时水热平衡研究被嘲讽为“热水瓶”，我们曾亲眼看见黄秉维先生提着一个大大的包将我们的多年心血——总结和论文上交到资料室封存，所幸是没有毁掉。

粉碎“四人帮”后，科研工作逐步走上正轨，我们也有了发表工作成果的机会，取出封存了十几年的论文后，我们十分赞赏老唐关于土壤水分的文章，它不仅结构严密，将田间土壤水分时空变化的过程分析得很清晰，这是一篇“热量水分平衡”研究中不可或缺的好文章，值得珍惜。当时老唐已经在中国驻美休斯敦领事馆任科技参赞，也已经离开了自然室，我们仍毫不犹豫地将论文《冬小麦土壤水分消耗的综合研究》发表在我们的《农田水分平衡与农业生产汗力潜力网络实验研究》论文集中。我们还发表了水分热量平衡工作的多篇论文。

石家庄 1963—1965 年冬小麦耗水规律的研究以及德州 1961—1965 年的研究（方正三先生领导）是黄先生水热平衡方向的两大会战。一个是地下水位高的旱涝盐碱地危害较重的地区，另一个是太行山前地下水位较低的小麦高产区，代表两种不同类型的地区。除了获取规律，更重要的是培养了一大批人才，掌握了方法。这些人才成为土面增温剂工作的重要参与者。这成为当年地理所仅剩少数的科研项目，并获颁国家级奖项和全国科学大会奖。这为后来禹城站、大屯站和栾城站的创立建设提供了人才保证，推进水热平衡研究不断走向成熟。

欣闻《唐登银实验地理工作五十年》出版，我们十分高兴。他初心不改，始终坚持实践黄秉维水热平衡学术思想，团结众人，努力工作，做出了许多重要成果，文集的出版忠实地记录和反映了这一段历史。

还要提到，我们入所初期就和老唐是好朋友，老唐的爱人杨毅芬同志是我们两家友谊的重要奉献者，老杨曾任朝阳区人大代表，乐于助人，群众关系极好，我们有困难时，经常去向她讨主意，她给予了我们很多帮助。

在禹城站开展实验遥感试验的回忆

张仁华[1]

1978年在左大康所长指引下我参加了云南腾冲遥感试验，试验中开展了飞机-地面同步观测、建模、反演和验证，做出了腾冲地区土壤水分含量的二维分布。以此撰写的论文——《遥感土壤水分研究》被选中参加在中美洲哥斯达黎加召开、美国主持的第14届国际环境遥感研讨会。通过这次国际学术交流，我深刻体会到左大康所长倡导的实验遥感的重要性：认识自然的方法已经从"点信息"开始向更逼真的"面信息"发展。这也是我从事实验遥感的起点。实验遥感蕴含在自然地理学派生和发展的实验地理学之中。20世纪50年代起，在竺可桢、黄秉维的倡导下实验地理学在中国得到了很大的发展。唐登银是实验地理学的继承者和大力开拓者。

因此，在左大康所长和禹城站站长唐登银的大力支持和指导下，我在禹城站开展了实验遥感试验。由于我主攻热红外波段遥感，我的实验遥感试验也可称热红外遥感试验。现概述我在1980年到1997年在禹城站开展的实验遥感工作，按照时间顺序：地物波谱测量、高塔遥感平台的构建应用、作物产量与作物缺水指数的遥感建模研究、在禹城站几何光学BRDF遥感模型的合作试验、植被CO_2通量的区域遥感模型构建和反演。

地物波谱测量

20世纪80年代初，我国开始制订资源卫星计划，首次将地物波谱研究和遥感试验场的建立作为国家研究项目。旨在对卫星传感器波段的选择和评价。属于应用基础性的研究。由中国科学院空间技术研究中心主持，院内13个单位，院外10多个单位进行大协作。研究内容有研制辐射仪器的室内定标系统，制作漫反射板，评定国内已有的地物光谱仪，制定观测规范与野外试验流程。地物波谱列入"七五"攻关项目。以国内较有条件的12个试验场为基础，作为高空机载遥感实用系统项目之下的一个专题。禹城试验场、长春净月潭试验场被选为主要试验场。

以资源卫星最佳波谱选择作为主要目标。中国科学院选择宁芜地区，在1982年开展了较大规模的试验。我在禹城综合试验站招收和培训了四位当地的知识青年，组成了一支精

[1] 作者为中科院地理科学与资源研究所研究员，已退休。

干的观测小组，带领他们一起参加了宁芜遥感试验。在左大康所长和唐登银站长的关心和大力支持下，购置了一套当时最好的国产光谱仪，并安排后勤提供我一辆越野车和一名驾驶员全程免费考察了 45 天。当时，这样的仪器和后勤在整个宁芜试验称得上一流。试验以测量土壤植被光谱为主，当时我所购置的光谱仪的传感器与记录仪分开，体积比较大，两者的连接电缆容易出故障。为了无故障观测，组合两件于一体，移动测点时，4 个小伙子将光谱仪系统快速拿起，飞奔而至，引起大家的喝彩！禹城综合试验站给遥感界留下了深刻印象。

这段时间的工作成果，主要体现在科学院 12 个研究所地物光谱数据和相应参数的“汇编”中，它是一本有 1 055 页的纸质数据库，共有矿物、土壤、水体、植被和农作物五章，我负责第五章农作物光谱，其内容是 1986 年之前在禹城站高塔遥感试验场测定的多种农作物的多时相波谱。其中突出的是农作物的多时相波谱。由于农作物单时相波谱难以识别分类，而由多时相波谱构建的穗帽图，对农作物的识别和分类起了极其重要的作用。

1990 年，中国科学院禹城遥感试验场是中国科学院安徽光机所负责的“七五”攻关项目的主要试验场之一，该项目获中国科学院科技成果二等奖。另外，“七五”攻关项目“高空机载遥感实用系统”中我们禹城站也做出了贡献，该成果获得中国科学院科技进步奖特等奖。

1991 年，出版中国北方主要农作物双向反射光谱数据集（中国地理基础数据：野外定位试验站卷：第 4 集）。

诚然，地物波谱仅仅是实验遥感的一部分研究内容，是人类认识自然过程的一小段，实现“点信息”发展到更客观的“面信息”，尚有很多需要发展的研究内容。

高塔遥感平台构建应用

根据当时学术动态和地理所的需要，左大康所长和唐登银站长果断决策，将传统的地表蒸散的气象学与遥感方法结合起来。决定在禹城试验站同时建立 60 m 通量观测塔和 30 m 高塔遥感平台。显然，运用遥感思路获取蒸发的区域分布是一项吸引国际地理、气候和水文科学家的新技术、新方法。然而遥感蒸发在 20 世纪 80 年代初期还是前沿课题，有一系列的基础研究需要踏实开展。在遥感试验场能够同时获取地学信息和遥感信息的条件下，开展由遥感信息（电磁波信息）转换为地学应用信息的基础研究的学术思想在当时是共识。在特殊的国情下，运用投入少量资金，建造节约型的高塔遥感平台，长期连续开展多时相、多角度、多光谱观测。在开展的地物波谱研究的同时，根据禹城综合试验站的水循环研究方向，在禹城站遥感试验场的 30 m 高塔遥感平台上获取卫星相同波段的多光谱模拟遥感信息，在高塔四周构建 8 种不同土壤水分和作物长势，获取应用目标信息，其中由高塔平台上光谱仪测量的多时相、多角度、多光谱观测通过电缆传至室内数据处理系统。从而能够有效开展土壤水分、地表蒸散、作物缺水和作物估产遥感建模试验。事实证明这种具有中国特色的遥感试验场，在建立遥感作物估产模型，遥感土壤水分模型，遥感地表蒸散模型等方面起到了重要作用。

作物产量与作物缺水指数的遥感建模研究

20 世纪 80 年代初，遥感作物估产是遥感一项成功的实践。它之所以成功并非偶尔的机遇，而是具有坚实的理论基础。

作物是地球生物圈中的一位重要成员。它对水分循环、碳循环以及环境的形成起着重要的作用。作物的电磁波信号蕴含着它自身与环境的能量与物质交换的信息。作物在光合作用下吸收二氧化碳，释放出氧气。积累的碳水化合物用于生长叶子、茎、根和种子，形成作物产量。它吸收碳的机制与水的蒸腾过程有机耦连，而通过作物叶子气孔的水汽输送体现在叶面的热红外辐射的强度上。这种热红外辐射与环境的互相作用以及不断产生的正负反馈，形成一个复杂的土壤-作物-大气系统。作物产量形成，严格遵循着能量守恒与物质不灭定律。

遥感小麦估产在美国取得了成功，这是因为他们估算的小麦地块大，长势均匀。对于中国的具体情况，远不能说遥感小麦估产已不需研究，更不能说棉花估产、水稻估产已经彻底成功。中国的作物地块小，长势不均匀，需要高分辨的卫星影像图。而高分辨图的收时率低，不同时相的可比性也是一个重要课题。低空间分辨的气象卫星可以有足够的时相影像图，而空间分辨率低，紧接着遇到的是混合像元的分解与解译。

由此可见，遥感作物估产并没有达到顶点，还需一段艰苦的最后攀登，只有更加踏实研究才能达到目的。

上述是在禹城站开展作物估产模型和植物缺水模型实验研究的立论依据。

1984 年美国水保所教授们以热红外辐射为主体信息构建了作物缺水指数模型。构建者之一 Reginato 教授访问了地理所和禹城站，并对高塔热红外遥感很感兴趣。这应该说中美两地，异曲同工。

在此值得提及的测量热红外辐射的传感器是红外测温仪。Reginato 教授告诉我，美国非常重视在 20 世纪 70 年代研制成功的红外测温仪，在美国顶级刊物《科学》（*Science*，1977，196：19-25）上发表了他和他的同事 S. B. Idso、R. D. Jackson 的文章，并在封面上刊登了他用红外测温仪观测作物温度的照片。

1975 年我喜闻上海技术物理所正在研制红外测温仪，可以快速、非接触测定大面积的表面温度。我对研制红外测温仪产生了浓厚的兴趣。我作为应用方到上海技术物理研究所，直接参加了他们的试制工作，先后达 13 个月。这段工作本人受益匪浅，不仅学到了当时属于前沿的先进红外测温理论与技术，并亲自制作了 8 台红外测温仪，而且能够独立创新提出红外遥感关键参数比辐射率的野外测量方法。与上海技术物理研究所人员一起，获得了上海市重大成果奖。在禹城站和地理所实验室开展的实验中，红外遥感关键参数比辐射率的非封闭法，其中包括利用 CO_2 激光的远距离测量地物比辐射率的方法取得了突破性的进展。

Reginato 教授在对我自己制作的红外测温仪和比辐射率测量非常感兴趣，到地理所热红外遥感实验室参观了我们的红外测温仪和黑体定标过程。

当时与美国水保研究所进行学术交流的主要有两方面的内容：基于热红外温度信息的作物产量估算模型以及作物缺水模型。

遥感作物估产模型的特色在于充分利用了作物热红外信息，当时美国水保所 S. B. Idso 提出将植被温度与空气温度的差值的每日积分（SDD）作为估产指标的模型。在他的模型基础上，我将以反射率作为积分上下限改为绿度，并将不同类型的作物绿度进行归一化，改进的遥感估产模型，不仅精度提高，而且适用各种不同类型作物。另外，我提出“复合估产模型”：以绿度的归一化积分值作为潜在产量，以绿度峰值后的作物受胁迫指数的积分作为实际产量与潜在产量的差异。改进的模型既有坚实的物理基础，又提高了作物产量预报精度。详见《科学通报》发表的论文。

当时美国水保所 R.D.Jackson 的作物缺水指数模型 CWSI，是基于作物活动面上水汽饱和热源面与水汽源面重合的情况推导出来的，而实际上，该面的水汽并不一定饱和，在他的推导中虽做了补偿，但仍存在物理意义上的不确定性。为了明确物理概念，我从作物的热源面与水汽源面不一定重合，作物活动面并不一定饱和的普遍的情况出发，提出作物缺水状况估算模型，模型不仅物理机理扎实而且精度提高。详见《中国科学》发表的论文《遥感作物缺水新模型》。

在这段实践中，体会到红外辐射温度信息与土壤和植被的能量物质输送有紧密联系。

在以后的数年，中美双方进行了学术交流。Reginato 教授多次来华访问，他退休后10 多年的 2007 年还来北京拜访了我们。

1985 年，国家对基础研究和应用基础研究给予高度关注。在中国科学院率先成立自然科学基金委员会。当时的基金委主任黄坚，他是地理所原业务处长。在我国首批被批准的自然科学基金中，有我的申请“基于热红外信息的估产估水模型研究”，资助金额 4 万元。当时没有重点、重大基金。资助对实验遥感的基础研究是雪中送炭，大大加速了实验遥感的发展。

禹城试验站于 1988 年被批准为中国科学院重点试验站。唐登银站长宣布将实验遥感研究、水量平衡研究、农田蒸散、旱涝碱综合治理列为中国科学院禹城综合试验站的五大方向。在此我衷心感谢唐登银站长对实验遥感研究（红外遥感研究）的大力支持。

在禹城站开展的实验遥感研究，先后在《中国科学》与《中国科学通报》上发表了10 篇以上的实验遥感基础研究的 SCI 科学论文。陈述彭先生评价，地理研究所的实验遥感在全国遥感界独树一帜。

中国科学院禹城综合试验站（包括“一片三洼试验地”）的研究成果在当地的影响力越来越大，1988 年，当时的国务院总理李鹏视察了中国科学院综合试验站。

在禹城试验站几何光学 BRDF 模型的合作试验

我认识李小文院士（那时还不是院士）是在 1988 年，在地理所 917 大楼前的小平房遥感所早期的宿舍里。他的生活很简朴，坐在小马扎上，正在喝白酒，下酒菜仅是一包花生米。旁边坐着朱启疆教授，他们正在商谈事情。我之前就已经知道，李小文在 1985 年发表了具有里程碑意义的几何光学 BRDF 模型的论文，我对他的创新能力很佩服。中国科学院长春光机所根据李小文的思路构建了室内几何光学双向反射实验室。我拟发挥禹城站高塔遥感平台的价值，构建更逼真自然环境的室外几何光学双向反射实验场。

我于 1994 年访问美国波士顿大学地理系，对李小文就进一步熟悉。北师大教授朱启疆在 20 世纪 80 年代初访问美国圣芭芭拉大学时，与李小文已相识相知。1996 年我参加了由李小文和朱启疆主持的重点基金，与他们越来越熟悉了。正好禹城站有对外开放的课题申请，在我的建议下，朱启疆申请到一个课题，计划在遥感高塔平台开展几何光学双向反射试验（BRDF）。朱启疆从北京开车运来了一车小松树，在高塔遥感平台底座正南方向一块地，按照泊松分布设计小松树的二维几何位置种植位置。传感器是多光谱相机，二向反射中观测角的改变由不同观测高度实现。在一年时间中，积累了丰富宝贵的观测数据。这数据与长春光机所的室内试验不同，太阳光和观测地物是实际的。从照片中可以看到几何光学模型四分量：松树受光面、松树阴影面、土壤受光面、土壤阴影面的面积测定得非常清楚。对几何光学模型的深入研究非常有价值。这次实验也促进了我和李小文、朱启疆在 2000—2017 年连续开展三届定量遥感 973 项目研究中的紧密合作。

植被 CO_2 通量的区域遥感模型构建和反演

1991 年地理所生态网络中心水分分中心成立，主任由陈发祖担任。1993 年 12 月唐登银接任主任。我在地理所开展的实验遥感加入了水分分中心，我的编制虽然在水分中心，但实验基地仍在禹城试验站。唐登银站长仍然是我在禹城站开展遥感试验的领导。

将先进的涡度相关系统的地表通量测定与前沿的遥感地表通量反演融合在一起，加速了地表通量区域估算这一世界难题的研究进展。孙晓敏研究员精通复杂的观测技术，与陈发祖一起是地理所涡度相关技术最早的引进者，他们在全国也很有权威。我与孙晓敏的长期紧密合作从此开始。

二氧化碳是光合作用积累干物质的原料，为了能以遥感信息反演区域范围内植被冠层的二氧化碳通量，必须找到可以用遥感信息与二氧化碳通量之间的“信息携带者”。已经具有能够测量二氧化碳同化通量的涡度相关系统，而且孙晓敏对二氧化碳同化通量的区域尺度扩展思路也很感兴趣。因此我们 1997 年在禹城试验站开展了植被二氧化碳同化通量的定量遥感试验。

通过代表性天气的水汽通量与二氧化碳通量的比值，以及空气饱和差与叶面积指数的比值日变化之间的高度相关的事实，可以揭示，与二氧化碳通量信息相关的不仅是一个水汽通量，还存在其他信息携带因子。因为水汽阻力网路和二氧化碳阻力网络存在差异，在水汽通量扩散方程里不存在叶肉阻力，而在二氧化碳通量方程中存在叶肉阻力。所以二氧化碳通量和叶面积之间的关系将与水汽通量和叶面积指数之间的关系有所不同。试验结果表明，不同生长期的叶面积指数的差异以及空气饱和差的差异是影响二氧化碳同化通量的另外两个因子。根据上述试验结果，构建了植被二氧化碳同化通量模型，其反演结果与观测结果非常一致。

由构建的模型和遥感数据及气象数据，做出以遥感信息为主体的我国华北植被二氧化碳同化通量区域（二维空间）分布图，碳源与碳汇在图上一目了然。这个成果获得生态界和遥感界的关注与好评。详见 Science in China，1999，Vol.42 No.3，pp. 325-336。

结束这概述之前，衷心感谢我的老同事、老朋友、老领导唐登银先生对我在禹城站开展的实验遥感的支持和指导。我们在 1997 年共同获得的中国科学院自然科学二等奖（获奖项目：实验遥感模型、地面基础以及数据精集）表明，唐登银先生对禹城站开展的实验遥感具有重大贡献！

机械—水土—遥感

——从禹城站到普林斯顿

杨邦杰[①]

1982 年秋，我考入北京农业工程大学农业机械工程系农业机械设计制造专业做研究生，导师是曾德超院士，研究方向是耕作机械，重点是耕作力学。前面的同学论文都集中在怎样设计犁体曲面以减小耕作阻力。我的硕士论文也是跟随前面的研究作犁体曲面的优化设计。

在思考博士论文选题时，我有时间作深入的调研与思考。

我来自西部小县城，父母来自农村，对种地有认识。耕作的首要目的是为种子发芽出苗创造条件，也就是保证土壤的水分与温度。节能省力是第二位的。不同的耕作方式怎样影响土壤的水分与温度？耕作工具与耕作方式怎样影响水分与温度？田间试验工作量很大，还很难得出具有普适性的结论。

20 世纪 80 年代计算机技术飞速发展，我思考建立计算机模拟模型来研究耕作。研究一种具有普适性的耕作模型，为耕作机械的设计提供科学而方便的技术。要建立土壤水分与温度模型，首先必须计算土壤的蒸发与地表温度。文献查不到可用的资料，必须自己研究。我去有关科研单位与不少人讨论。也去中国科学院地理所请教多人，与禹城站站长唐登银讨论我的想法。

那时没有手机，学生宿舍也没有电话，联系很不容易。过了几天，突然有人出现在我的学生宿舍，一看是唐登银站长，我当时非常惊讶与感动。我们讨论研究计划。后来，我去了山东禹城站。禹城站有最先进的研究蒸发蒸腾的装备与国际合作团队，还有开放研究的理念。唐站长安排住宿、安排助手与研究团队，开始了裸地蒸发模型的基础研究。在老唐的组织下，那些采样的日日夜夜，那些无穷无尽的讨论，完成了蒸发模型的研究，发表在地理学报上［杨邦杰、曾德超、唐登银、谢贤群，裸地蒸发过程的数值模拟，地理学报，1988，43（4）：352-361］。

在蒸发模型研究的基础上，建立了土壤耕作模型。并在陕北的沟垄耕作研究中得到应用（西北黄土高原耕作增产措施机械化研究，1989，农业部科技进步奖二等奖），完成了我

---

① 作者曾任中国科学院生态环境研究中心系统生态研究室研究员、副主任，农业部规划设计研究院总工程师、农业部农业资源监测总站站长，中国农业大学工学院、信息与电器工程学院博士生导师。

的博士论文（耕作工程措施对土壤水分温度分布影响的数值分析，北京农业工程大学博士论文，1987）。毕业后我到中国科学院生态环境研究中心工作（系统生态开放实验室，研究员，副主任，代主任）。

这样的研究是没有前人做过的，又在国际会议上发表论文（杨邦杰，曾德超，Simulation of Soil Moisture and Temperature Behavior as Effected by Tillage Operations. Proceedings of 11th International Soil Tillage Research Organization Conference，Edinburgh，UK，1988，1：433-438.）

随后，又到西澳大利亚农业部研究斥水土壤的耕作，提高出苗率［杨邦杰，P.S. Blankwell，D.F. Nicholson，土壤斥水性引起的土地退化、调查方法与改良措施，环境科学，1994，15（4）：88-90］。之后又去普林斯顿做访问科学家，他们研究全球变化土壤蒸发计算。由于是大尺度的模拟，地表温度是边界条件，又开始做遥感（Lin，D.S.，E.F. Wood，B.J. Yang，Development and testing of a remote sensing based hydrologic model，Proceedings of International Geoscience and Remote Sensing Symposium，California Institute of Technology，USA，1994，3：1588-1590）。在美国看到遥感对农业的重要性，我决定回国到农业部做遥感。

我的导师曾德超院士在农业工程界提出机械—土壤—植物系统的研究，又有几位研究生同学去禹城站做论文。农业机械与自然地理，两学科结合，走出新路。从机械到水土，到农业大尺度监测的农业遥感，研究需要跨学科的合作（杨邦杰，隋红建，土壤水热运动模型及其应用，中国科学技术出版社，1997）。有许多研究生，从禹城站走向世界，也是中国科学院开放实验室的成功。

从禹城站开始的研究，到国际上去拼搏，最后到农业部做遥感工作（杨邦杰等，农情遥感监测，中国农业出版社，2005）。数十年的研究生涯是从禹城站起步的，终生难忘那片土地，那些人。

实践黄秉维先生热量水分平衡学术思想40年

谢贤群[①]

1962年10月我从南京大学气象系气候专业被分配到地理所气候研究室的农业气候研究组，我一到组内组长丘宝剑先生就拿出由黄秉维先生组织编译的《热水平衡及其在地理环境中的作用》共四集给我阅读，并要定期写出读书报告，黄先生还把英国著名学者Monteith新出版的著作《环境物理学基础》给我学习，要我从中领会有关能量、物质交换的基本理论。老先生们的这些教导使我受益匪浅，从此我就在黄先生的教导下从农田小气候研究工作起步，开始了我在地理所一生从事地表面热量水分平衡试验的实验地理学的研究工作。

一、20世纪60年代在石家庄开展农田观测试验，从实践中学习热水平衡

1963年春，在黄秉维先生的直接领导下，我参加了由气候室、自然室、水文室组成的20余人的研究团队到石家庄河北省农科院园田化研究所试验农田的小麦田进行热量平衡、水分平衡、农田小气候和作物水分关系的试验观测，气候室的同人担负农田辐射和热量平衡的观测项目。这是我参加工作后第一次到野外观测，激动兴奋，但也感到压力很大。我们的观测项目很多观测工作量大，有全套能量平衡观测，包括太阳直接辐射、天空散射辐射、地面反射辐射、净辐射（辐射平衡）、农田作物高度以上0.5 m、1.0 m、1.5 m、2.0 m的空气温湿度、风速、地面温度、空气和地面最高、最低温度、地下土壤5 cm、10 cm、15 cm、20 cm深度的土壤温度、作物株间温度、植株叶面温度等。1963—1965年，石家庄农田观测试验工作结束回到北京进行总结分析时我这个新参加野外工作的年轻研究人员已然成为一名较有经验的老手，对农田热量平衡及农田小气候的规律及如何进行野外观测试验有了较深刻的认识，总结分析时写了一篇“农田热量平衡及小气候观测中的若干科学问题”的总结论文，文章从实际观测资料分析入手，对农田辐射平衡各分量和小气候梯度的分布规律进行剖析，提出了自己的认识，该文送给了一些老研究人员审阅，获得了好评，很遗憾1966年“文化大革命”开始，该文没能发表，这三年的实践是我终身受益的三年。从此，三年的石家庄农田热量水分平衡试验观测促使我开始了一生进行黄先生关于“热水

① 作者为中国科学院地理科学与资源研究所研究员，已退休。

平衡在地理环境中的作用”理论的实地实验研究工作。

二、70 年代在呼伦贝尔草原和青藏高原实践不同类型地表面热水平衡观测

20 世纪 70 年代初全国农业生产滑坡，粮食短缺，需要寻找适宜耕种的荒地，有人提出要在我国北方的原始大草原开荒种地，当时任中国科学院副院长的竺可桢先生以美国在 20 世纪 30 年代盲目开荒引起大面积沙尘暴（后称黑风暴）的教训，提出了不同的意见。为此 1974 年由国家计委和科学院成立了由自然资源综合考察委员会和地理所组成的荒地考察队，我有幸与气候室的周允华、项月琴、徐兆生、杜懋林、马玉堂等组成实地试验观测小分队，在呼伦贝尔大草原上布设了多个热量平衡和小气候观测点，期望通过能量平衡和草地与开垦地的小气候实验观测，获得由草地改变为裸地后因下垫面性质的变化引起的贴地层空气中能量、物质传输变化，得出起沙风速的变化和大气中沙粒和微尘的变化规律，用实际资料得出能不能在草原上大面积开荒的科学依据。该项工作从 1974 年到 1976 年共进行了 3 年，因为试验研究目标明确，我在观测中时刻注意近地面微细状况的变化，发现在晴天中午前后，开垦地上会出现一层淡薄的似烟非烟，似气非气薄雾状上下飘移运动的气体，用当地牧民的话说，这是“地气”，而在草地上就很难见到。再仔细分析同时段的能量平衡和小气候观测资料，得到此时开垦地上的湍流感热通量和动量输送极为强烈，贴地层的湍流不稳定度增大。而在草地上，则是蒸发潜热交换大于感热能量交换，其近地面层上下的温度和风速变化梯度都没有开垦地上的大。于是我得出了一个大胆的推论，即在这样的情景下，如再有一定的风速，则开垦地上的沙粒微尘就会很容易被扬起，形成沙尘卷，甚至形成沙尘暴。这就是因下垫面性质改变而导致能量平衡变化所产生的环境变化的科学依据。这也正是黄秉维先生所提出的“热水平衡及其在地理环境中的作用”理论的最好的实践。三年工作结束后，根据这一推论，完成《呼伦贝尔草原海拉尔东部草地与开垦地能量平衡特征及其对尘埃输送的影响》一文，经赵松桥先生审阅，获得他的赞誉，并推荐到 1978 年刚刚复刊的地理学报上发表。

1979 年我又与周允华、项月琴、徐兆生、马玉堂等参加了由兰州高原大气研究所高由禧院士领导的青藏高原气象科学实验研究项目的第一课题——青藏高原地表辐射和热量平衡实验观测，其主要内容是研究青藏高原地区地面辐射平衡和热量平衡的日变化、季节变化和地理分布特征以及高原的加热作用。我们在海拔高度 2 800 m 的格尔木戈壁滩上布设了全套进口的辐射测量仪器和温湿风梯度观测仪器，在观测中我长时间地在思考如何在这块突兀高耸、巍然屹立在世界之巅的高原上，获得更多的与在平原上完全不同的地表面太阳辐射和热量平衡特征，以及它与大气间的能量交换特征信息，这就形成了如何从原有的由一个点源观测信息扩展到复杂下垫面上的思路。观测结束后我带着这个问题进行了总结分析，完成了《青藏高原地表反射率分布特征》一文，绘出了青藏高原夏季地表面反射率分布图，为最终课题组完成青藏高原热量平衡图集做出了贡献。该论文在 1983 年的《科学通报》上发表。同时我还进一步分析了该课题在高原上布设的不同高度和下垫面上 6 个特定

的观测场的太阳辐射观测资料，获得了在高原上夏季到达地表面的太阳辐射各分量的分布特征和极值，这为进一步研究青藏高原的自然地理特性及其对中国和东亚气候影响提供了科学数据。该数据和相关论文也在1983年的《科学通报》上发表。青藏高原气象科学实验的观测试验研究工作，再一次证实了黄先生的“热水平衡及其在地理环境中的作用”的理论在地表面形成过程中物质、能量交换和循环的重要性。

三、80年代禹城试验站开展长期热量平衡和农田小气候定点观测实验

1979年地理所禹城综合试验站建站后，左大康所长令我和叶芳德、杜懋林到禹城站筹建60 m气象铁塔、30 m遥感铁塔和农田能量平衡小气候观测场，经过两年多的调研设计，铁塔于1982年建成，同时期禹城站订购了由日本和美国进口的两整套辐射平衡测量仪器、叶面积测量仪、蒸腾测量仪、红外温度仪和第一套从英国进口的中子水分测量仪，订购了国产的气温、风速梯度仪，于1984年最终建成了禹城站的农田热量平衡小气候观测场和水量平衡观测场。1985年由唐登银站长主持与澳大利亚联邦科工组织（CSIRO）合作，在禹城站建设了我国第一台可称重12 t、表面积12 m^2、分辨率达0.03mm水分变化的称重式蒸发渗漏仪。至此禹城站开始了长期定点的农田水分平衡水分循环和能量平衡观测试验研究。1986年由唐登银牵头，禹城站申请获批国家自然科学基金重点项目——“农田蒸发测定方法和蒸发规律研究”。1987—1989年连续3年开展不同作物（小麦、玉米、大豆等）农田的蒸发联合观测试验，观测试验的目标是以大型称重式蒸发渗漏仪的测量为相对标准，来比较、验证和改进当时国际上通行的各种蒸发测量方法和技术，从而建立适合我国的农田蒸发技术和计算模式并获得农田蒸发和作物耗水规律。我负责田间联合观测试验的组织工作，确定了八种联合试验的观测技术和方法：器测法（大型蒸发渗漏仪、20 m^2水面蒸发池等水面蒸发器）、能量平衡-波文比技术、空气动力学阻力-能量平衡联力法、多层梯度法、大田水量平衡法、生物测定技术、红外遥感技术、大型蒸发池水面蒸发换算系数模式等。在冬小麦-夏玉米、冬小麦-夏大豆和棉花农田上全年进行联合观测。三年农田联合观测试验结束，全站研究人员共完成了各类论文70余篇。我总结了联合观测试验的成果，比较了各类测定技术、方法和模式的优缺点，撰写了《测定农田蒸发的试验研究》《测定农田蒸发的波文比-能量平衡技术》《一个改进的空气动力学阻抗-能量平衡模式》《测定农田蒸发潜热和显热通量的微气象技术》等数篇论文。1990年由左大康、唐登银和我三人共同主编出版了三册论文集——《农田水分与能量试验研究》《农田蒸发研究》《农田蒸发-测定与计算》。1992年“农田蒸发测定方法和蒸发规律研究”获得中国科学院科技进步奖二等奖。从此就奠定了禹城站在国内水平衡、水循环和能量平衡实验研究的领先地位。1988年，由陈发祖、谢贤群和杜钟朴三人代表禹城站应邀到苏联的库尔斯克草原参加由苏联和东欧前社会主义国家组织的国际合作项目——陆-气相互作用的联合观测试验，我们携带了禹城站的全套当时最先进的辐射平衡和温度、湿度、风速遥测仪器和计算机采集器，在那里独立建立了一个观测点。先进的仪器设备使得还在用六七十年代的人工观测仪器的那里的同行们无比惊奇和羡慕，我们的观测点成为主办方对外展示和宣传的亮点。这是我们第一次在国际舞台

上展示禹城站的热量、水分平衡和小气候试验研究的实力和先进水平。

四、90年代热水平衡理论扩展到中国生态系统研究网络的长期监测和实验研究中

1989年，中国生态系统研究网络（CERN）在孙鸿烈院士的领导下开始筹建，禹城站被批准为首批网络基本站，鉴于禹城站在全国水平衡水循环研究的领先地位，CERN就以禹城站为依托在地理所设立CERN的水分中心，禹城站原站长陈发祖和唐登银先后担任水分中心主任，水分中心负责整个网络的水分平衡和水分循环的长期定位监测数据的质量监控和监测指标的规范化和标准化制定。我受禹城站的委托，代表禹城站主持了网络的有关水平衡、水循环和小气候以及地表面辐射平衡测量技术和方法的标准化、规范化的制定和编写教程，主编出版了《水环境要素的观测与分析》。以此书为教材，在禹城站和网络的多个生态站举办培训班，讲解能量平衡、小气候和水分平衡的观测技术，并帮助各相关生态站建设水平衡和小气候长期定位观测场。1989年到1998年以禹城站为依托，由我主持承担中国科学院从“七五”“八五”到“九五”期间CERN的重大研究项目——“农田生态系统水分、养分循环与作物生产力关系研究”，该项目取得了大量的资料和丰硕成果。在此基础上1998年被CERN推荐，由我和唐登银申请和主持了国家基金委的重大项目“我国北方地区农田生态系统水量转换及其区域分异规律研究”。作为项目首席科学家我和唐登银组织和领导了中国北方地区由湿润、半湿润、半干旱到干旱带的10余个农业生态台站和西北农林大学共百余名研究技术人员进行了大规模的联网试验研究。本项研究的意义是由于我国北方地区自东向西的湿润、半湿润、半干旱和干旱类型区的划分，以及与此相应的森林、草甸草原、干旱草原与荒漠生态系统的形成，水分条件起着决定性的作用。我国的北方地区是我国的主要农业区，而水分资源是制约该地区农业持续发展的主要限制因子。这些地区的农业生产中都不同程度上存在水分亏缺、养分不足和水资源不能合理利用等问题。为了实现农业持续发展的战略目标就必要对我国东北、华北和西北三大粮食作物产区制约农业发展的主要限制因子——水分供需矛盾问题进行深入研究，这就需要详尽了解北方地区农业生态系统中土壤-植物-大气连续体（SPAC）内水分运行、转化规律，各种人为生产活动对这些规律的影响和作用。在作物生长发育中各种生态和环境因子、SPAC系统中的水分循环、能量转换和养分迁移规律，以及反映这些规律和变化的作物水分关系都是需要充分研究的对象和内容。因而它充分显示了农业生态系统中水分平衡和水分循环规律在实践中的重要性。也显示了它在地理学和生态学理论研究中实验研究的活跃性。本项目的研究目标是，通过对我国北方地区农业生态系统中水分运行和转化规律的田间试验研究及区域研究，确定北方地区农业生态系统内水分流过程的机制；确定水分-养分优化耦合的条件和机理，建立优化的有应用前景的水肥耦合模型；确定北方地区有限水分环境下作物产量潜势及产量形成模型；建立作物水分蒸腾遥感模型和碳同化速率遥感模型，提出区域尺度转换的理论和方法；研究北方地区农业生态水分转换的定量趋势和农业水分供应态势及对策，并对区域水分转换分异规律提出科学依据。

经过三年多的联网试验研究，取得了大量观测数据，在国内外期刊上发表了各类论文280余篇，获得了我国北方地区从东到西不同水分带的主要农作物的耗水、需水规律和水分利用效率的区域差异；作物水分、养分最优耦合模式；区域作物水分关系的遥感模型；我国北方地区不同水分湿润带农田上的水量平衡特征及其区域分异的规律；以及我国北方地区近50年来陆面蒸发潜力和湿润度的时空变化规律等重要成果。

光阴似箭，岁月已逝，转眼间，我在地理所已工作了40年，回顾我40年从事的科研经历，我一直在遵循着黄秉维先生提出的热水平衡理论进行实验研究工作，我走过了学习、实践，再学习、再实践的热水平衡研究的坎坷道路，研究的对象从农田到草原、戈壁，从平原到高原，最后再到领导和联合十余个研究所数十个生态试验站近百人的研究队伍在中国北方地区的农田生态系统领域来实践黄先生的热水平衡理论，取得了系列成果。

参加中国科学院地理研究所所志工作的回忆

项月琴[1] 杨勤业[2]

2008 年 5 月，中国科学院地理科学与资源研究所决定开展所史工作，责成中国科学院老科协地理科学与资源研究所分会具体完成。按统一部署，成立了两个编研组，分别承担地理研究所与自然资源综合考察委员会志书的编写。地理所编研组成员 9 人，包括地理与资源老年科协中原地理所的 7 位理事——唐登银、张青松、李宝田、杨勤业、项月琴、吴关琦和赵令勋，以及长期从事档案工作的袁朝莲，长期从事期刊编辑的顾钟熊。编辑组是一个能战斗的集体，从 2008 年至 2016 年，在长达八年的时间里顺利完成了预期任务。

研究所在所史工作初始即提出完成两项成果。一是所志，二是回忆录。所志是“官书”，是研究所历史的方方面面的完整记述；回忆录是个人回忆，是所志编写的基础，同时也是广泛发动群众参与所志工作的有效方式，因此回忆录的征集工作成为所志开始阶段最主要的工作之一。

《中国科学院地理研究所所志（1940—1999）》和《地理学发展之路——中国科学院地理研究所科学活动回忆录（1940—1999）》两本巨著，于 2016 年 10 月由科学出版社出版。至今已有 7～8 年的时间，经过时间的沉淀，回过头来回想在唐登银领导下编写所志和回忆录的工作，很愉快，收获大。唐登银担任副所长多年，他不张扬，为人平和，但在一起工作后，就感到他对地理所的发展历史和科研情况的了解比较多，工作认真负责，善于思索，有很强的领导和策划能力，对工作有整体布局，处理和解决问题的能力强，能亲自动笔写材料，所以得到合作者的认可和尊重。

编辑小组成立初期，唐登银让大家先做准备工作，待 2008 年 8 月北京奥运会结束后正式开始工作。他在 9 月中就提出了地理研究所所志编写大纲。虽然在此后编写过程中许多细节或具体内容都进行了多次讨论，甚至争论，但最后大的框架基本上没有变。保证了工作一开始大家有一个统一目标和内容去做。

接着又适时提出研究室室志的编写大纲，包括研究室室志和重要成果两个方面。明确了编写总体要求：①提供史料，杜绝空话，摆脱宣传色彩；②客观记述，内容只叙不议；③把握“横不缺项，纵不断线”原则；④所表述的观点要有根据，观点寓于事实中，不生搬硬套；⑤突出重点，抓住对本研究室发展有影响的人与事记述；⑥不“越界而书”，原则

① 项月琴，中国科学院地理科学与资源研究所研究员，已退休。

② 杨勤业，中国科学院地理科学与资源研究所研究员，已退休。

上不涉及与本单位无关的人与事；⑦只记已成之事，不记未成之事。这实际上也是编写所志的总体要求。

所志第二篇研究室室志是所志的重点。编辑组提出，自然地理研究室先行进行试点。具体办法是组织老同志开展讨论，编写了研究室室志的编写大纲和主要内容。然后老同志们分工完成初加工稿，再经过讨论修改，汇总形成自然地理研究室室志初稿，并提交所志编研组讨论修改。经讨论后作为样板，提交各研究室编写室志参考。这样编写出的各研究室室志无论是体例还是内容都大体一致。这为后期全志统稿提供了方便。此外，研究室室志也为所志的其他部分提供了基础素材，比如人物志、大事记等。

随后各研究室开始编写室志，充分发动群众，多次讨论，几易其稿。各室的室志汇总后，发现质量参差不齐、篇幅长短不一、大多很长，问题相当多。为此，唐登银对此篇付出了很大力量，他阅读每个室志，提出了修改方向，再与研究室讨论，共同修改定稿。每一个研究室室志，都有一个无题序，内容包括研究室名称、组成时间、研究对象、学术方向、工作领域、最重要人物、主要特点、主要贡献（全篇统领、全篇概要、内容简明、语句精练）。方便读者简要了解一个研究室的概况。唐登银先后为 10 个研究室写了无题序，如水文研究室、气候研究室、化学地理研究室、中国科学院禹城综合试验站、资源与环境信息系统国家重点实验室、古地理与历史地理研究室等。在向研究室的主要领导和成员征询修改意见时，都说写得很好。当我问唐登银怎么你对各室的情况了解那么多，各室的无题序写得这么快？他说是多年跟随黄秉维先生工作，受他的影响，潜移默化。

在所志编写的各个阶段，都由唐登银向所领导汇报工作进展，每次他都写成文字材料，会后均依据他的文字材料为主要依据出简报，以争取所领导的重视和支持，同时也告知顾问委员会，以争取他们指导。

唐登银待人真诚、宽容、温和，大家分工合作，工作过程民主、和谐相处，尽管为了大大小小的问题发生争论，但丝毫不影响工作，相反是对工作的一种推动，大家齐心协力，一起圆满完成任务。

亦师亦友的唐登银先生

李栓科[1]

唐先生是一位杰出的科学家和管理者，也是为众人尊重称道的师长。唐先生是我的老领导、老朋友，是我人生路上的引路者。他的一个重要决定，改变了我的人生轨迹，也成就了中国最具成长性和影响力的科学传媒杂志——《中国国家地理》。

1997 年，我奉调进入《地理知识》杂志社，参与改造这本已有 48 年历史的知名科普期刊，由此我把一生最精华的岁月献给了《中国国家地理》杂志。1996 年我 30 出头，是中国科学院地理所地貌研究室极地项目组的骨干力量，如果不是唐先生，我很可能在科研的路上孜孜以求，攻坚我心爱的地学，那样我的人生很可能是别样的光景，也可能是别样的蹉跎。但我自问：如果没有和《中国国家地理》息息相关、成败所系的峥嵘岁月，我的人生会不会失去很多华彩和激荡？这辈子和《中国国家地理》结缘，我要感谢唐登银先生。

最初认识唐先生的时候，他位居中国科学院地理所副所长，主管《地理知识》杂志。《地理知识》创刊于 1950 年，最早由中国科学工作者协会南京分会地理组编辑，办刊目的是“为人民普及地理知识”。1959 年随中国科学院地理所从南京迁至北京，“文化大革命”期间曾经两度停刊，1972 年复刊。

这本杂志在中国曾经是非常红火的期刊，计划经济时代，杂志按照计划量提供，每个省（自治区、直辖市）都是由国家做计划的，也曾经一刊难求。到 20 世纪 80 年代，杂志不再适应市场需求，开始快速衰落，衰落到什么程度呢？1997 年，月发行量只有 1.5 万册。编辑部里年轻人为了生存基本上都离开了，剩下 5 名员工，还有两名当年要退休。当年中国科学院经费也紧张，研究所也无力支持刊社，无奈之下只能让编辑部的人与地方搞业务，靠着收内文广告的“地方专页”栏目勉强维持收支。

正好当时我参加首次北极考察团回来，在媒体的报道声中，风光了一两年，在这期间我去了趟美国，在美国《国家地理》总部遇到了很多人，也学到不少东西。回国后在一次聚会上，我吹牛皮说我们应该把这个《地理知识》改版，做成像美国《国家地理》一样内容精美、发行量大的全彩色杂志。当时压根儿就没想自己要去亲自办这本杂志，纯粹是年轻气盛口无遮拦。《地理知识》编辑部的李志华老师来找我说，编辑部的老师们也都在求变，想改版，希望我能加入。我说这就是我的一个想法和提议而已，真的没想自己亲自来做。

---

① 作者为《中国国家地理》杂志社社长。

李志华老师找了我好几次，我不肯答应。她就找来了地理所主管杂志的副所长唐登银一起来劝我。唐先生曾经在美国做中国驻美休斯敦领事馆的科技参赞，既了解科技，又具有国际视野。他和李老师一起来找时，穿着西装，很帅、很有风度。他在美国期间，阅读了美国的《国家地理》杂志，心里也有一个愿望，希望做一本中国的优秀的地理科学杂志。他说，中国地大物博，自然资源丰富，自然环境多样，自然地带齐全，可以说超过美国，中国应该有一本能与美国《国家地理》媲美的媒体了。他很笃定，并且抱着很大的决心来推动这件事。唐先生和李老师一再上门说服我，“我们是真诚的，杂志要找有魄力的年轻人来脱胎换骨”。他们的真诚终于打动了我，我想着趁自己年轻，尝试一下新鲜事也好，就答应下来。

事情到了这个阶段，又有很大的问题要解决，有内部的，有外部的。内部问题一个是我所在的极地项目组的同事坚决不同意，当时组里只有我有南北极考察的经历。另一个是，《地理知识》以前有社长，有总编，有副社长，人员配置都是全的，我一个外来户来了就要把社长、总编的帽子全部戴上，阻力大得不得了。而我那时候 30 岁出头，正是年轻气盛的时候，又裹挟着北极科考回来的光环，可以说锣鼓喧天，去哪都是一片掌声。作为一个如猛虎下山的青年学者，不给我委任正式的职务，就无法完成改版的任务，而那些在《地理知识》待了很多年的老同志，见我这么个毛头小伙子，自然也是不放心，我听说还有老夫妻俩半夜去唐先生家敲门，表示严重的担忧，其实这也是老同志对工作极端负责任的表现。

唐先生就是在这个时候展示了他的领导才能，他不生气，更不与对方吵架，而是用一种很柔性的方式处理。那个时候我们年轻，并不理解他的做法，如今回过头来，令人感慨。人的这种柔性需要岁月的磨炼，不是说谁一生下来就懂得用柔软的方法处理复杂的事情，尤其是人事矛盾。

现在想来唐先生的做法是对的，实际上当年那些老编辑们不放心也是有道理的。毕竟人家干了一辈子，尽管杂志一直在衰落，年年下滑没有止境，但是他们对杂志的感情是真挚的，我一来就要把人家的帽子全戴在自己头上，人家也没有犯错，也没有到退休年龄，想不通、不理解是自然的。同时对中国科学院的领导层也是一个巨大的挑战，当时很多人去和唐先生谈杂志改版的各种问题，其实他心里也在打鼓，不知道能不能成，道理很简单，就像一辆旧车，修修补补还能继续维持着。如果你真的全面改版，全面打破以往的规矩，如果最后成不了只能是全部散架而报废。

唐先生是柔中带刚，看上去面带微笑，不急不躁，但是内心很坚韧，他认准的事一定要坚持下去，绝不放弃。你想他是副所长也不是“一把手”，很多事需要得到所里“一把手”的支持，他用一些行政的方法，去睿智地处理各种矛盾。其实体制内最大的问题就是帽子和椅子，名不正言不顺，不能根本上解决问题，也就无法行之有效地进行变革。应该说我们当年做的事都不只是一个变革，而是一个革命。干了一辈子的老同志还没到退休呢，让勤勤恳恳几十年的老同志把权力交出来，压力可想而知，做出这个决定难度又该有多大。加上他们都是多年的老同事，有些还是大学同桌，大学毕业就在一块儿快几十年了，这样的改变得得罪多少人，又要引起多少人的不满。但是如果它不是一场革命，而是渐进的，那它就不可能成功。

多年以后，我们把这件事情做成了。甭管那些老人当年是观望者也好，是反对者也罢，后来都变成了我们的支持者，这对我来讲很重要。我记得唐先生当年说过一句话，“一个人做一件事情，不可能没有反对者，最牛的不是消灭反对者，而是把反对者变成支持者”。

随后杂志改版过程中又遇到一系列难题，唐先生当仁不让，总是和我们一起面对。首先要面对的难题，就是经费问题。当年什么情况呢？连桌椅板凳都短缺，唯一的一台电脑还经常死机，办公室不够用，我们就把一个女厕所改造成办公室。杂志想改版，人员、设备、采编费用，到处都需要用钱，这不是一个小数字，研究所拿不出来，唐先生也很为难。就在万般无奈之际，我在一次聚会中遇到了一个很神奇的人，天津开发区的“一把手”李勇。我跟李勇神侃我们的梦想——把一本生存遇到困境的传统的黑白两色的科普杂志《地理知识》改版为一本新型的彩色的科学传媒杂志《中国国家地理》。也可能我的梦想感染了他，他直接问我：你们需要多少钱？我说：“有 100 万元就能做起来了。”他二话不说就答应了。在 27 年前，这 100 万元比现在一亿元还要多。李勇就这么轻易地允诺了，我们多少有点难以置信。唐先生作为杂志的主管领导，当即决定陪我一起去天津开发区去见李勇主任，就是去看看这个“金主”是不是真这么有钱。我们住在泰达开发区的酒店里，唐先生一个在美国等西方发达国家工作和生活过的老科学家，都没有见过那么奢华的酒店。当年摩托罗拉、三星的总部全在泰达。光一家企业的纳税都是可观的数字。泰达每年的税收都超过了 300 亿元人民币。唐先生就这么陪我拿到了合作方给我们的第一笔投资。李勇主任是我们的贵人，没有这 100 万元很难做得起来。李勇英文特别好，留美的，唐先生也是留美的，他们都见过世面，是胸怀理想的人。回想那豪情满怀青春激荡的岁月，我第一个不能忘记的就是他们。

我们当年怎么也没想到《中国国家地理》会像现在这样。不仅拥有了三本杂志、图书业务、影视业务、新媒体和融媒体这些媒体形态，而且还以产业地理的概念为核心，裂变出体验科学的新知旅行、博物旅行、营地、探索、自然教育、科学艺术展陈馆，以及体验生活的国酒地理、国茶地理、美食地理、本草地理、水产地理等业务。当时就是想做一本杂志，因为中国有市场，有需求，还有这么多的地理生态景观，这么多的地区差异性，我们觉得应该能成。问题是一步一步应该怎么走，这是个艰难的事。杂志社走到今日，很重要的是找到了单之蔷，当年唐先生跟我一块儿面试执行总编，我们见了很多人，都是大名鼎鼎的人，最后还是选择了名气、声望都不如其他候选人的单之蔷，就是因为看到了单之蔷的专一、专注，他对质量那种眼里揉不得沙子的态度，甭管谁的东西，不好就是不能刊发，这点很重要，唐先生也认同这点。

唐先生一直在任何场景都是我们最大的鼓掌者，他从来不干预我们具体事务，但是只要有什么困难去找他就行。他一直保持着放手的状态，有些事即便当时他有不同的见解，最终还是选择尊重我们的意见，这是他最可贵的。他说我们站在一线的，他就是站在高处看的人。有时候有人说他不像领导，其实正是因为他没有架子，做什么事都和别人商量着来，商量和鼓励是他最了不起的，没有一件事是他会说一定不行的，这恰恰是一个领导者很珍贵的品质。唐先生谦谦君子温文尔雅，是最善于与人合作的人。

《中国国家地理》改版到如今已经 27 年了，我也从一个年轻小伙子到了唐先生当年的年纪。今天我似乎理解了当年的唐先生为什么会拿出那么大的决心，做出如此惊人的决策，又是什么支撑着他始终如一地支持我们。

那年他刚从美国回来不久，很了解美国《国家地理》杂志，又是学地理的。我们俩最一致的就是理想主义色彩，中国应该有一本能跟美国《国家地理》类似的一个媒体，这是我们共同的看法。《地理知识》由盛而衰，核心原因就是科普很难以商业行为去推进，科普的这个语言系统已经过时，居高临下的科普姿态，拒人千里之外的文风都是市场行为很难兼容的。还有期刊是按月出版的，那就意味着你应该有按月更新的知识，但我们很难找到按月更新的知识支撑一本杂志的连续出版，基于这些理由，继续做科普是不成立的，所以我们要把科学的新发现、新进展、再发现、再认识作为基石，然后记录，然后传播，让杂志本身有声音、有思想、有时效，继而能直达人心，在这一方面我们也是一致的。唐先生品质很洁净，非常干净。他从来没有因私废公或者说掺杂个人的行为，做任何事很公道，所以他在他那代人里面，赢得了信任和尊重，包括当时“一把手”也支持他、信任他，就是知道他一定是公道先行、公事先行。而且他处理什么事都很柔和，柔和的背后是他内心的坚韧，认准的目标一定要实现。我想正是从柔和的心性出发，秉承对理想坚韧不拔的追求和一心为公的态度，使他能够坚定不移地支持我们，最终也成就了我们，也成就了《中国国家地理》杂志。今天的《中国国家地理》已成长为中国最具成长性的科学传媒，月均销量成为国内高档杂志第一。媒体形态从单一刊物发展成集团式企业，拥有数千万忠实读者，影响了过亿人。这一切的开端，要感谢唐登银先生以及像他那样的一大批可敬的科学家们。

唐先生曾经担任中国驻美休斯敦领事馆的科技参赞，那个位置能选择他，说明了在国家层面上对他的品质、才能、气质的肯定。他又是我们老所长黄秉维院士的助手，在学术上有很多的成就。但是他最引以为豪的还是他当年力排众议支持这个杂志的改版。《中国国家地理》今天的团队对于唐先生那一代的科学家来讲，我们没有辜负他们的托付。这对我们无比重要，因为人的托付是最不能辜负的。

唐登银先生是我亦师亦友的前辈，我很感谢他，《中国国家地理》团队和《中国国家地理》的亿万读者也很感谢他。

光召院长与禹城试验站

欧阳竹[1]

我国杰出的科学家，我们的老院长周光召院士不幸逝世，惊闻噩耗，万分悲痛。我和他有着一段难忘的经历，也想把这个故事讲述给大家。

我 1983 年大学毕业分配到中国科学院地理研究所从事区域农业的试验示范工作，参加的第一件工作就是当时国家的重大任务“黄淮海旱涝碱治理”禹城试区的试验示范。1988 年李鹏总理带着 7 位部长视察了我们的示范区，取得的成绩得到国家领导人和相关部委的高度认可，启动了黄淮海农业综合开发，进而推动了全国的农业综合开发工作。当时就是光召院长、李振声副院长、胡启恒副院长陪同考察的。

从 1996 年到 2019 年我担任中国科学院禹城综合试验站站长。2008 年，周光召基金会授予 6 位在我国农业科技领域做出突出贡献的科技工作者“农业科学奖”，我有幸是其中的一位。

2008 年起实施的中国科学院的重大项目“十八亿亩耕地保育与现代农业科技示范工程”，我主持山东试验区的工作。2010 年的一天，我们从山东禹城驾车回北京的路上，突然接到时任中国科学院资源环境科学与技术局副局长冯仁国的电话，说你知道光召院长要去禹城吗？我一下就愣住了，说我不知道。这时坐在副驾驶的李欣（他担任过中国科学院战略规划局的处长）即刻问我你知道光召院长来禹城的目的吗？我也说不知道，他说那我问问光召院长的秘书。当时就打电话了解到光召院长来禹城有三个目的：一是禹城市经历了“农业科技‘黄淮海战役’”（这是当时中国科学院组织大兵团下黄淮海开展旱涝碱治理工作的称呼）20 年之后禹城现在发展的状况；二是禹城试验站现在都在做些什么工作，取得什么成果；三是了解一下欧阳竹对禹城试验站科研工作都有什么想法。我一听这次光召院长来禹城是有非常重要和明确的目的的，心里也就有了压力，如何接待好院长来禹城的考察，如何回答好光召院长关切的问题是我需要认真准备和思考的。于是我很快就给禹城市的闫剑波书记做了汇报。但是，由于我和光召院长没有正面接触过，也没有组织这种重大考察接待工作的经验，心里还是不踏实，我就拨通了李振声院士的电话（当时李振声院士和胡启恒院士是和光召院长一个领导班子，担任中国科学院副院长），我给振声院士说光召院长要来禹城，他非常惊讶，说：你知道为什么光召院长选择这个时候去禹城吗，是他

[1] 作者为中国科学院地理科学与资源研究所研究员，已退休。

夫人刚刚去世，在他最悲痛的时候想到重访禹城，重温中国科学院组织的农业最大一个科技战役，你们一定要和禹城市政府安排好这次考察，不在于吃住多好，是要让他看到禹城的发展，看到中国科学院的贡献。第二天一大早，我还没有起床，李振声院士就打来电话，说你能不能和禹城市委书记一起和启恒院长联系，我把启恒家的电话给你，邀请她这次陪同光召院长一同考察，重现光召、我、启恒一起陪同李鹏总理视察禹城示范区的情景。李振声院士精心策划了这次考察的内容。当时，我和胡启恒院士不熟，她也不认识禹城市的书记，一想我还是鼓起勇气拨通了启恒院士家的电话，说：胡院长，我是禹城试验站的欧阳竹，光召院长要来禹城考察，振声院长也一起来禹城，并邀请您一起陪同光召院长考察。她非常干脆地答应说：我去。我的心里这才踏实了许多。2010 年 6 月 29 日，我到德州高铁站接上了振声院士和启恒院士来到禹城等待光召院长的到来。考虑到光召院长年岁已高，不便上楼，我们把一楼的餐厅改成了会议室。傍晚，光召院长从济南来到禹城，晚饭后，禹城市委书记闫剑波提议去看看禹城市城区的夜景，光召院长欣然答应。这时，光召院长（他也是第九届全国人大常委会副委员长）的警卫说让首长先去房间准备一下，一会叫他。接着警卫把禹城市的闫书记批评一顿，说不能随便改变行程，闫书记也挺委屈，他是想让首长出去走走，散散心。警卫让书记赶紧布警，保证安全。那晚，光召院长去了禹城市的新湖公园，那里有刻在石碑上的禹城市历史大事记，其中就有记载黄淮海旱涝碱综合治理的石碑，放在正中央位置，我想光召院长看到后会很欣慰的，虽然那是临时安排的行程。

第二天，院长考察了禹城试验站的田间试验观测平台、长期样地等科研设施、实验室，考察了当时创建的“四节一网”资源节约型现代农业示范区。在会议室，我汇报了禹城试验站的发展历程和各阶段的科研成果，为国家和地方农业发展发挥了科技支撑作用。介绍完之后，光召院长即兴发表了讲话，我想可能这个讲话没有人记录下来，但却铭记在我的心里。我很少有机会聆听光召院长的讲话，这一段讲话令我至今难忘，也一直激励我为农业科技奋斗到现在。我有时在复述这一段讲话给我们团队的年轻科研人员和学生时都会忍不住眼含热泪，万分感动。

光召院长的讲话内容如下：

昨天非常高兴回到禹城站来，看到了很多位老朋友，像唐登银站长，也看到了很多年轻的研究人员，在生态农业和国土整治等方面，现今的中青年研究骨干，还有山东省的、德州市和禹城县的各位领导。今天上午和闫书记进行了短暂的交谈，能感受到新一代的年轻领导要把地方经济搞上去的决心，也的确献出了自己的心血，规划的设想非常令人鼓舞。

第一件事要感谢各位，感谢振声院长，他是 1988 年到院里担任副院长的，我做院长是 1987 年开始，启恒院长也是 1987 年担任的，我们那时候的新班子面临着很大的挑战，在最困难的时候，经过大家的慎重讨论选择了黄淮海平原中低产田改造项目作为主战场，中国科学院向国家请战，这是振声同志到了中国科学院以后立的大功。经过我们院领导班子的一致支持，从 1988 年开始，向李鹏总理进行了汇报并得到了支持。现在 20 多年过去了，看到大家做出了很多的成绩，我感到非常的欣慰。

农业的问题大家在新闻报道上更多的是关注的良种，有次我和振声同志讨论，我说关键是全国有70%以上的中低产田，所以当时就觉得在中国如果要解决“三农”的问题，中低产田又与贫困联结在一起，改造中低产田给我深刻的印象这是非常重要的方面。到后来几年，尤其是到了90年代就更加严重，东部那边的高产田都去盖工厂了，换回来的田都是生田，使得粮食产量这几年虽然最高时达到了5亿t，但现在是一直在徘徊，去年还没有回到最高点。我们那时候来了看到的是要么是一片白的盐碱地，要么是一片沙荒地，还有就是沼泽地，现在这些都不见了。

所以我们所见到的科技人员谱写的这件事情是一篇大的文章。现在的科研人员关心的是SCI文章，但是大家要知道的是，只有这样的大文章才会永远藏在人民的心里面，才是一篇有历史意义的大文章。在禹城公园里有关科研人员参与黄淮海建设的记录刻石就是很好的证明，我想只有这样才是一种真正的影响了历史进程的科技攻关，才是我们值得奋斗终身的工作。尽管有些事情看起来是非常枯燥的，比如禹城站的水面蒸发场，通过30年积累下来的宝贵资料得出蒸发量逐年减少的结论，从中可以体会出30年间科研人员的辛苦，并且没有他们多年如一日地坚持这样一个结论是不可能得出的。这一结论的科学意义现在就我看来大家还没有充分地加以了解和挖掘，结合温室气体排放全球气候变暖等重大科学问题需求，根据地面温度增加的常识，如果局部蒸发量一直在减少，说明这个局部温度是不是在上升值得研究人员进行关注，请相关科研人员把温度、湿度也勾画出相关的曲线进行研究。

现在有关气候变暖的国情和理论都说明在中国的华南会发生气温下降的现象，但是没有人说过在华北会出现类似的现象，由此可以引起我们对全球的气候变化、中国的气候变化的一个思考。

以上就是我关于科研工作的意义的一点想法，简单地说他不是一两篇SCI文章能够代表的，如果大家在退下来以后再回顾这一生的工作，到底哪些工作是最有意义的，哪些工作是对推动科学的发展，推动国家经济的发展，是真正产生了价值的，我想那时候绝大多数SCI文章都已被世人遗忘。而且这种大的文章是通过集体的努力奋斗而来，才能够记录在石碑上。如果大家继续奋斗下去，还会在更多的地方建立这样的石碑。

农业问题是中国的一个非常紧迫的、重要的问题，世界来讲也是非常紧迫的一个问题，世界人口在不断增长，农产品供不应求很快就要发生，农产品不断涨价都说明经济危机影响了方方面面。中国粮食的自给率还没有达到100%，油料作物也只达60%~70%，将来这是非常危险的事情。中国粮食的自给自足，还是一个任重道远的事情。

在最近项目研究中，禹城站创建了一个新的模式，振声院长提倡的“五化、四节、两增”是一个非常好的研究方向，在这里面已经开始了农民专业合作社与科技的结合实现了农业规模化经营，如果农民在规模化的过程中能认识到自己的利益增长，他们就有可能会走上共同富裕的道路，才能引导农民到一个规模化的道路上去。由此需要进一步提高、进一步总结，看看能否在更多的地方能够实现。

原则就是要不断让农民得到收益，基本上是可持续的。这个是一个非常好的引导，加上政府的一个很多好的组织，大家共同努力把中国的农业变成规模化的、现代化的农业。

没有规模化就没有现代化，有很多的现代技术就不可能采用，就包括中型的农业机械，更不用说大型农业机械了。

节水也是一件很有意义的事情。如果采用以色列的节水方式和理念，则中国是不缺水的。中国的农民较多，如果均采用以色列的节水技术，则是需要大的投入。现在面临的就是在国情现实情况下，如何把节水做好。仅就目前情况来看，完全采用国外的节水技术是不可能的。

现在的农业基本上还是看天吃饭，受气候的影响非常厉害。最近的确是能感觉到气候的波动是比前些时候要剧烈一些。由此建议你们能不能将气候波动对农业的影响作为一个课题来研究，今年的气候异常现象对生产肯定是受影响的。将来如果要计算中国的粮食多少要把气候的波动计算进去，稳产高产田我们寄予最大的希望，它在这种气候波动的条件下，产量会有多大幅度的波动，在多大的气候波动情景下产量会产生多的变化，我想是很重要的。

光召院长是杰出的理论物理学家，他的讲话至今对我们开展地理科学、农业科学、生态学的研究都具有指导意义，对我们作为一名科技工作者的爱国情怀都具有激励作用。听了光召院长的这一席讲话，我心里的压力终于释放了，我想我圆满地完成了李振声院士安排的接待好光召院长考察的任务，没有辜负光召院长对禹城试验站的殷切期望，光召院长是高兴的、欣慰的。我们缅怀周光召院长，他对我们的教诲和期望将继续激励着我们，我们将在探索农业科技前沿问题，服务国家农业可持续发展战略需求两条战线不断做出新的贡献。周光召先生千古！

实验地理学与地理工程技术助力农业可持续发展

欧阳竹[①]

从农学专业跨入实验地理学研究领域

我 1983 年从华南农学院农学系毕业，按照国家分配到了中国科学院地理研究所工作。接到分配通知书时还不理解，地理所也做农业方面的研究？由于喜欢自然方面工作就接受了这个工作单位。

到地理所报到的第一天，正是周六，全所职工安排看电影，没法办理入职报到手续，在科研处等待安排研究室和住宿等事宜。在中午休息之后，一名精神饱满、操着一口湖北口音的中年学者进来问我是哪个学校的，我说是华南农学院的，他说可能就是他去学校招来的毕业生，分配到水文室。这位学者就是唐登银老师，也是禹城试验站建站的负责人，第一任站长。由于下午没有什么安排，他正好接待一个澳大利亚的访问团，要我去一起参加学术交流。果然，周一上班报到后被分配到水文室的蒸发组，以蒸发组为主体在禹城县建设了禹城综合试验站。

报到 2 周后便随研究所领导组织的团队来到禹城县，我初步了解到当时有两个重要任务，一个是建设中国科学院禹城综合试验站，另一个是开展黄淮海旱涝碱综合治理的国家任务。来到禹城试验站，看到正在建设和使用的一些农田耗水、水面蒸发、土壤含水量、农田小气候等要素测定的装置和仪器，对我一个刚毕业的大学生来说，这是很开眼的先进科研装备。在试验站开始听到老一辈科学家关于土壤蒸发和水面蒸发测定和计算、土壤水分运动、实验遥感方法、农田水热平衡等一系列的讨论和介绍。同时，了解到唐登银站长为了建设禹城试验站，专门去了英国、澳大利亚学习交流关于陆面蒸发的观测和计算方法，回国后开始着手规划设计试验站的试验观测平台建设。

地理研究所的老所长、著名的地理学家黄秉维先生提出了地理学定量研究的发展方向，主要以水热平衡理论，研究区域水分运移和热量传输的相互作用关系，研究他们是如何影响生产力和种植结构，如何提高水土资源优化配置，如何服务农业生产。其中，通过田间试验和观测，揭示机理和过程，取得关键参数，最后建立计算方法和模型用于区域的水热

① 作者为中国科学院地理科学与资源研究所研究员，已退休。

平衡和生产力的模拟是主要技术路线。蒸发是这里面的重要环节，需要准确测定和计算蒸发量。当时，禹城试验站的试验观测平台建设主要还是围绕蒸发测定开展的，包括水面蒸发观测场的建设、各种类型的蒸发渗漏仪（Lysimeter）的研制和建设。开发了水面蒸发的计算方法、农田耗水量的气候计算和遥感方法等。利用这些观测平台，进行了不同方法的联合观测，积累了大量的长期观测数据，取得了一批独具特色的高水平研究成果，相继出版了多本关于农田蒸发和水分运移的专著。禹城试验站成为我国开展水平衡、水循环和蒸发试验观测最早、观测手段和方法最多、观测数据序列最长的试验站。

在禹城试验站试验观测平台建设和研究的过程中，唐登银先生开始考虑地理学发展的另一个方向，提出实验地理学的概念，并于 1997 年在《地理研究》发表了《实验地理学与地理工程学》的论文，详细论述了实验地理学的内涵、作用以及方法。以实验地理学理论和方法为基础，建立地理工程技术服务区域农业发展的任务是正在实施的黄淮海平原旱涝碱综合治理工程，这是一项典型的区域性大规模治理旱涝碱土地的工程，禹城试验站充分发挥地理学的理论和方法，从区域资源禀赋分析、水土气生要素配置，物质能量流动计算、综合技术优化设计、工程的实施方案等多方面开展综合研究和示范，其中禹城试验站的观测数据、水盐运移规律以及计算方法和模拟发挥了重要作用，在禹城县的示范中取得了明显的治理效果，提高了作物生产力。从禹城试验站这两个重大节点的工作，验证了实验地理学和地理工程技术对于地理学的学科发展和地理学服务区域可持续发展可以发挥重要作用。

黄淮海平原旱涝碱综合治理工程是实验地理学指导大规模环境改造和农业可持续发展的成功案例。随着该区域农田改造、农业开发、农业质量提升等不同时期的需求，农业治理与开发也从大范围的盐碱地治理开发工程、农区种养加结合产业提升工程、资源节约型现代农业高产再高产创建工程、可持续发展型现代生态农业工程等持续性开展了地理工程技术的实践，实践证明，以实验地理学为基础的地理工程技术在服务区域农业可持续发展方面具有综合性、系统性、区域性的学科优势。时任中国科学院副院长的李振声院士是中国科学院黄淮海平原旱涝碱综合治理“黄淮海战役”的总指挥，随后在禹城市实施的几项农业工程中他都给予具体指导和指挥实施，也是地理工程技术在农业中的应用的实践者，做出了重大贡献。

1988 年 5 月国务委员陈俊生到禹城试验站考察后，称赞说“你们创造了科技与生产相结合的典范，对黄淮海平原中低产田改造和荒碱洼地开发治理提供了科研与生产相结合的宝贵经验”，并向国务院写了《从禹城经验看黄淮海平原农业开发的路子》的调查报告，揭开了黄淮海平原农业开发的序幕。

1988 年 6 月李鹏总理视察禹城站，指出：“这里取得的成果，为整个黄淮海平原开发，乃至为全国农业的发展都提供了有益的经验”，并为禹城试验站题词：“治碱、治沙、治涝，为发展农业生产做出新贡献！”

2014 年 5 月 23 日，时任国务院副总理汪洋在山东省无棣县考察了禹城试验站组织的另一项以滨海盐碱地大规模治理开发为目标的“渤海粮仓”科技示范工程。汪洋副总理指出：实践证明，作为科技创新国家队的中国科学院，是农业科技进步可以倚重的一支重要战略性力量。当前，我国正处在加快推进农业现代化的关键时期，希望中国科学院以及广大科技工作者能够按照总书记提出的“四个率先”要求，一如既往地重视农业科技创新，充分发挥多学科、多“工种”的建制化“集团军”优势，为确保国家粮食安全、建设现代农业做出更大贡献。

“黄淮海战役”20 年之后的 2010 年 6 月 30 日，全国人大常委会原副委员长、中国科学院原院长周光召院士、中国科学院原副院长胡启恒院士和李振声院士一同重新考察了禹城试验站的科技工作和禹城市农业发展的情况，周光召副委员长回顾了黄淮海农业开发的工作，发表了一段感人至深，激励科学家为国家做贡献的讲话，“我做院长是 1987 年开始，我们那时候的新班子面临着很大的挑战，在这种最困难的时候，经过大家的慎重讨论选择了黄淮海平原中低产田改造项目作为主战场，中国科学院向国家请战，得到我们院领导班子的一致支持。从 1988 年开始，我们向李鹏总理进行了汇报并得到了支持，现在 20 多年过去了，看到大家做出了很多的成绩，我感到非常的欣慰。我们那个时候来了看到的是一片白的盐碱地，要么是一片沙的沙荒地，还有就是沼泽地，现在这些都不见了。这是我们科技人员谱写的一篇大文章。大家要知道的是只有这样的大文章才会永远珍藏在人民的心里面，才是一篇有历史意义的大文章。在禹城公园里有关于科研人员参与黄淮海开发的记录刻石就是很好的证明，我想只有这样才是一种真正地影响了历史进程的科技攻关，才是我们值得奋斗终身的工作。简单地说他不是一两篇 SCI 文章能够代表的，这种大的文章是通过集体的努力奋斗而来，这样才能够记录在石碑上。如果大家继续奋斗下去，还会在更多的地方建立这样的石碑。农业问题是中国的一个非常紧迫的、重要的问题，世界来讲也是非常紧迫的一个问题，中国粮食的自给自足，还是一个任重道远的事情。在最近项目研究中，禹城站创建了一个新的模式，振声院长提倡的‘五化、四节、两增’是一个非常好的研究方向，在这里面已经开始了农民专业合作社与科技的结合，实现了农业规模化经营，如果农民在规模化的过程中能认识到自己的利益增长，他们就有可能会走上共同富裕的道路，才能引导农民到一个规模化的道路上去。大家共同努力把中国的农业变成规模化的、现代化的农业”。

我也全程参与和组织了其中的重大工程实施，其经历改变了我的科研生涯，从农学专业进入了以农业为对象的实验地理学和地理工程技术的研究领域，以宽阔视野、区域综合、系统思维、集成技术开展了一批区域农业工程的研究，为国家和地方的农业可持续发展提供了技术支撑和示范样板。

理解实验地理学与地理工程技术

实验地理学的产生是随着地理学发展的需要产生的分支学科。为了更好地服务于区域资源持续利用、产业优化布局、生态环境保护、人类健康等重大发展需求，地理学需要向可观测、可定量、可预测、可设计的研究方向发展。实验地理学就是针对地理环境的演变和调控过程，对关键要素的变化规律进行综合观测和模拟试验，揭示机理，获取关键参数，建立数学模型，模拟区域地理环境演变的驱动因素、演变过程和趋势，为地理环境改造提供关键要素的优化和调控。因此，实验地理学首先要发展观测方法和建设观测平台，建设模拟试验设施。当时，地理研究所建设了禹城试验站和北京大屯试验站，开展了综合试验观测的探索。禹城试验站制定的学术方向是："以水、土、气候、生物等农业资源的合理利用和黄淮海平原旱、涝、碱、风沙综合治理以及农业持续发展为主要服务目标，研究农业生态系统的结构功能，特别是与水的运动和利用有关的能量物质转化和迁移规律，以及农业生态系统的优化与管理。支持对有关过程的机制与理论研究，支持测定方法的革新与仪器的改进和研制，鼓励与国民经济建设和区域治理有关的农业生态问题的研究。"

在发展实验地理学的基础上，服务国家发展重大需求，特别是解决区域农业的重大问题，区域生态环境问题，地理工程技术显示了地理学在区域自然资源、生态环境、农业发展等方面的学科优势。地理工程技术就是在区域地理要素的调研、分析、模拟和设计的基础上，通过关键技术攻关和多学科的技术集成、模式创立、试验示范，提供系统性解决区域复杂问题的方法。地理工程技术通过应用于多项重大区域治理改造工程，取得明显的效果，为国家和地方农业发展做出了重大贡献。

地理工程技术在区域农业中的应用

（1）黄淮海平原旱涝碱综合治理示范工程

黄淮海平原旱涝碱综合治理工程启动于20世纪60年代，80年代掀起了大规模的农田基础设施建设和实施盐碱地治理，禹城示范区是这一工程的重点示范区。20世纪60年代开始，中国科学院地理研究所的科学家们就开始了有关农田耗水量、地下水位变化等观测和水盐运动过程的研究。80年代初，中国科学院禹城综合试验站的建设和开展的实验研究，为该项工程的实施提供了重要的理论、方法指导，工程项目实施初步应用了资源环境分析、规划、模拟、设计等工程方法，从区域条件进行分区设计、治理和技术集成。对四种不同类型土地用不同的治理方法开发治理，形成了四项综合治理配套技术，即以井保丰，以河补源，井灌沟排，综合治理浅层淡水盐渍化洼地配套技术；水利先行，林草紧跟，先林后农综合治理沙荒地配套技术；以鱼塘-台田生态工程建设为主的治理涝洼地配套技术；完善排水系统，浅群井抽咸，淡水压盐，覆盖抑盐治理重盐碱地配套技术。实践证明，治理盐碱渍涝风沙地、开发荒地、改造中低产田，靠单一技术措施不行，单项治理也不行，必须以科学技术为先导，优化地理要素和自然资源配置，运用系统工程方法、综合配套技术，综合开发土地资源，才能达到经济效益、社会效益、生态效益的统一。为了把禹城实验区的成功经验及配套技术辐射到黄淮海平原面上去，以取得更大的治理效益，治理开发区域扩大到县域，将黄淮海平原存在的共性问题沙、碱、涝集中到一个县域来进行实验研究，以便为黄淮海平原农业开发提供理论依据与实践经验。因此，将原来的14万亩扩大到32万亩，选定沙、碱、涝等三种不同类型的荒洼地进行开发，治理区类型包括浅层淡水盐渍化洼地（一片）、浅层咸水盐渍化洼地、季节性积水洼地和季节性风沙化古河床洼地（三洼），这就形成了禹城试区“一片三洼”开发治理的格局，被称为“小黄淮海”。“三洼”治理成果，带动了禹城市10万亩荒地资源开发和55万亩中低产田向高产田转变。禹城市通过对不利自然条件治理、荒地资源开发、中低产田改造和高产农田建设，使禹城市农业发生了巨大变化。1988年以来，坚持以盐碱、渍涝、风沙土地的治理开发与中低产田改造并举的方针，促进了粮食生产的飞跃，1994年被农业部列为全国粮食大县，2008年成为吨粮市。

禹城试验区的经验推动了山东省鲁西北地区盐碱地（1 652万亩）、风沙地（894.4万亩）和低湿易涝地（428.3万亩）的治理与开发，并促进黄淮海平原可垦宜农荒地（1 033万亩）、宜林沙荒地（1 044万亩）、水产养殖（911万亩）的农业开发和农林牧副渔全面发展。同时，这些配套技术已在鲁西北地区广泛应用，在国内外也产生了广泛的影响。

（2）“渤海粮仓”科技示范工程

国家启动的“渤海粮仓”科技示范工程是李振声院士提出的，重点针对环渤海区域的滨海盐碱地治理和开发，目标是为国家粮食安全建立后备耕地资源的一项战略性科技攻关工作，也是黄淮海平原旱涝碱治理的延续。山东省环渤海平原区30个县（市、区）现有各类荒地共31万亩，以盐碱荒地和滩涂为主。通过针对性地实施盐碱地改造措施，项目区具有较大的后备耕地资源开发和粮食生产潜力。

滨海盐碱地特点和内陆盐碱地不同，滨海盐碱地地下水位高、土壤含盐量大、土壤结构差、最大的困难是降低地下水位难度大，也是该地区盐碱地治理成效低的主要原因。因此，盐碱地治理技术上要突破高地下水条件下的水盐运动调控问题。同时，更加需要提出区域土壤含盐量动态的监测和水盐运动模拟预测等技术方法，更加强调通过区域性、系统性评价、规划和设计等手段创建治理开发模式。

通过实施和示范，突破了滨海盐碱地治理的关键技术，提出了一整套盐碱地治理的综合配套措施，建立了区域农田水盐动态、作物长势的空天地监测和“互联网+生产全程服务”的技术体系，创建了盐碱地开发的“草牧园”种养循环模式。

- 突破了滨海盐碱地快速改良和调控的关键技术。建立了以脱盐剂与灌溉结合的快速脱盐技术、微生物土壤结构快速改良技术、作物耐盐品种为核心的技术协同组合方案。在耕层土壤含盐量大于0.6%的重盐碱地使用该技术当季改良当季见效，小麦亩产可以达到350 kg/亩，第二年以后可以达400 kg/亩以上。
- 提出了盐碱地高产种植的农机农艺结合配套技术。包括三项主要技术：微生物有机肥、化肥施用和播种一体的带状旋耕播种机；小麦早播、玉米早收的盐碱地播种前移高产种植制度；小麦干热风和玉米芽涝的防控技术。形成了以盐碱地土壤改良关键技术和农机农艺配套技术为核心的小麦-玉米三年实现吨粮的种植模式。
- 创新性建立了适合该地区盐碱地的“一粮一饲”双季玉米种植模式和技术。采用生育期短、高密、抗倒的玉米品种，配以高产种植技术，一季玉米籽粒产量可达到600 kg/亩，一季收获全株青贮饲草，鲜生物量3～4 t/亩，配以研发的牛羊日粮配方，为草饲畜牧业提供标准的饲草产品。
- 建立了“空天地”一体的区域水盐动态和作物长势监测技术以及生产服务的“互联

网+”技术。同时依托农业大数据和物联网信息化技术建立了渤海粮仓大数据综合服务平台，指导试验区全程生产与管理。

- 创新性提出了黄河三角洲盐碱地“草-牧-园”生态循环现代农业模式（图1），并进行了一定规模的工程化示范验证。依据土壤含盐量，将盐碱地设计为盐碱地粮食种植试区、重度盐碱地牧草种植区、高盐土地高效设施种养区三个治理开发区。创新集成了6项关键技术：①盐碱地种植养殖结构优化设计模型。依据生态系统结构功能的理论和食物网能量物质流动原理，采用系统工程优化方法，开发了盐碱地种养循环系统结构优化设计和生态环境效益评价模型，建立了较为完善的数据库和技术库；②中重盐碱地土壤改良和耐盐作物、品种相结合的重盐碱地种植技术；③基于微生物营养饲料的高档肉羊种群建立方案和健康养殖技术；④种养殖废弃物处理和多功能农用有机材料制备的微生物技术；⑤高盐土地的高质、高值、高效果蔬设施种植综合调控技术；⑥盐碱地盐分动态空天地立体监测和种植评价分区的数字化技术。通过示范验证，该模式实现了盐碱地高效开发、生态环境优化、经济效益显著的协同发展。

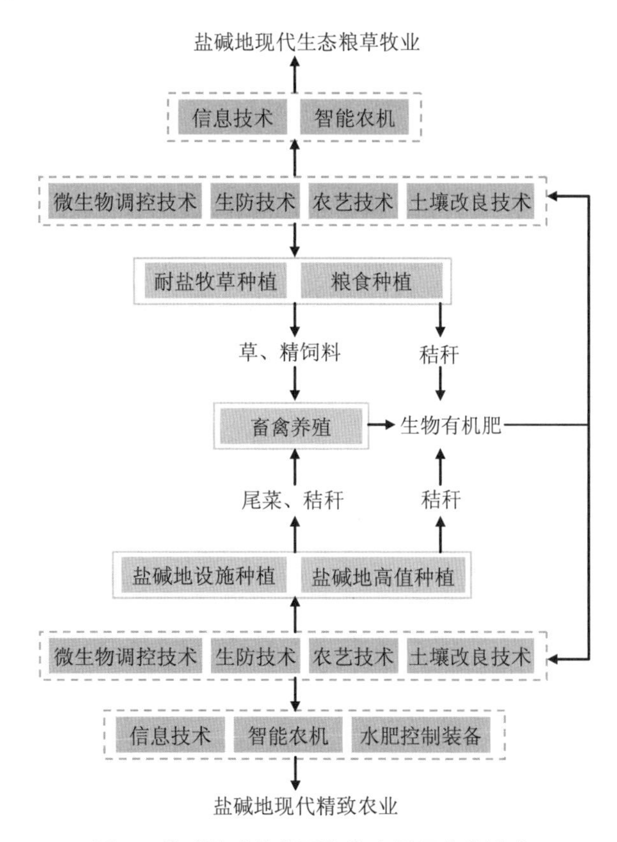

图1 盐碱地“草牧园”生态循环农业模式

建立万亩以上“渤海粮仓”示范区32个，示范面积120.75万亩，累计辐射推广新品种、新技术、新产品1 657万亩，棉改粮173.76万亩，整治盐碱土地64.26万亩，粮食增产 28.37 亿 kg。

（3）耕地保育与资源节约型现代农业示范工程

在禹城市盐碱地治理取得重大成效，粮食生产跨入全国高产行列之后，针对我国特别是黄淮海平原水资源短缺、农户生产管理水平低、农业生产投入成本高、机械化水平低等普遍问题，以及高产再高产的粮食增产需求，研究了粮食主产区高产农田生态化保育、合作化生产、信息化管理的现代化农业生产管理模式和技术体系。结合禹城试验站长期研究积累和其他相关研究所的技术，通过对区域水土资源匹配分析、粮食作物高产潜力和限制因素模拟分析、灌溉节水潜力和节水灌溉技术的模拟设计、作物害虫生物防治的农田生态系统设计，提出了高产保护性耕作技术、节水灌溉技术与管理模式、农田害虫生态生物防控技术、县域粮食生产信息化管理平台建设等技术系统，构建形成了“四节一网两增”现代农业模式和技术体系。“四节”是节水、节能、节肥、节（农）药，“一网”是农业信息服务网，“两增”是指粮食增产、农民增收。“四节一网”技术体系体现了工程、装备、生物技术、现代信息技术、生产优化管理模式的有机结合，重点解决灌溉用水节约高效、耕作管理简约高效、农田高产安全生态、农业信息低成本个性化服务等问题。

灌区节水灌溉管理模式和技术。主要包括：末级灌溉渠系工程配套建设，用水计量到户的测量计量技术，农田土壤墒情自动监测与调水决策系统，按用量收费水价改革与灌溉用水者协会管理模式。采用该模式技术使灌溉渠系水利用系数从 50%提高到 70%以上，农田灌水量减少 20%，灌区完成一次灌水可缩短 2～5 d，节约下来的水可再扩大灌溉面积 4%～7%。每亩次灌溉用水节约 35 m^3，每方水价按 0.125 元计，每亩耕地节约水费 17.5 元。同时，结合畦田规格与畦面结构改进，农田单次灌水节水潜力还可提高 20%～35%。

农田耕种节能模式与技术。通过鼓励农户联合，统一品种、统一肥料、统一耕种、统一灌溉、统一病虫防治，分户农资投入、分户收获。改一家一户分散小型农机作业传统耕作为统一中型机械保护性耕作模式节约燃油 60%左右。产量潜力主要是通过机械化联合作业缩短农事作业时间，通过早播晚收玉米，实现稳定小麦产量、增加玉米产量，提高作物光热资源利用效率，亩产由吨粮水平稳定提高到 1.2 t 水平。

节肥施肥管理模式与技术。采用新型肥料（控失肥、缓释肥、长效肥）并结合种肥同施与优化施肥技术，配合中早熟小麦品种（小偃 81 或济麦 22）搭配中晚熟玉米优质品种（登海超试玉米或郑单 958）种植模式。该技术农田节肥潜力达 15%，技术实用性强，效果明显，具有潜在的推广应用潜力。

节（农）药模式与技术。通过构建农田生物多样性，进行农田害虫的生态生物防控。保护型农田边际耕地利用：采用农田边际耕地乔、灌、草（杨树-紫穗槐-罗马甘菊、油菜）搭配种植，构建农田边界保护屏障；保护性嵌作种植结构，农田嵌作苜蓿、鲁梅克斯、油菜、黑麦草，诱导农田生物多样性；引入生物“导弹”和性诱激素进行田间害虫生物防治。该模式技术具有较好的推广应用潜力。仅利用 2%～3%的耕地，构建农田生物多样性，结合生物防控技术，即可减少 50%农药用量，达到控制农田蚜虫目标。

“一网”模式与技术。针对适应我国农业特色的信息获取终端，大量数据的信息获取技术，满足农业生产需要的信息服务内容，农民可以用得起的信息服务价格，可持续运行的信息服务模式等主要问题。建设完成禹城现代农业信息服务中心，构成了以信息服务中心综合管理运行，各农业专业职能局技术服务支撑，中科院信息服务后台支持，覆盖农村社区、农业合作社、专业大户的农业信息服务网络，形成“一个中心、一个后台、多种服务”模式技术。通过无线信息机、电话信息机、手机信息机等多种操作简便、价格低廉的接收终端，以信息个人定制、后台推送的服务方式，满足了农民低成本和个性化需求。在禹城以 98 家涉农产业化企业、380 多个农民专业合作社和 1.1 万个种养大户为布局重点，辐射带动 10 万户农民，信息服务网点布设覆盖了全市 1 007 个村和部分合作社，进入实际运行服务。

（4）种养循环生态农业示范工程

针对我国在粮食高产、种植业和养殖业全面发展之后，农业也面临可持续发展、农产品优质安全等问题的挑战，主要体现在：资源消耗过大，利用效率不高；土壤板结、有机质下降、面源污染加剧；大量秸秆处理困难，秸秆还田给农田种植带来一些负面影响；养殖系统环境问题突出，畜禽粪便数量大而集中，畜禽粪便的有害物质种类、含量影响了资源化利用的安全性，处理和排放方式不合理增加了资源化的难度；由于种养环境恶化，生产投入品安全等问题，农产品的品质和安全成为当今关注的焦点。

我国农业发展目前面临的问题大部分是系统性、区域性的问题，需要从系统优化、系统集成、区域优化配置等方面综合施策才能根本解决。建立生态循环技术体系和发展模式是解决上述问题的有效途径。通过系统工程设计、结构优化和技术集成，形成了适合我国目前农业发展现状的洁净高效循环农业模式和技术体系，并在山东省禹城市建立了验证示范样板。示范样板的目标：遵循生态系统结构功能、生态平衡和有机物食物链循环的原理，发挥植物、动物、微生物之间的生态协同功能，以农田土壤健康、生产力持续稳定，农业高产稳产、经济效益显著提高，生态环境全面改善为主要目标，构建能量物质循环流动路径洁净安全、通畅高效的生产系统（图 2）。

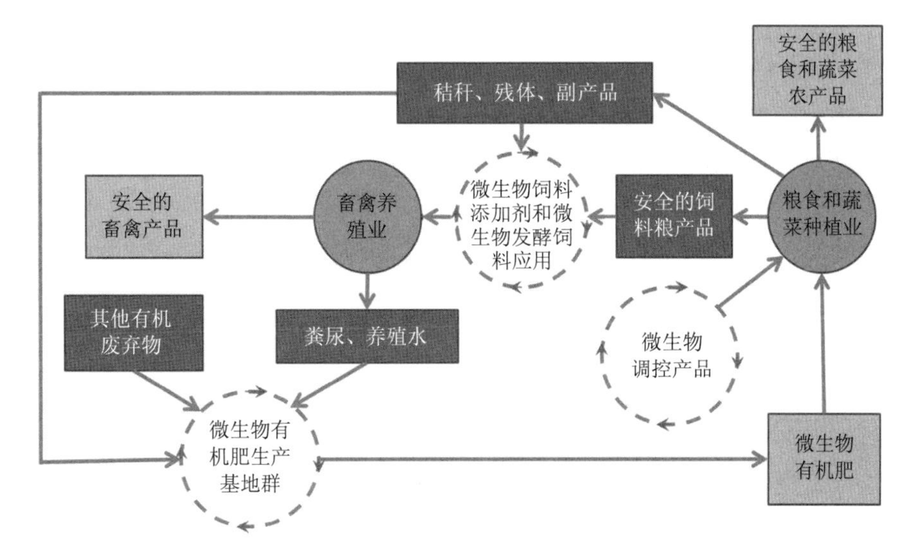

图 2 种养循环概念

示范验证在中国科学院禹城综合试验站试验农场内进行，农场位于山东省禹城市的张庄镇，土地面积230亩，其中耕种农田面积150亩；大田种植面积约130亩，小麦-玉米一年两熟轮作；设施蔬菜种植面积5亩，其中冬暖式大棚主要种植黄瓜、西红柿和叶菜等蔬菜；露地蔬菜5亩，种植叶菜等。畜禽养殖包括生猪养殖、蛋鸡养殖、肉羊养殖、肉鹅养殖；形成了粮食-经济作物-精饲动物-草饲动物的“四元”优化结构。

示范验证效果：整个种养生产系统生物质资源全部实现循环转化，洁净安全，没有污染物对环境的排放。减少种养殖病害发生，大幅减少或不使用农药兽药使用，提高化肥利用效率和土壤质量。施用两年土壤有机质由原来的13 g/kg提升至16 g/kg以上，土壤有机质提高20%以上，由此可间接提高粮食产量约5%；节约化肥用量约10%，提高肥料利用率约8%。有效降低氨挥发15%，减少氮淋失10%，土壤总氮库提升10%。平均农资投入的节本30～50元/亩；有效提高耕层土壤水分含量，增强保水能力，小麦节约灌溉用水量26 m^3/亩，玉米节约灌溉用水量30 m^3/亩。生物有机肥配合微生物菌剂在连续2年施用改良土壤的条件下，防控蔬菜根结线虫效果65%以上，提高产量达10%以上；可抑制小麦纹枯病的发生，防治效果达45%，而且对小麦具有明显的增产作用，增产效果达11.6%～15.2%。设施蔬菜种植消除重茬，减少病虫害，农药减少50%以上。

利用系统科学，通过种养循环生态系统的构建和技术集成，可以系统性解决目前我国普遍面临的农田秸秆废弃物处理、养殖粪尿环境污染、土壤退化、化肥农药减施、农产品质量安全等问题。

地理工程学助力农业高质量发展的展望

（1）观测和感知手段的时空拓展

利用现代化先进的传感器、遥感等感知技术的发展以及在农业中的应用，可以比较全面、实时、准确地把握农田土壤、作物生长、动物健康等方面的信息，拓展多要素、不同尺度空间、不同时间尺度的感知能力，为智慧农业的诊断、决策提供数据支撑。

（2）大数据模型和人工智能方法

发展大数据处理和大数据模型、AI算法等先进信息化技术，增强地理工程学的预测、设计、工程实施的技术能力，为农业产业的空间优化布局、资源环境要素和结构优化设计、技术优化集成模拟、产业发展预测等提供精准的工程实施、区域资源环境管理等提供先进手段。

（3）地理学方法和现代生态学理论、技术的结合

随着生物学的发展，生态系统植物-动物-微生物之间的共生和食物链关系日趋明确，生态系统结构和功能的机理也不断清晰。地理工程技术结合生态系统工程方法可为农业的可持续发展提供整体性思路和系统性解决方案。

（4）地理工程技术实施的多手段协同设计

由于地理工程涉及的是区域、综合、系统的复杂工程，因此，工程的实施需要资源要素、经济要素、技术要素、社会要素、政策要素的多手段协同才能确保工程实施的质量和发挥可持续效应。故地理工程实际上是一项巨系统、复杂系统工程，需要在理论、方法、技术上的跨学科创新。

我认识的唐登银先生

孙晓敏①

初次接触唐老师

在人生的旅程中，能给人留下深刻印象的往往是第一次，我与唐登银老师的第一次近距离接触发生在 1987 年的一个夏天的晚上，在山东禹城综合试验站。

我当时在地理所气候室工作，在中美大气中二氧化碳导致气候变化合作项目引进的计算机房负责管理，对所内的各类信息了解甚少，人也认识得不多。陈发祖老师留学学成回国后，1987 年 4 月，依托气候室组建了“近地层环境物理实验室”研究团队，团队成员为张翼博士、陈镜明博士等一批从事实验地理学的老师们，主要开展自然环境中能量和物质（水、二氧化碳等）的交换和传输过程研究，我从此也开始了新的职业生涯。1987 年 7 月底，地理所收到了中国科学院文件［(87）科发资字 0891 号］、《关于“实验三号”、“科学一号”船执行一九八七年西太平洋考察的通知》，根据科学院基础研究项目和国家攻关课题的需要，经国务院批准［(86）科发基字 0892 号］，兹决定“科学一号”和“实验三号”海洋调查船于 1987 年 9 月 1 日至 11 月 30 日先后在西太平洋海域执行“西太平洋热带海域大气-海洋相互作用和年际气候变化的研究”及国家“七五”科技攻关第 76-7 项“海气相互作用的研究”考察任务。我有幸参加本次考察任务，并由此第一次前往禹城综合试验站。

我到禹城站的任务是配合杜懋林老师取回准备参加科考使用的国产三维超声风速仪和数据采集系统，用于海洋近洋面大气的显热通量的观测，并尽快了解和熟悉这套观测系统。到达位于山东禹城南北庄的试验站后，这里的一切对于我都是极具吸引力的。高耸在地面的气象塔观测塔、遥感观测塔举目可见，匍匐在地面的大型原状土自动称重蒸发渗漏器（Lysimeter）、水力蒸发器、大型水面蒸发皿（池），它们都有各自不同的地下神秘的机关。水面蒸发场和陆面蒸发测定场、标准气象站、水平衡试验场、养分试验池、全要素的能量平衡观测系统、先进的农田小气候观测系统等，禹城站不愧是国内首屈一指的野外研究观测试验站，而时任站长正是唐登银老师，禹城站也正是在唐老师的主持下成就了这番景象。

晚上，唐老师和大家一起在北楼西侧的电视房间里看电视、聊天。这是我第一次面对

① 作者为中国科学院地理科学与资源研究所研究员，已退休。

面地和唐老师聊天，聊到我此行要开展的工作，聊到即将要出海的考察，特别聊到了这是一次出国考察，便问到我的外语水平怎么样？我很不自信地回答“会一点日常会话”。此时电视里正好在播放一段国际新闻，是一场英语讲演，唐老师随即来了一段同声翻译，之后问大家翻得怎么样？大家都说唐老师厉害，唐老师很谦虚地回应了大家的赞美。紧接着唐老师给我们讲了一个地理所流传的可以背诵英汉辞典的奇人故事，又聊起了他自己在英国学习工作的经历，让我顿生仰慕之情，深感在我们身边的这位老师有着不同凡响的故事和经历。而今，30 多年过去了，这次轻松、融洽地相处，当时那种满怀好奇、浮想联翩的思绪，依然令人难以忘怀，这就是唐老师给我留下的最初印象。

推动中子土壤水分仪的研制

利用中子水分测定仪观测土壤水分剖面，是当时国际同行普遍采用的先进的土壤水分含量的测定技术方法，但在国内还鲜有的应用。而这项技术在国内的广泛运用，与唐登银老师的贡献密不可分。彼时，唐老师在英国苏格兰园艺研究所，利用中子水分测定仪，开展大豆土壤水分的研究。他认为把这个技术引进国内是一件非常有意义的事情，回国后，唐登银老师向黄秉维先生专门汇报了中子水分测定仪的事情。之后，禹城站买了一台英产 IH 型仪器，但价格昂贵，维修困难。一本英文手册，翻译成中文，油印本，供使用。唐登银老师向黄秉维先生提出应该在国内开展该仪器的研制工作。而后黄先生与中国两弹元勋王淦昌先生一拍即合，由原子能科学院组建一个小组，利用中国自己的中子源，自行设计了测量仪器的电路。地理所物资条件处大力支持，处长郑若蔼和唐登银站长数度去北京南郊原子能院，商定仪器研制计划。原子能所负责仪器的研制，禹城站负责仪器的定标和实验应用工作，负责定标和实验应用工作的主要人员有逄春浩等。1991 年 10 月 18 日，中国原子能科学研究院与地理研究所联合研制的 IAG-Ⅱ型中子土壤水分仪通过部级鉴定。遗憾的是唐登银老师此时正在美国工作，没能参加这个会议。我有幸全程参加了这次鉴定会，第一次近距离观察国产的 IAG-Ⅱ型中子土壤水分仪。该仪器在通过鉴定后，这款国产中子土壤水分仪便实现了批量生产，CERN 野外台站成为这款仪器的核心用户群，一直应用到 21 世纪初，满足了国内在很长一个时期内，在农林气象等领域方面的观测分析需要。

开设实验地理学课程

鉴于 20 世纪 90 年代中后期，地理所在中国科学院研究生院（玉泉路）开设的一些课程，多是一些地理描述的课程，时任研究所所长的郑度先生曾与唐登银老师探讨能否开设有关定点实验观测方法的课程的试点工作，从此开始了他给研究生的授课工作。起初授课内容少一些，后来不断丰富。

2004 年，唐登银老师在中国科学院大学开设了与实验地理学有关的“陆地表层系统野外实验原理与方法”课程，本课程主要针对野外实验的核心——地表土壤-植物-大气系统的能量转换、水分运动和碳交换过程机理，讲解水热和碳过程基本原理和最新发展，包括主要环境因子的基本概念和野外观测方法、地-气界面之间的交换理论与水热传输机理、土壤水热交换过程基本概念与理论、植物生长的光合和呼吸过程模拟方法，以及能量-水-碳的相互耦合机理等，同时系统讲解能量、水分和碳过程野外观测的经典方法和先进设施。本课程主要为资源环境和生态专业，从事地表物质循环过程等野外实验和模拟以及定量遥感等相关研究的研究生学习而开设。到2022年，该课程惠及了19届硕士研究生，影响了一批批学子，课程多次获得优秀课程评价。对于唐登银老师而言，开设这个课程是值得大书特书的事情，它的起因就说明，传统地理学要革新。他经过几十年的工作，看到和经历了学科研究能力和水平不断发展的过程，需要把总结和梳理的新的学科知识和理念反馈给研究生的培养教育，以促进学科教育的与时俱进。

中国生态系统研究网络（CERN）水分分中心

1984年8月，中国科学院批准禹城站为对外开放的试点单位。1988年6月22日，中国科学院院长办公会议批准地理研究所禹城实验站向国内外开放，首聘唐登银老师为开放站站长。同年中国科学院生态研究网络启动，唐登银老师是三个发起人之一，为水分分中心后来的出现埋下了伏笔。其间唐老师接受了一个新的工作任务，赴美国休斯敦，出任中国驻休斯敦总领事馆科技组组长，一等秘书，直到1992年。回国后，唐登银老师回到了野外台站研究网络这个既熟悉又陌生的大家庭。

1993年，唐登银老师出任地理所副所长。陈发祖老师、唐登银老师先后任中国生态系统研究网络科学委员会委员。1994年2月，地理研究所向中国科学院呈报《中国生态系统网络水分分中心基建项目工程初步设计计划的报告》，2月15日中国科学院下达“关于院生态网络系统工程水分分中心初步设计及概算的批复”，4月4日中国科学院生态网络系统工程与地理研究所签订“禹城试验站和水分分中心网络基建任务投资包干协议书”。唐登银老师兼任水分分中心主任，我担任水分分中心的副主任和技术负责人，协助和配合唐登银老师开展实验地理学的研究工作，与唐老师共同奋斗的岁月，为我此后的科研工作奠定了扎实的基础。

在唐登银老师领导下工作的这些年，给我留下这样的感受，唐登银老师对政治坚持原则，对事务平等协商，对矛盾春风化雨，对人才开放引进，对学生培养扶植，对工作压担放权，对责任勇于担当，是我工作和生活中的良师益友。在唐登银老师领导下的水分分中心，特别注重观测技术和方法的引进和自主开发，他率先垂范，言传身教。这里举例示意，可见一斑。

1. 新技术引进自主开发和大型蒸渗仪的推广应用

在涡度相关观测技术成熟以前，大型称重式蒸渗仪曾经是唯一应用于蒸发观测的“标准仪器”。早在1983—1984年，在黄秉维先生的支持下，唐登银老师等与澳大利亚联邦科工组织麦克洛伊先生合作，以麦氏称重蒸渗仪为原型，在禹城站研制大型蒸渗仪。该蒸渗仪原状土体表面积 3 m^2，深度 2 m，设备总重量超过 10 t，蒸发测定分辨率达到 0.02 mm，成为国内第一台在野外测定蒸发的标准仪器。

20 世纪 90 年代中期，中国生态系统研究网络科学委员会鉴于蒸发测定在生态系统过程研究的重要性，考虑到禹城站的蒸渗仪具有国内领先的基础，决定由水分分中心负责在 CERN 几个重点生态站推广和建设装备大型蒸渗仪（Lyismeter）。1994—1996 年，在唐登银老师的领导下，由水分分中心和禹城试验站联手配合，完成了大型蒸渗仪的称体设计、机械加工和组装工作。数据采集系统则优选了当时国内最好的传感器产品，联合国家卫星控制中心技术人员定制了数据采集器，构建了 Lyismeter 数据采集系统。由水分分中心和禹城站抽调人员，组成了一支仪器建设队伍，在黑龙江海沦站、内蒙古草原站、奈曼站、河北栾城站、河南封丘站、江西鹰潭站、青海海北站积极的配合下，建设了 7 台同一规模的大型称重式蒸渗仪（$3\ m^2 \times 2\ m$），为 CERN 和水分分中心留下了一段传奇史话。

2. 应用涡度相关技术开展地表物质通量观测的研究工作

应用涡度相关技术开展地表物质通量观测的研究工作一直是水分分中心的标志性工作之一。1994 年，水分分中心运用涡度相关技术首次取得了西藏拉萨地区农田第一条自然状况下瞬时测定的小麦群体光和水分利用效率日变化特征曲线。1998 年水分分中心兵分两路，同时携带自行研制的通量观测系统参加国家自然科学基金重大项目“HUBEX（淮河试验）”安徽寿县综合观测试验和国家自然科学基金重大项目“IMGRASS（内蒙古半干旱草原土壤-植被-大气相互作用）”内蒙草原综合观测试验。在禹城站，运用定量实验遥感方法和运用涡度相关技术，提出了利用遥感数据估算植被吸收二氧化碳的模型，做出了我国第一张华北地区二氧化碳通量的分布遥感图。

3. 建立热红外遥感实验室

在禹城发展实验遥感，是学科发展上的必然。唐登银老师作为站长，给予了重要的支持。后来他在担任水分分中心主任时，同样给予了实验遥感研究方向有力的支持。张仁华老师的许多实验遥感工作都是在禹城站实施开展的，也是研究团队在实验遥感学科方向取得重要成绩的鼎盛时期。

真实地物的热红外比辐射率测定技术，一直以来都是热红外遥感在实验地理学应用过程中的一个重要和瓶颈问题。地表的热红外辐射既是地表通量的重要组成部分，又是利用卫星遥感技术反演地表温度的重要物理变量。水分分中心运用热像仪观测的方法研究了微尺度（分米尺度）地物的基本属性（辐射温度）、基本定义（比辐射率等）和基本定律（布朗克定律）的尺度效应，建立了野外和模拟遥感试验场，开展了星-地协同的同步观测。利用攀登项目为我们提供了新的发展机遇。在唐登银老师的鼎力支持下，水分分中心建立的热红外遥感实验室完成了 7 项国家发明专利的研制开发工作。其间，唐登银老师作为完成人之一在 1997 年获得了中国科学院自然科学二等奖。

4. 探索新的试验观测研究方法

在唐登银老师开放、探索、发展的学术思想影响下，水分分中心一直在探索由点到线再到面的测定技术和方法，这也是实验地理学努力的方向。2000 年，水分分中心在我国生态系统研究领域率先引进了大孔径闪烁仪（Large Aperture Scintillometer，LAS）观测技术。

2004年，水分分中心依托地理资源所引进了德国Finnigan公司生产的最新型稳定同位素比值质谱仪MAT253，开始了稳定同位素技术在生态系统过程研究的技术应用研究。2006年，引进了国际上第一台水汽$H_2{}^{18}O$、$HD^{16}O$和$H_2{}^{16}O$激光稳定同位素气体分析仪（TGA100A，Campbell Scientific Inc.，USA）的基础上，与美国耶鲁大学森林与环境学院Xuhui Lee教授合作，开发了大气水汽$^{18}O/^{16}O$和D/H在线标定系统，改进原有两点校正为三点校正，利用样品和旁路气泵设计剔除歧路管压力变化的影响等，解决了仪器非线性响应难题，首次实现了大气水汽$\delta^{18}O$和δD的原位连续观测及其与涡度相关相结合的技术。

岁月飞逝，在唐登银老师的领导下，水分分中心在出色地完成了CERN相关工作部署的同时，不忘实验地理学和野外观测实验研究工作的初心。以唐登银老师为代表的一代代实验地理学人继往开来，在黄秉维先生发展实验地理学的思想指导下，努力践行左大康先生积极倡导的：将地理学研究与野外考察、实验研究和遥感等方法相结合的研究思想，设立定位、半定位试验站与各种模拟实验室开展地理学的实验研究。他们为实验地理的发展倾注了毕生热爱与才学，是我们学习的楷模。

实验地理学之方法论：理解与应用

康跃虎[①]

我于1997年12月底调到中国科学院地理研究所（现中国科学院地理科学与资源研究所）工作，被安排到中国科学院禹城综合试验站。禹城综合试验站是我留学前在中国科学院沙漠研究所沙坡头试验站从事干旱区造林水分平衡研究期间经常听说的试验站，是我的恩师陈荷生先生（时任沙坡头试验站站长）让我们学习水分平衡试验研究方法的试验站。在禹城综合试验站第一次了解到由老站长唐登银先生亲自和领导全站科研人员实践和发展了很多年的实验地理学。后来唐登银先生还告诉我实验地理学最早由竺可桢先生和黄秉维先生等前辈们提出，使得传统的地理学有了多个重要转变，包括“定性描述转向定量定向相结合、区域描述转向自然过程与区域描述相结合、纸面志书转向要为农业服务”等。

地球表层的物质和能量过程是实验地理学的主要研究内容之一，我理解基于地球表层多要素多过程系统性试验观测的综合分析、量化关系建立和规律揭示，是实验地理学的基本方法论之一，所以无论是在禹城试验站工作的两年，还是我们团队后来先后通过在北京、河北、宁夏、新疆、吉林、湖北、天津、黑龙江、青海、甘肃、内蒙古、江苏等地建立了20多个试验示范基地，开展“土壤-植物-大气”系统水分化学物质循环与调控、微灌和喷灌等现代高效节水灌溉、盐碱地农业与盐碱地植被建设、农业化肥面源污染控制等方面的理论与技术的研究，以及土壤水肥盐监测和水循环试验观测新方法新装置开发等，实验地理学的思想和方法论都起到了重要作用。

针对如何实现从“0”到“1”的原创性科学研究和技术跨越性研究，2021年年初我即兴写了一篇文章，题目为“基础性研究如何选题？如何实现技术跨越？”，很荣幸被《中国科学院院刊》微信新媒体平台作为“科学笔记”专栏“创刊号”发表。这篇文章很好地反映了我对实验地理学的思想和方法论的理解、认识和应用。

有幸参与唐登银先生论文集的编写，于是我将这篇文章放到唐登银老师的论文集中，期望感兴趣者通过阅读这篇文章来领悟唐登银先生大力推动、实践和发展的实验地理学的方法论。

① 作者为中国科学院地理科学与资源研究所研究员，中国科学院陆地水循环及地表过程重点实验室原副主任、主任，2001年国家杰出青年科学基金获得者。

基础性研究如何选题？如何实现技术跨越？①

我在2000年得到了第一个国家自然科学基金面上项目支持，项目名称为“滴灌条件下农田水分循环过程及作物需水规律研究”，从题目就可以看出，这是一个基础性研究项目。

为什么要选择这么一个题目？是因为1997年我刚回国后不久，遇到有农业技术推广人员跟我讲，滴灌灌溉的水量不能满足作物生长需要，不适合在他们那边应用。

尤其后来我有幸参加国家“十五”科技发展纲要农田水利部分的编写工作，在随编写组“解剖麻雀”的调研过程中，见到稀有（当时国内还很少）的一些日光温室安装了成套的进口滴灌系统，但滴灌管挂在墙上，没有用起来，问其原因，用户说四五月份开始气温升高，滴灌的水就满足不了作物的需要了。

后来遇到不少类似的问题。在不同场合参加的一些研讨会上，不少农田水利专家和管理层的领导们讲，滴灌是高新技术，我们国家的用户文化程度低，还不适应用。

图1　早期在栾城试验基地的试验布置及仪器设备

（试验小区、滴灌系统、电子称重蒸渗仪、水银负压计等）

图2　早期在通州试验基地的试验布置及仪器设备

（试验小区、重力滴灌系统、电子称重蒸渗仪、水银负压计等）

① 本文为作者首发《中国科学院院刊》微信新媒体平台，授权在本书发表，文本经重新编辑和删减。

对于我这个留学期间系统学习和研究过微灌（滴灌、微喷灌、涌泉灌）理论和技术的人，很是想不通！滴灌已经在以色列、美国、欧洲等国家和地区广泛使用，尤其以色列还是干热的沙漠气候，为什么在我们国家就有这么多的问题呢？

经过仔细思考和分析，我觉得主要原因是，来自发达国家的成套滴灌技术，其灌溉管理方法如确定什么时候该灌水、该灌多少水等，我们国家的绝大部分用户掌握不了。包括滴灌在内的微灌，是“小流量、长时间、高频率”的局部灌溉方式，其灌溉管理的理念已经不是传统地面灌溉经常说的“灌溉制度”了，需要根据土壤墒情进行适时适量的灌溉，而且灌溉水量要求准确。

在以色列和美国等国家，灌溉管理人员基本都上过大学，很多人还有硕士甚至博士学位，而我们国家的用户都是地地道道的传统农户，文化教育程度不高，掌握不了来自发达国家灌溉管理技术，而且由于一家一户地块面积小，农业种植的经济收入很有限，也用不起。

受益于“傻瓜”照相机的启发，我当时在想，能否让滴灌灌溉管理技术也“傻瓜化”？如果“傻瓜化”了，而且既简便又准确又便宜，那么每个人就都能用了。但要实现“傻瓜化”，可不是简单的事，需要做比发达国家更为深入系统的研究，才有可能找到突破口，我当时认为必须首先要从滴灌条件下农田水分的循环过程和作物需水规律入手做研究，于是选择这个题目申请了国家自然科学基金面上项目。

项目得到了支持，但试验如何设计和布置，才能获得有价值的数据资料，尤其在试验观测手段和方法方面，如何准确获得作物每天的耗水量？如何获得准确的土壤水分时空分布数据？如何取样才能准确获得土壤养分和植物根系生长响应等信息？这些都是试验研究成败的关键。

因为滴灌条件下灌溉水在土壤中运动和分布与自然降水和地面灌溉等方式不同，是从滴头的位置开始向水平方向和垂直方向运动扩散的，养分又随水分运动，所以土体内不同位置的土壤水分和养分状况都不相同，传统的水量平衡法和测定土壤含水量的方法，都不能获得满足精准度要求的数据资料。

另外，试验处理水平的数量也不能少，否则得不到准确的趋势线，找不出规律。还有一个非常大的限制因素，就是经费只有 20 万元，非常紧张。

于是，我们首先在试验设计和观测方法方面下了很大功夫，首先确定了 6 个试验处理水平，自己研制了高精度悬挂式电子称重蒸渗仪，可以准确获得每天每个处理的植物耗水量；每个处理分别安装一组由 30 支负压计（水平距离 5 个位置垂直 6 个深度）组成的土壤基质势测定装置，每天两次获得每个试验处理的土壤基质势数据等。

试验观测包括植物地上部分生长的几乎所有要素和地下根系的生长，土壤水分和养分在土壤中的运移和分布、作物每天的耗水量等。总之，试验观测系统之完善，观测内容之多，国内外都没有过。

上半年的一个生育期下来，有了让人惊奇的非常重要的发现，就是滴头正下方 20 cm 深度处（后来我们命名该点为“特征点”）的土壤基质势对作物整个根系分布范围的土壤墒情有很好的代表性，与作物的生长、产量、品质和耗水量等都有很好的关系。

于是我们又从下半年开始，增加了 5 个水平的特征点土壤基质势的处理，加上原有的 6 个灌溉频率处理共 11 个，经过 2 年的系统试验，证明这一发现准确无误。于是，我们提出了监测特征点土壤基质势指导灌溉的新方法。

该方法只需在特征点埋设负压计，每次灌水量一样，只要看到表盘上的指针到了需要灌溉的范围，启动灌溉系统进行灌溉即可，不用用户动脑筋，肯定会是优质高产而且节水，这就使得滴灌灌溉管理的“傻瓜化”得以实现！

图 3 负压计田间埋设图

（特征点土壤基质势确定灌水时间的仪器）

需要特别说明的是，负压计是测定土壤基质势的仪器，早就被发明而且在土壤水分物理方面被广泛使用。因为用它测定的土壤基质势，由土壤含水量决定，是土壤水势的主要组成部分，而自然界中水都是从水势高的地方向水势低的地方流动，水从土壤进入根系也是如此，所以早就有学者提出用负压计监测土壤基质势指导灌溉会更好，但不清楚到底埋几支负压计？埋在哪些深度好？到了什么程度就需要灌溉？我们的研究工作，也使得这方面的难题都得以解决。

随后的十多年，我们研究团队“省吃俭用”，在没有专门科研项目经费支持的条件下，自己调配本来已经很紧张的经费资源，对 20 多种主要作物和品种进行了田间试验，确定了每种作物适宜灌溉的阈值。

后来有学者研究证明，对于天然植被，也是 20 cm 深度处的土壤含水量，能很好代表根系分布范围的平均含水量，也就是说我们发现的这个 20 cm 的深度，在自然界中具有普遍性。近十来年我们的研究结果表明，这个方法也适用于大型喷灌机，只是埋设地点有所不同，阈值需要通过田间试验确定。

老师唐先生

罗毅[①]

1998年夏秋之交入唐先生门下。

之所以是夏秋之交，是因为当年6月论文答辩、办完离校手续之后，我和段漠成了无处可以栖身之人。唐先生在当时的地理研究所行政楼三层的公寓里找了一间房子供我们临时居住。记得是楼北头把角的一间房，摆放了两张高低床，刚好其中一张我们用来摆放几个搬来搬去还勉强堪用的箱子，里面是全部家当。房间比较大，比较敞亮。读书几年，流离辗转于北郊的各种农家民房，仄住久了，这大房子让我们顿觉原可以如此宽敞、明亮、美好。

在清华大学做博士论文期间，在中国科学院禹城综合试验站（禹城站）做过一些工作，观测玉米地土壤-作物-大气系统的水热传输，验证编制的一个水热传输数学模型。欧阳竹站长和同事们很支持，实验观测很成功，效果很好，结果成就了博士论文的一部分。毕业前夕，导师雷志栋和杨诗秀先生建议我到禹城站做博士后，继续博士论文的研究工作；那里的实验条件好，在国际上先进，在国内一流，能有些作为。参加了地理研究所组织的一个庞大的专家组的筛选，竟然成功入选，始入唐先生门下。禹城站，自然也就成了职业生涯的起点。

禹城站的大型称重式蒸发蒸渗仪堪称众多先进设备当中的一颗明珠。当下运行的这台正式启用于1991年，是禹城站第二台大型蒸渗仪器。其形制、规模、测量项目、称重敏感度、测量精度令人惊叹，由站上的科研人员联合中国科学院有关研究所自行研制。其精度之高，运行之可靠，积累数据时间之长，国内尚无出其右。后来，先后由唐先生、赵家义和孙晓敏等带领禹城站的技术人员在中国科学院生态研究网络台站和行业部门推广应用，建造了十余台同型设施，在生态系统观测中发挥了重要作用。

这台蒸渗仪的发端，是之前禹城站建设的一台，也是中国第一台大型原状土自动称重蒸发蒸渗仪，在1983年前后由唐先生和澳大利亚科学家Mcroy先生共同建造。这台蒸渗仪规模较小一些，后来废弃了。在禹城站的遥感观测高塔下附近的位置，我还见过其遗迹。没见过原貌，但我见过它的建造图纸，手绘的；图纸上标满了尺寸和说明，手写的英文，太难辨认了。猜测那是20世纪80年代初期，没有当下的电子邮件，更没有即时通信软件，

① 作者为中国科学院地理科学与资源研究所研究员。

只有国际信邮的情况下，两人在建造中交流用的文档。难以想象，在所需材料紧缺、加工手段仍然落后的当时，两人是如何通过这种通信方式搞出了如此高精度、结构复杂的中国第一台蒸渗仪的。这个“第一台”，在思想和技术上对后来蒸发蒸渗仪的发展产生了重要影响。我在禹城站恢复土壤物理实验室，唐先生也高度赞赏。再从对土壤水分中子仪等系列设施设备仪器的研发来看，我理解，唐先生非常重视实验观测手段的建设、革新、创新。

我的研究深受其利。利用禹城站大型蒸渗仪十余年的实验观测数据，成功改进了一个根系吸水模型，成果发表在美国农业工程师协会会刊上，也是我正式发表的第一篇国际论文。20年后，我自己的学生又在国际著名的水文和地球系统科学刊物HESS上发表了一项新的根系生长和吸水模型的研究成果。一个观测技术的影响之深远，可见一斑。

1998年秋天，唐先生主持的中国科学院黄淮海平原农业项目现场验收，有幸随行，实地体验了封丘站、禹城站、延津站、太行山站等不同类型区针对不同问题的农业开发研究成果；也第一次比较全面地聆听了科学家们在地面上开展工作的思想和方法，遇到的挑战，采取的对策，目睹了所取得的丰硕成果。现场验收和研讨会上科学家们的碰撞、交流，有和大学校园里完全不同的氛围和感觉。“把文章做在了大地上”，唐先生在评价项目取得的成果时如是总结。我想，这也是对我们在场的青年科学家们的要求与鞭策。后来，我带学生在河南、山东引黄灌区历时两年做了全面实地调查、取样、地头访谈，取得大量引黄灌溉和种植业发展的一手数据，在禹城站建站30周年大会上报告了结果和心得，竟得到了同行们不吝惜的好评，唐先生说对此感到十分欣慰，我从而也备受鼓舞。当下承担的第三次新疆综合科学调查的任务，在塔里木河流域我也依然坚持身体力行，在高山河谷，在绿洲荒漠，在田间地头，取得尽可能多的一手数据，在实践中发现问题，究其实质，探索解决的办法，莫不源于唐先生把文章做在大地上的言传身教和得他肯定而形成的内在动力。而当下“把论文写在大地上”的呼声在学术界再次渐起之时，20多年过去了。我读过唐先生的不少手稿。总体上，这些手稿篇幅都不长，语言朴实，没见过任何华丽的辞藻，更未见过绚烂的句子。读起来很舒服。初读，感觉简单。再读，感觉力透纸背。其角度的切入，思想的铺陈，逻辑的演绎，虽学、摩二十余年，终不达其十分之一。也终于认识到，那是一种不易企达的境界。

向唐先生请教“秘笈”。“要写清楚，必先想清楚”，这句话始成我的信条。对我的研究生，对在中国科学院大学课堂上的学生，我也常讲起唐先生的这句话，和他们交流我个人在写作中不断尝试的经验和感悟。当然，我也始终认为唐先生为文与其无私、豁达、包容、大繁至简的为人品质是贯通的。兼学方能精进，我时刻自觉自勉。

我也从和唐先生的“闲聊”中深受其益。唐先生退休后，我们聊得多一些。往往是唐先生来到我的办公室，一壶茶，个把两个小时的功夫，到午餐时间，先生起身，我送至门外，不曾请过饭。话题十分广泛。唐先生会讲一些他经历的人或事儿，他的因应，他的看法，得到的反馈。我是个不擅长与人打交道的人，为人处世缺乏练达。而唐先生的“故事”，实则是在潜移默化，有一些也真深入内心了，以至于段漠说我有变化、有长进。我也会提出我的一些不解的问题，听唐先生的见解。

唐先生在中国驻美国休斯敦领事馆当过外交官，我就请教了关于“双标”的问题：一个大国，何至于经常出尔反尔，自相矛盾？唐先生说，很容易理解，就是两个字：利益。真是简单而透彻。那是多年之前的一次闲聊。他的这个解答也是我自此以后在解读中美关系，理解国际关系，乃至更小范围的双边、多边关系时的一个重要切入角度。

“看问题既要横向看，也要纵向看”。这是和唐先生关于曾经一段时间的一种社会思潮对聊时，唐先生给出的如何看问题的建议。他说，比较而言，中国在多个方面与一些发达国家相比确实存在差距，这是客观事实，不仅要看得见，还必须要重视，这也是需要进步的方向。从另一个角度，与自己的 20 年前、30 年前，甚至新中国成立时相比，国家取得的成就是惊人的，举世瞩目的，这也是无可辩驳的事实。再说，是否还有哪个政党能够担当国家、民族复兴的大任呢？我对唐先生的“纵横论”是信服的。自此，我也将这种看问题的“纵横”方法论应用到学术研究中，政治、社会、经济问题的理解中，以至于日常生活中。

师从唐先生 20 多年，不断得到思想的滋养，言行的示范，从而不断成长、精进，受益良多。区区短文，所及也只沧海一粟而已。值此《唐登银实验地理工作五十年》付梓之际，学生倍感荣幸、高兴，作此短文致以衷心祝贺。

中子土壤水分测定仪和大型蒸渗仪研发应用回忆

刘士平[①] 孙晓敏[②] 袁国富[③]

一、中子土壤水分测定仪的研发与应用

土壤含水量是一项重要的地表环境指标，是研究生态系统变化、农田用水、地-气间水热交换等不可或缺的数据。早期的土壤含水量观测是通过对原状土壤采样称重后，烘干土壤中的水分，对失水后的干土壤再次称重，获得两次土壤称重之差而获得，称为烘干法。烘干法不仅费时费力，数据的代表性不够，而且对采样地的破坏较大。随着技术的进步，土壤含水量的测量方法先后出现了中子法、时域反射仪（TDR）法和频域反射（FDR）法等方法，减少了对观测样地的破坏，提高了观测的自动化水平。

中子法是最早实现的可以定位连续观测的土壤含水量观测方法，由于该方法所观测数据的稳定性，到目前为止，仍然是许多野外实验台站和科学研究观测土壤含水量的重要观测手段。早在 20 世纪 70 年代，中子仪已经在国外科研机构开始应用。唐登银先生在 1979—1981 年赴英国留学期间，就是使用中子仪开展科研工作，对该方法和设备留下了很深的印象，在回国时特意带回来一台中子仪在之后创建的禹城站使用，禹城站是我国国内较早使用中子仪开展科研工作的单位。之后唐先生向时任中国科学院地理所所长的黄秉维先生提出建议，建议国内研发该仪器，以缓解当时因为外汇紧张，中子仪不能得到广泛使用的问题。黄秉维先生十分重视唐登银先生的建议，亲自与中国原子能科学研究院王淦昌先生联系，促成了中国原子能科学研究院与中国科学院地理所联合研制国产中子土壤水分测定仪。

中国原子能科学研究院与中国科学院地理所联合研制国产中子土壤水分测定仪项目从 1986 年开始，1989 年研制出样机，并送到中国科学院地理所禹城站标定，在此基础上做出改进，于 1990 年完成国产中子土壤水分测定仪的研制，定型 IAE-Ⅱ型。1991 年召开了该仪器成果的部级鉴定会，黄秉维先生和王淦昌先生同时出席该鉴定会，反映出该成果的重要价值。

该型中子仪在商业上取得了很大成功，特别为后来的中国生态系统研究网络（CERN）

① 刘士平，中国科学院地理科学与资源研究所高级工程师，已退休。
② 孙晓敏，中国科学院地理科学与资源研究所研究员，已退休。
③ 袁国富，中国科学院地理科学与资源研究所副研究员，所图书馆馆长。

土壤水分长期监测做出了重要贡献。在整个联合研制过程中，中国科学院地理所的主要参加人员是逄春浩、唐登银和郑若蔼。我当时在禹城站跟随三位先生做了一些野外观测工作，经历了这个仪器的研发过程，在这个过程中深刻体会到唐登银先生对研制野外观测仪器的重视。尽管从 1989 年起唐登银先生受国家派遣出国工作，中断了在这个联合研制项目中的工作，但唐先生作为国产中子土壤水分测定仪研制的主要推动人之一的地位是毋庸置疑的。

二、大型蒸渗仪（Lysimeter）的研发和推广

大型蒸渗仪又称大型原状土自动称重蒸发渗漏仪，英文 Lysimeter。用 Lysimeter 可以精确地测定土壤及多种作物的蒸发蒸腾量，被认为是一种标准的蒸发测定装置。在涡度相关观测技术成熟以前，大型称重式蒸渗仪曾经是唯一应用于蒸发观测的“标准仪器”。

1983—1984 年，在黄秉维先生的支持下，唐登银、杨立福、赵家义等与澳大利亚联邦科工组织麦克洛伊（I.Mcilroy）先生合作，以麦氏称重蒸渗仪为原型，在禹城站研制大型蒸渗仪。他们在没有设计图纸和原材料缺乏（特型钢材、不锈钢钢丝绳等）、设备落后（例如没有合适的起重机械）的情况下，自力更生，艰苦奋战，在研究所金工师傅的帮助下，完成了大型称重式蒸渗仪的建设。该 Lysimeter 的地表面积为 3 m^2（1.5 m×2 m）；原状土柱深 2 m，总重为 10～12 t（视土壤含水量而定），分辨率为 40 g，相当于该面积上水层厚 0.017 mm。为了实现测量自动化，该仪器配有自行研制的微计算机数据采集与处理系统。可以人工设定采样时间间隔，到点自动称重、采数、处理、打印结果。由上可以看出 Lysimeter 具有面积大、代表性强、精度高、自动化性能好等特点。在国内是仅有的，在世界上也是先进的。

该仪器包括一个装满原状土壤，置于田间以反映自然环境、表面裸露或生长有植物的容器（原状土柱）及一个以一定方式测定向上或向下，离开该土体多少水量的测定装置。

中国科学院禹城综合试验站自 1986 年至 1988 年进行了 3 年的农田蒸发联合观测试验，以建成的大型蒸渗仪为相对标准，对包括能量平衡法在内的各种测定和计量农田蒸发量的方法进行了比较和验证，得出了在正常情况下能量平衡法的计算偏差在 10%左右的重要结论。应用大型蒸渗仪很好地验证了用能量平衡法计算农田蒸发量的优点，即物理概念明确，观测和计算方法简便易行，所需仪器设备也不复杂，可在各种作物田中进行观测，适于推广。

1990 年，以此蒸渗仪为参照，禹城综合试验站承担的攻关课题又研制了更深土柱的大型蒸渗仪，曾是我国最大的称重式蒸渗仪（3.14 m^2×5 m 大型回填土土柱，约 32 t 重），增加了土壤地下水位模拟控制装置。

20 世纪 90 年代中期，中国生态系统研究网络鉴于蒸发测定的重要性，考虑到禹城站的蒸渗仪具有国际先进水平，决定由水分分中心负责在几个重点生态站推广和配备这一设备。1994—1996 年，在唐登银先生的领导下，组建了一支仪器建设队伍，在黑龙江海沦站，内蒙古草原站、奈曼站，河北栾城站，河南封丘站，江西鹰潭站，青海海北站建设了 7 台同一规模的大型称重式蒸渗仪（3 m^2×2 m）。与这些试验站建立了很好的工作关系。18 年后的 2008 年，地理所又为中国地质科学院水文地质环境地质研究所建造了一台大型土壤蒸发

渗漏仪，也是目前我国具有原状土体最深的一台大型土壤蒸发渗漏仪（3 m^2×6 m 大型原状土土柱，约 36 t 重）。

禹城综合试验站是国内开展大型蒸渗仪研制和应用的第一个单位，这个过程中唐登银先生起到了引领和开创性的角色，为后来国内大型 Lysimeter 的蓬勃建设起到了奠基的作用。

实验地理学的倡导者和实践者
——我所了解的唐登银先生

袁国富[1]

唐登银先生是我的博士生导师，从1998年我考入中国科学院地理所攻读博士学位开始，然后毕业留所工作，一直在唐先生的指导下开展工作，从唐先生那里学到了很多东西，包括科研工作方面的思维和能力，还有许多做人做事的道理。唐先生对我的教导，深刻地影响了我的工作和为人的风格，唐先生对我的恩情，我永记心中，永远感激。在这本文集里唐先生的同事们回忆了他过去工作中的点点滴滴，而我与唐先生的接触，则主要还是他退休后的诸多片段，更多的是唐先生对他过去工作的回忆和对我工作的启发。提笔回忆唐先生对我的教诲，想起这些年唐先生与我交流中谈及他的过往事迹，加上我对唐先生文集的学习，我更多地想谈一谈我对唐先生学术思想和学术贡献的理解。

我以为，唐先生一生学术思想和学术贡献，一言以蔽之可以概括为他是实验地理学的倡导者和积极实践者，我把它们归纳为六个方面。

一、践行黄秉维先生的学术思想，坚持开展地理学的野外实验方法应用

唐先生多次跟我提到黄秉维先生是他的科研生涯带路人，进入地理所后就是在黄先生的领导下开展工作，深受黄先生有关地理学发展，特别是自然地理学发展的学术思想的影响。地理所成立之初，竺可桢先生和黄秉维先生就主张革新地理学，发展水热平衡、地球化学物质迁移、生物地理群落三个新方向。黄先生亲自主持水热平衡工作，唐先生属于研究水热平衡的物理组的成员，从此他的工作没有离开过水热平衡研究。

黄秉维先生的自然地理学三个研究方向思想体系对我国地理学的现代化有重大的推动作用，而其中强调实验方法在地理学中的应用是重要一环，唐登银先生一生均围绕野外实验观测在地理学中的应用开展工作，从刚开始进入地理所就在石家庄耕灌所和德州灌溉站的实验工作，到“文化大革命”时期开展土面增温剂的实验和推广工作，“文化大革命”结束后到山东禹城建设禹城综合试验站开展农田水热平衡研究，以及在此基础上推动野外台站的开放运行和野外台站网络的发展等，都践行了黄秉维先生的学术思想，始终把野外实

---

[1] 作者为中国科学院地理科学与资源研究所副研究员，现任所图书馆馆长。

验方法作为地理学服务农业，服务社会的核心手段开展工作。

目前，基于野外台站的观测实验仍然是地理学研究的重要手段之一，对于地理学深入认识地表规律起到重要作用，唐先生一生都坚持地理学的实验方法应用，特别重视实验方法对于地理学革新的意义，他多次跟我谈到过实验方法的重要性，在保障地理学学科发展走在科学前沿的重要意义，这些思想也深刻地影响了我从事科学研究工作的方法选择。当前从事地理学前沿研究需要大量基于野外观测实验数据和实地调查数据作为支撑，地理学的发展事实证明他的工作对于推动地理学的方法革新和进步是有重要意义的。

二、担任禹城实验站创始站长，推动野外台站的建设和野外实验方法的落地

“文化大革命”结束后的 1978 年，唐先生经过一段时间的考察和思考，和程维新等老师共同商定，决定在禹城南北庄建立试验站，这就是后来的禹城综合试验站的开始。到 1989 年接受新的工作安排出国，出任禹城站首任站长 10 年。在这期间，唐先生作为禹城站首任站长为禹城站的发展奠定了雄厚的基础，我认为特别值得提出的贡献包括：①大力建设实验设施，禹城站成为开展实验地理和地理工程研究的重要基地，试验站的实验设施如气象观测场、水面蒸发场、铁塔遥感试验场、陆面蒸发测定（Lysimeter）场、水平衡试验场、养分试验池等，均是在唐先生的领导下建设起来的，当时的禹城站成为野外台站实验观测的标杆之一，后来许多野外试验站建站都要学习禹城站的经验；②团结一大批野外实验工作者，开展区域农业开发和中低产田治理，取得了辉煌的成就，最为称道的就是禹城的“一片三洼”经验，提高了农业生产力，获得实际经济效益，并很快推广至禹城县，德州地区，山东省及黄淮海各地，禹城站的成果与封丘站的成果一起直接促成了后来获得国家科技进步奖一等奖的黄淮海农业开发项目的立项和实施；③ 1987 年，唐先生代表禹城站申请并使禹城站成为中国科学院首个开放试验站，中国科学院开放试验站建设是后来生态系统野外台站联网建设的基础，禹城站的开放站工作为中国生态系统研究网络（CERN）的建立有重要的推动作用。

由唐先生牵头创建的禹城综合试验站是唐先生开展实验地理学研究和实施地理工程学实践的结晶，可以说代表了唐先生一生科研工作的典型成就。禹城站不仅在推动地理学应用实验方法上起到了标志性和引领性作用，而且为地理所发展学科服务社会做出了不可磨灭的贡献。

三、重视野外观测仪器和设施的研制和推广

唐先生围绕实验地理学开展的科研工作特别重视仪器设备的研制开发和推广。除了大力支持开展实验研究的科学家们在禹城站建设各类实验设施外，他还积极引进国外先进仪器进行国产化研制和推广，最典型的就是中子土壤水分仪和大型蒸渗仪（Lysimeter）的研制和推广。

由中国原子能科学研究院研制的 IAE-Ⅱ型国产中子土壤水分测定仪，起源于唐先生去

英国留学两年回国后向时任中国科学院地理所所长的黄秉维先生提出的建议。唐先生意识到这种仪器在测量土壤含水量上的方便性和先进性，但国内因外汇紧张无法大量采购而得不到推广，限制了国内水热平衡相关研究。黄秉维先生十分重视唐先生的建议，亲自与中国原子能科学研究院王淦昌先生联系，促成了中国原子能科学研究院与中国科学院地理所联合研制国产中子土壤水分测定仪。该型中子仪在商业上取得了很大成功，特别为后来的中国生态系统研究网络（CERN）土壤水分长期监测做出了重要贡献。唐先生在仪器研制早期直接参与了研制工作，后来受工作调动出国，中断了在其中的作用，但唐先生在推动中子土壤水分测定仪国产化和广泛应用上的作用是巨大的。

大型蒸渗仪（Lysimeter）是一台测量蒸散和土壤水分渗漏的野外测量仪器，由于其直接测量水分的损失过程，被用于其他蒸发测量的标定对照方法，对于科研研究的意义重大。唐先生最早于1983年开始，联合澳大利亚联邦科工组织麦克洛伊（I.Mcilroy）先生，在禹城站建造了我国第一台Lysimeter，规格达到地表面积为3 m^2（1.5 m×2 m），原状土柱深2 m，并实现了测量的自动化，测量精度达到 0.02 mm。这个仪器的建造过程为我国培养了一批建造和使用Lysimeter的人才，为后来在CERN台站及其他野外观测站建设这种设备奠定了基础。

仪器设备是开展实验地理学研究必不可少的支撑，唐先生重视仪器的研制和推广是他实验地理学思想的自然延伸。他重视仪器设备的研制留下来的遗产，无论是建设的禹城站观测设施，还是研制的中子仪和Lysimeter的观测仪器，到目前仍然在为相关部门服务，不得不说这里面都有唐先生的心血和贡献。

四、系统提出实验地理学和地理工程学思想

唐登银先生在总结其近40年的实验工作后，于1997年在《地理研究》期刊发表《实验地理学与地理工程学》一文，首次明确提出了实验地理学和地理工程学概念，讨论了学科的研究对象、任务、工作程序和研究方法等，并以禹城站农田水循环和水平衡研究作为实例阐述实验地理学的基本内容，以禹城地区“一片三洼”治理说明地理工程学的应用途径。之后，唐先生在不同文献和场合中对实验地理学的内涵做了进一步完善。2004年，受郑度先生委托，还在中国科学院研究生院开设课程“陆地表层系统野外实验原理与方法”，为学生讲授实验地理学，我有幸也承担课程的部分授课内容。课程在研究生院受到学生的欢迎，先后三次被评为校级和院级优秀课程。

实验地理学这一概念目前并没有发展为地理学的主流学科概念，但地理学的实验方法则是地理学研究中非常重要的手段，受到从事地理学研究的科研工作者的重视，当前蓬勃发展的针对地球表层系统的多尺度立体观测网络的建设本质上就是实验地理学所追寻的目标，这一发展趋势也证明了唐先生实验地理学思想的重要意义。

五、为中国生态系统研究网络（CERN）的建设做出贡献

中国科学院从20世纪50年代建院始，就有许多研究所，特别是从事地理学、生态学

等与野外工作打交道的研究所在野外开展定位观测和实验工作，这些定位观测点逐渐发展成一定规模，形成了后来的野外实验站（试验站）。最初的试验站都由各个所属研究所领导自行发展，随着学科发展和国家需要，中国科学院逐渐意识到这些野外台站在科学研究和国家需要中的重要意义，由中国科学院原副院长孙鸿烈先生牵头开始联合这些野外台站组建中国生态系统研究网络（CERN）。在 CERN 的孕育和发展过程中，当时作为禹城站站长的唐登银先生也起到了重要的作用。首先，唐先生 1987 年通过申请建设禹城站为中国科学院第一个开放实验站，使得台站的作用和意义在管理层得到了重视，为后面推动台站联网提供了启发，开放论证后不久，中国科学院在新乡召开封丘站开放论证会议，此次会议期间，应用生态所曾昭顺先生、沈善敏先生，地理所唐登银先生等联合提出建立中国生态系统网络的建议。其次，唐先生在台站组网期间于 1986 年提交会议交流材料《在探索中前进》，系统介绍禹城站的发展经验，又于 1988 年负责主编《中国科学院野外观测试验站简介》，助力 CERN 的孕育和建立。最后唐先生在 CERN 成立后担任 CERN 科学委员会委员和 CERN 水分分中心主任，大力支持 CERN 的建设，特别是 CERN 台站水分观测设施建设工作，包括多个台站大型 Lysimeter 仪器的建设，中子土壤水分测定仪的采购等，为 CERN 早期发展做出了重要贡献。

CERN 是一个坚持长期野外生态环境监测的平台，与唐先生的实验地理学理念是一脉相承的，唐先生能参与其中正是他思想和所获得成果的自然反映。

六、依托实验地理学方法，深化地理学为区域农业开发服务

我来到唐先生门下求学已经是唐先生学术生涯的后期，这个时期唐先生给我最直接的感受是他作为中国科学院农业专家主持或组织的各项区域农业开发项目的实施，我跟着唐先生出差、开会，接触那些从事农业开发工作的科学家们。我第一次体验了田间地头的科研工作和科研环境，第一次看到田间地头的科研成果，也第一次体会到科学家们工作的艰辛。这些经历使我意识到科学研究需要接地气，需要到田间地头了解实际情况，发现实际问题，才能有效地解决国家和当地老百姓的实际需求。唐先生带我出差了解农业开发项目的经历使我决心我的博士学位工作一定要以田间实验为基础来展开，我后来的科研工作也一直是基于野外实验观测来进行的。

唐先生本人一直是黄淮海地区农业开发方面的专家，在学术生涯后期经常作为专家组组长等类似职务指导中国科学院农业开发项目，为中国科学院农业开发工作取得成效做出了重要贡献。在我看来，这些成绩的取得正是唐先生坚持实验地理学研究的必然结果，是地理学服务农业生产的自然结晶。实验地理学的科学内核就是从生产实践中揭示地理学规律，同时要将这些地理学规律和发现直接应用到生产实践中去，在这方面，唐先生可以说是地理工作者在服务社会，服务国家方面走在前面的人。

回顾唐登银先生的学术生涯，他积极地倡导由竺可桢先生和黄秉维先生提出的地理学要加强实验方法的应用，用一生实践着这一理念，并提出实验地理学和地理工程学的学科

概念，不仅丰富了地理学学科的内涵，推动了实验方法在地理学研究中的应用，也同时在地理学为区域农业开发服务做出了重要贡献。我相信唐登银先生的实验地理学思想必将为我国地理学的继续进步做出更多的贡献。

第三部分

唐登银地理诗歌

贺地理研究所八十寿辰

重庆北碚初建家，地理研究新萌芽。
山河破碎泪水洒，救亡图存重研发。
抗战胜利迎朝霞，乔迁南京搬新家。
历史翻篇新中华，中科送来大红花。
三皇五帝显光华，五湖四海都管辖。
人文地理为国家，自然地理深根扎。
一老店忙碌无暇，众分号开业繁华。
忆往日徒步天涯，看今朝信息步伐。
群星巨匠耀华夏，创新力推现代化。
地理机构一奇葩，国际舞台唱融洽。

补记：1940 年，中国地理研究所成立；抗战胜利后，所址迁南京；中华人民共和国成立后，建立中国科学院，中国科学院决定，设立中国科学院地理研究所；以后，又从地理研究所分置了多个研究所。

唐登银
2020 年 12 月 25 日
庚子年十一月十一日

贺禹城综合试验站四十年

禹城地名缘禹王，先圣辛劳力治黄。
治水传奇远名扬，代代传递今更强。
科技人员又启航，安营扎寨南北庄。
偶食扒鸡格外香，饮用井水苦难尝。
站址初建八间房，穷乡僻壤景荒凉。
访贫问苦话家常，饥寒交迫愁断肠。
春季盐碱白茫茫，夏季遍地水汪汪。
秋季收获仍缺粮，冬季踏雪步成响。
华北平原地域广，缺水缺粮国之殇。
旱涝盐碱民遭殃，贫穷落后盼阳光。
地方领导是脊梁，人民群众若爹娘。
科技人员任主将，协同作战圆梦想。
实验地理如战场，自然过程任徜徉。
现代数理若刀枪，仪器优良设备强。
长期实验不能忘，数据积累准又长。
开放实验属首创，群英毕至纳贤良。
中外交流互来往，天下大同无边疆。
理论项目获巨奖，实践成果写地上。
禹城经验是良方，低产地区有榜样。
农业开发领方向，国土新妆民安康。
旧式农业变新样，现代产业高飞翔。
攻关喜报传中央，各级领导都到访。
实验地理旗飞扬，地理工程花飘香。
禹治水千古流芳，试验站永续辉煌。

附记：中国科学院禹城综合试验站（简称禹城站），地理所自然地理研究的野外实验基地，服务农业和区域产业发展的应用研究平台。在理论和应用研究上，禹城站都获得重大成果，致热烈祝贺。本人有幸曾任禹城站站长。对支持和帮助过我工作的人员，包括院、所、站、地方的相关所有人员，表示衷心感谢！祈愿后来者工作顺利、身体健康！

唐登银

2019年12月22日已亥年冬至

贺《中国国家地理》二十年

七十年前有先贤，地理知识创开篇。
国家地理二十年，事业圆满功德全。
两代杂志血脉连，后来居上飞云天。
抚今追昔路艰险，坎坷崎岖苦有甜。
媒体赛场奋向前，地理科普多奉献。
新闻报道活且鲜，科学观点深又远。
市场需求快变迁，精美制作莫等闲。
中外文版相斗艳，内外发行互争先。
遗产博物启新篇，开疆拓土领域添。
史地古籍多经典，新媒体验新纪元。
传媒发展促科研，学科提升添源泉。
创新成果领实践，保天护地见桃源。
期刊专家广结缘，读者第一驻心间。
浓墨重彩绘家园，放声高歌迎明天。

作者参与领导《地理知识》改版《中国国家地理》有感。

唐登银
丁酉年腊月

赵松乔先生百岁祭

己亥夏至百岁祭，光耀人生永惦记。
吾师松乔钢铁志，为国为民献地理。
西子湖畔显才气，地学人才新潮起。
远渡大洋波浪急，学成圆满成大器。
足迹踏遍干旱区，土地类型图如织。
分支学科合为一，自然地理掌帅旗。
提携后辈最真意，优秀人才拔地起。
仰望松乔高山里，窥视大师笑眯眯。

赵松乔，浙江人，留美博士，是我国最知名的综合自然地理学家之一。

唐登银
己亥年夏至拜祭

左大康先生百岁祭

唯楚有才天下知，湘子大康人永记。
浙大求学立大志，重担在肩举大旗。
内战独裁民心急，舍生战斗不惧敌。
北国求学习大气，学业长进登云梯。
革新学科是吾师，服务国家建伟绩。

2025 年，左先生百岁，为此，地理研究所主办，由科学出版社出版了纪念文集，我参与了文集的编辑出版工作。文集发行之始，作了上诗，以为祭。

唐登银敬祭于北京
2023 年 9 月 20 日

川藏行记

1. 横断山素描

造山运动造地极，盘山路径若天梯。
山高谷深世无比，鬼斧神工景神奇。
绿水青山好空气，垂直地带画壮丽。
三江并流近咫尺，广袤地域滋于斯。

2. 旅程

天路难行车马稀，地物奇特人醉痴。
舟车劳顿苦为乐，血气不刚步缓移。
冷暖晴雨瞬间易，行囊填满四季衣。
去时心急寻奇迹，归来梦中游故地。

3. 今胜昔

人迹罕至地贫瘠，香格里拉寓真谛。
茶马古道爬小蚁，蜿蜒大路奔铁骑。
穷山恶水逼人离，牦牛肥状报消息。
百万藏民曾为奴，西部之光显晨曦。

2006 年 5 月 10—19 日，《中国国家地理》杂志社组织了“初夏川藏行”，我们一行 40 人乘汽车旅行。行程如下：D1 成都，D2 成都、雅安、泸定、康定，D3 康定、雅江、理塘、巴塘，D4 巴塘、芒康、左贡，D5 左贡、邦达、然乌，D6 然乌、波密，D7 波密、鲁朗、八一镇、巴松措，D8 巴松措、拉萨，D9 布达拉宫、色拉寺、大昭寺，D10 经停成都飞北京。

唐登银
2006 年 6 月

赞微网“康乐栀子”

康乐栀子一枝花，花开中大香天涯。
栀花结网手机拿，全班同学成一家。
微网表演顶呱呱，众人点赞笑哈哈。
别离康乐近甲子，世事沧桑人变化。
八旬老人熟模样，青丝已去现白发。
同窗情谊玉无瑕，栀下重聚泪水洒。
心里想说太多话，激动感情难表达。
微网图文流量大，聊天室内悄悄话。
昔日情景脑中画，点点滴滴心间挂。
早起晚息听喇叭，日作夜眠伴栀花。
学校饭菜很不差，假日干粮挎包挎。
集体生活特融洽，学业品德俱优佳。
野外实习学精华，栋梁人才势萌芽。
小学课桌拼作床，借宿寺庙卧地榻。
东莞小镇食早茶，西江河畔食鹅鸭。
珠江水面舢板划，大坑岗畔摸鱼虾。
鼎湖瀑布奔腾下，七星湖面迎朝霞。
广东土壤全省查，海陵岛上做规划。
国家项目初参加，科学高峰始攀爬。
感谢母校培育恩，服务人民献国家。
最难忘记五七年，满园秋怨乌云压。
莫须罪名令人吓，一生前程苦挣扎。
晚年生活似彩霞，生活工作样样发。
余热发光显才华，幸福家庭如栀花。
祈愿学友都平安，民富国强兴中华。

康乐栀子，中山大学地理系 1955—1959 级微信网名。康乐，中山大学校园。栀子，茜草科，灌木，广泛分布，花香，药用。

唐登银
丁酉盛夏

武汉战疫记

长江汉水拥相泣，龟山蛇山对泪滴。
微细病毒狂逆袭，巨城武汉遭重击。
重症肺炎危旦夕，病毒扩散如卷席。
人满为患难求医，缺人缺物心焦急。
封城大举非得已，防卫大局虐自己。
愁眉苦脸无生机，生产生活全失序。
火雷二神挑战旗，天兵天将誓歼敌。
医者之心曰仁义，威武之师人民依。
鹦鹉学话加油曲，黄鹤归来斗瘟疫。
江汉流水永不息，英雄古城永屹立。
东湖风光仍美丽，武昌鲜鱼游如织。
坎坷劫难终将去，辉煌未来争朝夕。

2019 年新冠疫情在武汉突发，武汉人民对此展开了英勇顽强斗争。

唐登银
庚子年正月十八日

贺张仁华兄八十寿辰

宜兴仁兄多才艺，虎龙之城习大气。
地理研究涵数理，自然过程显真谛。
实验遥感是利器，点面结合奠根基。
昔时表温无认知，接触测量存悬疑。
禹王故里塔耸立，冠丛测量新世纪。
红外测温创新意，军民皆用广受益。
六旬共事深情谊，众多课题共参与。
麦田耗水何规律，土壤盐分怎迁移？
小皿探测 OED，大田研究增温剂。
洪湖岸边观晨曦，悉尼桥头闻鸟啼。
科学之路创业绩，人生之道仁和义。
寒窗苦研越古稀，富民强国终可期。

张仁华兄，江苏宜兴人，毕业于南京大学气象系。20 世纪 50 年代，地理研究所推行研究新方向，运用数理化，开展田间试验，研究自然过程。张仁毕先生沿此方向，开展实验遥感，获巨大创新成果。我与张共同参与很多项目，如 OED（水温上升剂）、土面增温剂、麦田耗水、水盐运移、作物冠丛水热交换、禹城实验遥感。

唐登银
己亥年冬月大雪

贺蒋耘学兄八十寿辰

八旬寿星蒋兄好，兄弟同是天门佬。
六十年前赴高考，康乐校园同报到。
天公作美居同号，同窗四年互知晓。
鼎湖山上闹学潮，蒋兄判若大英豪。
革新地理誓言高，莫须罪名折人腰。
一生前程苦煎熬，意志坚强不动摇。
三晋大地皆知晓，地图领域立功劳。
儿孙满堂乐陶陶，家庭幸福喜逍遥。

蒋耘系作者同乡、同窗，1957年被打成右派，后被平反，毕业分配至山西省测绘部门工作，并取得巨大成绩。

唐登银
2017年9月8日

答张兴权先生

一九七四年，同赴实验田。
知识青年点，湖北襄阳县。
队长带笑颜，狗娃有人缘。
增温育秧鲜，餐桌美食添。
与娃划酒拳，连赢七八遍。
隆中距不远，孔明计谋现。
口饮白云边，心怀李诗仙。
酒力不似前，兴权请饮泉。

1973 年张兴权和我在湖北襄阳参加土面增温剂水稻育秧工作，在一个知识青年点上，队长名狗娃，干劲大，人和气，对我等极友好。晚餐不时喝白酒，划拳喝酒。作诗纪念。

唐登银
2020 年 12 月 30 日

悼姚梅尹同学

客家汉子姚梅郎，离世时节梅花香。
人勤事成众榜样，业精于勤国栋梁。
爱开玩笑半发狂，眯眼静思笑模样。
难得幽默心情爽，同窗捧腹乐无疆。
地震工作如战场，时时处处站好岗。
女儿名震表衷肠，全身投入为国强。
尚有地震记心上，仍有家事不能忘。
阿氏病魔不可抗，遥望亲人难念想。

姚梅尹是吾之客家梅县的同班同学，人十分开朗乐观，把一生献给地震事业，他为女儿取名为“震”，但终因阿尔茨海默病被夺走生命。

唐登银敬挽
2019 年 3 月 1 日

学友境外聚会感怀

梓源学兄圆梦想，诚邀学友赴两港。
香港岘港隔海望，叙旧观景乐同享。
聚会盛举群共襄，六十年前启端祥。
康乐校园共成长，情深意长似海洋。
想见旧朋体安康，愿闻老友聊家常。
乡音未改熟模样，耄耋老人显慈祥。
源兄天生旅游忙，宇宙地球皆课堂。
逾百国家曾到访，景物成像万千张。
事业有成家兴旺，学识无限众赞赏。
知天知地见识广，自由自在心舒畅。
宾至如归乐无疆，同窗陈酿浓且香。
今次神游心花放，未来旅程向何方？

2018 年 1 月 18—26 日，梓源学兄组织和资助学友赴香港和岘港游，此乃中山大学地理系 1955—1959 级的一次非同寻常的活动。同学情深，令人感动，赋诗一首。

唐登银作诗
丁酉冬月

燕子颂

我家居住科学园，一窝燕子息门前。
飞来飞去路遥远，识道识门归家园。
与燕为邻十余年，耳闻燕歌无数遍。
燕窠被毁令人怜，点泥寸草重建园。
一年一度雏燕现，大燕喂哺乳燕甜。
吉祥燕群福寿添，邻里喜看笑开颜。
春燕来时春色艳，雏燕夏季舞满天。
酷暑避热塞北原，秋寒来临往南迁。
南飞别前重见面，人燕感应情相牵。
我问燕子哪过年，可与鄂燕有亲缘？
拜山求水释疑悬，问天问地问众贤。
天地众贤笑复言，亲缘玄机人世间。
劳燕分飞勤且贤，吉兆普降户户连。
莫探亲缘不亲缘，但求家国好梦圆。

我小弟在沙市，他有感于湖北岳口老宅屋檐下有七个燕子窝，二十多年了，写了一首“门前燕”。很有趣，我北京家门前一个燕子窝，十余年了，有人破坏燕巢，好几次，它又重建，栖息于此。于是我应了一首。

唐登银
丁酉年春节

旧宅吟

唐氏旧宅由何来，感恩先人筑楼台。
三面临街风送财，两层瓦屋福满怀。
父兄挑担做买卖，母爱柔韧主内外。
勤劳致富聚钱财，人丁兴旺好运来。
蜗居租屋实无奈，居有其屋有光彩。
神灵之地庙巷街，吉祥之家唐德泰。
归燕临宅宅未改，人去楼在家不衰。
祈望旧宅续百载，更愿唐家多人才。

吾与晓波侄通电话，谈及湖北岳口祖宅，晓波笑曰：叔可为旧宅作一诗？《旧宅吟》，此诗，谓之命题作也。

庙巷街，因有数处庙宇而得名，旧宅所处位置，岳口的前北街和后北街两条主要街道，在旧宅处与庙巷街交会。

唐德泰，唐家在旧宅开设的百货商店，生意兴隆，位居岳口百货前列。

唐登银

2019 年 4 月 15 日

晓波返乡记

游子回老窝，激动泪水落。
儿事恍若昨，今事显鲜活。
水鸭逐清波，江汉飞黄鹤。
秀丽田野阔，壮美新城郭。
接客人家多，酒宴桌连桌。
乔治特活泼，晓波真快活。
知心话装箩，乡土菜满桌。
饮酒要少喝，香烟切莫过。
大寒冷哆嗦，人情热暖和。
婆婆笑看你，你伯在天乐。

戊戌岁末，吾侄晓波，带其孙乔治，从深圳返鄂，众人热情接待，令人感动。文中“婆婆”系晓波祖母，我的母亲。文中“伯”系晓波父亲，我的哥哥。

唐登银
戊戌年腊月十九

后　记

实验地理工作，源起于地理学一代宗师黄秉维院士，他敢为人先，勇于创新，只虑国家利益，绝无个人私利在心。他提出了研究地理环境水热平衡的新方向，切实服务农业生产的学术思想，正是在他的学术思想和科研实践的带领下，实验地理才取得了巨大的成绩。

实验地理工作，内容广泛，是20世纪50年代以来地理研究所乃至全国地理界开展的一项广泛科研领域的工作，本书的内容只涉及唐登银和他的合作者，并邀请少数与唐登银一起工作的人员写下若干文章。唐登银衷心感谢合作者。

袁国富是作者唐登银的代表，袁国富尽心尽力搜集和处理文章，联络研究所和出版社，处理各种事务。作者衷心感谢袁国富。

作者于1959年进入中国科学院地理所，直到2003年退休，时年65岁，退休后仍继续工作，例如担任中国科学院重大农业项目监理组组长，承担编写地理所所志工作等，但从未考虑为自己出版什么。是一批多年与作者共事的人员，如孙晓敏、袁国富、康跃虎、欧阳竹、罗毅、娄金勇、武兰芳等人，他们出谋划策，发起书的出版工作，为成书做出了贡献。当此出版之际，忆及全书较全面真实地记录了实验地理工作，也许对今后的工作有丝毫帮助，作者欣慰。

葛全胜同志大力支持书的出版，资助经费，题写书名，亲写序言。地理资源所相关职能部门也为本书的出版给予重大支持。作者衷心感谢！

程维新、袁朝莲、娄金勇、孙建华、刘仕平等在图片搜集和整理方面做了大量工作。作者衷心感谢！

唐登银

2024年10月30日

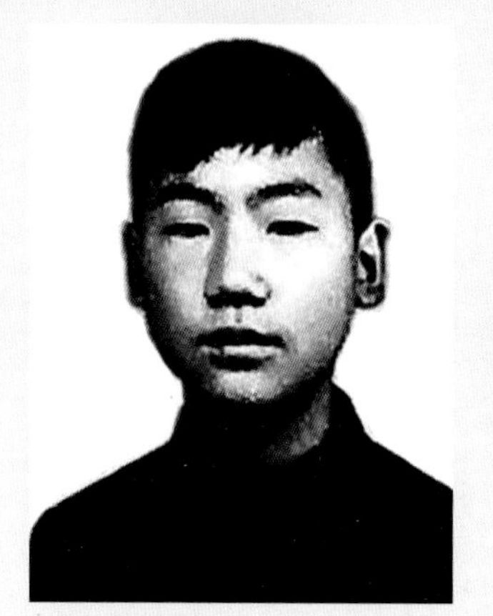
1955年登记照

1959年登记照

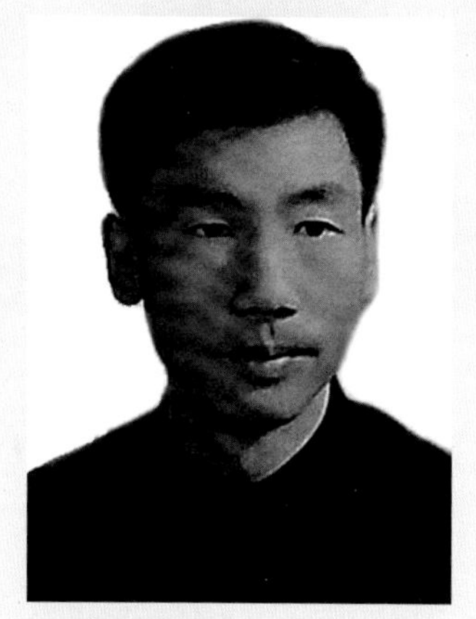
1978年登记照

1985年登记照

1995年登记照

2005年登记照

在禹城站

在中国科学院地理资源所

1963 年，与谢贤群在河北省石家庄耕灌所试验田进行热水平衡观测试验（后面为唐登银先生）

1963 年，与孙惠南、赵名茶、杨勤业等在河北石家庄耕灌所从事水热平衡野外试验研究期间合影（右 1）

1980年，建造禹城站60m气象塔（左1）

1980年代早期，在禹城站工作中的唐登银先生（右1）

1980年代早期，在禹城站田间工作中的唐登银先生（后面居中）

1980年代早期，禹城站工作人员合影（右3）

1984年，在外国专家指导下在禹城站建造我国第一台大型蒸渗仪1

1984年，在外国专家指导下在禹城站建造我国第一台大型蒸渗仪2

1984年，在我国第一台大型蒸渗仪前工作（右1）

1985年，与时任中国科学院地理所所长左大康（右1）在禹城试验站中子水分仪观测现场

1985 年，时任中国科学院地理所所长左大康（右 1）视察禹城站，给左大康所长介绍中子水分仪

1985年，时任中国科学院地理所所长左大康视察禹城站后与站上工作人员合影（后排右4）

1980年代中期，接待外国专家参观考察禹城站1（右1）

1980年代中期，接待外国专家参观考察禹城站2（左3）

1980年代中期，接待外国专家参观考察禹城站3（讲解者）

1980年代中期，接待外国专家参观考察禹城站4（左3）

1980年代中后期，向时任中国科学院土壤所所长赵其国介绍禹城站气象站（右1）

1980年代中后期，向时任中国科学院土壤所所长赵其国介绍禹城站小气候观测设施（左1）

1980年代中期，在禹城县招待所与地方上的同志合影（前排右2）

1980年代中期，向地方领导汇报禹城站的工作，并接受电视台的拍摄（左4）

1987年，区域农业开发，禹城地区“一片三洼”盐碱地综合治理，陪同施雅风先生、许越先等野外考察1（右1）

1987年，区域农业开发，禹城地区“一片三洼”盐碱地综合治理，陪同施雅风先生、许越先等野外考察2（左3）

1987年，向专家们介绍禹城站大型蒸渗仪（左2）

1987年，向考察禹城站的专家介绍禹城站水面蒸发观测设施（右4）

1987年，黄淮海中低产田改造，与许越先、中国科学院相关领导、禹城县领导的合影（右1）

1988年，时任中国科学院院长周光召视察禹城站，向周院长汇报野外设施（左1）

1988年，时任中国科学院院长周光召视察禹城站，在田间考察的情形（前方左1）

1988年，时任中国科学院院长周光召视察禹城站与站上工作人员合影（前排左2）

1991年，任职我国驻休斯敦领事馆期间参加的外事活动留影（居中）

1994年，在禹城站生活楼前与程维新老师的合影（居前）

1992年，陪同我国资源卫星应用代表团访问美国休斯敦宇航研究单位时合影（右4）

1994年，与刘昌明院士、王天铎先生等在禹城站召开站学术委员会会议时合影（第2排右5）

1995年，与徐冠华、凃光织、郑度、廖克等参加陈述彭先生75周岁寿辰（前排右3）

1997年，负责中国科学院区域农业开发项目，在封丘站检查工作（左3）

1997年，时任中国科学院地理所领导全体成员合影（前排左2）

1998年，庆祝黄秉维先生85岁华诞时与黄先生合影（右1）

1998年，在黄秉维先生办公室向黄先生汇报工作（右2）

1998年，在黄秉维先生学术思想研讨会上发言

1998年，陪同中国科学院农业办公室主任王大生考察禹城站（右5）

1999年，负责院农业开发项目时带领专家在禹城站指导工作时合影（前排右4）

2000年，与郑度院士、王天铎先生等在禹城站专家楼前合影（前排右2）

2000年，组织生活会，参观大寨村留影

2004年，与夫人杨毅芬女士合影

2006年，参加中国国家地理杂志社主办的考察活动，为队员们讲解地理知识

2007年，参加校友聚会活动（前排左2）

2004年，考察CERN野外台站在塔克拉玛干沙漠留影

2004年，考察CERN野外台站在沙漠公路入口处留影

2006年，参加中国国家地理杂志社主办的考察活动留影（前排右1）

2006年，李振声院士和禹城站的同事们共同展示“黄淮海精神”字幅（右2）

2006年，李振声院士在禹城站提笔写下“黄淮海精神”

2006年，陪同中国科学院副院长李家洋考察禹城站（左1）

2009年，与李振声院士（右4）一起实地考察指导刘彦随研究员（右3）主持的空心村潜力调查和综合整治项目

2007年，与夫人杨毅芬在水立方前留影（左1为唐的大学同学李焕珊）

2009年，禹城站30周年活动，与曾经指导过的学生杨邦杰（左）在禹城站合影

2007年，与外国专家Reginato重逢在北京（左起唐登银、Reginato，张仁华、孙惠南）

2009年，与李振声院士（左1）在山东一起考察和指导空心村整治项目（左2）

2009年，禹城站30周年重回禹城站

2009年，任耕地保育与持续高效现代农业试点工程项目监理期间考察海伦站（左3）

2009年，参加禹城站30周年站庆活动

2010年，参观阿克苏站与专家们交流（右1）

2010年，和学生罗毅（右）在塔里木河流域考察

2010年，和学生袁国富（左）在塔里木河流域考察

2010年，新疆参观考察与学生们合影（左4）

2010年，陪同中国科学院原院长周光召重访禹城站（右2）

2010年，与中国科学院原院长周光召、李振声院士和禹城站的老同事一起合影（左5）

2010年，与中国科学院原院长周光召、时任地理资源所所长刘毅、时任禹城站站长欧阳竹在禹城站合影（右1）

2012年，滨州站选址考察

2012年，滨州站选址考察交流

2013年，赴惠州指导研究所拍摄黄秉维百年诞辰素材

2019年，参加禹城站40周年站庆活动获颁荣誉证书

2019年，参加禹城站40周年站庆活动讲话

2019年，参加禹城站建站40周年站庆活动时与新老同事合影（左3）

2022年，与同事和学生一起聚餐（右3）

2023年，与夫人一起庆祝孙子获得博士学位